삼고

산림경영학

이우균 · 김문일 · 김형호 · 박주원 · 박진우 · 안기완 · 이상현
이영진 · 이정수 · 임철희 · 정왕기 · 최수임 · 최정기

향 문 사

내가 오늘 이 책을 읽을 수 있다는 것은 내 생애에 가장 기록될 날이다. 훗날 내가 이 책을 다시 손에 들었을 때 오늘과 그 날을 비교해 보고, 나의 지식이 넓어졌음을 감개 깊게 느낄 것이다.

년　　월　　일

성 명

머리말

산림경영학이라는 학문은 시대적 요구와 과학기술의 진보, 그리고 사회적 인식의 변화에 발맞춰 끊임없이 진화해 왔다. 이는 지금까지 출판된 일련의 산림경영학 교재에도 잘 드러나 있다. 1990년에 나온 『신고 임업경영학』은 당시 개발 중심의 산림정책과 자원 확보의 기조를 반영하며 산림자원의 생산성과 경제성을 중심으로 학문적 기틀을 다졌다. 2007년 『산림경영학』은 지속가능한 산림경영의 개념을 도입하여 환경과 경제의 조화를 강조하였고, 2017년 『신고 산림경영학』은 디지털 기술과 생태적 접근법을 아우르는 현대적 산림경영의 지평을 열었다. 그리고 지금 2026년, 이제껏 집적된 학문적 자산을 토대로 한층 확장된 시각, 통합적 관점을 담아낸 『삼고 산림경영학』을 세상에 내놓으려 한다.

『삼고 산림경영학』을 집필하는 과정에 세 가지 기준을 세웠다. 우선 과거 출판된 세 권의 교재를 거울삼아 '다시 돌아보며 배운다'는 의미를 새겼다. 학문의 발전은 축적된 자료와 경험을 재조명하는 데서 출발한다는 취지이다. 둘째, 오늘의 산림경영학은 기후 및 환경 · 생태 등의 자연적 변화, 그리고 도시화 및 지역 소멸과 같은 사회적 변화를 동시에 고려해야 하는 전환기를 맞고 있는바 이에 부응할 새로운 패러다임을 제시하는 '미래지향적 시도'라는 각오를 다졌다. 셋째, 산림경영학의 영역을 넓혀 자연이라는 경계 너머의 사회 및 산업과 연계함으로써 '학문적 성과를 사회적 실천으로 확장한다'는 비전을 담았다.

이번 『삼고 산림경영학』은 전체 3부 11장으로 되어 있으며, 기존 산림경영학의 학문 체계를 충실히 따르면서도 오늘날 달라진 문제의식과 요구를 수용하였다. 제Ⅰ부 '산림경영 기초'는 산림경영학의 이론적 기반을 다지고, 실천과 응용의 토대가 되는 기본 지식을 정리하였다. 제1장 '산림경영 총론'에서는 산림경영의 개념, 원칙, 특징 등을 설명하고 기후변화, 지속가능발전목표, 생태계서비스 등 산림경영학이 나아가야 할 학문적 방향을 제시한다. 제2장 '산림생장 및 수확'에서는 산림생장의 주요한 영향 인자인 밀도, 지위, 임분구조 등을 설명하고 생장 및 수확모델의 조제 방법과 활용성을 살핀다. 제3장 '산림수확조절'에서는 산림 면적과 재적을 기준으로 수확을 조절하는 전통적 방법과 더불어 최근 디지털 기반의 선형계획법, 목표계획법 등을 소개하며 융합을 도모한다.

제Ⅱ부 '산림경영 실제'는 산림경영의 실제적인 실행과 의사결정 과정에 집중하고, 계획 수립부터 정보 관리, 경제성 평가, 사유림 경영까지 포괄하였다. 제4장 '산림경영계획 수립'에서는 산림기본계획, 지역산림계획에 더해 국유림 및 사유림의 산림경영계획 방법을 다룬다. 제5장 '산림경영정보시스템'에서는 공간정보시스템을 활용한 산림경영 체계를 소개하고 GIS

기반의 주제도와 분석 방법, 위성영상 활용 방법 등을 안내한다. 제6장 '산림경영 경제성 분석'에서는 순현재가치, 편익비용비율, 내부수익률 등을 중심으로 산림사업의 수익성 분석 방법을 설명한다. 제7장 '산림평가'에서는 산림평가에 필요한 이자율에 이어 임목평가 및 임지평가 방법을 다루고, 제8장 '사유림 산림경영'에서는 우리나라 사유림 경영에 실질적인 도움을 주고자 사유림의 경영 주체, 지원 단체, 주요 사업 등을 상세히 소개한다.

제Ⅲ부 '산림경영 신경로'는 산림경영학이 나아가야 할 새로운 흐름과 과제를 고찰하였다. 특별히 '지속가능성', '환경생태성', '기후위기 대응'을 핵심 키워드로 삼아 산림경영학의 확장성과 미래지향성을 제시하였다. 제9장 '지속가능한 산림경영'에서는 지속가능한 산림경영의 기준 및 지표, 산림경영인증제도 등을 설명하고, 제10장 '생태적 산림경영'에서는 기존의 다목적 산림경영 외에 산림복합경영, 생태계서비스 경영 등을 담아 산림경영의 외연을 확대하고자 한다. 또한 제11장 '기후변화와 산림경영'에서는 기후변화와 관련한 산림부문 협약 및 제도, 산림에 대한 기후변화의 영향, 탄소중립을 위한 탄소흡수원 관리 등을 폭넓게 다룬다.

『삼고 산림경영학』은 그간 교육과 연구, 실천을 함께한 전문가 열세 명의 참여로 완성되었다. 집필진은 각자의 전문 영역에서 쌓아 온 깊이 있는 지식과 현장 경험을 공유하고, 이론과 실천, 과거와 미래, 국내와 세계를 관통하는 메신저로서 이 책을 함께 구성하였다. 바쁜 일정 속에서도 수차례 논의를 거치면서 원고의 완성도를 높이고 산림경영학의 방향성을 새롭게 다듬어 준 집필진에 감사를 드린다. 또한 편집과 출판에 힘써 준 향문사 관계자 여러분, 자료 취합과 회의 진행에 큰 도움을 준 고려대학교 김의찬, 김선우 연구원의 헌신에도 감사의 마음을 전한다.

대표저자로서, 산림을 자연과 인류의 지속가능한 발전을 위한 핵심 자산으로 삼고자 하는 모든 분들에게 『삼고 산림경영학』이 이정표가 되기를 바란다. 특히 현세대가 오늘의 산림경영이 가져올 미래의 모습을 보다 깊게 이해하고, 주체적인 산림경영 활동을 펼칠 동력을 얻을 수 있기를 희망한다.

대표저자 이우균

제 Ⅰ 부 산림경영 기초

제1장 산림경영 총론

제2장 산림생장 및 수확모델

제3장 산림수확조절

제 Ⅱ 부 산림경영 실제

제4장 산림경영계획 수립

제5장 산림경영정보시스템

제6장 산림경영 경제성 분석

제7장 산림평가

제8장 사유림 산림경영

제Ⅲ부 산림경영 신경로

제9장 지속가능한 산림경영

제10장 생태적 산림경영

제11장 기후변화와 산림경영

제 I 부

산림경영 기초

제 1 장 산림경영 총론

1·1 산림경영 개념

우리 인류는 오랜 세월 동안 숲과 함께 살아왔다. 역사가 기록되기 전부터 인류는 불을 피우기 위해 나무를 베었고, 숲에 때때로 불을 질러 작물을 키우는 데 필요한 영양분을 충당하기도 하였다. 문명의 발달과 함께 도끼를 비롯한 각종 도구가 발명되자 나무를 벌채하기 더 용이해졌고, 미래를 위한 산림의 중요성을 깨닫기 전까지 무분별한 벌채가 이어졌다. 그 결과로 주변의 숲이 사라지면서 불편과 피해가 늘어나자 숲 관리에 대한 인식이 태동하였다. 인도에서는 기원전 3세기부터 산림을 관리하는 산림감독관을 두었고, 중국에서는 아주 오래 전부터 홍수 등을 예방하기 위한 숲 관리의 중요성을 인식했다는 증거가 발견되기도 하였다.

숲에 대한 권리를 두고 벌어진 논란이나 분쟁의 사례도 유럽 문명의 역사에서 찾아볼 수 있다. 중세 영국의 전설 속 영웅인 로빈 후드는 당시 숲에 살던 사슴을 사냥한 일이 발단이 되어 왕과 귀족에 맞섰고, 유럽인에게 숲 경영의 목적은 왕을 섬기기 위함에서 모두를 위함으로 점차 바뀌어 갔다. 무엇보다 독일에서는 16세기경부터 숲의 황폐기를 경험한 뒤 많은 임업인이 산림경영의 기본적인 지식과 경험을 바탕으로 일정한 체계를 갖춘 지식의 틀(예 법정림 모델)을 개발하기 시작하면서 오늘날 우리가 알고 있는 산림경영의 기초를 닦았다.

오늘날의 산림경영은 산림소유자의 목적 혹은 사회적 목적을 달성하기 위한 산림에서의 모든 활동 및 이용 행위를 수반한다. 그러나 시간이 지남에 따라 산림경영의 목적이 다양하고 복잡한 양상으로 변해가고 있다. 산림경영은 아직까지도 산림의 생태적 측면은 물론이고 임업의 사회 · 경제적 목표를 성취하기 위해 나아가는 일을 계속해서 추구하고 있다.

1·1·1 자원으로서의 산림

자원(資源, resource)의 정의는 '인간의 욕구를 충족시켜 줄 수 있는 것'으로 일반화할 수 있지만 바라보는 시각에 따라 다양하게 정의를 내리고 있다. 짐머만(Zimmermann)은 "자원이란 존재하는 것이 아니라 만들어지는 것"이라고 하였다. 즉 모든 자원은 정적이지 않고 인간의 활동과 필요에 의해 늘어나거나 줄어든다는 의미이다. 그래서 자원은 인간의 욕구들 사이에 존재하는 실체적 사물이자 기능적 유연관계라고도 할 수 있다. 특히 물질의 존재보다는 인간이 이용할 수 있는지가 자원 여부를 결정짓는 주요한 기준이 된다.

자원의 개념에 대한 과도한 단순화는 피해야 한다. 무엇이든 시대에 따라 인류에게는 하나의 자원이 될 수도 있기 때문이다. 독성물질이 그 자체로는 자원이 아니지만 산업적 과정을 거치면서 자원으로 전환되기도 한다. 식물로부터 유용 물질을 추출하여 의약품으로 제조하는 일이 전형적인 예라고 할 수 있다.

일반적으로 자원을 자연자원, 인공자원, 인적 · 문화자원 등으로 구분하며, 산림(山林, forest)은 자연자원에 속한다. 산림을 정의하는 이론에는 지적설, 목적설, 임총설이 있으며, 보통은 목적설과 임총설로 정의하고 있다.

1) **지적설**(地籍設): 수목의 유무나 용도 등에 관계없이 공부상(公簿上) 지목(地目)이 산림(임야)으로 등재되어 있는 토지
2) **목적설**(目的設): 현재 수목의 유무에 관계없이 금후 임목이나 그 밖의 임산물을 육성하기 위해 제공하기로 결정된 토지(임업용지)
3) **임총설**(林叢設): 현실적으로 임목이 총생(집단적으로 생육)하고 있는 토지

우리나라 「산림자원의 조성 및 관리에 관한 법률」(약칭 산림자원법) 제2조(정의)에 의하면 산림이란 다음 중 어느 하나에 해당하는 것을 말하며, 다만 농지, 초지, 주택지, 도로, 그 밖의 대통령령으로 정하는 토지에 있는 입목(立木) · 대나무와 그 토지는 제외한다.

1) 집단적으로 자라고 있는 입목 · 대나무와 그 토지
2) 집단적으로 자라고 있던 입목 · 대나무가 일시적으로 없어지게 된 토지
3) 입목 · 대나무를 집단적으로 키우는 데에 사용하게 된 토지
4) 산림의 경영 및 관리를 위하여 설치한 도로(임도)
5) 1)부터 4)까지의 토지에 있는 암석지와 소택지(늪과 연못으로 둘러싸인 습한 땅)

기후변화와 관련해서는 면적이 0.5ha 이상, 입목의 평균수고가 5m 이상, 수관울폐도가 10% 이상이어야 국제사회에서 산림으로 인정하고 있다.

1·1·2 산업으로서의 임업

임업(林業, forestry)이란 각종 임산물에서 얻는 경제적 이득을 목적으로 산림을 경영하는 사업을 말한다. 「임업 및 산촌 진흥촉진에 관한 법률」(약칭 임업진흥법) 제2조(정의)에서 임업은 "영림업(「산림문화 · 휴양에 관한 법률」과 「수목원 · 정원의 조성 및 진흥에 관한 법률」에 따른 자연휴양림, 수목원 및 정원의 조성 또는 관리 · 운영을 포함), 임산물생산업, 임산물 유통 · 가공업, 야생조수사육업과 이에 딸린 업으로서 농림축산식품부령으로 정하는 업"이라고 규정되어 있다. 여기서 농림축산식품부령으로 정하는 업은 「임업진흥법 시행규칙」 제2조(임업인의 범위)에 의한 분재생산업, 조경업, 수목조사업 등 임업 관련 서비스업을 말한다.

자원 경영 측면에서 보면 임업은 산림지(forest land)와 임목(tree)이라는 자연자원을 기반으로 하는 산업이다. 즉 생산의 3요소인 토지(임지)·노동·자본을 체계적으로 조직·결합하여 경영 목적을 효율적으로 달성하고자 하는 경제활동이다. 이러한 임업은 ①목재·버섯·산나물·약초 등을 생산하는 생산임업, ②제재목·가공임산물 등을 생산하는 가공임업, ③임산물을 유통하는 유통임업, ④온실가스흡수·수원함양·기후완화·대기정화·국토보안·보건휴양 등의 환경임업으로 구분할 수 있다.

산주와 농·산촌에서는 수익원이 되는 시장재의 생산을 요구하는 반면에 국가 및 도시 차원에서는 기후변화 대응을 위한 산림의 온실가스 흡수, 생물다양성 유지, 보건휴양 등을 위한 산림경영을 강하게 요구한다. 그러나 환경임업을 통해 발생하는 대부분의 편익은 아직도 비시장가치(non-market value)로 간주되어서 산림경영의 소득원이 되지 못하고 있다. 따라서 환경임업의 활성화를 위해서는 산림자원으로부터 창출되는 비시장가치를 시장가치화하는 내부화(internalization)가 이루어져야 한다.

1·1·3 산림경영 역사

1 세계 산림경영 역사

17세기 근대 임업이 시작된 이후로 산림경영의 중심적 개념은 보속수확(sustained yield)이었다. 독일 임업인이었던 하르티히(Georg Ludwig Hartig)가 제안한 보속수확은, 현재뿐만 아니라 미래에도 목재를 지속적으로 공급하기 위해서는 벌채량이 생장량을 초과해서는 안 된다는 개념이다. 산업혁명 이후 제련공장, 조선재 등으로 목재 수요가 급격히 증가하면서 목재 기근을 경험한 서구 여러 나라에서 보속수확이 목재의 영속적·안정적 공급을 실현하기 위한 이론적 토대가 되었다. 그러나 보속수확의 개념은 기본적으로 물질생산을 기초로 하며, 이 점만 강조하다 보면 산림의 복합성을 간과하여 임목 벌채가 산림의 공익적 기능에 미치는 영향을 무시하는 오류에 빠질 수 있다.

20세기에 들어 서구에서는 산업화로 인한 산업공해, 도시화에 따른 생활환경의 악화, 소득과 여가 시간의 증대에 따른 산림휴양의 수요 팽창 등이 일어나자 목재 공급원으로서 산림을 바라보던 기존의 사회적 가치와 인식이 바뀌었고, 산림의 물질생산 기능에 더한 공익기능의 제고가 산림경영의 주요 관심사로 떠올랐다. 즉 다목적 이용(multiple use)의 시대가 도래하였다.

공익기능에 대한 사회적 수요의 증대를 수용하기 위한 다목적 이용의 개념은 1960년 미국에서 「다목적이용-보속수확법(Multiple Use-Sustained Yield Act)」이 제정되면서 제도화되었다. 그러나 여기서 말하는 다목적 경영은 산림에서 생산할 수 있는 자원을 목재와 비목재 임산물, 야생동물, 산림휴양 등으로 확대한 후 이들을 개별적으로 보속수확한다는 개념이었다. 이는 1930년대 미국에서 제시되었던 전통적인 보속수확 개념을 단순히 확대한 것이어서 건전한 생태계의 유지·보전이라는 진정한 다목적 경영을 이룰 수 없다는 비판을 받아

왔다.

이를 극복하고자 제시된 개념이 다자원적 산림경영(multiresource forest management)이다. 다자원적 산림경영은 경영 목적으로 다양한 재화와 서비스의 동시 생산을 추구하며, 이를 실현하는 데 산림생태계의 유지·보전이 핵심적인 제약 요소가 되는 개념이다. 다자원적 산림경영은 두 가지 점에서 다목적 경영과 크게 다르다. 첫째, 다자원적 산림경영은 산림의 다양한 편익(시장재적·비시장재적 편익)이 같은 공간에서 '동시적(simultaneous)'으로 유지·보존 및 생산돼야 함을 함축하고 있다. 산림을 구획하고 각각의 부분에서 다른 종류의 편익을 생산하는 다목적 경영과는 근본적으로 다르다. 둘째, 다자원적 산림경영에서는 자원 간의 상호 연관성을 고려함으로써 상호 의존적이고 유용한 재화 및 서비스를 최소 비용으로 동시에 생산한다. 오직 생장량에 의해서만 제약을 받는 보속수확이나 다목적 경영과 다르게 다자원적 산림경영은 어떤 경우라도 산림생태계의 유지라는 제약 조건이 따른다. 그 결과 재화 및 서비스의 생산 조합이 변화할 수 있지만 가치의 흐름은 지속된다.

1992년 열린 유엔환경개발회의(United Nations Conference on Environment and Development, UNCED)를 계기로 지속가능한 발전의 주요 요소 중 하나로 인식된 산림경영의 방향은 지속가능한 산림경영(sustainable forest management, SFM)이다. 이 회의에서 채택된 산림원칙(Forest Principles)에는 "산림자원 및 임지는 현재 및 미래 세대의 사회적·경제적·생태적·문화적·정신적 수요를 지속적으로 충족할 수 있도록 경영되어야 한다."라고 명시되어 있다. 이는 경제적 역할에 한정하지 않고 사회적·경제적·생태적·문화적·정신적 역할로 산림을 인식했음을 의미한다.

지속가능한 산림경영에 대한 정의는 각기 상이한 사회·경제적 여건 및 산림 상황을 반영하므로 일률적으로 내리기가 곤란하다. 그러나 생태적·경제적·사회적 측면이 지속가능한 산림경영의 기본적 요소라는 점에는 다수가 공감하고 있으며, 보편적으로 '현세대 및 미래 세대의 편익을 위해 생태적·경제적·사회적·문화적 기회를 제공하고, 동시에 산림생태계의 장기적인 건강성을 유지·증진하는 일'로 정의한다. 올스턴(Alston)은 "지속가능한 산림경영은 산림생태계의 다양성 및 장기적 통합성의 유지를 목적으로 한다."라고 주장함으로써 생태적 측면을 한층 더 강조한 개념으로 보았다.

2 산림경영학 역사

산림경영에 있어서 경제적 문제는 18세기 독일의 대학에서 처음 체계적으로 다루어졌다. 산림경영의 근간을 이루고 있는 임업경영경제학(林業經營經濟學)은 일반경영경제학과 근원이 같고 목표가 '공동 경제적 목적 설정(국가 복지 향상)'이라는 면에서 현재의 산림경영 방향과 유사하지만 경영의 주목적이 목재 생산에 있었다. 그 당시 산림경영계획의 수확조절 방법으로 재적평분법과 면적평분법이 있었으며, 목재수확보속원칙(木材收穫保續原則)은 장래 세대의 최적 효용성에 초점을 두고 있었다. 이는 공동체적 목적 설정의 표현으로 볼 수 있다.

20세기에는 자유주의적 경제사상의 영향 밑에서 순 사경제적 목적 설정이 산림경제이론(山

林經濟理論)의 기초가 되었으며, 임업경영 모델에서 작업종, 수종, 간벌법, 윤벌기, 기타 임업경영 인자를 선택할 때 수익을 우선하는 데 유리한 방법으로 계산하였다. 이러한 방법은 훈데스하겐(Hundeshagen, 1826)이 주창한 법정림(法正林, Normalwald, normal forest) 모델에 기초를 두고 있다.

그 후 임업투자 계산의 수학적 방법은 이익 또는 지대(地代) 최고의 목적을 추구한 토지순수확설(土地純收穫說)의 수단이었다. 그러나 산림순수확설(山林純收穫說)을 주장한 학자들은 토지순수확설의 견해에 반대하였고 임업경영 척도로서의 이자(interest)를 부정하였다. 임업성과의 계산에 관한 연구는 평가 문제를 통해 개념 형성, 가치적 판단, 경영 통제에 있어서 한층 진전을 가져왔다.

바그너(Wagner, 1928)는 『임업경영학의 기초』에서 임업생산 과정의 기술적 영역에 한정하였고, 아베츠(Abetz)는 임업 성과 계산 제도 분야의 연구에 따라 장기경제계획을 임업경영경제학으로 발전시켰으며 오랜 기간 동안 임업의 실무에 영향을 주었다.

최근에는 임업경영경제학에서 방법론적 문제와 개념 이론적 문제의 취급, 단기적 경영계획과 장기적 경영계획의 연구, 임업 계산 제도의 체계적 취급, 특히 원가계산, 재산계산, 손익계산의 체계적 취급에 관한 연구의 본질적인 특징이 기인했다고 본다. 이러한 전개에 따라 임업경영에 있어서 인간의 노동조건 개선과 임업경영 노동생산성 향상 및 기계화에 의한 합리화의 노력을 포함하는 일이 가능해졌고, 이는 힐프(Hilf, 1927)의 『임업노동학』에서 유래하였다.

근대 경영경제학 연구는 실무 면에서 손익계산의 개선, 경영분석의 적용, 작업계획과 산림시업안 개선 등에 크게 기여하였다. 근대 임업경영경제학도 종합적으로 경영경제학과 같은 방향으로 나아갔지만 독자성을 포기한 채 일반경영경제학의 지식을 임업경영에 그대로 적용할 수는 없었기 때문에 임업경영경제학의 특수한 문제를 일반경영경제학과는 다른 방법으로 해결하지 않으면 안 되었다.

독일 이외의 국가에서 진행된 임업경영경제학의 전개는 독일과 동일한 경우와 그렇지 않은 경우로 나뉜다. 독일에서는 집약적인 원가계산과 생산성 측정의 문제가 논의되었고, 스위스와 오스트리아에서는 독일과 유사한 문제가, 그리고 스칸디나비아에서는 제2차 세계대전 이후 임업경영경제학의 계량, 경제적 문제 및 다른 투자 문제에 대한 예측·연구가 이루어졌다. 한편 영국 및 미국에서는 임업경영경제학이 국민경제의 영향을 강하게 받았으며 시장 논리, 시장 예측, 가격 형성, 토지이용, 산림의 사회적 기능의 평가 등이 임업경영경제학의 문제로 다루어졌다. 하나의 예로 경영계획과 원가분석이 산림경영에 속하게 되었다.

이상과 같은 산림경영계획학을 편의적인 관점에서 고찰하여 하나의 산림을 하나의 생산조직으로 생각한 1970년대부터 1990년대까지 약 30년간을 '고전적 산림경영계획' 시대로 분류할 수 있다. 기술적으로는 발전했지만 사회구조가 급격하게 변하고 산림의 역할이 바뀌면서 산림관리에 대한 현장의 영향력을 많이 상실한 시대라고 할 수 있다. 또한 산림경영이 산림현장의 문제에 제대로 부응하지 못한 시기로 볼 수 있다.

이후 컴퓨터의 발달과 더불어 산림조사, 산림생장 예측, 산림수확조절에 관한 여러 모델이 산림경영에 적용된 시기를 '최적화 모델에 의한 산림계획' 시대라고 할 수 있다. 1990년대에 들어서면서 새로운 산림계획학이 태동하였고, 이는 산림계획학의 내부적인 발전과 외부 압력인 환경 변화에 따라 산림의 역할이 바뀌었음을 의미한다.

현재는 산림경영계획에서 외적 요소인 경관, 야생동물, 물 환경 등의 사회적 요구와 에너지 및 이산화탄소의 순환, 생물다양성 등의 평가 기준을 중요시하고 있다. 산림경영학에 이러한 창조적 사고와 윤리관이 요구되는 단계를 '제3세대 산림계획학의 발아' 시대로 분류하기도 한다. 경영 이념과 환경 이념을 바탕으로 생각하고 행동하는 '기업의 환경윤리'가 강조되고 있으며, 기업 환경 거버넌스(governance)를 통한 지속가능한 산림경영에의 접근이 필요한 때이기도 하다.

3 산림경영계획과 삼림경리학

산림경영계획(山林經營計劃)은 유럽에서 위협적인 목재 고갈의 시기에 성립되었다. 중세 이후 지속된 불규칙적인 목재 이용과 산림황폐화는 대략 16세기 이래로 목재 수요와 공급 가능성 사이의 격차를 점점 벌렸다. 그 후 근대적 산림경영이 시작되었으며 시기는 18세기로 추정된다. 보속원칙이 발전하고 산림조사가 개선되면서 현재와 미래의 목재 이용을 보장하기 위한 새로운 방법들이 등장하였다.

산림경영계획학(山林經營計劃學)이라는 용어가 우리나라에는 삼림경리학(森林經理學, Forsteinrichtung)으로 처음 소개되었으며, 이 독일어 단어는 중세 독일어에서 근원을 찾을 수 있다. 베크만(Beckmann, 1759)은 그의 저서 『보호적 임업을 위한 지침(Anweisung zu einer pfleglichen Forstwirtschaft)』에서 정리, 정돈, 시설, 설비 등을 뜻하는 'Einrichtung'이라는 단어를 사용하였고, 외텔트(Oettelt, 1768)는 그의 저서에서 '새로운 삼림경리학(die neue Forsteinrichtung)'이라고 표현한 바 있다. 그 후 여러 학자들에 의해 개념 정립이 이루어졌다.

19세기에는 산림경영계획의 자연적 · 기술적 측면뿐만 아니라 경제적인 관점이 더욱 강조되었고, 코타(Cotta, 1820)와 훈데스하겐(Hundeshagen, 1828) 등에 의해 산림경영의 경제적 과제들이 두드러지게 강조되었다. 유다이히(Judeich, 1871)는 "산림경영의 과제인 경제적 목표가 달성되도록 산림경영의 전체 사업구가 시간적 · 공간적으로 잘 정돈되어야 한다."라고 강조하였다.

20세기에는 독일의 대표적 임학자인 바그너(Wagner, 1928), 만텔(Mantel, 1948), 리히터(Richter, 1952) 등에 의해 산림경영계획의 내용이 현실적으로 구체화되었다. 특히 리히터는 "산림경영계획학(Forsteinrichtung)은 주기적으로 임분을 파악하고 중장기적인 산림경영계획과 주기적인 효율성 검증을 의도하는 학문"이라고 정의하였다. 슈파이델(Speidel, 1972)은 산림경영계획을 '중기산림경영계획'이라고 일컬으며 계획의 기간 개념을 명확히 하고 산림경영의 경제적 · 생태적 실상의 개방성을 강조한 바 있다.

쿠르트(Kurth, 1994)는 그의 저서 『삼림경리학(Forsteinrichtung)』에서 삼림경리학의 개념을 정의하며 '산림의 보속적인 조정 및 통제'에 초점을 맞추었다. 즉 임업에서 재생산을 위해 기본적이면서 특수한 전제조건인 보속성, 그리고 포괄적이면서 시간적 · 공간적으로 차이가 나타나며 경제적 · 생태적 측면을 지향하는 산림자원계획으로 표현 가능한 조정 및 통제 등 두 가지로 정의를 제시한 바 있다.

20세기 후반에는 북아메리카대륙을 중심으로 컴퓨터의 발달에 힘입어 사용된 산림경영계획(forest management planning)이라는 용어에서 '계획(planning)'이라는 단어가 컴퓨터 '프로그래밍(programming)'과 거의 비슷한 개념으로 소개되었고, 실제로 최적화기법 및 컴퓨터 소프트웨어가 상용화되어 널리 사용되었다. 그러다 1992년 유엔환경개발회의 이후로 '지속가능한 산림경영' 시대가 열렸고, 산림경영계획도 이러한 추세를 반영하기 시작하였다.

우리나라에서도 최근까지 영림계획(營林計劃)이라는 용어로 실행해 오다가 산림경영의 전 세계 패러다임이 지속가능한 산림경영으로 전환되면서 산림경영계획이라는 용어로 바꾸고 실질적인 내용도 산림현장에 보다 가깝게 계획을 세우고자 노력하고 있다.

1·2 산림경영 원칙과 특징

산림경영은 산림의 조성 및 이용을 목적으로 하는 인류의 계획적 활동이다. 일반적으로 임산물 생산 활동으로 정의하지만, 보다 광의로 해석하면 산림을 대상으로 하는 후생적 · 복지적 활동까지 포함한다.

산림의 역할은 산림이 지닌 기능을 통해 인류 생활의 영속적 발전에 기여하는 데 있다. 산림의 기능으로는 임산물 생산 기능 외에 수원함양 · 토사유출방지 · 토사붕괴방지 등의 보안기능과 산소공급 · 대기정화 · 방풍 · 방사 · 방설 · 방진 · 소음방지 등의 환경완화 기능, 야생조수보호 기능 및 보건휴양 기능 등이 있다. 그러나 이들 기능을 필요로 하는 정도는 국가별 · 지역별로 산림에 따라 다르며, 또 시간의 경과에 따라서도 변화할 수 있다.

이와 같이 산림경영은 활용 목적을 산림이 가진 기능 가운데 어디에 두는지에 따라 달라지지만, 일반적으로 하나의 기능에만 목적을 두고 추구할 수 있는 경우는 적고, 몇 가지 기능을 복합해 경영하지 않으면 안 되는 산림이 많다. 결국 산림경영은 각 산림이 가진 모든 기능과 경영 조건을 통합적으로 선택 · 판단하여 목표를 설정하고 이를 기초로 하여 임분별 시업계획을 수립하는 일이다. 즉 산림의 건전화에 의한 생산력 증대를 꾀하고, 가장 가치가 있는 임목을 영속적으로 생산하면서 공익적 · 복지적 기능을 수행하도록 경영하는 것을 목적으로 한다. 또한 자연과 조화로운 벌채 · 갱신을 이상으로 한다.

1·2·1 산림경영 지도원칙

산림경영은 산림을 조성하고 관리하면서 수익을 창출하고 산림의 다양한 기능을 함께 발휘하도록 하는 것을 목적으로 한다. 이러한 목적을 달성하기 위해 고려해야 할 원칙을 전통적으로 산림경영의 지도원칙으로 삼고 있으며 공공성 원칙, 경제성 원칙, 환경성 원칙, 보속성 원칙으로 구분할 수 있다.

1 공공성 원칙

공공성 원칙은 공공경제성 원칙, 후생 원칙, 공익성 원칙, 경제후생 원칙 등으로도 불리며 이타주의 원칙의 범주에 들어간다. 즉 공공이 소비하는 목재 및 임산물의 지속적 생산과 공공의 후생·복지 증진을 달성하도록 산림경영이 운영돼야 한다는 원칙이다. 공공성 원칙은 산림경영이 궁극적으로 지향해야 할 최고의 지도원칙이다. 그러나 수익으로 이어지지 않는 비시장가치에 대해서는 공공성이 높다 하더라도 산림경영인의 수용성이 낮은 한계를 지니고 있다.

2 경제성 원칙

경제성 원칙은 다시 수익성 원칙, 경제성 원칙, 생산성 원칙으로 구분한다.

① 수익성 원칙

수익성 원칙은 최대의 순수익 또는 최고의 수익률을 올리도록 경영해야 한다는 원칙이다. 수익성에는 투입된 비용에 대한 수익(수익/비용)을 나타내는 비용수익성과, 투입된 자본에 대한 수익(수익/자본)을 나타내는 자본수익성이 있다. 수익성 원칙은 공공성 원칙과 더불어 산림경영에 있어서 최고의 지도원칙으로 간주된다.

② 경제성 원칙

경제성 원칙은 수익성 원칙을 달성하기 위한 경제 원칙으로 합리성 원칙 또는 합목적성 원칙이라고도 불린다. 일반적으로 최소의 비용으로 주어진 목적을 달성하는 최소 희생의 원칙과, 주어진 비용으로 최대의 목표(효과)를 달성하는 최대 효과의 원칙으로 구분한다.

③ 생산성 원칙

생산성 원칙도 종종 수익성 원칙을 실현하기 위한 전제조건으로 간주되며, 투입된 생산요소에 대한 생산량(생산량/투입생산요소)을 뜻하는 생산성이 최고가 되도록 목표한다. 생산성에는 노동생산성과 토지생산성이 있으며, 산림경영(임업)이 노동 집약적 산업이라는 측면에서는 노동생산성을, 토지 기반의 산업이라는 측면에서는 토지생산성을 강조한다.

3 환경성 원칙

① 합자연성 원칙

합자연성 원칙은 기존의 산림경영에서 산림을 기계적 생산체로 취급한 데 대한 경고에서 나온 경영 원칙으로, 임목 생산에 있어서 산림이라는 생물 사회의 자연법칙을 존중하지 않으면 안 된다는 주장이다. 임목 생산은 자연에 의존하는 정도가 극히 높아 산림을 지배하는 자연법칙을 무시해서는 성립할 수 없으므로 일정 부분 자연에 순응하는 경영을 해야 한다. 이때 자연법칙의 존중이라는 문제를 보다 근본적으로 고려하면 환경보전 원칙의 의미가 내포된 자연법칙이라고 이해할 수 있다. 자연에 순응하고 어울리는 복지적 경영을 해야 한다는 보다 고차원적 원칙이다. 따라서 산림경영에 있어서 근원적이고 지속적인 원칙이라고 할 수 있다.

② 환경보전 원칙

환경보전 원칙은 국토보안 원칙 또는 환경양호 원칙이라고도 불리며, 국토 보전, 수원 함양, 휴양 등의 기능이 충분하게 발휘되도록 경영해야 한다는 원칙이다. 임목을 생산하여 사회에 공헌함과 동시에 목재 생산 외에 산림이 가진 각종 기능이 충분히 발휘되도록 경영해야 함을 의미한다. 예로부터 치산치수(治山治水)가 국민 생활과 밀접한 과제였다는 사실도 환경보전 원칙으로 해석할 수 있다. 즉 산림경영이 임목 생산을 통해 사회의 경제적 복지에 공헌하는 동시에 임목 생산 이외의 외부적 이익에도 충분히 대응해야 한다는 원칙이다. 따라서 환경보전 원칙은 광의의 합자연성 원칙에 속한다고도 볼 수 있다.

4 보속성 원칙

보속성 원칙은 목재 수확이 양적 · 질적으로 매년 균등하고 영속적으로 지속돼야 하며, 이를 위해 필요한 전제조건을 유지하도록 노력해야 한다는 원칙이다. 일반적으로 임목을 생산하려면 산림에서 수확을 매년 균등적 · 항상적으로 영속할 수 있도록 경영해야 한다는 원칙으로 인식된다. 보속성 원칙은 모든 원칙에 우선하여 지배적인 위치를 점해 왔다. 역사적 발전 과정에 따른 보속 개념의 변천을 정리해 보면 다음과 같다.

① 목재수확 균등의 보속

산림에서 목재를 매년 거의 균등하게 수확하여 사회가 필요로 하는 목재를 영속적으로 공급할 수 있도록 하자는 의미의 보속 개념이다. 만텔은 "연년의 목재 수확을 양적으로도 질적으로도 균등하게 보속하는 것"이 보속성이며, 거기에 필요한 ①임지 · 임목의 산림생물학적인 건전 상태, ②연령 · 경급 · 품질 등의 각 요소가 충분한 임목축적의 존재, ③축적의 균등적 갱신, ④균등한 경영지출과 같은 전제조건을 견지하도록 노력해야 한다고 주장하였다.

② 목재 생산의 보속

임지의 생산력을 최고로 유지한다는 의미의 보속으로, 토지순수확설의 영향을 받았다. 유다이히는 보속을 광의로 해석하여 "연년 수확의 규제적인 발생은 보속성의 조건이 아니며, 임지가 끊이지 않고 임목 육성에 이용되어 임목의 조성 · 보육에 의해 장래 수확이 보장되는 임업은 모두 보속작업이다."라고 밝혔다. 목재 생산 내지 임지생산력 유지의 관점에서 종래의 보속성을 확대하여 재조림에 의한 임지의 최고 생산력 유지를 중시한다. 전업적 임업경영에서 보속성의 개념은 연년작업을 가리키며 간단작업은 포함되지 않는다.

③ 화폐수확 균등의 보속

산림에서 화폐수익이 매년 거의 균등하게 지속될 수 있도록 한다는 보속 개념이다. 연년 화폐수익의 균등적 지속을 목표하더라도 목재 판매량, 목재 가격, 수확 비용 등의 변동으로 인해 목재수확의 균등을 도모하기가 곤란하다. 이를 극복하기 위해 오스트발트(Ostwald, 1924)는 기초자본의 유지를 제안하였다. 기초자본은 산림자산과 화폐(적립금)로 구성되며, 양자 간의 교환이 가능하여 과벌분을 자본적립금으로 하고 절벌분은 그 적립금으로 충당한다. 구텐베르크(Guttenberg, 1903), 에버바흐(Eberbach, 1927), 바그너(Wagner, 1928) 등도 이런 의미의 보속을 연구하였으며, 이들이 제창한 재적법정림, 최량축적, 경제축적 등은 화폐수학 균등의 보속을 실현하고자 의도한 개념이다.

그러나 기초자본의 개념을 적용할 경우 산림자산으로서의 임목축적이 현저히 감소하며, 임목축적이 다액의 자본적립금으로 바뀐 경우에도 기초자본을 유지하려고 한다는 점에 문제가 있다. 임업경영은 산림과 축적을 전제로 하며, 보속의 중심은 임목축적이지 적립금이 아니기 때문이다.

④ 생산자본 유지의 보속

축적자본 혹은 임목자본 유지의 보속이라고도 일컬으며, 산림에서 생상량만금의 수확만 획득해 이용하고 생산자본인 임목축적은 침해하지 않는다는 의미의 보속이다. 임업경영을 영속하기 위해서는 양적 · 질적으로 생산 목적인 임목을 끊임없이 수확할 수 있도록 산림축적을 유지하는 일이 필수조건이다. 임목축적이 한번 파괴되면 임목 생산의 쇠퇴로 이어지고, 이를 회복하기 위해서는 오랜 시일의 희생이 뒤따라야 한다.

1·2·2 산림경영 특징

임업은 토지 생산업이므로 농업, 축산업과 함께 1차 산업에 속하지만 농축산업과는 다른 특징을 지니고 있다. 그러므로 산림경영에서는 임업의 특징을 잘 이해하고 대책을 세우는 일이 필요하다.

1 임업의 기술적 특성

첫째, 생산기간이 대단히 길다. 산림에 투자한 뒤 수확하기까지 보통 60~70년이 걸리므로 임업만 경영해서는 생계를 유지하기가 곤란하다. 따라서 임업은 대부분 부업 또는 겸업 형태로 경영된다. 주업적 임업을 경영하려면 산림 면적이 상당히 넓고 임목축적이 많아야 할 뿐만 아니라 구성 상태도 유령림, 중령림, 장령림, 성숙림 등의 균형이 잡혀 있어야 한다. 한편 임업의 생산기간이 너무 길고 자연조건에 따른 위험성이 크기 때문에 투자를 회피하는 경향이 있으므로 자금을 장기 저리로 융자해 주거나 산림재난으로 인한 손실을 보상하는 등의 제도가 필요하다.

둘째, 임목은 성숙기가 일정하지 않다. 농작물은 생리적 성숙기에 이르면 거둬들이지만, 임목의 성숙기는 열매를 맺는 생리적 시기와 관계가 없으므로 수확시기의 문제가 따른다. 임목의 성숙기는 경제적으로 유리할 때로 정하는 것이 일반적이다. 그런데 임목의 경제적 성숙기는 임목의 종류, 입지 조건 등에 따라 다를 뿐만 아니라 경영주의 경영 목적에 따라서도 다를 수 있다. 예컨대 입지 조건과 임목의 종류가 같더라도 경영주의 경영 목적이 작은 직경의 표고목이나 갱목(坑木)을 생산하는 데 있을 때에는 25~30년을 성숙기로 하지만, 큰 직경의 용재(用材)를 생산하는 데 있을 때에는 60~70년을 성숙기로 한다.

또한 다른 조건이 모두 같을 때에도 경영 주체가 국가 · 공공단체인가 또는 개인인가에 따라 성숙기의 결정에 접근하는 방법이 다르다. 전자의 경우에는 토지생산성의 최대를 실현하는 성숙기 결정 방법을 선호하지만, 후자의 경우에는 투하자본 운용이율의 최대를 목표로 하는 성숙기를 결정하고자 한다. 국민경제적 입장에서 임목의 성숙기를 정할 때에는 성숙기가 길어지는 경향이 있고, 개별경제적 입장에서 성숙기를 정할 때에는 성숙기가 짧아지는 경향이 있다. 국민경제적 입장을 강조한 임목 성숙기의 적용을 권장할 때에는 개별경제적 입장의 경영주가 감당할 어려움을 덜어 주는 대책을 마련해야 한다. 예를 들어 국민경제적 입장에서 어떤 수종의 성숙기를 70년으로 정하였지만 개별경제의 경영주가 재정상 50년일 때 벌채하기를 원한다고 할 때 벌채를 연기함으로써 경영주가 입을 재정적 고충을 해소하기 위해 벌채조정자금을 저리로 융자해 주는 대책을 세울 수 있다.

셋째, 토지나 기후 조건에 대한 요구도가 낮다. 임목은 생리적으로 강하기 때문에 토지 비옥도가 낮거나 한랭한 곳에서도 자라므로 농업이나 축산업을 할 수 없는 곳에서도 임업을 경영할 수 있는 이점이 있다. 따라서 다른 용도로 사용하지 못하는 토지, 예컨대 하천부지, 철도변, 도로변, 공한지, 운동장 주변, 집 주변, 밭둑, 한랭지, 습지 등에 나무를 심으면 국토를 미화하고 환경을 보전하면서 산림자원을 조성할 수 있다.

넷째, 자연조건의 영향을 많이 받는다. 산림은 면적이 넓을 뿐만 아니라 지형이 험하여 생육환경을 인력으로 조절하기가 대단히 어렵다. 임업에서는 파종, 식재, 시비, 관수, 약제살포, 보온 등의 인공적 조절을 지극히 한정된 범위에서 할 수밖에 없으므로 자연을 활용하는 방법을 적극 강구해야 한다. 천연하종에 의한 갱신 또는 맹아를 이용한 산림갱신 방법을 적용하거나, 낙엽 채취를 금지하여 산림의 비옥도를 유지하거나, 또는 적절한 입목도를 유지하여 산림의 습도를 조절함으로써 임목의 생장을 촉진하고 병충해를 예방하는 방법 등을 적용하는 일이 필요하다.

2 임업의 경제적 특성

첫째, 육성임업과 채취임업이 병존한다. 육성임업(育成林業)은 인공적으로 육성한 임목을 벌채 · 수확하는 임업을 말하고, 채취임업(採取林業)은 천연적으로 생육한 천연림의 임목을 벌채 · 수확하는 임업을 말한다. 오늘날에는 두 가지 임업경영이 모두 존재한다.

임업의 발달 과정을 보면 먼저 채취임업이 시작되고, 목재 소비가 많아져서 가까운 천연림에 벌채할 임목이 없어지면 점차 멀리 있는 천연림에서 임목을 벌채 · 이용한다. 채취임업이 오랫동안 계속되면 천연림의 벌채지는 점점 오지화(奧地化)되고 목재 생산비가 늘어나므로 목재 가격이 상승한다. 목재 가격이 오르면 생산 여건이 좋고 생산비가 적게 드는 임지에 인공조림하는 육성임업이 시작된다. 육성임업의 생산비는 임목의 육성비와 벌출비(伐出費)의 합이며, 채취임업으로 생산한 목재의 가격이 육성임업의 생산비를 초과할 때까지는 육성임업이 성립할 수 없다는 것이 경제학적 견지에서의 이론이다. 그러므로 육성임업이 일찍 발전하려면 정책적 차원에서 조림보조비, 저리 자금 융자 등의 지원 대책을 세워야 한다.

둘째, 원목 가격은 대부분 운반비가 차지한다. 임목은 무겁고 부피가 크기 때문에 운반비가 많이 든다. 특히 교통이 불편한 오지에서 생산된 원목의 경우 운반비의 비중이 더욱 크다. 목재 시장의 원목 가격을 분석해 보면 운반비가 차지하는 비중이 원목 가격의 2/3를 넘는 경우가 많다. 따라서 생산력이 좋은 오지림의 단위면적당 임목 가격이 생산력이 좋지 못한 소비지 부근의 임지에 비해 낮은 경우도 있다. 육성임업을 오지로 확대하려면 임도(林道)를 개설하여 운반비를 줄임으로써 임목 가격의 비중을 높이고 경영주의 수입을 늘릴 수 있는 지원 대책이 필요하다.

셋째, 임업 노동은 계절적 제약을 크게 받지 않는다. 임업 노동은 조림 · 육성 노동과 벌채 · 운반(집재) 노동으로 나뉘며, 조림 노동을 제외하고는 일반적으로 계절적 제약을 덜 받는다. 즉 조림은 대개 이른 봄에 하므로 계절적 제약이 따르지만 기타 육성 노동에 속하는 가지치기 · 간벌 노동과 벌채 · 운반 노동에는 계절적 제약이 적다. 그러므로 농한기의 잉여 노동력을 잘 이용하면 부족한 노동력을 적절히 보완할 수 있고, 농 · 산촌에 소득을 올릴 수 있는 노동의 기회도 제공할 수 있다. 특히 농가임업이나 부업적 임업에서는 가족의 잉여 노동력을 활용해 조림 · 육성했다가 추후 벌채 · 수확한다면 가장 적절한 농 · 산촌 노동력의 현금화가 가능하다.

넷째, 임업생산은 조방적(粗放的)이다. 임업의 생산요소인 노동 · 자본 · 임지의 활용 양상이 간단하다. 단위면적당 노동량이 농업에 비해 적고 자본도 많이 들지 않는다. 임지는 가격이 싸므로 많은 자본이 필요하지 않을 뿐만 아니라 조림에 필요한 묘목이나 비료 등을 국가에서 지원받을 수 있으므로 유동자금도 많이 들지 않는다. 일반적으로 임지를 조상으로부터 물려받은 경우가 많아 이때에는 임지를 매입할 자금도 필요가 없다. 규모가 작은 농가임업이나 부업적 임업이라면 가족의 잉여 노동력을 이용하여 임업을 경영할 수도 있으므로 임업경영의 뜻과 기술만 갖춘다면 좋은 임업경영의 성과를 올릴 수 있다.

다섯째, 공익성(公益性)이 크므로 임업 활동에 제약이 많다. 산림은 임산물을 생산할 뿐만 아니라 국토 보존, 수원 함양, 자연환경 보호, 보건휴양 향상 등의 공익성을 띠므로 보안림, 자연공원, 국립공원 등으로 지정된 지역이라면 임업경영에 지장을 받을 수 있다. 이와 같은 경우에는 적절한 보상책으로서 세금 면제, 자금 융자 등을 지원하거나, 앞으로 계속해서 제한이 불가피한 산림은 국가나 공공단체에서 매입하여 직접 관리하는 편이 바람직하다.

1·3 산림경영 생산기간

임목의 성숙기가 일정하지 않으므로 산림경영에서는 생산기간을 정하는 일이 필요하다. 생산기간이 결정되면 통상 몇 개의 분기로 다시 나누어 경영계획을 수립한다. 예를 들어 생산기간을 60년으로 정했다면 60년을 10년씩 6개의 분기로 나눌 수 있다. 이와 같이 생산기간과 분기가 정해지면 그에 따라 작업 구역과 생산 방식도 결정된다.

1·3·1 벌기령과 벌채령

1 벌기령

① 벌기령 개념

벌기령(伐期齡, age of maturity, final age)이란 임분이 처음 성립한 뒤 생장하는 과정에서 성숙기에 도달하는 계획상의 연수를 말한다. 즉 벌기령은 경영 목적에 따라 미리 정해지는 연령이자 경영상 가장 적합한 벌채 연령이 된다. 또한 벌기령은 경영 목적뿐만 아니라 경영 사정과 생산요소 등 여러 요인에 따라 달라지지만 산림경영계획상 중요한 의의를 가질 수 있다. 따라서 벌기령의 결정은 산림경영상 중요한 사안이므로 산림의 자연적 또는 경제적 요소를 충분히 고려하여 가장 유리한 때를 벌채 연령으로 정한다.

같은 토지 생산업인 농업의 농작물은 생리적인 성숙 시점의 확인이 용이하여 수확기를 손쉽게 결정지을 수 있지만, 임목은 일반적으로 생장기간이 길고 불확실하기 때문에 생리적으로 결정하기가 어려울 뿐만 아니라 필요성 또한 없기 때문에 성숙기를 인위적으로 결정해야 한다. 극단적인 유령 임목을 제외하고는 어린 임목부터 큰 임목에 이르기까지 수종(樹種)과 재종(材種)에 따라 임목의 이용 가치가 다르고 임업의 수익률 또한 차이가 있기 때문에 최적의 벌기령을 결정하기 위해서는 경영 목적과 경제 사정 및 환경적 요인 등 여러 가지 인자를 종합한 뒤 판단해야 한다.

② 벌기령 종류

벌기령은 임목의 수확 연령을 말하지만 일정한 공식에 따라 일률적으로 벌기령을 산정할 수는 없다. 벌기령은 임업경영의 목적에 맞는 벌기령 결정 방법을 선택해 정한다. 종래의 벌기령 산정 방법에는 여러 가지가 있지만 그중 중요한 몇 가지 벌기령 산정 방법의 내용과 어떠한 경영 목적에 적합한지에 대해 살펴보기로 한다.

㉠ 조림적 벌기령

조림적 벌기령(造林的 伐期齡, silvicultural final age)은 자연적 벌기령(自然的 伐期齡) 또는 생리적 벌기령(生理的 伐期齡)이라고도 한다. 산림 자체를 가장 왕성하게 육성하고 유지하는 데 근본 뜻이 있으며, 조림학적 · 병충학적 · 생리학적 특성을 고려하여 벌기령을 결정한다.

㉡ 공예적 벌기령

공예적 벌기령(工藝的 伐期齡, technical final age)은 용재를 일정한 용도에 적합한 크기로 생산하는 데 필요한 임목의 연령을 기준으로 결정하는 벌기령이다. 일반적으로 특수한 용도, 예를 들면 표고자목, 펄프재 및 신탄재 생산과 같이 용도에 따라 형상이나 규격이 알맞은 때를 기준으로 정한다. 예컨대 신탄재의 생산을 목적으로 하는 활엽수림에서 흉고직경을 10~15cm로 희망할 경우 해당 수종과 지위에 관한 수확표(收穫表, yield table)에서 흉고직경 10~15cm에 대한 연령을 찾으면 그 수치가 곧 공예적 벌기령이 된다. 이때 채택된 공예적 벌기령이 최대 화폐수익과 일치하면 가장 이상적인 벌기령이 된다.

수종과 재종에 따라 차이가 있지만 정확하게 산정하고자 할 때에는 벌목, 조재, 가공 등의 모든 경비와 임산물 시장가격의 차이에서 발생하는 기업이윤을 계산해 봐야 한다. 즉 임목의 흉고직경별 임목재적당 기업이윤을 계산할 때 단위재적당 기업이윤이 경급 몇 센티미터에서 가장 많은가를 계산해 보면 임목의 최적 크기를 알 수 있다. 공예적 벌기령이 수익성의 최대를 직접 목적하지는 않지만 결과적으로 최대 수익성을 실현할 수 있는 벌기령이다.

㉢ 재적수확 최대 벌기령

재적수확 최대 벌기령(final age of the highest production in volume)은 단위면적에서 수확하는 목재생산량이 최대가 되는 연령을 벌기령으로 하며, 결국은 벌기 평균생장량이 최대인 때를 벌기령으로 정하는 방법이다. 즉 각 연령에 대한 총평균생장량을 비교함으로써 벌기령을 정할 수 있다.

벌기 u_1, u_2, u_3 …에 대한 주임목(主林木, crop tree)의 주벌재적(主伐材積, volume of final crop)을 M_1, M_2, M_3 …라고 하면 M_1/u_1, M_2/u_2, M_3/u_3 …는 각 벌기의 총평균생장량이 되며 이때의 값이 최대가 되는 u를 골라 벌기령으로 하면 된다. 즉 다음 식을 최대로 하는 연령을 재적수확 최대 벌기령으로 한다.

$$\frac{M_u}{u} \quad \cdots\cdots \quad (1\cdot1)$$

또한 주벌수확에 간벌수확까지 포함해 계산하는 경우가 있다. 이때에는 간벌로 수확하는 부임목(副林木, minor crop tree)의 재적을 주벌수확과 합한 총재적수확의 평균생장량이 최고점인 연령을 구하여 벌기령으로 한다. 즉 $\sum D$를 간벌수확의 합계라고 하면 다음 식을 최대로 하는 u가 재적수확 최대 벌기령이 된다.

$$\frac{M_u + \sum D}{u} \quad \cdots\cdots \quad (1\cdot2)$$

㉣ 화폐수익 최대 벌기령

화폐수익 최대 벌기령(final age of maximum gross money yield)은 일정한 면적에서 매년 평균적으로 최대의 화폐수익을 올릴 수 있는 연령을 벌기령으로 한다. 즉 주벌조수익을 A_u, 간벌조수익의 합계를 $\sum D$라고 할 경우 벌기 u를 바꾸어 가면서 다음 식을 최대로 할 때의 u를 벌기령으로 정한다.

$$\frac{A_u+\sum D}{u} \quad \cdots\cdots (1\cdot3)$$

경제변동이 심한 오늘날에는 화폐수익 최대 벌기령을 실제로 적용하기가 어렵다. 주벌수입과 간벌수입의 발생 시점이 크게 다른데도 수입만 합산하고 자본과 이자에 대한 계산을 하지 않는 점이 이 벌기령의 큰 결점이다. 또한 식 1·3에서 조수익의 다소만 헤아리고 경비 지출은 전혀 고려하지 않기 때문에 일반 경제원칙에도 맞지 않는 벌기령이다.

ⓜ 산림순수익 최대 벌기령

산림의 총수익에서 일체의 경비를 공제한 산림순수익이 최대가 되는 연령을 산림순수익 최대 벌기령(final age of maximum forest rent)이라고 한다. 이 벌기령은 산림순수익설에 근거하며, 다음 식을 만족하는 연령 u가 벌기령이 된다.

$$\frac{A_u+\sum D-(C+uv)}{u}=p(B+H_m) \quad \cdots\cdots (1\cdot4)$$

식에서 A_u: 주벌수익, $\sum D$: 간벌수익 합계, C: 조림비, u: 벌기령, v: 관리비, B: ha당 임지가, H_m: ha당 임목가, p: 이자율

식 1·4는 산림에서 매년 올릴 수 있는 순수익[(주벌 및 간벌수익) - (조림 및 관리비)]이 임지가와 임목가의 이자와 같아지는 연령 u를 찾는다는 의미이다. 임지와 임목을 이미 소유하고 있음을 전제로 하며 임차한 경우의 임차 비용은 고려하지 않는다. 따라서 보속경영을 하는 산림에서 임목 축적을 항시 보유하고 있어 기본 재고량으로 볼 경우 고려할 수 있는 벌기령이다. 일반적으로 국유림이나 공유림과 같은 공공산림에 적용할 수 있다.

ⓑ 토지순수익 최대 벌기령

토지순수익 최대 벌기령(final age of maximum soil rent)은 수확의 수입 시기에 따른 이자를 계산한 총수익에서 이에 대한 조림비, 관리비, 이자액을 공제한 토지순수익의 자본가가 최고가 되는 때를 벌기령으로 한다. 즉 토지기망가(soil expectation value)를 최대로 하는 u를 벌기령으로 정한다. 다음 식에서 u를 바꾸어 가면서 이에 대응하는 각종 계산 인자를 대입하여 식의 값이 최고가 되는 때를 벌기령으로 한다.

$$B_u=\frac{A_u+D_a(1+p)^{u-a}+D_b(1+p)^{u-b}+\cdots-C\cdot(1+p)^u}{(1+p)^u-1}-V \quad \cdots\cdots (1\cdot5)$$

식에서 B_u: u년 때의 토지기망가, A_u: 주벌수익, $D_a(1+p)^{u-a}$: a년도 간벌수익의 u년 때의 후가, u: 벌기령, C: 조림비, p: 이자율, V: 관리자본

식 1·5를 토지기망가식이라고 한다. 토지기망가식은 계산 인자의 변동에 따라 벌기령이 크게 달라진다는 단점이 있다. 벌기령 계산 인자 중 다른 요소는 일정하다고 가정할 때 한 요소의 변동이 벌기령에 미치는 영향은 다음과 같다.

1) 이자율(p): 이자율이 높을수록 벌기령이 짧아진다.

2) 주벌수익(A_u): 소경목에 비해 대경목의 단가가 높을수록 벌기령이 길어지고, 소경목과 대경목의 단가 차이가 적을 때에는 벌기령이 짧아진다.
3) 간벌수익($\sum D$): 간벌량이 많고 간벌시기가 빠를수록 벌기가 짧아진다.
4) 조림비(C): 조림비가 적을수록 벌기령이 짧아지지만 영향은 극히 적다.
5) 관리비(v): 벌기령의 장단과 무관하다.

한편 보속생산 체계에서는 다음과 같은 식을 만족하는 연령 u를 벌기령으로 한다.

$$\frac{A_u+\sum D-(C+uv)}{u}-p \cdot H_m=p \cdot B \quad \cdots\cdots (1 \cdot 6)$$

식에서 A_u: 주벌수익, $\sum D$: 간벌수익 합계, C: 조림비, u: 벌기령, v: 관리비, B: ha당 임지가, H_m: ha당 임목가, p: 이자율

도지순수익설에 근거한 이 벌기령은 산림에서 매년 올릴 수 있는 순수익[(주벌 및 간벌수익)-(조림 및 관리비)]에서 임목가에 대한 이자를 뺀 값이 임지가에 대한 이자와 같아지도록 벌기령을 정하는 방식이다. 즉 임목가에 대한 이자를 고려하고 임목을 임차한 경우의 임차료를 계산에 포함시킨 것이다. 임지와 함께 임목을 이미 소유하고 있는 경우라면, 임목가에 대한 이자는 임목을 벌채했을 때 발생한 수익을 은행에 예치할 경우 매년 받을 수 있는 이자에 해당한다. 임목수확을 하시 못힘으로써 잃어버린 일종의 기회비용(opportunity cost)인 셈이다. 따라서 토지순수익 최대 벌기령은 사유림에 적용 가능하며, 산림순수익 최대 벌기령보다 짧은 것이 일반적이다.

㉦ 수익률 최대 벌기령

수익률 최대 벌기령은 생산자본에 대한 순수익의 비, 즉 수익률이 최고인 시기로 벌기령을 정한다. 따라서 수익률 계산식 $r=(E-A)/K$를 응용하여 수익률 $r=P$, 수익 $E=A_u+D_a+D_b+\cdots$, 비용 $A=C+uv$, 자본 $K=uB+N$이라고 하면 연년작업에 적용할 수 있는 수익률 최대 벌기령은 다음 식으로 구할 수 있다. 즉 P가 최대가 되는 u를 정하면 된다.

$$P=\frac{A_u+D_a+D_b+\cdots+D_q-(C+uv)}{uB+N}\times 100 \quad \cdots\cdots (1 \cdot 7)$$

또한 간단작업에 있어서는 다음 식을 적용하며, u를 바꾸어 가면서 P가 최대일 때의 u를 구한다.

$$P=\frac{A_u+D_a(1+P)^{u-a}+\cdots+D_q(1+P)^{u-q}-(B+V)\{(1+P)^u-1\}-C(1+P)^u}{(B+V)\{(1+P)^u-1\}+C(1+P)^u} \quad \cdots\cdots (1 \cdot 8)$$

앞서 토지순수익 최대 벌기령의 계산에서는 P의 예정치에 따라 순수익이 최대가 되는 시기가 달라지므로 P를 미리 정할 수 없다는 문제점이 지적되었다. 이를 시정하기 위해 수익률 최대 벌기령에서는 P가 사업의 결과로써 정해지는 것이 이론적으로 정당하다는 데서 출발한다.

2 벌채령

벌기령이 경영계획상 인위적으로 정한 성숙기 연령인 데 반해 벌채령(actual felling age)은 임목이 실제로 벌채되는 연령을 말한다. 임목은 산림경영상의 여러 가지 사정으로 인해 계획된 벌기령에 벌채되지 않는 경우가 많다. 예를 들면 벌채 순서의 변경, 특수한 목재 수요에 대한 공급, 경영주의 재정 사정, 풍해 · 설해 및 병충해목 처리 등의 사정이 생길 수 있다.

외부로부터의 아무런 영향이 없어 정상적으로 진행된다면 벌채령이 곧 벌기령과 일치하여 임목은 벌기령에 벌채된다. 이처럼 벌기령과 벌채령이 일치할 때의 벌기령을 법정벌기령(法正伐期齡), 그렇지 못할 때의 벌기령을 불법정벌기령(不法正伐期齡)이라고 구별하기도 한다. 그러나 대부분의 임분에서는 산림경영계획상의 벌기령과 벌채령이 일치한다.

또한 벌기령과 유사하게 사용되는 용어로 윤벌령(輪伐齡, rotational age)이 있다. 윤벌령은 한 작업급(作業級, working group)의 평균벌기령으로, 대면적의 산림경영에서는 같은 작업급 내에서도 임분에 따라 어느 정도 지위의 차이가 나타나 임목의 생장이 달라지므로 개개 임분의 벌기령에 차이가 생길 수 있다. 그러나 경영적 측면에서는 한 작업급의 임목이 작업급을 구성하고 있는 각 임분의 평균적 벌기령에 벌채된다고 간주하여 이때의 벌기령을 윤벌령으로 한다.

1·3·2 윤벌기와 회귀년

1 윤벌기

윤벌기(輪伐期, rotation period)는 연년작업이 진행되는 작업급에 속한 전체 산림을 일순벌(一巡伐)하는 데 걸리는 기간을 말한다. 윤벌기는 전체 작업급에 성립하는 기간 개념이며, 벌기령과는 표 1-1과 같은 차이가 있다.

표 1-1 윤벌기와 벌기령 비교

윤벌기	벌기령
• 작업급에 성립 • 일순벌하는 데 필요한 기간이며 임목의 생산기간과 일치	• 임분 또는 수목에 성립 • 임목 그 자체의 생산기간을 나타내는 예상적 연령 개념

산림경영에서는 작업급을 법정상태로 유도하는 수단으로서 윤벌기가 필요하다. 윤벌기는 작업급의 법정영급분배를 예측하는 기준이며, 법정연벌면적이나 법정연벌재적의 계산적 기초로 이용되어 법정축적, 법정생장량 등을 추정하는 요소로도 활용된다.

현실림에서도 벌채열구를 계획하고 장래 보유해야 할 축적의 기준을 구하거나 지속적 수확을 예측하는 일에 윤벌기를 이용하는 경우가 많다. 기존의 수확조절 방법 대부분에 윤벌기가 산정 요소로 들어 있다. 그러나 윤벌기는 각종 벌구식 작업을 하는 경우에 중요하게 다루어지며 택벌작업이나 그와 유사한 작업에서는 윤벌기의 필요성이 미미하다.

2 회귀년

택벌작업은 전체 산림에서 벌기에 도달한 임목을 골라서 매년 벌채하는 형식이 이상적이다. 그러나 이런 방식의 작업은 특수한 경우 이외에는 실행할 수 없다. 일반적으로는 작업급을 몇 개의 택벌구(擇伐區)로 나눈 뒤 매년 한 구역씩 택벌해 일순하고 다시 최초의 택벌구로 회귀해 벌채하는 방법이 사용된다.

작업구를 L개의 택벌구로 나누면 L년마다 동일한 택벌구로 택벌이 돌아간다. 이렇게 회귀하는 데 필요한 기간 L을 회귀년(回歸年, cutting cycle) 또는 순환기(循環期)라고 한다. 회귀년의 연수는 사업의 집약도, 수종, 입지 조건 등에 따라 다르다. 일반적으로 회귀년이 길어지면 그만큼 택벌작업의 본질에서 멀어지는 작업법이 된다.

이와 같이 회귀년은 택벌작업을 하는 산림에 설정되는 기간 개념이다. 택벌림에 윤벌기를 설정하여 계획을 수립할 경우에는 윤벌기가 회귀년의 정수배가 되도록 회귀년을 정하는 것이 보통이다. 회귀년 길이의 장단은 다음과 같은 여러 가지 측면을 고려해 결정한다.

① 조림 관계

조림의 기술적인 면에서 보면 회귀년 길이가 짧아 1회 벌채량이 적어야 유리하다. 생물학적으로 다루는 데 용이할 뿐만 아니라 조림기술적 견지에서도 10년 또는 그 이하가 될 때 임목의 생장 촉진, 수종 구성 상태의 개선, 병충해에 따른 고손목 처리를 통한 임내 정리 등 여러 가지 유리한 점이 많다. 단순히 이러한 의미에서만 본다면 회귀년이 1년인 전림연년택벌로 옮겨질 때 생물학적으로 가장 이상적이라고 할 수 있다. 대체적으로 회귀년이 짧을 때에는 면적당 벌채량이 적은 대신 우량 임목이 생산될 뿐만 아니라 기업의 이윤 면에서도 일부 소경목 생산이 예상되는 긴 회귀년보다 유리하다.

② 산림보호 관계

산림의 보호적인 면에서 볼 때에는 짧은 회귀년을 채택하는 쪽이 유리하다. 회귀년이 길면 면적당 벌채량이 많아져서 입목도가 낮아지고, 이로 인해 풍해 · 설해로 인한 임목의 피해가 늘어날 뿐만 아니라 임지 노출이 심해져 토사붕괴로 인한 피해도 쉽게 발생하기 때문이다.

③ 벌채작업 관계

회귀년의 장단을 벌채작업과 결부하면 벌채, 집재, 운재 관계 등을 고려할 수밖에 없고, 이때에는 단위면적당 많은 벌채를 해야만 유리하므로 긴 회귀년이 요망된다. 그러나 장기적이고 합리적인 임업경영을 하려면, 산림의 기본 구성을 파괴하면서까지 대량으로 벌채할 수 있는 긴 회귀년을 채택하기보다는 조림 보호에 지장을 주지 않는 한도 내에서 벌채작업을 할 수 있는 회귀년을 정해야 한다.

④ 기반시설 관계

임업경영에서 가장 기본적인 기반시설은 임도와 방화시설이다. 그러나 기반시설의 확보에는 투자비가 많이 들므로 면적당 대량의 임목을 벌채하여 시설비를 충당하고자 하는 경향이 나타난다. 따라서 긴 회귀년을 원하게 되고, 특히 시설비의 다소가 첫 회귀년의 길이를 제한하는 인자가 된다. 그러나 이들 시설은 항구적이어서 계속적인 임업경영에 이용할 수 있으므로 이후에는 점차 짧은 회귀년을 채용할 수 있다.

⑤ 임분재적 관계

세련된 택벌림시업에서는 택벌된 임분재적이 택벌 직전의 재적으로 회복하는 데 필요한 연수를 감안하여 회귀년을 결정하기도 한다. 이때 벌채작업상 가장 유리한 택벌률을 기술적으로 검토해 정한다. 특히 현실림의 재적이 기대축적에 비해 과부족일 때에는 택벌재적을 조정해야 하며, 이때에는 기대축적을 미리 정하고 이에 맞춰 복귀하는 데 드는 연수를 계산하여 회귀년을 결정한다. 보통 회귀년은 6~10년(또는 20년)으로 하고 있다. 이론적으로는 어떤 기간이라도 가능하지만, 실제적으로는 한계가 있어서 회귀년이 너무 길면 하층목이 피압되거나 택벌구가 좁아져 사실상 해당 구획을 개벌하는 결과를 낳기 쉽다.

1·3·3 개량기와 갱신기

1 개량기

윤벌기는 작업급에서 지속적으로 벌채 · 갱신이 진행된다는 전제하에 설정된다. 따라서 영급구조가 법정 내지 법정에 가까운 작업급에서는 윤벌기를 이용하여 연벌량을 구하면 성숙한 임분을 순차적으로 벌채할 수 있다. 그러나 작업급의 연령 분포가 어느 한쪽으로 편중되어 노령림이 극히 많거나 또는 유령림이 많은 경우에는 윤벌기로 연벌량을 구할 수가 없다. 자칫하면 노령림을 오랫동안 존치해야 하거나 미숙 임분을 벌채해야 해서 양쪽 모두 불이익을 당할 수 있다.

이러한 희생을 가능한 한 줄이기 위해 개량기(改良期, regulation period)를 둔다. 개량기는 정리기(整理期)라고도 하며, 개량의 목적이 달성될 때까지 임시적으로 설정된다. 개량을 요하는 노령림이나 불량 임분이 많은 작업급에서는 개량기가 윤벌기보다 짧다. 반대로 유령림인 경우에는 윤벌기보다 길기 때문에 개량기가 종료된 이후의 수확 지속성을 고려하여 결정해야 한다. 개량기 중의 표준연벌면적은 다음과 같은 식으로 구한다.

$$\text{표준연벌면적} = \frac{\text{작업급의 면적} - \text{갱신면적}}{\text{개량기}} \qquad (1\cdot9)$$

개량기는 일반적으로 개벌작업을 하는 산림에 적용하는 기간 개념이며, 임상 개량을 완료할 때까지 필요한 예상적 기간이다.

2 갱신기

일반적으로 갱신기(更新期, regeneration period)는 산벌작업에서 설정하는 예상적 기간 개념으로, 산벌작업에서는 예비벌(preparatory cutting), 하종벌(seed cutting), 후벌(removal cutting)을 거치면 갱신이 완료된다. 이와 같이 예비벌을 시작하여 후벌을 마칠 때까지의 기간이 갱신기이다. 현실림에서 갱신이 완료되는 기간이 임분에 따라서 반드시 일정하지는 않으며, 산림경영계획상에서 작업급에 대한 일정한 갱신기를 예측해 설정한다.

한편 개벌작업에서의 갱신기는 벌채 후 벌채목이 반출되고 산림이 새로이 성립될 때까지의 연수를 말한다. 이때에도 특별히 벌채지를 휴한하지 않는 경우를 제외하고는 반출이 어려울 경우 일정한 갱신기가 필요하다. 따라서 벌채 후 곧바로 식재가 가능하여 갱신기를 두지 않을 때에는 윤벌기와 벌기령이 일치한다.

1·4 법정림

1·4·1 법정림 개념

작업급에 의한 산림의 생산조직화에서 이상적 개념으로 제시된 산림조직을 법정림(normal forest, fully regulated forest)이라고 한다. 법정림이라는 명칭과 개념은 오스트리아 황실 규정에서 비롯되었으며, 훈데스하겐(Hundeshagen, 1826)이 산림생산조직으로서의 법정림에 관한 기초를 세우고 하이어(Heyer, 1841)가 보완하였다. 그 후 산림경리의 이상적인 목표가 법정림의 조성이라는 법정림사상으로 발전하여 20세기 초까지 삼림경리학의 핵심적 근간이 되었다.

법정림이란 재적수확의 엄정보속을 실현할 수 있는 내용과 조건을 완전히 갖춘 산림을 말한다. 즉 산림생산의 보속이 완전히 이행되어 경영 목적에 따라 벌채하면 어떠한 손실도 발생하지 않는 산림이다. 이러한 상태를 법정상태라고 하며, 일반적으로 ①법정영급분배, ②법정임분배치, ③법정생장량, ④법정축적의 네 가지를 요건으로 들 수 있다.

이들 요건은 작업급별로 내용에 차이가 있다. 법정림은 산림생산조직의 규범으로서 전통적으로 개벌작업의 보속성에 기초해 만들어졌기 때문에 택벌작업이나 기타 다른 작업법에 적용하기는 곤란하다. 이로 인해 택벌림에 대한 연구가 진행되면서 법정림은 강한 비판을 받아왔다. 그러나 보속적 경영을 목표하는 산림에 있어서 생산조직을 인식하고 개별을 주체로 하는 현실림의 생산조직화를 실행하기 위해서는 법정림에 대한 이해가 요구된다.

1·4·2 법정림 요건

1 법정영급분배

법정영급분배는 모든 임령의 산림이 등면적을 차지한 상태를 말하며, 이론적으로는 동일한 지위의 임지에 벌기에 이르기까지의 각 영계(齡階)의 임목이 동일한 면적씩 존재함을 이른다. 이는 연년의 재적수확을 균등하게 만드는 데 중요한 법정조건 중 하나이다.

일반적으로 영계수는 윤벌기 연수와 같으며, 각 임분의 면적인 법정영계면적(a)은 산림 면적(F)을 윤벌기(U)로 나눈 값($a = F/U$)이다. 보통은 연속하는 몇 개의 영계를 합쳐 하나의 영급(齡級)을 만든다. 각 영급의 연령 구성은 표 1–2와 같다.

표 1-2 영급의 연령 구성

구분	I 영급	Ⅱ 영급	Ⅲ 영급	…
벌채 전(추기)	1~n년	(n+1)~2n년	(2n+1)~3n년	…
벌채 후(춘기)	0~(n−1)년	n~(2n−1)년	2n~(3n−1)년	…

표 1–2에서 벌채 전인 추기의 영급에서는 봄에 식재하기 때문에 1년생부터 수치 계산을 하지만, 춘기인 경우에는 벌채 후 바로 식재하더라도 수치 계산은 0부터 시작한다. 그러나 각 영급의 영계수는 벌채시기에 관계없이 모두 n개가 된다. 일반적으로 큰 나무를 생산하고자 하는 교림작업에서는 한 영급을 구성하는 영계수가 10년 또는 20년이다. 신탄림(薪炭林)과 같은 왜림작업에서는 5년을 한 영급으로 편성하기도 한다.

산림 작업급의 면적을 F, 윤벌기를 U라 하고 1개의 영급이 n개의 영계로 구성되어 있을 경우 법정영급면적(A)은 다음과 같다.

$$A = \frac{F}{U} \times n \quad \cdots\cdots (1 \cdot 10)$$

예를 들어 산림 면적이 1,200ha이고 윤벌기가 60년이며 n=20일 경우 법정영급면적과 영급수를 구하면 다음과 같다.

$$\text{법정영급면적: } A = \frac{F}{U} \times n = \frac{1,200}{60} \times 20 = 400\text{ha}$$

$$\text{영급수: } \frac{U}{n} = \frac{60}{20} = 3\text{개}$$

이상은 작업급의 벌기령, 즉 윤벌기와 윤벌령이 같은 경우의 법정영급면적을 계산하는 방법이다. 그러나 임목 벌채 후 일정 기간의 갱신기 r가 필요한 경우 윤벌령을 U_a라고 하면 $U = U_a + r$가 되므로 r에 해당하는 수만큼의 영계수가 늘어난다. 따라서 각 영급이 점유할 면적은 $U=U_a$인 때, 즉 갱신기 $r=0$인 경우보다 작아진다.

예를 들어 F=1,200ha, U_a=60년, r=2년, n=20일 경우 법정영급면적과 갱신급면적 및 영급수를 계산해 보면 다음과 같다.

윤벌기: $U=U_a+r=60+2=62$년

법정영급면적: $A=\dfrac{1,200}{62}\times 20=387.15\text{ha}$

갱신급면적: $A_r=\dfrac{1,200}{62}\times 2=38.71\text{ha}$

작업급 전체 면적: $F=387.15\times 3+38.71=1,200\text{ha}$

영급수: $\dfrac{60}{20}=3$개 (완전영급 3개, 갱신급 1개)

또한 앞의 예에서 U_a=70이라고 할 때의 영급수와 영급면적을 구하면 다음과 같다.

영급수: $\dfrac{70}{20}=3$개 (나머지가 10년이므로 완전영급 3개, 불완전영급 1개)

법정영급면적: $A=\dfrac{1,200}{72}\times 20=333.33\text{ha}$

불완전영급면적: $A_i=\dfrac{1,200}{72}\times 10=166.66\text{ha}$

갱신급면적: $A_r=\dfrac{1,200}{72}\times 2=33.33\text{ha}$

작업급 전체 면적: $F=A\times 3+A_i+A_r=333.33\times 3+166.66+33.33=1,200\text{ha}$

지금까지는 작업급 전체의 지위가 동일하다는 가정하에 영급 및 영계의 법정영급면적을 살펴보았지만, 실제로는 임지에 따라 지위의 차이가 있으므로 이번에는 개위면적에 의한 법정영급면적을 계산해 보자.

임지에서는 부분적으로 생산능력의 차이가 나타나므로 임지의 생산능력에 알맞게 영계별 면적을 가감하여 각 영계의 벌기재적이 동일하도록 수정한 면적을 개위면적(改位面積, reduced area)이라고 한다. 즉 개위면적은 수평적 · 현실적인 토지 면적을 실질적인 토지 면적으로 수정한 면적이며, 일정한 토지 생산능력에 따라 계산하여 다음과 같이 정한다.

$$f_1'=\frac{q_1}{Q}f_1,\ f_2'=\frac{q_2}{Q}f_2\ \cdots\ f_n'=\frac{q_n}{Q}f_n \qquad (1\cdot 11)$$

식에서 $f_1', f_2' \cdots f_n'$: 각 임분의 개위면적, $q_1, q_2 \cdots q_n$: 각 임분의 단위면적당 벌기재적, $f_1, f_2 \cdots f_n$: 각 임분의 현실면적, Q: 기준임분의 벌기재적

기준임분의 벌기재적 Q는 다음과 같이 구한다.

$$Q=\frac{q_1f_1+q_2f_2+\cdots+q_nf_n}{f_1+f_2+\cdots+f_n} \quad \cdots\cdots (1\cdot12)$$

또한 개위면적의 합계는 현실면적의 합계이므로 다음과 같이 나타낼 수 있다.

$$f_1+f_2+\cdots+f_n=f_1'+f_2'+\cdots+f_n'$$

예를 들어 지위가 다른 세 임분의 면적과 벌기재적이 표 1-3과 같다고 할 때 이들 임분의 개위면적과 지위별 법정영급면적을 계산해 보면 다음과 같다.

표 1-3 지위별 법정영급면적 사례

임분	면적(ha)	ha당 벌기재적(m^3)
Ⅰ등지	300	200
Ⅱ등지	400	150
Ⅲ등지	300	100
합계	1,000	

㈜ 윤벌기 100년, 1영급=10영계

벌기재적: $Q=\frac{q_1f_1+q_2f_2+\cdots+q_nf_n}{f_1+f_2+\cdots+f_n}=\frac{200\times300+150\times400+100\times300}{300+400+300}=150m^3$

각 임분의 개위면적: Ⅰ등지 $f_1'=\frac{q_1}{Q}f_1=\frac{200}{150}\times300=400ha$

Ⅱ등지 $f_2'=\frac{q_2}{Q}f_2=\frac{150}{150}\times400=400ha$

Ⅲ등지 $f_3'=\frac{q_3}{Q}f_3=\frac{100}{150}\times300=200ha$

법정영급면적: Ⅰ등지 $A_1=\frac{Q}{q_1}\times\frac{F}{U}\times n=\frac{150}{200}\times\frac{1,000}{100}\times10=75ha$

Ⅱ등지 $A_2=\frac{Q}{q_2}\times\frac{F}{U}\times n=\frac{150}{150}\times\frac{1,000}{100}\times10=100ha$

Ⅲ등지 $A_3=\frac{Q}{q_3}\times\frac{F}{U}\times n=\frac{150}{100}\times\frac{1,000}{100}\times10=150ha$

영급수: Ⅰ등지 $\frac{300}{75}=4$개

Ⅱ등지 $\frac{400}{100}=4$개

Ⅲ등지 $\frac{300}{150}=2$개

2 법정임분배치

법정임분배치는, 산림을 구성하는 각 임분이 임목의 이용 · 보호 및 갱신을 위해 적절한 배치 상태를 유지함으로써 산림의 보전과 수확의 보속을 확보하는 법정조건이다. 법정임분배치의 구체적 내용은 다음과 같다.

1) 각 영계의 임분은 벌채목의 반출상 지장이 없도록 합리적으로 배치한다.
2) 어떤 임분을 벌채할 경우 인접한 잔존 임분이 피해를 입지 않도록 배치한다.
3) 임분의 갱신이 안전하고 확실하게 이행되도록 배치한다.

실제 임분배치는 지황, 임황, 반출시설 등에 따라 다르다. 법정임분배치는 재적수확보속을 실현하는 데 있어서 기본적 요건이지만 절대적이지는 않다. 주로 수확 유지에 지장이 없도록 하기 위해 필요한 조건일 뿐이다.

3 법정생장량

법정생장량은 법정축적의 연년생장량을 말하며, 법정림일 경우 전체 산림의 1년 생장량은 항상 일정하나. 각 영계의 주임목 연년생장량을 Z_1, Z_2, Z_3 ⋯ Z_u, 재적을 V_1, V_2, V_3 ⋯ V_u라고 하면 다음과 같이 법정생장량(Z)을 계산할 수 있다.

$$
\begin{aligned}
Z_1 &= V_1 \\
Z_2 &= V_2 - V_1 \\
Z_3 &= V_3 - V_2 \\
\vdots \quad & \quad \vdots \\
Z_u &= V_u - V_{u-1} \\
\hline
Z &= V_u
\end{aligned}
$$

즉 법정생장량(Z)은 벌기임분재적(V_u)과 같다.

4 법정축적

법정축적은 영급분배와 생장 상태가 법정일 때 보유한 작업급 전체의 축적을 말한다. 주임목과 부임목에 걸쳐 고려하지만 일반적으로는 주임목의 법정축적이 대상이다.

보통 법정축적은 하계축적으로 계산한다. 추계축적은 벌채 직전의 축적으로 벌채 직후의 축적인 춘계축적보다는 벌기 임분의 축적만큼 많다. 주임목의 법정축적을 각 영계별 재적으로 계산하면 복잡하므로 일반적으로 수확표, 벌기수확 또는 벌기평균생장량을 이용한다.

① 수확표에 의한 방법

법정임분의 재적수확표에는 통상 n년(5년 또는 10년)마다 재적을 표시한다. 이를 V_n, V_{2n}, V_{3n} ⋯ V_{u-n}, V_u라고 하면 벌채 직전(추기)의 법정축적(V_h)은 다음과 같이 계산할 수 있다.

$$1\sim n\text{년 축적: } (0+V_n)\frac{n+1}{2}$$

$$(n+1)\sim 2n\text{년 축적: } (V_n+V_{2n})\frac{n+1}{2}-V_n$$

$$(2n+1)\sim 3n\text{년 축적: } (V_{2n}+V_{3n})\frac{n+1}{2}-V_{2n}$$

$$\vdots \qquad\qquad \vdots$$

$$(u-n+1)\sim u\text{년 축적: } (V_{u-n}+V_u)\frac{n+1}{2}-V_{u-n}$$

$$V_h=n\left(V_n+V_{2n}+V_{3n}+\cdots+V_{u-n}+\frac{V_u}{2}\right)+\frac{V_u}{2}$$

벌채 직후(춘기)의 법정축적(V_f)은 벌채 직전(추기)의 법정축적(V_h)에서 벌기 임분의 재적(V_u)을 빼준 것과 같다. 하기의 법정축적(V_s)은 추기와 춘기의 평균이 되므로 다음과 같은 식이 성립한다.

$$V_h=n\left(V_n+V_{2n}+V_{3n}+\cdots+V_{u-n}+\frac{V_u}{2}\right)+\frac{V_u}{2} \quad \cdots\cdots (1\cdot13)$$

$$V_f=n\left(V_n+V_{2n}+V_{3n}+\cdots+V_{u-n}+\frac{V_u}{2}\right)-\frac{V_u}{2} \quad \cdots\cdots (1\cdot14)$$

$$V_s=n\left(V_n+V_{2n}+V_{3n}+\cdots+V_{u-n}+\frac{V_u}{2}\right) \quad \cdots\cdots (1\cdot15)$$

② 벌기수확에 의한 방법

임분생장량은 연령에 따라 다르지만 매년 생장량이 같다고 가정하면 벌채 직전에는 다음과 같은 식이 성립한다.

$$\begin{aligned}V_h &= V_1+V_2+V_3+\cdots+V_u\\ &= Z+2Z+3Z+\cdots uZ \text{ (가정에 의함)}\\ &= \frac{u+1}{2}uZ=\frac{u+1}{2}V_u=\frac{u}{2}V_n+\frac{V_u}{2}\end{aligned}$$

따라서 다음과 같은 식을 얻을 수 있다.

$$V_h=\frac{u}{2}V_u+\frac{V_u}{2} \quad \cdots\cdots (1\cdot16)$$

$$V_f=\frac{u}{2}V_u-\frac{V_u}{2} \quad \cdots\cdots (1\cdot17)$$

$$V_s=\frac{u}{2}V_u \quad \cdots\cdots (1\cdot18)$$

③ 벌기평균생장량에 의한 방법

1ha의 벌기평균생장량(伐期平均生長量)을 z라고 하면 $V_u = uz$이다. 전림의 벌기평균생장량을 Z라고 하면 $Z = uz$이므로 $V_u = Z$가 된다. 따라서 다음과 같은 법정축적 계산식을 얻을 수 있다.

$$V_h = \frac{u}{2}Z + \frac{Z}{2} \quad \cdots\cdots (1\cdot19)$$

$$V_f = \frac{u}{2}Z - \frac{Z}{2} \quad \cdots\cdots (1\cdot20)$$

$$V_s = \frac{u}{2}Z \quad \cdots\cdots (1\cdot21)$$

5 법정벌채량

법정벌채량은 법정수확량이라고도 하며, 법정상태를 유지하면서 벌채할 수 있는 재적을 말한다. 법정벌채량은 주벌법정벌채량과 간벌법정벌채량으로 나눌 수 있으며, 기간에 따라서는 법정연벌량과 법정정기벌채량으로 구별된다. 그러나 법정벌채량은 일반적으로 주벌법정연벌량을 가리킨다. 이러한 의미의 법정연벌량(NAC)은 법정생장량(Z)과 일치하고, 벌기평균생장량(MAI)에 윤벌기(U)를 곱한 값과도 같다. 따라서 이들 사이에는 다음과 같은 관계가 성립한다.

$$NAC = Z = V_u = MAI \times U$$

법정축적(V_s)에 대한 법정연벌량의 백분율을 법정수확률(P)이라고 하며 다음과 같은 식으로 나타낸다.

$$P = \frac{NAC}{V_s} \times 100 \quad \cdots\cdots (1\cdot22)$$

개벌작업의 경우 $NAC = V_u$이므로 $P = \frac{V_u}{V_s} \times 100$이고, 또한 $V_s = \frac{U}{2} \times V_u$이므로 다음과 같은 식을 얻을 수 있다.

$$P = \frac{V_u}{\frac{U}{2}V_u} \times 100 = \frac{200}{U} \quad \cdots\cdots (1\cdot23)$$

6 법정림에 대한 비판

산림경영은 산림의 상태를 경영 목적에 부합하는 최적 상태로 유지하는 일이다. 그러나 경영 목적은 단순하지 않고 획일화할 수도 없다. 따라서 법정상태는 산림 현상에 적합하게 성립돼야 한다. 이러한 의미에서 스위스학파가 택벌림에서 한 법정상태에 관한 고찰이 적어도 그 지방의 자연적 · 경제적 · 사회적 조건하에서는 적절하다고 할 수 있지만 개벌작업에서 발생한 법정림은 단순한 관념적 형태에 지나지 않는다는 한계가 있다. 바그너는 종래의 법정림이 현실을 무시하고 이상 상태를 강제로 정형화하려는 오류를 범했다고 비판하였다. 법정상태는 경영 목적에 따라 달라야 하며, 각각의 목표에 부응하여 실현 가능한 시업상의 기준이 되지 않으면 안 된다. 이에 따른 법정조건은 다음과 같다.

1) 임지는 가장 좋은 상태를 유지하고 있어야 한다.
2) 수종의 혼효 및 품종은 환경적으로도 경영적으로도 가장 좋은 상태로 구성돼야 한다.
3) 임목의 갱신 및 보육이 환경에 적합해야 한다.
4) 산림생산 과정에서의 피해에 대한 보호조직이 준비돼야 한다.
5) 교통 및 운반시설이 잘 갖춰져야 한다.

그러나 기존의 법정림 개념이 일부 학자의 주장처럼 백해무익하지는 않다. 적어도 인공림 시업에 대한 삼림경리학의 발전에 미친 영향은 지대하다. 재적수확보속의 조건을 제시한 모델로서의 가치를 인정받고 있으며, 한편으로는 산림생산조직에 관한 영급, 축적, 생장량, 연벌량 등의 상호 관계를 쉽게 이해할 수 있는 방법을 제시하였다. 현실적 의미의 법정림은 경영 목적에 보다 적합하도록 잘 조직된 산림이며, 바람직한 경제적 조직, 기술적 조직, 보호적 수확 규제에 의해 성립한다.

1·5 산림경영 신경로

1·5·1 전 지구적 산림경영 이슈

1992년 브라질 리우데자네이루에서는 유엔환경개발회의가 열려 경제발전과 환경보호를 함께 추구해야 한다는 '환경적으로 건전하고 지속가능한 발전(Environmentally Sound and Sustainable Development, ESSD)'을 제안하고 리우선언을 채택하였다. 여기서 지속가능한 발전에 대한 '미래 세대의 기회를 박탈하지 않으면서 발전하는 것'이라는 구체적인 정의도 내려진다. 또한 이 회의와 관련해 채택된 유엔(UN) 3대 환경협약인 기후변화협약, 생물다양성협약, 사막화방지협약은 산림경영 및 정책과 직간접적으로 연관되어 있다.

2015년 파리협정(Paris Agreement)과 지속가능발전목표(Sustainable Development Goals, SDGs)가 채택되고 2018년에는 「지구온난화 1.5℃(Global Warming of 1.5℃)」 특별보고서가 발표되면서 기후변화, 지속가능한 발전에 대한 국제적 활동이 본격화하였다. 이에 따라 산림경영에도 지속가능한 발전, 온실가스 흡수, 생물다양성, 생태계서비스, 자연기반해법 등의 이슈가 밀려오게 되었다.

1 기후변화

인류에게 많은 편익을 가져다주는 2차 · 3차 산업 대부분이 온실가스 배출원(source)인 데 반해 식생이 있는 토지는 온실가스 흡수원(sink)으로 인정받고 있다. 국제사회에서는 산림지(forest land), 농경지(cropland), 초지(grassland), 습지(wetland), 정주지(settlement), 기타 토지(other land) 등을 온실가스 흡수원으로 보고 '토지이용, 토지이용변화 및 임업(Land Use, Land Use Change and Forestry, LULUCF)' 범주로 묶어 온실가스 산정 체계에 포함하고 있다.

산림은 대기 중의 이산화탄소(CO_2)를 흡수하여 광합성을 통해 나무와 토양에 탄소(C)를 저장함으로써 온실가스 감축에 기여하고 있다. 세계자연보전연맹(International Union for Conservation of Nature, IUCN)에 따르면 지구의 산림 면적은 전체 육지 면적의 약 1/3 정도이며, 매년 약 26억 톤의 이산화탄소를 흡수하여 기후변화 대응에 기여하고 있다(IUCN, 2021). 우리나라도 국토의 63%를 차지하고 있는 산림에서 2019년 기준 4,320만 톤의 이산화탄소를 흡수한 것으로 보고되었으며, 이는 우리나라 국가 총배출량(7억 140만 톤)의 약 6.2%를 차지하는 양이다.

그러나 잘못된 토지관리로 인해 온실가스 배출원으로 바뀐 경우도 많다. 기후변화에 관한 정부간 협의체(Intergovernmental Panel on Climate Change, IPCC)의 「기후변화와 토지(Climate Change and Land)」 특별보고서에서는 농업, 임업, 기타 토지이용(Agriculture, Forestry, and Other Land Use, AFOLU)으로 인한 온실가스 배출량이 총배출량의 23%에 달하는 것으로 추정하였고, IUCN에서는 세계 이산화탄소 배출량의 약 25%가 토지 부문에서 발생한다고 보고하였다(IUCN, 2017).

기후변화협약(United Nations Framework Convention on Climate Change, UNFCCC)에 뿌리를 둔 파리협정, 그리고 「지구온난화 1.5℃」 특별보고서에서는 토지 부문에서의 흡수

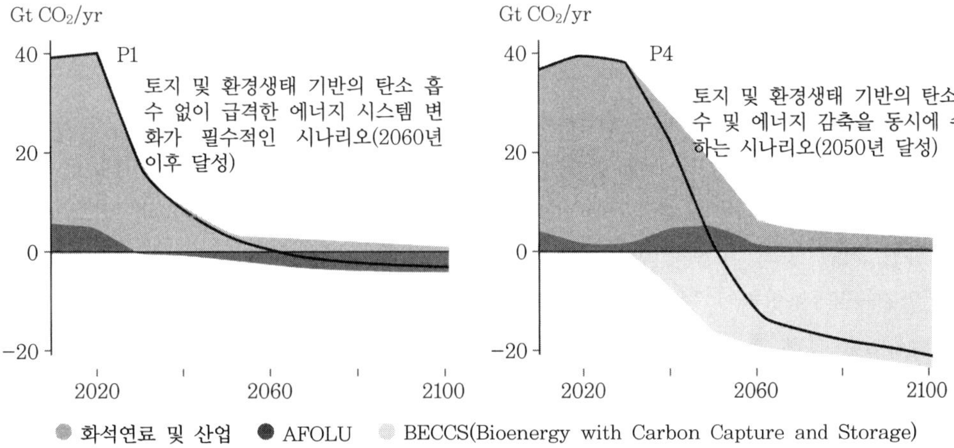

그림 1-1 1.5℃ 이내 상승 억제에 대한 모델 경로별 전 지구 CO_2 순배출량[IPCC, 2018]

원 관리 없이는 2050년 탄소중립 달성이 어렵다고 지적하였다. 따라서 탄소중립 달성을 위해서는 배출원의 배출량을 줄일 뿐만 아니라 산림 등의 토지 기반 흡수원의 배출량을 줄이고 흡수량을 늘려서 순흡수량을 최대화해야 한다.

우리나라의 「탄소중립 · 녹색성장 국가전략 및 제1차 국가 기본계획」에서는 에너지, 산업, 건물, 수송, 농축수산, 폐기물 등의 '배출원'과 LULUCF '흡수원'으로 구분하여 순배출량 0 전략을 제시하고 있다(관계부처 합동, 2023). 1차 산업인 농축수산은 배출원으로 분류되지만 농축수산의 생산기반인 농경지, 초지 등은 흡수원으로 구분된다. 농축수산에 임업은 포함되지 않는다. 이는 산림을 배출량 없는 100% 흡수원으로 간주하기 때문으로 볼 수 있다. 임업을 흡수원 관리 산업으로 보지 않으면서 임업의 생산기반인 산림자원은 흡수원 관리의 대상으로 보고 있다. 즉 흡수원을 산업으로 관리할지, 또는 자원으로 관리할지가 명확하지 않다.

국제사회가 흡수원을 LULUCF라는 용어로 부르는 이유는 토지를 이용하고 그 변화를 파악하면서 흡수원을 관리해야 하기 때문이다. LULUCF의 'F', 즉 임업(forestry)은 산림지의 흡수원을 임업을 통해 관리해야 함을 의미한다. 산림지, 농경지, 초지, 습지 등의 토지를 기반으로 한 임업, 농업, 축산업, 수산업 등의 산업을 통해 흡수원을 관리해야 한다. 따라서 탄소중립 기본계획에서도 토지 기반의 산업을 통해 흡수원을 관리하는 계획이 수립돼야 한다.

2 사막화 방지

사막화방지협약(United Nations Convention to Combat Desertification, UNCCD)은 심각해지는 황사, 사막화 등에 대응하기 위한 국제 협약으로, 1992년 유엔환경개발회의의 후속 조치로 1994년 체결되었다. 공식 명칭은 '심각한 가뭄 또는 사막화를 겪고 있는 아프리카 국가 등 일부 국가들의 사막화 방지를 위한 유엔 협약'이다. 사막화방지협약은 ①아프리카 지역을 비롯하여 심각한 가뭄 · 사막화를 겪는 국가에서의 효과적 행동과 국제적 지원을 통한 사막화 방지 및 가뭄 피해 완화, ②동시에 피해 지역에서의 생활 여건을 개선해 줄 토지생산성의 향상, ③수자원의 복구 · 보전 · 지속관리를 포함하는 장기적인 종합 전략 수립 등을 목적으로 한다. 2022년 현재 회원국은 197개국이다. 우리나라는 1994년 10월 14일 협약에 서명하고 1999년 8월 17일 비준하였으며, 1999년 11월 15일부터 국내에 발효되었다.

산림과 관련해서는 토지 황폐화 중립(Land Degradation Neutrality, LDN), 글로벌 황사 · 건조지 녹화사업 등 전 지구적 협력이 진행되고 있다. 2011년 경남 창원시에서 개최된 사막화방지협약 제10차 당사국총회(COP10)에서 LDN 관련한 과학기반 구축과 파트너십 구축 시범사업 지원 등의 내용을 담은 창원이니셔티브(Changwon Initiative)가 출범하였다. 지속가능발전목표 15번째인 '육상생태계 보호'에 LDN이 포함되었고, 개발도상국의 건조지 녹화 시범사업을 통해 토지 황폐화를 실질적으로 개선하는 성과를 냈다는 평가를 받는다.

2019년 사막화방지협약 제14차 당사국총회(COP14)에서는 접경 지역에서의 토지 및 산림 복원 협력을 증진하기 위한 평화산림이니셔티브(Peace Forest Initiative)를 대한민국 정부가 사막화방지협약과 공동으로 출범시켰다. 평화산림이니셔티브는, 국경을 맞대고 있는 이웃

국가 간 황폐 산림 복원 등 공동협력사업 지원을 통해 국제적 생태계복원 목표 달성에 기여하고 궁극적으로 신뢰와 평화를 증진하는 프로그램이다.

3 생물다양성

생물다양성협약(Convention on Biological Diversity, CBD)은 생물종의 급격한 감소에 대한 우려와 미래 세대를 위한 생물다양성 보존의 중요성을 인식하여 1992년 6월 채택되었으며 이듬해인 1993년 12월 발효되었다. 우리나라는 1994년 10월 3일 가입하였고 1995년 1월 1일부터 발효되었다. 생물다양성 보전, 생물다양성 요소의 지속가능한 이용, 유전자원으로부터 발생한 이익의 공정한 공유 등을 목표로 한다.

생물다양성협약은 전문(preamble)과 42개 조항의 본문 및 2개의 부속서(Annex)로 구성되어 있다. 주요 내용은 크게 가입국의 생물다양성 보전 의무와 생물다양성 보전을 위한 가입국 간 협력으로 구분할 수 있다. 국내적 의무로는 생물다양성의 보전과 지속가능한 이용을 위한 국가 전략의 수립, 생물다양성 구성 요소의 조사 및 감시, 보호지역의 설정 등 현지내(*in-situ*) 보전 조치와 종자은행 설립 등 현지외(*ex-situ*) 보전 조치의 시행, 생물다양성 보전을 고려한 환경영향평가 수행 등이 있다.

2022년 채택된 쿤밍-몬트리올 글로벌 생물다양성 프레임워크(Kunming-Montreal Global Biodiversity Framework, GBF)는 2030년까지 시행할 23개 실천목표와 2050년까지 달성할 4내 목표를 포함하고 있다. 이 중 '2030년까지 육지, 내륙수역, 연안 및 해양 지역의 최소 30%를 보호지역 및 기타 효과적인 지역 기반의 보전 조치 및 관리 체계를 통해 효과적으로 보전·관리한다.'라는 실천목표 3에 주목할 필요가 있다. 현재 우리나라를 포함한 전 세계의 보호지역 비율은 이 목표에 현저히 못 미친다. 따라서 산림경영도 실천목표 3을 달성하기 위한 토지 및 해양 이용에 대한 정책의 영향을 받을 것으로 예상된다.

4 지속가능발전목표

2015년 채택된 유엔의 지속가능발전목표는 17개의 목표와 169개의 세부목표로 구성되어 있으며, 산림은 목표 15인 육상생태계에 포함되어 있다. 또한 산림은 식량(목표 2), 건강(목표 3), 물(목표 6), 에너지(목표 7), 정주지(목표 11), 기후변화(목표 13) 등의 목표와도 밀접한 연관이 있으므로 이들 목표 간의 상승효과가 나도록 관리해야 한다. 이는 산림관리에서의 다목적 경영, 지속가능한 산림경영 등과 맥을 같이 하지만, 그보다는 인류 및 지구를 함께 고려하는 방향으로 진보했다고 볼 수 있다. 즉 인류의 지속가능한 발전을 위해 산림의 역할이 중요하며, 인류의 문제를 해결해야 한다는 측면에서 새로운 산림경영이 요구된다.

5 생태계서비스

사람과 사회에 무료로 발휘되는 생태계의 다양한 기능을 생태계서비스(ecosystem services)라고 부른다. 산림생태계는 목재 등의 공급(provision), 농업용수 등의 지원(support),

기후완화 등의 조절(regulation), 휴양 등의 문화(culture) 서비스를 제공한다. 현대사회가 발전함에 따라 생태계서비스에 대한 개인과 사회의 요구가 커지고 있지만 임업의 수익으로 이어지고 있지는 않다. 각종 규제만으로 생태계서비스를 유지하려 한다면 생태계를 이루는 토지의 이용에 대한 사회적 갈등을 유발할 수밖에 없다. 우리나라에서도 산림에 대한 복잡한 이해관계가 얽혀 있어 나무를 심고 가꾸고 생산하는 산주의 임업 활동이 크게 제약받는 상황이다. 이를 해결할 방안 중 하나가 생태계서비스의 내부화이며 이는 새로운 산림경영을 통해 가능하다.

6 자연기반해법

자연기반해법(Nature-based Solutions, NbS) 또는 생태계기반적응(Ecosystem-based Adaptation, EbA)은 인간·기술 중심의 문제 해결에 기술적·제도적·재정적 한계가 커짐에 따라 자연이 가지고 있는 능력을 활용하여 자연의 문제를 해결하고자 하는 개념이다. 즉 자연에 의해 영감을 받고 지원되는 동시에 환경적·사회적·경제적 이익을 제공하고 회복탄력성(resilience)에 도움을 주는 방안이라고 할 수 있다. 대표적인 사례로 옥상 녹화, 자연 빗물 순환 관리, 녹지공간 조성, 녹화벽 등이 있다.

파리협정이 본격적으로 논의되기 전에는 흡수원으로서의 산림 복원 및 관리에 대한 의제가 활발하게 논의되었다. 그러나 최근에는 파리협정 제4조에 명시된 탄소중립의 한 축으로 산림을 다루고 있으며, 시장이나 투명성과 같은 관련 의제에도 함께 포함되어 다루어지고 있다. 영국 글래스고에서 개최된 제26차 기후변화협약 당사국총회(COP26)에서도 협상 의제는 아니었지만 기후변화를 완화하고 적응하기 위한 방법으로 자연기반해법이 주목을 받은 바 있다.

자연기반해법은 자연 훼손을 최소화하면서 인류 발전을 이어가야 한다는 원칙에서 출발한다. 지속가능한 발전과 맥을 같이 하지만 자연 및 토지 이용에 대한 구체적인 내용이 담겨 있다. 사회문제 해결형이어야 하고, 생물다양성을 고려하면서 거버넌스에 기반해야 하고, 적응형 관리를 해야 하는 등의 원칙은 기존의 소규모 임업으로는 실현이 어려우며 일정 규모 이상의 임업, 새로운 산림경영이 요구된다.

7 기후공시와 자연공시

기업의 비재무적 평가를 중시하는 ESG(Environment, Social, Governance) 경영에서는 환경에 대한 기업의 역할을 강조한다. 또한 기후 관련 재무정보공개 협의체(Task Force on Climate-related Financial Disclosures, TCFD) 및 자연 관련 재무정보공개 협의체(Task Force on Nature-related Financial Disclosures, TNFD)에 따라 기업은 기후변화 또는 자연 훼손으로부터 발생할 수 있는 기업의 위험도(risk)를 평가하여 재무 보고에 포함해야 하며, 기후 및 자연재해에 대한 기업의 대응 능력을 증명해야 한다. 즉 기후 및 재해 측면의 위험도가 클수록 그만큼 기업의 경쟁력은 낮아진다. 따라서 기업은 기후 친화적이고 자연에 기반한 활동을 지향할 것이며, 이를 지원할 새로운 산림경영이 필요하다.

8 기후스마트임업

낮은 생산성 및 수익성, 환경 친화적 관리 의무 등의 어려움을 겪는 산림경영주의 입장에서는 국가 차원에서 강조하는 탄소흡수원, 생물다양성 관리 등에 대한 수용성이 낮을 수밖에 없다. 동기부여나 인센티브가 있어야 산림경영주의 자발적 탄소흡수원 관리를 기대할 수 있다. 국제사회에서는 기후변화에 대응하기 위한 흡수원 관리와 지역사회의 지속가능한 발전을 지방정부, 지역공동체, 산주 등의 거버넌스를 통해 이루고자 하는 기후스마트임업(climate smart forestry)을 시행하고 있다. 기후스마트임업은 다음의 조건을 충족해야 한다.

1) 기후변화 대응(저감뿐만 아니라 재해 예방(적응)까지 포함)을 위한다.
2) 수확된 목제품(HWP) 활용을 포함한다.
3) 산주의 소득 증대뿐만 아니라 지역 발전을 꾀한다.
4) 생태계서비스를 내부화한다.
5) 생물다양성과 함께 한다
6) 국가 및 지방 단위의 상위 계획과 산림계획을 연계한다.
7) 토지 기반의 농업과 함께 한다.

이상을 종합하면 기후스마트임업은 ①산주－지역－국가－전 지구 차원의 공통 문제의 해결을 추구하고, ②이를 위해 정부－지방자치단체－지역공동체－산주 등의 협력 체계를 유영하며, ③협력 체계가 작동되기 위한 일정 규모 이상의 산림을 대상으로 하고, ④시공간 정보 기반의 산림경영 체계를 마련하는 등의 조건을 갖추어야 한다.

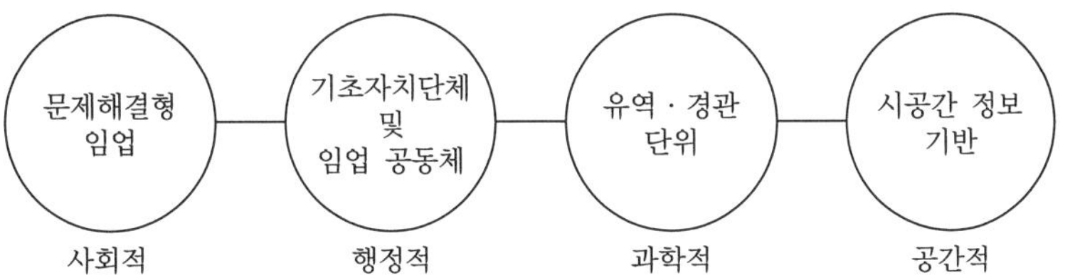

그림 1-2 기후스마트임업이 추구하는 산림경영

기후스마트임업은, 토지(임지)를 기반으로 한 임업에서 온실가스의 배출을 줄이면서 흡수량은 늘리고 산불, 산사태, 병해충 등의 기후재난을 예방하면서 생태계서비스 및 생물다양성 등 산림 기능 간의 상승효과를 거두어 궁극적으로는 사회 및 국가 발전에 기여하는 활동으로 정리할 수 있다. 즉 기후스마트임업은 기후변화 감축과 적응을 동시에 추구한다.

1·5·2 우리나라 산림경영 이슈

1 산림탄소상쇄

산림탄소상쇄(carbon offset)는 기업, 산주, 지방자치단체 등이 자발적인 탄소흡수원 유지 및 증진 활동을 통해 추가적으로 확보한 산림탄소흡수량을 정부가 인증해 주는 제도이다. 사업 유형으로는 신규조림/재조림, 식생복구, 산림경영, 산지전용 억제, 산림바이오매스 에너지 이용 등이 있다. 하지만 현재 산림탄소상쇄사업에 참여한 산림의 면적이 적고 산림탄소흡수량에 대한 기반 마련도 미흡한 실정이다. 산림탄소흡수량 구매 및 중개 제도를 운영하여 인증된 산림탄소흡수량의 거래를 촉진하고 있으며, 기업의 사회공헌을 위한 참여 홍보 및 정보 공개 강화와 세제 개편 등의 방안을 마련하고 있다. 특히 신규 방법론을 개발하여 사유림 소유자의 감축실적형 산림탄소상쇄 참여를 독려하고 있다.

2 자발적 탄소시장

탄소배출권을 사고파는 탄소시장은 강제성 유무에 따라 규제준수탄소시장(compliance carbon market)과 자발적 탄소시장(voluntary carbon market)으로 나뉜다. 자발적 탄소시장은 탄소감축의 법적 구속력이 없는 상황에서 ESG 등의 사회적 책임, 탄소중립 달성 등을 위해 거래하는 시장이다. 우리나라는 2022년 「새정부 에너지정책 방향」에서 기업의 ESG 차원 및 민간 주도형의 자발적 감축시장 활성화를 확정하였다. 제27차 기후변화협약 당사국 총회(COP27)에서도 자발적 탄소시장 확대에 대한 약속이 이루어져 향후 국내외적으로 자발적 탄소시장이 활성화할 것으로 보인다. 국외에서는 아트 트리즈(ART-TREES), 리프 연합(LEAF Coalition) 등의 자발적 탄소시장 활동이 활발하며, 이들 활동도 기후스마트임업으로 볼 수 있다. 국내에서도 REDD+, 조림 및 재조림, 산림경영, 목제품 활용, 기후재난 저감 등의 기후스마트임업이 활성화할 것으로 기대된다.

3 국가온실가스감축목표와 탄소중립계획

우리나라에서는 「2030 국가온실가스 감축목표(NDC)」와 「2050 탄소중립 시나리오」에 '흡수원'이 추가되었다. 「2030 국가온실가스감축목표」에는 2030 감축목표(29.1천만 t CO_2)의 11%(3.2천만 t CO_2)를 산림부문이 기여한다고 되어 있다. 이를 위해 ①산림순환경영 활성화로 산림의 흡수량 증진, ②국산 목재 이용을 활성화하여 탄소저장량 확대, ③산불, 산사태 등 산림재해를 최소화하여 탄소배출 저감, ④개발도상국 산림 전용 및 황폐화를 억제하여 국제 감축량 확보, ⑤산림부문 탄소흡수량 산정의 고도화 등의 정책을 수립하고 있다.

「2050 탄소중립 시나리오」에서는 산림부문이 2050 탄소중립 목표 중 흡수량 2,360만 t CO_2가량을 기여할 것으로 보고 있다. 이를 위해 ①흡수원 확충, ②경제림 육성 단지와 목재생산림을 중심으로 산림순환경영 활성화, ③국산 목재와 산림바이오매스 이용 활성화, ④산림탄소흡수원 보전(산림보호지역 확대, 산림전용과 산불·산사태·병해충 피해 방지) 등을 핵심적으로 추진해 나간다는 계획이다.

이와 같은 국가 단위의 「2030 국가온실가스 감축계획」과 「2050 탄소중립 시나리오」에 포함된 산림부문의 흡수원 목표를 달성하기 위해 「2050 탄소중립 산림부문 추진전략」을 수립하였다. 이러한 산림부문의 관리는 기후스마트임업에 대한 국가적 정책으로 볼 수 있다. 그러나 국가적 목표만 제시되었고 이를 실행하기 위한 임업적 측면의 상세 계획은 부족한 상태이다.

4 탄소흡수원법과 탄소중립기본법

「탄소흡수원 유지 및 증진에 관한 법률」(약칭 탄소흡수원법)은 2012년 제정되었다. 「탄소흡수원법」에는 제2장 탄소흡수원 증진 종합계획의 수립, 제3장 탄소흡수원 유지 및 증진 활동의 일환인 제1절 탄소흡수원 확충, 제2절 탄소저장 목제품 및 산림바이오매스 에너지의 이용증진, 제3절 산지전용 억제 및 산림황폐화 방지 등의 내용이 담겨 있다. 2021년 「탄소흡수원법」의 개정과 함께 발효된 「기후위기 대응을 위한 탄소중립·녹색성장 기본법」(약칭 탄소중립기본법)에서는 제33조(탄소흡수원 등의 확충)에서 탄소흡수원 등의 조성·확충 및 온실가스 흡수 능력의 개선을 위한 시책 수립을 규정하고 있다.

앞서 설명한 기후스마트임업에서는 과학적으로 유역 및 경관(watershed and landscape) 단위로 산림을 관리하고, 행정적으로는 기초자치단체 단위에서 임업을 지원한다. 기초자치단체는 산림관리의 일선 인허가 행정기관이지만 현재 산림계획 체계에 기초자치단체 차원의 산림계획은 존재하지 않는다. 그러나 2021년 새롭게 선포된 「탄소중립기본법」에 따라 5년마다 탄소중립계획과 기후위기 적응계획을 수립해야 한다. 탄소중립계획에서는 LULUCF의 흡수원 관리계획이 포함돼야 하고, 여기에는 '이산화탄소 흡수원 및 탄소저장고' 차원의 산림계획이 주요 부분을 차지한다. 기후위기 적응계획에는 산불, 산사태, 병해충 등의 기후 및 자연 재난에 대비한 계획이 포함돼야 한다. 따라서 「탄소중립기본법」에 기반한 기초자치단체의 탄소중립계획과 기후위기 적응계획이 기후스마트임업 차원에서 이루어져야 한다. 좀 더 적극적으로는 지방자치단체에서 생산되는 목재의 활용을 높이기 위한 목재 가공공장 유치 및 운영, 생물다양성 증진과 생활환경 개선을 위한 농·산촌 재생사업, 자연문화 향토자원을 통한 방문객 유치로 생태계서비스 내부화 사업 등을 진행할 수 있다.

산림복구에 성공하여 울창한 산림을 보유한 현시점에서는 기후스마트임업 체계를 통한 유역 및 경관 또는 지역 중심의 산림경영이 이루어져야 한다. 그래야 산림관리가 기후변화와 생물다양성 등의 국제적 이슈에 기여할 뿐만 아니라 산불·산사태 등의 재난을 예방할 수 있고 산림관리의 혜택이 지역 주민에게도 돌아간다. 산림의 흡수원 및 생태계 관리, 농·산촌 발전을 목표로 하여 유역 단위 토지 및 시장에 기반한 정상적인 사유림 경영(임업), 즉 기후스마트임업 체제로의 전환은 국가의 균형 발전과 탄소중립 달성에 기여하는 길이다.

1·6 산림자원 동향

1·6·1 세계 산림자원 동향

유엔식량농업기구(Food and Agriculture Organization of the United Nations, FAO)의 「2024년 세계 산림 현황(The State of the World's Forests 2024)」(2024) 및 「세계 산림자원 평가(Global Forest Resources Assessment)」(2020)에 따르면 2020년 기준 전 세계의 산림 면적은 약 41억 ha로 육지의 31%를 피복하고 있다. 열대·아열대의 산림은 세계 산림의 56%를 차지하며 온대와 한대의 산림은 44%이다. 인공림은 전체 산림의 약 7%에 불과하고 나머지 93%가 천연림으로 구성되어 있다.

세계 산림의 2/3는 10개 국가에 존재한다. 세계 1인당 산림 면적은 평균 0.52ha이며 국가별로 큰 차이가 있다. 아시아의 1인당 산림 면적이 상당히 적고, 오세아니아와 남아메리카는 상당히 많다. 전 세계 국가 중에서 22개 국가만 1인당 산림 면적이 3ha 이상이고, 이들 국가(주로 브라질, 러시아 연방)에서는 세계 인구의 5%만이 생활하고 있을 뿐이다.

산림 변화의 과정 중 재조림, 산림 감소, 신규조림에 대한 정의는 산림 피복 변화를 평가하는 데 있어서 가장 중요하다. 산림 피복의 변화는 산림과 기타 토지이용 사이의 변화를 반영한다. 산림 면적의 순변화는 신규조림 및 산림의 자연화(예 경작 포기지의 성림)에 의한 산림 면적의 증가분과 산림 감소에 따른 산림 면적의 감소분의 차이를 말한다. 산림 면적의 변화는 산림과 기타 토지이용 형태의 변화에서 기인한다. 즉 산림 증가는 천연림의 증가(경작지 포기도 천연림에 포함) 및 신규조림(비산림 상태에서의 조림)에 의해 발생하며, 산림 감소는 산림의 제거와 다른 토지이용 형태로의 전환(예 화전 또는 개간, 채광 또는 저수지)에 의해 발생한다.

1·6·2 우리나라 산림자원 동향

우리나라의 국토 면적은 2021년 기준 1,004만 ha이고, 그중 산림 면적은 630만 ha로 전 국토의 약 62.7%에 해당한다. 최근 10년간 산림 면적의 변화 추이를 보면 인구 증가와 도시화 등으로 매년 상당 부분이 다른 용도로 전환되어 산림 면적이 감소하고 있으며 2015~2020년의 5년간 연평균 약 7,296ha씩 감소하였다. 그러나 국유림은 확대 정책으로 매년 조금씩 꾸준히 증가하고 있다.

국유림은 165만 ha(26%), 공유림은 48만 ha(7%), 사유림은 416만 ha(66%)이고, 임상별 산림 면적을 보면 침엽수림이 232만 ha(37%), 활엽수림이 201만 ha(32%), 혼효림이 167만 ha(26%), 죽림이 2만 ha, 그리고 무립목지(無立木地)가 28만 ha(4%)이다. 침엽수의 면적이 감소하고 있는 반면에 혼효림의 면적은 증가하고 있다.

1ha당 평균축적은 2020년 말 기준 약 165m^{3}로 세계 평균인 131m^{3}보다 많지만 일본 210m^3(2017년), 독일 321m^3, 스위스 354m^{3}에 비하면 임목축적이 적음을 알 수 있다(산림청, 2021).

임목의 영급별 산림축적은 Ⅲ영급 이하가 축적의 8%로 8,341만 m^{3}이고, Ⅳ영급 이상이 9억 5,704만 m^{3}로 92%이다. 1997년 이후 Ⅱ영급은 현저히 감소하고 있는 반면에 Ⅲ~Ⅳ영급은 급격히 증가하고 있다. Ⅰ~Ⅳ영급 산림의 면적이 전체 산림 면적의 60%에 달하고, 그중 Ⅲ영급과 Ⅳ영급 산림의 면적이 전체 산림 면적의 52%를 차지한다. 산림축적의 구성에서 Ⅰ~Ⅳ영급의 총축적 비율이 48%이고, 그중 Ⅲ영급과 Ⅳ영급의 축적 비중이 49%에 달하고 있어 지속적인 산림관리가 중요한 요건이 되고 있다.

1·7 우리나라 산림경영 실태

1·7·1 산림경영 역사

우리나라 산림경영의 역사는 조선 초기로 거슬러 올라가며 최고 법전이었던 「경국대전(經國大典)」에 산림관리가 명시되어 있다. 전국의 임야를 대상으로 엄격한 국유제를 확립하려고 시도하였으나 집권적 통제력이 약화하기 시작한 중기 이후부터는 임야의 사적 점유 현상이 무질서하게 전개되었고 임업생산 이외의 목적이 지배적으로 작용하였다. 그러나 조선 시대 내내 대부분의 산림은 무주공산(無主空山)이라 불리며 촌락이 공동 이용하는 임지였다. 촌락 공유림 부근의 주민에게 산림은 농경 비료, 가축 사료, 가옥 용재, 신탄재의 공급처였으니 필수불가결한 자원이었다.

촌락 공용 임지를 무주공산이라 불렀다고 해서 '아무 주인도 없고 책임도 없다'는 의미는 아니었다. 임지 인근의 촌락은 주민의 보호와 감시 속에서 임지에 대한 촌락만의 배타적 권리를 갖고 있었기 때문에 타 부락의 접근이 금지되었고, 이사 온 사람이 개간하거나 나무를 베거나 사냥하는 일도 일체 금하였다. 그러나 기존에 거주하던 사람과 이미 땅을 개간하여 농사를 짓던 사람은 왕명으로 입회임야(入會林野)의 권리를 인정받았다.

일제강점기의 임업정책은 식민지 본국의 이익을 우선하여 조선의 산림자원을 수탈하고 일본인의 식민자본 침투를 돕는 데 주요 목적이 있었다. 이는 임목축적의 대폭 감소에 더해 임업경영자의 육성 없이 일본인의 산림 소유 집중이라는 결과를 초래하였다. 결국 우리나라 임업의 근대적 발전을 가로막은 결정적 시기로 규정할 수 있다.

6·25 전쟁을 거치면서 우리나라 산림은 극도로 황폐해졌으며, 1952년 전국 산림의 임목축적은 6m^3/ha, 1970년대 초에도 10m^3/ha에 불과하였다. 이후 1973년 산림청에서 「제1차 치산녹화 10개년 계획」을 수립하면서부터 우리나라의 산림관리가 본격화하였다.

「제1차 치산녹화 10개년 계획」(1973~1978)은 '국토의 속성녹화 기반 구축'을 목표로 당초 1982년까지로 계획되었지만 108만 ha의 녹화를 4년 앞당겨 완료하였으며, 화전정리사업의 완료, 농촌 임산연료 공급원 확보, 애림사상 고취를 위한 육림의 날 제정 및 산주대회 개최 등으로 전 국토의 산림화를 이끌었다.

「제2차 치산녹화 10개년 계획」(1979~1987)은 '장기수 위주의 경제림 조성과 국토녹화 완성'이라는 목표를 수립하였다. 106만 ha의 조림과 황폐산지 복구를 완료하였으며 대단위 경제림 단지 지정과 집중조림을 실시하였다. 이 시기에는 산지이용실태조사와 보전 · 준보전임지 구분 체계를 도입하여 체계적인 관리를 실시하였다.

1988년부터는 「제3차 산림자원화 계획」(1988~1997)이 '녹화 성공 후 산지자원화 기반 조성'이라는 목표를 가지고 계획되었다. 주요 성과로 32만 ha의 경제림 조성과 303만 ha의 육림사업 실행, 산촌개발 추진과 산림휴양 · 문화 시설 확충을 들 수 있다. 또한 산지이용 체계 재편, 기능과 목적에 의한 이용 질서를 확립하였다.

「제4차 산림기본계획」(1998~2007)은 '지속가능한 산림경영 기반 구축, 사람과 숲이 어우러진 풍요로운 녹색국가 실현'이라는 목표를 제시하였다. 지속가능한 산림경영 이행을 위한 기준과 지표를 설정하고, 기존의 「산림법」에서 「산림기본법」 중심의 12개 기능별 법 체제로 개편하였으며, 심는 정책에서 가꾸는 정책으로 전환하여 산림의 가치 증진에 힘썼다. 또한 산림의 공익기능 증진과 산촌개발사업을 본격 추진하고, 백두대간 등 한반도 산림생태계의 보전관리 체계를 구축하였으며, 「산지관리법」 제정으로 자연 친화적 산지관리 기반을 마련하였다.

「제5차 산림기본계획」(2008~2017)은 '온 국민이 숲에서 행복을 누리는 녹색복지국가'라는 비전을 설정하고 '숲을 활력 있는 일터, 쉼터, 삶터로 재창조하기 위해 다양한 산림 혜택의 선순환 구조 확립'이라는 목표를 제시하였다. 당초 5대 전략을 제시했다가 2013년 이를 변경하여 ①지속가능한 기능별 산림자원 관리체계 확립, ②기후변화에 대응한 산림탄소 관리체계 구축, ③임업 시장기능 활성화를 위한 기반 구축, ④산림생태계 및 산림생물자원의 통합적 보전 · 이용 체계 구축, ⑤국토의 안정성 제고를 위한 산지 및 산지재해 관리, ⑥산림복지 서비스 확대 · 재생산을 위한 체계 구축, ⑦세계 녹화 및 지구환경 보전에 선도적 기여 등의 7대 전략을 발표하였다.

「제6차 산림기본계획」(2018~2037)에서는 계획기간을 20년으로 변경하였고 '일자리가 나오는 경제산림, 모두가 누리는 복지산림, 사람과 자연의 생태산림'을 비전으로 설정하였다. ①산림자원 및 산지 관리체계 고도화, ②산림산업 육성 및 일자리 창출, ③임업인 소득 안정 및 산촌 활성화, ④일상 속 산림복지 체계 정착, ⑤산림생태계 건강성 유지 · 증진, ⑥산림재해 예방과 대응으로 국민 안전 실현, ⑦국제산림협력 주도 및 한반도 산림녹화 완성, ⑧산림정책 기반 구축 등의 전략과 과제를 제시하였다.

앞으로는 지속가능한 산림경영과 책임감 있는 관리로 임산업을 통한 새로운 부가가치 창출과 임업 선진국으로 나아가기 위한 경영 체계의 확립 등이 요구된다. 산림에 대한 경영은 일이 년 동안의 단순한 관리가 아니라 10년 이상의 중장기적 목표를 가지고 합리적 계획을 수립해야 한다.

1·7·2 산림경영 동향

1 산림경영 생산구조

우리나라의 산림자원을 영급별로 살펴보면 임목 무육기라고 할 수 있는 Ⅰ~Ⅲ영급의 산림면적이 19%이고 숲가꾸기, 간벌(솎아베기), 주벌이 가능한 Ⅳ영급 이상의 면적이 81%로 축적 비율로는 전체의 92%에 달한다. 지속가능한 산림경영을 실현하기 위해 단벌기 소경목 중심의 경영에서 장벌기 대경목 중심의 경영으로 산림시업의 방향 전환을 견지하고는 있지만, 우리나라 산림의 구조 자체가 아직은 정상적인 산림경영의 형태를 이루기가 어렵다.

우리나라 산림의 영급구조가 대부분 무육기에 있기 때문에 산림 무육을 위한 새로운 산림관리 기술의 개발 및 적용이 반드시 필요하다. 더욱이 무육기 산림에서는 육림(育林)에 경비가 많이 투입되는 데다 지형이 복잡하고 험준하므로 목재 생산에서 판매까지의 전 과정이 원활하기 위해서는 생산기반을 확충하는 노력을 지속적으로 기울여야 한다. 이러한 임업의 채산성(採算性)과 무관한 환경 보전, 문화 등의 외부경제를 반영한 산림관리시스템도 절실히 요구되고 있다.

2 목재 수요

우리나라는 연간 약 2,800만 m^3에 달하는 목재를 사용하고 있지만, 총목재소비량 중 81.35%를 외재에 의존하고 있다. 2023년 원목 수요량은 541만 m^3이며, 이 중 국내재 원목 공급량이 전년도보다 35만 m^3 감소한 320만 m^3, 외재 원목 공급량이 82만 m^3 감소한 221만 m^3이다. 목재를 수입해 온 국가는 러시아, 베트남, 인도네시아, 뉴질랜드 등이다(산림청, 2024b).

3 임산물 생산액

2023년 임산물 총생산액은 7조 1,298억 원이다. 임산물 생산액을 산정하는 과정에서 1998년 조경수 생산액을 임산물 조사대상 품목에 신규로 추가하고 2000년에는 순임목생장액을 조사대상 품목에 포함함에 따라 2000년 이후 임산물 생산액이 크게 증가하였다. 임산물 생산액이 높은 품목은 순임목으로 38.1%인 2조 7,196억 원이고 다음은 토석(18.9%), 약용식물(9.1%), 수실류(8.2%), 조경재(5.5%) 순으로 나타났다(산림청, 2024a).

4 산림경영 기반

우리나라의 산림은 산지이용 구분에 따라 보전산지(490만 ha)와 준보전산지(140만 ha)로 구분되며, 보전산지는 다시 임업용산지(329만 ha)와 공익용산지(161만 ha)로 세분된다.

임업을 생업으로 하는 임가(林家)의 수는 99,233가구이고 그중 전업임가(50ha 이상의 산림을 소유하고 있거나 임업 종사일수가 200일 이상인 임가)가 13.6%이다. 2023년 현재 산주 수는 234만 명이고 산림 면적은 411만 ha이며, 전년 대비 산주가 0.1% 증가한 반면에 산림 면적은 0.4% 감소하여 1인당 산림 소유 규모가 점차 줄어들고 있다.

산림청 자료에 의하면 2023년 산림소유자의 1인당 산림 소유 면적이 평균 1.8ha이고 소유 규모별로는 3ha 미만의 산주가 전체의 약 86.2%로 나타났다. 산주 대부분의 산림 소유 규모가 영세성을 면치 못하고 있음을 알 수 있으며 사유림 경영의 많은 문제점을 시사한다. 시 · 군 기준의 소재 및 부재 산주의 분포 비율이 2023년 현재 각각 44.2%, 55.8%이고 산림 면적에서도 부재산주의 비율이 54%로 높게 나타났다.

산림을 효과적이고 적극적으로 관리하는 데 있어 중요한 역할을 하는 임도의 연간 조성 길이는 2022년 949km에서 2023년 918km로 감소하였다. 반면에 1ha당 임도 길이는 지속적인 임도 개설로 2022년 3.96m에서 2023년 4.14m로 증가하였다. 그러나 아직도 독일, 일본 등 임업 선진국의 수준에는 미치지 못하고 있다(산림청, 2024d).

1·7·3 소유별 산림경영 실태

1 국유림 경영

우리나라의 국유림은 전체 산림의 26%를 차지하고 있으며, 산림청 소관의 보존국유림(1,481,839ha), 준보존국유림(28,508ha), 그리고 타 부처 소관 국유림(142,389ha)으로 구성되어 있다. 보존국유림은 국유림관리소에서 경영 · 관리하고, 준보존국유림은 국유림이 속한 시 · 도에 위임해 관리하고 있다. 타 부처 소관 국유림은 문화체육관광부, 교육부, 국방부 등에 속해 있다.

보존국유림은 앞으로 영구히 국가가 소유하고 목재 생산과 공익 증진을 목적으로 경영하는 산림이므로 면적을 축소해서는 안 된다. 보존국유림을 관리하는 국유림관리소에서는 전국에 몇 개의 관리소와 출장소를 두어 해당 국유림을 경영 · 관리하고 있지만, 외국에 비해 관할 면적이 너무 넓어 집약적 임업경영을 할 수 없다. 국유림은 우리나라 전체 축적의 28%를 보유하고 평균축적이 182m^3/ha에 이르지만 대개 오지에 위치하고 활엽수가 많은 까닭에 국유림에서 실제로 벌채 · 이용되는 재적은 많지 않다.

국유림을 개발하기 위해서는 임도를 설치하고 국유림에서 목재를 공급하는 능력을 높여야 한다. 국유림을 개발할 때에는 과거와 같이 국유림특별회계상의 수입을 올리기 위한 임목 매각을 지양하고, 국유림관리소에서 국유림 벌채를 직영하는 제도를 도입하여 국유림에서의 파괴적 벌채가 없도록 해야 한다.

2 공유림 경영

공유림은 전체 산림 면적의 7.6%를 차지하며, 주로 도유림(167,756ha)과 군유림(315,446

ha)으로 구성되어 있다(국립산림과학원, 2021). 공유림은 본래 국유림에서 양여된 산림이며, 경영 목적을 ①공공복지 증진, ②재정수입의 확보, ③사유림 경영의 시범에 두고 있다.

공유림의 경영 목적에 비추어 볼 때 우리나라의 공유림 경영은 개선이 시급하다. 과거에는 도유림에 도유림사업소를 두어 산림을 경영·관리하였지만, 현재 경기도와 충청북도 이외에는 모두 도유림사업소를 폐지하고 군에 산림경영을 위임하고 있다. 그런데 군에는 군유림을 관리하는 기구가 따로 없다.

공유림의 축적은 전체 산림축적의 8% 정도를 차지하고 평균축적은 173m^3/ha로 사유림(157m^3/ha)보다 많지만 공유림에 대한 투자가 많지 않은 실정이다. 공유림의 경영 목적을 달성하기 위해서는 지역 특성에 맞는 체계적인 관리시설을 두고 투자를 늘려 경영합리화를 도모해야 한다.

3 사유림 경영

사유림은 전체 산림 면적의 66%를, 축적으로는 63%를 차지하고 있다. 사유림 소유주의 수는 근래 급격히 증가하여 2023년 기준 220만 명에 이르는 것으로 추정된다.

사유림 소유주는 개인, 회사, 단체(예 문중, 종교단체) 등 다양하지만 경영 주체의 다수는 개인이며, 그중에서도 농가의 비율이 높다. 농가의 산주는 대개 산림이 위치한 지역에 거주하는 소재산주이지만, 근래에는 비농가인 도시 거주자가 산림을 매입하는 경우가 많아져 부재산주의 수가 늘고 있다. 부재산주의 수가 예전에는 전체 산주의 16% 정도였지만 최근에는 55.8%로 늘었으며, 산림 면적의 점유 비율도 59%에 이른다. 부재산주가 산림을 소유하는 목적을 보면 대개의 경우 산림경영을 위해서라기보다는 재산 보유, 묘지 확보, 그리고 부동산 투자에 두고 있는 것으로 보인다.

부재산주이더라도 상당한 면적을 소유하여 산림투자를 하고자 하는 사람도 있으므로 부재산주가 산림경영에 투자할 수 있도록 여건을 조성해 주는 일도 필요하다. 산림투자의 여건 조성 중 중요한 부분은 산림투자를 한 사람에게 제공할 산림투자의 손비 처리와 재산세, 양도소득세, 상속세 등에 대한 혜택이다. 산림투자를 한 경우 투자액을 소득에서 공제하여 소득세를 감면하는 등 여러 세제상의 혜택을 준다면 더 많은 도시 자본을 산림으로 유치할 수 있을 것이다.

연습문제 ▌

1. 자원의 정의와 의미를 설명하시오.
2. 산림과 임업의 정의를 설명하시오.
3. 산림경영의 지도원칙에 대해 설명하시오.
4. 산림경영의 특징을 설명하시오.
5. 벌기령의 종류에 대해 설명하시오.

6. 토지순수확설과 산림순수확설의 차이점을 비교하시오.
7. 법정림의 구비 요건을 설명하시오.
8. 기후변화 대응을 위한 산림경영의 역할에 대해 설명하시오.
9. 최근의 국제적 관심에 대응하기 위한 산림경영에 대해 설명하시오.
10. 기후스마트임업의 가능성에 대해 설명하시오.

참고문헌 ▌

1. 강성연. 1973. 임업경영경제학. 일조각.
2. 관계부처 합동. 2023. 탄소중립 · 녹색성장 국가전략 및 제1차 국가 기본계획.
3. 국립산림과학원. 2021. 2020 한국의 산림자원.
4. 김장수. 1962. 임업경영학. 서울대학교 출판부.
5. 김장수. 1988. 임업경영의 혁신. 탐구당.
6. 김지홍, 최정기, 이정수 외. 2013. 산림경영의 이해. 강원대학교 출판부.
7. 박태식, 강성연, 권오복 외. 1971. 임업경영학. 향문사.
8. 박태식, 김동춘, 권오복 외. 1990. 신고 임업경영학. 향문사.
9. 산림청. 2000. 산림과 임업기술: 제Ⅲ편 산림경영.
10. 산림청. 2021. 2020년 산림기본통계.
11. 산림청. 2024a. 2023 임산물생산조사.
12. 산림청. 2024b. 2023년 기준 목재이용실태조사.
13. 산림청. 2024c. 2023년 전국 산주 현황.
14. 산림청. 2024d. 2024 산림임업통계연보(제54호).
15. 안종만, 우종춘, 윤화영 외. 2007. 산림경영학. 향문사.
16. 온실가스종합정보센터. 2022. 2021 국가 온실가스 인벤토리 보고서.
17. 우종춘, 김세빈, 김형호 외. 2017. 신고 산림경영학. 향문사.
18. 윤광배, 박동균(역). 1990. 삼림경영경제학. 명보문화사.
19. 이만우. 1993. 임업경제학. 형설출판사.
20. 이우균. 2023. 탄소중립 시대의 기후스마트임업. 한국과학기술한림원.
21. 장주연, 최현임. 2023. 일본 산촌진흥대책의 동향 및 시사점. 국립산림과학원.
22. Davis LS, Johnson KN. 1987. Forest Management. 3rd edition. McGraw Hill.
23. FAO. 2020. Global Forest Resources Assessment 2020: Key findings.
24. FAO. 2024. The State of the World's Forests 2024: Forest-sector innovations towards a more sustainable future.
25. IPCC. 2018. Global Warming of 1.5℃. An IPCC Special Report on the impacts of global warming of 1.5℃ above pre-industrial levels and related global greenhouse gas emission pathways, in the context of strengthening the global response to the threat of climate change, sustainable development, and efforts to eradicate poverty. Masson-Delmotte V, Zhai P, Pörtner HO *et al.* (ed).

26. IUCN. 2021. Forests and Climate Change. IUCN Issues Brief.
27. Jeong Y. 2024. Spatiotemporal Analysis of Carbon Balance by Different Administrative Levels: Are There Carbon Neutral Local Regions in the Republic of Korea? Graduate School of Korea University.
28. Kurth H. 1994. Forsteinrichtung: Nachhaltige Regelung des Waldes. Verlag Kessel.
29. Oesten G, Roeder A. 2012. Management von Forstbetrieben: Band Ⅰ. Universität Freiburg Forstökonomie.
30. Oesten G, Roeder A. 2012. Management von Forstbetrieben: Band Ⅱ. Universität Freiburg Forstökonomie.
31. Oesten G, Roeder A. 2012. Management von Forstbetrieben: Band Ⅲ. Universität Freiburg Forstökonomie.

제2장 산림생장 및 수확모델

2·1 산림생장 개념

2·1·1 산림생장 기초

생장(生長, growth)이란 일정 기간 동안 개체목(個體木) 또는 임분에서 이루어진 크기의 증가를 의미한다. 생장은 보통 흉고직경(cm), 수고(m), 흉고단면적(m^2), 재적(m^3) 등으로 구분해 나타낸다. 수확(收穫, yield)은 일정 기간이 경과한 시점에서의 최종 크기를 의미한다. 수확량(Y)은 특정 수령 또는 임령에 대한 시간(t)의 함수인 $Y = f(t)$로 나타낼 수 있으며, 이 경우 생장은 일정 기간(보통 연간) 동안의 평균생장량(Y/t) 또는 연년생장량(dY/dt)을 의미한다(그림 2-1 참조).

1 산림생장 종류

① 총생장량

시간의 흐름에 따른 수확량의 변화는 보통 총생장량(總生長量) 또는 총생산량(總生産量, gross production) 곡선으로 나타내며, 일반적으로 누운 S자 형태를 띤다. 즉 초반에는 점증적으로 증가하다가 증가세가 변곡점(變曲點, inflection point)에서 최대에 도달하고 이후 점차 감소하는 추세를 보인다.

② 평균생장량

일정 기간 동안 매년 평균적으로 증가한 양을 평균생장량(平均生長量, mean annual increment, MAI)이라고 한다. 평균생장량은 수학적으로 총생장량(Y)을 수령 또는 임령(t)으로 나눈 양(Y/t)이며, 기하학적으로는 원점에서 총생장량곡선상의 한 점을 연결한 직선의 기울기에 해당한다.

③ 연년생장량

수령 또는 임령이 1년 증가함에 따라 추가적으로 증가하는 수확량을 연년생장량(連年生長量, current annual increment, CAI)이라고 한다. 연년생장량은 수학적으로 총생장량(Y)을 수령 또는 임령(t)에 대해 미분한 양(dY/dt)을 의미하며, 기하학적으로는 총생장량곡선상 한 점에서의 접선의 기울기에 해당한다.

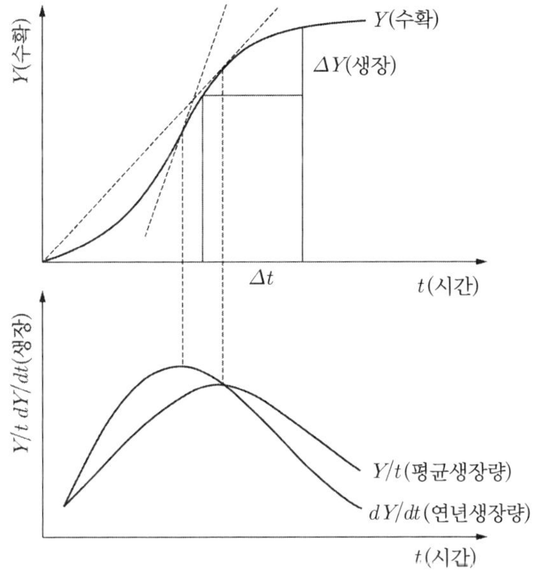

그림 2-1 수확량과 생장량의 관계

④ 정기평균생장량

생장량을 나타내고자 하는 기간이 길면 평균생장량은 전체 기간 동안의 생장량을 지나치게 단순화하고 반대로 연년생장량은 지나치게 세분화하는 경향을 보인다. 이러한 경우에는 보통 5년 또는 10년 단위로 연년생장량을 나타내기도 하는데, 이를 정기평균생장량(定期平均生長量, periodic annual increment, PAI)이라고 한다. 정기평균생장량은 두 시점 간의 수확량 차이를 두 시점 간의 연수 차이로 나눈 값[$(Yt+A-Yt)/A$]을 의미하며, 기하학적으로는 총생장량곡선상의 두 점을 이은 직선의 기울기에 해당한다.

⑤ 평균생장량과 연년생장량의 관계

시간이 흐름에 따라 평균생장량과 연년생장량 모두 초반에 점차 증가하다가 최고점에 도달한 후 점차 감소하는 추세를 나타낸다. 그러나 최고점에 도달하는 시점이 서로 달라 평균생장량곡선(平均生長量曲線)은 원점을 지나는 직선이 총생장량곡선과 접하는 시점에서 최고점에 도달하고, 연년생장량곡선(連年生長量曲線)은 총생장량곡선이 변곡점에 이르는 시점에서 최고점에 도달한다(그림 2-1 참조).

두 곡선은 평균생장량곡선이 최고에 도달하는 시점에서 서로 만나며, 두 곡선이 만나기 전(평균생장량이 최고점에 이르기 전)에는 연년생장량이 더 크지만, 두 곡선이 만난 후에는 평균생장량이 더 크다. 이는 생장 초기에는 매년 평균적으로 생장하는 양보다 가장 최근 1년간 생장하는 양이 많지만, 평균생장량이 최고점에 도달한 이후에는 매년 평균적으로 생장하는 양보다 가장 최근 1년간 생장하는 양이 적음을 의미한다.

산림생장 측면에서만 보면 평균생장량이 최고에 도달하기 전까지는 벌채하지 않고 두는 편이 효율적인 반면에 평균생장량이 최고에 달한 이후에는 벌채하지 않고 두면 평균생장량이 감소하므로 비효율적이라고 볼 수 있다. 이와 같은 두 생장량 간의 관계는 재적수확량으로 벌기령을 결정하는 데 활용되기도 한다.

2 산림생장 구성 인자

생장량은 살아 있는 현존 임목에 대한 측정치이지만 각 임목생장량의 합계가 임분 전체의 생장량을 나타내지는 않는다. 왜냐하면 그동안 어떤 임목은 고사하거나 썩고, 또 어떤 임목은 벌채되기 때문이다. 또한 일부 유령목이 자라 조사 대상에 새롭게 포함되기도 한다. 진계생장량(進界生長量, ingrowth)은 산림조사 기간 동안 측정할 수 있는 크기로 생장한 새로운 임목의 재적을 말하고, 고사량(枯死量, mortality)은 산림조사 기간 동안 고사한 측정 가능 임목의 재적에 해당하며, 벌채량(伐採量, cut)은 측정 기간 동안 벌채된 임목의 재적을 말한다.

이와 같은 세 가지 임분 변화의 척도를 마지막까지 생존한 입목재적과 결합하면 임분생장량을 추정하기 위해 정상적으로 사용할 수 있는 구성 인자들을 얻을 수 있다. 이때 썩은 것, 손상된 것, 쪼개진 것과 같이 질이 나쁜 입목은 시간에 따른 변화량의 측정이 곤란하기 때문에 생장량의 계산에 포함하지 않는다. 임분의 구성 인자는 상징적으로 다음과 같이 나타낼 수 있다(Beers, 1962).

1) 측정 초기 생존 입목의 재적: V_1
2) 측정 말기 생존 입목의 재적: V_2
3) 측정 기간 동안의 고사량: M
4) 측정 기간 동안의 벌채량: C
5) 측정 기간 동안의 진계생장량: I

이들 인자가 주어지면 다음과 같이 생장주기에 따른 다섯 가지의 생장량 측정 방법을 수식으로 정의할 수 있다.

1) 진계생장량을 포함한 총생장량: $V_2+M+C-V_1$
2) 초기 재적에 대한 총생장량: $V_2+M+C-I-V_1$
3) 진계생장량을 포함한 순생장량: V_2+C-V_1
4) 초기 재적에 대한 순생장량: $V_2+C-I-V_1$
5) 입목재적에 대한 순변화량: V_2-V_1

생장량 측정 방법은 사용자가 목적에 따라 선택한다. 실제로 목재가 얼마나 생산되는지 단순히 알고자 하는 실용적 산림소유자는 3) 진계생장량을 포함한 순생장량 측정 방법을 사용한다. 총생물량에 관심이 있는 시스템 생태학자는 작은 임목까지 포함한 1) 측정 방법을 사용한다. 간벌과 고사에 의한 감소량에 관심이 있는 산림연구자는 2) 측정 방법을, 산림자원의 상태를 감시하는 국가 회계사는 5) 측정 방법을 선택할 수 있다.

3 산림생장 영향 인자

수목의 생장은 수령 또는 임령이 증가하면서 이루어진다. 앞에서 살펴본 바와 같이 수목의 생장은 일반적으로 누운 S자 모양의 생장량곡선으로 진행되며, 일차적으로 수종에 따라 곡선 형태가 달라진다. 또한 동일한 수종이더라도 임지생산력에 따라 생장 유형이 달라져 좋은 땅에서 자란 나무와 나쁜 땅에서 자란 나무는 서로 다른 생장 유형을 보인다. 더 나아가 수종이 같고 임지 조건까지 같더라도 임분밀도에 따라서 개체목 및 임분 생장이 다른 형태로 나타난다.

산림경영에서는 전통적으로 임령, 임지생산력, 임분밀도를 산림생장에 영향을 미치는 주요 인자로 다루며, 세 인자와 산림생장 간에는 일정한 규칙을 따르는 연관성이 있다. 이러한 영향 인자에 따른 산림생장의 변화를 일정한 규칙을 담은 함수식으로 개발하여 산림관리에 활용하고 있다. 보통 임령 및 임지생산력이 주어진 조건하에서는 밀도 조절에 따른 생장량을 예측할 수 있으므로 산림생장의 규칙성을 산림관리에 쉽게 활용할 수 있다.

이 외에 기상, 광량, 오염 등의 환경요인도 산림생장에 중요한 영향 인자이다. 그중 기상과 광량은 대개 넓은 지역에 공통으로 적용되므로 같은 기상조건의 영향을 받는 권역에서는 기본적으로 산림생장이 동일한 형태를 보인다고 간주한다. 오염은 수목 및 산림 생장의 규칙성을 교란하는 인자이며, 오염과 관련한 인자가 수목 및 산림 생장에 미치는 영향을 밝힐 필요가 있을 때, 또는 이들 인자의 변화에 따른 수목 및 산림 생장의 반응을 모니터링할 필요가 있을 때 산림관리에 제한적으로 적용하고 있다. 이처럼 산림생장에 영향을 미치는 여러 인자의 지역별 차이로 인해 지역마다 서로 다른 독특한 생장 유형이 나타날 수 있다(그림 2-2 참조).

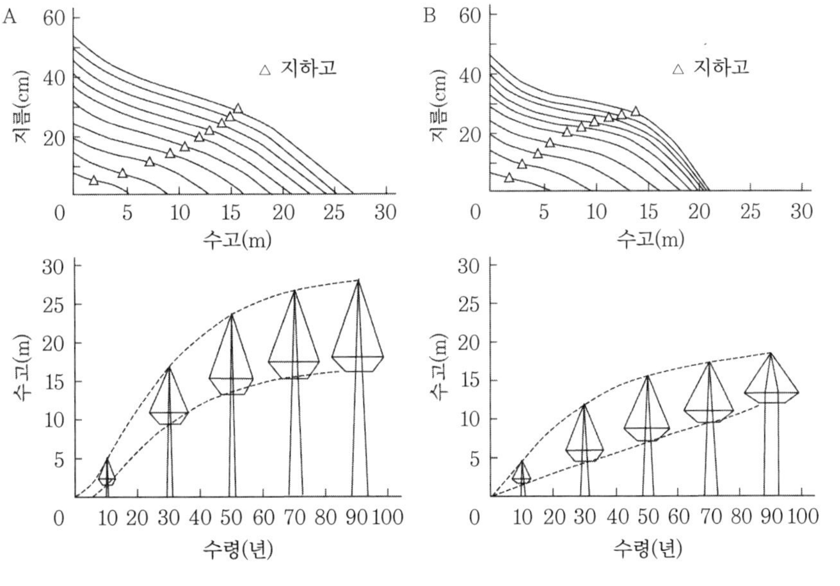

그림 2-2 경북 울진군 소광리(A)와 충남 안면도(B) 소나무의 지름, 수고, 지하고의 생장 변화

2·1·2 개체목 생장

수간석해(樹幹析解, stem analysis)는 수간에서 일정한 간격으로 개체목의 원판을 채취한 후 각 원판의 연륜폭을 측정 및 분석함으로써 과거의 생장 과정과 생장량을 정밀하게 추정할 수 있는 유용한 방법이다. 수간석해의 분석 결과를 이용하여 개체목의 연령대별·수고급별 직경생장, 단면적, 간재적생장량을 계산할 수 있다. 또한 수고, 흉고직경, 흉고단면적, 간재적으로부터 연년생장량, 정기생장량, 평균생장량, 총생장량, 프레슬러(Pressler) 생장률, 형수 등의 정보를 얻을 수 있다(그림 2-3 참조).

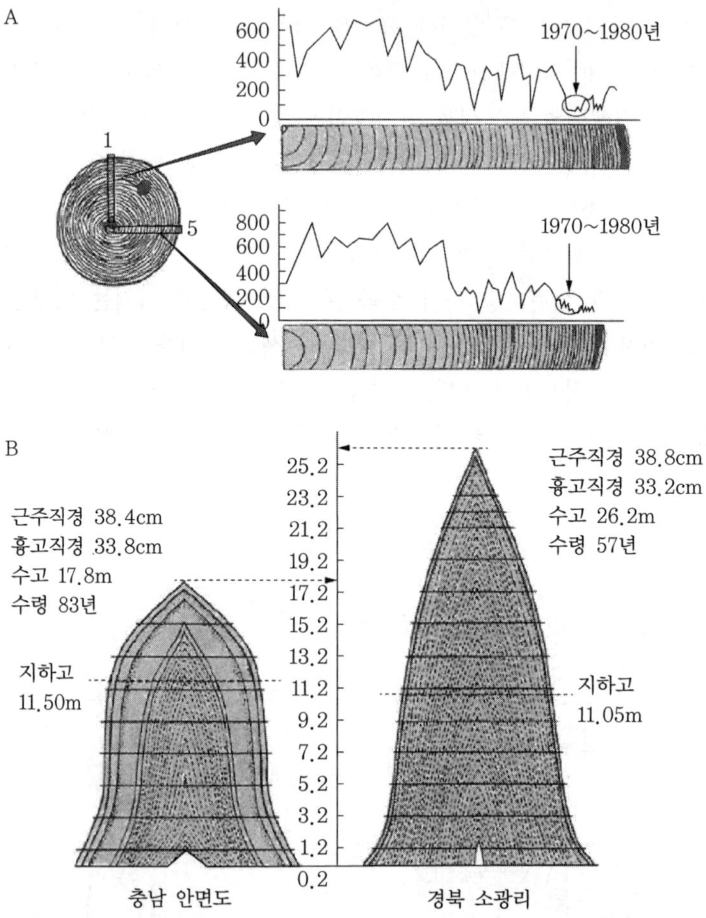

그림 2-3 소나무의 연륜 생장 횡단면도(A)와 수간석해에 의한 종단면도(B)

1 직경생장

개체목의 직경생장은 형성층에서 이루어지며 보통 흉고직경의 비대생장(肥大生長)을 의미한다. 생육 휴지기가 긴 한대 · 온대 지방에서는 생육기간의 전반기인 봄부터 늦여름까지 빠르게 생장하여 세포벽이 얇은 세포로 이루어진 춘재(春材, early wood)가, 가을 이후의 후반기에는 생장이 다소 늦고 세포벽이 두꺼운 세포로 이루어진 추재(秋材, late wood)가 생성된다. 이렇게 춘재와 추재가 번갈아 형성된 연륜(年輪, annual ring)은 개체목의 수령을 결정하는 데 이용된다. 계절 변화가 뚜렷한 경우에는 연륜으로 직경생장을 추정할 수 있다. 반면에 개체목이 연중 생장하는 열대 · 아열대 지방에서는 연륜 구분이 명확하지 않아 수령을 파악하기 어렵다.

흉고직경(胸高直徑, diameter at breast height, DBH)은 산림경영에서 가장 중요한 측정지표로 사용된다. 우리나라와 일본의 경우 지면으로부터 높이 1.2m 지점에서 수피를 포함한 평균직경을 수간의 경사 위쪽에서 측정하는 반면에 미국을 비롯한 대부분의 국가에서는 1.3m(4.5ft)의 가슴 높이에서 평균직경을 측정한다.

흉고직경의 생장곡선은 일반적으로 수고생장곡선과 비슷하게 수령이 높아짐에 따라 상승하는 비선형의 생상 유형을 나타낸다(그림 2-4 A 참조). 또한 지경생장은 한 개체목에서도 수간의 부위별로 다르게 나타나며, 수간 상부로 올라갈수록 수간의 직경이 가늘어진다(그림 2-3 B 참조).

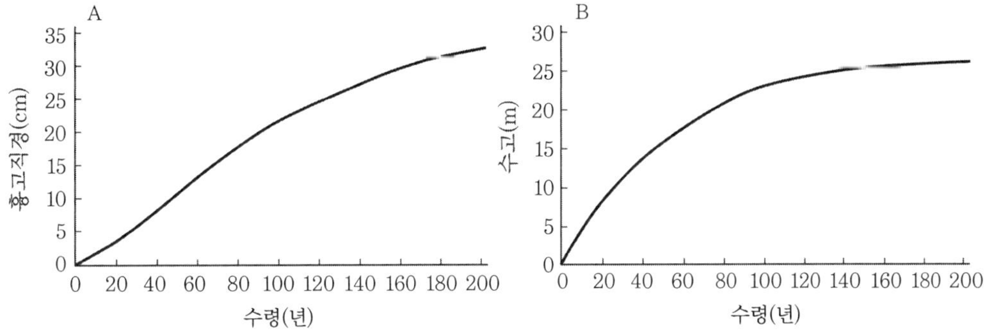

그림 2-4 경북 울진군 소광리 금강소나무의 수령에 따른 흉고직경(A)과 수고(B) 생장의 변화

2 수고생장

개체목의 수고생장은 임목의 길이생장을 말하며 수종, 지역종, 입지 환경 등의 영향을 크게 받는다. 수고생장의 유형은 일반적으로 수령이 증가함에 따라 점차 완만하게 상승하는 비선형의 점근성(asymptote)을 나타낸다(그림 2-4 B 참조). 동일 수종이더라도 입지 환경조건, 임지생산력, 임분밀도에 따라 수고생장 유형이 달라진다.

3 재적생장

개체목의 재적생장은 수간 전체의 부피생장을 의미한다. 흉고직경, 흉고단면적, 수고, 흉고형수로부터 계산이 가능하며, 재적의 연간생장은 수간석해로 정확하게 측정할 수 있다. 같은 수종이더라도 환경조건, 지위, 임분밀도, 임내 위치 등에 따라 개체목마다 재적의 연간생장과 정점에 도달하는 시기가 다를 수 있다. 개체목의 재적생장곡선은 흉고직경과 수령이 증가함에 따라 점차 상승하는 비선형의 생장 유형을 나타낸다(그림 2-5 참조).

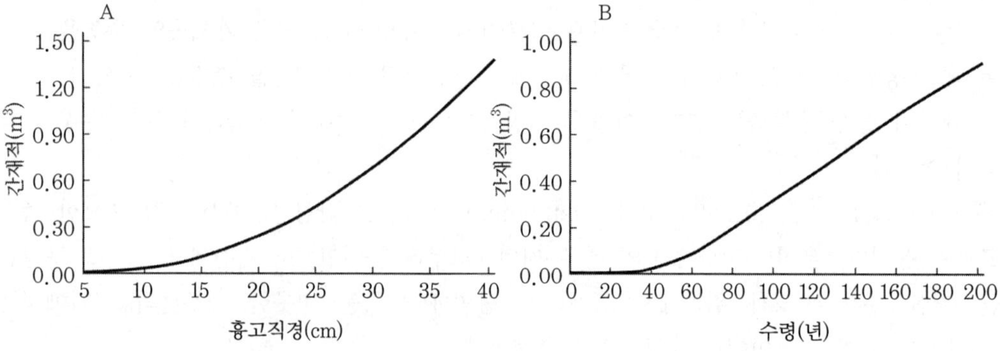

그림 2-5 경북 울진군 소광리 금강소나무의 흉고직경(A)과 수령(B)에 따른 재적의 변화

국립산림과학원의 자료에 의하면 국내 주요 수종의 개체목에 대한 전체 간재적과 바이오매스 추정에 널리 활용되는 추정식 중에서 일반적으로 흉고직경만 독립변수로 이용할 경우에는 $Y = \alpha\, dbh^{\beta}$ 식, 흉고직경과 수고를 독립변수로 이용할 경우에는 $Y = \alpha\, dbh^{\beta} HT^{\gamma}$ 로그 추정식의 적합성이 가장 높은 것으로 나타났다.

2·1·3 임분생장

임분생장(林分生長)은 개체목이 모여 집단을 이룬 임분 내 개체목의 생장과 개체목 수의 감소로 결정된다. 즉 임분 차원에서의 생장은 각 개체목의 생장에 따른 증가와 개체목의 자연적 또는 인위적 감소로 인해 변화한다. 그림 2-6~2-8에서 시간 경과에 따라 본수(本數)가 감소함으로써 흉고직경 및 재적 생장이 변화함을 볼 수 있다. 임분에서는 인위적으로 솎아내기를 하지 않더라도 자체 경쟁으로 인해 자연적인 고사가 발생하면서 본수가 자연적으로 감소한다. 임분생장은 결국 주어진 자연조건(지위 및 기타 환경조건)과 경영 목표에 맞추어 밀도를 조절하는 방법에 따라 결정된다.

1 본수 발달

정상적으로 관리되고 있는 임분에서는 간벌을 실시하면 본수가 일시에 감소하고, 고사가 발생하지 않는다는 전제하에 간벌 직후의 본수가 유지되다가 다시 간벌로 인해 감소하는 형태를 보인다(그림 2-6 A 참조). 이렇게 변화한 본수를 선으로 연결하면 그림 2-6 B와 같이 매끄럽게 연결된 본수곡선(本數曲線)을 얻을 수 있다. 정상적인 경우에는 지위가 높을수록 임분의 단위면적당 본수가 상대적으로 적은 특성을 보인다.

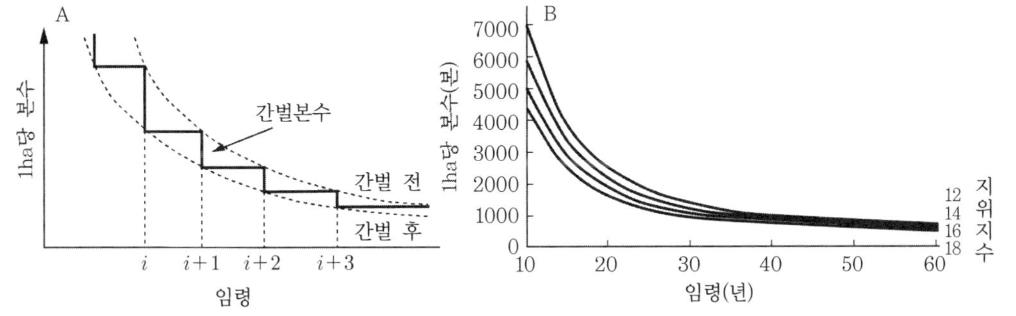

그림 2-6 임령에 따른 본수 발달 모식도(A)와 강원지방소나무 법정임분의 임령에 따른 ha당 임목본수 변화(B)[산림청, 2023]

② 직경 및 수고 발달

임분의 직경이나 수고 평균은 간벌 전후로 값이 변화한다. 상대적으로 작은 나무를 제거하는 하층 간벌의 경우 간벌 후의 평균직경이 간벌 전에 비해 커진다. 이는 생장에 따른 결과가 아니라 계산에 의한 평균의 단순 이동에 기인하며 이와 같은 현상을 계산상 이동(計算上移動)이라고 한다(그림 2-7 A 참조). 일반적으로 지위 또는 지위지수가 높을수록 흉고직경이나 수고가 더 증가하는 비선형의 생장 유형을 나타낸다(그림 2-7 B 참조).

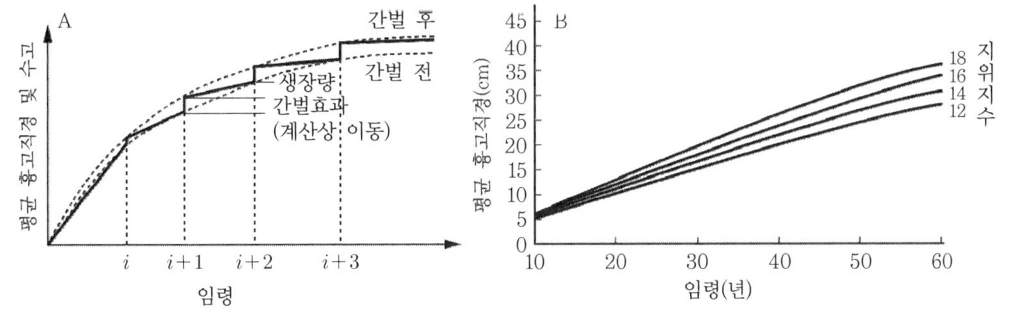

그림 2-7 임령에 따른 흉고직경 및 수고 발달 모식도(A)와 강원지방소나무 법정임분의 임령에 따른 평균흉고직경 변화(B)[산림청, 2023]

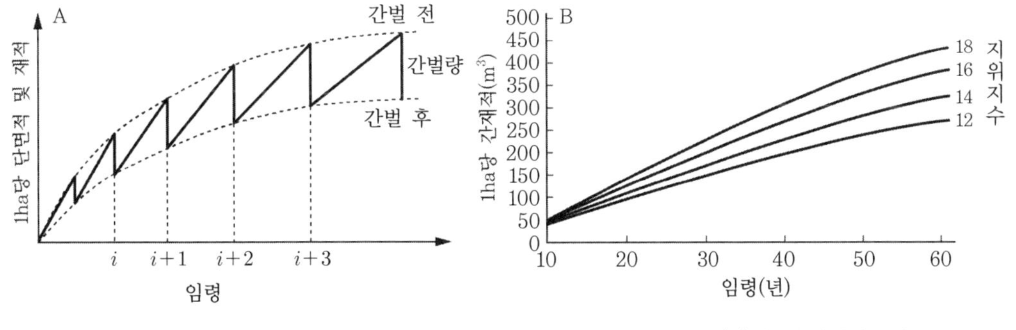

그림 2-8 임령에 따른 ha당 흉고단면적 및 재적 발달 모식도(A)와 강원지방소나무 법정임분의 임령에 따른 ha당 간재적 변화(B)[산림청, 2023]

3 흉고단면적 및 재적 발달

임분의 단위면적당 흉고단면적(胸高斷面積, basal area, BA) 및 재적은 간벌 직후 본수 감소로 인해 급감했다가 다음 주기까지 생장하면서 다시 증가하는 경향을 나타낸다(그림 2-8 A 참조). 이러한 변화를 선으로 연결하면 그림 2-8 B와 같은 형태의 발달곡선을 얻을 수 있다. 지위 또는 지위지수가 높을수록 단위면적당 흉고단면적 및 재적이 증가하는 것이 일반적이다.

2·2 임분밀도와 지위

지위는 임지의 잠재적 생산능력을 평가하는 하나의 기준이며, 임분밀도는 임목의 비대생장에 영향을 미친다. 일반적으로 지위는 바꾸기 어렵지만 임분밀도는 산림관리자가 다양한 방법으로 조절할 수 있다. 즉 임분밀도는 경영 목적에 따라 산림관리자가 조절·운영할 수 있는 주요 인자 중 하나로 간주된다. 임목의 비대생장을 좌우하는 인자, 즉 임목본수와 임목간격을 변화시킴으로써 재질, 직경생장, 임분재적생장, 임분갱신에 이르기까지 산림생장의 다방면에 영향을 미칠 수 있다. 따라서 산림관리는 경영 목적을 달성하기 위해 주어진 지위 조건 하에서 임분밀도를 조절해 가는 과정으로 볼 수 있다.

2·2·1 임분밀도와 경쟁지수

1 임분밀도

임분 내에서 개체목은 바람이나 폭풍우로부터 서로를 보호하지만 빛, 수분, 양분, 생육공간을 두고는 상호 경쟁하는 관계에 있다. 경쟁으로 인해 이들 생장요인이 얼마나 제한을 받는가에 따라 개체목 및 임분의 생장이 달라진다. 임분생장모델(2·5·1, 2·5·2 참조)에서는 생장을 임분의 평균치로 파악하고 임분의 평균생장과 경쟁의 관계를 구명하기 위해 임분 차원에서의 경쟁 관계를 정량적으로 나타낸 임분밀도(林分密度, stand density)를 이용하고 있다.

임분밀도를 나타내는 척도 및 측정 방법이 다양하게 개발되어 임분생장의 추정 및 관리 기준으로 이용되어 왔다. 지금까지 널리 알려진 임분밀도의 척도로는 ha당 임목본수, ha당 재적 및 흉고단면적, 입목도, 임분밀도지수, 수관경쟁인자, 상대공간지수 등을 들 수 있다.

① 임목본수

임령, 지위, 임분밀도 등이 알려진 동질의 동령림에서는 단위면적당 임목본수를 임분밀도의 척도로 유용하게 활용할 수 있다. 조림지의 생장과 수확에 관한 여러 모델에서 단위면적당 임목본수를 임분밀도의 독립변수로 사용하고 있다. 다만 단위면적당 임목본수는 임령 또는 흉고직경이 증가함에 따라 감소하기 때문에 단위면적당 본수를 나타낼 때 비교가 가능하도록 기준(임령 또는 흉고직경)을 함께 제시해야 한다.

② 재적

임분밀도는 재적으로도 표시할 수 있다. 수많은 경영 목표가 재적과 직간접적으로 결부되어 있기 때문에 재적은 밀도를 나타내는 합리적인 척도가 된다. 그러나 재적 역시 임령에 따라 변하는 변수이기 때문에 기준과 함께 사용해야 한다. 일반적으로 수확표상의 재적을 기준으로 하며 실제 재적을 기준 재적에 대한 백분율(입목도)로 나타낸다.

③ 흉고단면적

한 임분 내에 있는 모든 임목의 흉고단면적을 단위면적당 제곱미터로 측정하며, 흉고단면적의 합을 임분수확모델에서 밀도를 나타내는 척도로 활용하고 있다. 흉고단면적 역시 임령에 따라 변하는 변수이기 때문에 기준과 함께 표시해야 한다. 일반적으로 수확표상의 흉고단면적을 기준으로 한 실제 흉고단면적의 백분율(입목도)로 나타낸다.

④ 입목도

입목도(立木度, stocking)는 이상적인 임분의 재적 또는 흉고단면적에 대한 실제 임분의 재적 또는 흉고단면적 비율을 의미한다. 재적보다 흉고단면적의 파악이 용이하기 때문에 산림경영 분야에서는 일반적으로 흉고단면적을 입목도 산정의 기준으로 활용하고 있다. 즉 입목도는 보통 수확표상의 흉고단면적에 대한 실제 흉고단면적의 비율로 구한다. 결국 입목도는 앞서 설명한 재적 또는 흉고단면적의 결점을 보완하기 위해 수확표상의 재적 또는 흉고단면적으로 표준화한 임분밀도의 척도이다.

⑤ 상대밀도

커티스 등(Curtis *et al.*, 1981)은 임분밀도의 척도로 흉고단면적과 평방평균임분직경(기하평균임분직경)을 병합한 상대밀도(相對密度, relative density, RD)를 다음과 같이 제시하였다.

$$RD = \frac{BA}{\sqrt{\overline{d_q}}} \quad \cdots\cdots (2 \cdot 1)$$

식에서 RD: 상대밀도, BA: 단위면적당 흉고단면적, $\overline{d_q}$: 평방평균임분직경

상대밀도는 미국 북서태평양 지역의 미송(Douglas-fir) 임지에서 널리 사용되고 있다. 일반적인 지침에서는 상대밀도가 22~25일 경우 소개임분(疎開林分, open grown stand)을 나타내고, 상대밀도 약 50에서는 임분생장이 서서히 감소하므로 상업적 간벌이 요구된다. 상대밀도 60~65에서는 임목의 생장능력이 크게 감소한다고 평가된다. 이 상대밀도는 미국의 경우 미송 임분의 생장 시뮬레이션 모델(Douglas-fir stand growth simulator, DFSIM)에 사용된 임분밀도 척도이다.

⑥ 임분밀도지수

라이네케(Reineke, 1933)는 지위지수나 임령에 관계없이 법정축적을 가진 동령림 임분에 대한

임분밀도지수(林分密度指數, stand density index, SDI)를 임분밀도 산정의 척도로 개발하였다. 이는 법정수확표의 자료에서 나타나는 다음과 같은 두 가지 사실에 기초하였다.

1) 동일한 평방평균임분직경을 가진, 서로 다른 수종으로 구성된 임분에서는 단위면적당 거의 동일한 최대임목본수가 관측되었다.
2) 법정수확표의 자료를 이용하여 로그 선형회귀식(log linear regression)을 추정한 결과, 대부분의 수종에서 서로 다른 평방평균임분직경에 대한 단위면적당 최대임목본수곡선의 로그 선형회귀에서 -1.605로 거의 동일한 기울기를 가진 식이 다음과 같이 도출되었다.

$$\log N = -1.605 \log \overline{d_q} + k \quad \text{또는} \quad N = k\,\overline{d_q}^{(-1.605)} \qquad (2\cdot2)$$

식에서 N: 단위면적당 임목본수, k: 각 수종별 상수, $\overline{d_q}$: 평방평균임분직경(in)

라이네케는 식 2·2를 활용하여 로그-로그 모눈종이(log-log paper)에 미송 임분의 1ac당 최대임목본수와 평방평균임분직경의 관계를 추정 회귀식을 이용하여 일련의 임분밀도 그래프로 작성하였다(그림 2-9 참조). 이 식을 이용하면 평방평균임분직경이 10in(약 25.4cm)일 때의 동일한 밀도로 변환할 수 있다. 이때의 임목본수가 라이네케의 임분밀도지수에 해당하며 다음 식으로 계산할 수 있다.

$$SDI = N\left(\frac{\overline{d_q}}{10}\right)^{1.605} \qquad (2\cdot3)$$

예를 들어 평방평균임분직경이 3in일 때 690본의 임목이 있는 임분은, 평방평균임분직경이 10in일 때 100본의 임목이 있는 임분과 밀도가 동일하다. 이는 식 2·3을 이용하여 공통 임분밀도

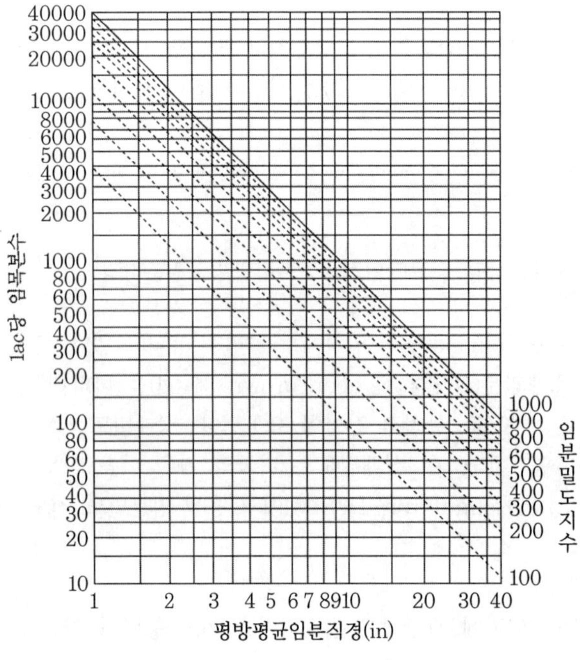

그림 2-9 1ac당 임목본수와 평방평균임분직경의 함수로 나타낸 임분밀도지수(미송 임분, 로그-로그 모눈종이)

지수 100으로 변환할 수 있음을 보여 준다. 라이네케의 임분밀도지수는 평방평균임분직경 10in를 기준으로 1ac당 본수를 표준화한 값으로, 임분밀도를 비교하는 데 활용할 수 있다. 즉 합리적인 임분 관리를 위해 입지와 임령에 관계없이 임분밀도를 비교할 수 있고 서로 다른 수종으로 구성된 임분에서도 적용이 가능하며, 간벌과 임분밀도를 조절함으로써 적정 수준의 평방평균임분직경(또는 흉고단면적, 평균흉고직경)을 쉽게 계산할 수 있다.

⑦ 수관경쟁인자

수관경쟁인자(樹冠競爭因子, crown competition factor, CCF)는 임목수관의 지상투영면적의 백분율을 나타내며 다음과 같은 세 단계로 결정된다.

1) 소개목(疏開木, open grown tree)의 직경과 수관폭(樹冠幅, crown width) 관계식을 추정한다.
2) 1)에서 결정된 추정식을 이용하여 주임분의 면적상에 있는 각 임목의 최대수관면적을 계산한다.
3) 최대수관면적을 모두 합한 뒤 이를 1ha, 즉 10,000m^2로 나누고 100을 곱하여 수관투영면적의 백분율(%)을 구한다.

이상의 관계를 수식으로 나타내면 다음과 같다.

$$CW_i = \alpha + \beta dbh_i \quad \cdots\cdots (2\cdot4)$$

$$MCA_i = \pi\left(\frac{CW_i}{2}\right)^2 \quad \cdots\cdots (2\cdot5)$$

$$CCF = \left(\sum_{i=1}^{N} MCA_i\right) \times \frac{100}{10,000} \quad \cdots\cdots (2\cdot6)$$

식에서 CW_i: i번째 임목의 수관폭(m), dbh_i: i번째 임목의 직경(cm), MCA_i: i번째 임목의 수관면적(m^2), CCF: 수관경쟁인자(%), N: 주임분의 단위면적당 임목본수

만약 어느 임분에서 단위면적당 임목본수가 매우 많아 수관이 중첩되어 있다면 CCF는 100%를 초과할 수도 있다. 이는 모든 임목의 수관폭이, 직경이 동일한 소개목의 수관폭과 똑같다고 수관경쟁인자에서 가정하고 있기 때문이다. 그러나 사실상 가장 강한 우세목도 임목 간의 경쟁에 의해 수관폭이 감소할 수 있다.

⑧ 상대공간지수

상대공간지수(相對空間指數, relative spacing index, RSI)는 우세목의 수고에 대한 입목 간 평균거리의 백분율을 의미하며 다음과 같은 식으로 나타낼 수 있다.

$$RSI = \frac{\sqrt{\frac{10,000}{N}}}{H_D} \times 100 \quad \cdots\cdots (2\cdot7)$$

식에서 RSI: 상대공간지수(%), N: 단위면적당 임목본수, H_D: 우세목 수고(m)

식 2·7에서 구한 *RSI*가 100%라면 우세목의 수고만큼 입목 간의 거리가 떨어져 있음을 의미하고, *RSI*가 25%라면 입목 간의 간격이 우세목 수고의 25%임을 의미한다. 상대공간지수는 임분밀도지수로 활용할 수 있는 ha당 본수를 우세목의 수고를 기준으로 표준화한 것으로 볼 수 있다.

[2] 경쟁지수

임분생장모델에서 이용하는 임분 차원의 밀도 인자들은 파악하기 간단하고 쉽게 활용할 수 있지만 개체목 차원에서 경쟁과 생장 간의 인과관계를 명확하게 설명하지 못하는 한계가 있다. 이에 따라 최근에 이르러 환경 및 생태 문제를 결부하면서 개체목별 경쟁 상태에 따라 개체목 단위로 생장을 파악하는 단목생장모델의 중요성이 증대하였다(2·5·4 참조). 개체목 단위의 경쟁지수(競爭指數, competition index)가 다양한 각도에서 개발되고 있으며, 개체목별 경쟁지수를 통해 개체목 및 임분 생장을 보다 명확히 구명하려는 연구가 활발히 이루어지고 있다.

경쟁지수를 파악하는 방법은 각 개체목 간의 거리를 고려하는지 여부에 따라 거리종속경쟁지수(距離從屬競爭指數, distance-dependent competition index)와 거리독립경쟁지수(距離獨立競爭指數, distance-independent competition index)로 분류한다. 지금까지 임분밀도의 척도로 많이 이용해 온 입목도, 라이네케의 임분밀도지수, 상대공간지수 등은 각 개체목의 공간적 위치, 즉 각 개체목 간의 거리를 고려하지 않은 임분 차원(stand level)의 거리독립경쟁지수로 분류할 수 있다.

각 개체목의 공간적 위치를 파악하고 경쟁목과의 관계를 고려하여 개체목별로 경쟁지수를 파악하는 단목 차원(tree level)의 거리종속경쟁지수는, 경쟁목과의 경쟁 관계를 파악하기 위해 고려하는 인자에 따라 수관면적중첩지수(樹冠面積重疊指數, crown area overlap index), 크기비율지수(size ratio index), 생육공간지수(生育空間指數, growing spacing index) 등으로 분류할 수 있다.

2·2·2 지위

임지의 생산능력을 보통 지위(地位, site quality)라고 표현하며 토양, 지형, 입지, 기타 환경 인자에 의해 결정된다. 지위는 일반적으로 지위지수에 의한 방법, 지표식물에 의한 방법, 환경 인자에 의한 방법 등으로 측정 또는 판정하고 있다.

[1] 지위지수에 의한 방법

① 지위지수 개념

임지의 생산능력을 나타내는 지위는 원칙적으로 토양, 지형, 입지 등 여러 인자로부터 판단할 수 있지만, 산림관리에 활용해야 하는 입장에서 보면 산림생장 인자를 이용하는 보다 간단한 방법이 필요하다. 산림생장 인자 중 직경은 밀도의 영향을 많이 받는 반면에 수고, 특히 우세목 수고는 밀도의 영향을 거의 받지 않는다고 알려져 있다. 산림생장이 기본적으로 밀도와 지위의 영향을 받는다고 볼 때, 밀도의 영향을 거의 받지 않는다는 사실은 결국 지위에 의해 생장이 결정됨을 의미한다.

이러한 법칙성에 근거하여 산림경영에서는 우세목 수고로부터 지위를 추정하여 활용해 오고 있다. 즉 일정 기준임령에서의 우세목 수고를 지위지수(地位指數, site index, SI)라고 하며, 이를 이용하여 임지의 생산능력을 수치로 표현하고 있다. 우리나라에서는 보통 기준임령 30년일 때의 우세목 수고를 지위지수로 삼고 있다.

표 2-1은 1963년 제작된 강원도산 소나무(A)와 2023년 제작된 낙엽송(B)의 지위지수분류표(地位指數分類表)이다. 표에서 기준임령 20년인 강원도산 소나무의 경우 지위지수가 12이면 임령이

표 2-1 강원도산 소나무 및 낙엽송 지위지수분류표(단위: m)

A. 강원도산 소나무 지위지수분류표(1963년 제작, 기준임령 20년)

임령	지위지수				
	6	8	10	12	14
10	2.0	2.6	3.3	4.0	4.6
15	4.1	5.5	6.9	8.3	9.6
20	6.0	8.0	10.0	12.0	14.0
25	7.4	10.0	12.4	14.9	17.4
30	8.7	11.6	14.5	17.4	20.2
35	9.6	12.9	16.0	19.2	22.4
40	10.5	14.0	17.4	20.9	24.3
45	11.1	14.8	18.4	22.2	25.7
50	11.6	15.5	19.3	23.2	27.0

B. 낙엽송 지위지수분류표(2023년 제작, 기준임령 30년)

임령	지위지수			
	16	18	20	22
10	6.9	7.8	8.7	9.5
15	9.8	11.0	12.3	13.5
20	12.2	13.8	15.3	16.8
25	14.3	16.1	17.9	19.6
30	16.0	18.0	20.0	22.0
35	17.4	19.6	21.8	24.0
40	18.6	20.9	23.3	25.6
45	19.6	22.0	24.5	26.9
50	20.4	23.0	25.5	28.1
55	21.1	23.7	26.4	29.0
60	21.6	24.4	27.1	29.8
65	22.1	24.9	27.6	30.4
70	22.5	25.3	28.1	30.9

20년일 때 우세목 수고가 12m임을 의미한다. 또한 기준임령 30년인 낙엽송의 경우 지위지수가 16이면 임령이 30년일 때 우세목 수고가 16m임을 의미한다.

기준임령을 몇 년으로 할지에 대한 기준은 별도로 정해진 바가 없다. 다만 지위지수곡선도(地位指數曲線圖)를 제작하기 위해 활용한 임령 자료의 범위와 벌기령 등을 고려해 결정하는 것이 일반적이다. 1963년에 제작된 강원도산 소나무 지위지수분류표의 경우 당시 우리나라의 산림이 대부분 유령림인 까닭에 임령을 50년으로 한정할 만큼의 자료만 확보되었고 이에 따라 기준임령도 20년으로 결정했다고 볼 수 있다. 2023년에 제작된 낙엽송 지위지수분류표의 경우 임령의 범위를 70년까지, 기준임령도 30년으로 상향 조정했음을 알 수 있다.

② 지위지수분류표 및 지위지수곡선도 제작 방법

지위지수분류표 및 지위지수곡선도는 임령별로 조사한 우세목의 수고 자료로부터 동형법(同形法, anamorphic method) 또는 이형법(異形法, polymorphic method)으로 제작할 수 있다. 동형법으로 유도한 지위지수곡선도는 지위에 따라 크기만 다르고 형태는 동일한 특징이 있다. 이형법으로 유도한 지위지수곡선도는 지위에 따라 형태가 상이하고 기준임령에 대해 추정한 수고가 지위지수와 일치하지 않는 특징이 있다.

지위지수곡선식을 유도하는 방법으로는 기준곡선법(guide curve method), 대수차식법(difference equation method), 모수예측법(parameter prediction method) 등이 있다. 현재 우리나라에서는 기준곡선법을 기준으로 한 동형지위지수곡선식(anamorphic site index curve)을 널리 적용하고 있으며, 대표적으로 기준곡선법에 의한 슈마허의 동형지위지수식과 채프먼-리처즈의 동형지위지수식이 있다.

슈마허(Schumacher, 1939)가 최초로 제시한 수고 · 임령의 생장모델은 다음과 같다.

$$\ln H_D = \alpha + \beta(Age^{-1}) \quad \cdots\cdots (2\cdot 8)$$

식에서 H_D: 우세목 수고, Age: 임령, α, β: 추정계수

식 2·8에서 임령 대신에 기준임령을 대입하면 우세목 수고는 지위지수와 동일하므로 $\alpha = \ln SI - \beta(Age_{SI}^{-1})$로 변환한 후 식 2·8에 다시 대입하여 다음과 같은 동형지위지수식을 유도한다.

$$\ln SI = \ln H_D - \beta(Age^{-1} - Age_{SI}^{-1}) \quad \text{또는}$$
$$SI = \exp\{\ln H_D - \beta(Age^{-1} - Age_{SI}^{-1})\} \quad \cdots\cdots (2\cdot 9)$$

식에서 SI: 지위지수, Age_{SI}: 기준임령

채프먼-리처즈 생장모델(Richards, 1959; Chapman, 1961)은 유기체의 생장에 관한 베르탈란피(Bertalanffy)의 정량적 법칙에 근거한다. 즉 생장은 일반적으로 시간이 지남에 따라 누운 S자형 곡선을 나타낸다는 이론이며 기본적인 생장모델은 다음과 같다.

$$Y = \alpha\{1 - \exp(-\beta t)\}^{\gamma} \quad \cdots\cdots (2\cdot 10)$$

식에서 Y: 총생체량, t: 시간, α: 점근성, β: 비율 모수, γ: 형태 모수

임령과 우세목 수고를 적용한 채프먼-리처즈 생장모델의 일반적인 형태는 다음과 같다.

$$H_D = \alpha\{1 - \exp(-\beta Age)\}^{\gamma} \quad \cdots\cdots (2\cdot11)$$

식에서 H_D: 우세목 수고, Age: 임령, α, β, γ: 추정계수

식 2·9와 같은 방법으로 식 2·11에서 임령 대신에 기준임령을 적용하면 $SI = \alpha\{1 - \exp(-\beta Age_{SI})\}^{\gamma}$이므로 $\alpha = SI\{1 - \exp(-\beta Age_{SI})\}^{-\gamma}$를 식 2·11에 다시 대입하여 다음과 같은 동형지위지수식을 유도한다.

$$H_D = SI\left\{\frac{1 - \exp(-\beta Age)}{1 - \exp(-\beta Age_{SI})}\right\}^{\gamma} \quad \text{또는} \quad SI = H_D\left\{\frac{1 - \exp(-\beta Age_{SI})}{1 - \exp(-\beta Age)}\right\}^{\gamma} \quad \cdots\cdots (2\cdot12)$$

식에서 SI: 지위지수, Age_{SI}: 기준임령

표 2-1, 그림 2-10은 기준임령을 20년, 30년으로 하여 임령과 수고에 의한 동형지위지수 추정식을 적용한 예이다.

③ 지위지수 판정 방법

산림경영에서는 일반적으로 앞서 동형법 또는 이형법으로 유도한 지위지수곡선식을 이용하여 제작한 지위지수분류표(표 2-1 참조) 및 지위지수곡선도(그림 2-10 참조)를 지위 판정에 활용하고 있다.

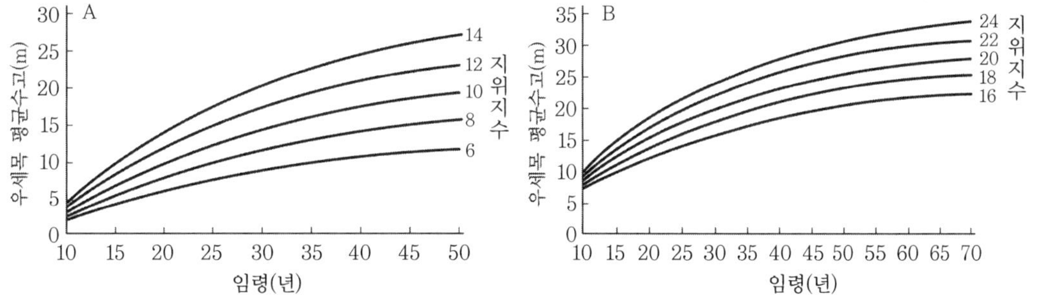

그림 2-10 지위지수곡선도[산림청, 2023]
A: 강원도산 소나무(1963년 제작, 기준임령 20년), B: 낙엽송(2023년 제작, 기준임령 30년)

지위지수를 이용하여 지위를 판정하거나 지위지수를 해석 또는 사용할 경우에는 다음과 같은 주의가 필요하다.

㉠ 대표 임목의 선발

지위 결정은 보통 평균 우세목 수고와 임령에 기초를 둔다. 현장에서 지위 사정을 위해서는 일반적으로 강한 경쟁력을 보이고 생장이 왕성하고 임관 상층부의 수관이 충분한 몇몇 임목을 우세목 수고를 측정하기 위한 대표 임목으로 선발한다.

동령인 유령 임분에서는 우세목과 준우세목을 식별하기가 비교적 쉽다. 그러나 임목이 어릴 때

피압(被壓)되었다면 해당 임령에 대한 총수고를 적용할 시 지위지수가 과소 추정될 가능성이 높다. 이는 임목이 이령(異齡) 상태에서 생육할 때, 또는 음수(陰樹)가 동령림에서 생육하거나 생육 초기에 잡목과 경쟁할 때 발생할 수 있다. 따라서 어릴 때 생장이 저조했거나 피압된 증거가 있는 임목은 지위 사정을 위한 대표 임목으로 선발하면 안 된다.

㉡ 지위지수의 해석과 사용

지위지수 자료의 해석과 사용에 있어서 다음 몇 가지를 주의해야 한다. 첫째, 지위지수를 비교할 때 각 지수의 기준임령이 흉고임령인지 총임령인지를 확인해야 한다. 예를 들어 같은 수종이더라도 기준임령이 서로 다를 수 있기 때문이다. 이러한 경우 지위지수만 단순히 비교해서는 안 된다.

둘째, 한 임령에 기초를 둔 지위지수는, 간단한 수치 관계를 통해 다른 임령에 기초를 둔 지위지수로 변환할 수 없다. 예를 들어 기준연령 20년에 대한 지위지수 16을 놓고 보면, 만약 여기에 포함된 수종의 임목들이 20년생일 때에 비해 40년생일 때 꼭 2배의 생장을 나타내지 않는다면 기준임령 40년에 대한 지위지수는 32라고 할 수 없다.

셋째, 서로 다른 수종에 대한 지위지수가 비슷하다고 해서 절대적이든 또는 상대적이든 임지생산력이 비슷하다는 의미는 아니다. 지위지수는 어떤 기준임령에 대한 우세목 수고를 나타낼 뿐이며 그 이상도 그 이하도 아니다.

넷째, 한 임분에 대해 다른 시점에서 추정한 지위지수는 서로 다를 수 있다. 이와 같은 현상에 대한 원인으로 다음 네 가지를 들 수 있다.

1) 초기 생장기간 동안 피압되었다면 유령일 때의 지위가 상당한 과소 추정치로 나타날 수 있다. 그러나 그 효과는 시간이 지남에 따라 점차 사라진다.
2) 시간의 경과에 따라 지위급이 변할 수 있다. 이러한 변화는 비록 느리지만 토양유기물층 및 배수 조건의 변화와 시비 등으로 인해 일어난다. 예를 들어 건조한 기상이 매년 지속되면 토양의 배수 및 양분이 불량해져 지위급이 낮아질 수 있다. 또한 시간 경과 및 시비 등으로 토양 조건이 개선되면 지위급이 다시 높아질 수도 있다.
3) 미세입지(微細立地, microsite)상의 임분은 지위지수곡선에 의한 유형을 따르지 않는다. 카르민(Carmean, 1956)은, 미송의 경우 모래와 자갈이 많은 토양에서 자라는 임목은 처음에 생장이 빠르지만 점차 느려지고, 한편 배수가 불완전한 토양에서 자라는 임목은 초기에 생장이 느리지만 수령이 높아짐에 따라 감지할 수 있을 정도로 생장이 둔화되지 않는다는 사실을 발견하였다.
4) 관습적인 지위지수곡선의 조제를 위한 표본의 균형이 제대로 잡혀 있지 않거나 특정 임령 및 지위에 더 많은 자료가 집중되어 있을 수도 있다.

2 지표식물에 의한 방법

스칸디나비아와 캐나다에서는 지표식물에 의한 지위급의 지표에 많은 관심을 기울여 왔다. 전혀 방해를 받지 않은 자연 상태, 특히 북부 지역 산림에서는 지표식물 또는 특정 식물의 집단이 특징적으로 어떤 산림 형태와 연관성이 깊고, 어느 정도까지는 해당 산림 형태 내에서의 지위급과 관련이 있다고 보고된 바 있다.

예를 들어 스필즈베리 · 스미스(Spilsbury & Smith, 1947)는 캐나다 브리티시컬럼비아주와 미국 워싱턴주 해안지방에서 자라는 미송과 관련한 산림입지 형태를 조사해 보고하였다. 여기서 몇몇 하층 식생류(고비류, 고산 저목류, 이끼류, 지의류 등)는 지위지수와 연관성이 매우 깊고 북서태평양 해안지방에 위치한 미송 임분의 지위급과도 밀접한 관계가 있다고 밝혔다(표 2-2 참조).

표 2-2 북서태평양 해안지방의 미송 임분형을 위한 산림입지형

산림입지형	평균 지위지수 (ft)	생산량 (ft^3)
P(고비류, *Polystichum*)	170	19,000
PG(고비류와 고산 저목류 중간, *Polystichum-Gaultheria*)	150	15,000
G(고산 저목류, *Gaultheria*)	125	11,000
GPa(이끼류, *Gaultheria-Parmelia*)	95	8,000
GU(지의류, *Gaultheria-Usnea*)	70	6,000

[Spilsbury & Smith, 1947]

하층 식생형과 지위를 연결 짓는 일은 많은 작업을 요하며 미국과 캐나다에서도 아직 충분히 검토되지 않았다. 그럼에도 하층 지표식물은, 임목 자체가 생산성에 관한 단서를 제공할 정도로 충분히 생장하기 전에 해당 임지 위에 먼저 성립하므로 미리 지위를 추정할 수 있는 유리한 점이 있다.

3 환경 인자에 의한 방법

하층 식생과 지위지수를 연결 짓는 일이 난관에 부딪치자 코일(Coile, 1938)은 대신에 물리적 환경의 주요 국지적 인자를 사용하고자 노력하였다. 특히 토양을 지위지수에 연결하는 방법이 가장 일반적인 접근법이었다. 토양은 임목의 생장에 조절적 영향을 끼치므로 측정 가능한 토양 인자로부터 지위를 추정하는 일이 유용할 수 있다. 토양 성분은 시간에 따른 변화가 느리며, 토양 측정치는 임분이 현존하는 임지뿐만 아니라 벌채지와 제지(除地, non-forested area)에도 적용할 수 있다.

코일 · 슈마허(Coile & Schumacher, 1953)는 토양층(soil horizon), 토심(土深, soil depth), 결합도(結合度, consistency)와 같이 관찰 가능한 토양 인자와 배수 인자를 임목의 생장과 관련지었으며 지형학(地形學, topography), 지질학(地質學, geology), 토지이용 역사 등과도 연관을 짓고자 하였다. 또한 수종 선발, 수확 예측, 입지 준비에 관한 결정, 임도 건축법, 비용 예측 등의 보조 수단으로 토양입지지도(土壤立地地圖, soil site map)의 사용을 제안하였다.

스프래클링(Sprackling, 1973)은 지표에서 C층까지의 토심과 해발고도 인자를 이용하여 미국 콜로라도주 북부와 와이오밍주 남부의 화강암 토양에서 자라는 엥겔만가문비나무

(Engelmann spruce)의 지위지수를 추정하였다. 여기서 해발고도가 낮을수록, 그리고 토심이 깊을수록 지위지수가 높게 나타났다(그림 2-11 참조).

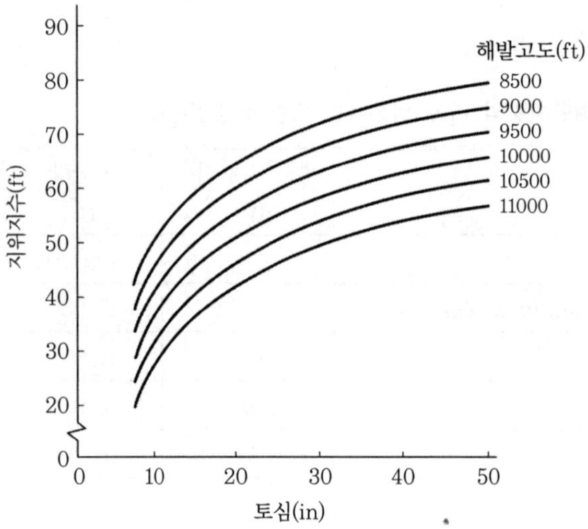

그림 2-11 콜로라도주 북부와 와이오밍주 남부의 화강암 토양에서 자라는 엥겔만가문비나무의 지위지수[Sprackling, 1973]

1:5,000 대축척으로 제작된 우리나라의 산림입지토양도는 입지 환경 인자 8종(모암, 표고, 경사, 방위, 기후대, 지형, 사면 위치, 경사 형태)과 토양 환경 인자 4종(토심, 토성, 건습도, 토양형)에 관한 정보를 포함하고 있다. 산림입지토양도와 함께 기후 인자 15종(연평균기온, 연최고기온, 연최저기온, 온량지수, 한랭지수, 건조지수, 연평균강수량, 월평균강수량, 월평균상대습도, 생장기 강수량, 생장기 평균상대습도, 생장 초기 3개월간 강수량, 생장 초기 3개월간 상대습도, 비생장기 강수량, 비생장기 평균상대습도)을 종합적으로 분석하여 현장조사를 기반으로 한 지역별 용재수종과 유용수종의 지위지수 추정식을 개발하였다(국립산림과학원, 2014). 이를 이용하여 전국 지역별 적지적수도를 제작하였으며, 기후와 토양 조건에 적합한 수종을 식재할 수 있도록 지원하는 맞춤형조림지도로 활용되고 있다.

2·3 임분구조

임분구조(林分構造, stand structure)는 개체목의 크기가 공간적으로 어떻게 분포되어 있는가를 뜻하며, 흉고직경 및 수고의 분포로 임분의 종적 및 횡적 구조를 나타낸다. 즉 입목의 직경 및 수고급별 본수 분포를 그림 또는 통계적 분포식을 이용해 표현한다.

2·3·1 동령림 임분구조

임분구조는 보통 직경급별 입목본수의 분포로 나타낸다. 동령림(同齡林, even-aged

stand)의 임분구조는, 일반적으로 평균직경급에서 최대입목본수가 나타나고 평균에서 멀어질수록 본수가 점차 감소하는 전형적인 종 모양(bell-shaped)의 정규분포 형태를 보인다(그림 2-12 참조). 또한 2개의 영급과 수고급으로 구성된 복층림의 경우에는 최고점이 2개인 종 모양의 분포를 보이기도 한다.

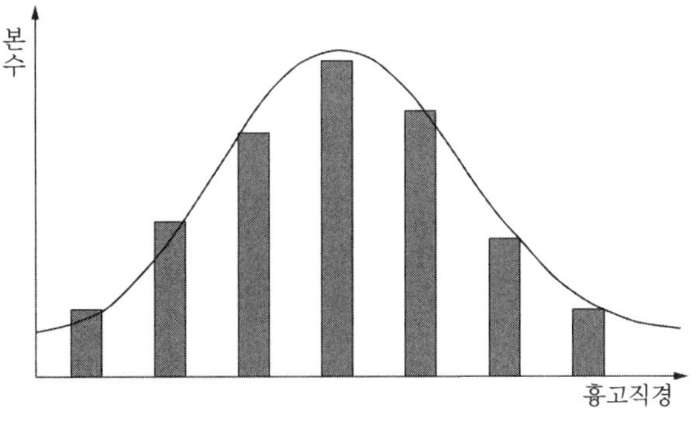

그림 2-12 동령림의 전형적인 직경급별 입목본수분포(임분구조)

유령림에서는 낮은 직경급에 많은 수종이 분포하고 평균 주변에 밀집한 분포 형태를 보인다. 임령이 증가하면서 직경급이 높아지고 전체적으로 본수도 감소하는 경향이 나타난다. 또한 임령이 증가할수록 평균직경급으로부터 분산되는 정도가 점점 커져 전차 넓게 분푸하는 형태를 보인다. 이러한 동령림에서의 직경급별 입목본수의 분포는 와이블분포의 수식으로 나타낼 수 있으며 직경급 생장 및 수확 모델에 활용한다(2·5·3 참조).

2·3·2 이령림 임분구조

동령림의 임분구조가 평균직경급을 중심으로 분산된 종 모양의 분포 형태를 보이는 반면에 여러 수령 및 영급이 모여 있는 이령림(異齡林, uneven-aged stand)의 임분구조는 낮은 직경급의 본수가 많이 분포하고 직경급이 높아질수록 본수가 적어지는 전형적인 역J자형의 분포를 나타낸다(그림 2-13 참조).

이령림은 다양한 수령의 입목, 즉 여러 영급으로 구성된 임분이다. 이령림을 10년 단위의 영급으로 구분하면 각 영급은 동령림과 같은 종 모양의 임분구조를 보이고 각 영급의 입목본수분포(임분구조)의 합이 이령림의 임분구조를 이룬다. 전체적으로 역J자형인 이령림의 임분구조는 다음의 지수식 또는 거듭제곱식으로 나타낼 수 있다.

$$N = k\exp(-\alpha DBH) \quad \text{또는} \quad N = kDBH^{-\beta} \qquad (2\cdot13)$$

식에서 k: 가장 낮은 직경급(지수식에서는 0cm, 거듭제곱식에서는 1cm)의 본수, α, β: 역J자형 곡선의 기울기

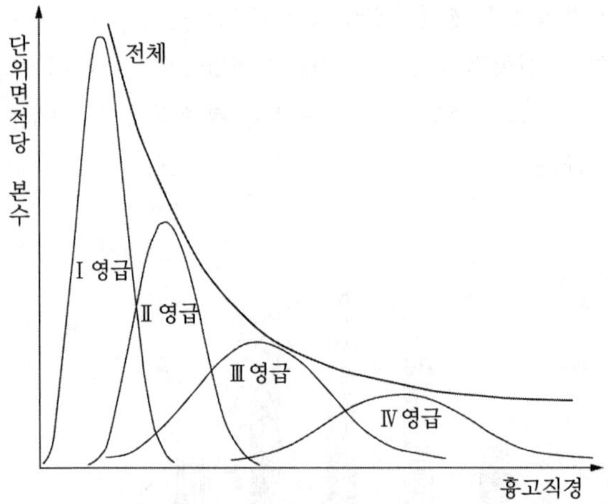

그림 2-13 이령림의 직경급별 입목본수분포(임분구조)

2·4 산림생장모델 개요

2·4·1 산림생장모델 개념

산림생장모델(forest growth model) 또는 산림생장예측모델(forest growth prediction model)이란 여러 산림생장 함수식을 일련의 법칙성에 따라 연계하여 산림의 생장 및 수확을 예측할 수 있도록 한 체계를 말한다. 일반적으로 생장은 일정 기간 동안 개체목 또는 임분에서 이루어진 크기의 증가를 의미하는 반면에 수확은 한 시점의 크기를 말한다. 수확량(Y)은 시간(t)의 함수인 $Y=f(t)$로 표현하며, 생장은 Y/t 또는 dY/dt를 의미한다. 따라서 생장모델(growth model)은 생장(dY/dt)을, 수확모델(yield model)은 수확(Y)을 임령, 현재 크기, 지위지수, 밀도 등으로부터 추정하는 모델을 의미한다.

2·4·2 산림생장모델 역할

산림을 합리적으로 경영하기 위해서는 경영 목표를 설정하고 이를 달성하기 위한 최적의 관리 방안을 마련해야 한다. 이러한 경영 목표 및 관리 방안은 산림경영계획을 통해 구체화한다. 산림경영계획을 수립하기 위해서는 산림의 현재 상태를 파악하는 일 외에도 관리 대안별 미래의 산림 상태를 예측하는 일이 필요하다. 즉 조사한 자료로부터 산림의 생장에 관한 정보를 다각도로 파악한 뒤 이를 근거로 경영 대안을 계획해야 한다. 또한 계획한 경영 대안이 시행된다는 전제하에 관리 이후 산림의 변화와 미래 산림의 상태를 예측해야 한다. 이러한 예측 정보를 기초로 해야만 경영 목표에 부합하는 최적의 관리 방안을 마련할 수 있다.

일반적으로 산림은 생산기간이 매우 길고 관리 방법에 따른 생장 변화 또한 다양하기 때문에 미래 생장을 예측하기가 간단하지 않다. 이러한 기술적 한계는 산림생장모델을 통해 해결할 수 있다. 산림생장모델의 주된 역할은 산림관리 방법에 따른 미래의 생장 및 수확을 예측하는 일이다. 산림경영계획 과정 중에서 산림조사가 현재의 산림 상태에 대한 정보 제공의 역할을 한다면 산림생장모델은 산림시업 체계에 따라 변화할 산림의 미래 상태에 대한 정보를 미리 제공하는 역할을 한다(그림 2-14 참조).

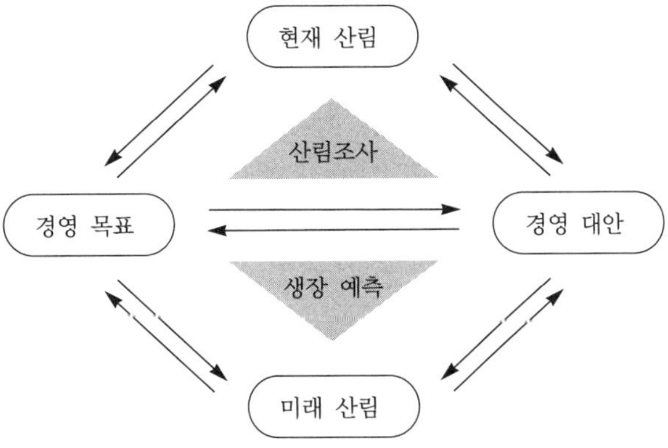

그림 2-14 산림경영계획 체계 및 산림생장모델의 역할

산림경영자는 산림생장모델을 활용하여 우선적으로 산림의 생산능력(시위) 및 밀도를 추정할 수 있다. 이렇게 파악한 현재 조건을 기반으로 여러 시업 체계를 생장모델에 적용하면 생장 및 수확을 다양하게 예측할 수 있다. 이를 통해 현재 조건 및 시업 체계가 산림의 생장에 미치는 영향을 분석할 수 있으며, 궁극적으로 현재 조건 및 경영 목표에 부합하는 최적의 관리 방안을 제시할 수 있다. 즉 산림생장모델을 통해 관리 대안별 미래 상태를 예측하고 예측한 미래의 상태가 설정된 경영 목표에 부합하는지 반복적으로 검토하는 과정을 거쳐 최적의 관리 방안 및 시업 체계를 수립할 수 있다. 이러한 현재 조건 및 관리 목표 외에도 환경 변화에 대한 산림의 반응을 산림생장모델을 통해 구명함으로써 환경 변화에 대응할 수 있는 적절한 산림 관리 및 유지 방안을 제시할 수 있다.

2·4·3 산림생장모델 종류

산림관리에 필요한 산림 정보의 양과 내용은 산림의 종류 및 경영 목표에 따라 달라진다. 예를 들면 동령단순림(同齡單純林)과 이령혼효림(異齡混淆林)에서 파악해야 하는 정보의 양과 내용은 차이가 나게 마련이다. 또한 목재를 생산하기 위해 산림관리에 필요한 산림 정보와, 산림의 생태 · 환경적 기능을 강화하기 위해 필요한 산림 정보는 내용 및 범위 면에서 다를 수밖에 없다. 따라서 산림생장모델도 산림 정보의 내용 및 범위에 따라 다양하게 분류할 수 있다(그림 2-15 참조).

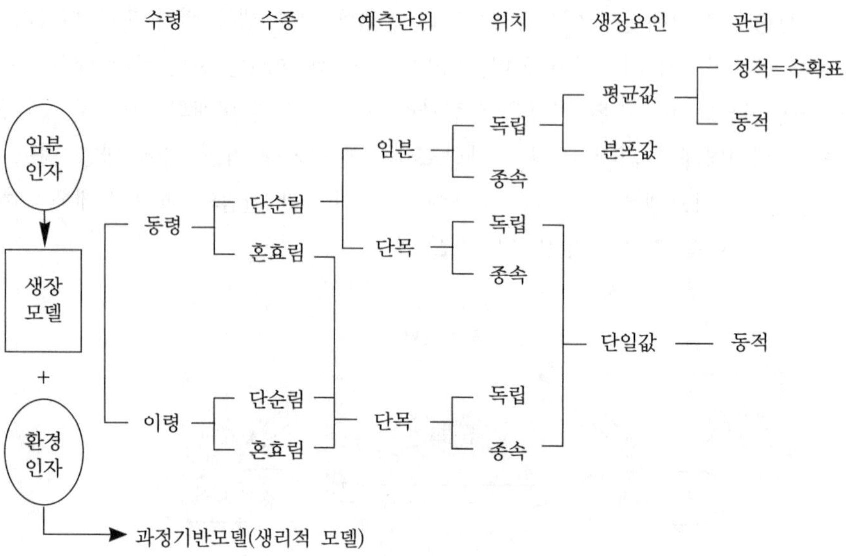

그림 2-15 여러 기준별 산림생장모델의 종류 및 포함되는 정보의 범위

산림생장모델은 단순한 표부터 복잡한 컴퓨터 소프트웨어까지 범위 및 형태가 다양하다. 우선 적용하는 생장 정보의 범위에 따라 평균값을 이용하는 임분생장모델(林分生長model, whole stand model, stand growth model), 직경급별 평균값에 기반하는 직경분포모델(直徑分布model, dbh-distribution model), 개체목의 고유한 생장값을 기초로 하는 단목생장모델(單木生長model, individual or single-tree growth model)로 구분한다. 평균값에 기반하는 임분생장모델이 모델 구축 및 활용 면에서 가장 간단한 반면에 개체목별 생장을 예측하는 단목생장모델은 가장 복잡하다는 특징이 있다. 또한 임분생장모델은 임분구조를 전혀 나타내지 못하지만 직경분포모델로는 어느 정도 파악할 수 있고 단목생장모델은 임분구조를 가장 잘 나타낸다. 직경분포모델은 임분생장모델과 단목생장모델의 중간 형태로 볼 수 있다. 즉 직경분포모델에서 직경급을 하나로 묶으면 임분생장모델이 되고, 직경급을 개체목 단위로 세분화하면 단목생장모델이 된다(그림 2-16 참조).

일반적으로 산림생장은 임령, 지위, 밀도, 환경 인자의 영향을 받게 마련이다. 그런데 임

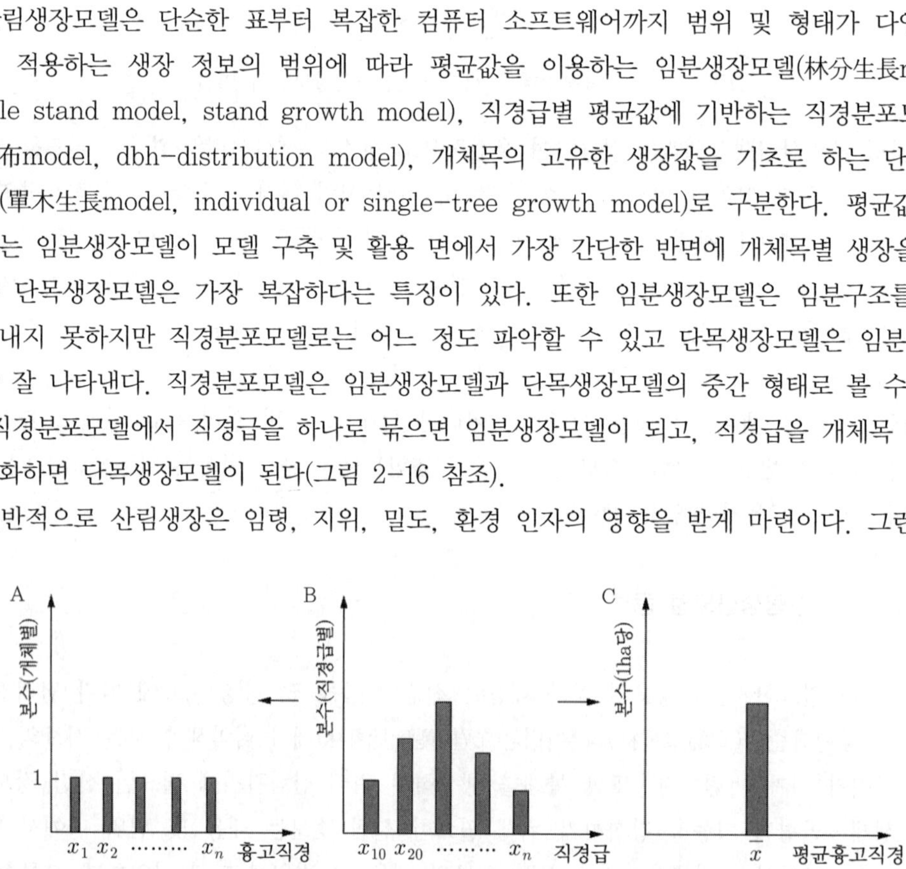

그림 2-16 단목생장모델(A), 직경분포모델(B), 임분생장모델(C)의 관계

분생장모델, 직경분포모델, 단목생장모델은 기본적으로 산림생장이 임령, 지위, 밀도의 영향만 받는다고 가정한다. 즉 광량, 기온, 대기 중 이산화탄소 농도, 토양양분 등의 기상 및 환경 요인은 배제되어 있다.

기상 및 환경 요인을 생장의 영향 인자에 포함하여 광합성 및 호흡 기작에 근거한 산림생장을 예측하는 생장모델을 과정기반모델(過程基盤model, process based model) 또는 생리적 모델(生理的 model, physiological model)이라고 한다. 과정기반모델은 환경 및 기상의 변화에 따른 산림생장의 반응을 비교적 정확히 설명해 주지만, 입력 인자의 조사가 어렵고 모델이 복잡하여 산림시업과 관련한 현장에서 적용하기는 까다로운 편이다. 기존의 임분생장모델, 직경분포모델, 단목생장모델에서는 산림경영에 필요한 산림생장의 예측이 주된 임무라면, 과정기반모델에서는 산림생장의 정확한 과정 및 기작을 파악하는 데 초점이 맞춰져 있다. 과정기반모델이 개체목의 생장에 기반을 두어야 하는 속성상 대부분의 과정기반모델은 단목생장모델의 형태로 구축되고 있다.

관리 방법을 고려하는지에 따라서는 고정된 관리 방법하에서 생장을 예측하는 정적생장모델(靜的生長model, static growth model)과, 관리 방법에 따라 생장을 다양하게 예측하는 동적생장모델(動的生長model, dynamic growth model)로 구분한다.

또한 입목의 위치정보와 관련하여 위치정보가 필요한 위치종속모델(位置從屬model, position dependent model)과, 위치정보가 필요 없는 위치독립모델(位置獨立model, position independent model)로 구분한다. 대부분의 임분생장모델은 위치정보가 필요 없는 위치독립모델이고, 대부분의 단목생장모델은 개체목의 위치정보가 필요한 위치종속모델에 기반을 두고 있다. 일반적으로 위치는 이차원 정보를 의미하며, 산림생장모델에서의 위치는 주로 수평적인 거리 정보를 활용한다. 그러나 산림의 삼차원 정보를 활용할 때에는 산림생장모델을 공간모델(空間model, spatial model)과 비공간모델(非空間model, non-spatial model)로 구분하기도 한다.

2·4·4 산림생장모델 구성

산림생장모델은 일반적으로 생장 예측, 고사 예측, 진계생장 예측, 수확 예측으로 구성된다(그림 2-17 참조). 생장 예측은 보통 흉고직경, 수고를 비롯한 생장 인자의 증가로 비교적 간단히 나타낼 수 있지만 고사 예측 및 진계생장 예측의 모델 구성은 다소 복잡하다. 고사 예측을 단순히 본수 감소로 나타낼 수도 있지만 단목생장모델에서는 고사 발생 기작에 의한 단목의 고사가 예측돼야 한다. 진계생장 예측에서는 일정 크기 이상으로 생장하여 생장량에 신규로 편입될 입목이 파악돼야 한다. 수확 예측은 시업의 종류, 강도, 주기 등의 관리 방법에 따라 예측될 수 있도록 구성할 수 있다.

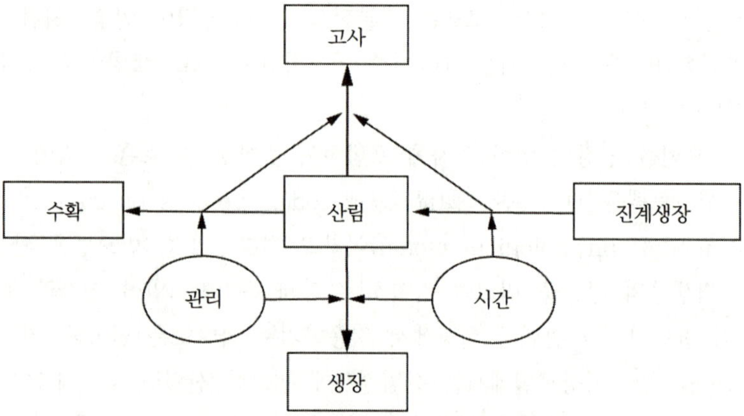

그림 2-17 산림의 생장 인자 및 생장모델 구성

2·4·5 산림생장모델 구축

여건 및 환경에 민감하게 반응하는 산림생장을 한정된 자료 및 함수식으로 나타내는 일은 결코 쉽지 않다. 따라서 생장모델의 구축은 신중하게 진행해야 한다. 일반적으로 산림생장모델의 구축은 모델 선정 및 설계→자료 수집→자료 분석 및 생장함수식 유도→모델 구성→검증의 과정을 거친다(그림 2-18 참조).

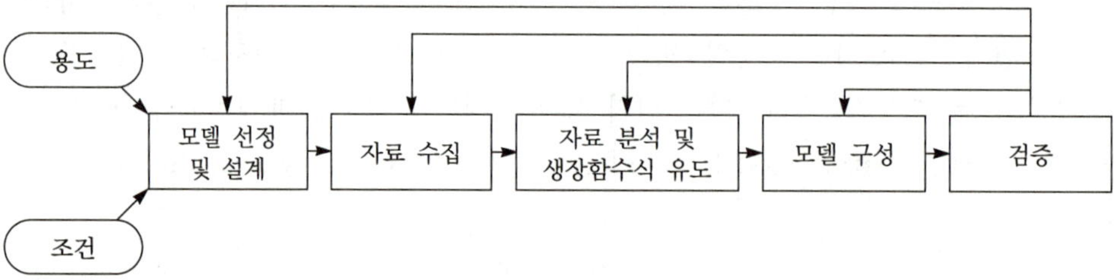

그림 2-18 산림생장모델의 구축 과정

1 모델 선정 및 설계

산림생장모델은 용도와 조건에 부합하도록 설계해야 한다. 우선적으로 용도에 적합한 산림생장모델을 선정한 다음 선정한 산림생장모델의 구축에 필요한 자료 및 정보를 대상 산림으로부터 확보할 수 있는지 검토한다. 산림 자료의 확보 가능성은 기술 및 시간 측면에서 동시에 검토해야 한다. 기술적인 면에서는 조사가 가능하지만 시간을 지나치게 많이 요구하거나, 시간은 충분하지만 조사 기술이 부족할 경우에는 용도 차원에서 선정한 생장모델을 재검토해야 한다.

산림생장모델의 선정 다음에는 모델 구축에 필요한 과정을 설계한다. 모델 설계에서는 각 생장 인자 간의 상호 관계를 생장함수식들의 연계를 통해 나타낼 수 있으며 최종적으로 필요로 하는 산림 정보가 추정되도록 해야 한다.

2 자료 수집

산림생장모델의 선정과 설계가 마무리되면 모델 구축에 적합한 자료를 수집해야 한다. 산림생장에 영향을 미치는 인자로는 임령, 지위, 밀도, 환경 등을 들 수 있다. 이들 영향 인자는 임령, 흉고직경, 수고, 본수 등의 생장 인자와 입목 위치, 토양, 기상, 광량, 이산화탄소 농도 등의 환경 인자로부터 파악할 수 있다. 따라서 자료 수집을 위한 산림조사 방법 및 내용은 필요한 생장 인자 및 환경 인자가 무엇인지에 따라 결정해야 한다.

3 자료 분석 및 생장함수식 유도

산림조사가 완료되면 우선적으로 수집한 자료를 분석하여 생장함수식에 필요한 생장 정보를 파악해야 한다. 다음으로는 분석을 통해 파악한 생장 정보를 이용하여 모델 구성에 필요한 생장함수식을 유도한다. 생장함수식은 설명변수(독립변수)가 반응변수(종속변수)에 어떻게 영향을 끼치는지를 생장법칙성에 근거하여 수식으로 표현되도록 구성한다. 조사한 자료와 추정한 정보를 생장함수식에 적합시키는 회귀분석을 통해 생장함수식의 계수를 추정하고, 추정한 함수식 및 계수는 통계 및 생장법칙성 측면에서 동시에 검증해야 한다. 통계적 신뢰성이 아무리 높더라도 추정식과 계수가 생장법칙에 위배되면 함수식을 다시 구성하거나 자료 보충 등을 진행하여 계수를 다시 추정해야 한다.

4 모델 구성

각 생장 인자를 추정할 수 있는 생장함수식이 마련되면 생장함수식을 이용하여 모델을 구성한다. 모델을 구성할 때에는 생물학적 법칙성 및 상호 관계성에 따라 각 생장함수식을 체계적이고 논리적으로 연계해야 한다.

5 검증

검증은 효율성 및 정확성 측면에서 동시에 이루어져야 한다. 효율성은 용도에 얼마나 적합한가가 판단의 기준이 된다. 용도에 비해 모델 구성이 지나치게 복잡하거나 까다로울 경우 정확성은 높아지지만 효율성이 낮다고 할 수 있다. 반면에 용도에 비해 모델이 지나치게 간단할 경우에는 효율성이 높을 수 있지만 정확성은 낮아진다.

정확성은 통계적 신뢰성뿐만 아니라 생물학적 법칙성 측면에서도 검증해야 한다. 결과의 통계적 신뢰성이 아무리 높더라도 일반적인 생물학적 법칙성에서 벗어나면 모델을 다시 구성해야 한다.

2·5 산림생장모델 분석

2·5·1 정적임분생장모델

임분생장모델은 평균흉고직경, 평균수고, ha당 흉고단면적 및 재적, ha당 본수와 같은 임분 차원의 생장 인자에 대한 정보를 제공하는 산림생장모델을 말한다. 임분생장모델은 비교적 간단한 함수들로 구성되며 이용에 필요한 인자 또한 단순하다. 모델 구성 및 이용에 평균생장치만 필요하므로 대부분의 임분생장모델은 입목 위치를 파악할 필요가 없는 위치독립생장모델이다.

정적임분생장모델이란 관리 방법이 하나로 고정된 상태에서 임분의 생장 및 수확을 예측하는 생장모델을 말한다. 정적임분생장모델의 가장 간단한 형태인 수확표 역시 관리 방법이 고정된 임분의 생장을 나타낸다. 즉 수확표는 간벌의 강도, 종류, 주기가 고정된 상태를 가정한다.

임분수확표는 주요 수종의 관리 방법에 대한 임분의 생장, 수확 등을 지위와 임령별로 나타낸 표를 말하며 평균흉고직경, 평균수고, 흉고단면적, 본수, 재적, 생장량 등의 정보를 제공한다. 우리나라에서는 정적임분생장모델을 기반으로 법정림 상태의 법정림 임분수확표와 현실림 상태의 현실림 임분수확표를 제작해 활용하고 있다(표 2-3, 2-4 참조).

표 2-3의 법정림 임분수확표를 이용하려면 먼저 표준지 조사를 통해 임분의 임령과 우세목 수고의 정보를 얻는다. 이들 정보를 이용하여 지위지수분류표에 따른 지위지수를 추정한 후 수확표를 활용한다. 예를 들어 30년생 강원지방소나무 법정림의 지위지수가 16인 경우 임분의 평균흉고직경 18.5cm, 흉고단면적 29.3m^2/ha, 평균수고 13.7m, 우세목 수고 16.0m, ha당 본수 1,100본, ha당 재적 200.5m^3/ha, 정기평균생장량 7.57m^3/ha/yr, 정기평균생장률 4.17%, 연평균생장량 6.68m^3/ha/yr 등의 임분수확 정보를 확인할 수 있다.

표 2-4의 현실림 임분수확표를 이용할 경우에도 마찬가지이다. 예를 들어 30년생 강원지방소나무 현실림의 지위지수가 12인 경우 임분의 평균흉고직경 15.7cm, 흉고단면적 28.3m^2/ha, 평균수고 10.0m, 우세목 수고 12.0m, ha당 본수 1,468본, ha당 재적 140.6m^3/ha, 정기평균생장량 9.52m^3/ha/yr, 정기평균생장률 8.15%, 연평균생장량 4.69m^3/ha/yr 등의 임분수확 정보를 얻을 수 있다.

1 조제 방법

법정림 임분수확표는 법정상태, 즉 임분이 우량하고 재적수확의 보속을 실현할 수 있는 이상적인 법정상태의 임분을 대상으로 조사한 자료를 바탕으로 조제되었다. 우리나라 법정림 임분수확표에서는 침엽수 7개 수종(강원지방소나무, 중부지방소나무, 리기다소나무, 잣나무,

낙엽송, 편백, 삼나무)과 활엽수 5개 수종(상수리나무, 굴참나무, 신갈나무, 자작나무, 백합나무) 등 총 12개 수종에 대한 임분 단위의 임령과 지위지수에 따른 생장 정보(평균흉고직경, 평균수고, 흉고단면적, 본수, 재적, 정기평균생장량, 정기평균생장률, 연평균생장량)를 제시하였다.

법정림 임분수확표가 법정축적 임분에 대한 수확표라면 현실림 임분수확표는 산림시업하의 평균축적, 즉 평균임분밀도의 자료를 이용해 구축한 수확표를 말한다. 우리나라 현실림 임분수확표는 제5차 · 제6차 국가산림자원조사 자료를 활용한 현실림의 임분 단위 생장과 수확모델로 조제되었으며, 침엽수 8개 수종(강원지방소나무, 중부지방소나무, 해송, 리기다소나무, 잣나무, 낙엽송, 삼나무, 편백)과 활엽수 6개 수종(상수리나무, 굴참나무, 졸참나무, 신갈나무, 자작나무, 백합나무)의 현실림 임분수확표가 개발되었다.

2 활용성

정적임분생장모델(임분수확표)은 법정축적 임분과 현실축적 임분이라는 가정하에 만들어진 모델이기 때문에 불법정림이나 과대 또는 과소 축적된 현실림의 수확량을 예측하는 데에는 한계가 있다. 따라서 현실림의 실질적인 수확 정보를 얻기 위해 해당 현실림의 생장 정보와 임분수확표에 제시된 생장 정보의 비율을 계산해 활용하고 있다.

$$V = V' \times \frac{BA}{BA'} \times \frac{H}{H'} \quad \cdots\cdots (2\cdot14)$$

$$\Delta V = \Delta V' \times \frac{V}{V'} \quad \cdots\cdots (2\cdot15)$$

$$V_n = V_n' \times \frac{V}{V'} \quad \cdots\cdots (2\cdot16)$$

식에서 V: 현실림의 재적(m^3/ha), V': 임분수확표의 재적(m^3/ha), BA: 현실림의 흉고단면적(m^2/ha), BA': 임분수확표의 흉고단면적(m^2/ha), H: 현실림의 평균수고(m), H': 임분수확표의 평균수고(m), ΔV: 현실림의 재적생장량(m^3/ha/yr), $\Delta V'$: 임분수확표의 재적생장량(m^3/ha/yr), V_n: 현실림의 n년 후 임령의 재적(m^3/ha), V_n': 임분수확표의 n년 후 임령의 재적(m^3/ha)

2·5·2 동적임분생장모델

정적임분생장모델의 경우 임령과 지위지수만 활용하여 임분수확량을 추정하고 임분밀도는 설명변수로 포함하지 않아 관리 방법에 따른 임분수확량을 반영하기 어렵다. 이에 따라 여러 임분밀도(본수, 흉고단면적, 상대임분밀도 등)를 고려한 생장모델이 개발되었으며, 이를 동적임분생장모델 또는 가변밀도(variable-density) 생장수확모델이라고 한다. 동적임분생장모델을 활용하면 관리 방법에 따른 다양한 밀도의 현실림에 대한 임분수확량을 추정할 수 있다.

표 2-3 강원지방소나무 및 낙엽송 법정림 임분수확표

A. 강원지방소나무 법정림 임분수확표

지위지수	임령 (년)	평균직경 (cm)	흉고단면적 (m^2/ha)	평균수고 (m)	우세목 수고 (m)	본수 (본)	재적 (m^3/ha)	정기평균생장량 (m^3/ha/yr)	정기평균생장률 (%)	연평균생장량 (m^3/ha/yr)
	10	5.9	13.7	5.5	6.3	5,099	47.0			4.70
	15	9.1	18.4	8.0	9.3	2,833	84.1	7.43	11.34	5.61
	20	12.3	22.5	10.2	11.9	1,891	123.4	7.86	7.58	6.17
	25	15.5	26.1	12.1	14.1	1,396	162.7	7.85	5.49	6.51
	30	18.5	29.3	13.7	16.0	1,100	200.5	7.57	4.17	6.68
	35	21.4	32.1	15.0	17.6	996	236.3	7.15	3.27	6.75
	40	24.1	34.7	16.1	19.0	860	269.5	6.65	2.63	6.74
16	45	26.7	37.0	17.1	20.1	762	300.1	6.12	2.15	6.67
	50	29.1	39.1	17.8	21.1	688	328.1	5.59	1.78	6.56
	55	31.4	41.1	18.5	21.8	630	353.4	5.07	1.49	6.43
	60	33.5	42.8	19.0	22.5	585	376.3	4.58	1.26	6.27
	65	35.5	44.4	19.4	23.1	548	396.9	4.12	1.07	6.11
	70	37.4	45.9	19.7	23.5	518	415.4	3.70	0.91	5.93
	75	39.1	47.2	20.0	23.9	493	432.0	3.31	0.78	5.76
	80	40.7	48.4	20.2	24.2	472	446.7	2.95	0.67	5.58

B. 낙엽송 법정림 임분수확표

지위지수	임령 (년)	평균직경 (cm)	흉고단면적 (m^2/ha)	평균수고 (m)	우세목 수고 (m)	본수 (본)	재적 (m^3/ha)	정기평균생장량 (m^3/ha/yr)	정기평균생장률 (%)	연평균생장량 (m^3/ha/yr)
20	10	6.0	12.4	8.0	8.7	4,442	52.7			5.27
	15	10.3	16.5	11.0	12.3	2,008	94.5	8.37	11.38	6.30
	20	14.6	19.4	13.6	15.3	1,175	133.7	7.84	6.87	6.69
	25	18.5	21.5	15.8	17.9	896	168.4	6.94	4.60	6.74
	30	22.1	23.2	17.7	20.0	706	198.7	6.05	3.30	6.62
	35	25.0	24.5	19.3	21.8	597	225.1	5.29	2.50	6.43
	40	27.5	25.6	20.7	23.3	532	248.4	4.66	1.97	6.21
	45	29.4	26.5	21.8	24.5	490	269.2	4.16	1.61	5.98
	50	30.9	27.3	22.9	25.5	464	288.0	3.75	1.35	5.76
	55	32.0	28.0	23.8	26.4	447	305.1	3.42	1.15	5.55
	60	32.8	28.6	24.6	27.1	437	320.8	3.15	1.01	5.35
	65	33.4	29.1	25.3	27.6	431	335.4	2.92	0.89	5.16
	70	33.9	29.6	25.9	28.1	428	349.0	2.72	0.80	4.99
	75	34.2	30.0	26.5	28.5	427	361.8	2.55	0.72	4.82
	80	34.4	30.4	27.1	28.8	427	373.8	2.41	0.65	4.67

[국립산림과학원, 2023]

표 2-4 강원지방소나무 및 낙엽송 현실림 임분수확표

A. 강원지방소나무 현실림 임분수확표

지위지수	임령 (년)	평균직경 (cm)	흉고단면적 (m^2/ha)	평균수고 (m)	우세목 수고 (m)	본수 (본)	재적 (m^3/ha)	정기평균생장량 (m^3/ha/yr)	정기평균생장률 (%)	연평균생장량 (m^3/ha/yr)
	20	9.8	14.0	6.6	7.9	1,870	50.3			2.51
	25	12.8	21.2	8.5	10.2	1,660	93.0	8.54	11.92	3.72
	30	15.7	28.3	10.0	12.0	1,468	140.6	9.52	8.15	4.69
	35	18.4	34.5	11.2	13.4	1,289	185.6	9.00	5.52	5.30
	40	21.0	39.2	12.0	14.4	1,126	222.4	7.36	3.61	5.56
12	45	23.4	42.3	12.5	15.1	981	249.3	5.38	2.28	5.54
	50	25.6	44.3	12.9	15.7	859	267.0	3.55	1.37	5.34
	55	27.6	45.3	13.2	16.0	759	277.8	2.16	0.79	5.05
	60	29.3	45.8	13.4	16.3	679	284.1	1.26	0.45	4.74
	65	30.9	46.0	13.5	16.5	615	287.7	0.72	0.25	4.43
	70	32.2	46.1	13.6	16.6	566	289.9	0.43	0.15	4.14

B. 낙엽송 현실림 임분수확표

지위지수	임령 (년)	평균직경 (cm)	흉고단면적 (m^2/ha)	평균수고 (m)	우세목 수고 (m)	본수 (본)	재적 (m^3/ha)	정기평균생장량 (m^3/ha/yr)	정기평균생장률 (%)	연평균생장량 (m^3/ha/yr)
	20	13.0	17.5	11.7	13.0	1,321	94.3			4.72
	25	16.5	20.2	14.2	15.8	951	130.0	7.13	6.35	5.20
	30	19.7	22.7	16.1	18.0	741	162.7	6.54	4.47	5.42
	35	22.8	24.9	17.6	19.7	610	191.5	5.76	3.25	5.47
	40	25.6	26.8	18.8	20.9	523	216.3	4.97	2.44	5.41
18	45	28.1	28.6	19.7	21.9	462	237.5	4.25	1.87	5.28
	50	30.3	30.2	20.4	22.6	419	255.7	3.64	1.47	5.11
	55	32.3	31.7	21.0	23.1	386	271.4	3.13	1.19	4.93
	60	34.1	33.0	21.4	23.5	362	285.0	2.73	0.98	4.75
	65	35.6	34.2	21.8	23.7	343	297.0	2.39	0.82	4.57
	70	36.9	35.3	22.1	23.9	329	307.6	2.12	0.70	4.39

[국립산림과학원, 2023]

1) 정적임분생장모델: $V=f(Age, SI)$
2) 동적임분생장모델: $V=f(Age, SI, Density)$

우리나라에서도 주요 경제수종인 소나무, 잣나무, 낙엽송을 대상으로 밀도를 고려한 동적임분생장모델을 개발하는 연구가 수행되었다(Lee & Choi, 2022). 이 연구에서는 임령과 지위지수, 임분밀도(본수, 흉고단면적, 상대임분밀도)를 설명변수로 이용하였다. 상대임분밀도(relative stand density, RSD)는 임분밀도와 최대임분밀도의 비를 활용해 산출하였다.

표 2-5는 지위지수와 임령, 임분밀도(본수, 흉고단면적, 상대임분밀도)에 따라 임분재적이 어떻게 변하는지 보여 주는 우리나라 낙엽송의 동적생장 임분수확표이다. 예를 들어 지위지수가 22, 임령이 40년생, 본수가 800본/ha일 경우 313m^3/ha의 재적이 산출되며, 흉고단면적과 상대임분밀도를 고려한 임분수확표 또한 동일한 방식으로 재적을 추정할 수 있다.

1 조제 방법

동적임분생장모델을 구축하기 위해서는 산림시업별 임령과 지위지수에 따른 임분밀도 자료를 확보해야 한다. 즉 간벌시기 및 간벌강도에 따른 임분밀도에 관한 다양한 표준지 자료가 있어야 한다. 앞서 소개한 연구에서는 우리나라 주요 경제수종인 소나무, 잣나무, 낙엽송을 대상으로 영급에 따라 간벌시기와 간벌강도를 달리하여 표준지가 설계된 모니터링 측정조사 자료를 기초로 각 임분별로 임령, 지위지수, 본수, 흉고단면적, 상대임분밀도(임분밀도/최대임분밀도)의 변수를 활용하여 동적임분생장모델을 조제하였다(Lee & Choi, 2022). 예를 들어 낙엽송림의 재적수확량 함수식은 다음과 같다.

$$\ln V = 0.2382 + 0.0832 \times SI - 40.5754 \times \frac{1}{Age} + 0.7020 \times \ln TPH \quad \cdots\cdots (2\cdot17)$$

$$\ln V = 1.9553 + 0.0250 \times SI - 6.8563 \times \frac{1}{Age} + 0.9925 \times \ln BA \quad \cdots\cdots (2\cdot18)$$

$$\ln V = 5.5368 + 0.0484 \times SI - 19.8010 \times \frac{1}{Age} + 0.9174 \times \ln RSD \quad \cdots\cdots (2\cdot19)$$

식에서 V: 재적(m^3/ha), SI: 지위지수, BA: 흉고단면적(m^2/ha), TPH: 본수(trees/ha), RSD: 상대임분밀도

예를 들어 지위지수가 22, 임령이 40년생, 본수가 650본/ha일 경우 다음과 같이 재적을 산출할 수 있다.

$$\ln V = 0.2382 + 0.0832 \times 22 - 40.5754 \times \frac{1}{40} + 0.7020 \times \ln 650 = 5.6011$$

$$V = 271\text{m}^3/\text{ha}$$

표 2-5 낙엽송의 동적생장 임분수확표(단위: m^3/ha)

A. 본수를 활용한 동적생장 임분수확표

지위지수	임령 (년)	본수(본/ha)					
		400	500	600	700	800	900
22	20	70	82	93	103	114	123
	25	105	123	139	155	170	185
	30	137	161	182	203	223	243
	35	167	195	221	247	271	294
	40	193	225	256	285	313	340
	45	215	252	286	319	351	381
	50	236	276	313	349	384	417
	55	254	297	337	376	413	449
	60	270	316	359	400	439	477
	65	284	333	378	421	463	503
	70	297	348	395	440	484	525

B. 흉고단면적을 활용한 동적생장 임분수확표

지위지수	임령 (년)	흉고단면적(m^2/ha)					
		15	20	25	30	35	40
22	20	128	170	212	254	296	338
	25	137	182	227	272	317	362
	30	143	191	238	285	332	379
	35	148	197	246	295	343	392
	40	152	202	252	302	352	402
	45	155	206	257	308	358	409
	50	157	209	261	312	364	416
	55	159	211	264	316	369	421
	60	161	214	267	320	372	425
	70	162	216	269	322	376	429

C. 상대임분밀도를 활용한 동적생장 임분수확표

지위지수	임령 (년)	상대임분밀도					
		0.3	0.4	0.5	0.6	0.7	0.8
22	20	91	118	145	171	197	223
	25	111	144	177	209	240	272
	30	126	164	201	238	274	310
	35	139	180	221	262	301	341
	40	149	194	238	281	324	366
	45	157	205	251	297	342	386
	50	164	214	262	310	357	404
	55	170	222	272	321	370	419
	60	175	228	280	331	382	431
	65	180	234	287	340	391	442
	70	184	239	294	347	400	452

[Lee & Choi, 2022]

[2] 활용성

동적임분생장모델은, 고정된 밀도의 임분에 대해서만 추정하는 정적임분생장모델의 한계를 극복할 수 있어 산림경영을 위해 반드시 필요한 모델이다. 따라서 우리나라의 '임목자원 평가 · 예측 프로그램'에 동적임분생장모델을 도입하기 위해서는 산림시업에 따라 다양한 밀도로 관리된 임분 자료를 확보한 뒤 모델을 개발하고 검증해야 한다.

2·5·3 직경분포모델

개체목을 흉고직경의 수치에 따라 등급(size class)을 나누어 도수분포로 나타내면 흉고직경분포도를 얻을 수 있으며, 직경 분포는 시간이 지나면서 변한다(그림 2-19 참조). 직경분포모델 또는 등급모델(等級model, size class model)은 임분의 평균치를 이용하지 않고 생장 인자, 특히 흉고직경의 값을 등급화하여 각 등급별로 생장을 예측하는 모델이다.

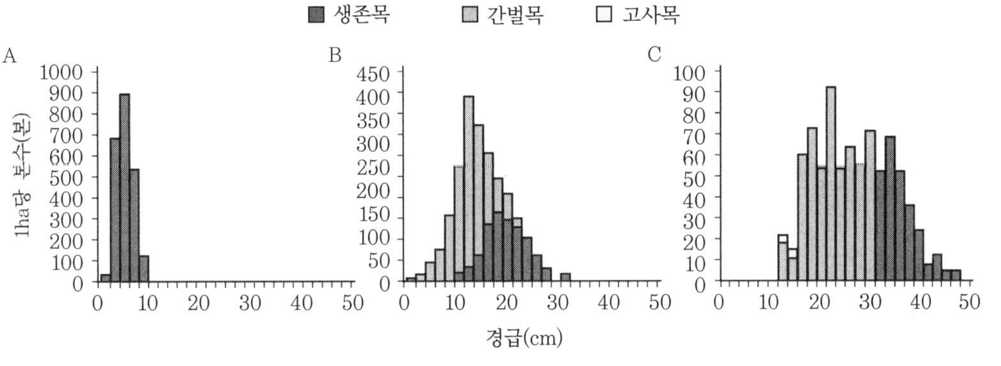

그림 2-19 흉고직경 분포의 변화(A: 1984년, B: 2004년, C: 2024년)

[1] 조제 방법

대부분의 직경분포모델에서는 흉고직경을 몇 개의 직경급으로 나눈 뒤 주로 다음과 같은 와이블분포(Weibull distribution) 함수를 이용하여 직경급별 확률을 추정한다.

$$f(x) = \left(\frac{c}{b}\right)\left(\frac{x-a}{b}\right)^{c-1} \exp\left\{-\left(\frac{x-a}{b}\right)^{c}\right\} \quad \cdots\cdots (2\cdot20)$$

식에서 a: 위치 모수, b: 크기 모수, c: 형태 모수

이 확률밀도함수(確率密度函數, probability density function)는 a, b, c에 따라 형태가 다양해진다. a는 분포의 최소직경을, b는 분포의 범위를, c는 분포의 왜도를 결정한다. 즉 와이블분포는 모수(parameter)의 값에 따라 다양한 위치, 크기, 형태가 나타나며(그림 2-20 참조), 이러한 와이블분포의 특징을 이용하여 직경 분포의 이동을 함수식으로 표현할 수 있다.

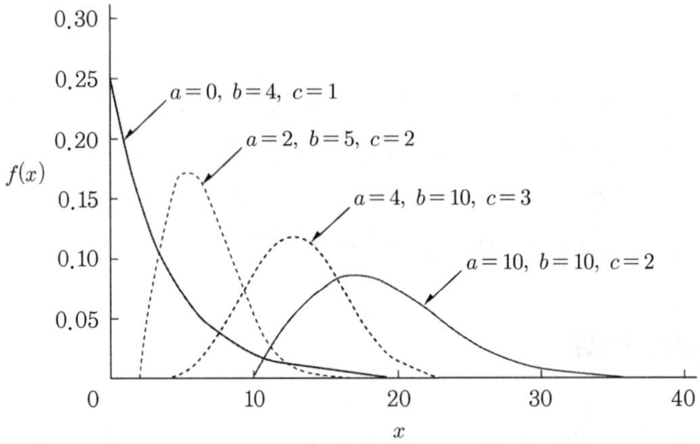

그림 2-20 와이블분포의 형태

와이블분포의 누적밀도함수(累積密度函數, cumulative density function)를 이용하면 x가 L과 U 사이에 놓일 확률을 다음과 같이 추정할 수 있다.

$$\text{prob}(L < x < U) = F(U) - F(L) = \int_0^U f(t)dt - \int_0^L f(t)dt = \int_L^U f(t)dt$$

$$= \exp\left\{-\left(\frac{L-a}{b}\right)^c\right\} - \exp\left\{-\left(\frac{U-a}{b}\right)^c\right\} \quad \cdots\cdots (2\cdot21)$$

베일리 · 델(Bailey & Dell, 1973)이 최초로 제시한 와이블 직경분포모델에서 모수를 추정하는 방법에는 최대우도추정법(maximum likelihood estimation), 모멘트법(moment method), 모수추정법(parameter prediction), 백분위수에 근거한 모수복구법(percentile-based parameter recovery) 등이 있다.

국립산림과학원에서 소나무의 직경분포모델에 와이블분포식을 적용한 바 있다(이경학 · 손영모, 2003). 이 연구에서는 직경 분포를 파악하기 위해 평균흉고직경 및 우세목 수고를 활용하여 단순적률법(simplified method of moments)으로 모수 a, b, c를 추정하였다.

2 활용성

직경분포모델은, 평균값에 기반을 둔 임분생장모델이 갖는 한계를 극복하기 위해 흉고직경의 크기를 등급화하여 각 등급별로 생장을 예측하는 모델이다. 즉 크기를 몇 개의 등급으로 나누어 생장을 예측하기 때문에 크기 면에서 평균치를 사용할 수 없는 이령림에도 적용할 수 있는 모델이다. 그러나 직경생장모델 역시 하나의 수종이 하나의 직경급으로 묶이지 않는 한 혼효림의 생장을 파악하는 데에는 한계가 있다.

2·5·4 단목생장모델

단목생장모델은 개체목 고유의 생장 조건에 따라 각 개체목의 생장이 다양하게 추정되는 생장모델이다. 개체목마다 생장을 추정하려면 각 개체목의 위치를 파악해야 하므로 대부분의 단목생장모델은 위치종속생장모델에 속한다. 또한 개체목별로 생장이 추정되어 관리 방법에 따라 임분구조 및 구성과 생장에 미치는 영향을 파악할 수 있으므로 대부분의 단목생장모델은 동적생장모델로 분류된다. 단목생장모델은 보통 흉고직경 · 수고생장모델, 고사모델, 갱신 · 진계생장모델로 구성된다.

단목생장모델에서는 수령, 지위, 현재 크기, 인접목과의 경쟁 상태 등을 고려하여 각 개체목의 생장을 추정하며, 특히 개체목의 경쟁 상태가 생장 추정에 주요 요인으로 작용한다. 경쟁이 없는 경우를 최대의 생장으로 보고, 경쟁이 있는 경우에는 경쟁으로 인해 생장이 감소한다는 전제하에 모델을 구성한다. 고사모델에서는 경쟁으로 인해 생장이 한계수준 이하로 감소할 때 고사목이 발생한다는 고사의 발생 기작을, 진계생장모델에서는 하층 입목이 일정한 크기에 도달하는 발달 과정을 밝힌다.

단목생장모델은 크게 수간차원모델(樹幹次元model, tree level model), 수관차원모델(樹冠次元model, crown level model), 가지차원모델(branch level model)로 구분할 수 있다. 수간차원모델에서는 인접목과의 거리 및 인접목의 크기로 경쟁지수(크기비율지수)를 산정하고, 그 경쟁지수에 근거하여 흉고직경을 추정한 다음 흉고직경과 수고의 관계를 이용하여 수고를 추정한다. 수관차원모델에서는 수관중첩면적으로 경쟁지수(수관면적중첩지수)를 파악하고 이에 근거하여 생장을 예측한다. 가지차원모델에서는 수광량에 기초하여 가지 생장을 먼저 산출하고, 가지 생장으로부터 수고생장을 예측한 다음 최종적으로 수고생장으로부터 흉고직경생장을 예측한다.

1 조제 방법

① 흉고직경생장모델

흉고직경생장모델(胸高直徑生長model, dbh-growth model)에서는 흉고직경의 크기를 직접 추정하지 않고, 흉고직경의 연년생장량을 추정한 다음 그 누적합으로 흉고직경을 추정한다. 즉 개체목의 수령(Age), 해당 임분의 지위지수(SI), 이 외에도 현재의 흉고직경(dbh) 및 경쟁지수(CI)를 이용하여 개체목의 흉고직경생장(Δdbh)을 추정하는 생장식을 구성할 수 있다.

$$\Delta dbh = f(Age,\ SI,\ dbh,\ CI)$$

지위지수 대신에 우세목 수고(H_d), 그리고 경쟁지수로는 헤기(Hegyi, 1974)의 경쟁지수($HgCI$)를 이용하여 강원지방소나무를 대상으로 다음과 같은 직경생장추정식을 유도한 연구도 있다(이우균, 1996).

$$\Delta dbh = \alpha \times Age^{\beta} \times H_d^{\gamma} \times dbh^{\delta} \times HgCI^{\epsilon} \quad \cdots\cdots (2 \cdot 22)$$

② 수고생장모델

임령 및 입지 조건이 같은 한 임분 내에서는 보통 흉고직경(dbh)만을 설명변수로 하는 임분 차원의 흉고직경-수고곡선식[$H=f(dbh)$]을 이용하여 수고(H)를 추정한다(표 2-6 참조). 이와 같은 임분수고곡선모델은 임분 내 수고를 추정하기에는 적합하지만, 수고곡선의 형태가 흉고직경 변화의 영향만 받으므로 임령 및 입지 조건이 상이한 임분에 광범위하게 적용할 수 없는 한계가 있다.

표 2-6 수고곡선식의 종류

식 이름	수고곡선식
채프먼-리처즈식	$H=\alpha \times (1-e^{-\beta \times dbh})^{\gamma}$
지수식	$H=\alpha \times dbh^{\beta}$
이차식	$H=\alpha + \beta \times dbh + \gamma \times dbh^2$
로그식	$H=\alpha \times \ln dbh$
로그-로그식	$\ln H=\alpha + \beta \times \ln dbh$

이러한 문제를 해결하기 위해서는 임령 및 입지 조건에 따른 임분수고곡선의 다양한 형태를 일반화하여 여러 임분에 동시에 적용할 수 있는 일반수고곡선모델을 유도해야 한다. 일반수고곡선모델에는 흉고직경 외에도 임령, 지위, 밀도 등 임분의 기타 생장 인자를 설명변수로 추가하고 있다.

선행연구에서는 수고생장에 미치는 임령, 입지 등의 영향을 반영하기 위해 비교적 측정 · 추정이 용이한 임분의 우세목 수고, 평균흉고직경을 활용한다. 즉 개체목의 흉고직경(dbh_i) 외에도 우세목 수고(H_D)와 평균흉고직경($\overline{dbh}$)을 설명변수로 추가한 일반수고곡선모델[$H_i=f(H_D, \overline{dbh}, dbh_i)$]을 적용하면 지위를 고려하여 개체목의 수고를 추정할 수 있다.

단목생장모델을 구축 및 적용하기 위해서는 흉고직경과 수고를 개체목별로 파악해야 한다. 이때 흉고직경은 보통 임령, 입지, 경쟁 상태 등을 고려해 추정하며, 수고는 이와 같이 추정한 흉고직경을 설명변수로 하는 일반수고곡선모델을 이용해 추정한다.

③ 고사모델

각 개체목의 흉고직경생장량(Δdbh)은 경쟁지수(CI)가 높을수록 감소하다가 일정 수준을 초과하면 생장이 멈추고 고사가 발생한다. 이를 기반으로 Δdbh을 CI에 대해 미분하면 경쟁이 증가할 때 생장량이 얼마나 감소하는지를 나타내는 한계흉고직경생장량($\mathrm{m}\Delta dbh$)을 도출할 수 있다. 이후 고사목의 생장 분석을 통해 $\mathrm{m}\Delta dbh$의 값을 결정하고, 이를 CI에 대한 생장량의 변화율 함수 $f(Age, SI, dbh \cdots)$로 나누어 한계경쟁지수($\mathrm{m}CI$)를 구할 수 있다. 즉 $\mathrm{m}CI$는 개체목이 생존할 수 있는 최대 경쟁 수준을 의미하므로 이를 초과할 경우 개체목의 생장이 멈추고 고사가 발생하는 고사모델(mortality model)을 구성할 수 있다.

$$\mathrm{m}CI = \frac{\mathrm{m}\Delta dbh}{f(Age, SI, dbh \cdots)} \quad \cdots\cdots (2 \cdot 23)$$

또한 로지스틱 회귀모델을 이용하여 고사모델을 구성할 수 있다. 우리나라에서는 흉고직경(dbh), 흉고단면적(BA), 본수(N), 임분밀도(SD)를 이용하여 침엽수림 및 활엽수림의 고사율(P)을 다음과 같이 추정한 바 있다(손영모 등, 2017).

$$P = \frac{1}{1 + e^{\beta_0 + \beta_1 dbh + \beta_2 BA + \beta_3 N + \beta_4 SD}} \quad \cdots\cdots (2\cdot 24)$$

④ 진계생장모델

임분밀도는 자연적 고사와 시업에 의한 벌채로 감소하는 한편 자연적 종자 발아와 인위적 식재에 따라 잠재적으로 밀도가 증가한다. 따라서 임분생장 과정을 정확히 분석하기 위해서는 고사모델뿐만 아니라 갱신(regeneration) 과정에 대한 분석도 필요하다. 임분의 갱신 과정을 반영하기 위한 생장모델은 유묘모델(seedling model), 갱신모델(regeneration model), 진계생장모델(ingrowth model)로 구분할 수 있으며, 유묘모델은 종자의 발아 기작을, 갱신모델은 발아 후 유묘의 발달을, 진계생장모델은 일정한 크기에 도달하는 과정을 설명한다.

임분 관리의 방식에 따라 갱신모델의 필요성과 복잡성이 달라진다. 동령단순림에서의 인공갱신은 기작이 단순하여 모델 구축이 용이하다. 반면에 이령혼효림의 천연갱신은 복잡한 갱신 기작과 자료 획득의 어려움으로 인해 진계생장모델로 대체되기도 한다.

진계생장모델은 일정한 크기에 도달한 어린나무를 대상으로 한다. 정적진계생장모델(static recruitment model)은 간난한 가정을 통해 진계생장량을 추정하는 반면에 동적진계생장모델(dynamic recruitment model)은 지위, 임분밀도, 임령 등 다양한 생장 조건을 고려한 함수식을 이용하여 진계생장량을 예측한다. 우리나라에서는 흉고단면적(BA), 평방평균임분직경($\overline{d_q}$), 입목도(PS), 지위지수(SI), 전체 본수 중 목표 수종 본수의 비율(SC)을 이용하여 소나무의 진계생장량(진계목 본수, I_n)을 다음과 같이 추정하였다(문가현 등, 2018).

$$I_n = e^{\beta_0 + \beta_1 BA + \beta_2 \overline{d_q} + \beta_3 PS + \beta_4 (\overline{d_q} \times PS) + \beta_5 (SI \times SC)} \quad \cdots\cdots (2\cdot 25)$$

2 활용성

단목생장모델은 산림의 생장을 개체목별로 추정하기 때문에 원칙적으로 이령림 및 혼효림에 모두 적용할 수 있다. 또한 밀도 조절 등의 산림관리가 산림생장에 미치는 영향을 분석하는 도구로 단목생장모델을 활용할 수 있다. 그러나 단목생장모델은 모델 구성 및 활용에 필요한 생장 인자가 복잡하여 실용성이 다소 떨어진다.

2·6 산림생장모델 활용

2·6·1 산림경영 의사결정지원시스템

산림생장모델은 개발 목적에 따라 현재 산림 자원량 추정, 향후 생장 패턴 예측, 숲가꾸기 시업 필요성 판단, 간벌 입목 선정 등의 의사결정을 위한 도구로 사용될 수 있다. 우리나라에서는 임분밀도가 과밀하거나 과소하지 않은 정상적인 임분의 임령과 지위지수, 임분 생장 인자를 고르게 선정한 표준지 자료를 토대로 주요 수종의 임목자원 평가·예측 프로그램을 개발하였다. 이 프로그램에서는 와이블분포 함수를 이용하여 임분의 흉고직경급 분포를 분석하고 임분수확량을 추정함으로써 사용자에게 임분에 대한 각종 정보를 제공할 수 있도록 하였다(그림 2-21 참조).

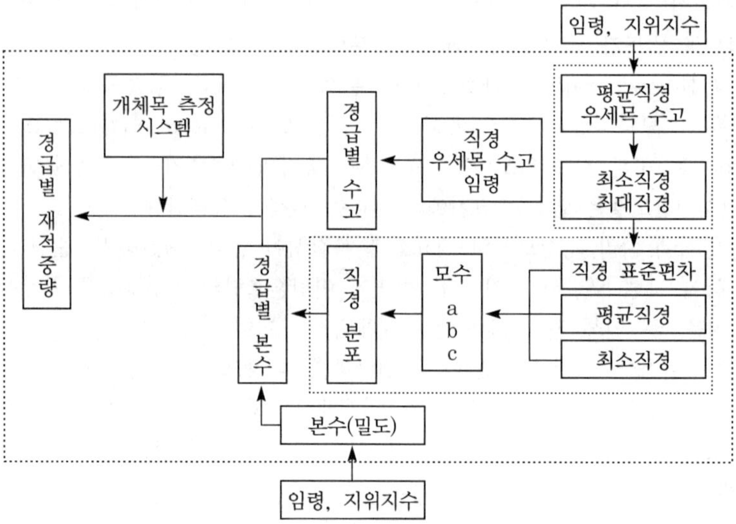

그림 2-21 직경분포모델에 기반한 임목자원 평가 · 예측 프로그램의 구조

임목자원 평가 · 예측 프로그램은 개체목 및 임분의 재적, 중량 등에 대한 정보와 해당 임분에 맞는 임분수확표를 사용자에게 신속히 제공한다. 예를 들어 임목자원 평가 · 예측 프로그램의 '수확표 일부분 보기' 메뉴에서 중부지방소나무를 선택한 뒤 임령 20년생, 우세목 수고 14m, 지위지수 18m, 수확연도 60년을 입력하면 임분이 20년생, 60년생일 때의 임분수

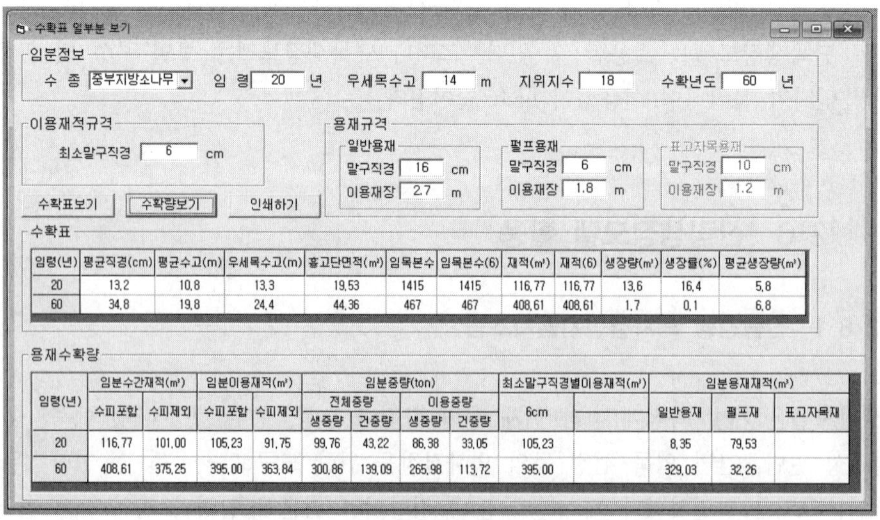

그림 2-22 임목자원 평가 · 예측 프로그램

확표와 용재수확량이 자동으로 계산된다(그림 2-22 참조). 이 프로그램을 활용하여 수확기의 임분수확량을 추정함으로써 합리적인 산림경영계획을 수립할 수 있다.

임업 선진국에서는 다양한 산림시업을 진행한 표준지를 조사하여 데이터를 수집한 뒤 과학적 방법으로 개발한 여러 산림생장모델을 하나의 의사결정지원시스템으로 통합 구축해 활용하고 있다. 사용자가 수종, 본수, 흉고직경, 수고, 위치, 토양 상태, 지위지수 등 임분의 초기값을 입력하고 산림시업 시기와 주기를 설정하면 시간이 경과함에 따라 임분의 생장이 어떻게 변화하는지 시뮬레이션할 수 있다. 이같은 시뮬레이션 결과를 이용하여 산림경영 목적에 따른 최적의 시업 방법을 찾아 합리적인 의사결정을 내릴 수 있다. 우리나라도 임업 선진국과 같이 다양한 조건의 임분에 대해 사용자가 원하는 정보를 제공할 수 있는 산림생장 · 수확 시뮬레이션을 구축하기 위해서는 산림시업에 따른 개체목 및 임분 데이터를 체계적으로 수집하여 산림생장모델을 개발해야 한다.

2·6·2 산림생장모델 한계

산림생장모델은 다양하고 복잡한 변수를 이용하면 정확도를 올릴 수 있으나 현장에서 활용하는 사용자에게는 제약이 따를 수 있다. 따라서 사용자가 쉽게 확보할 수 있는 변수를 활용하는 산림생장모델 개발도 함께 고려할 필요가 있다.

산림생장모델은 개발이 진행된 수종에 한해서 사용이 가능하며, 개발된 자료의 범위 밖에 적용할 경우 모델의 정확성이 떨어지는 한계가 있다. 따라서 여러 조건의 임분을 반복 조사하여 개체목 및 임분 데이터를 축적한 후 생장모델을 개발해야 한다. 우리나라는 1972년부터 국가산림자원조사를 실시하여 전국 산림에 대한 정보를 축적하고 산림통계 및 산림생장 자료로 활용하고 있으나 주요 경제수종의 산림생장모델을 개발하려면 이 외에도 각종 산림시업에 따른 장기 모니터링 조사와 자료 수집이 선행돼야 한다.

연습문제 ▮

1. 산림생장량의 종류와 그들의 관계를 설명하시오.
2. 임분밀도를 측정하는 척도의 종류에 대해 설명하시오.
3. 지위를 평가하는 척도의 종류에 대해 설명하시오.
4. 임분구조를 나타내는 척도에 대해 설명하시오.
5. 산림생장의 구성 요소에 대해 설명하시오.
6. 산림생장모델의 역할에 대해 설명하시오.
7. 임분생장모델, 직경분포모델, 단목생장모델에 대해 설명하시오.
8. 산림생장모델을 구축하는 과정에 대해 설명하시오.
9. 정적임분생장모델과 동적임분생장모델의 차이점을 설명하시오.
10. 산림생장모델의 한계에 대해 설명하시오.

참고문헌

1. 강진택, 손영모, 박현 외. 2015. 임목자원평가 프로그램 매뉴얼 Ver 3.0. 국립산림과학원.
2. 강진택, 임종수, 고치웅 외. 2023. 2023 입목재적 · 바이오매스 및 임분수확표. 국립산림과학원.
3. 김동근, 이영진, 이동섭, 홍성천. 2001. 울진 소광리 금강소나무의 간재적 추정에 관한 연구. 한국산림측정학회지 4(1): 1-7.
4. 김지홍, 최정기, 이정수 외. 2013. 산림경영의 이해. 강원대학교 출판부.
5. 문가현, 임종수, 신만용. 2018. 국가산림자원조사 자료를 이용한 소나무의 진계생장 추정식 개발. 한국산림과학회지 107(4): 402-411.
6. 박태식, 김동춘, 권오복 외. 1990. 신고 임업경영학. 향문사.
7. 변우혁, 이우균, 배상원. 1996. 산림생장학. 유천기획.
8. 손영모, 전주현, 이선정 외. 2017. 우리나라 침엽수 및 활엽수림의 고사율 추정식 개발. 한국임학회지 106(4): 450-456.
9. 우종춘, 김세빈, 김형호 외. 2017. 신고 산림경영학. 향문사.
10. 이경학, 손영모. 2003. 단순적률법을 이용한 소나무림에서의 Weibull 직경 분포 모수 추정. 한국산림측정학회지 6(1): 8-14.
11. 이경학, 손영모, 임종수 외. 2018. 실용 산림측정 · 조사. 국립산림과학원.
12. 이선주, 김성용, 이병두, 이영진. 2019. 잣나무림의 산불연료량 예측을 위한 동적생장모델 개발. 한국방재학회지 19(3): 121-130.
13. 이우균. 1996. 위치종속임분조사(位置從屬林分調査)에 의한 개체목(個體木)의 경쟁지수(競爭指數) 및 흉고직경생장(胸高直徑生長) 추정(推定). 한국임학회지 85(3): 539-551.
14. 천정화, 신만용, 권태성 외. 2014. 기후변화에 따른 주요 수종의 적지분포 변화 예측. 국립산림과학원.
15. Avery TE, Burkhart HE. 2002. Forest measurements. 5th edition. McGraw-Hill.
16. Bailey RL, Dell TR. 1973. Quantifying diameter distribution with the Weibull-function. Forest Science 19(2): 97-104.
17. Clutter JR, Fortson JC, Pienaar LV *et al.* 1983. Timber Management: Quantitative Approach. Wiley.
18. Curtis RO, Clendenen GW, DeMars DJ. 1981. A new stand simulator for coast Douglas-fir: DFSIM user's guide. U.S Department of Agriculture, Forest Service, Pacific Northwest Forest and Range Experiment Station.
19. Davis LS, Johnson KN, Howard TE, Bettinger PS. 2001. Forest Management. 4th edition. McGraw-Hill.
20. Lee DS, Choi JK. 2022. Development of variable-density yield models with site index estimation for Korean pines and Japanese larch. Forests 13(7): 1150.
21. Lee WK. 1993. Wachstums-Ertragsmodelle für *Pinus Densiflora* in der Kangwon-Provinz, Korea. Dissertation, Göttingen.

제 3 장 산림수확조절

3·1 산림수확조절 개념

산림수확(forstertrag, forest yield)은 숲에서 생산되는 모든 산림생산물을 의미하며 크게 물질적 수확과 화폐적 수확으로 구분한다. 물질적 수확은 다시 주산물 수확과 부산물 수확으로 나뉜다. 벌채를 통해 얻는 목재 수확을 주산물 수확이라고 하며, 목재 이외의 산림 산물(버섯, 잣, 산나물 등)에 대해서는 부산물 수확이라고 한다. 주산물 수확에는 주벌수확과 간벌수확이 있다. 주벌수확은 벌기에 도달한 임목을 갱신할 목적으로 벌채해 얻는 수확이며, 간벌수확은 수확 이전에 조림지에서 이루어지는 숲가꾸기 차원의 목재 수확을 의미한다. 특히 주산물인 목재는 생장주기가 길기 때문에 단기적으로 벌채할 시 산림의 건강성과 경제성을 해칠 수 있다. 따라서 주산물 수확량을 적절히 조절하는 일이 목재 수확 문제의 핵심 과제라고 할 수 있다.

수확한 재적을 화폐가치로 나타낸 화폐적 수확은 조수확과 순수확으로 나뉜다. 조수확은 목재 생산을 통해 벌어들인 총수입(목재 판매액 등)을 의미하며, 순수확은 목재 생산에 들어간 경비를 조수확에서 공제한 나머지를 의미한다. 생산경제학에서는 일반적으로 수확량을 생산량이라고 하며, 일정 기간 동안의 수확량이 생산량과 동일하다고 본다. 한편 임업에서 개체목의 총생장량은 측정할 수 있지만 산림경영 전략에 따른 임목의 수확시기와 수확량 등으로 인해 시장 공급이 달라진다. 그러므로 이론적으로는 수확량과 총누적생장량이 같을 수 있지만 실제 수확 시점과 방식에 따라 차이가 생길 수 있다.

기존의 전통적 수확 방법을 보면 법정림(정상림)을 기반으로 일정한 면적을 단위로 설정하여 한꺼번에 많은 양의 목재를 생산하는 방식이 일반적이었다. 그러나 임업의 오랜 역사에 걸쳐 지속가능한 수확량을 결정하기 위한 여러 수확조절 방법이 개발되었고, 특히 독일을 중심으로 한 유럽에서 효과적인 수확조절 방법들을 널리 연구하고 사용해 왔다. 기존의 수확조절 방법을 간략하게 검토하는 과정은 과거 세대의 임업 전문가들이 지속가능한 수확을 위해 어떤 방식으로 접근했는지를 이해하는 데 도움이 된다. 또한 이러한 과정은 목재 수확의 근본적인 문제를 보다 깊이 있게 이해할 수 있는 기회를 제공한다.

산림을 지속적으로 관리하고 목재를 안정적으로 수확하기 위해서는 수확조절 방법이 필요하며, 산림수확조절 방법은 크게 두 가지로 나눌 수 있다. 첫 번째 방법인 면적조절법은 산림을 일정한 면적으로 나누고 정해진 순서대로 벌채하는 방식으로, 시간이 지나면서 전체 숲이 균형 있게 관리될 수 있다. 하지만 단기적으로는 벌채할 나무가 부족해져 수확량이 줄어드는 단점이 있다. 두 번째 방법은 재적조절법으로, 일정한 수확량을 유지하면서 벌채를 진행하여 매년 비슷한 양의 목재를 수확할 수 있도록 조절하는 방법이다. 단기적으로는 안정적인 수확이 가능하지만 장기적으로는 임령, 수종 구성 등 숲의 균형이 맞지 않는 단점이 있다.

면적조절법(면적평분법)과 재적조절법(재적평분법)은 각각 장점과 단점이 있기 때문에 두 가지 산림수확조절 방법이 갖는 단점을 보완하기 위해 절충법(절충평분법)이 제안되었다. 절충법을 통해 장기적으로 균형 잡힌 산림경영이 가능하다.

3·2 면적조절법

면적조절법은 법정림에서 매년 또는 일정 기간에 동일한 면적의 산림을 수확하고 갱신하는 방법이다. 즉 산림을 여러 개의 구역으로 나누고 매년 그중 한 구역을 계획에 따라 수확한 후 새로운 나무를 심어 갱신하는 방법이다. 이렇게 하면 산림 전체가 일정한 주기로 갱신되며 지속적으로 목재를 공급할 수 있는 체계를 유지할 수 있다. 수확량은 매년 계획된 수확면적에 의해 결정되고 이 면적을 수확 기준으로 삼는다. 면적조절법은 간단하면서도 직접적이며 벌채면적으로 수확량을 설명할 수 있는 장점이 있는 반면에 수확할 재적에 대한 조절 능력이 부족한 단점이 있다. 면적조절법은 크게 구획윤벌법과 면적평분법으로 구분한다.

3·2·1 구획윤벌법

구획윤벌법(Schlageinteilungsmethode, area frame method)은 수확조절법 중 가장 오래된 방법이며, 구획면적법 또는 면적배분법이라고도 한다. 독일에서는 14세기 전반부터, 프랑스에서는 16세기경 시행되었으며, 이후 18세기 후반까지 약 4세기에 걸쳐 응용되었다. 실행 요령을 보면 산림 면적 전체를 윤벌기 연수와 같은 수의 벌구(伐區)로 나누어 한 윤벌기를 거치는 동안 매년 한 벌구 혹은 벌채열구(伐採列區)씩 벌채 · 수확할 수 있도록 조절한다. 구획윤벌법에는 단순구획윤벌법과 비례구획윤벌법이 있다.

① 단순구획윤벌법

단순구획윤벌법(einfache Schlageinteilungsmethode, simple annual felling area method)은 전체 산림 면적을 기계적으로 윤벌기 연수로 나누어 벌구 면적을 동일하게 구획하는 방법이다.

$$f = \frac{F}{U} \quad \cdots\cdots (3\cdot1)$$

식에서 f: 벌구 면적, F: 전체 산림 면적, U: 윤벌기

일반적으로 임분의 구획윤벌법이라고 하면 단순구획윤벌법을 의미한다. 단순구획윤벌법은 고정된 면적을 기준으로 하기 때문에 계획 수립과 작업 실행에 편리한 장점이 있다. 그러나 불법정상태인 현실림에서 동일 면적 기준으로 벌채를 진행할 경우 초기 벌채 시 산림의 현실과 맞지 않아 경제적 손실이 발생할 수 있다. 특히 오랜 시간이 지나면서 산림의 임 · 지황 및 지리적 · 경제적 여건 등이 크게 변화할 수 있기 때문에 계획에 차질이 생길 수 있다. 따라서 원래 계획을 수정하지 않고 장기간 그대로 실행하는 것은 바람직하지 않다.

단순구획윤벌법은 산림 내 임목 상태와 지리적 여건이 상대적으로 균일한 경우에 유용하게 적용할 수 있지만 실제로는 실용성이 낮다. 다만 목재의 크기나 품질보다 일정한 면적을 꾸준하게 생산하는 일이 중요시되는 신탄림 작업에 적용하면 효과적일 수 있다.

2 비례구획윤벌법

비례구획윤벌법(proportionale Schlageinteilungsmethode, proportional annual felling area method)은 개위면적을 산출하여 벌구 면적을 조절함으로써 토지의 생산력에 따라 연수확량을 균등하게 하는 방법이다. 이 방법은 18세기 후반 랑겐(Langen), 데텔트(Dcttclt) 등이 제창하였으며, 이후 재적배분법, 재적평분법 등으로 발전하였다. 전체 산림의 평균생산력은 임목의 평균생장량으로 표시하며 다음과 같이 계산한다.

$$\overline{I} = \frac{I_1 f_1 + I_2 f_2 + \cdots + I_n f_n}{f_1' + f_2' + \cdots + f_n'} \quad \cdots\cdots (3\cdot2)$$

식에서 $\overline{I}$: 임목의 평균생장량, I: 해당 임분의 평균생장량, f: 해당 임분의 면적, f': 해당 임분의 개위면적

해당 임분의 개위면적은 해당 임분의 평균생산력을 기준으로 하여 다음과 같이 계산한다.

$$f_1' = f_1 \frac{I_1}{\overline{I}},\ f_2' = f_2 \frac{I_2}{\overline{I}} \cdots f_n' = f_n \frac{I_n}{\overline{I}} \quad \cdots\cdots (3\cdot3)$$

식 3·3의 양변을 각각 합해서 정리하면 다음과 같다.

$$f_1' + f_2' + \cdots + f_n' = f_1 \frac{I_1}{\overline{I}} + f_2 \frac{I_2}{\overline{I}} + \cdots + f_n \frac{I_n}{\overline{I}}$$

$$\sum_{i=1}^{n} f_i' = \frac{1}{\overline{I}} (I_1 f_1 + I_2 f_2 + \cdots + I_n f_n)$$

$$\frac{1}{\overline{I}} = \frac{f_1' + f_2' + \cdots + f_n'}{I_1 f_1 + I_2 f_2 + \cdots + I_n f_n}$$

결국 $f_1' + f_2' + \cdots + f_n' = f_1 + f_2 + \cdots + f_n$이 되며, 이는 개위면적의 합이 해당 임분면적의 합과 같아 윤벌기 동안 비례구획윤벌법을 적용해도 전체 산림생산이 유지됨을 의미한다. 따라서 매년 동일한 개위면적을 벌채한다고 하면 매년 벌채면적(f)을 다음과 같이 산출할 수 있다.

$$f = \frac{F}{U} = \frac{\overline{I}}{I_1} \quad \cdots\cdots (3\cdot4)$$

개위면적을 기준으로 벌채면적을 계산할 경우 이론적으로 윤벌기 동안 완전한 수확이 이루어질 수 있다. 그러나 산림 내 임목의 생장과 환경이 불완전하여 매년 또는 일정 기간 동안 동일하게 벌채면적을 산출하지 못할 수 있기 때문에 현실적으로는 이러한 방식을 실행하기 어렵고 잘 적용하지 않는다.

3·2·2 면적평분법

평분법(Fachwerksmethode, allotment method)에는 18세기 후반 개발된 여러 재적배분법이 있지만 그중 하르티히(Hartig) 방법은 헤네르트(Hennert)와 크레팅(Kregting) 등이 발표한 초기의 재적배분법을 기반으로 1795년 고안되었다. 그 후 재적평분법과 구획윤벌법을 절충한 면적평분법이 1804년 코타에 의해 제안되었으며, 다시 면적평분법과 재적평분법을 절충한 절충평분법이 발표되었다. 훈데스하겐은 이러한 수확조절법을 포괄하여 평분법이라고 칭하였다. 평분법은 19세기 독일, 프랑스 등지에서 활발하게 응용되었으나 이후 산업혁명으로 인한 상업적 개념의 확산과 순수확설의 영향으로 영급법이 출현하였고, 영급법 역시 임분경제법의 출현으로 점차 입지를 잃게 되었다.

평분법의 특징은 윤벌기를 일정한 분기로 나누어 분기마다 수확량을 균등하게 하는 점이다. 수확조절의 기준을 재적으로 하는지, 면적으로 하는지, 또는 절충적 방식을 따르는지에 따라 재적평분법, 면적평분법, 절충평분법으로 구분한다. 이 중 면적평분법(Flaechenfachwerksmethode, area allotment method)은 재적수확의 균등보다는 장소적인 규제를 더 중시하여 각 분기의 벌채면적을 같게 하는 방식이다. 수확조절은 다음과 같은 순서에 따라 실시한다.

1) 각 작업급의 윤벌기를 정하고 몇 개의 분기로 나눈다.
2) 산림구획은 적당한 형상과 크기의 임반을 설정한다
3) 각 임반의 소속 분기를 정한다. 이 경우 재적평분법과 달리 임령이나 임목 상태만 고려하는 것이 아니라 장래의 임분배치도 고려한다.

4) 각 분기의 면적 합계는 가급적 법정분기면적인 $\frac{F}{U} \times a$가 되도록 한다. 다만 분기별 면적 합계에 큰 차이가 있어서 소속 분기를 변경해야 할 경우에는 다음의 두 가지를 고려할 수 있으며, 임분배치에 따른 과숙 또는 미숙으로 인해 발생하는 경제적 손실을 최소화하기 위한 수단으로 실시되고 있다.
   - 임분배치 관계상 뒤에 배정된 임분이 과숙되어 있을 경우에는 이를 다시 제1분기에 중복해 배정하며, 이를 복벌(復伐, Doppeldisposition, double cutting) 또는 재벌(再伐)이라고 한다.
   - 처음에 배정된 임분이 유령림일 경우에는 원래 배정된 분기에 수확하지 않고 다음 윤벌기까지 벌채를 연기하며, 이를 경리기외편입(經理期外編入)이라고 한다.
5) 재적수확은 제1분기에 배정된 임반에 한해 현재 재적과 분기의 중앙 연도까지의 생장량을 추정한 뒤 이들의 합계를 임반의 수확량으로 한다. 각 임반의 수확량 합계는 제1분기의 수확예정량이 되며, 이를 분기연수로 나누면 표준연벌채량이 된다.
6) 제2분기 이후에 대해서는 5년 또는 10년, 늦어도 20년에는 검정하여 다음 분기의 재적수확을 조절한다.

면적평분법은 한 윤벌기를 경과한 후, 즉 제2윤벌기에 산림이 법정상태가 되는 반면에 각 분기의 면적이 균등하기 때문에 현실림에서는 유령임분을 벌채해야 하고 과숙임분을 벌채하지 못하여 경제적 손실이 생기는 단점이 있다. 그러므로 개별작업에는 적용이 가능하지만 택벌작업에는 적용할 수 없다. 계획 기술이 비교적 간편하고 제1윤벌기 후에는 영급이 정상적으로 분배되기 때문에 19세기 독일에서, 이후로도 여러 나라에서 적용했던 방법이다.

3·3 재적조절법

재적조절법을 적용하는 데 있어 가장 중요한 요소는 매년 계획할 벌채량(수확량)의 결정이다. 먼저 벌채할 양이 정해지면 벌채면적 및 벌채 대상이 후에 선정된다. 수확할 목재의 양은 임목의 축적량, 생장량, 생장 정도를 고려해 결정한다. 이들 요소는 수학적 계산 방법에 따라 민감하게 변하는 탓에 과거에는 각종 수학적 공식을 조합하여 목재의 벌채량을 결정하였다. 이 공식들이 현재는 직접적으로 사용되지 않지만 과거의 방법에서 얻은 실용적 지식은 여전히 중요한 의미를 가진다. 이는 역사적인 경험을 바탕으로 한 지침일 뿐만 아니라 벌채량을 계산하는 여러 방법을 이해하는 데에도 유용하다.

재적조절법은 재적평분법을 기본 개념으로 하여 법정축적법, 생장량법 등으로 구분하고 있으나 구분의 경계는 명확하지 않다. 대부분의 방법이 법정축적과 현실축적, 생장량을 조사하여 표준벌채량을 산정하는 방식이다. 재적 조절의 대표적인 방법으로 훈데스하겐법, 폰만텔법, 오스트리아법, 핸즐릭법이 주로 활용된다. 또한 평분법과 오스트리아법을 절충해 창안한 하이어법이 있으며, 생장률을 적용한 마이어법이 대표적인 재적조절법으로 이용되고 있다.

3·3·1 재적평분법

재적평분법(材積平分法, Massenfachwerksmethode, volume allotment method)은 한 윤벌기에 대한 벌채안을 만들고 각 분기마다 벌채량을 균등하게 하여 재적수확의 보속을 도모하려는 방법이다. 하르티히에 의한 벌채안 작성 순서를 요약해 보면 다음과 같다.

1) 전체 산림을 몇 개의 작업급으로 나누어 각 작업급의 윤벌기가 결정되면 이를 10년 또는 20년으로 하는 분기로 구분한다.
2) 주로 영급을 기준으로 하여 산림을 구획하며 이를 분구(分區)라고 한다. 구획 내 임상이 서로 다른 부분이 있으면 다시 소반으로 나누어 가장 적합한 소속 분기를 정한다.
3) 각 소반의 현재 재적과 해당 소속 분기의 중앙 연도까지의 생장량을 추정하여 그 합을 각 소반의 수확량으로 한다. 이때 소속 분기별 수확량의 합이 각 분기의 수확량과 같으면 목적이 달성된 것이다.
4) 만일 각 분기의 수확량이 같지 않을 경우에는 벌채량이 많은 분기에 속한 소반을 벌채량이 적은 분기에 편입시킨다. 이와 같이 소속 분기를 변경할 경우 벌채량이 달라지므로 생장량 및 재적을 다시 산정하여 각 분기의 수확량을 균등하게 해야 한다. 그러나 약간의 분기별 재적수확량 차이는 허용한다.
5) 마지막으로 각 분기의 수확량이 균등해지면 이를 분기연수로 나누어 각 분기의 표준연벌채량으로 한다.

재적평분법의 의도는 현실림에 대한 재적수확의 엄정보속을 제1윤벌기 내에 실현하고자 함이다. 그러나 재적평분법은 일반적으로 경제변동에 대한 탄력성이 없다고 평가되는 데다 먼 장래의 생장량을 미리 추정하거나 또는 산림의 법정상태를 그다지 고려하지 않는 단점이 있으므로 특별한 경우가 아니면 적용하지 않는다.

3·3·2 훈데스하겐법

훈데스하겐 공식(Hundeshagen's formula)은 1787년 파울젠(Paulsen)이 고안한 방법을 1821년 훈데스하겐이 별도로 보완해 발표하였다. 임목의 최근 생장축적과 이상적인 미래 생장축적 단위의 관계에 기반을 두고 지속가능한 연벌채 단위를 개발하기 위해 고안된 방법이다. 법정축적법 중에서 이용률법에 해당한다.

완벽한 법정상태에서 생장량이 추정되면 최근 생장축적 단위와 이상적인 생장축적 단위의 비율이 제안된 매년 벌채 단위를 상향(현실축적량이 법정축적량보다 많을 경우) 혹은 하향(현실축적량이 법정축적량보다 적을 경우) 조정하는 데 사용할 수 있다. 즉 식 3·5와 같이 법정축적에 대한 법정벌채량의 비를 현실축적에 곱하여 표준연벌채량을 산출하는 방법이다. 이 식에서 Y_r / G_r는 이용률, 즉 법정림의 생장률을 의미하며 수확표에서 얻는다.

$$Y_a = \frac{Y_r}{G_r} \times G_a \qquad (3 \cdot 5)$$

식에서 Y_a: 현실임분의 생장량 또는 표준연벌채량, Y_r: 수확표의 벌기 임분재적인 법정벌채량(장기보속수확량), G_r: 수확표에서 산출한 법정축적, G_a: 현실임분의 축적

훈데스하겐법은 생장량이 축적에 비례한다는 가정하에 유도되었지만, 임분의 생장이 유령림에서 왕성하고 과숙한 임분에서는 쇠퇴하여 일정하지 않으므로 임분의 영급 상태가 법정에 가까운 산림이 아니면 적용하기 어렵다. 이러한 이유로 훈데스하겐법에서는 현실축적 계산을 10년마다 개정하도록 한다.

3·3·3 폰만텔법

폰만텔 공식(von Mantel's formula)은 1852년 폰만텔에 의해 처음 시행된 방법이며, 현실축적과 윤벌기만 알면 표준연벌채량을 계산할 수 있다. 훈데스하겐 공식을 단순화할 수 있으며, 수확표의 필요성을 제거할 수 있다. 동령임분에서 허용 가능한 벌채 단위를 빠르게 추정할 수 있는 방법이다.

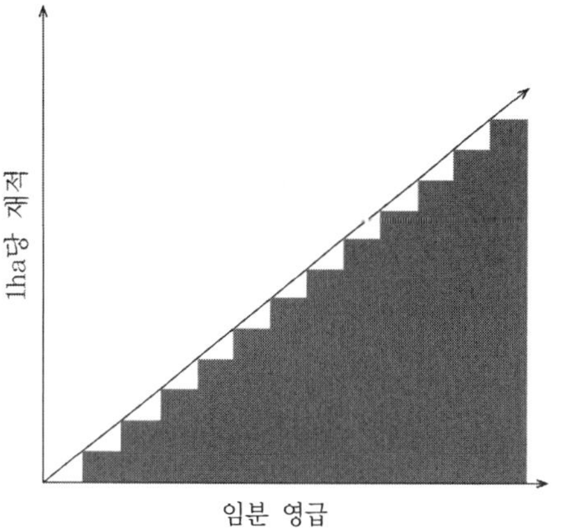

그림 3-1 폰만텔법에 의한 영급과 재적의 관계

법정림에 가까운 산림에서는 영급이 높을수록 재적이 대체로 선형적으로 증가하므로 영급에 따른 재적을 직각삼각형 모양으로 표현할 수 있다. 따라서 총임목축적(법정축적)은 그림 3-1의 삼각형 면적과 일치한다. 따라서 법정벌채량(윤벌기의 수확량)과 윤벌기의 관계로 면적을 산출하는 식을 정리하면 다음과 같다.

$$G_r = \frac{R \times Y_r}{2} \qquad (3 \cdot 6)$$

식에서 G_r: 법정축적, Y_r: 법정벌채량, R: 윤벌기

여기서 구한 G_r의 값을 훈데스하겐 공식에 대입하여 간단히 정리하면 다음과 같다.

$$Y_a = \frac{Y_r \times G_a}{(R \times Y_r)/2}$$

$$Y_a = \frac{2G_a}{R} \qquad (3 \cdot 7)$$

폰만텔법은 매년의 수확량을 추정하는 데 총재적과 윤벌기에 관한 정보만 필요로 하며, 법정림의 본질을 설명하는 가장 간단하고 기본적인 방법이다. 그러나 폰만텔이 영급에 따른 재적을 삼각형으로 표현하자고 제안하였지만 임분의 전체 생애 동안 임목축적은 일반적으로 비선형적이고 불법정상태, 노령 혹은 유령 산림의 영급구조에서는 폰만텔법을 적용하기 어렵다.

또한 상업화를 위한 재적을 측정할 때 폰만텔법을 적용하면 벌채량이 과소 평가될 수 있다. 상업적 평가 시에는 가치가 낮은 초기 생장기간의 축적량을 무시하거나 보정해야 한다. 이때에는 윤벌기에 조정계수 $R-a'$를 적용하며, 여기서 a'는 상업적 재적이 처음으로 인식되는 첫 번째 해를 의미한다. 식 3·7을 보정하면 다음과 같다.

$$Y_a = \frac{2G_a}{R-a'} \quad \cdots\cdots (3\cdot 8)$$

3·3·4 오스트리아법

오스트리아 공식(Austrian formula)은 축적과 생장량을 기초로 하며, 산림이 연간 생장하는 생장량만큼 벌채하는 이상적인 상황에서의 생장축적 재적과 현실적인 재적의 차이를 처리하기 위해 갱정기(更正期), 즉 조정 기간(adjustment period)을 두는 방법이다. 오스트리아법은 식 3·9로 표현할 수 있다. 법정상태에서는 $Y_a = I$로 표현할 수 있지만, $G_a \geq G_r$ 또는 $G_a \leq G_r$일 때 a년간 G_a와 G_r의 차를 $1/a$씩 I에 가감해 수확하면 a년 후에는 법정축적을 유지할 수 있다.

$$Y_a = I + \frac{G_a - G_r}{a} \quad \cdots\cdots (3\cdot 9)$$

식에서 I: 연년생장량, a: 갱정기

여기서 갱정기(a)의 기간을 좌우하는 인자는 현실임분 축적(G_a)과 법정임분 축적(G_r)의 차이다. 영급의 구성 및 경영 사정에 따라 다르지만, $G_a \geq G_r$는 현실림의 재적이 많기 때문에 성숙임분을 빠르게 갱신하기 위해 a를 짧게 하고, $G_a \leq G_r$는 표준연벌채량이 적어지기 때문에 a를 길게 하여 표준연벌채량이 생장량의 1/2보다 적지 않도록 하는 것이 바람직하다. Y_a의 계산은 매년 실시하기보다 10년마다 실시하는 편이 좋다.

3·3·5 핸즐릭법

핸즐릭 공식(Hanzlik's formula)은 미국과 캐나다 브리티시컬럼비아 북서부 지역에서 막대한 수요량에 대응할 목재를 공급하기 위해 미래의 공급량을 예측하는 방법이었으며 20세기 중반에 널리 사용되었다. 핸즐릭법은 노령림을 법정림으로 전환하는 단계에서 발생하는 문제를 중심으로 지속가능한 연년벌채량을 결정하는 방법이다. 핸즐릭은 산림 구조를 법정상태로 전환하려면 성숙 임목에서 초과된 축적량을 제거함으로써 벌채량을 조절할 필요가 있으며, 따라서 이상적인 윤벌기 이상의 연수를 지닌 임분과 미성숙림의 생장이 동시에 일어나야 한다고 주장하였다. 핸즐릭법의 공식은 다음과 같다.

$$Y_a = \frac{V_m}{R} + I \quad \cdots\cdots (3 \cdot 10)$$

여기서 V_m은 윤벌기 이상의 경제성 있는 임목의 재적이며, 우변의 V_m/R을 제거하면 벌채량과 생장률이 같게 단순화할 수 있다. 따라서 V_m/R은 윤벌기간 동안 초과한 생장축적으로 볼 수 있다. 오스트리아법과 마찬가지로 핸즐릭법도, 법정림의 상태에서는 연간생장량과 표준연벌채량이 같아 이상적인 벌채가 가능하지만 현실림에서는 차이가 발생하므로 이를 해결하기 위한 방법이다. 특히 핸즐릭법을 사용하는 가장 큰 목적은, 성숙 임목의 벌채가 어느 시점에서 미성숙 임목(윤벌기 이하의 임목)의 벌채로 대체되어 벌채 계획을 세울 수 있는 시기까지 성숙 임목을 윤벌(rotation)하는 데 있다.

3·3·6 하이어법

하이어 공식(Heyer's formula)은 토지소유자가 조절되지 않은 숲을 법정상태의 균형 잡힌 산림으로 전환하려 한다는 가정에서 출발한다. 즉 지속가능한 벌채 수준을 유지하려면 법정축적이 일정하게 유지돼야 하며, 이를 위해서는 산림의 생장 속도도 일정해야 한다고 전제한다. 법정생장량이 실현되면 모든 영급이 균형 잡힌 법정상태로 분류된다. 하이어 공식의 핵심을 보면 다음과 같다.

1) 현실생장량이 법정생장량보다 낮아지면 벌채량을 현실생장량 수준에 맞춰 줄여야 한다.
2) 현실축적량이 법정축적량보다 많을 경우 일정 기간 동안 벌채량을 늘려 균형을 맞춘다.
3) 현실축적량이 법정축적량보다 적을 경우 일정 기간 동안 벌채량을 줄여 산림이 법정상태로 회복되도록 한다.

$$Y_a = I_r + \frac{G_a - G_r}{a} \quad \cdots\cdots (3 \cdot 11)$$

식에서 I_r: 현실림의 평균생장량, a: 갱정기

하이어법으로 벌채할 임분의 생장량을 산출하려면 식 3·11로 계산이 가능하지만 국유림경영계획에서는 생장량에 대해 조정계수를 적용하고 있다. 생장량 조사의 오차, 미래의 불확실성 등을 고려하여 0.7 내외로 조정계수를 적용하며, 이때 조정계수는 I_r에 곱한다.

오스트리아 공식은 기술적으로 완전 법정상태인 산림의 평균연간승가량을 생장량(I)의 대

푯값으로 사용하는 반면에 하이어 공식은 갱정기 동안 증가한 임분의 생장량을 사용할 수 있다. 우리나라 국유림에서는 산림수확조절 문제를 해결하기 위해 법정림과 현실림의 축적 및 생장량을 조사하고 하이어법을 적용하여 표준벌채량을 산출하고 있다.

3·3·7 마이어법

20세기 중반 미국 산림의 방대한 면적이 오직 성숙 임분만 벌채한다는 정책에 따라 미성숙림으로 바뀌었다. 오늘날에도 많은 임분 또는 산림이 다양한 사회 · 경제적 요인의 결과로 미성숙 산림으로 분류되고 있다. 미성숙 산림에는 벌채 후 남은 오래된 임목과 새롭게 자란 다양한 크기의 임목이 함께 존재한다. 이러한 산림은 규모가 너무 작아서 사전 벌채 계획에서 제외되고는 한다. 그러나 지속가능한 벌채를 실현하려면 이렇게 작은 산림에서 발생하는 자연적 변화까지 고려해야 한다. 산림은 계속 변화하고 이에 따라 임목의 생장 속도도 달라지므로 이를 평가하려면 고정된 방식이 아니라 변화하는 상황을 반영할 수 있는 유연한 평가 방법이 요구된다.

마이어(Meyer)는 모든 크기의 나무가 동등하게 분배된 벌채 지역에 대한 벌채 상환 계획을 제안하였다. 산림 내부에서의 증식 생장률을 제외한, 지속가능한 단기적 벌채량의 결정 방법은 다음과 같다.

$$\text{연년수확량} = \text{생장률} \times \frac{G_a(1+\text{생장률})^n - G_r}{(1+\text{생장률})^n - 1} \quad \cdots\cdots (3{\cdot}12)$$

마이어의 상환공식(amortization formula)은 연벌채량을 구하기 위해 임분의 생장량을 고려하며, 다음과 같이 나타낼 수 있다.

$$V_n = V_0(1+r_t)^n - E \times \frac{(1+r_m)^n - 1}{r_m} \quad \cdots\cdots (3{\cdot}13)$$

식에서 V_n: n년 후의 임목축적, V_0: 현실축적, r_t: 전임분의 생장률, E: 연벌채량, r_m: 벌기 임분의 생장률, n: 기간(n년 후)

식 3·13은 장래 n년 후의 임목축적 V_n이 n년 동안의 벌채량 E를 공제한 현실재적 V_0와 같다는 근거에서 고안되었다. 임목의 생장은 복리로 증가하기 때문에 매년 상환금액의 원리합계, 즉 $V_0(1+r_t)^n$으로 일정 기간 말까지의 현재 재적을 후가 계산한다. 연벌채량 E는 매년 동일하다고 가정한다. 그러나 생장량은 이미 전 기간에 걸쳐 가산되었기 때문에 현재는 마지막 기간 전에 수확한 재적에서 생장량을 공제해야 한다. 따라서 벌채량은 연년이자의 후가인 $E \times \frac{(1+r_m)^n - 1}{r_m}$로 계산한다. 또한 서로 다른 생장률 r_t와 r_m은 축적과 벌채량의 차이이다. 벌기에 도달한 벌채목은 임령이 높고 생장이 느리다. 반면에 생장이 왕성한 임분은 진계생장량을 포함한 전임분의 생장률 r_t에 해당한다. 따라서 식 3·13을 정리하면 연벌채량 E의 추정식은 다음과 같다.

$$E=\left\{V_0(1+r_t)^n - V_n\right\}\times \frac{r_m}{(1+r_m)^n-1} \quad \cdots\cdots (3\cdot14)$$

식 3·14에서 $V_0(1+r_t)^n$는 어떠한 임목도 벌채되지 않았을 때의 임분생장량이다. 여기에서 V_n을 공제한 나머지는 n년도 후가로 계산된 벌채 가능량이다. 식 3·14의 우변에 감채기금공식(sinking fund formula)를 곱하면 매년 동일한 벌채량을 산출할 수 있다. 즉 생장률 P_m일 때 벌채할 수 있는 양을 나타낸다.

3·4 절충법

면적조절법과 재적조절법은 필연적으로 상호 보완적인 관계에 있다. 이는 어느 한 가지 방법만으로는 벌채에 대한 완벽한 결정을 내릴 수 없기 때문이다. 두 방법은 문제의 서로 다른 측면을 다루고 동시에 널리 사용되는 방식이어서 두 방법을 절충하고 통합하려는 많은 시도가 있어 왔다. 이러한 절충적 접근 방식인 절충조절법(折衷調節法) 또는 절충평분법(折衷平分法, area and volume allotment)은 두 방법을 결합한 가장 일반적인 방법으로 평가를 받고 있다.

절충평분법은 재적평분법과 면적평분법을 절충하여 재적수확의 보속과 법정영급배치의 실현을 이루기 위해 1820년 독일의 코타가 처음 고안하였으며, 그 후 클립슈타인(Klipstein, 1823), 그레베(Grebe, 1867), 그라너(Graner, 1889), 스토처(Stoetzer, 1898) 등이 보완해 발전시켰다.

절충평분법은 특정한 공식이나 정해진 절차를 의미하지 않는다. 오히려 '산림'이라는 자산의 경영과 관련한 다수의 요소를 고려해 평가함으로써 의사결정을 내릴 수 있는 하나의 기본 틀에 해당한다. 정의에 따르면 절충평분법은 특정 산림의 면적, 재적, 조림적 상황 등을 종합적으로 고려하고 산림의 특성과 요구 사항을 반영하여 정기적인 허용벌채량을 설정하는 일을 의미한다. 절충평분법에 따른 산림사업의 실행 순서를 살펴보면 다음과 같다.

1) 산림 내 모든 임분을 임상, 지위, 영급에 따라 집단화한다(임반 및 소반 구획).
2) 각 임분의 집단화를 위해 수익성 있는 임목재적과 조림 상황에 관한 정보를 수집한다.
3) 더 적합한 분석을 위해 수확할 모든 임분, 또는 다음 몇 분기 내에 처리할 모든 임분을 선발한다.
4) 면적, 지위, 수종, ha당 재적, 임분 상태, 접근성, 그 밖에 수확에 영향을 줄 수 있는 정보

등 임분에 관한 상세한 정보를 수집하고 일람표를 작성한다.

5) 매년 주벌갱신 수확면적을 추정하기 위해 대상 산림을 면적조절법으로 계산한다. 성숙 임분의 ha당 평균재적을 이용해 산출한 면적이 실행될 수 있는 평균재적을 계산한다. 또한 벌채할 재적을 추정하기 위해 재적조절법을 이용한다. 이러한 계산 결과가 주어지면 수확할 연간 벌채면적과 재적에 대한 전체적인 지침을 수립한다.

6) 다음은 절충평분법의 핵심 단계로 분기별 · 임분별 벌채시기를 결정하는 일이다. 이를 결정하는 데에는 조림적 문제, 재정적 문제, 조절적 문제 등 여러 문제가 존재한다. 따라서 다음과 같은 타협안을 고려해야 한다.
   - 조절을 위해 요구되는 면적을 모두 벌채하지는 않는다.
   - 재적조절법에 따라 요구되는 재적을 모두 벌채하지는 않는다.
   - 가장 가치 있는 임분을 모두 수확하지는 않는다.
   - 불건전하고 감염된 임분을 모두 처리하지는 않는다.

7) 이와 같은 절충안을 기본으로 하여 보통 5~10년의 첫 번째 벌채기간을 위한 특정한 수확 예산안을 편성하고, 두 번째 분기를 위한 임시 예산안을 편성한다.

8) 목재를 벌채한 뒤 결과를 예상치와 비교한다. 첫 번째 수확 분기가 끝나면 모든 분석을 다시 시작한다.

벌채는 지역적 특성에 따라 현장의 방해를 많이 받지만 면적평분법은 시작부터 이러한 방해물을 제거할 수 있다. 연간벌채량은 전체적인 재적과 면적의 기준에 따라 관리돼야 하지만 일시적인 조림적 처리와 재정적 필요에 의해서도 관리될 수 있다. 모든 경쟁적인 이해관계에 대한 상호작용이 허락되고 처음부터 벌채에 대한 계획을 철저하게 수립한다면 계획의 실행 가능성이 보장된다.

주요 관심은 즉시 수확할 임분에 모이게 마련이다. 미래에 어떠한 일이 발생하더라도 가까운 장래의 수확은 경제성 있는 임목을 포함한 임분에서 일어난다. 이러한 임분의 특성에 관한 정확한 정보는 계획의 효율적인 실행에 가장 중요한 요건이다. 또한 다른 임분에 관한 정보는 대개 전체적인 수확 수준을 계획하는 데 도움을 준다. 절충평분법은 임분에 대한 정보와 분석의 필요성이 가까운 장래에 실행될지도 모르는 확률에 따라 변한다는 점을 내포한다.

3·5 선형계획법

선형계획법(linear programming, LP)은 수리계획법(數理計劃法, mathematical programming)의 한 분야로, 제한된 자원을 최적으로 활용하기 위한 수학적 기법이다. 선형계획법은, 주어진 목표를 달성하기 위한 목적함수(objective function)와 제약조건(constraint)을 선형 방정식과 부등식으로 표현할 수 있는 문제를 해결하는 방법론이다. 경제학, 경영학, 산업공학, 컴퓨터과학 등 다양한 분야에서 널리 활용되며, 특히 생산 계획, 물류 최적화, 재무관리 등 의사결정과 관련한 현실적 문제 해결에 중요한 역할을 한다.

산림경영계획에서도 선형계획법을 의사결정 방법론으로 활용한다. 조림, 육림, 벌채, 임도, 시설 등에 대한 장기적이고 종합적인 계획을 수립함으로써 산림자원 관리의 합리성을 제고하고 임업 경쟁력을 강화하는 데 기여한다. 지속가능한 목재 생산을 실현할 수 있는 최적의 방법을 마련하는 일이 선형계획법을 활용한 산림경영계획의 주요 목표이다.

산림경영의 경제적 이윤 추구와 법정림 경영 목적에 부합하는 목재수확계획 모델은 1950년대 후반부터 수리계획법을 통해 활용되었다. 1960년대에는 선형계획법을 기반으로 한 산림경영계획 모델이 본격적으로 개발되기 시작하였다. 커티스(Curtis, 1962)와 키드 등(Kidd *et al.*, 1966)은 선형계획모델을 활용하여 전체 계획기간 동안 현존 임분의 목재 유지 및 수확을 계획하였으며, 홀랜저(Hallanger, 1973)는 현존 임분의 경영 단위가 벌채 이후에 새로운 경영 단위로 정의되는 선형계획모델을 구현하여 산림경영계획을 수립하였다.

존슨 · 존스(Johnson & Jones, 1977)는 선형계획모델을 모델 Ⅰ과 모델 Ⅱ의 두 가지 유형으로 정리하여 목재 수확의 다양한 목표에 따른 최적의 수확시기를 제시하였다. 이후 존슨 · 스튜어트(Johnson & Stuart, 1986)는 FORPLAN 모델을 개발하여 미국의 국유림 경영계획 수립이 가능하게 하였으며, 뉴질랜드 임업연구원은 FOLPI 모델을 개발하여 목재 생산계획과 산림평가에 활용하였다.

로이즈 등(Roise *et al.*, 1990)은 다목적 선형계획법을 이용하여 목재 생산과 야생동물 서식지 문제를 함께 해결하고자 하였으며, 테클 등(Tecle *et al.*, 1994)은 수원 함양, 토사 유출, 휴양 및 경세성 등 상충하는 산림경영 목적 간의 상쇄효과를 분석하였다. 요르트쇠 · 스테데(Hjortsø & Stræde, 2001)는 다목적 선형계획법을 포함한 여러 다목적 산림경영계획 분석기법을 이용하여 경제적 · 환경적 가치를 동시에 고려하는 방향으로 산림경영 문제를 해결하고자 하였다.

1990년대부터는 목재 생산을 최대화하기 위한 목표계획법, 동적계획법, 정수계획법 등 선형계획법을 응용한 다양한 분석 방법이 개발되었다. 근래에는 지속가능한 산림경영 패러다임의 확산과 함께 다목적 선형계획법(multi-objective linear programming, MOLP)이 산림경영계획 모델에 적용되고 있다.

최근 선형계획법은 머신러닝(machine learning), 인공지능(AI), 빅데이터(big data) 분석과 결합된 의사결정 방법론으로 발전하고 있다. 고성능 컴퓨팅 기술과 융합하여 대규모 선형계획 문제를 보다 신속하게 해결할 수 있는 연구가 활발히 진행되고 있다.

3·5·1 선형계획법 개념과 모델

선형계획법은 한정된 생산요소(자원)를 활용하는 경제적 배분의 최적화를 목표로 하는 방법이다. 즉 자원이 제한된 상황에서 주요 활동에 대한 집중도를 결정할 때 자원 배분에 관한 가장 효율적인 해법을 찾는 수학적 기법이다. 산림 분야에서는 목재를 수확할 때 최대한 많은 나무를 베거나(수익 극대화) 최소의 비용으로 생산하는(비용 최소화) 일이 목표일 수 있다.

선형계획법은 목적함수와 제약조건을 수학적으로 표현하여 최적의 해결책을 구한다. 따라서 선형계획법에서는 최적의 자원 배분을 찾기 위한 목적함수를 설정하고 자원의 한계에 대한 제약조건을 설정하는 일이 핵심이다. 선형계획법에서 '선형(linear)'은 목적함수와 제약조건을 사용하는 모든 함수가 일차방정식(혹은 일차부등식)으로 표현된다는 의미이며, '계획(programming)'은 일반적으로 컴퓨터 프로그래밍에서 사용할 때와 다르게, 문제를 해결하기 위해 체계적으로 계획을 수립하는 과정, 즉 수학적 모델에 따라 어떤 문제의 최적 해답을 얻기 위한 활동의 계획을 의미한다.

선형계획법은 주어진 제약조건 내에서 최적의 답을 찾도록 수학적 모델을 활용하는 방식으로서 산업, 경제, 물류, 농업, 환경 관리 등 다양한 분야에서 활용되고 있다. 특히 자원이 제한된 환경에서 효율적인 생산과 배분을 고민해야 하는 경우 선형계획법이 매우 유용한 도구로 사용된다.

선형계획법은 선형의 제약조건하에서 선형의 목적함수를 최적화하기 위해 X_1, X_2 ⋯ X_n의 값을 결정하는 수학적 방법이다. 즉 선형계획모델은 다음의 세 가지 기본 식으로 나타낸다.

$$Z = \sum_{j=1}^{n} C_j X_j \quad \cdots\cdots (3\cdot15)$$

$$\sum_{j=1}^{n} A_{ij} X_j (\leq, =, \geq) B_i \quad \cdots\cdots (3\cdot16)$$

$$X_j \geq 0 \quad \cdots\cdots (3\cdot17)$$

식 3·15는 목적함수식을 의미하며, 문제의 최적해(最適解, optimal solution)는 함수식의 최댓값 또는 최솟값이다. 식 3·16은 제약조건을, 마지막으로 식 3·17은 비부조건(非負條件)을 나타낸다.

3·5·2 선형계획법 전제조건

선형계획법을 적용하기 위해서는 모델이 다음과 같은 조건을 갖추어야 한다. 선형계획법의 적용 가능성은 이러한 전제조건(prerequisite)에 의해 제한되며, 분석하고자 하는 문제가 이러한 조건을 충족하지 못할 경우 선형계획법을 사용할 수 없다.

1) **비례성**: 각 결정변수가 목적함수와 제약조건식에 선형적으로 비례하여 영향을 미친다. 즉 의사결정변수의 값이 변하면 목적함수와 제약조건의 값도 그에 비례하여 변해야 한다. 선형계획 모델의 이러한 특성을 '비례성 전제'라고 표현한다.
2) **비부성**: 비음성이라고도 하며, 의사결정변수 X_1, X_2 ⋯ X_n이 어떠한 경우에도 음(−)의 값을 나타내서는 안 된다. 이는 생산량이나 자원 사용량 등이 음수가 될 수 없음을 의미한다.
3) **부가성**: 두 가지 이상의 활동을 동시에 고려해야 한다면 전체 생산량은 개개 생산량의 합계

와 일치해야 한다. 즉 각 활동의 기여도가 독립적으로 합산되어 전체 결과를 형성해야 한다.

4) **분할성**: 의사결정변수가 연속적인 값을 가질 수 있어야 한다. 즉 의사결정변수가 정수는 물론 소수의 값도 가질 수 있음을 의미한다.

5) **선형성**: 선형계획모델에서는 모델을 구성하는 모든 변수 간의 관계가 수학적으로 선형함수(線型函數, linear function), 즉 일차함수로 표현돼야 한다. 이는 비례성과 부가성을 포함하는 개념으로 목적함수와 모든 제약조건이 일차함수로 표현되고 선형적 영향을 미쳐야 함을 의미한다.

6) **제한성**: 선형계획모델을 구성하는 활동의 수와 생산 방법에는 제한이 있어야 한다. 제한된 자원량이 선형계획모델에서 제약조건으로 표시되며, 목적함수가 취할 수 있는 의사결정변수 값의 범위가 제한된다.

7) **확정성**: 선형계획모델에서 사용되는 모든 매개변수(목적함수와 제약조건의 계수)가 확정적(確定的, deterministic)으로 일정한 값을 가져야 함을 의미한다. 선형계획법을 적용할 문제의 상황이 변하지 않는 정적 상태(static state)에 있다고 가정하기 때문이다.

3·5·3 선형계획빕 수식화

선형계획모델에서 수식화(數式化)는 일반적으로 세 단계를 거쳐서 결정된다. 첫 번째는 의사결정변수의 결정, 두 번째는 목적함수의 결정, 세 번째는 제약조건식의 결정 단계이다. 선형계획모델의 수식화 과정을 간단한 사례로 살펴보자. 다음은 어느 산림경영 컨설턴트가 산림소유자에게 조언하기 위해 조사한 내용이다.

사례 산림경영인 A씨는 낙엽송과 잣나무 묘목을 생산해 판매하려고 한다. 낙엽송을 생산하려면 1ha당 비료 7kg, 비용 4만 원, 노동일수 3일이 필요하고, 잣나무를 생산하려면 1ha당 비료 6kg, 비용 8만 원, 노동일수 6일이 필요하다. A씨가 현재 이용 가능한 자원은 비료 320kg, 자금 230만 원, 노동일수 300일이다. 한편 생산된 낙엽송은 1ha당 8만 원의 이익을 올릴 수 있고, 잣나무는 1ha당 10만 원의 이익을 올릴 수 있다.

컨설턴트는 이 문제를 선형계획법으로 접근하기로 결정하고 목적함수와 제약조건을 구성함으로써 A씨를 시각적으로 이해시키고자 한다. A씨의 산림경영 여건에 따른 문제 상황을 정리하면 다음과 같다.

- 의사결정자: A씨
- 목표: 수익의 최대화
- 의사결정변수: 낙엽송 묘목(X_1), 잣나무 묘목(X_2)
- 목적함수: 수익, 즉 낙엽송 이익 80,000원과 잣나무 이익 100,000원의 최대화
- 제약조건: 이용 가능한 비료 320kg(낙엽송 1ha당 7kg, 잣나무 1ha당 6kg 이용)
  이용 가능한 비용 230만 원(낙엽송 1ha당 4만 원, 잣나무 1ha당 8만 원 소요)
  이용 가능한 노동일수 300일(낙엽송 1ha당 3일, 잣나무 1ha당 6일 소요)
  모든 의사결정변수는 0보다 크거나 같아야 함

이 문제를 수식으로 정리하여 선형계획모델로 구성하면 다음과 같다.

- 목적함수: $Z = 80{,}000X_1 + 100{,}000X_2$ 최대화
- 제약조건: $7X_1 + 6X_2 \leq 320$ (비료)
  $4X_1 + 8X_2 \leq 230$ (비용)
  $3X_1 + 6X_2 \leq 300$ (노동일수)
  $X_1, X_2 \geq 0$ (비부조건)

3·5·4 선형계획법 해법

선형계획모델을 수식화했으면 다음 단계로 의사결정변수에 대한 최적해를 산출한다. 선형계획법의 기본 해법으로는 도표해법과 단체법이 사용된다. 최근에는 컴퓨터 기술의 발달로 의사결정에 컴퓨터를 활용하는 방법도 개발되었다.

1 도표해법

도표해법(圖表解法, graphical solution method)은 의사결정변수가 2개인 경우에만 사용된다. 이는 변수의 수가 셋 이상일 경우 평면좌표에 제약조건과 풀이 결과 등을 표시할 수 없기 때문이다. 도표해법의 기본 절차는 다음과 같은 세 단계로 진행된다.

1) 도표상에 모든 제약조건을 표시한다.
2) 실행가능해영역을 규정한다.
3) 최적해를 결정한다.

앞서 제시한 산림소유자 A씨의 산림복합경영 사례에서 수익의 최대화를 달성하기 위한 선형계획모델의 해는 탐색접근법과 등이익함수선접근법으로 다음과 같이 구할 수 있다. 이때 선형계획법의 전제조건 중 비부조건에 따라 의사결정변수는 음(−)의 값을 가질 수 없으므로 X, Y축으로 형성된 직교좌표의 제1사분면만 고려한다.

① 탐색접근법

탐색접근법(探索接近法, search approach)에서는 총수익을 최대화하는 문제의 경우 실행가능해영역의 각 꼭짓점 값을 비교하여 값이 최대인 점을 최적해로 정한다(그림 3-2 참조).

② 등이익함수선접근법

등이익함수선접근법(等利益函數線接近法, isoprofit function approach)에서는 등이익함수선이 원점으로부터 멀어질수록 총수익이 커지므로 실행가능해영역 내 가장 멀리 떨어진 직선과의 교점을 최적해로 정한다(그림 3-3 참조).

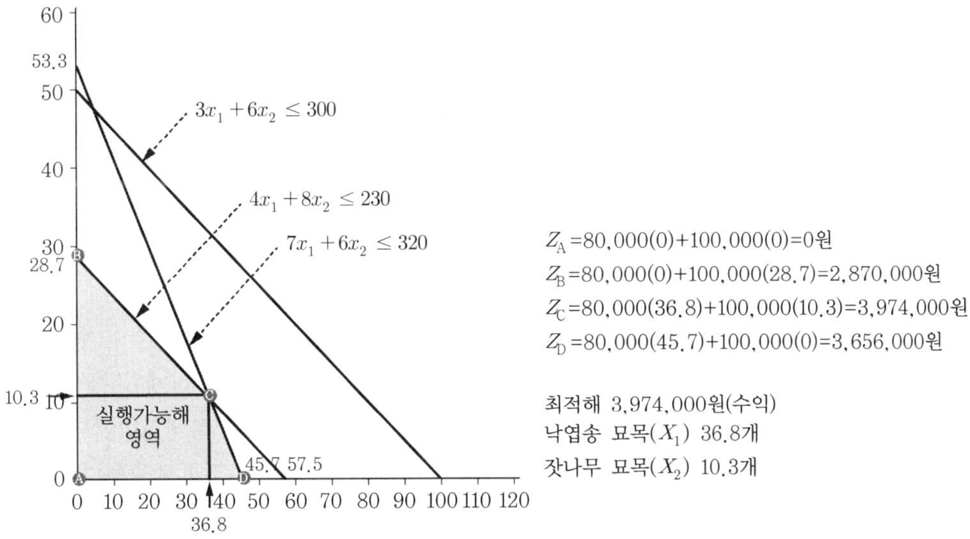

그림 3-2 탐색접근법을 활용한 해법

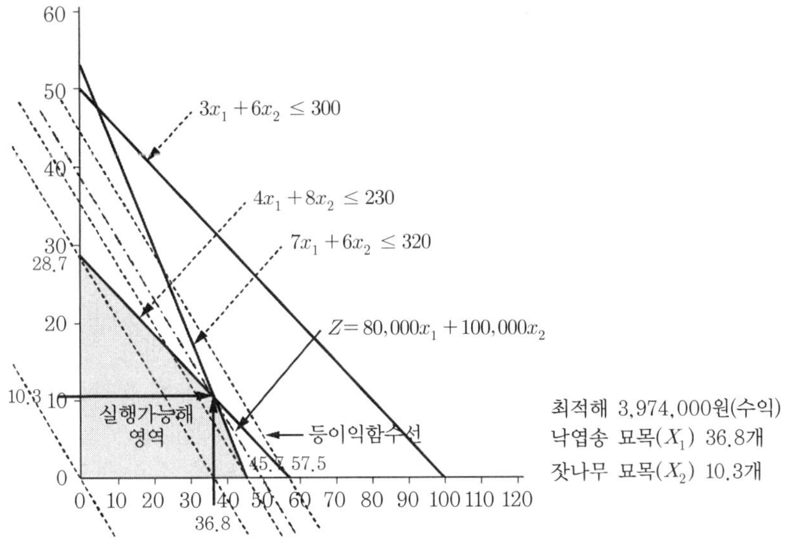

그림 3-3 등이익함수선접근법을 활용한 해법

2 단체법

실제로 선형계획모델을 적용할 때 의사결정변수가 2개인 경우는 드물 뿐만 아니라 제약조건의 수도 방대하여 도표해법으로 최적해를 구하는 일이 사실상 불가능하다. 따라서 현실적으로 복잡한 선형계획모델을 풀기 위해서는 체계적인 대수적 풀이 방법이 요구된다. 가장 널리 사용되고 있는 선형계획의 대수적 풀이 방법이 단체법(單體法, simplex method)이다. 단체표법(單體表法, simplex tableau method)이라고도 하며 1947년 댄치그(Dantzig, 1990)가 최초로 개발하였다.

단체법은 선형계획 문제의 최적해를 도출하기 위해 반복적인 연산 과정(iterative process)을 거치며, 원점부터 시작하여 현재 해보다 나은 다른 꼭짓점으로 이동하면서 실행가능해영역 안에서 더 이상 나은 해를 구할 수 없을 때까지 최적해를 찾아가는 방법이다. 컴퓨터 기술이 발달하면서 현재는 많이 활용되지 않지만, 2개의 변수로 이루어진 문제만 해결할 수 있는 도표해법의 단점을 보완할 수 있는 방법이다.

3 컴퓨터를 활용한 해법

선형계획법으로 목적함수를 최대화하거나 최소화하는 최적해를 찾으려면 다수의 변수를 계산해야 한다. 컴퓨터는 복잡한 행렬 연산과 반복적인 계산을 빠르고 정확하게 수행할 수 있기 때문에 이를 활용하면 시간과 노력을 크게 절약할 수 있다. 특히 선형계획법에서는 단순한 숫자 실수 하나가 전체 결과를 크게 바꿀 수도 있으므로 정확한 계산이 중요하다. 컴퓨터를 활용하면 연산 과정에서 발생하는 오류를 최소화하고 신뢰도 높은 결과를 얻을 수 있다. 컴퓨터를 활용한 해법에는 엑셀을 활용하는 방법과, 수학적 최적화 문제를 해결하기 위한 소프트웨어인 링고를 활용하는 방법이 있다.

① 엑셀을 활용한 해법

엑셀(Excel)은 마이크로소프트(Microsoft)사에서 개발한 스프레드시트 소프트웨어로, 데이터를 입력·정리하고 수식과 함수, 차트를 활용해 분석할 수 있는 프로그램이다. 행(row)과 열(column)로 구성된 표 형식의 구조를 가지고 있어 데이터를 체계적으로 정리할 수 있으며, 추가적인 분석 기능을 통해 선형계획법과 같은 최적화 문제를 해결할 수 있다.

엑셀을 활용한 선형계획법의 풀이를 위해서는 먼저 '해 찾기' 기능을 추가해야 하며, 해당 범위 또는 배열의 합을 계산하는 SUMPRODUCT 함수를 사용한다. 앞선 A씨의 사례에 엑셀을 적용하려면 우선 그림 3-4 A와 같이 셀에 목적함수, 제약조건, 결정변수, 최적해를 입력하고 SUMPRODUCT 함수를 설정한다. 함수 설정 후 그림 3-4 B와 같이 해 찾기 매개변수를 입력하면 그림 3-4 C와 같은 결과가 산출된다. 최종적으로 최대 수익 3,981,250원, 결정변수의 최적해로 $X_1=36.875$, $X_2=10.3125$를 얻을 수 있다. 엑셀을 활용해 구할 경우 소수점 첫째 자리까지 산출된 기존 결과보다 정밀한 결과를 확인할 수 있다.

② 링고를 활용한 해법

린도시스템(Lindo Systems)사에서 개발한 링고(LINGO)는 선형계획법과 같은 최적화 문제를 해결하기 위한 소프트웨어 중 하나로 가장 널리 활용되고 있다. 특히 대규모 문제를 자동화해 해결하는 데 강점이 있다. 링고는 명령어를 활용하여 복잡한 수학적 모델을 직관적으로 구성할 수 있으며, 선형뿐 아니라 비선형 문제의 해결도 가능하다. 다만 링고 자체적인 모델링 언어를 사용해야 하므로 모델링 언어에 대한 초기 이해가 필요하다.

링고는 간단한 모델링 언어로 목적함수, 제약조건, 비부조건을 입력한 뒤 메뉴의 Solver 탭을 선택하여 결괏값을 얻는다. 앞서 A씨의 문제에서 정한 선형계획모델을 그림 3-5 A와 같이 입력하면 그림 3-5 B와 같은 결과가 도출된다. 그림 3-5 B에서 최적해로 수익 3,981,250원, 결정변

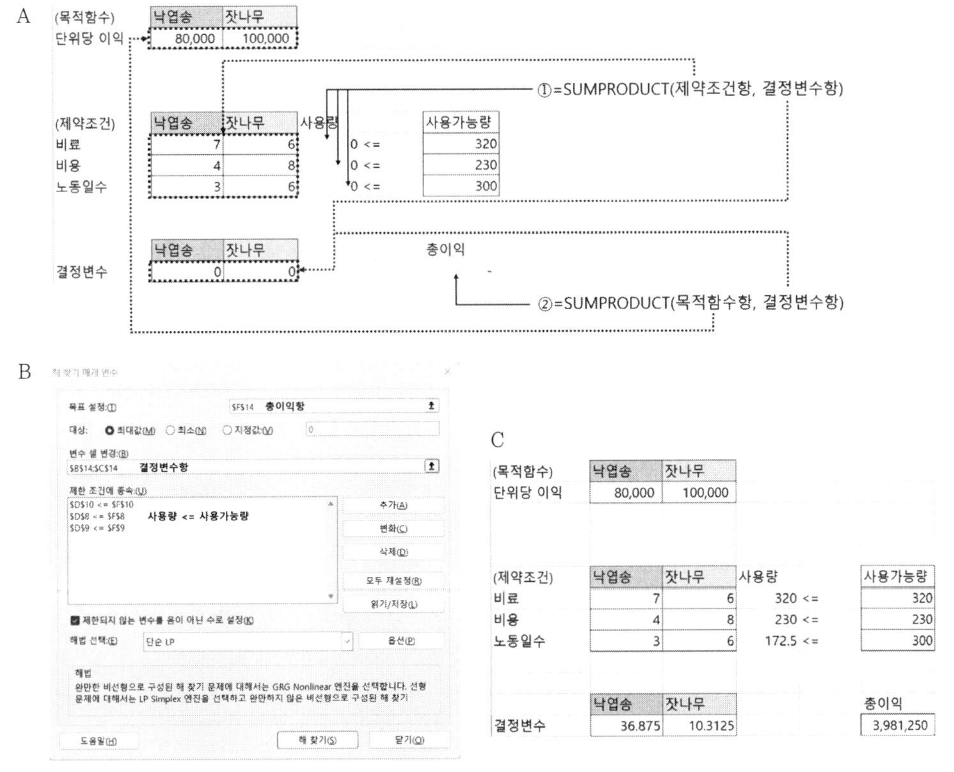

그림 3-4 엑셀을 활용한 해법(A: 함수 설정, B: 매개변수 입력, C: 결과)

수의 해로 X_1=36.87500, X_2=10.31250이 산출되었다. 엑셀을 활용한 해법과 결과가 동일하며, 기존의 산출 결과보다 정밀한 값을 얻을 수 있다.

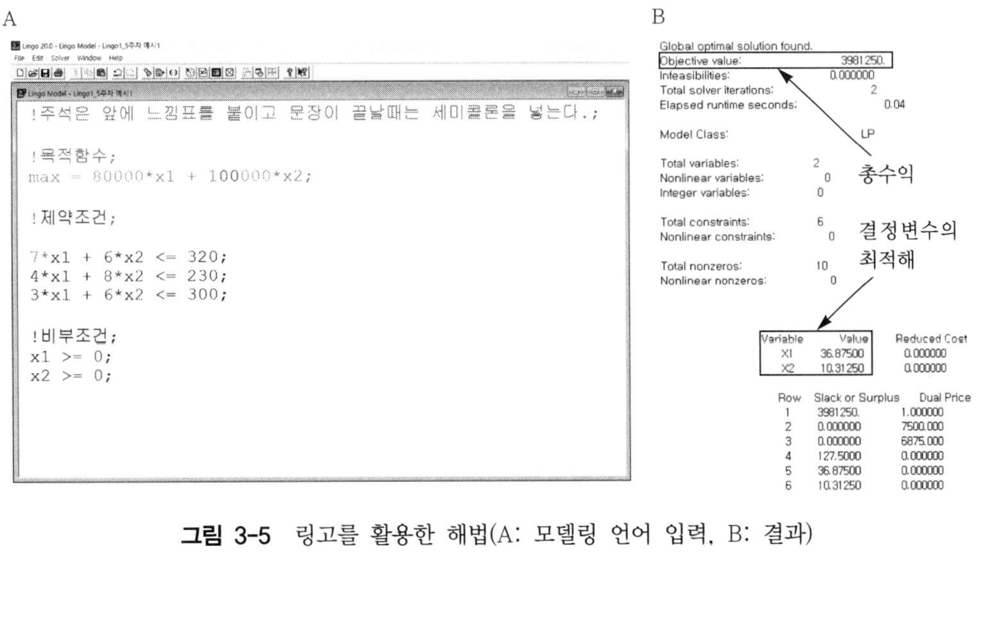

그림 3-5 링고를 활용한 해법(A: 모델링 언어 입력, B: 결과)

3·6 정수계획법

지금까지 설명한 선형계획법은 가분성(可分性, divisibility)을 전제로 한 기법이다. 예를 들면 산림 면적 25.4ha 또는 벌채량 523.7m^3 등으로 결정할 때 소수점 이하 단위까지 값을 나타낸 것은 가분성을 전제하기 때문에 가능하다. 그러나 앞에서 예로 든 묘목의 수는 소수가 아닌 정수로 표시해야 마땅하며, 이와 같은 문제에는 정수계획법(整數計劃法, integer programming)을 사용한다.

정수계획법은 선형계획모델의 특성인 가분성 대신에 정수 제약조건이 있다는 점을 제외하면 일반 선형계획모델과 같다. 정수계획모델의 특성은 ①선형 목적함수, ②선형 제약조건식, ③0 또는 양(+)의 정수(nonnegativity)인 모델 변수, ④특정 변수에 대한 정수 제약조건 등 네 가지로 요약할 수 있다. 이와 같은 정수계획 문제는 세 가지 유형, 즉 ①순수정수 문제(pure-integer problems), ②혼합정수 문제(mixed-integer problems), ③0-1 정수 문제(zero-one integer-programming problems) 등으로 다시 나뉜다.

정수계획법을 산림경영계획의 문제 해결에 적용한 예는 많지만, 우리나라에서는 원현규(2001), 장재영(2005) 등이 산림경영계획 문제를 해결하기 위해 정수계획모델을 제시한 바 있다.

3·7 목표계획법

목표계획법(目標計劃法, goal programming)의 기초 개념은 불가능한(infeasible) 선형계획 문제를 해결할 수 있는 수단으로 소개되었다. 목표계획법은 본질적으로 선형계획법의 확장된 형태라고도 볼 수 있으며, 단일 목표 또는 다수의 목표를 가진 의사결정의 문제를 해결하는 데 유효한 기법이다. 목표계획법에서는 선형계획법에서와 같이 목적함수를 직접적으로 최대화 또는 최소화하지 않고, 목표들 사이에 존재하는 편차(偏差, deviation)를 주어진 제약조건하에서 최소화하는 기법이다. 이러한 특징 때문에 산림의 다목적 이용을 위한 경영계획 문제에 적용할 수 있다. 우리나라에서는 장철수 · 우종춘(1991)이 자연자원 경영에 있어서 다기준의사결정 문제를 해결하기 위해 목표계획법을 적용한 바 있다.

목표계획법을 어떻게 계산하는지 알아보기 위해 앞에서 예로 든 산림경영인 A씨의 경영계획 문제를 적용해 보자. 낙엽송 묘목 36.8개와 잣나무 묘목 10.3개를 생산하는 최적해를 구했지만 A씨는 문제의 본질을 정확히 이해하지 못하였다. 그래서 여러 번의 논의를 거쳐 다음과 같은 결론을 얻었다. 즉 A씨는 세금 문제를 피하기 위해 예산을 전부 사용하고 낙엽송 묘목 23개, 잣나무 묘목 23개를 생산하여 보다 적은 수익을 얻고자 한다.

- $X_1 = 23$ (낙엽송 묘목)
- $X_2 = 23$ (잣나무 묘목)
- $4X_1 + 8X_2 = 230$ (비용)

"당신에게는 수익을 최대화하는 일보다 이 세 가지 목표를 성취하는 일이 더 중요하다는 의미인가?"라고 컨설턴트가 질문하자 A씨는 "그렇다. 나는 세 가지 목표에 가능한 한 가장 근접하게 성취하기를 원한다."라고 대답한다. A씨가 세금 관계로 예산 목표를 다른 두 가지 목표(비료, 노동일수)보다 두 배가량 중요하게 평가한다고 가정하고 목표계획법으로 이 문제를 풀어 보자.

목적함수에서 제시된 목푯값과 해의 가중편차, 또는 의사결정변수를 위한 목푯값의 가중편차를 최소화하는 목표계획모델을 구성할 수 있다. 이러한 모델은 의사결정자가 둘 이상의 잘 정의된 목표를 가지고 있을 때, 또는 목적함수를 위해 둘 중 하나만 선택하는 일이 불편한 문제에 유용할 수 있다. 목푯값과의 편차를 나타내기 위해서는 부가적인 의사결정변수를 정의할 필요가 있다. 이를 편차변수(便差變數)라고 하며 다음과 같이 나타낼 수 있다.

- $d1^+$: 낙엽송 묘목 23개 목표에 대한 양의 편차(초과 달성한 양)
- $d1^-$: 낙엽송 묘목 23개 목표에 대한 음의 편차(달성하지 못한 양)
- $d2^+$: 잣나무 묘목 23개 목표에 대한 양의 편차(초과 달성한 양)
- $d2^-$: 잣나무 묘목 23개 목표에 대한 음의 편차(달성하지 못한 양)
- $d3^+$: 예산 230만 원 목표에 대한 양의 편차(초과 달성한 양)
- $d3^-$: 예산 230만 원 목표에 대한 음의 편차(달성하지 못한 양)

여기에서 구한 각각의 결과는 목푯값보다 초과 달성하거나 아니면 달성하지 못하거나 둘 중 하나이다. 한 가지가 동시에 초과 달성되고 미달성되는 일은 불가능하다. 그러므로 하나의 편차변수가 값을 가지면 그에 대응하는 나머지 변수는 0이 된다. 목표가 정확히 달성되면 편차변수는 둘 다 0이 된다.

목적함수는 편차변수들의 가중된 합을 최소화하는 것이다. A씨가 예산 목표에 두 배의 중요도를 두었기 때문에 예산 편차에는 가중치 2가 계수로 사용된다. 즉 $d3$의 항에는 두 배의 가중치를 부여하여 목적함수를 작성한다.

- 목적함수: $Z = d1^+ + d1^- + d2^+ + d2^- + 2d3^+ + 2d3^-$ 최소화

제약조건으로는 앞에서 언급했듯이 예산 외에도 낙엽송과 잣나무 조건이 있다. 각각의 편차변수를 여유변수로 취급하고 제약조건식은 등식으로 바꾸어 작성한다.

- 제약조건: $4X_1 + 8X_2 - d3^+ + d3^- = 230$ (예산)
  $X_1 - d1^+ + d1^- = 23$ (낙엽송 묘목)
  $X_2 - d2^+ + d2^- = 23$ (잣나무 묘목)

따라서 비료와 노동일수 제약조건까지 포함하여 목표계획모델을 구성하면 다음과 같다.

- 목적함수: $Z = d1^{+} + d1^{-} + d2^{+} + d2^{-} + 2d3^{+} + 2d3^{-}$ 최소화
- 제약조건: $4X_1 + 8X_2 \leq 230$ (비료)

  $3X_1 + 6X_2 \leq 300$ (노동일수)

  $4X_1 + 8X_2 - d3^{+} + d3^{-} = 230$ (예산)

  $X_1 - d1^{+} + d1^{-} = 23$ (낙엽송 묘목)

  $X_2 - d2^{+} + d2^{-} = 23$ (잣나무 묘목)

연습문제 ▌

1. 산림수확조절의 개념에 대해 설명하시오.
2. 산림수확조절을 위한 면적조절법에 대해 설명하시오.
3. 산림수확조절을 위한 재적조절법에 대해 설명하시오.
4. 선형계획법의 개념 및 전제조건에 대해 설명하시오.
5. 선형계획법의 종류와 특징에 대해 설명하시오.

참고문헌 ▌

1. 강금식. 2014. EXCEL 경영과학. 박영사.
2. 박은식, 정주상. 1999. 다목적 산림경영계획을 위한 선형계획법의 응용. 한국임학회지 88(2): 273-281.
3. 박태식, 강성연, 권오복 외. 1971. 임업경영학. 향문사.
4. 박태식, 김동춘, 권오복 외. 1990. 신고 임업경영학. 향문사.
5. 안종만, 우종춘, 윤화영 외. 2007. 산림경영학. 향문사.
6. 원현규, 김영환, 권순덕. 2009. 장기산림경영계획의 목표수확량 산출을 위한 목표계획법의 적용. 한국산림과학회지 98(1): 125-131.
7. 우종춘. 1991. Linear Programming에 의한 삼림경영계획: 잣나무임분의 삼림수확계획을 중심으로. 한국임학회지 80(4): 427-435.
8. 우종춘, 김세빈, 김형호 외. 2017. 신고 산림경영학. 향문사.
9. 이성철, 정세윤, 문상원. 2022. 경영의사결정론. 한국방송통신대학교출판문화원.
10. Baader G. 1945. Forsteinrichtung als nachhaltige Betriebsfuehrung und Betriebsplanung. Sauerländer's Verlag.
11. Bettinger P, Boston K, Siry J, Grebner DL. 2009. Forest management and planning. Academic Press.
12. Binbasioglu M. 1986. Knowledge based modelling support for linear programming

(artificial intelligence). New York University, Graduate School of Business Administration.

13. Curtis FH. 1962. Linear programming the management of a forest property. Journal of Forestry 60(9): 611–616.
14. Dantzig GB. 1990. Origins of the simplex method. In: Nash SG (ed). A History of Scientific Computing. ACM Press.
15. Hallanger W. 1973. The Linear Programming Structure of the Problem. In: Chambers CJ, Pierson RN (ed). Sustainable Harvest Analysis, 1971 and 1972. Washington State Department of Natural Resources Harvest Regulation Report 5.
16. Hjortsø CN, Stræde S. 2001. Strategic multiple-use forest planning in Lithuania: applying multi-criteria decision-making and scenario analysis for decision support in an economy in transition. Forest Policy and Economics 3(3–4): 175–188.
17. Jöbstl HA. 1973. Ein Modell des Forstbetriebes: neue Ansätze und Techniken für die lang- und mittelfristige Planung. Österr. Agrarverl.
18. Johnson KN, Scheurman HL. 1977. Techniques for prescribing optimal timber harvest and investment under different objectives: discussion and synthesis. Forest Science Monograph 18.
19. Johnson KN, Stuart TW, Crim SA. 1986. FORPLAN Version 2: An Overview. USDA, Forest Service.
20. Kidd WE, Thompson EF, Hoepner PH. 1966. Forest regulation by linear programming: A case study. Journal of Sustainable Forestry 1(1): 61–77.
21. Knoke T. 2012. Forstbetriebsplanung. Ulmer.
22. Mantel W. 1959. Forsteinrichtung. Sauerländer.
23. Roise JP, Chung J, Lanical R, Lennartz M. 1990. Red-cockaded woodpecker habitat and timber management: production possibilities. Southern Journal of Applied Forestry 14: 1–6.
24. Schanz H. 1996. Forstliche Nachhaltigkeit. Institut für Forstökonomie.
25. Speidel G. 1972. Forstliche Betriebswirtschaftslehre. Parey.
26. Speidel G. 1972. Planung im Forstbetrieb: Grundlagen und Methoden der Forsteinrichtung. Parey.
27. Tecle A, Duckstein L, Korhonen P. 1994. Interactive, multiobjective programming for forest resources management. Applied Mathematics and Computation 63(1): 75–93.
28. Wiedemann E. 1951. Ertragskundliche und waldbauliche Grundlagen der Forstwirtschaft. Sauerländer.
29. 吉田正男. 1950. 改訂理論森林經理學. 地球出版.
30. 片山茂樹, 田中祐一. 1949. 森林經理. 林野共濟會.

MEMO

제 Ⅱ 부

산림경영 실제

제4장 산림경영계획 수립

4·1 산림경영계획 체계

우리나라의 산림경영계획은 산림기본계획을 기준으로 한 하향식 체계로 수립된다. 10년을 계획기간으로 설정해 오다가 「산림기본법」이 개정되면서 2018년부터 새롭게 수립하는 산림기본계획과 지역산림계획의 계획기간은 20년으로 변경되었다.

산림기본계획은 전국의 산림을 대상으로 지속가능한 산림경영이 이루어지도록 산림청장이 수립하고, 지역산림계획은 산림청장이 수립한 산림기본계획에 따라 관할 지역의 특수성을 고려하여 특별시장, 광역시장, 도지사(이하 시 · 도지사), 지방산림청장이 수립한다. 국유림의 경우 산림기본계획 및 지역산림계획을 근거로 각 국유림관리소가 관할 국유림을 대상으로 국유림종합계획을 별도로 수립한다. 그러나 민유림의 경우에는 법적 근거가 마련되지 않아 일부 시 · 군 · 구에서 자체적으로 산림계획을 수립하고 있는 실정이다.

최종 단계인 산림경영계획은 크게 공유림 및 사유림을 대상으로 수립하는 공 · 사유림경영계획과 국유림을 대상으로 수립하는 국유림경영계획으로 구분한다. 이러한 산림경영계획 체계에 따라 해당 경영계획구의 산림경영 방향이 설정되고 구체적인 사업이 추진된다.

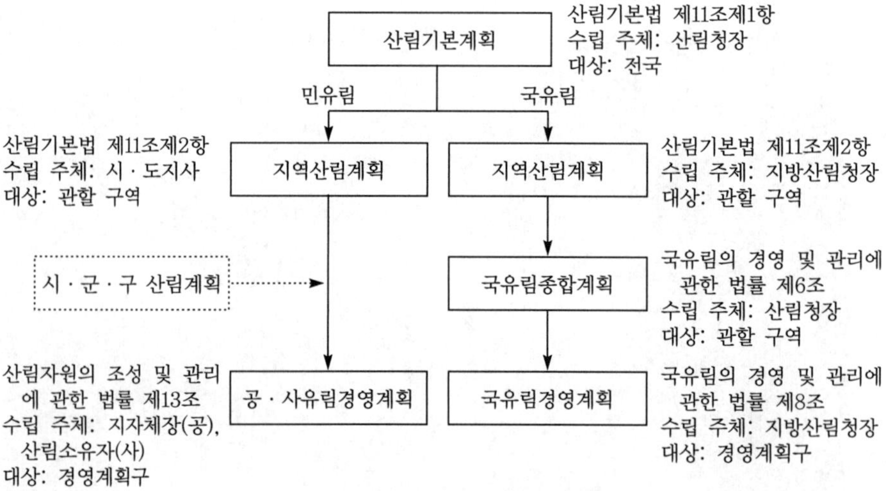

그림 4-1 산림경영계획의 수립 체계와 법적 근거

4·1·1 산림기본계획

산림청장은 「산림기본법」 제10조에 따라 산림자원 및 임산물의 수요와 공급에 관한 장기 전망을 공표하고, 제11조에 따라 장기전망을 기초로 하여 지속가능한 산림경영이 이루어지도록 전국의 산림을 대상으로 산림기본계획(山林基本計劃)을 수립하고 시행한다. 장기전망은 10년마다 공표하지만 산림자원 및 임산물의 수급 상황 또는 경제 사정의 현저한 변동이 있는 경우에는 수정해 공표할 수 있다. 산림기본계획은 20년마다 수립하지만 역시 산림 상황 또는 경제 사정의 현저한 변경 등의 사유가 있는 경우에는 변경할 수 있다.

산림기본계획에는 ①산림시책의 기본 목표 및 추진 방향, ②산림자원의 조성 및 육성에 관한 사항, ③산림의 보전 및 보호에 관한 사항, ④산림의 공익기능 증진에 관한 사항, ⑤산사태 · 산불 · 산림병해충 등 산림재난의 대응 및 산림재난 피해지의 복구 등에 관한 사항, ⑥임산물의 생산 · 가공 · 유통 및 수출에 관한 사항, ⑦산림의 이용 구분 및 이용 계획에 관한 사항, ⑧산림복지의 증진에 관한 사항, ⑨탄소흡수원의 유지 · 증진에 관한 사항, ⑩국제산림협력에 관한 사항, ⑪임도 등 산림경영 기반의 조성에 관한 사항, ⑫산림통합관리권역의 설정 및 관리에 관한 사항이 포함된다.

산림기본계획은 시 · 도의 산림기본계획구와 지방산림청의 산림기본계획구 단위로 수립하지만, 산림의 생태적 · 경제적 특성 등을 고려할 때 일정한 지역을 하나의 권역으로 설정하여 산림의 다양한 기능을 통합해 관리하는 일이 필요하다고 인정되는 경우에는 산림통합관리권역으로 묶어 산림기본계획구를 정할 수 있다.

1) **시 · 도의 산림기본계획구**: 특별시, 광역시, 특별자치시, 도, 특별자치도의 행정구역(산림청 소관 국유림이 소재한 구역은 제외함)
2) **지방산림청의 산림기본계획구**: 지방산림청의 관할 구역 중 산림청 소관 국유림이 소재한 구역

산림기본계획구의 명칭은 산림기본계획구 앞에 해당 시 · 도 또는 지방산림청의 명칭을 붙이며, 산림통합관리권역을 산림기본계획구로 정한 때에는 앞에 해당 산림통합관리권역의 명칭을 붙인다.

4·1·2 지역산림계획

시 · 도지사 및 지방산림청장은 산림기본계획에 따라 관할 구역에 소재한 산림의 특수성을 고려하여 지역산림계획(地域山林計劃)을 수립하고 시행한다. 이때 지역산림계획은 시 · 군 · 자치구의 지역산림계획구와 지방산림청 국유림관리소의 지역산림계획구 단위로 수립하며, 지역산림계획구도 산림통합관리권역으로 정할 수 있다.

1) **시 · 군 · 자치구의 지역산림계획구**: 시 · 군 · 자치구의 행정구역(산림청 소관 국유림이 소재한 구역은 제외함)
2) **지방산림청 국유림관리소의 지역산림계획구**: 지방산림청 국유림관리소 관할 구역 중 산림청 소관 국유림이 소재한 구역

지역산림계획구의 명칭은 지역산림계획구 앞에 해당 시 · 군 · 자치구 또는 지방산림청 국유림관리소의 명칭을 붙이며, 산림통합관리권역을 지역산림계획구로 정한 때에는 앞에 해당 산림통합관리권역의 명칭을 붙인다. 한편 지역산림계획은 산림기본계획의 수립 또는 변경에 관한 통지를 받은 날부터 1년 이내에 수립 또는 변경해야 한다.

4·1·3 국유림종합계획

국유림을 경영하고 관리하는 기관은 산림청－지방산림청－국유림관리소 체계로 구성되어 있으며, 국유림종합계획(國有林綜合計劃)은 국유림관리소 단위로 산림기본계획 및 지역산림계획에 따라 10년마다 수립하고 시행한다. 국유림종합계획에는 ①국유림의 경영 및 관리에 관한 목표와 추진 방향, ②국유림의 경영 및 관리 현황, ③국유림의 경영 및 관리에 관한 주요 사업과 추진 방법, ④사업 시행에 소요되는 경비의 산정 및 조달에 관한 사항, ⑤국유림종합계획 운영 결과에 대한 분석 및 평가에 관한 사항, ⑥지역 여건 및 그 변화에 대한 전망이 포함된다.

4·1·4 시 · 군 · 구 산림계획

시 · 군 · 구 단위의 산림계획이 법제화되지 않아 산림계획 수립이 필요한 지방자치단체에서는 개별적으로 계획을 수립하고 있으나 실례는 일부에 불과하다. 이렇듯 시 · 군 · 구 행정구역 단위의 산림계획이 누락되면서 지역 실정과 특색에 맞는 정책 추진이 어렵고 현장 이행력 또한 부진한 한계가 드러났다. 개인의 산림경영계획 수립에 있어서도 상위 계획인 시 · 도의 지역산림계획을 반영하기에는 큰 간극이 존재한다. 이를 해결하기 위해 산림청은 2019년부터 '국 · 공 · 사유림 통합 시 · 군 산림계획 수립' 사업을 시범 도입하였으며, 2025년 변경된 「제6차 산림기본계획」에서도 시 · 군 · 구 산림계획 제도를 도입하여 체계적이고 계획적인 산림자원의 관리와 이용을 도모하고 있다.

4·2 국유림경영계획

국유림경영계획(國有林經營計劃)은 산림생태계의 보호 및 다양한 산림 기능의 최적 발휘를

위한 산림보호, 임산물 생산, 휴양 · 문화, 고용 등의 기능을 증진하고, 경영수지 개선을 통해 합리적인 국유림 경영이 이루어지도록 유도하는 데 목적이 있다.

4·2·1 국유림 목표 체계

국유림에서 궁극적으로 달성하고자 하는 목표 체계는 단계적으로 부분목표, 주목표, 총체적 목표로 이루어지며, 주어진 기본 원칙에 따라 산림경영을 실행함으로써 총체적 목표를 달성하도록 추구하되 전제조건이 손상되지 않도록 해야 한다.

1 전제조건

산림은 수목을 비롯하여 각종 동식물이 어우러져 살아가는 생태계이다. 산림경영을 통해 추구하고자 하는 경영 목표는 자연생태계인 산림이 지니고 있는 특성을 고려하지 않고서는 달성할 수 없다. 국유림 경영에 있어서도 마찬가지로 산림의 특성에 주목해야 한다. 다음은 국유림의 경영 목표를 실현함에 있어 염두에 두어야 할 주요 전제조건이다.

① 산림생태계 안정성 · 적응성 · 다양성

국유림 경영을 통해 이루고자 하는 각종 경영 목표는 산림의 생태적 안정성(安定性)을 바탕으로 한다. 산림이 생태적으로 안정되지 않고서는 다양한 산림 기능을 지속적으로 확보할 수 없기 때문이다. 그러므로 산림생태계의 안정성은 경영 목표의 실현에 앞선 기본 전제가 된다.

같은 토지 산업인 농업과 달리 임업은 오랜 생산기간을 거친다. 이 기간 동안 산림생태계는 산불, 병해충, 풍해, 설해 등의 피해는 물론 대기오염, 기후변화에 이르기까지 예측하기 어려운 갖가지 환경 변화를 겪는다. 이러한 피해 원인을 인위적으로 제거하려면 많은 비용이 소요될 뿐만 아니라 처방에도 한계가 있다. 따라서 경영 목표를 추구함에 있어 산림이 자기갱신 능력과 자기조절 능력을 최대한 발휘하여 산림 스스로 환경 변화에 적응하고 극복하도록 해야 한다. 이를 산림생태계의 적응성(適應性)이라고 한다. 산림에 대한 목표 체계 또한 사회의 진보와 더불어 변화한다는 점을 고려할 때 산림생태계의 적응성은 중요한 의미를 지닌다.

생물다양성은 생명공학기술의 발전에 따른 미래 유전자원의 이용 가능성을 확보하는 차원에서도 중요하지만 무엇보다 산림생태계의 안정성 및 적응성과 밀접한 관계가 있다. 산림생태계의 유전 · 종 · 생태계 다양성이 풍부해야만 환경 변화에의 적응이 용이해짐은 물론 안정성도 높아지기 때문이다.

② 지속성 및 경제성

산림은 국민 생활과 관련해 경제적으로, 그리고 휴양 활동 면에서 중요한 역할을 할 뿐만 아니라 다종다양한 생태적 기능을 수행하고 있다. 국유림 경영에 있어서도 이들 기능이 총체적이고 최적으로 발휘되도록 해야 한다. 이러한 목표를 추구함에 있어서 미래 세대가 적어도 현세대 수준으로 산림 효용을 누릴 수 있도록 지속성(持續性) 원칙을 준수해야 한다.

사회가 요구하는 각종 산림 기능은 경제적인 방법으로 창출돼야 한다. 산림의 생태적 기능이나 휴양 기능의 발휘에 있어서도 마찬가지이다. 즉 목표로 하는 산림 효용을 최소 비용으로 창출하거나 이용 가능한 재원 범위 내에서 최대 효과를 거둘 수 있는 경제성(經濟性) 원칙에 따라야 한다.

2 기본 원칙

국유림 경영의 기본 원칙은 국유림에서 여러 목표를 실현하기 위해 고려해야 할 필요 조치를 말하며, 다음의 세 가지를 들 수 있다.

1) 각종 산림시업을 수행할 시 경영 목표에서 제시하고 있는 산림의 다양한 기능을 고려해야 한다.
2) 임·소반 단위의 계획 및 시행 시 기본적으로 추구하는 목표들을 동등하게 취급해야 한다. 이들 목표는 임분 단위에서 같은 시기에 함께 달성되도록 해야 한다.
3) 목표 상호 간에 긍정적 또는 부정적 관계가 성립할 수 있다. 이러한 관계가 명백한 상황에서 취급 수단(개별 임지 단위에서의 조치 또는 부분경영체 차원에서의 전략)을 선택해야 할 경우에는 달성하고자 하는 목표의 상대적 중요성을 감안하여 우선순위를 정하고 가능한 한 총체적으로 바람직한 효과를 거두도록 해야 한다.

3 총체적 목표

국유림 경영의 총체적 목표는 '산림생태계의 보호 및 다양한 산림 기능의 최적 발휘'이다. 즉 산림이 지닌 사회·경제·환경·문화적 기능을 지속가능한 방식으로 최적 발휘하면서 생태계로서의 산림이 자연의 잠재력을 온전히 유지 및 증진할 수 있도록 해야 한다.

생태계로서의 산림은 적절하게 관리될 경우 자연력이 창출하는 기본 기능을 넘어 환경보호, 경제 발전, 국민 생활 향상에 크게 기여할 뿐만 아니라 각종 위해 요소를 경감하는 역할도 수행할 수 있다. 여기서 말하는 적절한 산림관리란 자연 친화적 방식, 즉 자연의 진행 과정(천이 등)에 부합하거나 이에 가까운 형태의 관리 방식을 의미한다. 산림의 다양한 기능을 최적화하기 위해서는 각종 목표가 기본 원칙에 부합하도록 적절한 비중을 고려하여 조화롭게 추진해야 한다.

4 주목표 및 부분목표

다섯 가지 주목표와 이를 구성하는 부분목표는 기본적으로 동등한 우선순위를 가진다. 그러나 목표를 달성하기 위한 계획 또는 실행 과정에서 목표 간 상충이 발생할 경우에는 법적 제한 사항과 보호 기능을 우선으로 고려하되 현지 실정을 감안하여 우선순위를 결정한다. 국유림 경영의 주목표 다섯 가지는 다음과 같다.

① 보호 기능

물질순환의 안정화는 산림생태계의 자기조절 능력을 향상하는 데 기여한다. 산림에서 물질순환의 안정화를 유지하기 위해서는 외부로부터의 부정적 영향을 차단하거나 산림경영적 측면에서 적절한 보호 조치를 시행해야 한다. 또한 필요한 경우 물질순환 기능을 회복시켜야 한다.

1) 자연 보호: 특수종 및 산지 소생물권의 보호 등 모든 산림계획 및 시행 시 고려
2) 경관 보호: 임연부의 형성 및 유지 관리를 통한 경관 보호 증진
3) 야생동물 보호: 은신처와 서식처를 비롯하여 먹이 공급 등 생존을 위한 필수 요소 제공
4) 시계 보호: 미적으로 보기 흉한 물체를 차폐하여 간접적으로 경관을 조성
5) 소음 방지: 도로변 또는 휴양지 및 주거지를 중심으로 충분한 폭의 산림대 조성 및 유지
6) 수자원 보호: 수질 개선과 수원 함양 기능을 증진하는 등 상수원 · 식수원 유역의 기능 제고
7) 토양 보호: 강수, 눈, 바람, 우박, 낙석, 토사 유출, 답압, 대기오염물질 유입 등으로부터 토양 보호
8) 기후 보호: 기온 조절 및 대기 환류를 통해 생활환경 개선
9) 대기질 개선: 분진 및 유해가스나 광선 등을 여과

② 임산물 생산 기능

임산물 생산 기능은 목재를 비롯한 다양한 임산물을 공급하는 역할을 의미한다. 특히 목재는 재생 가능한 자원이자 환경 친화적인 원자재이다.

우리나라의 목재 자급률이 약 15%(2022년 기준)에 불과한 점을 고려할 때 국내 임목을 최대한 활용하여 원자재 자급도를 높이는 일은 국민경제에 기여할 뿐만 아니라 목재 수입으로 인한 부정적인 외부효과를 완화하는 데도 도움이 된다. 즉 목재 수입에 따른 수송 부담(에너지 소비량 및 대기오염 증가 등)을 줄이고, 지속가능한 임업경영 체계가 확립되지 않은 개발도상국의 산림 개발 수요를 완화하여 지구 환경의 보전에 기여할 수 있다.

원자재 생산 총비용, 즉 원자재의 생산 · 가공 · 이용 및 최종 폐기 과정에서 소비되는 에너지량과 유해물질 발생량을 고려한 '전 과정 에너지 수지분석'을 따져 보면 목재 및 목제품은 다른 어떤 원자재와 비교해도 환경적 측면에서 뛰어난 장점을 갖는다. 비록 임업 자체가 국민총생산(GNP)에서 차지하는 비중은 크지 않지만 목재 및 목제품, 종이 등 관련 임산업과 유통 분야까지 포함하면 국민경제에 기여하는 바가 상당하며 고용 창출 효과도 크다. 국유림의 임산물 생산 기능은 이러한 관점에서 중요한 목표가 되며, 미래 세대가 현세대와 동등하거나 그 이상의 수준으로 이용할 수 있도록 지속가능한 방식으로 이루어져야 한다.

국유림 내에서 임산물 생산 기능이라는 주목표를 달성하기 위해서는 목재 생산뿐만 아니라 경제적 가치가 높은 송이, 산나물, 수액, 야생화 등의 특정임산물 생산에도 관심을 기울여야 한다. 이를 실현하기 위해서는 특정임산물 생산 환경의 개선, 분포지 관리, 수요가 높은 특용수종의 계획적 조성 · 관리 등을 포함한 합리적인 자원 관리 체계를 구축해야 한다.

③ 휴양 및 문화 기능

우리나라의 산림률은 63%로 세계 평균인 31%를 크게 상회한다. 이러한 국토 환경 덕에 주거지, 교외지, 산간지 등 산림이 위치한 곳곳에서 각종 휴양 활동이 이루어지고 있으며, 특히 등산을 비롯한 산림휴양 활동은 국민의 일상에서 중요한 부분을 차지하고 있다. 산림휴양 활동을 통해 건전한 여가 문화를 정착시키는 동시에 국민 건강을 증진하고 삶의 질을 향상하며 나아가 경제적 안정에도 기여하는 일이 국유림 경영의 주요 목표가 된다.

또한 산림은 역사적 관점에서 살아 있는 귀중한 문화유산이다. 이는 예술과 문학 활동 속에 반영되어 있으며 우리의 삶을 더욱 풍요롭게 만든다. 따라서 산림 내에 위치한 토양 기념물과 역사

적 유물을 보호하고 산림의 심미적 가치를 증대하며 자연 체험 활동과 환경 교육을 통해 인간과 자연의 유대를 강화하는 일이 중요하다. 더 나아가 산림과 인류의 삶에 관련한 전통을 계승·발전시키는 일도 주요 부분목표 중 하나이다.

④ 고용 기능

국유림을 경영하는 과정에는 이를 실행할 노동인력이 필요하다. 특히 산림률이 높은 농·산촌 지역에서는 산림 분야의 고용 기회 제공이 농외 소득원을 확대하고 계절적 소득을 보전하는 데 크게 기여할 수 있다. 국가 차원에서도 업무 성격에 적합한 일자리의 제공이 변함없는 정책 과제 중 하나이다. 이를 위해 적절한 장비와 기계를 투입하여 작업 과정을 합리화하고 노동의 효율성을 높이는 등 고용 가치를 증대해야 한다.

국가는 또한 일자리 제공뿐만 아니라 적절한 작업 환경을 조성하고 노동 성과에 부합하는 소득을 보장해야 한다. 아울러 안전사고 및 직업병 예방, 교육 및 훈련 기회 확대, 직업에 대한 동기부여 등을 통해 노동환경을 지속적으로 개선해 나가야 한다. 특히 국유림 경영에 필요한 전문인력의 보유는 양질의 산림서비스 제공 능력을 확보하는 측면에서 주요한 부분목표가 된다.

국유림 경영체의 고용량은 주어진 사업량, 미래 생산성 향상 가능성, 기계화 수준의 추이, 사회·경제적 여건의 변화를 종합적으로 고려한 뒤 결정해야 한다. 또한 특정 시기에 산림경영 사업이 집중될 경우에는 원활한 경영 활동을 위해 연간 작업량의 일부를 지역 임업체에 도급을 주는 방식으로 수행할 수 있다.

⑤ 경영수지 개선

산림행정을 수행하는 데에는 상당한 비용이 소요되므로 재정적인 면에서 보속성이 유지되지 않으면 산림의 다양한 기능을 지속적으로 창출하기 어렵다. 따라서 국유림 경영에서 경영수지 개선은 주목표가 되며 차지하는 비중도 크다.

국유림의 임분구조가 대부분 천연림과 중령림으로 구성된 관계로 현재로서는 목재 생산을 통한 수입이 많지 않다. 그러나 장기적인 관점에서 재정 적자를 유발하지 않고 가능하면 흑자 경영이 되도록 재정성의 제고에 노력을 기울여야 한다. 산림자산 가치의 유지·증진을 도모해야 하며, 산림자산의 가치는 임목자원에 크게 의존하므로 국가적 차원에서 산림을 양질의 자원으로 육성하여 점진적으로 개선해 나가야 한다. 아울러 경영 유동성을 확보하여 산림경영에 필요한 경비를 안정적으로 조달할 수 있도록 하며, 산림자산이 지속적으로 활용될 수 있도록 산림의 구조(임종, 임상, 영급구조 등)를 개선해 나가는 일이 필수적이다.

5 목표 우선순위 결정

국유림 경영의 목표 체계를 이루는 모든 계획과 조치는 다목적 이용 개념에 따라 실현돼야 한다. 앞서 기본 원칙에서 언급했듯이 목표 체계 내에서 목표 간의 절대적인 우선순위는 기본적으로 존재하지 않으며, 모든 목표는 임분 단위(소반)에서 동시에 추구해야 한다. 다만 특정 목표를 달성하는 과정에서 다른 목표에 부정적인 영향을 미칠 것이 명확할 경우 개별 임분 또는 개별 경영체(부분경영체) 단위에서 우선순위를 고려하여 산림 기능의 총체적 이용을 최적화해야 한다.

목표 간 상충이 발생할 경우 보호 기능을 우선해야 한다. 이는 산림을 생태계로서 보전하는 일이 가장 중요하기 때문이다. 보호 기능 이외의 다른 목표들은 지역별로 요구도가 다르므로 일률적인 우선순위를 정하기 어렵다. 따라서 목표 간 상충 문제는 임분 단위(소반) 또는 경영체 단위의 경영계획 수립 및 실행 과정에서 우선순위와 상대적 비중을 조정함으로써 해결해야 한다. 궁극적으로는 가능한 한 총체적 목표의 최적 실현을 도모하고 목표 간 균형을 유지하는 일이 중요하다. 이때 상위의 주목표 또는 부분목표에 절대적인 우선순위가 있다는 뜻이 아니라 상대적으로 비중이 더 크다는 의미라는 점에 유의해야 한다. 따라서 상위 목표를 훼손하지 않는 범위 내에서 하위 목표들을 달성할 수 있도록 노력해야 한다.

4·2·2 산림구획

산림구획은 경영 활동의 계획, 실행, 부기, 통제를 효율적으로 수행할 수 있도록 산림의 크기와 형태를 고려하여 취급이 용이한 경영 단위로 구분하는 데 목적이 있으며, 산림경영의 기본 단위가 된다. 경영계획에서는 경영계획구 → 임반 → 소반의 순서로 산림을 구획하여 산림경영이 보다 효율적이고 합리적으로 운영될 수 있도록 한다.

산림구획은 임상, 지형, 지세 등을 고려하되 각종 산림사업을 합리적으로 실행할 수 있고 경영 성과를 효과적으로 통제할 수 있도록 해야 한다. 특히 자연 친화적인 산림관리 방식으로의 전환을 꾀하여 기존의 영급형 이용 방식에 따라 지나치게 세분화되지 않도록 유의해야 한다. 특별한 사정이 없는 한 임반의 경계를 변경하지 않는 것이 원칙이다. 이는 경영관리 기록의 일관성을 유지하고 산림경영의 내용을 부기하는 데 편의를 제공하며 산림경영계획상의 불필요한 비용을 절감할 수 있기 때문이다.

1 경영계획구

국유림관리소별로 경영계획구(經營計劃區, working-plan area)를 구분한다. 명칭은 국유림관리소명 다음에 지역명을 붙여 사용하며, 행정구역상 시 · 군 단위로 나누는 것이 일반적이다(예 춘천국유림관리소 화천경영계획구).

2 임반

임반(林班, compartment)은 소반 및 보조소반 등 산림구획의 골격을 형성한다. 임반의 경계 및 번호는 특별한 경우를 제외하고는 변경하지 않는다. 임반의 면적은 현지 여건상 불가피한 경우를 제외하고 100ha 내외로 구획하며 능선, 하천, 유역 등 자연 경계나 도로, 임도 등 고정 시설을 따라 획정한다.

임반의 표기는 경영계획구 유역 하류부터 시계방향으로 연속한 숫자 1, 2, 3 …으로 표기하고, 보조임반은 1-1, 1-2, 1-3 … 순으로 부여한다. 사유림 매수, 관리 전환 등의 신규 재산 취득으로 별도의 임반 구획이 필요하나 불가피하게 기존의 마지막 임반 번호를 이어서 편성할 수 없는 경우에는 연접한 임반의 번호에 보조번호를 부여하여 보조임반을 구획한다.

3 소반

임반은 상당한 면적의 지역적 구역이므로 임지의 임목 상태가 극히 단순한 곳을 제외하고는 한 임반 내에서도 토지 사용, 임상 등 여러 가지 차이가 있을 수 있다. 이러한 차이를 구별하지 않으면 시업 취급이 구체적으로 정해지지 않는다. 소반(小班, subcompartment)은 임반 내에서 상태 및 취급의 차이를 구분한 부분이라고 할 수 있다. 소반의 면적을 1ha 이상으로 구획하지만 현지 여건상 부득이한 경우에는 0.1ha 이상으로 한다. 임반 내에서 자연경계, 고정 시설, 지형지물을 이용하여 소반을 특정할 수 있거나 다음과 같이 시업상 취급을 다르게 할 구역은 소반을 각각 구획한다.

1) 산림 기능(자연환경보전림, 산림재난방지림, 수원함양림, 생활환경보전림, 산림휴양림, 목재생산림 등)이 상이할 때
2) 지종(입목지, 미립목지, 제지, 법정지정림)이 상이할 때
3) 임종, 임상, 영급이 상이할 때
4) 수확 · 갱신 방법이 상이할 때
5) 지위급, 지리급이 상이할 때

소반은 산림경영체의 일반적인 경영 단위가 된다. 사유림 매수, 관리 전환 등의 신규 재산 취득으로 별도의 소반 구획이 필요하거나, 소반 내에서 이용 형태, 수종 그룹, 계획기간에 따라 달리 취급할 필요가 있는 경우에는 보조소반을 편성한다. 다만 임반 또는 소반 내에서 장기적으로 보조소반을 독립해 취급하는 일은 바람직하지 않다.

소반 번호는 임반 번호와 같은 방향으로 연속된 숫자를 1-1-1, 1-1-2, 1-1-3 …처럼 임반 번호와 보조임반 번호 뒤에 부여하고, 보조소반의 경우에는 연접한 소반의 번호에 1-1-1-1, 1-1-1-2, 1-1-1-3 …으로 표기한다(예 1임반 1보조임반 1소반 3보조소반: 1-1-1-3, 1임반 1소반 3보조소반: 1-0-1-3). 소반의 면적은 축척 1:25,000 또는 1:5,000 도면상에서 산출하거나 수치지도(digital map)상에서 산출된 면적으로 확정한다.

4·2·3 조사 방침

경영계획과 관련한 조사에는 일반현황조사와 산림조사가 있으며, 산림조사는 지황조사와 임황조사로 구분된다. 경영계획구에 대한 정확한 지황 · 임황 및 관련 정보를 조사 · 파악하여 경영계획 수립 및 운영에 기초 자료로 활용하며, 현장조사와 자료조사를 병행해 실시한다. 이때 산림기능구분도, 산림입지토양도, 맞춤형조림지도, 임상도, 항공사진, 위성영상 등의 자료를 활용하여 조사의 정확성과 효율성을 높여야 한다.

1 일반현황조사

① 지리적 위치 및 지세

경영계획을 수립할 때에는 산림을 답사하기 전에 우선 임야대장의 지번을 대조하여 행정구역상의 위치와 인접 경영계획구의 관련 상황, 경도 · 위도 및 산림대, 해안과의 거리 및 주요 산맥의 해발고, 하천의 수원 관계 등을 조사하고, 경영계획구 전체에 대한 대체적인 지세를 조사한다.

② 면적

경영계획구 면적, 경영계획 편성 면적, 행정구역별 면적을 조사한다.

③ 기상

경영계획구의 기온, 습도, 강수량, 풍속, 일조량 등을 개략적으로 조사하되 인근 기상대의 최근 10년간 관측자료 평균치를 활용한다.

④ 경영 연혁

과거부터 현재까지의 소유 · 관리 변천 연혁과 경영계획 편성 연혁을 조사한다.

⑤ 산림 개황

경영계획구의 산림에 대한 모암 구성, 토양 성질, 비옥도, 그리고 산림을 구성하고 있는 임종, 임상, 수종, 영급, 축적 등을 조사한다.

⑥ 교통 시설 및 임산물 시장 상황

임산물의 반출 및 이동 등을 위한 교통 시설을 조사하고, 임산물의 수급 상황과 시장가격 등을 조사한다.

⑦ 산원 주민의 실정

인구 및 직업 구성, 기타 산업의 발달 및 토지이용 상황, 임금 등을 조사한다.

⑧ 국유림 경영과 지역사회의 요구 사항

임산물 채취, 숲길 조성, 협의체 참여 등 지역사회가 국유림 경영에 요구하거나 참여하고자 하는 사항을 조사한다.

2 지황조사

① 지종 구분

소반의 지종은 입목지와 무립목지로 구분하고, 만약 소반이 법률로 지정된 임지, 즉 「산지관리법」에 근거한 법정지정림(法正指定林)인 경우에는 지정 사항과 해당 면적을 기재한다. 예를 들어 소반의 전체 면적이 5ha이고 입목지가 4ha, 무립목지가 1ha, 산림유전자원보호림으로 지정된 면적이 5ha일 경우 표 4-1과 같이 기재한다.

표 4-1 산림경영계획상의 소반 지종 구분 예시

지종별 면적(ha)			법정지정림	
합계		5	지정 사항	면적(ha)
입목지*		4	산림유전자원보호림	5
무립목지	소계	1	·	·
	미립목지**	1	·	·
	제지***	–	·	·

㈜ * 입목지: 입목도 30% 초과하는 임지, ** 미립목지: 입목도 30% 이하인 임지, *** 제지: 암석 및 석력지로 조림이 불가능한 임지

② 방위

소반의 주 사면 방향을 보고 동, 서, 남, 북, 남동, 남서, 북동, 북서의 8방위로 구분한다.

③ 경사도

소반의 주 경사도를 보고 표 4-2와 같은 다섯 단계로 경사도를 구분한다.

표 4-2 경사도의 구분

구분	완경사지(완)	경사지(경)	급경사지(급)	험준지(험)	절험지(절)
경사도	15° 미만	15~20° 미만	20~25° 미만	25~30° 미만	30° 이상

④ 표고

지형도를 참고하여 최저에서 최고로 표고를 표시한다(예 600~800m).

⑤ 토성

B층 토양의 모래·미사·점토 함량에 따른 촉감법으로 토성을 구분한다(표 4-3 참조).

⑥ 유효토심

유효토심(有效土深)의 정도를 천(淺)·중(中)·심(深)으로 구분한다(표 4-4 참조).

⑦ 토양 건습도

B층 토양의 건습도(乾濕度)를 표 4-5와 같은 촉감법으로 구분한다.

⑧ 지위

임지의 생산능력을 나타내는 지위는 원칙적으로 토양, 지형, 입지 등의 인자로 판단할 수 있지만 산림경영에서는 주로 지위지수를 활용하고 있다. 지위지수는 임지생산력을 판단하는 지표로 소

표 4-3 토성의 구분

구분	약어	촉감	기준
사토	S	거침	흙을 물에 묻혀 손으로 비볐을 때 거의 모래만 감지되는 토양(점토 함유량 10% 이하)
양질사토	LS	거침	모래가 2/3 이상인 토양(점토 함유량 15%)
사질양토	SL	약간 거침	모래가 대략 1/3~2/3인 토양(점토 함유량 20% 이하)
미사질양토	SiL	보통	미사 1/2 이상, 모래 1/2 이하인 토양(점토 함유량 27% 이하)
양토	L	보통	모래와 미사가 대략 1/3~1/2씩인 토양(점토 함유량 27% 이하)
사질식양토	SCL	약간 고움	모래 1/2 이상, 미사 1/4 이하인 토양(점토 함유량 20~35%)
식양토	CL	고움	모래와 미사가 대략 1/5~1/2씩인 토양(점토 함유량 27~40%)
미사질식양토	SiCL	고움	미사 1/3~2/3, 모래 1/4 이하인 토양(점토 함유량 27~40%)
미사질식토	SiC	고움	모래 1/5 이하, 미사 2/5~2/3인 토양(점토 함유량 40~60%)
식토	C	고움	점토가 대부분인 토양(점토 함유량 50% 이상)

표 4-4 유효토심의 구분

구분	천	중	심
유효토심	30cm 미만	30~60cm 미만	60cm 이상

표 4-5 토양 건습도의 구분

구분	기준	해당지
건조	손으로 꽉 쥐었을 때 수분에 대한 감촉이 거의 없음	풍충지에 가까운 경사지
약건	손으로 꽉 쥐었을 때 손바닥에 습기가 약간 묻는 정도	경사가 약간 급한 사면
적윤	손으로 꽉 쥐었을 때 손바닥 전체에 습기가 묻고 물에 대한 감촉이 뚜렷함	계곡, 평탄지, 계곡 평지, 산록부
약습	손으로 꽉 쥐었을 때 손가락 사이에 물기가 약간 비치는 정도	경사가 완만한 사면
습	손으로 꽉 쥐었을 때 손가락 사이에 물방울이 맺히는 정도	낮은 지대로 지하수위가 높은 곳

반 내 주수종의 우세목 수고와 수령을 측정하여 임분수확표의 수종별 지위지수곡선도에서 2m 괄약을 적용해 기록한다. 다만 해당 수종의 지위지수곡선도가 없을 경우 침엽수는 잣나무, 활엽수는 신갈나무의 지위지수곡선도를 적용한다.

⑨ 지리

임산물의 반출과 산림작업을 위해 임지에 접근할 수 있는 임도나 도로까지의 거리는 임산물의 가격 형성뿐만 아니라 산림작업 사업비 산출에도 영향을 끼친다. 지리(地利, accessibility)는 소반 경계에서 임도 또는 도로까지의 거리를 100m 단위로 표 4-6과 같이 구분한다.

표 4-6 지리의 구분

구분	거리	구분	거리
1급지	100m 이하	6급지	501~600m 이하
2급지	101~200m 이하	7급지	601~700m 이하
3급지	201~300m 이하	8급지	701~800m 이하
4급지	301~400m 이하	9급지	801~900m 이하
5급지	401~500m 이하	10급지	901m 이상

3 임황조사

임황조사(林況調査, inventory of each stand)는 산림의 현황을 파악하여 산림사업의 내용을 결정하고 장래의 수종, 작업종, 벌기령 등을 정하여 조림, 숲가꾸기, 수확 등의 계획을 수립하기 위한 자료를 얻기 위해 실시한다.

① 임종

임종(林種, origin of forest)은 산림이 성립된 원인을 규명하기 위한 조사 사항으로 인공림과 천연림으로 구분한다.

1) 인공림(인): 산림이 인공적으로 조림된 임지
2) 천연림(천): 산림이 천연적으로 조성된 임지

② 임상

입목지의 임상(林相, forest type)은 입목본수, 입목재적, 수관점유면적 비율에 따라 다음과 같이 구분한다.

1) 침엽수림(침): 침엽수가 75% 이상 점유하고 있는 임분
2) 활엽수림(활): 활엽수가 75% 이상 점유하고 있는 임분
3) 혼효림(혼): 침엽수 또는 활엽수가 25% 초과 75% 미만 점유하고 있는 임분

③ 수종

주수종을 기재하고, 혼효림일 경우에는 점유율이 가장 높은 수종부터 5종까지 기재한다.

④ 혼효율

혼효율(混淆率, mixed rate)은 주요 수종의 입목본수, 입목재적, 수관점유면적 비율에 따라 백분율로 산정한다.

⑤ 임령

임령(林齡, age of stand)이란 임분의 나이를 말하며, 임분의 최저~최고 수령의 범위를 분모로 하고 평균 수령을 분자로 표시한다(예 18/10~33). 인공조림지는 조림연도의 묘령을 기준으로 임령을 산정하고, 그 밖에 임령 식별이 불분명한 임지는 생장추로 목편을 채취하여 임령을 추정한다.

⑥ 영급

영급(齡級, age class)은 연속된 몇 개의 임령을 묶어서 나타낸 임령의 등급이다. 10년을 Ⅰ영급으로 하며, 영급 기호 및 수령 범위는 표 4-7과 같다.

표 4-7 영급별 수령 범위

영급 기호	수령 범위	영급 기호	수령 범위
Ⅰ	1~10년생	Ⅵ	51~60년생
Ⅱ	11~20년생	Ⅶ	61~70년생
Ⅲ	21~30년생	Ⅷ	71~80년생
Ⅳ	31~40년생	Ⅸ	81~90년생
Ⅴ	41~50년생	Ⅹ	91~100년생

⑦ 평균수고

임분의 최저~최고 수고의 범위를 분모로 하고 평균수고를 분자로 하여 정수 단위로 표시한다(예 15/10~20).

⑧ 우세목 수령 및 수고

주수종의 임분에서 수고가 우세한 나무(우세목) 3~5본의 수령 및 수고를 측정한 뒤 이를 평균하여 값을 구한다. 다만 지위가 사전에 파악된 경우 우세목 조사는 생략할 수 있다.

⑨ 평균경급

임분의 최저~최고 흉고직경의 범위를 분모로 하고 평균흉고직경을 분자로 하며, 괄약 2cm를 적용한다(예 20/14~26)

⑩ 소밀도

조사 면적에 대한 입목의 수관 면적이 차지하는 비율을 백분율로 표시한다.

1) 소(疎, ′): 수관밀도가 40% 이하인 임분
2) 중(中, ″): 수관밀도가 40% 초과 70% 이하인 임분
3) 밀(密, ‴): 수관밀도가 70% 초과인 임분

⑪ 축적

축적(蓄積)은 현실축적과 법정축적으로 구분한다. 현실축적은 실제 조사한 자료를 토대로 산출한 축적을 말하고, 법정축적은 조사한 영급과 생장이 법정상태인 축적을 말한다. ha당 축적과 총축적은 소수점 아래 둘째 자리까지 구한다.

입목의 재적은 흉고직경이 6cm 이상인 입목을 대상으로 측정한다. 이때 지상고 120cm 위치의 지름을 2cm 괄약(예 8cm: 7cm 이상 9cm 미만, 10cm: 9cm 이상 11cm 미만)으로 측정하며, 수고는 1m 단위로 반올림하여 측정한다.

조사 방법으로는 전수조사, 표준지조사, 기타 조사가 있다. 전수조사는 소반 내 모든 입목의 경급과 수고를 조사하여 재적을 산출하는 방식이다. 표준지조사는 소반 내 평균 임상인 개소에서 선정한 표준지(면적 0.04ha, 20m×20m 또는 10m×40m)를 대상으로 한다. 표준지 내에서 측정한 입목의 평균흉고직경과 직경별 평균수고로 표준지 내 재적을 구한 후 이를 기준으로 전재적을 산출한다. 기타 조사는 과거의 조사 자료가 있는 임지에 대해서는 실측 조사를 생략하고 연년생장률 등을 적용하여 축적을 산정하는 일을 말한다. 신규 조사지이거나 경영계획기간 중 벌채사업을 진행한 때에는 전수 또는 표준지 조사를 하고, 그 밖의 임지에 대해서는 기타 조사를 할 수 있다.

⑫ 하층 식생

치수 발생 상황과 산죽, 관목, 초본류의 종류를 기재한다.

4 기능별 구분

1992년 개최된 유엔환경개발회의(UNCED) 이후 지속가능한 산림경영에 관한 국제적 실천 논의는 헬싱키프로세스와 몬트리올프로세스 등을 통해 산림의 다양한 기능 발휘를 기본으로 하여 산림에 대한 사회적 · 생태적 · 경제적 수요를 동시에 충족시켜 나가는 방향으로 진행되고 있다. 이에 따라 국유림경영계획에서는 산림을 6대 기능으로 구분하여 각 기능에 알맞게 시업과 관리 방법을 정하고 있다.

6대 산림 기능의 구분은 전국 단위로 작성되어 있는 산림기능구분도 및 산지구분도를 참고해 작성하되 기능이 중복될 경우에는 산림의 위치, 입지 조건(보호 기능, 법정 사항 등), 경제적 · 사회적 여건 등을 종합적으로 고려하여 주기능과 부기능으로 구분해 정한다. 현재 6대 기능의 법정 사항 및 대상 산림은 다음과 같이 구분할 수 있다.

① 자연환경보전림

자연환경보전림(自然環境保全林)은 생태 · 문화 · 역사 · 경관 · 학술적으로 보호할 가치가 있는 자연을 보전하기 위한 산림으로서 「산림자원법」에 의한 채종림 · 채종원 · 시험림, 「산림보호법」에 의한 산림보호구역 중 산림유전자원보호구역, 「백두대간 보호에 관한 법률」에 의한 백두대간보호지역 안의 산림, 「국토의 계획 및 이용에 관한 법률」에 의한 보전녹지지역 안의 산림, 「자연공원법」

에 의한 자연공원 안의 산림, 「자연환경보전법」에 의한 생태 · 경관보전지역, 「야생생물 보호 및 관리에 관한 법률」에 의한 야생생물 보호구역 안의 산림, 「습지보전법」에 의한 습지보호지역 안의 산림, 「독도 등 도서지역의 생태계 보전에 관한 특별법」에 의한 특정도서 안의 산림, 「전통사찰보존법」에 의한 사찰림, 「자연유산의 보존 및 활용에 관한 법률」에 의한 보호구역 안의 산림, 「수목원 · 정원의 조성 및 진흥에 관한 법률」에 의한 수목원 · 정원 안의 산림, 「대학설립 · 운영 규정」에 의한 학술림, 「고등학교 이하 각급 학교 설립 · 운영 규정」에 의한 교지 안의 학교 숲, 그 밖에 자연환경 보전을 위해 관리가 필요하다고 산림관리자가 인정하는 산림을 말한다.

② 산림재난방지림

산림재난방지림(山林災難防止林)은 산사태, 토사 유출, 대형 산불, 산림병해충 등 산림재해 방지 및 임지 보전을 위한 산림으로서 「사방사업법」에 의한 사방지(砂防地; 산사태 복구지 포함), 「산림보호법」에 의한 산림보호구역 중 재해방지보호구역, 과밀 임분으로서 산사태가 우려되는 지역의 침엽수 단순림, 대형 산불의 발생이 우려되는 지역의 침엽수 단순림, 「소나무재선충병 방제특별법」에 의한 피해 지역, 산림병해충 피해의 우려가 있는 단순림, 그 밖에 산지재해 방지 기능의 증진을 위해 관리가 필요하다고 산림관리자가 인정하는 산림을 말한다.

③ 수원함양림

수원함양림(水源涵養林)은 수자원 함양 기능 및 수질 정화 기능을 높이기 위한 산림으로서 「산림보호법」에 의한 산림보호구역 중 수원함양보호구역, 「수도법」에 의한 상수원보호구역 안의 산림, 「한강수계 상수원수질개선 및 주민지원 등에 관한 법률」에 의한 한강수계 지역 안에서 수원 함양에 직접적인 영향을 주는 산림, 「영산강 · 섬진강수계 물관리 및 주민지원 등에 관한 법률」에 의한 영산강 · 섬진강 수계 지역 안에서 수원 함양에 직접적인 영향을 주는 산림, 「금강수계 물관리 및 주민지원 등에 관한 법률」에 의한 금강수계 지역 안에서 수원 함양에 직접적인 영향을 주는 산림, 「낙동강수계 물관리 및 주민지원 등에 관한 법률」에 의한 낙동강수계 지역 안에서 수원 함양에 직접적인 영향을 주는 산림, 「댐건설 · 관리 및 주변지역지원 등에 관한 법률」에 의한 댐으로 집수되는 자연경계구획 산림, 그 밖에 수원 함양 기능의 증진을 위해 관리가 필요하다고 산림관리자가 인정하는 산림을 말한다.

④ 생활환경보전림

생활환경보전림(生活環境保全林)은 도시와 생활권 주변의 경관 유지, 쾌적한 생활환경의 유지를 위해 필요한 산림으로서 「산림자원법」에 의한 도시숲, 「산림보호법」에 의한 산림보호구역 중 생활환경보호구역 · 경관보호구역, 「도시공원 및 녹지 등에 관한 법률」에 의한 도시공원 안의 산림, 「개발제한구역의 지정 및 관리에 관한 특별조치법」에 의한 개발제한구역 안의 산림, 그 밖에 생활환경 보전 기능의 증진을 위해 관리가 필요하다고 산림관리자가 인정하는 산림을 말한다.

⑤ 산림휴양림

산림휴양림(山林休養林)은 산림휴양 및 휴식 공간을 제공하여 인간의 정신적 · 육체적 건강의 유지 · 증진에 기여하는 산림으로서 「산림문화 · 휴양에 관한 법률」(약칭 산림휴양법)에 의한 자연휴양림, 그 밖에 휴양 기능 증진을 위해 관리가 필요하다고 산림관리자가 인정하는 산림을 말한다.

⑥ **목재생산림**

목재생산림(木材生産林)은 생태적 안정을 기반으로 하여 국민 경제활동에 필요한 양질의 목재를 지속적으로 생산·공급하기 위한 산림으로서 「국유림의 경영 및 관리에 관한 법률」(약칭 국유림법)에 의한 보전국유림 및 경제림육성단지, 「임업진흥법」에 의한 임업진흥권역 안의 목재 생산을 위한 산림, 그 밖에 목재 생산 기능의 증진을 위해 관리가 필요하다고 산림관리자가 인정하는 산림을 말한다.

5 목표임상

현재 임상, 맞춤형조림지도, 지위, 기후 등을 고려하여 최종수확기까지 보육 또는 갱신할 목표임상(目標林相)을 선정한다. 목표임상은 한 가지 이상이 될 수 있으며, 목표임상을 참고하여 목표임상도를 제작해야 한다.

6 산림 소생물권

백두대간, 산림유전자원보호구역 등의 특정 지역, 희귀 생물의 서식 공간인 습지 및 건조지, 노거수, 가치 있는 노령 고사목, 희귀 야생생물종, 임연부, 산림 내 공지 등으로서 특별히 보호·관리 또는 복원이 필요한 지역에 대해 조사하되 별도 조사된 자료를 활용할 수 있다.

7 특정임산물

국유림 내에 잠재해 있는 부존자원을 파악하기 위해 산나물, 야생화, 수액, 종실, 버섯 등의 채취 가능량을 조사하며, 채종림 또는 채종임분의 경우에는 종자 채취 가능량을 조사한다.

8 특수림 지정 현황

산림경영상 특별 목적으로 지정된 특수림, 즉 「국유림법」의 시범림, 「임업진흥법」의 특수용도목재생산구역(합판용, 국가유산복원용, 표고자목용), 「산림자원법」의 경제림육성단지, 경관림 지정 현황 등을 조사한다.

4·2·4 경영계획 수립

각 소반별로 조사한 산림 현황을 바탕으로 하여 10년간 실행할 조림, 숲가꾸기, 임목생산, 시설(임도, 휴양림 등), 소득사업, 자연보호 및 경관보육조치 등을 포함한 사업별 경영계획을 수립한다.

1 조림예정지정리

미립목지, 산불·병해충 피해지, 수확벌채 적지, 복층림 조성을 위한 벌채지, 수종갱신 대상지, 기타 조림이 필요하다고 인정되는 임지 등을 조사하고 조림 방법에 따라 지존물의 정리 및 정리 방향 등을 결정한다.

2 조림

조림(造林)은 인공갱신, 천연갱신, 보식, 비료주기로 구분한다. 인공갱신은 계획기간 동안 예상되는 수확 대상 임분과 미립목지를 대상으로 하며, 임지의 여건에 따라 주수종, 혼효 수종, 혼효 형태, 면적 등을 결정한다. 수종 선정은 입지의 특성, 경영 목표, 목표임상 등을 토대로 목재의 장기 수급 전망과 산림의 공익적 기능 등을 고려하여 우수한 수종을 선정한다. 임지 여건상 천연갱신이 가능한 임지는 천연갱신을 유도한다. 수종별 활착률을 감안하여 조림계획 면적의 20% 범위 내에서 보식(補植) 계획을 수립하며, 조림목의 생육 촉진을 위한 비료주기를 계획할 수 있다.

3 숲가꾸기

숲가꾸기는 풀베기, 어린나무가꾸기, 덩굴류제거, 가지치기, 무육솎아베기, 천연림보육, 천연림개량, 움싹갱신지보육 등으로 구분하며, 생태적으로 건전한 산림이 유지 · 증진될 수 있도록 계획한다.

4 임목생산

임목생산은 입목 처분과 직영 생산으로 구분하고, 매각 여부에 상관없이 이용 가능한 목재를 대상으로 벌채 계획을 수립한다. 벌채종은 모두베기, 산벌, 골라베기, 모수작업, 왜림작업, 수익솎아베기로 구분한다. 벌채율은 임 · 소반의 벌채 예정 구역 내 축적에 대한 벌채재적의 백분율로 기재하고, 벌채량은 계획기간 중 벌채 예정인 임 · 소반의 축적, 벌채종 및 잔존시켜야 할 부분의 재적을 고려하여 실제 벌채 예정 재적을 기재한다. 벌채면적은 갱신면적의 산정 및 향후 영급 구분을 위한 지침으로서 모두베기 면적을 기준으로 환산한다. 주벌임분의 선정은 임분의 공간 배치, 기타 다른 경영 목표 및 지역 여건에 따른 우선순위를 고려해 결정한다.

① 영급 및 임분급 구성

정해진 벌기령의 범위 안에서 임분급 단위마다 대략 영급별 면적이 같아지도록 함으로써 지속가능한 영급이 구성되도록 한다. 영급은 임분의 발전 가능성 및 이용 가능성에 대한 판단과 종합계획상 제시된 다양한 목표 달성(특히 수확조절) 여부를 가늠하는 데 사용된다. 영급은 10년 단위로 경영 단위의 주수종에 따라 구분한다.

영급구조 조정을 위해 수종 및 영급별 현실축적과 법정축적을 비교 · 분석하여 표로 나타내고, 현실축적이 법정축적에 도달할 수 있도록 적절한 숲가꾸기, 솎아베기, 벌채 등의 작업계획을 수립한다.

② 벌기령

벌기령은 특정 용도에 적합한 크기의 용재를 생산하는 데 필요한 임목의 연령을 기준으로 한다. 공익적 기능을 중시하는 임분에서는 벌기령이 개별 임분의 실제적인 이용 연령을 결정하지는 않으므로 수확시기의 결정은 기준벌기령을 감안하되 당해 임분의 양 · 질적 성장 여부를 판단해 결정할 수 있다. 수확조절을 위한 벌기령은 표 4-8과 같은 기준벌기령을 적용한다.

표 4-8 산림경영계획상의 기준벌기령(단위: 년)

구분	국유림	공 · 사유림 (기업경영림)	구분	국유림	공 · 사유림 (기업경영림)
소나무 (춘양목보호림단지)	60 (100)	40(30) (100)	편백	60	40(30)
잣나무	60	50(40)	기타 침엽수	60	40(30)
리기다소나무	30	25(20)	참나무류	60	40(20)
낙엽송	50	30(20)	포플러류	3	3
삼나무	50	30(30)	기타 활엽수	60	40(20)

㈜ 1) 펄프, 갱목, 표고 · 영지 · 천마 재배, 목공예, 숯, 목초액, 섬유판(fiber board), 산림바이오매스 에너지의 용도로 사용하고자 할 경우에는 일반기준벌기령 중 기업경영림의 기준벌기령을 적용한다. 다만 소나무의 경우에는 특수용도기준벌기령을 적용하지 않는다.

2) 불량림의 수종갱신을 위한 벌채, 피해목 · 옻나무 · 약용류(「임업진흥법 시행규칙」 별표 2에서 정한 약용류 중 약용을 목적으로 식재한 수목으로 한정함) 또는 지장목의 벌채와 임지생산능력급수 Ⅰ~Ⅲ급지 지역 리기다소나무 벌채의 경우에는 기준벌기령을 적용하지 않는다.

③ 수확조절

경영계획구 자체의 벌채량은 경영계획기간 중의 임목 총생산량을 고려해 정하되 영급구조 개선 등의 장기적인 목표에 맞게 탄력적으로 적용한다. 산림조사 및 단위사업계획을 바탕으로 경영계획구 전체에 대한 임목생산계획량이 지속가능한 산림경영을 위해 적절히 산정되었는지 검토한다. 표준벌채량은 경영계획기간 중의 임목생장량을 기준으로 정하되 산림 현황, 반출 시설, 노동력 등을 감안해 결정한다.

임목생장량의 적정성을 검토함에 있어 경영 목표의 달성을 위해 적기에 충분한 실행을 요하는 솎아베기를 우선하고, 총이용계획량 및 벌채계획면적이 지속가능한 수확량 및 벌채면적을 상회하지 않도록 한다. 수확조절 시 면적 위주로 임목생산량을 산정하는 일을 지양하고 현실영급이 법정영급 상태에 도달할 수 있도록 법정축적법을 적용한다. 표준벌채량은 현재 임분의 생장량을 기준으로 하되 현재의 임분축적과 법정축적을 고려해 산정하며 다음과 같은 하이어 공식을 적용한다(제3장 3·3·6 참조).

$$Y_a = cI_r + \frac{V_a - V_n}{a} \quad \cdots\cdots (4\cdot1)$$

식에서 Y_a: 표준벌채량, c: 조정계수(0.75 내외), I_r: 임분의 평균생장량, V_a: 현실축적, V_n: 법정축적, a: 갱정기(20~40년)

c는 생장량 조사의 오차와 미래의 불확실성 등을 고려하여 0.75 내외를 적용한다. I_r는 현지에서 조사하거나 국립산림과학원에서 발표한 자료를 활용할 수 있다. V_a는 조사한 자료를 이용하여 현실축적을 구하고, V_n은 수종별 영급, 평균수고, 평균경급 등을 참고하여 법정상태를 구한다. a는 현실영급을 법정영급 상태로 조정하는 데 걸리는 시간으로 20~40년을 적용한다. 이때 현실축적이 법정축적보다 적을 경우 표준벌채량은 임분의 평균생장량보다 적어져 임분축적이 증대한다. 반대로 현실축적이 법정축적보다 많을 경우에는 표준벌채량이 임분의 평균생장량보다 많아져 현재의 임분축적은 감소한다.

④ 공간 배치

산림의 공간 배치는 수확 대상 임분을 선정하는 데 중요한 의미가 있으며, 산림 구조의 안정화를 고려해야 한다. 예를 들어 벌채 임분을 선정할 때, 바람으로 인해 같은 임분 내 잔존목 또는 인섭 임분이 피해를 입지 않을지 등을 배려한다. 특히 임연부는 산림의 외피로서 산림 구조의 안정화, 생물종의 보호 및 경관 조성 등에 있어서 중요한 역할을 하므로 이에 대한 조사와 함께 필요한 조치 사항을 강구한다.

5 시설

임도는 임도설치기본계획(10년), 임도설치계획(5년) 및 관련 부서와의 협의 등에 따라 시설하고, 기존 시설지에 대한 구조개량사업과 보수사업을 반영한다. 구체적인 임도 노선은 실시단계에서 확정하며, 작업로 개설 등은 별도로 계획하지 않는다. 사방·사방댐 시설은 산사태위험지도 등을 참고하여 계획에 반영하고, 기타 시설은 지정 고시된 예정지에 시설하는 것을 원칙으로 한다.

6 소득사업

입지 여건 및 지역 특성에 따라 목재 생산 이외의 특정임산물 생산이 가능한 곳에 산림의 공익기능을 현저히 저해하지 않는 범위 안에서 산림소득사업을 계획할 수 있다. 세부 내역은 「국유림의 보호협약에 의한 임산물 양여지침」에 따른다.

7 산림생태계 및 산림 소생물권 관리

희귀 생물의 서식 공간인 특정 지역, 산림 내에 분포하는 습지 및 건조지, 노거수 및 가치 있는 노령 고사목, 희귀 야생동식물종, 임연부 및 산림 내 공지 등으로서 보호할 가치가 있는 지역은 특별 관리할 수 있도록 산림소생물권도면에 표시한다. 산림 소생물권의 조사 및 관리에 대한 세부적인 사항은 「자생식물 및 산림유전자원보호구역 관리요령」, 「산림습원 모니터링 매뉴얼」 등에 따른다.

4·2·5 경영계획서 작성

소반경영계획이 수립되면 경영계획구에 대한 종합적인 경영계획서(經營計劃書)를 작성한다. 국유림경영계획서는 다음의 순으로 작성한다.

① 최종심의서

최종심의서(最終審議書)는 국유림경영계획에 대한 산림조사부터 경영계획 수립까지 참여한 담당자 및 관계자의 심의 과정을 보여 주는 문서이며, 경영계획의 편성 기간과 최종심의 연월일, 산림조사 담당자, 경영계획 작성자, 경영계획구 경영팀장, 국유림관리소장, 지방산림청장의 서명이 들어간다.

② 일반현황

경영계획구에 대한 지리, 기상, 경영 연혁, 산림 개황, 지역사회의 요구 사항 등에 대한 현황을 파악하여 효율적인 산림경영을 위한 자료로 활용한다.

③ 산림구획

소반별로 작성한 경영계획부의 전체적인 현황을 열거하여 경영계획구 전체에 대한 산림구획 사항을 설명한다.

④ 산림현황

소반별로 작성한 경영계획부의 전체적인 현황을 열거하여 경영계획구 전체에 대한 산림 현황을 설명한다.

⑤ 전차기 경영계획 성과 분석

전차기 경영계획의 성과에 대한 분석은 각종 사업 및 운영에 관한 계획 대비 실적을 분석하여 목표 달성 여부를 진단하고, 목표에 미달한 분야는 주요 원인을 규명함으로써 보다 합리적으로 경영계획을 편성 · 운영해 나가는 데 의의가 있다.

⑥ 경영목표

생태계로서의 산림이 자연의 잠재력을 총체적으로 유지 및 발휘할 수 있도록 하며 산림을 자연 친화적인 산림관리 방식으로 경영하여 산림의 모든 기능이 최적으로 결합되도록 유도하는 총체적 목표를 설정하고 경영비전 및 미래자원 조성의 방향을 명시한다. 또한 총체적 목표를 구체화하는 주목표인 보호 기능, 임산물 생산 기능, 휴양 및 문화 기능, 고용 기능, 경영수지 개선 등에 대해 기술한다.

7 경영방침

산림의 안정성 · 적응성 · 다양성을 확보하는 동시에 지속성 및 경제성 원칙을 충족하도록 경영하며, 자연 친화적인 산림관리 방식을 적용하여 각종 위해에 저항성이 강하고 생태적으로 안정되고 경제성(임목생산)이 높은 산림 구조로 경영하는 내용으로 기본 방향을 서술한다. 기본 방향의 세부 방침으로 자연 친화적인 산림관리, 특수한 보호 기능의 유지, 목표임상 설정, 숲가꾸기 관리, 토양 보호, 산림 기능 제고 등에 대해 기술한다.

8 사업계획

① 사업계획총괄표

경영계획상 이루어지는 조림예정지정리, 조림, 숲가꾸기, 임목생산, 시설, 소득사업 등에 대해 사업계획(事業計劃)을 편성하고 기능별 사업계획량을 조사한다.

② 사업별 총괄계획

1) 조림예정지정리 계획: 미립목지, 산불 · 병해충 피해지, 수확벌채 적지, 복층림 조성을 위한 벌채지, 수종갱신 대상지 등을 조사하고 조림 방법에 따라 지존물의 정리 및 정리 방향 등을 계획한다.
2) 조림 계획: 인공 · 천연갱신을 구분하고 갱신 면적과 본수를 기록하며, 보식 및 비료주기 계획을 수립할 수 있다.
3) 숲가꾸기 계획: 풀베기, 어린나무가꾸기, 가지치기, 무육솎아베기, 천연림보육, 천연림개량, 움싹갱신지보육 등에 대한 사업계획량을 기록한다.
4) 임목생산 계획: 주벌과 수익솎아베기 계획으로 나누어 기록한다.
5) 시설 계획: 임도, 사방, 자연휴양림 시설 계획으로 나누어 작성한다.
6) 소득사업 계획: 임산물소득사업에 대한 계획을 작성한다.
7) 기타 사업계획: 상기 외의 사업계획이 있을 시 작성한다.

③ 수확조절

수확조절은 법정축적법을 채택해 관리하고 법정축적과 현실림의 축적 및 생장량을 조사하여 표준벌채량을 산출한다. 해당 경영계획구의 임 · 소반별 벌채 계획을 종합한 후, 현실축적을 증대하고자 할 때에는 표준벌채량을 임분의 평균생장량 이하로 조절하여 현실축적이 법정축적 상태에 도달하도록 유도한다.

9 재정계획

재정계획(財政計劃)은 경영계획 동안 실행하고자 하는 사업량에 대한 투자비, 임산물 생산 등을 통한 수입으로 구성되며, 투자비와 수입(예상)액을 비교 · 분석하여 경영 현황을 파악하고 투자의 효율성을 높이도록 한다.

① 부기 항목

산림경영에 소요되는 투자비와 수입액으로 구분해 작성한다. 투자비는 노무비와 일반경비로 나누고, 수입액은 임목 매각, 특정임산물 매각, 토지 수입, 시설운영 수익 등을 포함한다.

② 재정계획

투자비와 수입액을 대비할 수 있도록 표로 작성하되 목재생산림에 대한 투자비용과 수입액, 경영계획구 전체 투자비용에 대한 수입액으로 구분해 작성한다.

10 노동력수급 및 임업기계화 계획

① 노동력수급 계획

경영계획기간 동안 노동인력을 투입할 각종 사업량에 계획 수립 당년도의 평균작업공정을 적용하여 10년간 투입할 총노동인력을 산출하고, 총소요노동인력의 약 1/10(경영계획기간 내 연평균인력 산출 기초)을 연간소요노동인력으로 한다. 산림사업에 투입할 상시노동인력(임업기능인영림단)의 연간 작업일수를 약 240일로 추정하여 상시노동인력을 산출한다(연간소요노동인력÷240일=상시노동인력).

② 임업기계화 계획

사업계획과 임업기계장비 보유 현황 등을 분석하여 추가 보급 여부를 계획하고, 임업기계장비의 사용계획을 정하여 임업기계장비의 활용도를 높이도록 한다. 임업기계장비에 의한 산림작업 시 자연 친화적 · 생태적으로 수행되도록 계획한다.

11 경영계획 실행상 유의 사항

① 연차별 사업량 책정 방침

경영계획상 10년 동안의 사업계획을 연간 1할 내외로 배분하고, 당해 연도의 예산 사정 등을 감안하여 사업량을 책정한다.

② 사업 착수 우선순위

기본적으로 임분 여건상 시급을 요하는 개소를 우선 선정해 시행하되 산림유역 관리지역, 임도 주변 및 국도 가시권 지역 등을 타 지역보다 우선 실행한다. 사업별 우선순위는 보식, 풀베기, 덩굴류제거, 어린나무가꾸기, 무육솎아베기, 가지치기, 비료주기, 천연림보육, 움싹갱신지보육, 수확벌채, 조림의 순으로 하되 지역의 실정에 따라 사업 실행의 순위를 조정해 운영할 수 있다.

③ 기타 특별한 주의를 요하는 사항

사업 실행상 주의를 요하는 특별한 사항 등을 기록하여 사업이 적절하게 실행되도록 유도한다.

12 작업설명서

경영계획 작성 후 경영계획 편성자는 계획 수립의 추진 경과와 주의 사항 등을 기술하여 담당자의 변경 또는 차기 계획 수립 시 도움이 되도록 작업설명서(作業說明書)를 작성한다. 작업설명서에는 작업 추진 과정, 계획 수립의 기준, 경영 전망을 조명한 의견, 특별히 주의 또는 착안해야 할 사항 등을 기술한다. 또한 경영계획 수립에 있어서 미진했던 부분을 기록하여 차기 경영계획을 수립할 때 보완할 수 있도록 하고, 경영계획을 실행할 때 참고 자료로 활용하도록 한다.

13 첨부 자료

① 사업별 세부계획

조림예정지정리, 조림, 풀베기, 덩굴제거, 어린나무가꾸기, 가지치기, 무육솎아베기, 천연림보육, 천연림개량, 움싹갱신지보육, 임목생산, 임도와 사방 및 시설, 소득사업의 세부계획을 첨부한다.

② 경영계획부

소반별로 작성한 경영계획부를 첨부한다.

③ 도면

기존의 산림입지토양도, 임소반도, 맞춤형조림지도 등을 활용해 작성한 목표임상도 및 경영계획도, 소반별 6대 기능을 부여한 산림기능구분도, 임 · 소반위치도, 산림소생물권도면 등을 첨부한다.

4·2·6 도면

수립된 국유림경영계획을 효율적이고 체계적으로 운영하기 위해 각종 산림 정보를 지도로 표현해 사용하고 있다. 도면(圖面)으로는 위치도, 경영계획도, 목표임상도, 산림기능도 등을 제작해 활용하며, 축척은 1:25,000으로 한다. 최근에는 GIS를 이용하여 공간정보와 속성정보를 기록 · 관리하므로 도면을 보다 쉽게 작성 또는 수정할 수 있다.

1 위치도

위치도(位置圖)는 국유림을 경영 · 관리하기 위해 필요한 기본 정보를 표현한 도면으로 국 · 사 경계, 임 · 소반 구분, 임상, 영급, 소밀도, 임도 등을 범례로 작성한다.

2 경영계획도

경영계획도(經營計劃圖)는 경영계획에 따라 편성된 10년 계획을 표현한 도면으로 조림, 숲가꾸기, 임목생산, 시설, 소득사업 등의 정보가 담긴다.

1) 조림: 인공, 천연, 보식, 비료주기 계획 표시
2) 숲가꾸기: 풀베기, 덩굴류제거, 어린나무가꾸기, 가지치기, 무육솎아베기, 천연림보육, 천연

림개량, 움싹갱신지보육 등 계획 표시

3) 임목생산: 주벌, 수익솎아베기 계획 표시

4) 시설: 임도, 임도예정선, 사방지, 기타 시설(신규) 계획 표시

5) 소득사업, 제지, 미사업지, 산림 소생물권 위치 표시

3 목표임상도

목표임상도(目標林相圖)는 맞춤형조림지도와 현 임상을 종합적으로 고려하여 당해 임지에서 추구하는 바람직한 목표임상을 표현한 도면이다. 다음과 같이 분류한 수종 외에 포함하고자 하는 수종이 있을 경우 작성자의 판단에 따라 추가할 수 있다.

1) 침엽수: 낙엽송, 잣나무, 전나무, 소나무, 편백, 삼나무, 리기테다소나무, 스트로브잣나무, 곰솔(9종)

2) 활엽수: 자작나무, 벚나무, 참나무류, 물푸레나무, 느티나무, 음나무, 복자기, 고로쇠나무, 백합나무(9종)

3) 혼효림: 침엽수와 활엽수의 혼효(소나무와 참나무의 혼효 시 '소 · 참', 잣나무와 벚나무의 혼효 시 '잣 · 벚'으로 표시)

4 산림기능도

산림기능도(山林機能圖)는 산림을 6대 기능으로 구분하고 각 기능이 최대한 발휘되도록 유도하여 국유림을 보다 효율적으로 관리하기 위한 도면이다. 법정 기능을 약어로 표시하고, 산림경영 관리상 필요에 따라 구분되는 기능은 기타로 표기한다.

4·3 공 · 사유림경영계획

공 · 사유림경영계획(公 · 私有林經營計劃) 역시 국유림경영계획에서 정하는 기본적인 목표 및 방법과 큰 차이는 없다. 다만 산림경영과 관련한 소유자의 희망에 따라 세부적인 계획을 수립하고 해당 시장 · 군수 · 구청장에게 경영계획 인가를 받아야 한다. 또한 시장 · 군수 · 구청장과 산림소유자는 산림경영계획의 실행 상황을 산림경영계획서의 실행란에 기록해야 하며, 시 · 군 · 구 행정정보시스템에 지체 없이 입력하여 실행 상황이 실시간으로 파악될 수 있도록 해야 한다.

4·3·1 산림구획

1 경영계획구

공유림경영계획구는 경영계획 앞에 시 · 도, 시 · 군 · 구 또는 공공단체의 명칭을 붙인다.

다만 2개 이상의 경영계획구로 구분할 때에는 시 · 도, 시 · 군 · 구 또는 공공단체의 명칭 앞에 각각의 지역명을 붙인다. 사유림의 일반경영계획구, 협업경영계획구, 기업경영림계획구는 앞에 산림소유자명, 협업체명 또는 기업체명을 붙인다. 다만 2개 이상의 경영계획구로 구분할 때에는 산림소유자명, 협업체명 또는 법인체명 앞에 각각의 지역명을 붙인다.

2 임반과 소반

임반과 소반의 구획 기준은 국유림경영계획의 임 · 소반 구획 기준을 준용한다.

4·3·2 조사 방침

1 산림현황

① 소유자

산림소유자의 성명 또는 기관(단체)명을 기재한다.

② 산림소재지

경영계획 편성지의 시 · 군 · 구, 읍 · 면 · 동, 리까지 기재한다.

③ 지번

경영계획 편성지의 지번(地番)을 기재한다.

④ 임반

임반구획 현황 및 번호를 기재한다.

⑤ 소반

소반구획 현황 및 번호를 기재한다.

⑥ 면적

헥타르 단위 정수로 기록하며, 필요한 경우 소수점 아래 첫째 자리까지 기재할 수 있다.

⑦ 산지구분

「산지관리법」 제4조에 따라 산지의 구분을 기재하여 산지의 합리적인 보전과 이용에 부합하도록 한다.

⑧ 경사도

구획한 임지의 주 경사도를 보고 다섯 단계로 경사도를 구분한다(표 4-2 참조).

2 임황조사

경영계획구에 대한 수종 및 임령, 수고, 경급, 축적 등 산림경영 여건을 정확히 판단할 수 있는 조사를 실시해야 한다. 다만 사유림 소유자가 직접 작성하는 경우에는 「임업진흥법」 제29조의2에 따라 설립된 한국임업진흥원에서 제공하는 임황 정보나 「산림기술 진흥 및 관리에 관한 법률」(약칭 산림기술법) 제8조에 따른 산림기술자가 설계 · 감리하여 시행한 숲가꾸기 등의 산림사업 정보를 활용할 수 있으며, 임목생산을 위한 벌채가 아닌 숲가꾸기 단계는 축적 조사와 기재를 생략할 수 있다.

① 수종

주요 수종의 수종명, 혼효림일 경우에는 5종까지 기재할 수 있다.

② 임령

인공조림지는 조림연도의 묘령을 기준으로 임령을 산정하고, 그 밖에 임령 식별이 불분명한 임지는 생장추를 직접 뚫어 임령을 산정하되 임분의 최저 및 최고 수령을 분모로, 평균 수령을 분자로 표시한다(예 18/20~30).

③ 수고

임분 수고의 최저 · 최고 · 평균을 측정하여 임분 수고의 범위를 분모로, 평균수고를 분자로 표시한다(예 15/10~20).

④ 경급

입목 흉고직경의 최저 · 최고 · 평균을 2cm 단위로 측정하여 흉고직경의 범위를 분모로, 평균흉고직경을 분자로 표시한다(예 20/14~26).

⑤ 총축적

전수조사 시에는 소반 내 모든 입목의 흉고직경과 수고를 측정하고 수종별 입목수간재적표를 이용하여 개체목의 단목재적을 구한 후 전체 재적을 산출한다. 표준지조사 시에는 산림(소반) 내 평균 임상인 개소에서 1개 표준지 면적을 최소 0.04ha(사각형 20m×20m, 10m×40m 또는 반지름 11.3m 원형 표준지)로 하여 표준지 내에서 측정한 입목의 평균흉고직경과 평균수고를 통해 표준지 내 재적을 구한 후 이를 기준으로 전체 재적을 산출한다. 측정 대상은 흉고직경 6cm 이상의 입목으로 하며, 흉고직경은 2cm 괄약을, 수고는 1m 괄약을 적용한다. 표준지조사의 경우 표준지 면적은 산림(소반) 면적의 2%(인공조림지로서 조림연도와 수종이 같은 경우에는 1%) 이상으로 한다. 다만 동일 임분은 연접 소반의 조사 자료를 활용할 수 있다.

4·3·3 경영계획 수립

산림경영계획은 임황조사 결과를 토대로 산림의 당해 여건에 맞게 작성해야 하며, 「지속가능한 산림자원 관리지침」에 적합해야 한다.

1 경영목표

이해하기 쉽도록 벌기령과 수확 대상을 구체적으로 기재한다(예 소나무를 60년 벌기령으로 우량 대경재 생산).

2 중점사업

이해하기 쉽도록 계획기간 동안의 중점 사업의 내용을 기재한다(예 가지치기, 무육솎아베기 등 숲가꾸기 작업 집중 실시).

3 조림

연도별 · 수종별로 조림 면적과 본수를 기재한다. 조림 사유는 산불 피해지, 조림 실패지, 벌채 수확 등으로 기재한다.

4 숲가꾸기

연도별로 종별에 풀베기, 어린나무가꾸기, 천연림가꾸기, 가지치기, 덩굴류제거, 솎아베기 등을 기재한 후 종별 숲가꾸기의 면적을 기재한다.

5 임목생산

임목생산의 사업종으로 간벌, 주벌, 굴취, 피해목벌채, 지장목벌채, 수종갱신벌채, 숲가꾸기벌채를 기재한다. 다만 숲가꾸기를 위한 벌채는 임목을 생산할 경우에만 기재한다. 작업종이 주벌인 경우 모두베기, 모수작업, 골라베기, 왜림작업 등으로 구분해 기재하고, 굴취인 경우에는 재적란에 본수를 기재한다.

6 시설

종별에 임도, 운재로, 작업로 등을 기재하고, 시설할 개소수 및 사업량(km)을 기재한다.

7 소득사업

「임업진흥법 시행규칙」 별표 2에서 정한 품목명(표 8-8 참조)을 기재하고, 작업종에는 식재, 가꾸기, 채취 등을 기재하며, 품목 · 작업종에 맞는 단위로 사업량을 기재한다(ha 또는 본: 밤나무 · 조경수 · 분재소재 식재 등, kg: 밤 · 표고 · 송이 · 고사리 · 취나물 · 삼지구엽초 · 산수유 채취 등, L: 수액 채취 등).

4·3·4 경영계획서 작성 사례

산림경영계획 (변경)인가 신청서에는 「공 · 사유림 경영계획 작성 및 운영 요령」 별지 제1호 및 제2호 서식에 따라 산림경영계획서 및 경영계획도를 작성해 첨부한다. 서식에 따른 작성 예시(사유림)를 그림 4-2~4-4로 제시하였다. 경영계획도는 축척 1:5,000 또는 1:6,000 지형도에 임 · 소반, 임상, 영급, 소밀도, 사업 위치 등을 표시한다. 예시를 참조하여 선, 색 등은 자율적으로 정하여 알기 쉽게 그린다. 경영계획도에는 작성 연월일, 행정구역계, 임 · 소반계, 하천, 방위, 면적, 임상, 영급, 축적, 소밀도, 임도, 도로, 주벌, 간벌, 조림, 소생물권 등을 표시하되 추가할 사항은 작성자의 판단에 따른다.

연습문제 ▮

1. 우리나라의 산림경영계획 체계에 대해 설명하시오.
2. 산림기본계획에 포함해야 할 사항에 대해 설명하시오.
3. 국유림 경영 목표의 실현을 위한 전제조건에 대해 설명하시오.
4. 국유림경영계획의 주목표와 우선순위 결정에 대해 설명하시오.
5. 산림경영계획 수립을 위한 산림구획에 대해 설명하시오.
6. 국유림경영계획을 위한 지황 및 임황 조사에 대해 설명하시오.
7. 산림 기능의 구분에 대해 설명하시오.
8. 산림경영계획 수립을 위한 주요 사업계획에 대해 설명하시오.
9. 기준벌기령에 대해 설명하시오.
10. 국유림경영계획과 공 · 사유림경영계획을 비교해 설명하시오.

참고문헌 ▮

1. 국가법령정보센터. law.go.kr. 법제처.
2. 산림청. 2018. 공 · 사유림 경영계획 작성 및 운영 요령.
3. 산림청. 2019. 공 · 사유림 경영계획 작성 업무편람.
4. 산림청. 2021. 국유림경영계획 작성 참고자료.
5. 산림청. 2022. 국 · 공 · 사유림 통합 시 · 군 산림계획 가이드라인 개발.
6. 산림청. 2023. 국유림경영계획 작성 및 운영요령.
7. 산림청. 2025. 제6차 산림기본계획(변경).
8. 산림청. 2025. 공 · 사유림 경영계획 작성 및 운영요령.
9. 우종춘, 김세빈, 김형호 외. 2017. 신고 산림경영학. 향문사.

산림경영계획서

□ 경영계획 개요

<table>
<tr><td>경영계획구
명칭 및 면적</td><td colspan="4">김○○ 일반경영계획구 12.94ha</td><td>경영계획
기 간</td><td>2010. 01. 01.
~ 2019. 12. 31.</td></tr>
<tr><td>산림소유자</td><td>성명</td><td colspan="2">김○○</td><td>주민등록
번호 5xxxxx-1xxxxxx</td><td>주 소</td><td>공주시 옥룡동 xxx
전화: 010-1234-xxxx</td></tr>
<tr><td>작 성 자</td><td>성명</td><td colspan="2">박○○ (서명 또는 인)</td><td>자격증번호 8-xxx</td><td>주 소</td><td>공주시 산림조합
전화: 041-881-xxxx</td></tr>
<tr><td>인가사항</td><td colspan="2">담당자</td><td colspan="2">산림녹지과 녹지7급 이○○</td><td>인가일자</td><td>2009년 12월 25일</td></tr>
<tr><td rowspan="2">변경인가</td><td colspan="2">담당자</td><td colspan="2"></td><td>인가일자</td><td>년 월 일</td></tr>
<tr><td colspan="2">변경사항</td><td colspan="4"></td></tr>
<tr><td colspan="7">〈구비서류〉 경영계획도</td></tr>
</table>

□ 산림현황

①소유자	②산림소재지	③지번	④임반	⑤소반	⑥면적(ha)	⑦산지구분	⑧경사도
김○○	의당면 유계리	산69-1	1	1	1.00	준보전산지	절 · 험
				2	1.74	준보전산지	완
				3	5.70	준보전산지	경
				4	4.50	준보전산지	완

□ 임황조사

지번	임반	소반	⑨수종	⑩임령	⑪수고(m)	⑫경급(cm)	⑬총축적(m^3)
산69-1	1	1	리기다(90) 활잡(10)	26/15~31	8/5~11	14/6~16	63
		2	리기다(90) 낙엽송(5) 활잡(5)	26/15~31	7/5~12	12/6~16	75
		3	리기다(85) 활잡(15)	26/15~31	8/5~12	14/6~20	334
		4	밤나무	8/4~8	-	-	-

그림 4-2 산림경영계획서 작성 예시

□ 경영계획 및 실행실적

⑭경영목표	○ 25년 벌기령 리기다소나무 갱신을 통한 경제림 육성 ○ 밤나무 관리를 통한 소득 증대로 경제림 육성에 필요한 재원 확보
⑮중점사업	○ 리기다소나무 갱신 및 경제수 조림육림 ○ 밤나무림 비배관리를 통한 산림소득 증대

	지번	임반	소반	계획					실행				
				연도별	수종별	면적(ha)	본수(본)	조림 사유	연도별	수종별	면적(ha)	본수(본)	조림 사유
⑯ 조림	산69-1	1	3(1)	'11	상수리	1.90	5,700	갱신지 조림	'11	상수리	1.90	5,700	갱신지 조림
			3(2)	'12	상수리	1.90	5,700	갱신지 조림	'12	상수리	1.90	5,700	갱신지 조림
			3(3)	'13	상수리	1.90	5,700	갱신지 조림	'13	상수리	1.90	5,700	갱신지 조림

	지번	임반	소반	계획				실행			
				연도별	종별	면적(ha)	비고	연도별	종별	면적(ha)	비고
⑰ 숲가꾸기	산69-1	1	1	'10	솎아베기(무간)	1.00	우량활잡 육성	'13	솎아베기(무간)	1.00	우량활잡 육성
			3(1)	'11~'12	풀베기	1.90(5.70)		'11~'13	풀베기	1.90(5.70)	
				'18	어린나무가꾸기	1.90					
			3(2)	'12~'14	풀베기	1.90(5.70)		'12~'13	풀베기	1.90(3.80)	
				'19	어린나무가꾸기	1.90					
			3(3)	'13~'15	풀베기	1.90	'17 어린나무 가꾸기(1.90)	'13	풀베기	1.90	
			4	'10~'19	풀베기 비료주기	4.50	밤나무 임지 관리	'12~'12	풀베기 비료주기	4.50	밤나무 임지 관리

	지번	임반	소반	계획						실행					
				연도별	사업 종별	작업 종별	수종	면적 (ha)	재적(m^3) (본수)	연도별	사업 종별	작업 종별	수종	면적 (ha)	재적(m^3) (본수)
⑱ 임목생산	산69-1	1	3(1)	'10	주벌	모두베기	리기다 활잡	1.90	110	'07	주벌	모두베기	리기다 활잡	1.90	113.20
			3(2)	'11	주벌	모두베기	리기다 활잡	1.90	111	'08	주벌	모두베기	리기다 활잡	1.90	114.50
			3(3)	'12	주벌	모두베기	리기다 활잡	1.90	113	'09	주벌	모두베기	리기다 활잡	1.90	113.70

	지번	임반	소반	계획				실행			
				연도별	종별	개소수	사업량(km)	연도별	종별	개소수	사업량(km)
⑲ 시설	산69-1	1	3(1)	'10	운재로	1	0.55	'10	운재로	1	0.55
			3(2)	'11	운재로	1	0.78	'11	운재로	1	0.78
			3(3)	'12	운재로	1	0.75	'12	운재로	1	0.75

	지번	임반	소반	계획				실행			
				연도별	품목	작업종	사업량(kg)	연도별	품목	작업종	사업량(kg)
⑳ 소득사업	산69-1	1	4	'10~'19	밤	밤수확	6,700	'10~'13	밤	밤수확	6,700 (26,800)

그림 4-3 산림경영계획서 작성 예시(계속)

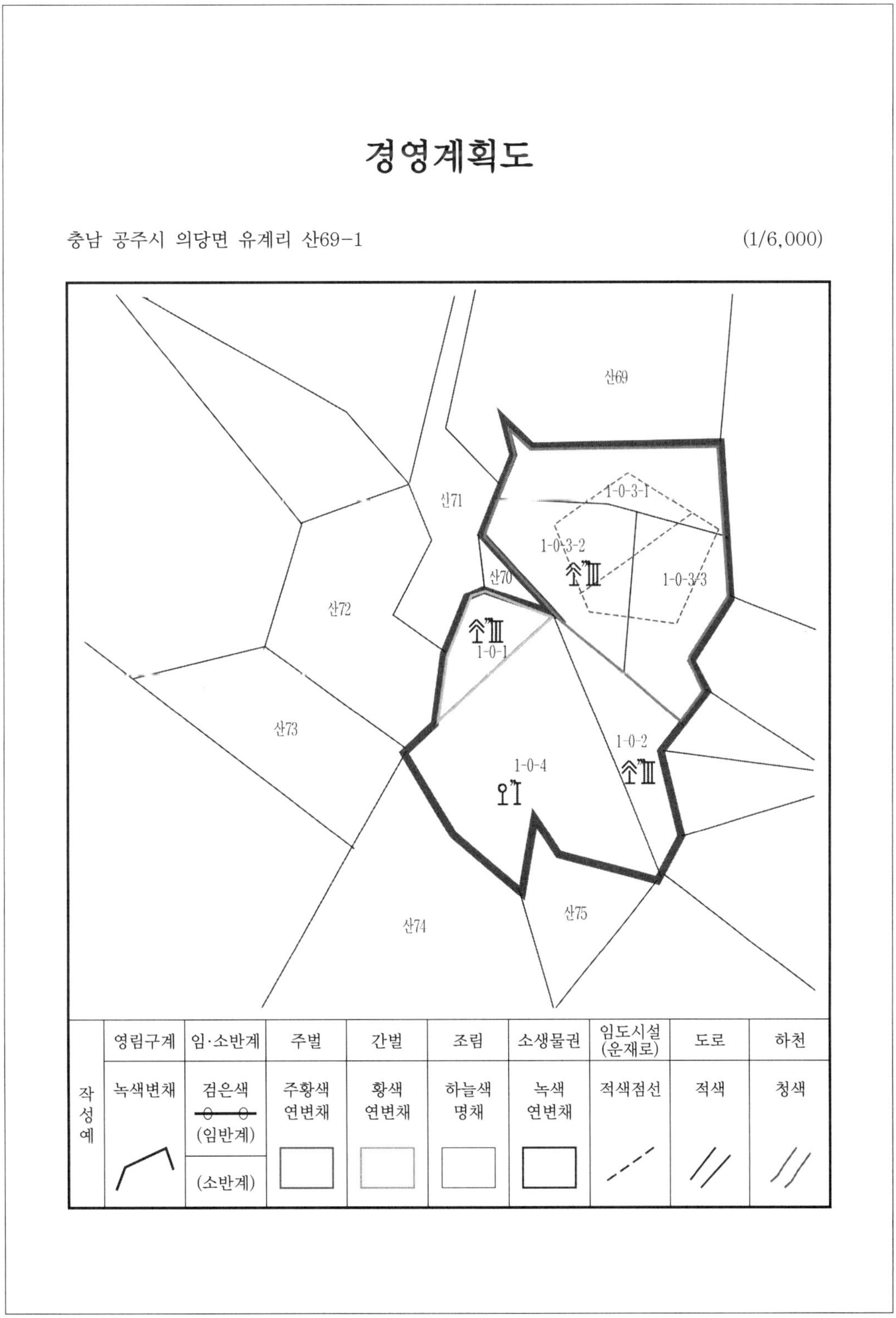

그림 4-4 경영계획도 작성 예시

제5장 산림경영정보시스템

5·1 산림경영정보시스템 개요

지속가능한 산림경영은 목재 생산뿐만 아니라 생태적 및 사회적 측면의 다양한 산림 기능을 발휘하고 유지하는 일을 의미하며, 이러한 산림경영의 이행을 위해서는 시계열 정보와 공간정보를 동시에 고려할 수 있는 공간정보시스템의 활용이 필요하다. 특히 산림은 광역에 걸쳐 다양한 수종, 임령, 밀도 등으로 구성되어 분포하고 복잡한 지형과 환경 특성을 가지고 있다. 이를 효과적으로 관리하기 위한 공간정보시스템 기술인 지리정보시스템(geographic information system, GIS)과 원격탐사(remote sensing)가 산림경영에서 중요한 요소로 자리 잡고 있다.

GIS는 산림과 산림을 둘러싼 환경 정보를 디지털화해 수집하고, 객관적이고 효율적인 분석 · 시각화를 가능하게 함으로써 산림경영자가 합리적인 의사결정을 하는 데 도움을 준다. 원격탐사기술을 활용하면 광역의 지대를 주기적으로 모니터링할 수 있어 산림의 과거부터 현재까지의 변화 및 현재 상황을 파악하기가 용이하다.

공간정보기술을 선형계획모델이나 머신러닝모델과 같은 수학적 모델과 조합함으로써 시공간적 정보를 동시에 고려하는 의사결정도 가능해졌다. 공간정보를 접목한 의사결정지원시스템은 지속가능한 산림경영을 수행하는 데 기반이 되고 있으며, 산림경영계획 수립의 지원을 비롯해 환경영향평가, 산림생태계 모니터링 및 재해 관리 등 각종 분야에서 활용되고 있다.

이 장에서는 국가기관에서 제공하는 산림환경 분야 공간정보시스템의 종류와 특징을 살펴보고, 이들 시스템의 핵심 요소인 GIS와 원격탐사기술의 기본 개념부터 산림경영 분야에서의 응용 사례까지 알아본다.

5·2 산림 분야 공간정보시스템

5·2·1 산림경영이음

산림경영이음(e-um.forest.go.kr)은 산림경영 · 자원 수집관리 시스템으로, 산림부문 온실가스 흡수량 이행실적의 관리를 지원하기 위해 국 · 공 · 사유림의 산림경영 및 자원조사 활용 자료를 수집 · 관리하는 시스템이다. 산림경영 자료는 조림, 숲가꾸기, 벌채 인허가, 임도, 사방, 치유의 숲, 산불방지 안전공간, 병해충 방제 등으로 구성되어 있으며, 산림자원조사 자료는 국가산림자원조사, 임상도 조사, 산불피해지 조사 등으로 구성되어 있다. 산림경영이음의 정보는 산림병해충방제정보시스템을 비롯해 산림임업통계플랫폼, 국유림관리시스템, 산지전용통합정보시스템, 산사태정보시스템 등과 연계되어 활용되고 있다.

5·2·2 산지정보시스템

산지정보시스템(forestland.go.kr)은 산림에 대한 종합적인 정보를 제공하는 대국민 서비스로, 효율적인 산지관리 기반을 구축하는 데 목적이 있다. 산지정보시스템에서는 산지정보조회를 통해 해당 산지의 소재지, 면적, 지목 정보를 파악할 수 있으며, 산지구분도를 기반으로 해당 지역에 대한 보전산지(공익용산지, 임업용산지) 또는 준보전산지 구분 및 면적 정보가 제공된다.

5·2·3 산사태정보시스템

산사태정보시스템(sansatai.forest.go.kr)은 산사태예측정보와 함께 실시간 산사태위험도를 제공하는 서비스이다. 산사태예측정보에서는 강우 분포와 지질 특성을 기준으로 전국을 권역으로 구분하고, 과거 산사태 발생 이력을 기반으로 토양함수지수(토양 내 빗물의 양)를 산출하여 예측정보를 제공한다. 권역별 토양함수지수가 80%에 도달하면 주의보가 발령되고, 100%에 도달하면 경보가 발령된다. 실시간 산사태위험도에서는 공간정보로 구축된 지도에 실시간 강우 상황을 반영하여 행정구역 및 유역별 산사태 위험 정보를 실시간으로 제공한다. 산사태위험도는 위험등급인 1~5등급으로 나뉘며 유역, 동 · 리, 읍 · 면 · 동, 시 · 군 · 구 단위에서 네 단계의 위험도(매우 높음, 높음, 다소 높음, 낮음)로 표출한다.

5·2·4 국가산불위험예보시스템

국가산불위험예보시스템(forestfire.nifos.go.kr)은 전국 각 지역의 지형 조건, 산림 상황, 그리고 기상청 예보를 바탕으로 기온, 습도, 풍속 등의 기상 조건을 실시간으로 종합 · 분석하여 산불 발생 위험이 높은 지역을 예측하고 예보하는 시스템이다. 이 시스템에서는 산불위험지수, 산불위험등급, 대형산불위험예보, 산불위험통계 및 과거 자료 등을 제공하고 있다. 국가산불위험예보시스템의 산불위험지수는, 산불 발생과 연관성이 높다고 밝혀진 시계열 기상 자료와 산불 발생 유무를 나타내는 변수를 이용하여 국립산림과학원에서 개발한 로지스틱 회귀모델에 의해 결정된다. 산불위험지수를 바탕으로 산불위험등급을 매우 높음, 높음, 다소 높음, 낮음 등 네 단계로 구분해 나타내고 있다.

5·2·5 산림공간정보시스템

산림공간정보시스템(Forest Geospatial Information System, FGIS; fgis.forest.go.kr)은 토양, 임상, 표고 등 산림의 각종 속성정보와 위치정보를 항공사진, 위성영상, 행정정보와 통합해 운영하는 공간정보서비스이다. 「산림자원법」 제33조, 「국가공간정보에 관한 법률」 제6조, 「산림기본법」 제25조, 「산림청 정보화업무 운영 및 관리 규정」 제7조에 의거하여 2005년 「제3차 국가GIS기본계획」(2006~2010년)이 수립됨에 따라 기존의 도면과 대장 기반의 데이터를 디지털화하고 공간정보 기반의 산림서비스로 전환해 운용하고 있다. 공간정보로는 임상도, 산림입지토양도, 산지구분도, 임도망도, 백두대간보호지역도, 산사태위험지도, 맞춤형조림지도 등을 제공한다. 주제도 외에도 과거 항공사진 검색, 산림명소 찾기, 산림행정기관 위치 찾기 등의 지도 서비스를 함께 제공하고 있다.

1 임상도

임상도는 우리나라 국토의 산림이 어떻게 분포하는가를 보여 주는 대표적인 산림지도로, 각종 산림사업과 국토 이용, 보전, 환경 등 여러 분야에서 중요한 기반 자료로 활용되고 있다. 산림 기본통계 산출, 산지재해 예방, 기후변화협약 대응을 위한 국가 차원의 산림통계 기반 구축에 핵심적인 역할을 하며 임종, 임상, 수종, 경급, 영급, 수관밀도, 임분고 등 다양한 속성정보를 포함하고 있는 주요 주제도이다. 임상도는 「산림자원법」 제8조의2, 「산림자원법 시행규칙」 제3조의3에 의거해 작성되고 있으며, 1972~1974년 1차 임상도(1:25,000)가 구축된 이래로 발전을 거듭하여 현재는 대축척 임상도(1:5,000)를 제공하고 있다.

그림 5-1 임상도 제작 과정의 변천

소축척 임상도는 1972년 1차 임상도 구축을 시작으로 3차 임상도까지 임상, 영급, 경급, 소밀도의 정보를 제공하였다. 4차 임상도에서는 임종, 수종 정보가 추가되었으며, 5차 임상도는 4차 임상도와 동일한 방식으로 구축되었다. 대축척 임상도부터는 공간해상도의 개선과 함께 기존보다 더 많은 수종 정보(2차 현행화 기준 총 52개 수종)가 포함되었다.

2015년부터 대축척 임상도를 기반으로 전국을 5개 구역으로 분할하여 현행화 사업을 수행하고 있으며, 현행화 사업은 1년마다 1개 구역을 자연적 변화지, 4개 구역을 인위적 변화지로 설정하고 있다. 이러한 과정을 통해 전국의 산림 정보를 5년 주기로 갱신하고 있다.

표 5-1 임상도 구축 과정

<table>
<tr><th>축척</th><th>구축 기간</th><th>속성정보</th></tr>
<tr><td rowspan="5">1:25,000</td><td>1차 1972~1974년</td><td rowspan="3">임상, 영급, 경급, 소밀도</td></tr>
<tr><td>2차 1978~1980년</td></tr>
<tr><td>3차 1986~1992년</td></tr>
<tr><td>4차 1996~2005년</td><td rowspan="2">임종, 임상, 수종, 영급, 경급, 소밀도</td></tr>
<tr><td>5차 2006~2010년</td></tr>
<tr><td rowspan="3">1:5,000</td><td>1차 2009~2013년</td><td>산림/비산림, 임종, 임상, 수종, 영급, 경급, 소밀도</td></tr>
<tr><td>1차 현행화 2015~2019년</td><td rowspan="2">산림/비산림, 임종, 임상, 수종, 영급, 경급, 소밀도, 임분고</td></tr>
<tr><td>2차 현행화 2020~2024년</td></tr>
</table>

2 산림입지토양도

산림입지토양도는 산림경영, 산지관리, 환경영향평가 등에 필요한 입지 환경과 토양 환경에 대해 작도 단위인 토양형을 구획 단위로 조사 및 분석하여 지도로 나타낸 산림주제도이다.

1974년 「제1차 치산녹화 10개년 계획」이 수립되면서 조림사업의 성과를 극대화하기 위해 1976년 전국 산림의 임지생산능력급수를 도면화한 간이산림토양도(1:25,000)가 처음 발간되었다. 이후 2003년 산림자원의 과학적이고 효율적인 관리를 위한 산림지리정보시스템 구축 사업의 일환으로 1:25,000 산림입지도가 보급되었다. 2007년 국토의 효율적 이용과 관리를 위한 국정과제로서 국가공간정보체계구축사업이 본격화하면서 이와 연계하기 위한 산림기본공간정보의 하나로 1:5,000 축척의 산림입지도 제작사업이 2009년부터 시작되었으며, 2011년부터는 산림입지토양도로 개정해 사용하고 있다.

1:25,000 산림입지도가 산림정책 수립을 위한 기초 자료로 만들어졌다면 1:5,000 산림입지토양도는 수요자 중심의 필지 단위 입지·토양 정보 제공이 주요 목적이라고 할 수 있다. 1:5,000 산림입지토양도의 제작은 기초 자료 수집 및 분석 → 개황조사 → 잠정 산림토양 경계구획 → 표준지 분석 및 선정 → 현지조사 및 확인 → 산림입지토양도 제작의 과정을 거쳤다.

③ 산지구분도

산지구분도는 「산지관리법」 제4조에 따라 산지의 합리적인 보전과 이용을 위해 전국의 산지를 보전산지와 준보전산지로 구분한 산림주제도이다. 1:5,000과 1:25,000 축척으로 정보를 제공하고 있으며 1:5,000 축척의 주제도는 지적 정보와 산지 구분 정보를 중첩해 보여준다. 산지구분도의 보전산지는 임업용산지와 공익용산지로 구분하며, 준보전산지는 보전산지 이외의 산지로 정의한다(표 5-2 참조).

표 5-2 보전산지 및 준보전산지의 정의

산지 구분		정의	지정 대상
보전산지	임업용 산지	산림자원의 조성과 임업경영 기반의 구축 등 임업생산 기능의 증진을 위해 필요한 산지	채종림, 시험림, 보전국유림, 임업진흥권역 등
	공익용 산지	임업생산과 함께 재해 방지, 수원 보호, 자연생태계 보전, 산지경관 보전, 국민 보건휴양 증진 등의 공익기능을 위해 필요한 산지	자연휴양림, 백두대간보호지역, 산림보호구역, 생태·경관보전지역, 야생동식물보호구역, 개발제한구역 등
준보전산지		보전산지 이외의 산지	

④ 임도망도

전국 임도 관련 업무는 산림청 산림산업정책국 목재산업과에서 총괄하고 있으며, 국유임도는 산림청 산하 5개 지방산림청에서 해당 지역별 업무를 총괄한다. 임도망도는 전국 산림에 분포하는 임도 가운데 국유임도를 중심으로 1999년 1차 구축되었다. 최근에는 GPS 장비를 활용하여 보다 정확한 임도망도를 구축하고 있다. 임도망도는 국·사유 임도의 구분, 시공연도, 시설거리, 구역 및 시설물 현황 등의 정보를 제공한다.

⑤ 백두대간보호지역도

백두대간이란 백두산에서 금강산을 거쳐 지리산까지 이어지는 큰 산줄기를 말한다. 백두대간보호지역도는 「백두대간 보호에 관한 법률」 제6조에 따라 보호되는 지역을 나타낸 산림주제도이며, 핵심구역과 완충구역으로 구분한다. 핵심구역은 백두대간의 능선을 중심으로 특별히 보호하고자 하는 지역을 의미하며, 완충구역은 핵심구역과 맞닿은 지역으로 핵심구역의 보호상 필요한 지역을 의미한다.

⑥ 산사태위험지도

산사태위험지도는 산사태 발생 위험이 높은 지역을 등급으로 표현한 산림주제도이다. 산사태위험도는 과거 전국 산림의 산사태 발생이력 자료를 활용하여 로지스틱 회귀분석을 통해 인자별 영향력에 따라 가중치를 부여하고 산사태 발생 확률을 산출하여 다섯 등급으로 구분한다. 산사태위험도 산출을 위해 임상, 경급, 사면경사, 사면방위, 사면길이, 사면곡률, 모암, 토심, 지형습윤지수 등의 정보를 활용하며, 산사태위험도는 1등급(매우 높음), 2등급(높음), 3등급(보통), 4등급(낮음), 5등급(매우 낮음)으로 구분한다.

7 맞춤형조림지도

1:5,000 맞춤형조림지도는 지역별 토양, 기후, 지형 조건을 종합·분석하여 지역에 알맞은 조림수종을 나타낸 산림주제도이다. 1:25,000 맞춤형조림지도는 수종이 단순하고 대면적 구획이어서 산림정책 자료로 활용 가능하며, 1:5,000 맞춤형조림지도는 수종 분포가 다양하고 소면적으로 구획되어 현장 자료로 활용이 가능하다. 맞춤형조림지도의 표준 공정은 기초 자료 수집 및 분석→수고 판독 및 지위 선정→임지생산력 추정식 개발→현지 확인→적지 판정 및 적수 선정→맞춤형조림지도 제작으로 이루어진다.

8 산림물지도

산림물지도는 산림의 토양, 모암, 지형, 임분 조건에 따라 산림토양의 수분 보유 특성을 평가하고 예측하여 수원 함양 기능을 수치로 나타낸 지도이다. 제작 과정은 기초 자료 수집 및 계획조사→표준조사지 분석 및 선정→현지조사 및 시료 채취→실내분석 및 평가→산림물지도 제작으로 이루어진다. 산림물지도를 이용하여 수원함양기능 분포지도, 수원함양 우수산림 분포지도, 수원함양 숲가꾸기 적지지도, 산림토양 유효수분량 분포지도, 산림토양 수분특성 변화지도, 토양수분포화 취약성 지도와 같은 응용 지도를 구축할 수 있다.

수원함양 우수산림 분포지도는 산림의 수원 함양 기능의 우수성을 1등급(매우 우수)부터 5등급(미흡)으로 구분하며, 수원함양림 적정 배치, 산림유역 관리 고도화, 산림기능구분도 개선, 기능별 산림관리 강화 등을 위해 활용할 수 있다. 또한 산림토양 수분특성 변화지도는 건조 특성을 1등급(매우 취약)부터 5등급(매우 양호)으로 구분하며, 산불위험 예방, 산림유역 가뭄지수 개발, 기후변화 취약수종 관리 및 산림생태계 보전관리 강화 등을 위해 활용이 가능하다. 토양수분포화 취약성 지도는 적은 양의 비가 내려도 산림토양이 수분포화상태에 쉽게 도달하는지를 1등급(매우 취약)부터 5등급(매우 양호)의 취약성 지표로 나타내며, 산사태 예방과 산지 돌발홍수 예측 등을 위해 사용된다.

5·2·6 타 부처 공간정보시스템

1 기후에너지환경부 환경공간정보서비스

기후에너지환경부에서 제공하고 있는 환경공간정보서비스(Environmental Geographic Information Service, EGIS; aid.mcee.go.kr)는 「자연환경보전법」 제34조와 「토지이용규제 기본법」 제5조에 의거하여 토지피복지도, 환경주제도, 토지이용규제지역 · 지구도 등을 제공하고 있으며, 산림 분야에서 활용할 수 있는 대표적인 공간주제도로는 토지피복지도와 생태자연도가 있다.

① 토지피복지도

토지피복지도는 지구 표면의 지형지물을 일정한 과학적 기준에 따라 분류하고 동질의 특성을 지닌 구역을 동일한 색상으로 구분하여 지도의 형태로 표현한 공간주제도이다. 토지피복지도는 자료의 공간해상도에 따라 대분류(30m), 중분류(5m), 세분류(1m)로 나뉜다. 대분류 토지피복지도는 랜드샛(Landsat) TM 위성영상을 기반으로 영상분류기법을 적용해 구축하며 시가화건조지역, 농업지역, 산림지역, 초지, 습지, 나지, 수역 등 7가지 항목으로 구분한다. 중분류 토지피복지도는 랜드샛 TM, 스폿(SPOT) 5호, 아리랑 2호 위성영상 등을 기반으로 영상분류기법과 육안판독을 통해 구축하며 주거지역, 상업지역, 논, 밭, 침엽수림, 활엽수림 등 22개의 항목으로 구분한다. 세분류 토지피복지도는 0.25m급 항공정사영상, 1m급 아리랑 3호 영상, 수치지형도, 연속수치지형도, 임상도, 지적도, 용도지역지구도 등 다양한 참조자료를 종합적으로 활용해 제작한다. 「토지피복지도 작성 지침」에 따르면 참조자료와 AI 기반 토지피복 분류 결과를 융합한 지능형 토지피복 자동분류 기술을 활용하여 세분류 토지피복지도를 제작하며, 피복 분류를 더욱 세분화하여 총 41개 항목으로 구분한다.

② 생태자연도

생태자연도는 자연환경을 생태적 가치, 자연성, 경관적 가치 등에 따라 등급화해 작성한 지도이다. 「자연환경보전법 시행령」 제28조에 따라 각종 개발계획을 수립하거나 개발사업을 협의할 때에는 생태자연도의 등급 기준을 고려해야 한다. 1~3등급 권역 및 별도관리지역으로 분류되며, 1등급 권역은 자연환경의 보전 및 복원, 2등급 권역은 자연환경의 보전 및 개발 · 이용에 따른 훼손의 최소화, 3등급 권역은 체계적인 개발 및 이용의 대상이다. 별도관리지역에는 산림청, 국립공원공단, 국가유산청 등 관리 주체가 지정된 지역이 설정된다. 생태자연도는 전국자연환경조사, 백두대간보호지역 생태계조사, DMZ 일원 생태계조사 등 생태계 조사 사업의 결과를 기반으로 식생평가, 멸종위기평가, 지형평가, 습지평가를 종합해 작성한다.

2 국토교통부 국토정보플랫폼

국토교통부 국토지리정보원에서 운영하고 있는 국토정보플랫폼(map.ngii.go.kr)은 국가기준점 및 위성기준점 설정, 측량기준점 관리 등 측량 업무를 수행하며, 항공사진 촬영과 국토위성영상 획득을 통해 전국의 고해상도 영상자료와 수치표고모델 등을 제공한다.

① 항공사진

국토지리정보원은 전 국토를 대상으로 항공사진을 주기적으로 촬영하여 정사영상을 제작하고 있다. 2001~2009년 기간에는 정사영상이 공간해상도 40cm급의 아날로그 흑백 영상으로 제작되었으나 2010년부터 공간해상도 25cm급 디지털 컬러로 제작되고 있다. 또한 2021년 이후 제작되는 정사영상은 제작 주기가 짧아져 매년 갱신되고 있으며, 도시 지역과 일반 지역에 따라 공간해상도가 12cm 또는 25cm로 다르게 제작된다(표 5-3 참조).

표 5-3 항공사진 구축 방식의 변천

제작 시기	촬영 주기	해상도	촬영 방식
2001~2005년	5년 주기	40cm	아날로그(흑백)
2006~2009년	4년 주기	40cm	아날로그(흑백)
2010~2020년	2년 주기	25cm	디지털(컬러)
2021년~현재	1년 주기	도시 12cm, 일반 25cm	디지털(컬러)

② 수치지형도

수치지형도는 컴퓨터상에 도로, 철도, 건물, 하천 등 인공지물과 자연지형을 도식(기호)과 삼차원 위치좌표로 표현한 디지털 지리정보 지도이다. 이들 자료는 벡터 형식이며, 점(point), 선(polyline), 면(polygon) 형태로 지형지물의 정보가 제공된다. 현재 국토지리정보원에서는 축척 1:1,000, 1:5,000, 1:25,000 등의 수치지형도를 배포하며, 대분류(교통, 건물, 문화 및 시설, 식생, 수계 및 해양, 지형, 경계, 주기)는 중분류, 소분류로 구성된 세부 정보를 포함한다.

수치지형도는 지도를 일정한 크기와 축척으로 나누어 표현한 단위 영역인 도엽(도곽) 단위로 제작된다. 즉 도엽은 경위도를 기준으로 국토를 체계적으로 분할한 단위 지도이며, 각 도엽은 고유

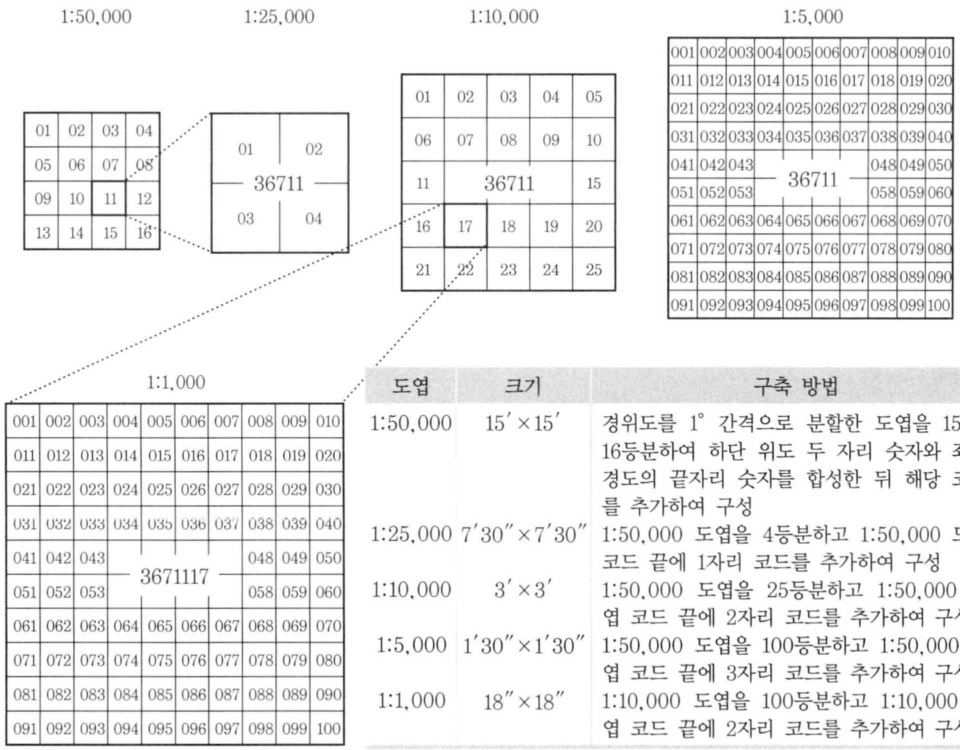

도엽	크기	구축 방법
1:50,000	15′×15′	경위도를 1° 간격으로 분할한 도엽을 15′씩 16등분하여 하단 위도 두 자리 숫자와 좌측 경도의 끝자리 숫자를 합성한 뒤 해당 코드를 추가하여 구성
1:25,000	7′30″×7′30″	1:50,000 도엽을 4등분하고 1:50,000 도엽 코드 끝에 1자리 코드를 추가하여 구성
1:10,000	3′×3′	1:50,000 도엽을 25등분하고 1:50,000 도엽 코드 끝에 2자리 코드를 추가하여 구성
1:5,000	1′30″×1′30″	1:50,000 도엽을 100등분하고 1:50,000 도엽 코드 끝에 3자리 코드를 추가하여 구성
1:1,000	18″×18″	1:10,000 도엽을 100등분하고 1:10,000 도엽 코드 끝에 2자리 코드를 추가하여 구성

그림 5-2 도엽의 종류 및 구축 방법

번호로 식별한다. 그림 5-2와 같이 1:50,000 도엽은 경위도를 기준으로 1° 간격으로 분할한 뒤 다시 각각을 15′씩 분할해 구축한다. 대축척 도엽도 동일한 방식으로 제작하며, 1:1,000 도엽의 경우 1:50,000 도엽의 약 1/2,500 크기이다. 이렇게 구축된 전국의 도엽 자료는 수치지형도뿐만 아니라 수치임상도, 입지토양도 등 다양한 공간자료의 배포 시 기본 단위로 활용되고 있다.

5·3 지리정보시스템 공간분석

5·3·1 지리정보시스템 개요

GIS는 지도상에 나타나는 지형 또는 지물의 공간상 위치나 형태와 관련한 지리정보를 다루기 위해 만들어진 시스템으로, 지리적 위치정보와 속성정보가 결합되어 있어 다양한 공간정보를 효과적으로 관리, 분석, 지도화할 수 있는 장점이 있다. 산림 분야의 GIS는 임목축적, 산림시업 활동과 같은 산림 정보의 관리뿐만 아니라 산림 기능의 평가, 적지 분석, 경영계획 수립 등에 중요한 역할을 하고 있다.

1 GIS 기본 구조

GIS의 구조는 크게 정보의 입력, 저장, 분석, 표시의 네 가지 기능으로 구분할 수 있다.

① 정보 입력

문서나 공간정보, 영상정보 등을 컴퓨터에서 처리할 수 있는 형태로 입력하는 기능을 말한다. 예를 들면 산림시업이력과 같은 문서, 임소반도나 지형도와 같은 종이 도면, 항공사진 또는 위성영상 자료 등을 컴퓨터에 입력할 수 있다. GIS의 정보로 입력하려면 디지타이저와 스캐너를 이용한다. 디지타이저는 마우스와 같은 도구를 이용하여 도면의 정보를 직접 입력하는 장치이며, 스캐너는 도면을 자동적으로 읽어서 입력하는 기기이다.

② 정보 저장

디지털화한 도면이나 문서에 관한 정보를 종합적으로 관리하는 기능을 말하며, 각각의 정보는 별도로 관리, 또는 도면과 문서 정보가 연결된 형태로 관리가 가능하다.

③ 정보 분석

저장된 정보를 활용하여 검색, 중첩, 길이 측정, 면적 측정과 같은 분석 기능을 할 수 있다. GIS는 속성자료의 검색뿐만 아니라 공간적 조건 검색도 동시에 가능하다는 장점이 있다. 예를 들면 '임도로부터 100m 이내이면서 경사 10° 이하인 낙엽송 지역'과 같이 공간적인 제약을 고려한 조건 검색이 가능하다.

④ 정보 출력

분석된 정보의 결과를 출력하는 기능을 말하며, 필요한 지역의 정보만 출력하거나 축척을 자유롭게 바꾸어 표시할 수도 있다. 특히 GIS에서는 다양한 정보 중에서 사용자가 원하는 정보만 추출해 표현하는 일이 가능하며, 임상도와 같이 특별한 목적으로 구축된 지도를 주제도라고 한다.

2 GIS 정보 유형

현실 산림공간의 정보는 복잡하고 다양한 형태로 존재하지만, 이러한 정보를 GIS로 활용하기 위해서는 단순화 작업이 필요하다. GIS 정보의 유형에는 벡터(vector)와 래스터(raster)가 있다(그림 5-3 참조).

벡터정보는 위치 대상을 점, 선, 면의 형태로 표현하며, 이를 객체(object) 또는 피처(feature)라고 한다. 예를 들어 조사지점, 도로, 하천, 임반, 소반 등은 점이나 선, 그리고 선으로 둘러싸인 면(또는 다각형)의 형태로 GIS에서 표현할 수 있다. 이러한 공간 객체는 각각의 고유한 속성정보를 가지며, 속성정보는 문자 또는 숫자 등의 형태로 저장된다. 또한 벡터정보는 하나의 노형성보에 여러 속성정보를 입력할 수 있는 장점이 있다. 예를 들어 임상도상의 면 정보 하나에는 임상, 영급, 경급 등 다양한 속성정보를 함께 입력할 수 있으며, 임상은 문자, 영급은 숫자의 형태로 정보를 구축한다.

래스터정보는 사물의 정보를 바둑판 격자와 같이 일정한 크기의 그리드(grid)로 분할해 표현하며, 그리드 내 각각의 영역을 셀(cell) 또는 픽셀(pixel)이라고 한다. 각 셀의 값은 정수, 실수 등으로 입력하며, 하나의 속성정보에 대해 1개의 값만 입력할 수 있다. 예를 들어 표고나 경사를 래스터로 표현할 경우 각각의 셀에는 표곳값이나 경삿값을 하나씩 입력할 수 있다. 사물의 위치정보는 셀의 행과 열로 결정되며, 자료의 구조가 벡터에 비해 단순한 장점이 있다.

벡터정보와 래스터정보는 GIS의 대표적인 자료 형태이지만 장단점이 서로 다르므로 연구

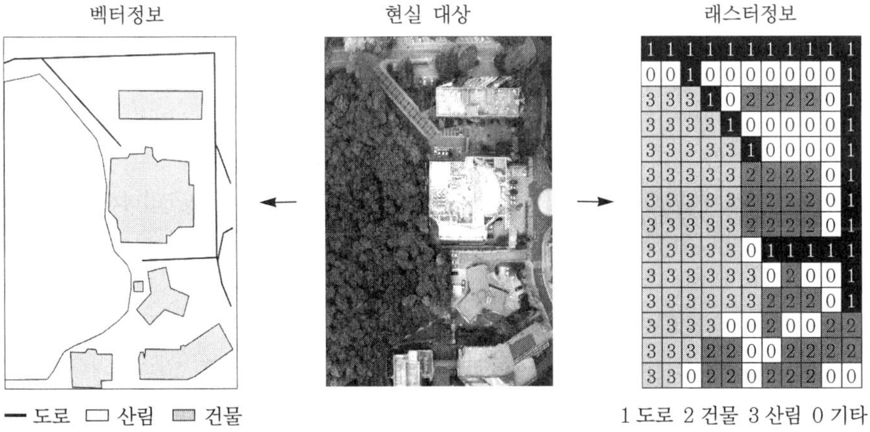

그림 5-3 GIS 정보의 형태

목적과 주제에 적합한 자료를 활용해야 한다. 벡터정보는 위치좌표를 가진 객체 단위로 구성되기 때문에 도형의 위치정보를 보다 정확하게 표현할 수 있지만 구조가 복잡하여 정보처리에 시간이 많이 소요되고 도면의 축척에 따라 정도(精度)가 결정된다. 한편 래스터정보는 하나의 값을 가진 셀로 표현되기 때문에 구조가 간단한 반면에 도형 표현의 단위가 셀이기 때문에 도형을 정확히 표현하기가 벡터보다 어렵고 해상도에 따라 정도가 결정된다. 즉 셀을 작게 하면 데이터가 보다 정확해지지만 데이터 양이 많아지고, 셀을 크게 하면 데이터 양이 적어지지만 데이터의 정도가 떨어진다. 사용자의 목적에 따라서 벡터정보의 래스터화 또는 래스터정보의 벡터화 변환도 가능하다.

3 벡터정보 분석 방법

① 속성정보를 이용한 분석

벡터정보의 속성정보는 도형정보가 가지고 있는 특징을 의미하며, 문자 또는 숫자의 형태로 이루어져 있다. 이를 이용하면 조건 검색, 표(table) 간의 연계, 산술연산, 논리연산 등의 분석이 가능하다. 조건 검색은 사용자가 원하는 조건에 맞추어 검색하고 선택하는 기능이며, 표 간의 연계는 2개의 표에 공통되는 항목을 기반으로 두 표를 연결하는 기능이다. 산술연산은 수학적 연산을 말하며, 문자 속성정보에 대한 AND, OR, NOT 등의 논리연산도 가능하다. 또한 속성정보의 합계, 빈도, 평균, 최댓값, 최솟값, 표준편차 등의 통계분석을 빠르게 할 수 있으며, 산출된 결과를 바탕으로 자료 요약 및 주제도 등을 쉽게 표현할 수 있다.

② 도형정보를 이용한 분석

㉠ 클립

클립(clip)은 도형정보의 중첩연산을 이용한 분석 방법으로, 입력자료 1에서 사용자가 원하는 입력자료 2의 모양으로 잘라내는 기능이다(그림 5-4 참조). 클립은 2개의 도형정보를 사용하며, 분석 결과로는 입력정보 1의 속성정보만 기록된다. 클립은 특정 범위의 지도에서 사용자가 원하는 모양이나 크기로 자르고자 할 때 유용하게 사용할 수 있다.

㉡ 인터섹트

인터섹트(intersect)는 클립 기능과 유사하게 중첩연산을 이용한 분석 방법으로, 입력자료 1과 입력자료 2의 속성정보를 합하여 공통된 구역의 모양으로 잘라내는 기능이다(그림 5-4 참조). 즉 두 도형정보의 교집합인 지역을 중첩연산을 통해 추출하는 방법이다. 인터섹트와 클립의 차이점을 보면 클립의 출력자료는 입력자료 1의 속성정보만 포함하고 있는 반면에 인터섹트의 출력자료는 입력자료 1과 입력자료 2의 속성정보를 모두 포함한다.

㉢ 유니언

유니언(union) 역시 중첩연산에 의한 분석 방법으로 입력자료 1과 입력자료 2의 도형정보 및 속성정보 모두가 합쳐지는 기능이다(그림 5-4 참조). 즉 두 도형정보의 합집합이 되도록 도형정보를 생성하는 방법이다. 유니언과 인터섹트의 차이를 보면 인터섹트는 공통된 구역의 크기로 잘라내는 반면에 유니언은 두 도형정보가 모두 보존된 채로 표현된다.

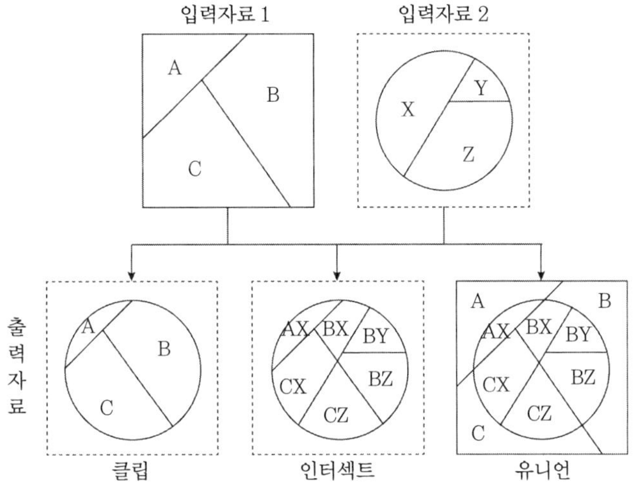

그림 5-4 클립, 인터섹트, 유니언을 이용한 분석

㉣ 머지

머지(merge)는 공간상의 위치가 다른 2개 이상의 도형정보를 하나의 도형정보로 합쳐 주는 기능이다(그림 5-5 참조). 속성정보가 서로 다를 경우 모든 속성정보가 통합된 하나의 파일로 구축된다. 머지는 도곽으로 나뉘어 인접한 둘 이상의 지도를 하나의 지도로 구축하는 작업에 유용하게 활용할 수 있다.

㉤ 디졸브

디졸브(dissolve)는 하나의 도형정보 안에 여러 개로 나뉘어 있는 같은 속성의 객체들을 하나의 객체로 합치는 기능이다(그림 5-5 참조). 디졸브는 면 정보뿐만 아니라 선과 점 형식의 정보도 적용 가능하며, 복잡한 형태로 나뉜 객체를 단순화하는 작업에 유용하게 활용할 수 있다. 예를 들어 임상도에 임상 종류가 소나무, 잣나무, 낙엽송 등으로 구분되어 있을 경우 디졸브 기능을 이용하여 임종 단위, 즉 침엽수, 활엽수, 혼효림으로 묶어 재표현할 수 있다.

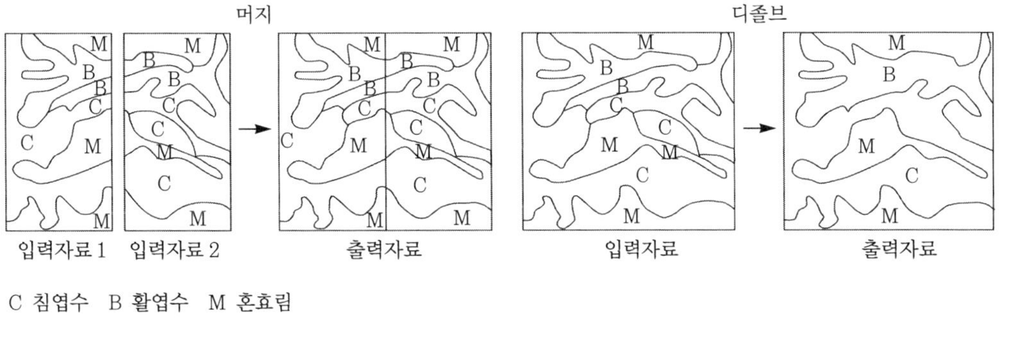

그림 5-5 머지와 디졸브를 이용한 분석

㉥ 버퍼

버퍼(buffer)는 도형정보의 둘레로부터 일정한 거리 내의 공간을 말하며 점, 선, 면의 모든 벡

터정보를 이용하여 분석이 가능하다(그림 5-6 참조). 버퍼는 벡터 기반의 공간분석에서 권역 설정 및 접근성 분석에 유용하게 활용되며 분석 과정이 간단하다.

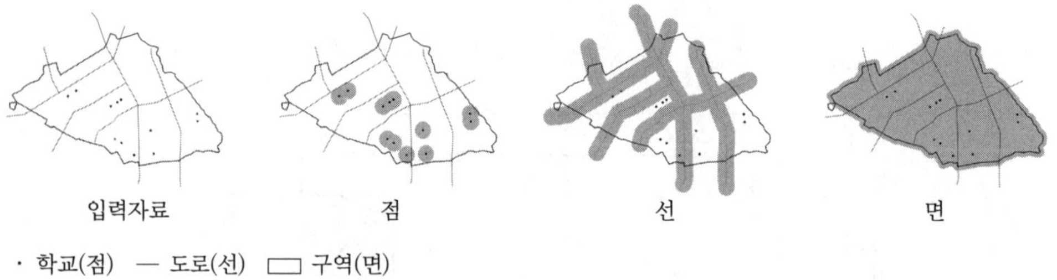

그림 5-6 버퍼의 생성

ⓐ 이레이즈

이레이즈(erase)는 입력자료에서 이레이즈 자료와 겹치는 부분을 제거하는 분석 방법이다(그림 5-7 참조). 입력자료의 속성정보는 유지되며, 이레이즈 자료와 겹치는 영역을 제외한 나머지 영역이 결과로 나타난다. 특정 영역을 제외하거나 정보의 영향을 제거할 때 유용하게 사용된다.

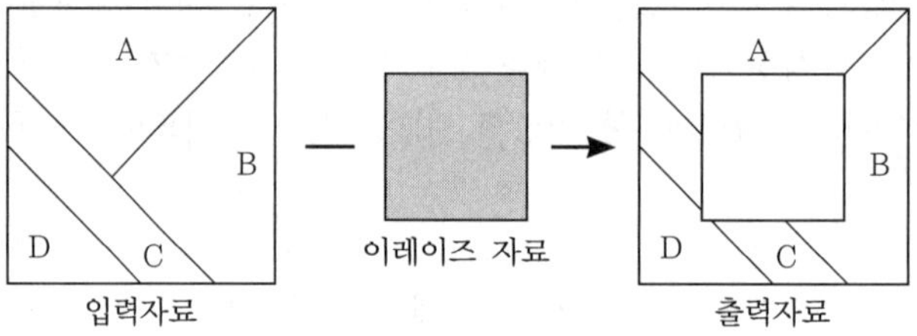

그림 5-7 이레이즈를 이용한 분석

4 래스터정보 분석 방법

래스터정보는 벡터정보보다 구조가 단순하며, 각각의 픽셀에 하나의 속성정보가 있어 공간분석이 빠르다. 또한 래스터정보는 모델링 작업을 쉽게 수행할 수 있어 다양한 지리적 공간분석이 가능하다.

① 재분류

재분류(reclassification)는 각 셀에 입력된 래스터정보의 속성값을 바꾸어 새로운 래스터정보를 구축하는 일을 말한다(그림 5-8 참조). 예를 들어 산림청에서 제공하는 산사태위험등급처럼 사용자가 원하는 조건에 따라 셀의 값을 등급화해 재분류할 수 있다.

② 중첩연산

래스터정보의 중첩연산은 벡터정보와 마찬가지로 산술연산과 논리연산이 가능하다(그림 5-9 참조). 레이어 간의 중첩을 통해 AND 또는 OR 기능을 이용한 논리연산도 할 수 있다. 중첩연산은 셀의 크기와 범위가 동일한 래스터정보를 이용하며, 처리 방식이 간단하고 명료한 장점이 있다.

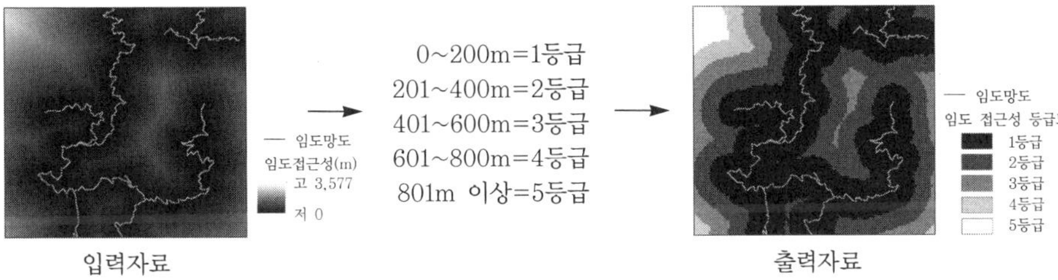

그림 5-8 래스터정보의 재분류

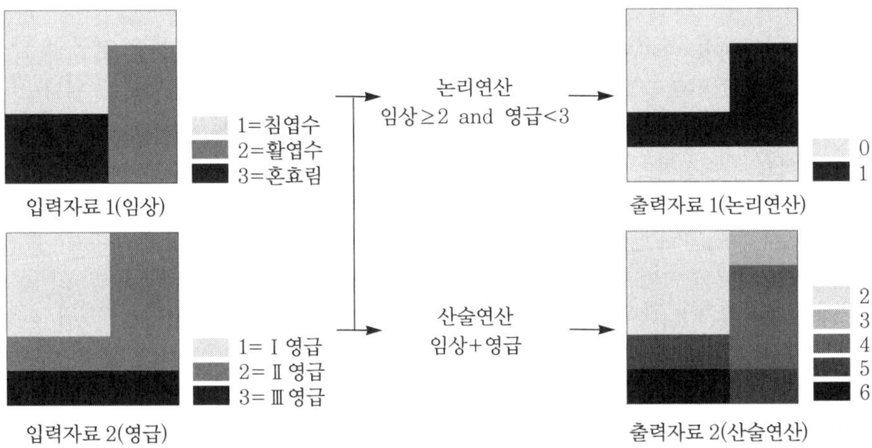

그림 5-9 논리연산과 산술연산을 이용한 중첩연산

③ 필터링

필터링(filtering)은 일반적으로 래스터 이미지의 잡음(noise)이나 결점(defect)을 제거하는 데 널리 사용되는 방법이다(그림 5-10 참조). 필터링에서는 커널(kernel) 형식의 필터 윈도(filter window)를 사용하여 분석을 진행하며, 필터 윈도는 새로운 셀의 값을 계산하기 위해 설정한 계산 범위를 말한다. 예를 들면 필터 윈도는 연구 목적에 따라 3×3, 5×5, 7×7 등의 행렬단위 크기로 평균값, 최댓값, 최솟값, 중앙값 등을 새롭게 계산하여 각각의 셀에 값을 부여할 수 있다.

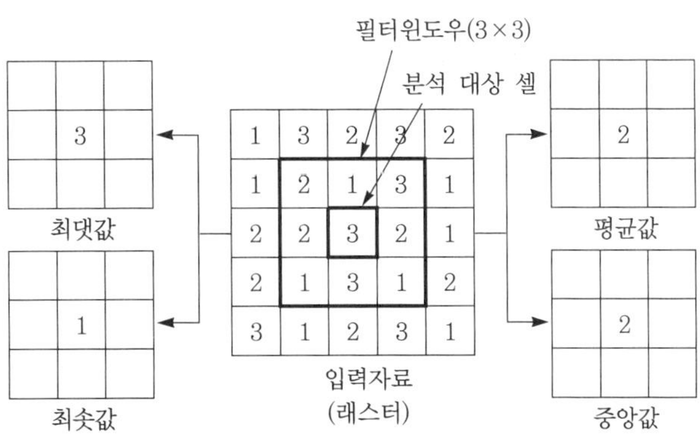

그림 5-10 필터링을 이용한 분석

④ 거리분석

래스터정보를 이용한 거리분석은 두 셀 사이의 위치 차이와 해상도에 의해 결정된다. 예를 들어 같은 열 또는 행에 존재하는 두 셀은 행과 열 번호의 차이에 해상도를 곱하면 거리를 계산할 수 있으며, 다른 열과 행에 존재하는 셀은 피타고라스의 정리로 거리를 계산할 수 있다.

⑤ 보간법

보간법(interpolation)은 알고 있는 지점의 값을 이용하여 알지 못하는 지점의 값을 추정하는 기법을 말한다. 대표적으로 최근린법, 역거리가중법, 이중선형법 등이 있다.

㉠ 최근린법

최근린법(nearest neighbor, NN)은 보간하고자 하는 위치에서 가장 가까운 샘플의 값을 택하는 방식이다. 계산이 간단하고 빠르다는 장점이 있으나 보간 결과가 불연속적으로 나타나며, 특히 이미지나 연속적인 데이터에서는 계단 현상(step artifacts)이 발생하는 단점이 있다. 두 지점의 거리는 다음의 식으로 계산하며 이를 유클리드 거리(Euclidean distance)라고 한다.

$$d_i = \sqrt{(x_p - x_i)^2 + (y_p - y_i)^2} \quad \cdots\cdots (5\cdot1)$$

식에서 d_i: 미지의 관측점 p와 지점 i 사이의 거리, x_p: p의 x좌표, x_i: i의 x좌표, y_p: p의 y좌표, y_i: i의 y좌표

그림 5-11과 같이 a_1, a_2, a_3의 값을 활용하여 미지의 지점 p의 값을 최근린법으로 추정해 보자. 먼저 식 5·1을 활용하여 점 p와 a_1, a_2, a_3의 직선거리를 계산한다. 계산 결과를 보면 점 p는 a_2와 가장 가깝기 때문에 최근린법에 따라 보간값 20을 추정할 수 있다.

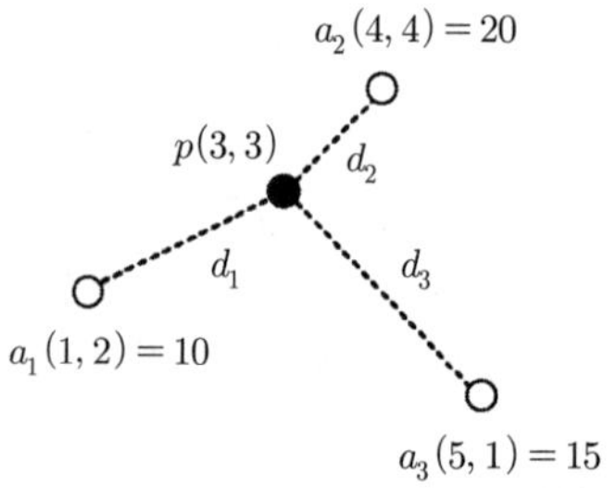

① 각 지점의 거리 계산

$d_1 = \sqrt{(3-1)^2 + (3-2)^2} = 2.236$

$d_2 = \sqrt{(3-4)^2 + (3-4)^2} = 1.414$

$d_3 = \sqrt{(3-5)^2 + (3-1)^2} = 2.828$

② 최근린 보간

p는 a_2와 가장 가까우므로

보간값: 20

그림 5-11 최근린법의 계산

㉡ 역거리가중법

역거리가중법(inverse distance weighting, IDW)은 관측한 지점들의 거리를 고려하여 미지의 값을 추정하는 방법으로, 가까운 지점의 관측값에는 높은 가중치를, 멀리 있는 지점의 관측값에는 낮은 가중치를 부여해 계산한다.

$$Z(p) = \frac{\sum_{i=1}^{n} w_i \times Z_i}{\sum_{i=1}^{n} w_i} \quad \cdots\cdots (5\cdot2)$$

$$w_i = \frac{1}{d_i^k} \quad \cdots\cdots (5{\cdot}3)$$

식에서 $Z(p)$: 미지의 관측점 p에 대한 보간값, Z_i: 지점 i의 값, w_i: i의 가중치, n: 알고 있는 지점의 총 개수, d_i: p와 i 사이의 거리, k: 가중치 감쇠를 조절하는 지수 (일반적으로 1 또는 2)

그림 5-12와 같이 a_1, a_2, a_3의 값을 활용하여 미지의 지점 p의 값을 역거리가중법으로 추정해 보자. 보간값인 $Z(p)$를 구하려면 먼저 a_1, a_2, a_3와 p 사이의 거리를 계산해야 한다. 각 지점 사이의 거리는 식 5·1의 유클리드 거리로 계산한다. 또한 가중치 감쇠 지수인 k를 2라고 가정하고 식 5·3을 적용하여 a_1, a_2, a_3의 가중치 w_1, w_2, w_3를 계산하면 모두 0.5로 산출된다. 가중치와 a_1, a_2, a_3의 값을 활용하여 식 5·2로 계산하면 $Z(p)$는 20으로 산출된다.

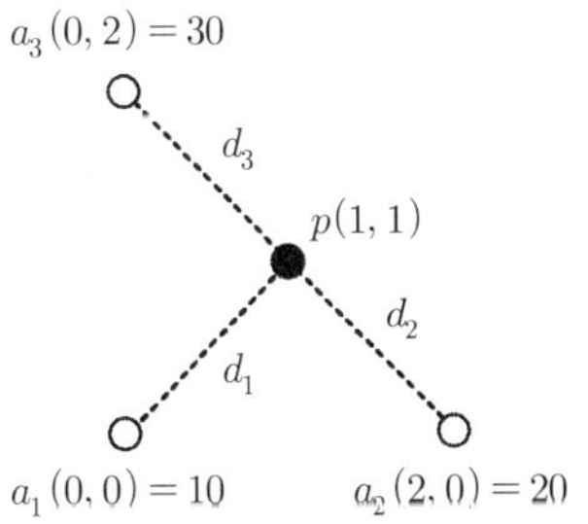

① 각 지점의 거리 계산

$$d_1 = \sqrt{(1-0)^2 + (1-0)^2} = 1.414$$
$$d_2 = \sqrt{(1-2)^2 + (1-0)^2} = 1.414$$
$$d_3 = \sqrt{(1-0)^2 + (1-2)^2} = 1.414$$

② 가중치 계산

$$w_1 = \frac{1}{1.414^2} = 0.5$$
$$w_2 = \frac{1}{1.414^2} = 0.5$$
$$w_3 = \frac{1}{1.414^2} = 0.5$$

③ 가중평균 계산

$$Z(p) = \frac{(0.5 \times 10) + (0.5 \times 20) + (0.5 \times 30)}{0.5 + 0.5 + 0.5} = 20$$

그림 5-12 역거리가중법의 계산

ⓒ 이중선형법

이중선형법(bilinear interpolation)은 보간할 지점과 참조점까지의 거리에 따른 면적을 가중치로 부여해 보간하는 방식으로, 영상처리에서 보편적으로 사용되는 보간법이다.

$$Z(p) = \frac{\sum_{i=1}^{n} \frac{Z_i}{X_i}}{\sum_{i=1}^{n} \frac{1}{X_i}} \quad \cdots\cdots (5{\cdot}4)$$

식에서 $Z(p)$: 미지의 관측점 p에 대한 보간값, X_i: p와 지점 i 사이의 면적, Z_i: i의 값, n: 알고 있는 지점의 총 개수

그림 5-13과 같이 a_1, a_2, a_3의 값을 활용하여 미지의 지점 p의 값을 이중선형법으로 추정해 보자. 보간값인 $Z(p)$는 먼저 a_1, a_2, a_3와 p 사이의 거리에 따른 면적을 계산해야 한다. 이후 식 5·4로 보간값을 계산하면 $Z(p)$는 약 111.4로 산출된다.

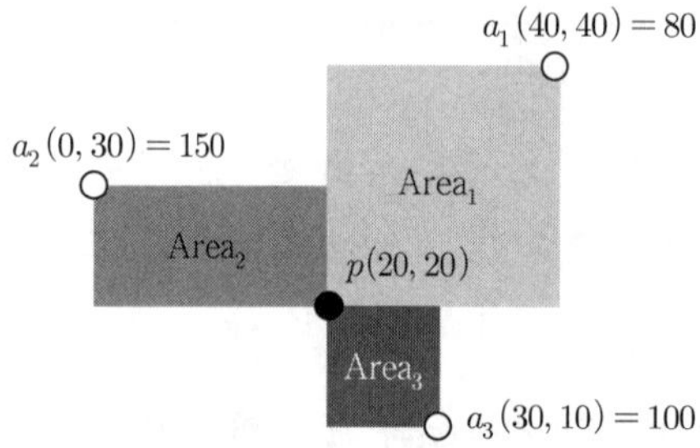

① p와 각 참조점 사이의 면적 계산

$\text{Area}_1 = 20 \times 20 = 400$

$\text{Area}_2 = 20 \times 10 = 200$

$\text{Area}_3 = 10 \times 10 = 100$

② 이중선형 보간

$$Z(p) = \frac{\frac{80}{400} + \frac{150}{200} + \frac{100}{100}}{\frac{1}{400} + \frac{1}{200} + \frac{1}{100}} = \frac{1.950}{0.018} = 111.4$$

그림 5-13 이중선형법의 계산

[5] 지형 분석

지형 분석은 래스터의 표면 모델링 개념 중 하나로 연속적으로 분포하는 지표의 높잇값을 이용해 분석하는 기법이다. 지형 분석은 일반적으로 수치지형도에서 추출한 등고선을 이용하여 등고선 사이의 고도를 보간법으로 추정하고, 래스터정보의 형태인 수치표고모델을 생성해 수행한다. 수치표고모델은 경사, 방위, 음영기복도 등의 지형인자 지도를 생성하는 기초 자료로 유용하게 활용된다.

① 불규칙삼각망

불규칙삼각망(triangulated irregular network, TIN)은 등고선의 변곡점을 기준으로 생성한 삼각형의 집합을 말하며, 선 형태의 정보를 면 형태의 정보로 표현하는 방법이다(그림 5-14 참조). 불규칙삼각망의 삼각형은 다양한 크기로 나타나며, 삼각형이 작을수록 지형이 복잡하고 삼각형이 클수록 지형이 단순하다.

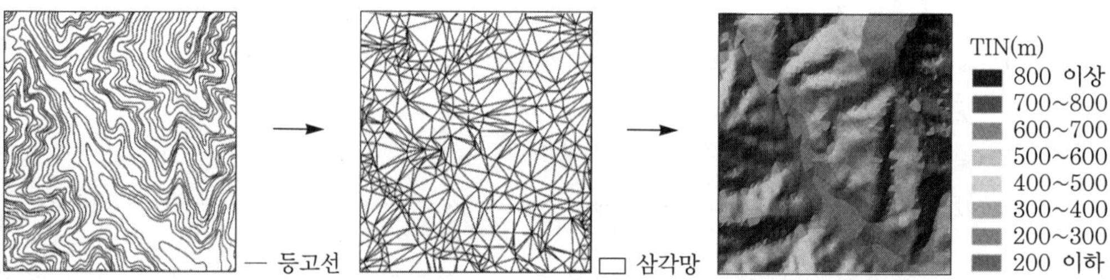

그림 5-14 불규칙삼각망의 생성

② 수치표고모델

수치표고모델(digital elevation model, DEM)은 지표의 상태를 수치화한 래스터정보이며, 픽셀마다 지표의 높잇값을 포함하고 있다. 등고선에 역거리가중법과 같은 보간법을 적용하여 수치표고모델을 생성할 수 있으며, 등고선을 기반으로 벡터 형식의 불규칙삼각망을 생성한 뒤 불규칙삼각망을 픽셀 단위의 래스터정보로 변환해 생성한다. 수치표고모델은 픽셀 단위의 래스터정보이기 때문에 데이터를 처리하고 다양한 분석을 수행하기에 용이하며 지형 분석, 가시권 분석 등에 활용이 가능하다.

③ 경사도와 사면방향

숲가꾸기 사업이나 임도 개설과 같은 산림사업을 시행할 때에는 임상 정보뿐만 아니라 경사도(slope)와 사면방향(aspect)과 같은 지형 정보도 사전에 파악해야 한다. 이러한 지형 정보를 추출하는 데 수치표고모델을 이용하며, 중심픽셀을 기준으로 인접한 8방향 픽셀의 고돗값을 활용하여 경사도와 사면방향을 산출할 수 있다. 일반적으로 경사도는 고도차를 수평거리로 나누어 백분율로 표현하거나 도(°)로 나타낸다.

$$\text{Slope}(\%) = \frac{vd}{hd} \times 100 \quad \cdots\cdots (5\cdot5)$$

$$\text{Slope}(\text{rad}) = \arctan\left(\frac{vd}{hd}\right) \quad \cdots\cdots (5\cdot6)$$

식에서 vd: 고도차, hd: 수평거리

그림 5-15와 같이 점 A와 B 사이의 수평거리를 200m, 고도차를 30m라고 가정할 때 식 5·5를 적용하면 경사도는 약 15%로 계산된다. 식 5·6을 적용한 경사도는 약 0.149이며, 이 값은 라디안(radian) 단위로 표현된 경사각이기 때문에 도(°) 단위로 변환하면 약 8.5°가 된다.

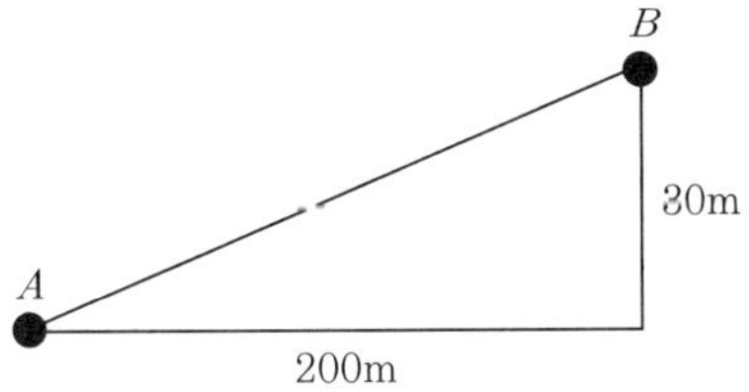

① 경사도(%) 계산

$$\frac{30}{200} \times 100 = 15\%$$

② 경사도(°) 계산

$$\arctan\left(\frac{30}{200}\right) = 0.149\,\text{rad}$$

$$0.149 \times \frac{180}{\pi} = 8.53^\circ$$

그림 5-15 고도차와 수평거리를 활용한 경사도 계산

수치표고모델로 경사도를 계산하기 위해서는 이웃하는 픽셀의 고돗값을 참조하며, 일반적으로 3×3 픽셀의 데이터를 토대로 하여 한 칸씩 중심픽셀을 이동하면서 경사도를 계산해 나간다. 주변 픽셀의 값을 활용하여 경사도를 계산하는 방식은 혼(Horn, 1981)이 개발한 알고리즘이 대표적이며 식 5·7과 같다. 수치표고모델을 활용한 경사도 계산은 주변 8개 픽셀의 값을 함께 고려하기 때문에 단순한 높이 변화만 비교하는 것이 아니라 고도차가 어느 방향에서 크게 나는지를 파악하는 일이 중요하다. 혼 알고리즘은 x축 방향 기울기(좌우 방향에서의 높이 변화)인 $\frac{\partial z}{\partial x}$와 y축 방향 기울기(상하 방향에서의 높이 변화)인 $\frac{\partial z}{\partial y}$를 계산한 후 이 값을 기반으로 경사도를 계산하는 방식이다.

$$\text{Slope} = \arctan\left(\sqrt{\left(\frac{\partial z}{\partial x}\right)^2 + \left(\frac{\partial z}{\partial y}\right)^2}\right) \quad \cdots\cdots (5\cdot7)$$

$$\frac{\partial z}{\partial x} = \frac{(z_3 + 2z_6 + z_9) - (z_1 + 2z_4 + z_7)}{8 \times \Delta x} \quad \cdots\cdots (5\cdot8)$$

$$\frac{\partial z}{\partial y} = \frac{(z_7 + 2z_8 + z_9) - (z_1 + 2z_2 + z_3)}{8 \times \Delta y} \quad \cdots\cdots (5\cdot9)$$

$$\text{Aspect} = \text{arctan2}\left(-\frac{\partial z/\partial y}{\partial z/\partial x}\right) \quad \cdots\cdots (5\cdot10)$$

식에서 $\frac{\partial z}{\partial x}$: x축 방향 기울기, Δx: 픽셀의 x축 크기, $\frac{\partial z}{\partial y}$: y축 방향 기울기, Δy: 픽셀의 y축 크기

그림 5-16의 자료를 기반으로 Z_5가 중심픽셀이고 픽셀의 크기가 10m라고 가정해 보자. 먼저 x축 방향 기울기는 식 5·8을 적용하면 −0.05로 산출되고, y축 방향 기울기는 식 5·9를 적용하면 −0.2가 산출된다. 계산된 x축 방향 기울기와 y축 방향 기울기를 활용하여 경사도를 계산하면 약 0.203rad이며, 이를 도(°) 단위로 변환하면 약 11.7°가 된다. 사면방향은 식 5·10을 활용하며 값이 음수가 나올 경우 360°를 더한다. 그림 5-16으로 중심픽셀의 사면방향을 산출할 경우 약 284°(북서 방향)로 계산된다.

Z_1	Z_2	Z_3
Z_4	Z_5	Z_6
Z_7	Z_8	Z_9

=

120m	122m	124m
128m	120m	122m
116m	118m	120m

① 경사도 계산

$$\frac{\partial z}{\partial x} = \frac{\{124+(2\times122)+120\}-\{120+(2\times128)+116\}}{8\times10} = -0.05$$

$$\frac{\partial z}{\partial y} = \frac{\{116+(2\times118)+120\}-\{120+(2\times122)+124\}}{8\times10} = -0.2$$

$$\text{Slope} = \arctan\left(\sqrt{(-0.05)^2+(-0.2)^2}\right) = \arctan\left(\sqrt{0.043}\right) = 0.203\text{rad}$$

$$0.206\times\frac{180}{\pi} = 11.7^\circ$$

② 사면방향 계산

$$\text{Aspect} = \text{arctan2}\left(\frac{-0.2}{-1x-0.05}\right) = -1.326\text{rad}$$

$$-1.326\times\frac{180}{\pi} = -75.96^\circ$$

값이 음수일 경우 360°를 더하므로 약 284°

그림 5-16 3×3 픽셀 정보를 활용한 경사도 및 사면방향 계산

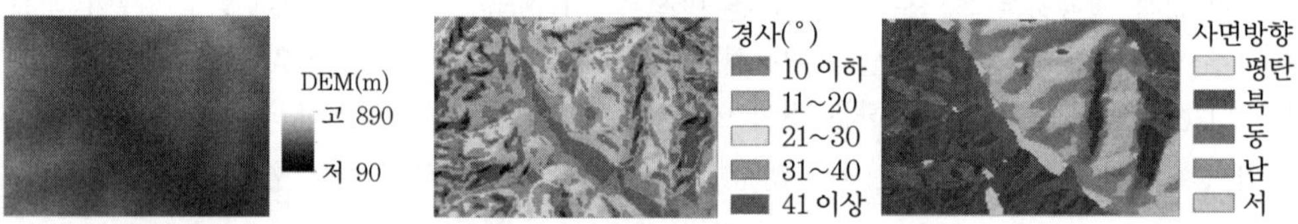

그림 5-17 수치표고모델 자료를 활용한 경사도 및 사면방향 산출

④ 가시권 분석

가시권 분석은 지형 정보를 활용하여 공간상 지정된 관찰자의 시점에서 주변 지형이나 장애물에 따라 관망할 수 있는 지역을 파악하는 데 활용된다. 가시권 분석은 관찰자 시점의 표곳값, 시선을 따르는 위치 등을 고려하여 보이는 가시 지점과 보이지 않는 비가시 지점으로 구분한다. 이에 따라 관찰자 지점보다 높은 지형이 있다면 시계는 제한적이며, 관찰자가 높은 지점에 있다면

가시 구역이 넓을 것으로 예상할 수 있다. 가시권 분석은 조망, 경관 특성 등의 분석에 활용되고 있다.

5·3·2 지리정보시스템 응용

1 조건 검색과 입지 분석

입지 분석은 GIS의 대표적인 분석 방법 중 하나로, 중첩연산 기능을 이용하여 사용자가 원하는 최적의 지역을 선정하는 방법이다. 산림 분야에서는 벌채지 검색, 집재장 최적지 선정, 사방댐 설치 등 목적에 따라 입지 분석을 다양하게 활용할 수 있다. 예를 들어 벌채 적지를 선정하기 위해 임상은 침엽수림, 영급은 Ⅴ영급 이상, 임도 및 도로로부터 300m 이내 지역, 집재장으로부터 500m 이내 지역을 제약조건으로 가정한다면 그림 5-18과 같이 버퍼 기능과 조건 검색 및 중첩연산으로 최적의 벌채 후보지를 선정할 수 있다.

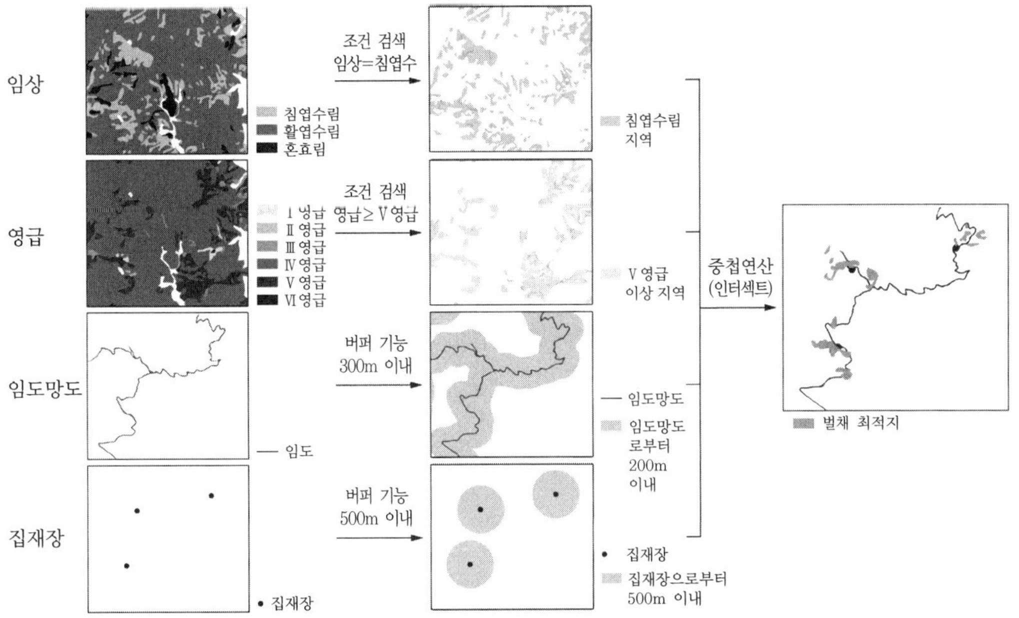

그림 5-18 입지 분석을 이용한 벌채 최적지 선정

2 보로노이 분석과 공간적 영향 평가

보로노이 분석(Voronoi analysis)은 GIS를 활용한 공간분석 기법 중 하나로, 지정된 점 집합을 기준으로 공간을 분할하여 각 점이 차지하는 영역인 보로노이 다이어그램(Voronoi diagram) 또는 티센 다각형(Thiessen polygon)을 도출하는 방법이다. 보로노이 분석은 각 기준점 간의 중간거리, 즉 두 점 사이의 수직이등분선을 경계로 설정하여 공간 내 임의의 위치가 어느 기준점에 더 가까운지를 판단하는 원리에 기초한다. 보로노이 다이어그램은 각 점이 담당하는 영향 영역을 나타내며, 이 영역은 점 간의 상대적 위치와 간격, 각 기준점의 속성정보 등 다양한 요인의 영향을 반영할 수 있다.

$$M=\left(\frac{x_i+x_j}{2}, \frac{y_i+y_j}{2}\right) \quad \cdots\cdots (5\cdot11)$$

$$m=\left(\frac{y_j-y_i}{x_j-x_i}\right) \quad \cdots\cdots (5\cdot12)$$

$$y-M_y=-\frac{1}{m}(x-M_x) \quad \cdots\cdots (5\cdot13)$$

식에서 M: 두 점(P_i, P_j)의 중점 좌표, x_i: 점 P_i의 x좌표, y_i: 점 P_i의 y좌표, x_j: 점 P_j의 x좌표, y_j: 점 P_j의 y좌표, m: 기울기

예를 들어 그림 5-19와 같이 기준점 $A(0, 0)$, $B(1, 2)$, $C(3, 4)$가 있을 때 보로노이 분석으로 영역을 도출해 보자. 먼저 A와 B의 경계를 구분하기 위해 식 5·11을 이용하여 A와 B의 중점 좌표를 구한다. A와 B의 경계는 중점 좌표를 지나는 수직이등분선이므로 식 5·12를 이용하여 기울기를 계산한다. 식 5·13을 이용하여 수직이등분선에 관한 방정식을 구하면 A와 B의 경계에 대해 $y=-0.5x+1.25$가 도출된다. 같은 방법으로 B와 C의 경계에 대해 구하면 수직이등분선은 $y=-x+5$가 된다.

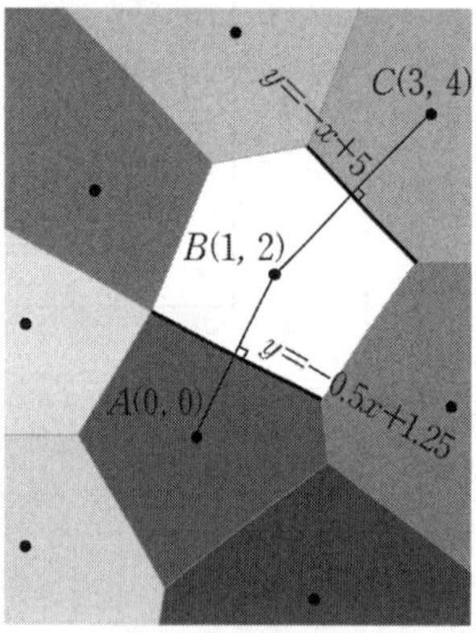

① A와 B의 경계선 분할

중점: $\left(\frac{0+1}{2}, \frac{0+2}{2}\right)=(0.5, 1)$ 기울기: $\frac{2-0}{1-0}=2$

수직이등분선: $y-1=-\frac{1}{2}(x-0.5)$

$y=-0.5x+1.25$

② B와 C의 경계선 분할

중점: $\left(\frac{1+3}{2}, \frac{2+4}{2}\right)=(2, 3)$ 기울기: $\frac{4-2}{3-1}=1$

수직이등분선: $y-3=-\frac{1}{1}(x-2)$

$y=-x+5$

그림 5-19 보로노이 분석을 이용한 영향 영역의 산출

③ 다기준의사결정법과 산림평가

GIS는 산림의 다양하고 복잡한 자연환경 요인을 정량적으로 평가할 수 있는 장점이 있으므로 평가지도를 제작하여 산림을 계획하고 관리하는 데 자주 활용되고 있다. 특히 산림의 기능평가 또는 적지평가에 가장 널리 이용되는 방법으로 다기준의사결정법(multi-criteria decision making)이 있으며, 이는 다양한 평가기준을 만족하는 최적의 대안을 찾는 방법에 해당한다. 다기준의사결정법 중 하나인 단순가중합계법(simple additive weighting, SAW)

은 평가 대상에 대한 평가 인자와 인자별 가중치를 선정한 뒤 인자별로 등급화한 점수를 부여하여 종합적으로 평가하는 방법이다.

$$A = \sum_{j=1}^{n} w_j x_{ij} \quad \cdots\cdots (5\cdot14)$$

식에서 A: 평가 점수, w_j: 표준화한 가중치, x_{ij}: 인자별 등급 점수

예를 들어 세 가지 인자, 즉 임상, 영급, 모암을 이용하여 평가지도를 작성할 때 그림 5-20과 같이 인자별 가중치 산출과 중첩분석을 이용해 평가할 수 있다.

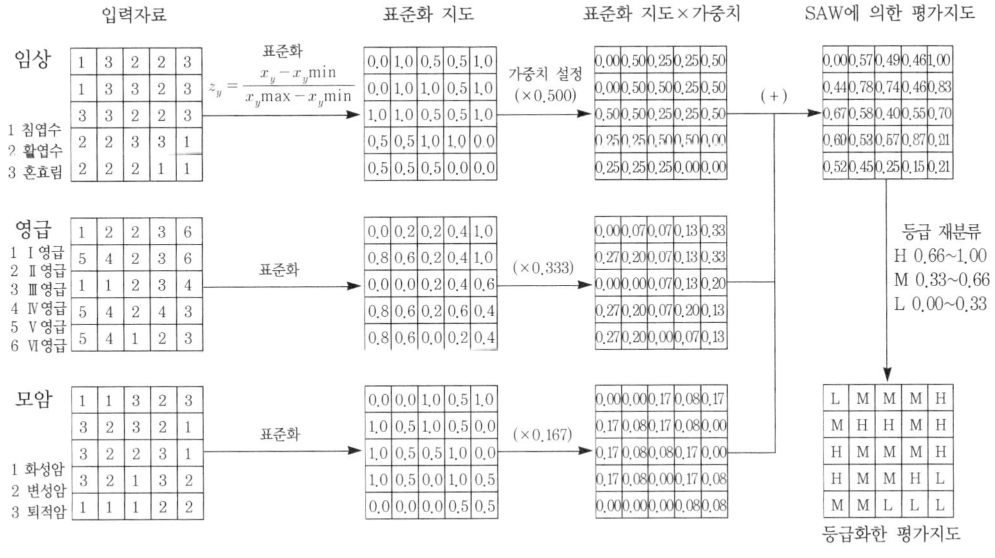

그림 5-20 다기준의사결정법을 이용한 평가지도의 작성

① 평가 인자의 표준화

합리적인 평가를 위해서는 평가 인자의 단위 및 기준을 일정하게 만드는 표준화가 필요하다. 평가 인자의 표준화는 식 5·15 또는 5·16을 이용하여 요인의 특성에 따라서 상반된 계산을 할 수 있다(표 5-4 참조).

$$Z_{ij} = \frac{x_{ij} - x_{ij}^{\min}}{x_{ij}^{\max} - x_{ij}^{\min}} \quad \cdots\cdots (5\cdot15)$$

$$Z_{ij} = \frac{x_{ij}^{\max} - x_{ij}}{x_{ij}^{\max} - x_{ij}^{\min}} \quad \cdots\cdots (5\cdot16)$$

식에서 Z_{ij}: 표준화한 값, x_{ij}: 모집단의 값, $x_{ij}^{\max}$: 모집단의 최댓값, $x_{ij}^{\min}$: 모집단의 최솟값

표 5-4 표준화 식의 적용 예시

평가 점수	1	2	3	4	5
식 5·15에 의한 표준화	$\frac{1-1}{5-1}=0$	$\frac{2-1}{5-1}=0.25$	$\frac{3-1}{5-1}=0.50$	$\frac{4-1}{5-1}=0.75$	$\frac{5-1}{5-1}=1.00$
식 5·16에 의한 표준화	$\frac{5-1}{5-1}=1.00$	$\frac{5-2}{5-1}=0.75$	$\frac{5-3}{5-1}=0.50$	$\frac{5-4}{5-1}=0.25$	$\frac{5-5}{5-1}=0$

② 평가 인자의 가중치 설정

평가 인자별 가중치를 계산하는 방법으로는 계층분석법, 순위법 등이 있다.

㉠ 계층분석법

계층분석법(analytic hierarchy process, AHP)은 평가하고자 하는 항목이 복합적인 경우 이를 계층화하여 주요 요인과 세부 요인으로 구분한 후 전문가 등의 의견을 바탕으로 쌍대비교(pairwise comparison)하여 가중치를 설정하는 대표적인 방법이다. 가중치를 산출하는 방법에는 고유치법, 간이계산법, 기하평균법 등이 있다. 계층분석법의 분석 절차는 평가하고자 하는 문제 정의 및 목표 설정 → 계층적 구조 설정 → 쌍대비교행렬 작성 → 상대적 중요도 → 일관성 측정 → 최종 결정의 순으로 구성된다. 쌍대비교에서의 가중치는 합이 1이므로 각 요인에 대한 상대적 가중치를 의미한다. 쌍대비교행렬의 요인이 A_1, A_2 ⋯ A_n이고 각각의 가중치 또는 중요도가 w_1, w_2 ⋯ w_n일 경우 쌍대비교행렬은 다음과 같다.

$$A = \begin{array}{c|cccc} & A_1 & A_2 & \cdots & A_n \\ \hline A_1 & w_1/w_1 & w_1/w_2 & \cdots & w_1/w_n \\ A_2 & w_2/w_1 & w_2/w_2 & \cdots & w_2/w_n \\ \vdots & \vdots & \vdots & & \vdots \\ A_n & w_n/w_1 & w_n/w_2 & \cdots & w_n/w_n \end{array}$$

계층분석법의 쌍대비교는 두 요인에 대해서만 중요도를 비교하기 때문에 다른 요인과의 관계를 따질 경우 순위가 반드시 일관적이지는 않다. 따라서 일관성비율(consistency ratio, CR)로 설문 답변자의 일관성을 측정하며, CR의 값이 0.1 이하일 때 일관성이 있다고 판단한다. CR은 일관성 지수(consistency index, CI)를 무작위지수(random index, RI)로 나눈 값이다. RI는 9점 척도일 경우 1~9 사이의 정수를 무작위로 추출한 역수행렬(reciprocal matrix)의 CI 값을 의미하지만, 일반적으로 사티(Saaty, 2008)가 제시한 1~15까지 행렬 요인의 개수에 따른 평균 RI를 사용한다(표 5-5 참조).

$$CR = \frac{CI}{RI} \qquad (5·17)$$

$$CI = \frac{\lambda_{\max} - n}{n-1} \qquad (5·18)$$

$$\text{가중치 곱} = \begin{pmatrix} a_{11} & a_{12} & a_{13} \\ a_{21} & a_{22} & a_{23} \\ a_{31} & a_{32} & a_{33} \end{pmatrix} \begin{pmatrix} w_1 \\ w_2 \\ w_3 \end{pmatrix} \quad \cdots\cdots (5\cdot19)$$

식에서 λ_{max}: 가중치 곱에서 가중치를 나눈 값

표 5-5 사티의 평균 RI

n	RI	n	RI	n	RI
1	0	6	1.25	11	1.52
2	0	7	1.35	12	1.54
3	0.52	8	1.40	13	1.56
4	0.89	9	1.45	14	1.58
5	1.11	10	1.49	15	1.59

㈜ n: 행렬 요인의 개수[Saaty, 2008]

예를 들어 산림의 목재 생산 기능을 평가할 때 경사, 도로접근성, 제재소까지의 거리(산림청, 2014) 중 우선적으로 고려할 순위를 부여하고자 하며, 이때 계층적 구조 설정과 설문지가 그림 5-21과 같다고 하자.

A

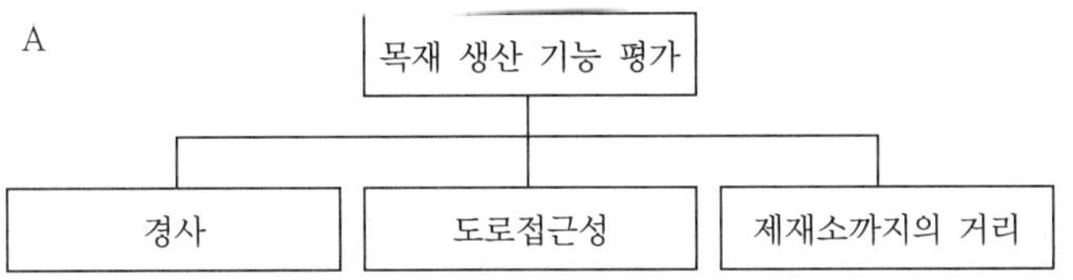

B

질문	절대 중요 (9점)	매우 중요 (7점)	중요 (5점)	약간 중요 (3점)	동등 (1점)
경사가 도로접근성보다 얼마나 중요한가?				○	
경사가 제재소까지의 거리보다 얼마나 중요한가?	○				
도로접근성이 제재소까지의 거리보다 얼마나 중요한가?			○		

그림 5-21 계층적 구조 설정(A) 및 설문지 작성(B) 사례

전문가가 설문지를 토대로 쌍대비교행렬을 구성한 후 간이계산법을 이용하여 중요치를 산출하였다. 간이계산법에서는 쌍대비교행렬 열의 합으로 각 요인을 나누고 각 행의 평균값을 계산하면 행렬의 고유치(eigenvalue)로서 해당 요인의 중요도를 산출할 수 있다. 그림 5-21의 사례에서 간이계산법에 의한 중요도는 각각 경사 0.67, 도로접근성 0.27, 제재소까지의 거리 0.06으로 산출된다(그림 5-22 참조).

A

	경사	도로접근성	제재소까지의 거리
경사	1	3	9
도로접근성	1/3	1	5
제재소까지의 거리	1/9	1/5	1
열의 합	1.4	4.2	15

B

	경사	도로접근성	제재소까지의 거리	중요도 (행의 평균)
경사	1/1.4=0.69	3/4.2=0.71	9/15=0.60	0.67
도로접근성	0.3/1.4=0.23	1/4.2=0.24	5/15=0.33	0.27
제재소까지의 거리	0.1/1.4=0.08	0.2/4.2=0.05	1/15=0.07	0.06

그림 5-22 쌍대비교행렬 구성(A) 및 중요도 산출(B)

이때 일관성 평가를 위한 *CI*는 0.015, *RI*는 행렬 요인의 개수가 3이므로 0.52, *CR*은 0.028로 나타나 일관성이 있다고 해석할 수 있다. 이와 같은 방법으로 여러 설문지의 중요도를 계산하고 일관성을 판단하여 일관성이 없는 설문지는 제외한 후 분석에 적용할 평균 중요도를 결정한다(표 5-6 참조).

표 5-6 쌍대비교행렬의 일관성 평가

구분	가중치 곱	중요도
경사	(1×0.67)+(3×0.26)+(9×0.06)=2.02	2.04/0.67=3.01
도로접근성	(0.3×0.67)+(1×0.26)+(5×0.06)=0.80	0.81/0.27=3.02
제재소까지의 거리	(0.1×0.67)+(0.2×0.26)+(1×0.06)=0.19	0.19/0.06=3.07
$\lambda_{max}-n$	{(3.06+3.03+3.01)/3}−3=0.03	0.03
CI	0.03/(3−1)=0.01	0.015
RI	−	0.52
CR	0.009/0.52=0.018	0.028

㉡ 순위법

순위법(ranking method)은 평가 인자에 1등급, 2등급, 3등급 등의 순위를 매기고 순위에 따라 가중치를 부여해 평가하는 방법이다.

$$w_j = \frac{n-r_j+1}{\sum_{i=1}^{n}(n-r_j+1)} \quad \cdots\cdots (5\cdot20)$$

식에서 w_j: j번째 기준을 위해 정규화된 가중치, n: 고려 중인 기준의 수(n=1, 2 …), r_j: 점수의 순위

표 5-7은 식 5·20을 이용하여 순위법으로 가중치를 계산한 결과이다.

표 5-7 순위법의 적용 예시

평가 인자	순위	가중치 $(n-r_j+1)$	정규화된 가중치
1	2	5−2+1=4	4/15=0.267
2	5	5−5+1=1	1/15=0.067
3	4	5−4+1=2	2/15=0.113
4	3	5−3+1=3	3/15=0.200
5	1	5−1+1=5	5/15=0.333
합계		15	1.000

5·4 원격탐사기술 활용

5·4·1 원격탐사 개념과 구성 요소

원격탐사는 대상물에 대해 직접적으로 접촉하지 않고 전자파 등을 이용하여 정보를 수집하거나 측정하는 기술이다. 지구상의 모든 물체는 구성 물질과 조건이 서로 달라 각기 다른 전자파를 반사(reflection) 또는 복사(radiation)하는 특성이 있기 때문에 전자파를 이용하여 대상물을 분류하거나 측정·분석할 수 있다. 특히 원격탐사기술은 산림과 같이 접근이 어렵고 광범위한 지역을 지속적이고 주기적으로 모니터링하는 데 유용하다.

IPCC가 제시한 「LULUCF에 대한 우수실행지침(Good Practice Guidance for Land Use, Land-Use Change and Forestry)」에서는 산림 및 토지이용 분야에서 탄소저장량 및 온실가스 배출량을 정확히 산정하기 위해 원격탐사기술을 활용하도록 권장하고 있으며, 이 과정에 대한 세 가지 접근 방식(approach)을 제시하고 있다. Approach 1은 토지이용별 면적 변화를 집계하는 내용이며, Approach 3로 수준이 올라갈수록 토지이용의 면적 변화량과 함께 공간적인 개념이 포함된 토지이용 간의 변화량을 파악할 수 있도록 정의하고 있다. 특히 Approach 3에서는 공간정보의 정확도와 정밀도를 높이기 위해 원격탐사기술의 활용을 필수적으로 요구하고 있어 기술의 중요성이 더욱 부각된다. 따라서 우리나라의 2050년 탄소중립 목표 달성을 위한 산림 분야의 온실가스 인벤토리 구축에서 원격탐사기술의 필요성이 크게 강조되고 있다.

정보를 수집하기 위한 원격탐사기술의 구성 요소로는 관측에 사용하는 전자파의 공급원인 에너지원, 관측 대상물, 그리고 전자파를 수집하거나 측정하는 센서(sensor)를 들 수 있다.

에너지원으로는 태양이나 대상물 자체 또는 센서가 해당되며, 센서가 탑재된 비행체를 플랫폼(platform)이라고 한다. 플랫폼에는 기구, 헬리캠, 헬리콥터, 항공기, 인공위성 등이 활용되고 있으며, 다양한 고도에서 원격탐사가 이루어지고 있다.

센서는 수집 방식에 따라 수동형(passive) 센서와 능동형(active) 센서로 나눌 수 있다. 수동형 센서는 대상물로부터 반사되거나 자연 방출된 전자파를 수집하는 방식이며 가시광선 및 적외선 센서가 이에 속한다. 능동형 센서는 자체적으로 전자파를 방출한 후 대상물에서 반사된 신호를 수신하여 데이터를 수집하는 방식이며 레이더(RADAR) 및 라이다(LiDAR)가 대표적이다.

센서의 성능은 주로 네 가지 해상도(resolution) 특성에 의해 결정된다. 공간해상도(spatial resolution)는 영상에서 물체를 얼마나 세밀히 구별할 수 있는지 나타내며, 분광해상도(spectral resolution)는 센서가 관측할 수 있는 전자파의 파장 범위를 나타낸다. 방사해상도(radiometric resolution)는 디지털 수치(digital number, DN)의 표현 범위를 나타내며, 시간해상도(temporal resolution)는 동일 지역을 주기적으로 관측할 수 있는 빈도를 의미한다. 이 네 가지 해상도를 조합하여 목적에 부합하는 최적의 센서를 선택해 활용한다.

5·4·2 위성영상 종류와 특징

지구 자원이나 환경 관측을 목적으로 한 지구관측위성으로는 1972년 미국에서 발사된 랜드샛을 시작으로 현재까지 랜드샛 9호, 프랑스의 스폿 7호 등이 발사되어 세계적으로 널리 이용되고 있다. 1999년 상업용 위성인 이코노스(IKONOS)가 발사됨으로써 기존 지구관측위성으로는 수집할 수 없던 고해상도 영상을 일반인도 활용할 수 있게 되었다. 2014년 발사된 플래닛스코프(PlanetScope)는 플래닛랩스(Planet Labs)사에서 운용 중인 소형 군집위성 시스템으로, 전 지구를 매일 재방문해 관측할 수 있다. 이는 농업, 환경 모니터링 등에 활용되고 있으며 변화 탐지 및 시계열 분석에 유용하다.

국내에서는 한국항공우주연구원(KARI)에서 개발한 지구관측용 다목적실용위성인 아리랑 위성이 국토 관측 및 공공서비스를 제공하고 있다. 고해상도 카메라로 정밀 지상 관측이 가능하며, 2015년 발사된 아리랑 3A호의 해상도는 흑백 0.55m, 컬러 2.2m이다. 적외선 센서가 탑재되어 주야 및 기상 조건에 관계없이 관측이 가능하며, 재해 및 환경 감시 등에 활용되고 있다.

위성영상을 기반으로 산림을 분석하는 경우 분석 목적에 따라 적합한 위성영상을 선택할 수 있다. 국가 및 임분 단위 분석에는 1개의 신(scene)에 넓은 면적을 촬영하는 랜드샛, 스폿, 래피드아이(RapidEye), 센티넬 2호(Sentinel-2)와 같은 중해상도 영상이 유리하며, 개체목 단위의 정밀 분석에는 이코노스, 아리랑 위성, 국토위성 1호(CAS500-1)와 같은 고해상도 영상을 활용하는 것이 유리하다.

위성영상은 뛰어난 해상도와 관측 능력을 제공할 수 있으나, 일반 사용자가 직접 수집하기

표 5-8 주요 위성별 제원

위성	운용 기간	고도 (km)	관측폭 (가로×세로) (km)	센서*	해상도				
					시간 (일)	방사 (bit)	분광**		공간 (m)
							밴드	파장(μm)	
Landsat-9	2021~ 현재	705	185×185	OLI-2	16일	14	1(CA)	0.43~0.45	30
							2(Blue)	0.45~0.51	30
							3(Green)	0.53~0.59	30
							4(Red)	0.64~0.67	30
							5(NIR)	0.85~0.88	30
							6(SWIR1)	1.57~1.65	30
							7(SWIR2)	2.11~2.29	30
							8(Pan)	0.50~0.68	15
							9(Cirrus)	1.36~1.39	30
				TIR-2			10(TIRS1)	10.60~11.19	100
							11(TIRS2)	11.50~12.51	100
SPOT-7	2014~ 2023	694	60×60	NAOMI	<5일	12	Pan	0.45~0.75	1.5
							1(Blue)	0.45~0.52	6
							2(Green)	0.53~0.59	6
							3(Red)	0.62~0.69	6
							4(NIR)	0.76~0.89	6
IKONOS-2	1999~ 2015	681	11×11	MSC	<5일	11	Pan	0.45~0.90	0.8
							1(Blue)	0.45~0.52	3.2
							2(Green)	0.53~0.61	3.2
							3(Red)	0.64~0.72	3.2
							4(NIR)	0.76~0.86	3.2
RapidEye	2008~ 2020	630	77×77	MSC	5일	12	1(Blue)	0.44~0.51	6.5
							2(Green)	0.52~0.59	
							3(Red)	0.63~0.68	
							4(RedEdge)	0.69~0.73	
							5(NIR)	0.76~0.85	
Planet Scope	2014~ 현재	475	32×32	MSC	매일	12	1(Blue)	0.45~0.52	4
							2(Green)	0.50~0.69	
							3(Red)	0.59~0.67	
							4(NIR)	0.78~0.86	
KOMPSAT -3A (아리랑 3A호)	2015~ 현재	528	12×12	AEISS	<3일	14	Pan	0.45~0.90	0.6
							1(Blue)	0.45~0.52	2.2
							2(Green)	0.52~0.60	2.2
							3(Red)	0.63~0.69	2.2
							4(NIR)	0.76~0.90	2.2
CAS500-1 (국도위성 1호)	2021~ 현재	500	12×12	MSC	<5일	12	Pan	0.45~0.90	0.5
							1(Blue)	0.45~0.52	2
							2(Green)	0.53~0.60	
							3(Red)	0.63~0.69	
							4(NIR)	0.76~0.90	

주 * OLI: Operational Land Imager, TIR: Thermal Infrared Sensor, MSC: Multi-Spectral Camera, AEISS: Advanced Earth Imaging Sensor System, NAOMI: New Astrosat Optical Modular Instrument

** NIR: 근적외선, SWIR: 단파적외선, TIRS: 열적외선, Pan: 전정색, CA: 해안에어로졸

[Landsat Science, eoPortal, earth online, 한국항공우주연구원]

어려울 수 있고 높은 비용을 요구하는 경우가 많다. 그러나 최근에는 누구나 무료로 활용할 수 있는 오픈 데이터도 널리 제공되므로 이를 활용하면 유용하다. 미국지질조사국(United States Geological Survey, USGS)에서 공개하는 랜드샛 시리즈는 30m의 중해상도 영상을 제공하며, 1972년 랜드샛 1호부터 현재 랜드샛 9호까지 장기적인 시계열 데이터를 무료로 제공하고 있다(USGS Earth Explorer; earthexplorer.usgs.gov). 이는 산림 면적의 변화, 토지피복 분석, 산불 피해지 모니터링 등 대면적 단위의 분석에 유용하게 활용할 수 있다. 유럽우주국(European Space Agency, ESA)에서 개발한 센티넬 2호 위성은 10~60m 해상도의 다중분광영상을 제공하며 5일 주기로 전 지구를 관측한다. 센티넬 2호 데이터는 코페르니쿠스 오픈 액세스 허브(Copernicus Open Access Hub; scihub.copernicus.eu)를 통해 무료로 이용 가능하며, 산림의 밀도 분석, 병해충 탐지, 식생지수(NDVI) 계산에 유용하게 활용할 수 있다.

국내에서는 국토지리정보원에서 2022년 발사된 국토위성 1호의 영상을 제공한다. 국토위성 1호는 해상도가 흑백 0.5m, 컬러 2m이며, 국토 모니터링 및 재해 관리를 목적으로 설계되었다. 이 데이터는 국토정보플랫폼(map.ngii.go.kr)을 통해 제한적으로 공개되며, 고해상도 영상이기 때문에 산림경영에서는 산림 경계 확인, 산지 개발 감시 등 정밀 모니터링에 유용하게 활용되고 있다.

5·4·3 영상전처리

원격탐사를 위한 영상처리의 순서를 간략히 요약하면 영상 입수 → 전처리 → 영상분류 → 후처리로 구분할 수 있다. 영상은 미국지질조사국 또는 GLCF(Global Land Cover Facility) 등의 사이트에서 무료로 내려받을 수 있으며, 해당 사이트에서 사용자가 원하는 센서를 선택하고 시기, 계절, 구름량 등의 조건을 설정해 검색하면 된다.

전처리에는 영상강조, 컬러합성, 복사량보정, 기하보정 등이 있으며 위성영상의 분석에 앞서 진행하는 중요한 작업이다. 복사량보정은 영상에 들어 있는 오차나 왜곡을 수정하여 참값에 가까운 형태로 변환하는 것이 목적이라면 영상강조나 컬러합성은 사용자가 영상정보를 시각적으로 보다 쉽게 파악할 목적으로 한다.

1 영상강조

영상자료를 목적에 따라서 판독하기 쉽게 가공하는 일을 영상강조라고 한다. 넓은 의미로는 컬러합성도 영상강조의 하나로 볼 수 있지만 일반적으로는 농도변환, 필터링 등을 영상강조에 포함한다.

농도변환은 영상자료의 농도를 바꾸도록 처리하여 임의의 농도 분포를 가진 영상을 만드는 과정으로, 함수를 이용하는 방법과 농돗값의 히스토그램(histogram) 형상을 조정하는 방법이 있다. 대표적인 방법은 선형변환, 히스토그램정규화, 히스토그램평활화 등이 있으며(그림

5-23 참조), 콘트라스트(contrast)를 이용하면 농도 범위를 넓혀 상세하게 확인할 수 있다.

① 선형변환

선형변환(linear)은 입력영상의 농돗값을 선형함수로 변환하는 일을 말한다. 다음의 식과 같이 출력영상 농도의 최댓값과 최솟값을 임의 구간의 농돗값으로 치환하여 콘트라스트의 강도를 조정할 수 있다.

$$x = \frac{y_{max} - y_{min}}{x_{max} - x_{min}}(x - x_{min}) + y_{min} \quad (5\cdot21)$$

식에서 x: 영상의 농돗값, $x_{max} - x_{min}$: x의 치역, $y_{max} - y_{min}$: y의 치역

② 히스토그램정규화

히스토그램정규화(normalize)는 입력영상 농도의 빈도 분포를 인간의 눈으로 인식하기 쉬운 정규분포에 가까운 형태로 변환하는 방법이다. 그러나 입력영상의 농도 뷴포가 정규분포와 다른 경우에는 빈도가 높은 농돗값을 가진 구간의 정보가 압축되는 경향이 발생한다. 따라서 분석하고자 하는 영상의 DN 값 범위가 좁고 선명하지 않을 때 히스토그램정규화 방법을 이용한 화상강조가 가능하다.

③ 히스토그램평활화

히스토그램평활화(equalize)는 입력영상 농도의 빈도 분포를 각 농돗값의 빈도가 동일하도록 변환하는 방법이다. 이 방법으로 변환을 실행하면 빈도가 높은 농돗값의 구간이 강조되는 반면에 빈도가 낮은 농돗값의 구간은 압축된 영상이 만들어진다.

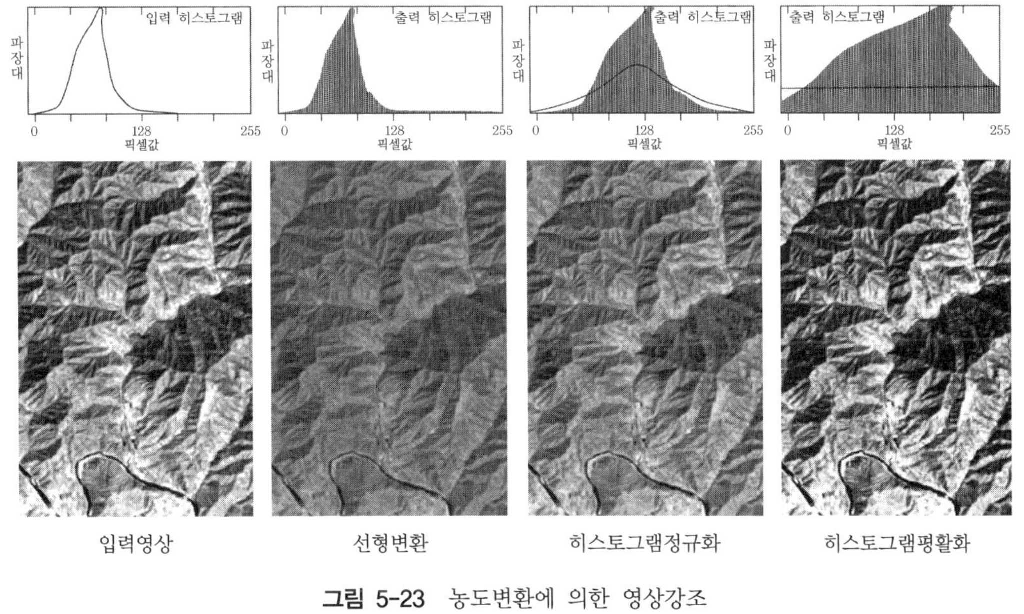

그림 5-23 농도변환에 의한 영상강조

2 컬러합성

원격탐사 센서를 통해 수집한 정보는 수치정보이므로 이를 시각화하기 위해서는 수치정보의 값을 영상의 농담으로 치환해야 한다. 영상의 3개 밴드(band) 자료를 각각 RGB 등의 원색에 할당해 영상화하는 과정을 컬러합성(color composite)이라고 한다. 컬러합성에는 적(red), 녹(green), 청(blue) 삼원색의 광원에 의한 가법혼색과 청록(cyan), 자홍(magenta), 노랑(yellow) 삼원색의 잉크를 이용한 감법혼색이 있다. 디스플레이 등이 가법혼색에 해당하며, 가법혼색에 의한 컬러합성을 RGB합성이라고도 한다.

수치정보를 영상화할 때에는 멀티 밴드의 데이터를 삼원색에 할당하는 경우가 일반적이다. 식생을 포함한 지역을 표시할 때에는 식생의 반사량이 높은 근적외선 밴드를 어떤 색상에 할당하는가에 따라 영상이 크게 달라지며, 대표적인 컬러합성 방법은 트루컬러와 폴스컬러 합성으로 구분된다.

① 트루컬러 합성

가시광선의 적색 파장대 밴드를 R에, 녹색 파장대 밴드를 G에, 청색 파장대 밴드를 B에 할당해 영상화하는 컬러합성을 트루컬러 합성(true color composite)이라고 하며, 인간의 눈으로 보는 것과 동일한 색으로 영상을 표현할 수 있는 장점이 있다. 예를 들어 랜드샛 5호와 랜드샛 7호의 경우 밴드 3을 R에, 밴드 2를 G에, 밴드 1을 B에 할당하면 트루컬러 영상을 합성할 수 있다.

② 폴스컬러 합성

인간의 눈으로 감지되지 않는 파장대 밴드를 사용하는 컬러합성을 폴스컬러 합성(false color composite)이라고 하며, 적외컬러 합성과 자연컬러 합성을 들 수 있다.

㉠ 적외컬러 합성

적외컬러 합성에서는 근적외선 파장대 밴드를 R에, 적색 파장대 밴드를 G에, 녹색 파장대 밴드를 B에 할당하여 영상을 합성하며, 식생 부분이 적색으로 표현된다. 예를 들어 랜드샛 5호와 랜드샛 7호의 경우 밴드 4를 R에, 밴드 3을 G에, 밴드 2를 B에 할당하여 영상을 합성할 수 있다.

㉡ 자연컬러 합성

가시광선의 적색 파장대 밴드를 R에, 근적외선 파장대 밴드를 G에, 녹색 파장대 밴드를 B에 할당해 영상화하는 컬러합성을 자연컬러(natural color) 합성이라고 하며, 식생 부분이 녹색으로 표현된다. 예를 들어 랜드샛 5호와 랜드샛 7호의 경우 밴드 3을 R에, 밴드 4를 G에, 밴드 2를 B에 할당하여 영상을 합성할 수 있다.

㉢ 의사컬러 표시

의사컬러(pseudo color) 표시는 사용자가 각각의 픽셀값에 임의의 색상을 부여하여 컬러영상을 표현하는 방법이다. 즉 픽셀값을 연속한 색상표에 할당해 표현하며, 값의 단조(單調)를 시각적으로 쉽게 판별할 수 있는 특징이 있다. 예를 들어 랜드샛 TM의 열 밴드(thermal band) 값은 농담보다 색으로 표현하면 온도의 차이를 쉽게 구분할 수 있다.

3 기하보정

수집한 영상정보는 지구와 위성체의 상대적 운동, 센서의 특성 등 여러 가지 원인으로 인해 공간적인 왜곡이 발생하며 이를 기하왜곡이라고 한다. 기하보정은 영상의 기하왜곡을 보정하는 과정을 말하며, 대부분 참조자료(예 수치지형도, 도로망도 등)와 영상 간의 지상기준점(ground control point, GCP)을 설정하여 기하보정을 실시한다. GCP 보정은 참조자료의 좌표를 영상의 좌표로 간주하여 두 좌표를 일치시키는 일이다. GCP로는 시간이 흘러도 변하지 않는 지역을 선정해야 한다. 기하보정의 과정은 일반적으로 입력영상→보정 방법과 보정식 결정→재배열 및 보간→평균제곱근 오차 검증→출력영상 순으로 진행된다.

보정 방법은, 센서 구조(센서의 위치 및 거리 등)와 관련한 이론적 보정식을 대입해 보정하는 계통적 보정법(systematic distortion)과, 영상 좌표계와 지도 좌표계를 GCP로 변환하는 비계통적 보정법(non-systematic distortion)으로 나뉜다. 비계통적 보정법에서는 GCP에 의한 좌표변환식을 산출한 후 산출식을 이용하여 영상의 픽셀들을 새로운 영상으로 재배열(resampling)함으로써 영상을 출력할 수 있다. 주로 사용되는 재배열 방법에는 최근린법, 이중선형법, 3차 회선(cubic convolution) 보간법 등이 있다. 여기서 영상 좌표와 지도 좌표의 위치정확도는 평균제곱근 오차(root mean square error, RMSE)를 통해 검증하며, 산출식은 다음과 같다.

$$RMSE = \sqrt{(x'-x)^2 + (y'-y)^2} \quad \cdots\cdots (5\cdot22)$$

식에서 x, y: 출력영상의 보정 좌푯값, x', y': 지도 자료의 참조 좌푯값

우리나라는 「공간정보의 구축 및 관리 등에 관한 법률」 제6조, 「기본공간정보 구축규정」 제8조에 따라 2013년부터 UTM-K 좌표계를 국가 공인 좌표계로 활용하고 있다. UTM-K는 중앙경선(central meridian)을 127° 30′ E, 38° N으로 설정한 단일 원점 좌표계이며, GRS80 타원체를 기준으로 횡축 메르카토르 투영법과 한국측지계2002(Korean Geodetic Datum 2002, KGD2002)를 적용한 좌표계이다. 횡축 메르카토르 투영법은 원통형 등각투영법의 하나로, 중앙경선을 중심으로 한 원통에 지구 타원체를 투영하여 평면으로 전개하는 방식이다. KGD2002는 세계측지계로 채택된 ITRF2000(International Terrestrial Reference Frame 2000)을 기준으로 한반도 지역에 맞게 수정한 측지기준계이다. X, Y, Z의 삼차원 직교좌표계로, 지구 질량 중심으로부터 그리니치 자오선과 적도의 교점 방향으로 X축, 동경 90° 방향으로 Y축, 북극 방향으로 Z축의 공간상 위치를 숫자로 표현한다.

5·4·4 영상분류

원격탐사기술은 인간에 의한 판독과 컴퓨터에 의한 처리를 상호 이용함으로써 토지피복 분

류, 변화 탐지, 물리량 추출 등을 객관적이고 신속하게 할 수 있는 장점이 있다. 원격탐사에서 영상분류란, 원격탐사 데이터의 각 영상을 구성하고 있는 픽셀값을 산림, 농지, 초지, 나지, 시가지 등 복수의 분류항목으로 구분하는 과정을 의미한다. 이렇게 픽셀값을 이용해 분류하는 일을 픽셀기반 분류라고 하며, 픽셀 정보뿐만 아니라 모양, 질감, 형태적 특성을 모두 고려한 후 영상을 객체 단위로 분할해 분류하는 일을 객체기반 분류라고 한다. 또한 분석자의 의견 개입 여부에 따라 감독분류와 무감독분류로 구분한다.

1 픽셀기반 분류

① 감독분류

감독분류는 사용자가 분류항목의 지역적 위치, 분광정보를 알고 있는 경우에 사용하는 방법이다. 사용자가 분류항목별 훈련 데이터(training data)를 선정하면 훈련 데이터를 기준으로 각 픽셀이 어떤 분류항목과 유사한지를 알고리즘이 판별하여 영상을 분류한다. 감독분류의 경우 분류항목 선정→훈련 데이터 추출→모집단 통계량 추정→통계량에 의한 분류(알고리즘 이용)→분류 정확도 평가의 순서로 이루어진다.

감독분류에서 유사한 분류항목으로 판별하는 대표적 알고리즘으로는 다단계슬라이스법, 최단거리법, 최대우도법 등이 있다. 다단계슬라이스법(multi-level slice)은 밴드별 다차원 특징 공간을 분할해 얻은 직육면체가 각 분류항목별로 할당되는 방식이다. 최단거리법(minimum distance classification)은 각 분류항목의 특징과 픽셀 정보의 유사도를 유클리드 거리로 계산하여 가장 가까운 분류항목에 해당 픽셀을 할당하는 방식이며, 최대우도법(maximum likelihood classification)은 정의된 분류항목에서 각 픽셀이 할당될 우도(확률)를 계산하여 각 픽셀이 최대우도가 되는 분류항목에 포함되는 방식이다.

최근 이미지 분류에 사용되는 AI 기법으로는 머신러닝 기반의 서포트 벡터 머신, 랜덤 포레스트, 합성곱신경망 등이 있다. 서포트 벡터 머신(support vector machine, SVM)은 최적의 경계면을 찾는 방식으로 데이터를 분류하며, 랜덤 포레스트(random forest, RF)는 다수의 의사결정나무(decision tree)를 이용한 결과를 결합하여 높은 정확성을 얻는 방법이다. 합성곱신경망(convolutional neural network, CNN)은 이미지의 공간적 특징을 학습하여 처리하는 딥러닝(deep learning) 기법으로, 복잡한 이미지 패턴을 인식하는 데 강점이 있으며 대규모 데이터에도 높은 정확도를 보인다.

㉠ 분류항목의 특징량과 특징공간

사용자의 이용 목적에 따라서 대상지의 수분, 토양, 식생과 같은 항목을 분류항목으로 선정한다. 각 항목을 수치로 표현할 수 있는 지표를 특징량(feature)이라고 하며, 일반적으로 영상분류에 사용되는 위성영상의 경우 영상을 구성하고 있는 밴드가 특징량이 되며, 복수의 밴드가 있으면 특징량도 복수가 된다. 복수의 특징량이 있는 경우 특징량을 각 축으로 하는 공간으로 표현할 수 있으며, 이를 특징공간(feature space)이라고 한다. 이때의 축을 특징벡터(feature vector)라고 하며, 밴드 1, 2, 3인 3개의 특징량으로 이루어진 위성영상의 경우 X축에 밴드 1, Y축에 밴드 2, Z축에 밴드 3을 할당하면 삼차원의 특징공간이 된다.

㉡ 훈련 데이터 추출

영상분류의 정확도를 향상하려면 훈련 데이터의 추출이 중요하다. 훈련 데이터는 영상 안에서 분류항목의 대표적인 지역을 샘플링(sampling)한 영역이며, 지상조사(ground truth) 등으로 확실하게 확인된 영역을 추출해야 한다. 지상조사가 불가능할 경우에는 수치지형도 또는 항공사진 등 위치정보와 토지피복을 알 수 있는 자료를 보조로 활용한다. 다중분광영상을 이용할 경우 다중분광영상에서 훈련 데이터를 추출하면 각 분류항목의 분광반사 특성을 추정할 수 있으며, 추정된 각 분류항목의 분광반사 특성으로 영상 전체를 분류할 수 있다.

원격탐사에서의 분류는 토지피복 분류를 의미하며, 토지피복은 지표가 어떤 물질로 덮여 있는지를 가리킨다. 이와 유사한 용어로 토지이용이 있지만 토지이용은 인간이 어떠한 목적을 가지고 토지를 이용하고 있는지를 뜻하기 때문에 토지피복과 토지이용은 의미상 차이가 있음을 유의해야 한다. 원격탐사의 영상처리에서 토지피복 용어를 많이 사용하는 이유는 지표의 피복 상태와 관련한 정보가 수집되기 때문이다. 논을 예로 들어 보면 계절에 따라서 토지→물→식생→토지와 같이 토지피복 상태가 변화하지만 토지이용으로서의 논은 변함이 없다. 산림 분야에서도 마찬가지로 시업에 의한 벌채인지 토지이용 변경을 위한 벌채인지 구분하기가 어렵다. 엄밀히 말하자면 원격탐사로 획득한 토지피복 정보만 가지고 토지이용을 추정하기에는 한계가 있다.

② 무감독분류

무감독분류는 분류 알고리즘을 이용하여 유사한 분광 특성을 가진 픽셀을 자동으로 그룹화(clustering)하는 방법이다. 훈련 데이터는 필요하지 않지만 사용자가 그룹의 최대 개수, 그룹화의 최대 범위, 그룹화의 최소 거리와 같은 변수를 고려하여 입력해야 한다. 그룹화가 완료되면 사용자가 분류항목별로 그룹을 묶어 의미를 부여하거나 명명한다. 무감독분류의 경우 분류 개수 선정→알고리즘에 의한 자동 분류→분류항목에 대한 의미 부여의 순으로 이루어진다.

대표적인 무감독분류 알고리즘으로는 k-평균(k-means), 반복 자기조직화 데이터 분석 기법(iterative self-organizing data analysis technique algorithm, ISODATA) 등이 있다. k-평균과 ISODATA는 초기 임의의 그룹 중심의 파장별 거리를 계산하여 각 픽셀을 그룹화하는 방식이 유사하지만, k-평균은 임의의 픽셀이 결정된 그룹에 무조건 할당되는 반면에 ISODATA는 임의의 픽셀이 다른 그룹에 속하기도 하는 차이가 있다.

2 객체기반 분류

객체기반 분류는 픽셀기반 분류와 다르게 대상물의 분광정보뿐만 아니라 모양, 질감, 형태 등의 특성을 모두 고려한 후 영상을 객체 단위로 분할해 분류하는 방법이다. 영상을 분할한 뒤에는 픽셀기반 분류와 같이 훈련 데이터의 사용 여부에 따라서 감독분류 또는 무감독분류로 분류할 수 있으며, 방법과 알고리즘은 픽셀기반 분류와 동일하다.

객체기반 분류는 분류항목 선정→객체기반 가중치 선정→영상분할→분류항목별 훈련 데이터 추출→분류도 작성→분류정확도 평가의 순서로 이루어지며, 객체기반 가중치로는 분할축척(scale), 공간정보(shape)와 분광정보(color), 공간정보의 하위 인자인 조밀도(compactness), 평활도(smoothness)를 적용하여 영상을 분할한다.

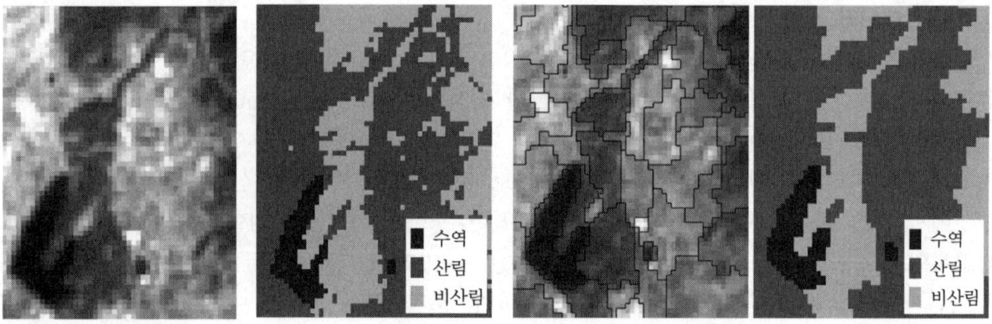

입력영상 (Landsat TM RGB: 432) | 픽셀기반 분류 | 객체기반 영상분할 → 객체기반 분류

그림 5-24 픽셀기반 분류와 객체기반 분류

[3] 분류정확도 평가

영상을 분류한 후에는 분류정확도를 평가해야 한다. 일반적으로 감독분류의 경우 수행자에 의한 분류항목별 훈련 데이터와, 알고리즘에 의한 자동분류 결과의 혼동행렬(confusion matrix) 또는 오차행렬(error matrix)을 작성하여(그림 5-25 참조) 분류정확도를 평가하며, 또한 분류영상과 현장조사 정보를 비교하여 정확도를 평가할 수 있다. 분류정확도를 평가하는 방법에는 전체정확도, 생산자정확도, 사용자정확도, F1 점수, 카파 분석 등이 있다.

		분류항목			행 합계
		산림	나지	수역	
참조자료 (훈련 데이터)	산림	80	10	10	100
	나지	5	90	5	100
	수역	6	10	84	100
열 합계		91	110	99	300

그림 5-25 분류정확도 평가를 위한 혼동행렬 작성 사례

① 전체정확도

전체정확도(overall accuracy, OA)는 분류된 지도의 전체적인 정확도를 의미한다. 혼동행렬에서 정확하게 분류된 픽셀 수(대각선의 합)를 혼동행렬의 모든 픽셀 수(N)로 나눈 값이다. 그림 5-25 사례의 전체정확도를 계산하면 다음과 같다.

$$OA = \frac{80+90+84}{300} = 0.847$$

② 생산자정확도

생산자정확도(producer's accuracy, PA) 또는 재현율(recall)은 실제 생산자(분석가)가 분류항목을 얼마나 잘 분류했는지에 대한 정확도를 의미하며, 항목별로 정확하게 분류된 픽셀을 참조자

료에서 그 항목에 해당하는 총 픽셀 수(행의 합)로 나눈 값이다(표 5-9 참조).

③ 사용자정확도

사용자정확도(user's accuracy, UA) 또는 정밀도(precision)는 분류된 하나의 픽셀이 실제 지상에서 얼마나 잘 분류됐는지에 대한 정확도를 의미하며, 항목별로 정확하게 분류된 픽셀을 실제 분류된 그 항목에 해당하는 총 픽셀 수(열의 합)로 나눈 값이다(표 5-9 참조).

④ F1 점수

F1 점수(F1-score)는 분류 성능을 평가하기 위해 사용자정확도와 생산자정확도의 조화평균을 계산한 값으로(표 5-9 참조), 분류 모델 및 분류 범주별 정확도를 종합적으로 평가하는 데 널리 사용된다. F1 점수의 값은 0~1 사이이며, 값이 1에 가까울수록 사용자정확도와 생산자정확도가 모두 높음을 의미한다. 따라서 F1 점수는 불균형 데이터의 평가에 유리하며, 분류 범주가 불균형한 경우 전체정확도보다 더 신뢰할 수 있는 평가 지표로 사용된다.

표 5-9 혼동행렬을 활용한 분류정확도 계산

분류항목	생산자정확도	사용자정확도	F1 점수
산림	$\frac{80}{100}=0.8$	$\frac{80}{91}=0.879$	$\frac{2\times(0.8\times0.879)}{(0.8+0.879)}=0.838$
나지	$\frac{90}{100}=0.9$	$\frac{90}{110}=0.818$	$\frac{2\times(0.9\times0.818)}{(0.9+0.818)}=0.857$
수역	$\frac{84}{100}=0.84$	$\frac{84}{99}=0.848$	$\frac{2\times(0.84\times0.848)}{(0.84+0.848)}=0.844$

⑤ 카파 분석

이산다변량 기법 중 하나인 카파 분석(Kappa analysis)에서는 카파 상관계수인 $\hat{K}$를 산출하여 분류정확도를 평가한다. 혼동행렬에서 계산되는 $\hat{K}$는 분류된 지도가 참조자료와 얼마나 일치하는가를 나타낸다. 분류 지도와 지상 참조자료 사이의 정확도 또는 일치도의 기준인 $\hat{K}$의 범위를 일반적으로 0.4 미만, 0.4~0.8, 0.8 이상으로 구분할 수 있다. 0.8 이상은 높은 일치도, 0.4~0.8은 보통 정도의 일치도, 0.4 미만은 낮은 일치도로 판단한다.

$$\hat{K}=\frac{N\sum_{i=1}^{k}x_{ii}-\sum_{i=1}^{k}(x_{i+}\times x_{+i})}{N^2-\sum_{i=1}^{k}(x_{i+}\times x_{+i})} \quad \cdots\cdots (5\cdot23)$$

식에서 k: 행렬에서 열의 수, x_{ii}: 열 i와 행 i의 관측 수, x_{i+}, x_{+i}: 각각 열 i와 행 i의 합계, N: 총 관측 수

식 5·23을 이용하여 그림 5-25의 사례에 대한 $\hat{K}$를 구하면 다음과 같다.

$$N = 300$$

$$\sum_{i=1}^{k} x_{ii} = 80 + 90 + 84 = 254$$

$$\sum_{i=1}^{k} (x_{i+} \times x_{+i}) = (91 \times 100) + (110 \times 100) + (99 \times 100) = 30{,}000$$

$$\hat{K} = \frac{300 \times 254 - 30{,}000}{300^2 - 30{,}000} = 0.77$$

연습문제 ▌

1. 산림공간정보시스템의 대표적 주제도인 임상도의 구축 과정에 대해 설명하시오.
2. GIS의 도형정보 분석 방법 중 클립과 머지에 대해 설명하시오.
3. A는 (0, 0), B는 (1, 3), C는 (2, 1)에 위치하고 각각 15, 20, 30의 값을 가지고 있다. 역거리 가중법을 이용하여 보간을 수행할 경우 미지의 관측점 P(1, 1)의 값은 얼마인지 계산하시오. (단, k는 2)
4. 산림경영자가 대상지 A에서 벌채지를 선정하려고 한다. 평가 인자로 임상, 경급, 표고, 경사, 도로접근성을 사용하며, 각 평가 인자의 순위는 임상 2, 경급 4, 표고 3, 경사 1, 도로접근성 5이다. 순위법을 사용하여 평가 인자별 가중치를 계산하시오.

평가 인자	순위	가중치	정규화된 가중치
임상	2		
경급	4		
표고	3		
경사	1		
도로접근성	5		

5. 다음 표는 위성영상을 이용하여 감독분류로 얻은 토지피복 분류의 결과표이다. 분류정확도를 평가하기 위한 전체정확도와 카파 상관계수를 계산하시오.

구분	산림지	농경지	초지	습지	정주지	합계
산림지	180	45	20	40	15	300
농경지	30	165	40	20	25	280
초지	20	25	80	10	5	140
습지	10	15	10	110	35	180
정주지	20	10	20	30	150	230
합계	260	260	170	210	230	1,130

참고문헌 ▌

1. 국가법령정보센터. law.go.kr. 법제처.
2. 국가산불위험예보시스템. forestfire.nifos.go.kr. 산림청.
3. 국토정보플랫폼. map.ngii.go.kr. 국토지리정보원.
4. 김경민, 김철민, 전은진, 공지수. 2008. 수치임상도(1:25,000) 표준 제작체계. 국립산림과학원.
5. 김계현. 2004. 공간분석. 두양사.
6. 김동희, 양인태, 최승필, 최철순. 2005. 리모트센싱 데이터 해석의 기초. 일광.
7. 김영섭, 서애숙, 조명희 외. 2004. 원격탐사개론. 동화기술교역.
8. 김지홍, 최정기, 이정수 외. 2013. 산림경영의 이해. 강원대학교 출판부.
9. 산림경영이음. e-um.forest.go.kr. 산림청.
10. 산림공간정보서비스. fgis.forest.go.kr. 산림청.
11. 산사태정보시스템. sansatai.forest.go.kr. 산림청.
12. 산지정보시스템. forestland.go.kr. 산림청.
13. 신징엽, 이상일. 2008. GIS의 개념과 원리. 다락방.
14. 안종만, 우종춘, 윤화영 외. 2007. 산림경영학. 향문사.
15. 원명수, 장근창, 윤석희. 2018. 봄철과 가을철의 기상에 의한 전국 통합 산불발생확률 모형 개발. 한국농림기상학회지 20(4): 348-356.
16. 이창우, 우충식, 서준표 외. 2024. 2024년 산사태 제대로 알기. 국립산림과학원.
17. 이희연. 2003. GIS: 지리정보학. 법문사.
18. 정진현, 변재경, 이승우, 지동훈. 2011. 산림입지토양도(1:5000) 제작 표준매뉴얼 ver. 2.0. 국립산림과학원.
19. 조현국, 유병오, 김성호 외. 2012. 디지털 항공영상을 이용한 대축척 임상도 제작 및 갱신방법 개발. 국립산림과학원.
20. 최형태, 김재훈, 임홍근, 양현제. 2021. 산림토양·물지도 제작 표준 매뉴얼. 국립산림과학원.
21. 한국임업진흥원. 2022. 임상도 현행화 제작(DB구축 작업매뉴얼).
22. 한국항공우주연구원. kari.re.kr.
23. 환경공간정보서비스. aid.mcee.go.kr. 기후에너지환경부.
24. 환경부. 2025. 생태·자연도 해설서.
25. Avery TE, Burkhart HE. 2002. Forest Measurements. 5th edition. McGraw-Hill Higher Education.
26. Buduma N, Buduma N. 2022. Fundamentals of Deep Learning. O'Reilly Media.
27. Clarke KC. 1999. Getting Started with Geographic Information Systems. 2nd edition. Prentice Hall.
28. earth online. earth.esa.int. European Space Agency.
29. eoPortal. eoportal.org. European Space Agency.
30. Géron A. 2019. Hands-on Machine Learning with Scikit-Learn, Keras & Tensorflow. 2nd edition. O'Reilly Media.

31. Jensen JR. 2000. Remote Sensing of the Environment. Prentice Hall Series.
32. Jensen JR. 2004. Introductory Digital Image Processing: A Remote Sensing Perspective. 3rd edition. Pearson Education.
33. Landsat Science. landsat.gsfc.nasa.gov. NASA.
34. Lo CP, Yeung AK. 2002. Concept and Techniques of Geographic Information Systems. Pearson Education.
35. Longley PA, Goodchild MF, Maguire DJ, Rhind DW. Geographical Information Systems: Principles, Techniques, Management and Applications. 2nd edition. Wiley.
36. Malczewski J. 1999. GIS and Multicriteria Decision Analysis. John Wiley.

제6장 산림경영 경제성 분석

산림경영에서는 편익(benefit)과 비용(cost)이 서로 다른 시기에 발생하기 때문에 이를 공정하게 비교하고 평가하기 위해서는 동일 시점의 가치로 환산하는 과정이 필요하다. 이때 중요하게 사용되는 요소가 바로 이자율(interest rate)이며, 이자율을 활용하여 현재가치(present value)와 미래가치(future value)를 비교할 수 있다. 즉 현재가치에 이자율을 적용해 복리로 계산하면 미래가치로 변환할 수 있고, 반대로 미래가치에 동일한 할인율(discount rate)을 적용해 할인하면 현재가치를 도출할 수 있다. 복리계산과 이자율을 활용하여 각 시점의 가치를 동일한 기준으로 환산하는 과정을 통해 산림경영에서 발생하는 각종 비용과 수익을 같은 단위로 표현할 뿐만 아니라 모든 가치를 동일 시점에서 측정할 수 있다.

특히 산림계획을 수립하고 평가할 때에는 조성 비용, 연차적으로 발생하는 관리비, 생장기간 동안 이루어지는 간벌수입, 그리고 최종적으로 수확하는 주벌수입까지 여러 경제적 요소를 고려해야 한다. 이들 요소는 발생 시점이 서로 다르기 때문에 경제적 비교를 위해서는 모든 가치를 동일한 시점으로 환산해야만 산림경영의 수익성을 보다 정확하게 평가할 수 있으며, 서로 다른 경영계획의 경제성을 객관적으로 비교할 수 있다. 이러한 과정을 통해 서로 다른 시점에 발생하는 금전적 가치를 공통된 기준에서 비교하고 평가할 수 있으며, 특히 장기적인 재무계획이나 투자분석, 산림경영에서 효율적인 의사결정을 내리는 데 중요한 역할을 한다.

6·1 경영분석을 위한 계산 기초

일반적으로 복리이자식(compound interest formula)은 비용 · 수익 · 지출 및 다른 시점에서 발생하는 편익을 계산하고, 이들 인자 간의 관계를 수치적으로 정립하기 위해 사용한다. n년 동안의 투자에 대한 미래가치는 다음과 같이 계산할 수 있다.

$$V_n = V_0(1+i)^n \quad \cdots\cdots (6\cdot1)$$

식에서 V_n: n년 후의 가치, V_0: 최초 투자의 가치, i: 이자율, n: 기간 미래가식인 식 6·1에서 V_0를 V_n에 관한 식으로 정리하면 다음과 같은 현재가식을 얻을 수 있다.

$$V_0 = \frac{V_n}{(1+i)^n} \quad \cdots\cdots (6\cdot2)$$

현재가는 미래의 지불이나 사업기간이 0인 상태의 가치를 결정하는 데 사용하며, 현재가식은 수익의 현재가치를 추정하기 위해 미래수익을 할인한다. 또한 식 6·1과 6·2를 기본으로 하여 수익률을 계산할 수 있다.

6·1·1 수익률

기본식인 식 6·2를 변형하면 다음과 같이 V_n, V_0, n을 이용하여 이자율 i를 구하는 식을 얻을 수 있다.

$$(1+i)^n = \frac{V_n}{V_0} \quad \text{또는} \quad i = \sqrt[n]{\frac{V_n}{V_0}} - 1 \quad \cdots\cdots (6\cdot3)$$

만약 V_n, V_0, n을 알고 있다면 복리이자식을 사용하여 i의 값을 결정할 수 있다. 예를 들어 어떤 투자자가 1주당 5만 원인 산림생산회사의 주식을 200주 사기 위해 1,000만 원을 투자하였고, 10년 후에 1주당 20만 원으로 주식가격이 상승하자 주식을 모두 매도하여 4,000만 원을 얻었다면 이 투자자가 거둔 투자의 수익률(earning rate)을 계산해 보자. 이 문제에서 알고 있는 변수는 $V_n = 4,000$만 원, $V_0 = 1,000$만 원, $n = 10$년이다. 식 6·3에 대입하면 다음과 같은 결과를 얻을 수 있다.

$$(1+i)^{10} = \frac{4,000}{1,000} = 4 \quad \text{또는} \quad i = \sqrt[10]{4} - 1 = 0.1487$$

따라서 투자자는 주식투자로 연간 약 14.8%의 수익률을 올렸음을 알 수 있다.

식 6·3은 V_n, V_0, i를 알고 있는 경우 n을 해결하기 위해서도 사용된다. 예를 들어 이자율이 5%일 때 최초의 투자가 10배로 증가하려면 투자자는 얼마 동안 기다려야 할까? 여기에서 최초 투자가 1원이라면 식의 변수는 $V_0 = 1$, $V_n = 10$(V_0의 10배로 증가), $i = 0.05$라고 가정할 수 있다. 식 6·3에 대입한 결과는 다음과 같다.

$$(1+0.12)^n = \frac{10}{1} = 10$$

이 지수방정식의 해 n을 찾기 위해 미래가치계수표에서 12% 이자율란을 읽어 내려가면 투자가 10배 증가하기 위해 약 20년이 걸림을 알 수 있다.

6·1·2 순현재가치

산림경영에서는 수익에 대한 단일한 미래가치와 현재가치의 개념을 설명하는 것만으로는 충분하지 않으며, 시간이 흐름에 따라 발생하는 연속적인 수익과 비용의 흐름을 고려하여 사업을 종합적으로 평가할 필요가 있다. 예를 들면 10ha의 산림을 소유한 사람이 식재와 조림 준비에 1ha당 200만 원을 소비하고 40년을 기다렸다가 수확한 성숙목을 판매하여 1ha당 1,000만 원을 얻는다고 가정할 때(단, 이자율은 4%) 현재가식인 식 6·2에 수익과 비용을 각각 적용함으로써 포괄적인 순현재가치(net present value, NPV)를 추정할 수 있다.

비용의 현재가: $\dfrac{200}{(1+0.04)^0}=\dfrac{200}{1}=200$만 원

수익의 현재가: $\dfrac{1,000}{(1+0.04)^{40}}=208.29$만 원

순현재가치: $-200+208.29=8.29$만 원

따라서 NPV는 수익의 현재가치 합에서 비용의 현재가치 합을 뺀 값으로 계산할 수 있으며, 계획기간에 걸쳐서 할인된 순이익의 합계로도 정의된다.

$$NPV=\sum_{t=1}^{n}\frac{B_t}{(1+i)^t}-\sum_{t=0}^{n}\frac{C_t}{(1+i)^t} \quad \text{또는} \quad NPV=\sum_{t=1}^{n}\frac{B_t-C_t}{(1+i)^t} \qquad (6\cdot4)$$

식에서 n: 계획기간, B_t: t시점의 수익, C_t: t시점의 비용, i: 이자율

순현재가치가 양수(+)인 사업이라면 수익과 비용을 할인한 이자율보다 많은 수익을 올릴 수 있다. 반면에 순현재가치가 음수(−)라면 사업의 수익이 이자율보다 적다고 예상할 수 있다.

표 6-1과 같은 수확 계획에 의거하여 생장이 기대된다고 가정할 때 순현재가치를 소나무의 생장과 관련하여 계산해 보자.

표 6-1 소나무의 연령에 따른 기대 수확량 사례

연령(년)	30	50	70	90	110
수확량(m^3/ha)	2	6	15	40	70

식재 비용은 1ha당 100만 원이고, 10년일 때 비수익간벌로 1ha당 50만 원이 들며, 임목값은 $1m^3$당 200만 원의 가치로 팔릴 것이 예상된다. 이자율이 4%일 때 순현재가치를 최대화할 수 있는 윤벌기는 몇 년일까? 30년 윤벌기에서는 다음과 같이 계산할 수 있다.

$$NPV=-\frac{100}{(1+0.04)^0}-\frac{50}{(1+0.04)^{10}}+\frac{2\times200}{(1+0.04)^{30}}$$

$$=-100-33.78+123.33=-10.45\text{만 원}$$

같은 방식으로 각 윤벌기별 NPV를 계산해 보면 표 6-2와 같으며, 윤벌기 90년일 때 NPV를 최대화할 수 있다.

표 6-2 윤벌기에 따른 순현재가치 계산(단위: 만 원)

윤벌기 (년)	수확 가치	수확의 현재가치	비용의 현재가치		순현재가치
			식재	비수익간벌	
30	400	123.33	100	33.78	−10.45
50	1,200	168.86	100	33.78	35.08
70	3,000	192.65	100	33.78	58.87
90	8,000	234.47	100	33.78	100.69
110	14,000	187.26	100	33.78	53.48

6·1·3 동액 정기적 지불

미래가, 현재가, 수익률에 관한 세 기본식은 한 번의 지불을 가정한다. 그러나 재정분석은 오랜 기간에 걸쳐서 주기적으로 똑같은 수익과 지출이 발생하는 경우를 다룬다. 따라서 산림경영자는 세금이나 산림보호, 기본경영을 위한 동액 연년지불의 현재가와 미래가를 계산할 필요가 있다. 제6장에서는 동액의 정기적 지불에 대한 기본 개념을 소개하고, 이를 실제 산림평가에 적용할 수 있는 이자 계산식은 제7장에서 보다 자세히 설명한다.

1 무한정기계열 현재가

많은 임업투자에는 장기간 동안 규칙적이고 주기적인 지출이 따른다. 따라서 임업인은 무한정기계열(perpetual periodic series)의 현재가 계산을 잘 알아둘 필요가 있다. 무한정기계열은 t년마다 P를 영구히 지불하는 경우이다. 지금부터 t년이 지난 시점에 첫 번째 지출이 이루어질 때 무한정기계열의 현재가 V_0는 다음 식과 같다.

$$V_0=\frac{P}{(1+i)^t}+\frac{P}{(1+i)^{2t}}+\frac{P}{(1+i)^{3t}}+\cdots+\frac{P}{(1+i)^{\infty}} \quad \cdots\cdots (6\cdot5)$$

식 6·5 양변에 $(1+i)^t$을 곱하면 다음과 같다.

$$V_0(1+i)^t=P+\frac{P}{(1+i)^t}+\frac{P}{(1+i)^{2t}}+\frac{P}{(1+i)^{3t}}+\cdots+\frac{P}{(1+i)^{\infty-1}} \quad \cdots\cdots (6\cdot6)$$

식 6·6에서 식 6·5를 빼면 다음과 같다.

$$V_0(1+i)^t - V_0 = P - \frac{P}{(1+i)^\infty} \quad \cdots\cdots (6\cdot7)$$

이때 시간의 무한대에 대해 할인된 어떤 수는 무한하게 작을 것이므로 식 6·7의 $\frac{P}{(1+i)^\infty}$를 무시할 수 있다. 따라서 다음과 같이 정리할 수 있다.

$$V_0(1+i)^t - V_0 = P$$

$$V_0 = \frac{P}{(1+i)^t - 1} \quad \cdots\cdots (6\cdot8)$$

2 무한연년계열 현재가

식 6·8에서 $t=1$일 때, 즉 지출이 매년 영구적으로 발생하는 경우 다음과 같이 좀 더 단순화할 수 있다.

$$V_0 = \frac{P}{(1+i)^1 - 1}$$

$$V_0 = \frac{P}{i} \quad \cdots\cdots (6\cdot9)$$

예를 들어 산림경영 관리자가 관리요금으로 매년 1,000만 원을 영원히 받는다고 가정하여 관리요금의 현재가치를 이자율 10%로 추정하고자 한다. 무한연년계열 현재가는 식 6·9로 다음과 같이 구한다.

$$V_0 = \frac{1{,}000}{0.1} = 10{,}000\text{만 원}$$

3 유한정기계열 미래가와 현재가

유한정기계열(terminating periodic series)의 미래가와 현재가에 관한 공식은 무한정기계열과 유사한 방법으로 도출된다. 정기지불의 시기는 두 매개변수(n, t)로 정의할 수 있으며, 총 분석의 기간 n을 몇 년의 t기간 그룹 수(지불 간격)로 나누어서 지불량 P를 분할한다는 뜻이다. 표 6-3은 세 가지 각기 다른 지불 계열 A, B, C가 있다고 가정하여 유한정기계열을 설명하기 위해 매개변수들을 어떻게 사용해야 하는지를 나타낸다. 유한정기계열의 미래가는 다음과 같이 계산할 수 있다.

$$V_n = P \times \frac{(1+i)^n - 1}{(1+i)^t - 1} \quad \cdots\cdots (6\cdot10)$$

예를 들어 12년 후에 750만 원을 받거나 또는 12년 동안 4년마다 200만 원을 받는 두 가지 상황(표 6-3의 지불 시나리오 A)이 주어졌을 때 8%의 이자율을 적용하면 어느 지급

표 6-3 동액 유한정기계열의 지불 시나리오(단위: 만 원)

기간	지불 시나리오 A	지불 시나리오 B	지불 시나리오 C
1	–	–	500
2	–	3,000	500
3	–	–	500
4	200	3,000	500
5	–	–	500
6	–	3,000	500
7	–	–	500
8	200	3,000	500
9	–	–	500
10	–	3,000	500
11	–	–	500
12	200	3,000	500
계열의 변숫값			
총기간(n)	12	12	12
지불 간격(t)	4	2	1
지불량(P)	200	3,000	500
미래가*	842.28	27,370.00	9,488.56
현재가*	334.48	10,869.00	3,767.62

주 * 연이자율 8%로 계산함[Davis *et al.*, 2001]

방식을 선택해야 유리할까? 후자의 방식으로 나누어 받을 경우의 미래가를 구하면 다음과 같다.

$$V_n = 200 \times \frac{1.08^{12}-1}{1.08^4-1} = 200 \times \frac{1.518}{0.36} = 842.28\text{만 원}$$

따라서 12년 후 한꺼번에 받기보다는 정기수입을 선택하는 편이 유리하다.

$t=1$, 즉 n기간 통틀어 매 기간 지출이 발생하는 경우에는 식 6·10을 단순화할 수 있다. $t=1$일 때 유한정기계열의 미래가는 유한연년계열의 미래가로 단순화된다.

$$V_n = P \times \frac{(1+i)^n-1}{i} \quad \cdots\cdots (6\cdot11)$$

예를 들어 산사태 모니터링을 위해 1ha당 5만 원을 지불하는 10년 계약이 있다고 가정하자. 식 6·11을 이용하여 6% 이자율로 지불의 미래가를 계산하면 다음과 같다.

$$V_n = 5 \times \frac{1.06^{10} - 1}{0.06} = 65.90\text{만 원}$$

다른 예로 상업용 연료림 벌목업자가 수압식 입목절단기를 구입하기 위해 12년 동안 해마다 500만 원씩 준비해 두고 있다(표 6-3의 지불 시나리오 C). 이자율이 8%일 때 벌목업자가 12년의 마지막에 절단기를 구입하기 위해 이용할 수 있는 자본의 양을 식 6·11을 이용해 계산하면 다음과 같다.

$$V_n = 500 \times \frac{1.08^{12} - 1}{0.08} = 9{,}488.56\text{만 원}$$

한편 유한정기계열의 현재가는 다음과 같이 계산할 수 있다.

$$V_0 = P \times \frac{(1+i)^n - 1}{\{(1+i)^t - 1\}(1+i)^n} \quad \cdots\cdots (6\cdot12)$$

편백림 수확으로 이익을 창출하는 경영자가 편백림 임지소유자에게 12년 동안 2년마다 토지를 사용한 대가로 3,000만 원을 지불하는 계약서에 서명했다(표 6-3의 지불 시나리오 B)고 가정할 경우 계약서 금액의 현재가는 다음과 같다.

$$V_0 = 3{,}000 \times \frac{1.08^{12} - 1}{(1.08^2 - 1)1.08^{12}} = 10{,}869\text{만 원}$$

$t=1$, 즉 n기간 동안 지불이 매년 발생하는 경우 식 6·12를 좀 더 단순화할 수 있다. $t=1$일 때 유한정기계열의 현재가는 유한연년계열의 현재가로 단순화된다.

$$V_0 = P \times \frac{(1+i)^n - 1}{i(1+i)^n} \quad \cdots\cdots (6\cdot13)$$

산림소유주가 임지에 식재 계획을 세워서 50년 동안 1ha당 5만 원의 돈을 세금과 산불보호 명목으로 매년 지불할 것을 예상한다고 가정하자. 또한 임목수확과 갱신이 이루어질 때까지 임분을 소유할 계획이다. 이자율이 연 10%인 이 계획을 평가하려면 분석의 일부분으로서 연간 비용의 현재가를 알아야 한다. 식 6·13으로 이에 필요한 정보를 계산할 수 있다.

$$V_0 = 5 \times \frac{1.10^{50} - 1}{0.10 \times 1.10^{50}} = 49.57\text{만 원/ha}$$

유한계열의 현재가에 대한 관계식(식 6·12 및 6·13)은 유한계열의 미래가에 대한 관계식(식 6·10 및 6·11)을 $(1+i)^n$으로 나눈 것과 동등하다.

6·1·4 현재가식 · 미래가식 결정을 위한 의사결정 방법

지금까지 무한연년계열 및 정기계열의 현재가치, 유한연년계열 및 정기계열의 현재가치와 미래가치를 구하는 관계식을 살펴보았다. 이를 적절하게 이용하기 위해 종합한 분지도 및 공식은 그림 6-1과 같다.

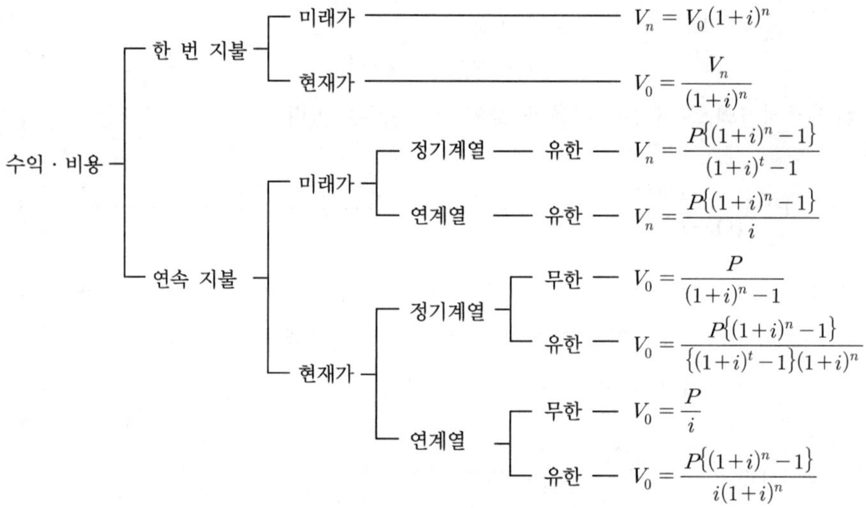

그림 6-1 현재가식 · 미래가식 결정을 위한 분지도 및 공식[Davis *et al.*, 2001]

그림 6-1을 분석에 합리적으로 이용하기에 앞서 우선 다음 사항을 확인한다.

1) 현재가치와 미래가치: 현재가치는 화폐액을 시간의 출발점, 즉 현재의 시점으로 계산하는 방식으로 할인율이 적용되는 반면에 미래가치는 장래 어느 시점에서의 화폐가치액으로 이자율이 적용된다.
2) 무한계열과 유한계열: 무한계열은 화폐 지불의 끝이 없고, 유한계열은 끝이 있다.
3) 정기계열과 연년계열: 정기계열은 일정한 시간 간격을 두고 수익과 비용이 발생하고, 연년계열은 1년 단위로 수익과 비용이 발생한다.

따라서 그림 6-1의 분지도를 이용하여 주어진 문제를 해결하려면 다음 사항을 점검해야 한다.

1) 한 번의 지불인가 또는 동액 지불의 연속인가?
2) 현재가인가 또는 미래가인가?
3) 지불 주기가 연년인가 또는 정기적인가?
4) 지불이 유한한가 또는 무한한가?

6·2 임목 재정분석 응용

산림소유자가 결정해야 할 사항 중 하나가 '어떤 임목을 수확하고 어떤 임목을 남겨 둘 것인가'이다. 산림소유자는 자신이 소유한 임분을 관리하면서 질적으로 떨어지거나 또는 생장률이 낮아 벌채해야 할 임목을 정기적으로 파악할 필요가 있다. 전형적인 임목의 생장은 초기에 증가가 더디지만 시간이 지나면서 급격히 증가하다가 차츰 완만한 증가세를 보인다. 따라서 산림소유자는 재정적 성숙기(financial maturity)를 결정하여 벌채를 실시해야 한다.

만약 산림소유자가 어떤 임목에 대해 4%의 수익률을 기대한다면 기대수익률에 도달하지 못했거나 가능성이 없는 임목은 벌채하기로 결정할 수 있다. 재정적으로 성숙한 용재의 벌채에 대한 순효과는 산림사업과 동시에 소유자의 사업 방향과도 일치하는 순수익의 최대화이다. 재정적 성숙은 임분 또는 숲, 임목을 벌채할 것인가 벌채하지 않을 것인가를 결정하는데 사용된다. 즉 산림소유자가 직면한 수확과 생장에 관한 결정을 지원함으로써 산림경영에 도움을 준다.

여기에서는 이령림 단목의 벌채 결정에 관한 예를 들어 재정적 성숙을 설명하기로 한다. 이령림은 임분이 성립하는 전 기간에 걸쳐 시작과 끝이 없는 산림으로, 크기와 수령이 다른 많은 임목들이 아주 근접해 있고 개개의 임목을 수확하는 시기는 산림소유자의 사업 목적에 따라 각기 다르게 결정된다.

6·2·1 경쟁 없는 단목 벌채 결정

임분 내에서 경쟁 관계에 있는 다른 임목들과 떨어져 생육하고 있는 임목이 있을 때 그 임목을 벌채해야 할지 또는 잔존시켜야 할지에 대해 살펴보고자 한다. 흉고직경이 46cm이고 다른 등급의 원목을 생산할 수 있는 임목이 있다고 가정하고, 임목을 계속 보유했을 때 8년

표 6-4 단목 벌채 결정을 위한 임목 가치 사례

위치	원목 길이 (m)	현재			8년 후		
		직경 (cm)	등급	가치 (만 원)	직경 (cm)	등급	가치 (만 원)
첫 번째	3.7	38	1	10.10	42	1	13.59
두 번째	4.3	36	1	10.19	40	1	13.88
세 번째	4.9	28	3	1.88	32	2	4.84
합계				22.17			32.31

[Davis *et al.*, 2001]

후 4%의 수익률을 기대한다는 조건 아래 임목의 존치 여부를 결정해 보자. 이때 임목의 원목 등급에 따른 현재가치는 표 6-4와 같다.

우선 임목 가격이 8년 동안 32.31만 원으로 늘어난 데 대한 수익률을 산정한다. 수익률은 식 6·3과 같은 다음 식으로 구한다.

$$(1+i)^n = \frac{SV_n}{SV_0} \quad \text{또는} \quad 1+i = \sqrt[n]{\frac{SV_n}{SV_0}} \quad \cdots\cdots (6\cdot14)$$

식에서 SV_0: 현재의 임목 가치, SV_n: n년 후의 임목 가치, i: 수익률

식 6·14로 8년 동안의 생장에 따른 임목의 자본 가치에 대한 투자 수익률을 다음과 같이 계산할 수 있다.

$$(1+i)^8 = \frac{32.31}{22.17} \quad \text{또는} \quad 1+i = \sqrt[8]{1.46} = 1.048$$

따라서 수익률은 4.8%이다. 재정적 성숙의 원리에 따라 가치성장률이 예상하는 수익률보다 높으면 임목을 존치하고, 가치성장률이 기대수익률 이하이면 벌채한다. 앞서 수익률 4%를 기대했기 때문에 존치를 결정할 수 있다.

이러한 분석은 가치 증가의 총합을 비교해서도 할 수 있다.

- 임목의 가치 증가 추정
  - 임목의 현재가치: 22.17만 원
  - 8년 후의 임목 가치: 32.31만 원
  - 가치 증가: $32.31 - 22.17 = 10.14$만 원
- 대안투자에 의한 예상수익(이자율 4% 기준)
  - 임목의 현재가치: 22.17만 원
  - 8년 동안의 투자 가치: $22.17 \times 1.04^8 = 30.34$만 원
  - 가치 증가: $30.34 - 22.17 = 8.17$만 원

최적의 대안투자에서 예상되는 가치 증가인 8.17만 원은 자본의 비용으로 인식된다. 따라서 임목을 자본으로 남겨 두는 것(임목 존치)이 대안투자(임목 벌채)보다 더 큰 수익을 얻을 수 있다.

이러한 재정적 성숙에 관한 일련의 기준을, 예제에서 본 바와 같이 임목의 미래가치 및 순수익을 평가하여(8년 후의 임목 가치 32.31만 원, 8년 후의 대안투자 가치 30.34만 원, 순수익 10.14만 원, 벌채 8.17만 원) 평가된 수익률이 기대하는 수익률보다 적으면 벌채하는 방식으로 수확조절의 시기를 결정하는 데 사용할 수 있다.

또한 이 문제는 현재가치를 이용해 평가할 수 있으며, 현재가치를 이용한 계산 과정은 다음과 같다.

$$NPV = \max n\left\{\frac{SV_n}{(1+i)^n}\right\} \quad \cdots\cdots (6\cdot15)$$

식에서 $\max n$: { } 안의 값을 최대로 하는 n년 후의 가치, SV_n: n년 후의 임목 가치,
i: 이자율, n: 임목 수확까지의 연수

앞선 사례의 경우 결정 규칙의 구성 요소를, 즉각적으로 임목을 벌채하거나 8년 동안 성장하도록 잔존시키는 두 가지의 선택으로 구분하여 표 6-5와 같이 계산할 수 있다.

표 6-5 단목 벌채 결정을 위한 현재가치의 계산

구분	벌채(n=0)	잔존(n=8)
SV_n	22.17만 원	32.31만 원
$\frac{SV_n}{(1+i)}$	22.17만 원	23.61만 원

[Davis *et al.*, 2001]

8년 동안 임목을 잔존시켰을 때의 순현재가치(23.61만 원)가 지금 벌채하는 경우(22.17만 원)보다 더 이익이기 때문에 8년 동안 임목을 남겨 놓아야 한다. 이는 앞에서 미래가치를 이용해 계산한 결과와 동일하다.

그러나 모두 자본에 대한 비용만 고려해 계산한 결과이므로 산림의 특수성을 고려한 보다 세밀한 추정이 필요하다. 특히 자본비용에 더해, 8년 동안 임목을 임지에 잔존시킴으로 인한 임지 사용의 기회 상실, 즉 기회비용까지 감안한 뒤 벌채를 결정해야 한다.

6·2·2 차세대 고려한 임목 벌채 결정

임목자본과 임지를 이용하여 순수익을 극대화할 수 있는 벌채 결정 방법에 대해 알아보자. 주어진 가정은 다음과 같다.

1) 임목을 이용한 수익률은 4%로 예상하고, 또한 임지 이용의 최적 대안은 그 임지에 다른 임목을 생장시키는 일이다.
2) 임목이 벌채되어 다른 묘목으로 대체될 때의 벌기령은 30년, 40년, 50년, 60년인 경우를 고려할 수 있다.

최적 수익을 가져올 임목의 벌기령을 계산할 때 여러 벌기령이 있을 수 있으므로 비교하는 기간의 상이성으로 인해 할인된 수익으로는 비교가 어렵다. 따라서 벌채가 언제나 가능하다는 전제하에 윤벌기 30년부터 60년까지의 수익을 비교해야 한다.

임지 이용에 대한 가치를 평가하기 위해서는 무한정기 현재가식인 다음과 같은 임지기망가식을 이용한다.

$$SEV = \frac{P}{(1+i)^t - 1} \quad \cdots\cdots (6 \cdot 16)$$

식에서 SEV: 임지기망가, i: 이자율

표 6-6은 이자율에 따른 값을 비교하기 위해 4%와 6%의 이자율을 채택하여 임지기망가를 계산한 결과이다.

표 6-6 이자율 4%와 6%를 이용한 임지기망가(SEV) 계산값(단위: 만 원)

윤벌기 (R)	수확 시 임목가	i=0.06		i=0.04	
		$(1+0.06)^R-1$	SEV	$(1+0.04)^R-1$	SEV
30	30	4.74	6.33*	2.24	13.37
40	55	9.29	5.92	3.80	14.47*
50	70	17.42	4.02	6.11	11.46
60	80	31.99	2.50	9.52	8.40

㈜ 연이자율 8%로 계산함[Davis *et al.*, 2001]

최고 SEV는 이자율 4%일 때 40년, 6%일 때 30년에서 나타난다. 즉 이자율이 높을수록 빠른 윤벌기에서 최고 SEV가 나타난다. 이 SEV 값은 계획된 윤벌기마다의 무한계열 현재가치를 의미한다. 또한 SEV는 현재가치를 나타내므로 8년 동안 벌채가 지연된 비용을 계산할 필요가 있다.

$$\text{가치 증가: } V_0(1+i)^n - V_0 \quad \cdots\cdots (6 \cdot 17)$$

식에서 V_0: 현재가치(SEV), i: 이자율

윤벌기 지체에 의한 8년 동안의 비용은 이자율 6%, 4%일 때 각각 다음과 같이 계산된다.

$6.33 \times 1.06^8 - 6.33 = 3.76$만 원
$14.47 \times 1.04^8 - 14.47 = 5.33$만 원

임목 벌채와 함께 임지를 묘목 생장을 위한 공간으로 변환할지를 결정하려면 잔존 가치와 잔존 기회비용을 비교해야 한다. 다시 말하면 축적보유비용(최적 대안에 대한 자본손실비용)과 임지보유비용(토지 사용 최적 대안에 대한 손실비용)을 비교해야 한다.

표 6-7에서 보듯이 4%와 6%의 이자율 모두에서 임목을 8년 동안 보유해 얻는 가치가 임목보유비용과 임지보유비용을 합한 총비용보다 작기 때문에 임목을 벌채하는 편이 합리적이다. 임지보유비용을 감안한 계산은 임목유지비용만 고려했던 벌채 결정과 반대의 결과를 보여 준다. 따라서 미래가치에 따라 임목을 잔존시킬지 아니면 벌채할지 결정하는 기준은 다음

표 6-7 자본비용 및 임지기망가를 포함한 비용과 수익(단위: 만 원)

8년 간의 잔존 이익	이자율	자본보유 비용	임지보유 비용	총비용	이용 순수익
10.14	6%	13.17	3.76	16.93	−6.79
10.14	4%	8.17	5.33	13.50	−3.36

[Davis *et al.*, 2001]

과 같이 정리할 수 있다.

1) 임목의 가치생장이 임목보유비용과 임지소유비용의 합보다 크면 임목을 보유한다.
2) 임목의 가치생장이 임목보유비용과 임지소유비용의 합보다 작으면 벌채한다.

이 결정 기준을 다른 형태인 현재가치를 기준으로 정리하면 다음과 같다.

1) 벌채를 원하는 연도의 임목 가치를 계산할 수 있다.
2) 임목의 미래 윤벌기로부터 최고임지기망가($MSEV$)를 계산할 수 있다.
3) 각 가능한 연도의 임목수확으로부터 할인된 수익과, 같은 연도에 할인된 임지기망가(SEV)를 더한다.
4) 최고의 총순현재가치가 도출된 연도에 임목을 수확한다.

이를 관계식으로 나타내면 다음과 같다.

$$NPV = \max n\left\{\frac{SV_n}{(1+i)^n} + \frac{MSEV}{(1+i)^n}\right\} \quad \cdots\cdots (6\cdot18)$$

식에서 $\max n$: { } 안의 값을 최대로 하는 n년 후의 가치, SV_n: n년 후의 임목 가치, i: 이자율, n: 임목 수확까지의 연수, $MSEV$: 모든 윤벌기 동안의 최고임지기망가

지금까지 설명한 재정적 성숙에 관한 내용은 현존하는 임목이 벌채된 후 차세대가 시작된다는 가정하에 이루어졌다. 따라서 8년 동안의 임지기망가를 계산에 이용하였다.

6·3 산림경영 분석

산림경영 분석은 일정 기간 동안의 사업 후 경영 활동을 종합적으로 분석하여 미래의 경영 개선을 위한 자료를 얻고 계획을 수립할 목적으로 실시한다. 이때 분석의 대상이 되는 경영 활동은 ①노동력과 자재를 조달하는 과정, ②생산요소를 결합하여 임산물을 생산하는 과정, ③생산된 임산물을 판매하는 과정으로 나눌 수 있다(박태식 등, 2007). 산림경영 활동을 통한 생산이 일반적으로 장기간에 걸쳐 이루어지므로 산림을 이용한 사업의 경영 및 경제적 타당

성 분석은 산림의 합리적 경영을 위해 필수적이다.

6·3·1 산림경영 분석 절차

산림경영 분석은 ①분석 대상 및 품목 선정, ②분석 기준 설정, ③수익 및 비용 산정, ④분석 지표 설정, ⑤경영 실태 파악, ⑥경영개선 계획 수립 순으로 진행된다(전현선 등, 1999).

1 분석 대상 및 품목 선정

산림경영 분석을 수행하기 위해서는 분석 대상과 품목을 선정해야 한다. 분석의 목적과 필요성에 따라 분석 대상과 품목을 결정하며, 일반적으로 특정 임산물이나 임업 활동을 중심으로 분석을 실시한다.

2 분석 기준 설정

분석 대상이 정해지면 분석 기준을 설정하는 과정이 필요하다. 분석 규모와 기간을 결정하고 해당 연도가 재배 또는 생산의 몇 년 차인지 파악하는 일이 경영분석의 기본이 된다. 산림경영은 장기적인 투자와 생산이 이루어지는 산업이므로 생산 연차를 고려하는 일이 특히 중요하다.

3 수익 및 비용 산정

임업투자 분석에서는 사업기간 내 발생하는 모든 비용과 수익 자료를 수집해야 하지만 경영분석에서는 분석 대상인 당해 연도의 수익과 비용에 관련한 자료만 수집한다. 수익 항목에는 당해 연도의 목재 및 임산물 판매 수익, 정부 보조금, 기타 산림 활용 수익 등이 포함되며, 비용 항목에는 당해 연도의 벌채비, 운송비 등이 포함된다. 기계의 감가상각비와 유실수 조성비와 같은 간접비용도 별도로 계산해 포함한다. 이러한 비용 요소는 실제 운영 비용을 반영하는 데 필수적이며 정확히 산정해야만 경영의 효율성을 평가할 수 있다.

4 분석 지표 설정

수익과 비용을 산정한 후에는 경영 상태를 객관적으로 분석할 수 있는 지표를 설정해야 한다. 분석 지표에는 소득, 순수익, 생산성, 손익분기점 등이 있으며, 이를 통해 경영의 효율성과 수익성을 판단할 수 있다. 소득과 순수익은 수익성을 평가하는 기본적인 지표이며, 생산성은 토지, 노동, 자본과 같은 경영 요소별 효율성을 분석하는 데 활용된다. 손익분기점은 경영이 지속가능한지를 판단하는 중요한 기준이 된다. 이러한 지표를 활용하면 산림경영의 강점과 개선할 부분을 보다 구체적으로 파악할 수 있다.

5 경영 실태 파악

경영 실태를 평가하는 과정에서는 분석된 데이터를 바탕으로 수익성과 비용 구조를 검토하고 생산성이 얼마나 효율적인지 평가한다. 이를 통해 현재 경영 상태에 문제가 있는지, 어떤 요소를 개선해야 하는지를 구체적으로 확인할 수 있다. 특히 손익분기점을 고려했을 때 현재의 경영 방식이 지속가능하지 않은 경우에는 추가적인 개선 전략이 필요할 수 있다.

6 경영개선 계획 수립

분석 결과를 바탕으로 향후 경영개선을 위한 계획을 수립해야 한다. 경영개선은 단기적인 목표뿐만 아니라 장기적인 경영전략과도 이어져야 하며, 수익성이 높은 품목을 확대하거나 비용 절감 방안을 마련하는 등의 구체적인 대책을 강구해야 한다. 또한 외부 환경의 변화에 대한 대응 전략을 수립하여 산림경영의 안정성을 높이는 일도 중요하다.

6·3·2 감가상각

산림경영 분석에서 수익과 비용을 산정할 때 감가상각비는 별도로 계산해 포함해야 하는 중요한 항목이다. 감가상각(depreciation)이란 유형자산의 취득으로 발생한 지출을, 해당 자산이 제공하는 효익의 사용 기간(내용연수)에 걸쳐 합리적으로 배분하는 과정을 의미한다. 즉 일정 기간 동안 자산을 사용하는 도중에 발생한 비용으로 반영하는 일에 지나지 않으며, 자산의 평가를 뜻하지는 않는다.

산림경영에서는 기계, 장비, 건물, 도로, 차량과 같은 유형자산이 중요하다. 이러한 자산은 한번 구입하면 오랜 기간 사용하지만, 시간이 지남에 따라 마모되거나 가치가 감소하기 때문에 실제 경영 비용을 보다 정확하게 반영하기 위해 감가상각을 적용해야 한다.

감가상각의 핵심 개념은 자산의 원가를 사용 기간 동안 매년 비용으로 배분하는 일이다. 예를 들어 산림경영에서 벌목 기계를 구입한 경우, 그 기계를 10년 동안 사용할 예정이라면 초기 구입 금액을 한 번에 비용으로 처리하지 않고 10년에 걸쳐 나눈 일정 금액을 감가상각비로 계상한다. 이를 통해 특정 연도의 경영 성과를 보다 정확하게 평가할 수 있으며 경영자가 의사결정을 내리는 데에도 도움이 된다.

감가상각은 원가 배분의 과정이지 자산 평가의 과정이 아니다. 즉 감가상각을 한다고 해서 자산의 시장가치가 변하지는 않으며, 단지 회계적으로 자산의 가치가 점진적으로 감소하는 방식으로 기록할 뿐이다.

1 감가상각 요소

① 감가상각 대상 금액

감가상각 대상 금액(감가상각 기준액)은 유형자산의 취득원가에서 잔존가액을 제외한 금액으로 결정된다.

감가상각 대상 금액 = 취득원가 − 잔존가액

여기서 취득원가는 자산의 매입가액과 자산을 사용 가능하도록 준비하는 과정에서 발생한 부대비용을 포함한다. 즉 단순히 자산의 구매 가격만 감가상각 대상으로 삼는 것이 아니라 해당 자산을 정상적으로 운용하는 데 필요한 모든 초기 비용을 고려해야 한다.

잔존가액은 내용연수가 경과한 후 자산을 처분할 때 회수할 수 있는 예상 금액이다. 자산의 경제적 가치와 시장 상황을 반영하여 합리적으로 추정하며, 모든 유형자산의 잔존가액이 일정하지는 않다. 일부 자산은 사용 후 경제적 가치가 거의 남아 있지 않거나 폐기 비용이 발생할 수도 있기 때문에 잔존가액의 설정 여부와 금액 산정에 신중해야 한다.

② 내용연수

내용연수(useful life)란 자산이 실제 경영 활동에 사용될 수 있는 시간을 합리적이고 객관적으로 추정한 경제적 사용 기간을 의미한다. 이는 자산의 물리적 수명과 관계없이 해당 자산이 경제적 가치를 창출할 수 있는 기간을 반영하는 개념이다. 예를 들어 산림경영에서 사용하는 벌목 기계나 운반 차량의 경우 제조사가 제시한 기술적 수명보다는 실제 경영 환경에서 효율적으로 사용할 수 있는 기간을 감안하여 내용연수를 산정해야 한다.

2 감가상각 방법

① 정액법

정액법은 균등하게 배분한 일정 금액을 매년 감가상각비로 계상하는 방법이며, 기간이 경과함에 따라 자산의 가치가 평균적으로 감소한다고 전제한다.

$$D = \frac{C-S}{n} \quad \cdots\cdots (6\cdot19)$$

식에서 D: 감가상각비, C: 취득원가, S: 잔존가액, n: 내용연수

② 가속상각법

가속상각법은 취득 초기에 자산 가치가 크게 감소하고 시간이 경과함에 따라 자산 가치의 감소가 체감한다는 전제하에 감가상각비를 초기에 많이 인식하는 방법이다.

㉠ 정률법

정률법은 유형자산의 장부가액인 미상각잔액, 즉 취득원가에서 감가상각누계액을 뺀 금액에 일정한 상각률(정률)을 곱하여 감가상각비로 계상하는 방법이다.

$$D = (C - V_b) \times R_D \quad \cdots\cdots (6\cdot20)$$

$$R_D = 1 - \sqrt[n]{\frac{S}{C}} \quad \cdots\cdots (6\cdot21)$$

식에서 V_b: 감가상각누계액, R_D: 상각률

㉡ 이중체감법

이중체감법은 정률법의 계산 복잡성을 줄이기 위해 정률 대신에 정액상각률을 적용하여 감가상각비를 계산하는 방법이다. 상각률로 $2/n$를 이용한다.

$$D=(C-V_b)\times\frac{2}{n} \quad \cdots\cdots (6\cdot 22)$$

㉢ 연수합계법

연수합계법은 정률법과 이중체감법에서 초기 감가상각이 과도함에 따른 문제점을 해소하기 위해 고안된 가속상각법이다. 매년 잔존내용연수를 내용연수의 합으로 나눈 상각률을 곱하여 감가상각비를 계산한다.

$$D=(C-S)\times\frac{N}{1+2+\cdots+n} \quad \cdots\cdots (6\cdot 23)$$

식에서 N: 잔존내용연수

③ 생산량비례법

매년 생산량에 비례하여 감가상각비를 계상하는 방법이다.

$$D-(C-S)\times\frac{P_u}{P_t} \quad \cdots\cdots (6\cdot 24)$$

식에서 P_u: 당기 실제 생산량, P_t: 추정 총생산량

3 감가상각 계산

예를 들어 A 임업회사가 취득원가 100만 원, 잔존가액 0원, 내용연수 5년인 벌목 기계를 구입하여 산림경영에 활용하기로 하였다. 정액법, 정률법, 이중체감법, 연수합계법, 생산량비례법을 적용하여 매년 처리할 감가상각비를 구하면 다음과 같다.

① 정액법

연 감가상각비: $\frac{1,000,000\text{원}-0\text{원}}{5\text{년}}=200,000\text{원}$

② 정률법(상각률 0.451)

1년 차: (1,000,000원-0원)×0.451=451,000원
2년 차: (1,000,000원-451,000원)×0.451=247,599원
3년 차: (1,000,000원-698,599원)×0.451=135,932원
4년 차: (1,000,000원-834,531원)×0.451=74,626원
5년 차: (1,000,000원-909,157원)×0.451+49,873=74,626원

원래 정률법대로 계산하면 5년 차 감가상각비가 24,753원이어야 하지만 이렇게 하면 최종 잔존가액이 남아 0원이 되지 않는다. 이 차이를 보정하기 위해 마지막 연차에 추가적으로 49,873원을 감가상각해 조정하는 작업이 필요하다.

③ **이중체감법**(상각률 0.4)

1년 차: $(1{,}000{,}000\text{원}-0\text{원})\times 0.4 = 400{,}000\text{원}$
2년 차: $(1{,}000{,}000\text{원}-400{,}000\text{원})\times 0.4 = 240{,}000\text{원}$
3년 차: $(1{,}000{,}000\text{원}-640{,}000\text{원})\times 0.4 = 144{,}000\text{원}$
4년 차: $(1{,}000{,}000\text{원}-784{,}000\text{원})\times 0.4 = 86{,}400\text{원}$
5년 차: $(1{,}000{,}000\text{원}-870{,}400\text{원})\times 0.4 + 77{,}760 = 129{,}600\text{원}$

이중체감법 역시 5년 차에 생기는 차액을 보정하기 위해 추가적으로 77,760원을 감가상각한다.

④ **연수합계법**

1년 차: $(1{,}000{,}000\text{원}-0\text{원})\times \frac{5}{15} = 333{,}333\text{원}$

2년 차: $(1{,}000{,}000\text{원}-0\text{원})\times \frac{4}{15} = 266{,}667\text{원}$

3년 차: $(1{,}000{,}000\text{원}-0\text{원})\times \frac{3}{15} = 200{,}000\text{원}$

4년 차: $(1{,}000{,}000\text{원}-0\text{원})\times \frac{2}{15} = 133{,}333\text{원}$

5년 차: $(1{,}000{,}000\text{원}-0\text{원})\times \frac{1}{15} = 66{,}667\text{원}$

⑤ **생산량비례법**

벌목 기계의 추정 총생산량이 $10{,}000m^3$이고 매년 실제 생산량이 표 6-8과 같을 때 생산량비례법에 따라 매년 감가상각비를 구하면 다음과 같다.

표 6-8 벌목 기계의 매년 실제 생산량 사례

연차	1년	2년	3년	4년	5년
생산량(m^3)	1,600	2,250	2,640	1,920	1,590

1년 차: $(1{,}000{,}000\text{원}-0\text{원})\times \frac{1{,}600}{10{,}000} = 160{,}000\text{원}$

2년 차: $(1{,}000{,}000\text{원}-0\text{원})\times \frac{2{,}250}{10{,}000} = 225{,}000\text{원}$

3년 차: $(1{,}000{,}000\text{원}-0\text{원})\times \frac{2{,}640}{10{,}000} = 264{,}000\text{원}$

4년 차: $(1{,}000{,}000\text{원}-0\text{원})\times\frac{1{,}920}{10{,}000}=192{,}000\text{원}$

5년 차: $(1{,}000{,}000\text{원}-0\text{원})\times\frac{1{,}590}{10{,}000}=159{,}000\text{원}$

6·3·3 산림경영 성과 분석

산림경영의 성과를 분석하는 데에는 수익성 지표, 생산성 지표 등의 분석 지표를 이용한다.

1 수익성 지표

① 임가소득

임가는 임업을 주된 생업으로 삼거나 임업과 다른 산업을 병행하는 가구를 의미한다. 임업은 장기적인 투자와 관리가 필요한 산업인 관계로 임업을 영위하는 임가의 소득 구조가 여러 요인에 의해 결정된다. 이러한 임가의 경제적 성과를 종합적으로 파악하기 위해 사용하는 개념이 임가소득이다.

임가소득 = 임업소득 + 겸업소득 + 기타소득

임가소득은 한 해 동안 임가가 여러 소득 활동을 통해 얻은 경제적 성과를 합산한 금액을 의미한다. 임가 전체의 소득 수준과 임업의 상대적 중요성을 파악하는 데 임가소득 지표를 효과적으로 이용할 수 있다.

② 임업소득

임업경영의 성과를 측정하는 대표적 지표 중 하나가 임업소득이며, 임업소득은 임업조수익에서 임업경영비를 차감해 산출한 금액이다. 즉 임업 활동을 통해 창출한 총수익에서 해당 활동을 수행하는 데 소요된 경영비를 제외한 수익을 의미한다. 임업소득은 임업경영의 결과로서 직접적으로 얻은 소득이므로 임업경영의 성과를 나타내는 가장 정확한 지표가 된다.

임업소득 = 임업조수익 − 임업경영비

임업조수익 = 임업현금수입 + 임산물가계소비액 + 미처분임산물증감액
　　　　　+ 임업생산자재재고증감액 + 임목성장액

임업경영비 = 임업현금지출 + 감가상각액 + 미처분임산물재고감소액
　　　　　+ 임업생산자재재고감소액 + 주임목감소액

③ 임업순수익

임업순수익은 특정 임업경영이 순수익 극대화를 목표로 하는 자본가적 경영 방식을 가정했을 때 얻을 수 있는 수익을 의미한다. 다시 말해 임업순수익은 모든 노동이 고용노동 형태로 이루어진다고 가정한 상태에서 산출한 경영 성과 지표이며, 일반 기업경영과 임업경영을 비교하는 데 유용한 지표로 활용할 수 있다.

임업순수익은 임업소득과 개념이 유사해 보이지만 중요한 차이점이 있다. 임업소득은 실제 임업경영자가 자신의 노동을 투입해 발생한 소득을 의미하는 반면에 임업순수익은 경영자가 직접 노동을 제공하지 않고 전적으로 고용노동에 의존해 운영한다고 가정한 경우의 순이익을 뜻한다. 임업순수익도 임업소득과 마찬가지로 산림(인공림) 면적이 커질수록 증대한다. 따라서 임업순수익은 임업이 자본 집약적 산업으로 운영될 경우 발생하는 경제적 수익성을 평가하는 데 적합하다.

$$\begin{aligned}\text{임업순수익} &= \text{임업소득} - \text{가족임금추정액} \\ &= \text{임업조수익} - \text{임업경영비} - \text{가족임금추정액}\end{aligned}$$

④ 기타 지표

㉠ 임업소득률

임업소득률은 임업조수익에서 임업소득이 차지하는 비율을 의미한다.

$$\text{임업소득률}(\%) = \frac{\text{임업소득}}{\text{임업조수익}} \times 100$$

㉡ 임업순수익률

임업순수익률은 임업조수익에서 임업순수익이 차지하는 비율을 의미한다.

$$\text{임업순수익률}(\%) = \frac{\text{임업순수익}}{\text{임업조수익}} \times 100$$

2 생산성 지표

생산성(productivity)이란 주어진 생산요소를 얼마나 효율적으로 활용하여 생산물을 산출하는가를 나타내는 지표이다. 이는 단순한 산출량을 넘어 생산 과정에서 투입된 자원(노동, 자본, 토지 등)이 얼마나 효과적으로 운영되었는지를 평가하는 기준이 된다. 생산성은 여러 가지 방식으로 측정할 수 있으며, 기준이 되는 생산요소에 따라 노동생산성, 자본생산성, 토지생산성 등으로 구분한다.

$$\text{생산성} = \frac{\text{생산량(액)}}{\text{생산요소투입량(액)}}$$

노동생산성은 노동 단위시간당 창출된 부가가치액을 의미하며, 노동이 투입된 시간 대비 얼마나 많은 경제적 가치를 창출했는지를 평가하는 기준이 된다. 단순히 노동 시간만 늘려서는 노동생산성을 높일 수 없으며, 작업 방식을 개선하고 기계화 및 자동화를 통해 업무 효율성을 극대화하는 일이 필요하다.

$$\text{노동생산성} = \frac{\text{임업부가가치액}}{\text{임업노동투하시간}}$$

자본생산성은 임업경영에 투입된 자본이 얼마나 효과적으로 활용되는지를 측정하는 지표이다. 자본생산성으로 고정자본(기계, 건물 등)의 사용 효과를 평가한다. 자본생산성을 높이려면 불필요한 지출을 줄이고 투자 대비 최대한의 경제적 성과를 내는 일이 중요하다. 따라서 임업기계나 시설을 도입할 때에는 단순한 생산량 증가만이 아니라 장기적인 운영 효율성과 유지 비용까지 고려해야 한다.

$$\text{자본생산성} = \frac{\text{임업부가가치액}}{\text{임업자본액}}$$

토지생산성은 단위면적당 창출된 부가가치의 양을 나타내는 지표로, 임업경영에서 토지가 얼마나 효율적으로 활용되고 있는지를 평가하는 기준이 된다. 토지생산성을 높이려면 단순한 생산량 확대보다는 고부가가치 임산물 재배, 집약적인 경영 방식, 지속가능한 산림관리 방법을 도입하는 일이 중요하다.

$$\text{토지생산성} = \frac{\text{임업부가가치액}}{\text{토지면적}}$$

생산성과 수익성은 밀접한 관계가 있지만 반드시 같은 방향으로 움직이지는 않는다. 일반적으로 생산성이 향상하면 생산비가 절감되고 생산량이 증가하면서 수익성이 개선될 가능성이 커진다. 그러나 생산성 증대가 항상 수익성 향상으로 이어지지는 않으며, 시장가격 변동, 추가적인 투자, 운영 방식 등에 따라 수익성이 달라질 수 있다. 따라서 생산성을 높이고자 할 때에는 그 효과가 실제 경영 성과에 어떤 영향을 미칠지 신중히 분석해야 한다.

임업경영에서 생산성을 향상하기 위해서는 기술 도입과 작업 방식 개선이 필수적이다. 새로운 임업기계나 자동화 기술을 활용하면 노동력 투입을 줄이면서도 동일한 생산량을 유지함으로써 경영의 효율성을 극대화할 수 있다. 또한 생산성 분석을 통해 경영의 약점을 파악하고 개선점을 찾아내는 과정이 필요하며, 이를 통해 임업경영자는 보다 합리적인 자원 활용과 장기적인 수익성을 확보할 수 있다.

6·4 손익분기점 분석

6·4·1 손익분기점 분석 의의

손익분기점 분석(break-even analysis)은 비용-조업도-이익 분석(cost-volume-profit analysis, CVP 분석)이라고도 하며 매출액과 비용, 이익 간의 관계를 분석하여 최소한 어느 정도의 매출을 올려야 손실 없이 운영될 수 있는지를 판단하는 기법이다. 즉 총비용(total cost, TC)과 총수익(total revenue, TR)이 일치하여 순이익이 0이 되는 지점을 손익분기점(break-even point, BEP)이라고 한다. 경영자는 손익분기점 분석을 통해 사업의 지속가능성을 평가하고 매출 목표를 설정하여 수익성을 극대화할 수 있는 전략을 마련할 수 있다. 산림경영에서도 손익분기점 분석은 조림, 벌채, 임산물 생산, 산림휴양 사업 등 각종 분야에서 경영 성과를 예측하고 재무계획을 수립하는 데 중요한 도구로 활용된다.

산림사업은 일반 제조업과 달리 생산에서 수익 창출까지의 기간이 길고 기후 및 자연환경의 영향을 많이 받는 특성이 있다. 따라서 조업도의 변화에 따라 비용과 수익이 어떻게 변동하는지를 분석하는 일이 중요하다. 예를 들어 조림 후 일정 기간이 지나야 벌채가 가능하므로 초기 투자비와 유지 · 관리비를 고려하여 손익분기점을 설정해야 한다. 또한 산림휴양이나 산림치유 사업의 경우 방문객 수와 운영비를 분석한 뒤 적정한 운영 수준을 결정해야 한다.

손익분기점 분석은 기본적으로 단기적 경영 판단을 위한 도구로 활용되지만 산림경영에서는 장기적인 계획 수립에도 중요한 역할을 한다. 조림사업의 경우 장기간에 걸쳐 감가상각비와 유지비까지 고려해야 하며, 목재 가격의 변동이나 정부 보조금 정책 등도 경영 성과에 영향을 미친다. 따라서 손익분기점 분석을 통해 산림경영의 경제성을 평가하고 지속가능한 경영 방안을 마련해야 한다.

6·4·2 변동비와 고정비

손익분기점을 구하기 위해서는 먼저 산림경영에서 발생하는 비용 구조를 정확히 파악하는 과정이 필요하다. 손익분기점 분석에서는 비용을 고정비(fixed cost, FC)와 변동비(variable cost, VC)로 구분해 분석하며, 이를 통해 일정 수준의 매출을 달성했을 때 손실 없이 운영될 수 있는 최소한의 생산량을 계산할 수 있다. 산림경영에서의 고정비, 변동비, 총비용과 매출액 또는 생산량의 관계는 그림 6-2와 같다.

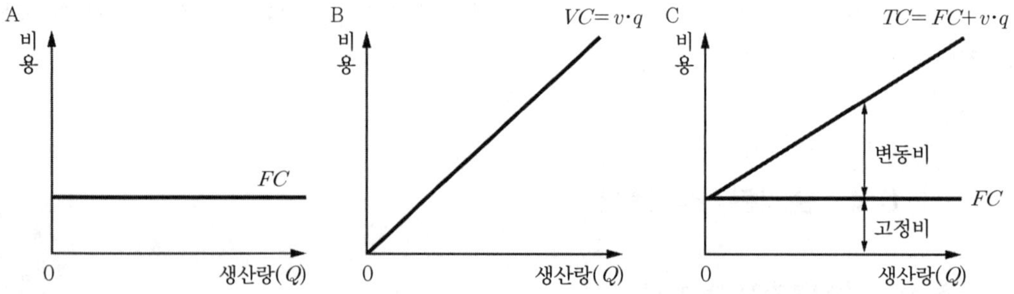

그림 6-2 생산량과 비용의 관계(A: 고정비, B: 변동비, C: 총비용)

변동비는 생산량에 따라 비례적으로 변하는 비용을 의미한다. 생산 활동과 직접적으로 연관된 비용이어서 생산량이 증가할수록 변동비도 함께 증가하는 특성이 있다. 예를 들어 조림사업에서는 묘목 구입비, 비료비, 병해충 방제비, 수확 · 운반에 드는 연료비 등이 변동비에 해당한다. 변동비는 생산량과 밀접한 관계가 있기 때문에 이를 정확히 분석하면 생산 규모에 따른 비용 변화를 예측하는 데 도움이 된다.

고정비는 생산량의 변화와 관계없이 일정하게 유지되는 비용을 의미한다. 산림경영에서는 토지 임차료, 장비 감가상각비, 행정 및 관리비, 임도 유지비, 사무실 운영비 등이 대표적인 고정비로 분류된다. 고정비는 생산량이 증가해도 일정한 수준을 유지하기 때문에 사업 규모가 커질수록 단위당 비용이 낮아지는 효과(규모의 경제)를 기대할 수 있다.

산림경영에서 총비용은 고정비와 변동비의 합으로 결정되며, 이를 분석하면 손익분기점을 도출할 수 있다. 손익분기점 분석은 고정비와 변동비가 명확하게 구분된다고 전제하지만 실제 경영에서 둘을 완벽히 나누기는 쉽지 않다. 예를 들어 산림 유지·관리비 중 일부(예 작업량 증가에 따른 연료비)는 생산량과 연관이 있는 변동비적 성격을 띠지만 또 일부(예 정기적인 임도 보수 비용)는 일정하게 유지되는 고정비적 성격을 띠기도 한다. 산림경영에서 발생할 수 있는 비용을 분류하면 표 6-9와 같으며, 보통 생산과 직접적으로 연관된 비용은 변동비로, 운영 및 유지 비용은 고정비로 분류하는 경향이 있다.

표 6-9 산림경영에서의 고정비와 변동비 분류 예시

고정비	변동비
• 토지 임차료 • 기계 및 장비 감가상각비 • 사무실 운영비 • 임도 유지비 • 행정 및 관리비	• 묘목 구입비 • 비료 및 병해충 방제비 • 연료비 및 운반비 • 작업자 인건비 • 수확 및 가공 비용

고정비와 변동비의 비용행태(cost behavior)에는 다음과 같은 특성이 있다. 첫째, 총고정비는 생산량에 관계없이 일정하지만 단위당 고정비는 생산량이 증가할수록 체감한다. 따라서 생산능력의 범위 내에서는 생산량이 증가하면 단위당 생산원가가 낮아지고 수익성이 호전된다. 예를 들어 산림경영을 하는 기업이 소나무 10,000m^3를 수확할 수 있는 토지를 보유하고 있고 총고정비가 1,000만 원이라면 단위당 고정비는 1,000원/m^3이다. 그러나 이 기업이 20,000m^3의 소나무를 생산한다면 단위당 고정비가 500원/m^3이므로 단위당 생산원가가 낮아지는 효과가 나타난다.

둘째, 고정비는 생산능력의 규모가 정해진 적정 범위(relevant range) 내에서만 고정적이다. 생산능력, 즉 토지 및 기계의 규모가 변하면 감가상각비를 비롯한 여러 가지 간접비도 변하기 때문에 총고정비 역시 변하게 마련이다. 일반적으로 고정비는 일정 규모 내에서만 고정적이고, 생산규모가 커짐에 따라 계단식으로 증가하는 양상을 보인다.

셋째, 단위당 변동비는 일정하며, 단위가 변동함에 따라 총변동비가 일정한 비율로 변화한다. 여기서 변동비는 생산량이 증가함에 따라 일정 비율로 증가하는 성격으로 규정되지만, 현실적으로는 변동비이면서 체감하거나 체증하는 경우도 있다. 예를 들어 생산량이 증가하면 노동력의 전문화, 숙련도의 증가, 기계 및 기술 수준의 향상 등 규모의 경제(economies of scale)가 나타나며, 이때 단위당 변동비가 체감한다. 반면에 생산량이 갑자기 증가하면 숙련

되지 않은 작업자들이 투입되는 등 과잉 규모에 의한 규모의 불경제(diseconomies of scale)가 발생하여 단위당 변동비가 체증할 수 있다.

6·4·3 손익분기점 계산

손익분기점은 총비용과 총수익이 같아져 이익이 0이 되는 판매량 또는 판매액의 수준으로, 그림 6-3에서 보듯이 총비용과 총수익이 만나는 점이다. 손익분기점을 계산하기 위해서는 총비용(TC), 총수익(TR), 총고정비(FC), 총변동비(VC), 단위당 변동비(v), 생산량 또는 판매량(Q), 단위당 판매가격(p), 손익분기점의 생산량(q) 등의 변수가 필요하다.

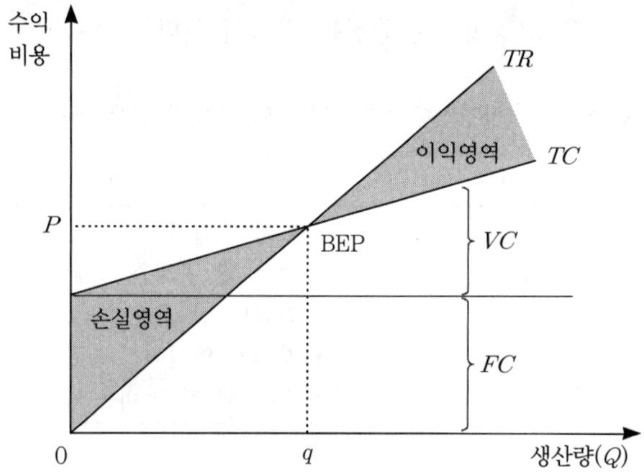

그림 6-3 손익분기점의 결정

손익분기점의 q보다 생산량이 적은 부분은 손실이 발생하는 손실영역(loss area)이고, q보다 생산량이 많은 부분은 이익이 발생하는 이익영역(profit area)이다. 그림 6-3을 상세하게 설명하면 다음과 같다.

1) 총수익선은 원점을 지나는 직선 TR이다.
2) 고정비가 FC만큼 고정되어 있고 변동비가 일정하다면 총비용선은 TC이다.
3) 손익분기점은 TR과 TC가 만나는 점이며, 이에 대응하는 x축의 점 q가 손익분기점의 생산량이 되고, y축의 점 P가 손익분기점의 총수익 또는 총비용이다.

손익분기점은 또한 산술적인 함수식으로 나타낼 수 있다. 먼저 총수익은 생산량과 단위당 판매가격을 곱해 산출한다.

$$TR = p \cdot q \quad \cdots\cdots (6 \cdot 25)$$

총비용은 고정비와 변동비의 합이며, 단위당 변동비가 일정하다고 가정하면 변동비는 단위당 변동비와 생산량을 곱한 값이다.

$$TC = FC + VC = FC + v \cdot q \quad \cdots\cdots (6 \cdot 26)$$

손익분기점은 총수익과 총비용이 일치하는 점이므로 식 6·25와 6·26으로부터 손익분기점의 판매량을 다음과 같이 구할 수 있다.

$$\begin{aligned} & TR = TC \\ & p \cdot q = FC + v \cdot q \\ & p \cdot q - v \cdot q = FC \\ & q(p-v) = FC \\ & q = \frac{FC}{p-v} \quad \cdots\cdots (6 \cdot 27) \end{aligned}$$

즉 고정비를 단위당 판매가격에서 단위당 변동비를 뺀 값으로 나누면 판매량이 된다. 손익분기점의 매출액(S)은 식 6·27의 양변에 단위당 가격을 곱해 산출한다.

$$\begin{aligned} & p \cdot q - \frac{FC}{p-v} \times p \\ & S = \frac{FC}{1 - \frac{v}{p}} \quad \cdots\cdots (6 \cdot 28) \end{aligned}$$

이때 단위당 판매가격에서 단위당 변동비를 제한 값($p-v$)을 공헌이이(contribution margin)이라고 한다. 단위당 공헌이익을 알아보기 위해 판매량이 q일 때의 이익을 π라고 하면 다음과 같이 정리할 수 있다.

$$\pi = TR - TC = p \cdot q - (FC + v \cdot q) = (p-v)q - FC \quad \cdots\cdots (6 \cdot 29)$$

판매량이 Δq만큼 증가할 때 이익 증가분 $\Delta \pi$는 다음과 같이 표현할 수 있다.

$$\Delta \pi = (p-v)\Delta q \quad \cdots\cdots (6 \cdot 30)$$

왜냐하면 판매량이 추가적으로 증가한다고 해도 추가적으로 부담할 고정비 부분이 없기 때문이다. 그러므로 $p-v$는 판매량이 추가적으로 Δq만큼 증가할 때 이익에 공헌하는 부분이다.

식 6·30에서 볼 수 있듯이 $p-v>0$, 즉 판매가격이 단위당 변동비보다 큰 범위에서는 $p-v$에 판매량 증가분(Δq)을 곱한 만큼 이익이 증가한다. 그러므로 손익분기점은 공헌이익으로 고정비를 완전히 보전하는 판매량의 수준이라고 할 수 있다. 식 6·28에서의 $1-v/p$는 공헌이익률(contribution margin ratio)이라고 한다.

손익분기점이 경영을 시작한 시점에서 멀어질수록 손실이 커져 합리적인 경영에 바람직하지 않다. 일반적으로 고정비의 비중이 낮고 한계수익률이 높으면 손익분기점에 도달하는 기간이 상대적으로 짧아진다. 즉 식 6·27에서 생산량(q)을 낮추려면 고정비(FC)를 줄이거나,

또는 단위당 판매가격(p)을 높이고 단위당 변동비(v)를 작게 하여 단위당 수익인 공헌이익 ($p-v$)을 늘려야 한다.

예를 들어 어느 산림경영 기업이 조림과 벌채를 통해 목재를 생산 · 판매하고 있다. 주요 수입원은 원목 판매이고 판매단가는 1,000만 원/m^3이다. 원목을 생산하는 과정에서 변동비와 고정비가 발생하며, 단위당 변동비가 600만 원/m^3, 총고정비가 500만 원이다. 이 기업의 손익분기점 매출량과 매출액을 식 6·27과 6·28로 계산하면 다음과 같다.

$$\text{손익분기점 매출량: } q=\frac{500}{1{,}000-600}=\frac{500}{400}=1.25\text{m}^3$$

$$\text{손익분기점 매출액: } S=\frac{500}{1-\frac{600}{1{,}000}}=\frac{500}{0.4}=1{,}250\text{만 원}$$

6·4·4 손익분기점과 목표이익

손익분기점 분석은 손실 없이 운영할 수 있는 최소한의 매출 수준을 계산하는 방법이다. 그러나 경영자는 단순히 손실을 회피할 게 아니라 목표로 하는 일정 수준의 이익, 즉 목표이익(target profit)을 달성하기 위해 전략적으로 의사결정을 해야 한다. 이때 목표이익을 고려한 손익분기점(target profit break-even point, TPBEP)을 분석하여 경영 목표를 설정하고 실현 가능한 매출 수준을 계산할 수 있다. 목표이익을 달성하는 데 필요한 생산량 q를 다음과 같이 산출할 수 있다.

$$q=\frac{FC+TP}{p-v} \quad \cdots\cdots (6\cdot 31)$$

식에서 TP: 목표이익

여기서 목표이익을 달성하는 데 필요한 매출액은 식 6·31의 양변에 단위당 가격을 곱해 산출한다.

$$p\cdot q=\frac{FC+TP}{p-v}\times p$$

$$S=\frac{FC+TP}{1-\frac{v}{p}} \quad \cdots\cdots (6\cdot 32)$$

산림경영에서도 목표이익을 고려한 손익분기점 분석은 장기적인 경영전략 수립에 필수적이다. 예를 들어 산림조합이나 임업 기업이 일정한 수익을 목표로 조림, 벌채, 임산물 가공 등의 사업을 운영할 경우 목표이익을 반영한 손익분기점 분석을 통해 적정한 생산량과 판매 목표를 설정할 수 있다. 특히 산림경영은 생산과 수익 창출 사이의 시간 간격이 긴 특성이 있으므로 목표이익을 고려한 분석을 통해 중·장기적인 경영계획을 수립하는 일이 중요하다. 일정한 목표이익을 달성하기 위해 고정비 절감, 변동비 효율화, 생산성 향상 등의 전략을 수립할 수 있으며, 산림경영의 지속가능성을 높이는 데도 기여할 수 있다.

예를 들어 어느 산림경영 기업이 조림과 벌채를 통해 목재를 원목으로 판매하려고 한다. 원목의 판매단가는 3,000만 원/m^3이다. 원목을 생산하는 과정에서 변동비와 고정비가 발생하며, 단위당 변동비가 500만 원/m^3, 총고정비가 1,000만 원, 목표이익이 9,000만 원이다. 이 기업이 목표이익을 달성할 수 있는 손익분기점의 매출량과 매출액을 식 6·31과 6·32로 계산해 보자.

$$\text{목표이익을 고려한 손익분기점 매출량: } q = \frac{1,000+9,000}{3,000-500} = \frac{10,000}{2,500} = 4\text{m}^3$$

$$\text{목표이익을 고려한 손익분기점 매출액: } S = \frac{1,000+9,000}{1-\dfrac{500}{3,000}} = \frac{10,000}{0.83} = 12,048\text{만 원}$$

이 산림경영 기업은 목재 4m^3 이상 또는 매출액 12억 원 이상을 달성해야 목표이익을 실현할 수 있다. 이를 달성하지 못하면 목표이익을 거둘 수 없으며 추가적인 비용 절감이나 생산성 향상을 고려해야 한다. 경영자는 분석 결과를 바탕으로 비용 구조를 최적화하고 시장 수요를 분석하고 생산량을 조절하는 전략을 수립해야 한다. 따라서 목표이익을 고려한 손익분기점 분석은 단순한 손실 회피를 넘어 경영 목표를 달성하고 수익성을 극대화하는 데 있어 긴요한 도구이다.

6·4·5 손익분기점 분석 가정

손익분기점 분석이 의미 있는 결과를 제공하기 위해서는 몇 가지 조건을 가정해야 한다. 손익분기점 분석의 핵심은 비용과 수익의 관계를 일정한 법칙에 따라 분석할 수 있다는 가정을 기반으로 한다. 하지만 실제 경영 환경에서는 여러 변수가 복합적으로 작용하므로 이러한 가정이 현실과 완전히 일치하지 않을 수 있다. 그럼에도 불구하고 손익분기점 분석은 경영자의 합리적인 의사결정을 돕는 유용한 분석 방법이며, 이를 올바르게 활용하기 위해서는 전제조건을 명확히 이해하는 일이 필요하다. 손익분기점 분석에서 일반적으로 가정하는 사항은 다음과 같다.

첫째, 비용과 수익은 예측 가능하며 일정한 법칙에 따라 측정할 수 있다. 이는 미래의 경영 환경이 불확실하더라도 일정한 기준을 설정해 분석할 수 있다는 의미이다. 하지만 현실에서는 시장 상황, 정책 변화, 환경요인 등에 따라 예측이 어려울 수 있기 때문에 손익분기점 분석의 결과를 절대적으로 신뢰하기보다 참고 자료로 활용해야 한다.

둘째, 총비용은 고정비와 변동비로 구분할 수 있다. 산림경영에서도 조림 비용, 임업기계 감가상각비와 같은 고정비와, 벌채 및 운반비, 인건비 등의 변동비로 나눈다. 하지만 실제로 모든 비용을 명확하게 구분하기는 어려우므로 실무에서는 일정한 기준을 적용해 분석하는 일이 필요하다.

셋째, 고정비는 생산량과 관계없이 일정하며, 변동비는 생산량에 비례해 증가한다. 이는 손익분기점 분석의 가장 기본적인 가정이다. 그러나 현실에서는 규모의 경제 효과가 발생하거나 특정 수준 이상에서 추가 비용이 발생할 수도 있다. 따라서 분석 결과를 해석할 때 이러한 가능성을 염두에 두어야 한다.

넷째, 단위당 변동비와 단위당 판매가격은 일정하다. 그러나 산림경영에서는 목재의 시장가격이 변동할 수 있고, 생산 단가도 외부 요인(예 기후변화, 노동력 부족 등)에 따라 달라질 수 있다. 따라서 분석을 수행할 때에는 이러한 변동성을 고려하여 추가적인 시뮬레이션을 병행하는 것이 바람직하다.

다섯째, 생산요소의 가격과 생산성은 일정하다. 기계 유지비, 인건비 등의 요소가 시간이 지나도 변하지 않는다는 가정이지만 현실에서는 기술 발전, 정부 정책 변화 등에 따라 생산성이나 원가 구조가 변할 수 있다. 따라서 장기적인 경영전략을 세울 때에는 이러한 변화 가능성을 고려해야 한다.

여섯째, 생산된 제품은 모두 판매된다. 즉 생산과 판매가 동일한 수준으로 이루어진다는 가정이다. 하지만 현실에서는 재고가 발생할 수도 있고, 목재 시장의 수요 변화에 따라 판매량이 달라질 수도 있다. 따라서 시장 분석과 수요 예측을 병행하여 손익분기점 분석을 보완해야 한다.

일곱째, 이상의 모든 가정은 적정 범위 내에서 성립한다. 손익분기점 분석은 일정한 경영환경에 유효한 분석 도구이지만, 규모가 크거나 외부 변수가 많아질 경우 분석 방법을 조정해야 한다. 예를 들어 대규모 산림 개발사업에서는 초기 투자비와 장기 운영비를 함께 고려해야 하며 일반적인 손익분기점 분석만으로는 충분하지 않을 수 있다.

손익분기점 분석에서 가정하는 사항들은 이처럼 현실과 다소 차이가 날 수 있다. 하지만 분석의 목적은 절대적인 수치를 도출하는 일이 아니며, 경영 의사결정을 위한 합리적인 기준을 제공한다는 점에 의미가 있다. 산림경영에서도 손익분기점 분석을 활용할 때 가정의 한계를 인식하고 실무적으로 유연한 접근 방식을 취할 필요가 있다.

6·5 임업투자 결정

6·5·1 경제분석과 재무분석

임업투자는 장기간에 걸쳐 이루어지는 데다 사회적·환경적 요소를 포함한 경우가 많기 때문에 투자 타당성을 평가하는 과정에 적용할 분석 방법이 필요하다. 이러한 분석 방법으로는 경제분석과 재무분석이 대표적이다. 두 분석 방법 모두 임업투자의 수익성을 평가하는 기능을 하지만 접근 방식과 분석의 초점이 서로 다르다. 경제분석은 국가 및 사회 전체의 관점에서 임업투자가 국민경제와 환경에 미치는 영향을 평가하는 반면에 재무분석은 개별 기업(경영체)의 입장에서 임업투자가 실제로 얼마나 수익성이 있는지 평가하는 일이 핵심이다.

1 경제분석

경제분석(economic analysis)은 특정 임업투자가 국민경제 전체에 미치는 영향을 평가하는 방법으로, 개별 기업의 수익성보다는 사회적 · 환경적 가치까지 포함한 비용과 편익을 평가한다. 장기적으로 임업이 국민경제에 기여하는 정도를 측정할 수 있으며, 공공정책 수립이나 대규모 산림 프로젝트 시행 시 필수적으로 활용된다. 사회적 편익을 고려한 평가로 볼 수 있으며, 잠재가격(potential price)를 적용하고 세금과 정부 보조금의 경우 비용에서 제외한다. 또한 장기적이고 거시적인 관점에서 평가한다.

2 재무분석

재무분석(financial analysis)은 특정 임업투자가 개별 기업(임업경영체)의 입장에서 재무적으로 타당한지 평가하는 방법으로, 실제 투자금과 현금흐름을 중심으로 분석하여 수익성을 측정하고 투자 회수의 가능성을 판단한다. 기업의 금전적 이윤을 중심으로 평가하며, 시장가격을 적용하고 세금과 금융 비용을 비용 항목에 반영한다. 또한 단기적이고 미시적인 관점에서 평가한다.

3 경제분석과 재무분석의 차이

경제분석과 재무분석은 모두 투자 타당성을 평가하는 과정에서 활용되지만 초점과 평가 기준이 각기 다르다. 첫째, 경제분석은 국민경제 전체의 관점에서 공익적 가치와 환경적 편익까지 고려해 평가하지만 재무분석은 개별 기업이 실질적으로 창출할 수 있는 수익을 중심으로 평가한다. 둘째, 경제분석은 잠재가격을 적용하여 비용과 편익을 산정하지만 재무분석은 시장가격을 기준으로 평가한다. 셋째, 경제분석에서는 세금이나 정부 보조금을 비용으로 고려하지 않지만 재무분석에서는 기업이 실제로 부담하는 세금과 금융 비용까지 포함한다. 넷째, 경제분석은 장기적인 관점에서 임업이 국민경제에 미치는 영향을 분석하지만 재무분석은 단기적으로 투자 회수가 가능한지 평가하는 데 초점을 둔다(표 6-10 참조).

6·5·2 임업투자 결정 과정

산림을 관리하고 활용하는 국가, 지방자치단체, 임업인 및 산림소유자 들은 보다 높은 생산성을 확보하고 지속가능한 경영을 실현하기 위해 다양한 형태의 산림투자를 진행하고 있다. 산림투자는 단순히 숲을 조성하고 가꾸는 차원을 넘어 산림자원의 경제적 가치를 극대화하고 효율적인 활용 방안을 모색하는 과정이다. 즉 산림자원의 효율적 활용과 경제적 수익

표 6-10 경제분석과 재무분석 비교

구분	경제분석	재무분석
상품 가격	잠재가격	시장가격
환율	잠재환율	공정환율(시장환율)
임금	잠재임금	시장임금
세금	비용에서 제외	비용에 포함
정부 보조금	수입에서 제외	수입에 포함
지불이자	비용에서 제외	비용에 포함
토지매입비	토지의 기회비용	실제 지대(실제 구입가격)
할인율	자본의 기회비용	자본비용(시장이자율)
감가상각비*	제외	제외
예비비	물량적 예비비만 포함	물량·물가 예비비 모두 포함

㈜ * 사전적 사업타당성 분석에서는 감가상각비를 제외하고, 사후적 사업수익률 계산에서는 감가상각비를 포함해 계산함

창출의 극대화를 목표로 하며, 이를 위해서는 체계적이고 합리적인 투자 결정 과정이 필수적이다. 한정된 자원과 자본을 효과적으로 배분하여 최적의 경영 성과를 달성하려면 명확한 투자 전략과 경제성 평가가 선행돼야 한다. 일반적으로 투자안을 선택하는 과정은 다음과 같은 단계로 이루어진다.

1 투자사업 모색

먼저 투자 목적과 전략을 설정한 후 이를 달성할 수 있는 여러 투자대안을 모색한다. 투자대안은 산림자원의 조성, 관리, 가공 및 유통 등 다양한 분야에서 고려할 수 있다.

2 현금흐름 추정

선택한 투자안이 투자 주체에게 어느 정도 공헌할 수 있는지를 분석하기 위해 예상되는 비용과 수익을 바탕으로 현금흐름을 추정한다. 이 단계에서는 투자비, 유지 및 관리비, 예상되는 수익 등을 종합적으로 고려하여 미래 현금흐름을 예측하는 일이 중요하다.

3 투자사업 경제성 평가

투자사업의 경제적 타당성을 평가하는 과정으로, 추정된 현금흐름을 기초로 투자안 간의 경제성을 비교·분석한다. 투자안의 경제성을 평가하는 방법으로는 회수기간법, 순현재가치법, 편익비용비율법, 내부수익률법 등이 있다. 이를 통해 한정된 자본을 가장 효율적으로 활용할 수 있는 투자사업을 선정하고 투자의 우선순위를 결정한다.

4 투자사업 수행

경제성 평가 결과를 바탕으로 최종 선정된 투자안을 실행하는 단계이다. 이 과정에서는 자본 투입, 인력 배치, 기술 적용 등을 포함하여 투자안이 계획대로 진행될 수 있도록 관리하는 일이 중요하다.

5 투자사업 재평가

투자사업이 실행된 이후에는 사업의 실적을 평가하고 계획과의 차이를 분석하는 과정이 필요하다. 이를 통해 투자 목표가 제대로 달성되고 있는지 확인하고, 향후 유사한 투자사업을 진행할 때 참고할 수 있도록 피드백을 제공한다.

이와 같은 투자 결정 과정은 한정된 자원을 보다 효율적으로 활용하고 산림경영의 경제성을 극대화하는 데 중요한 역할을 한다. 따라서 임업투자의 경제성을 정확히 평가하고 우선순위를 결정하는 일이 성공적인 산림경영을 위한 필수적인 요소라고 할 수 있다.

6·5·3 경제성 평가 방법

1 회수기간법

산림경영에서 투자 결정을 내릴 때 자본예산 의사결정 기법 중 하나인 회수기간법(payback period method, PBP)을 활용할 수 있다. 회수기간법은 사업에 투입한 자본을 해당 투자에서 창출되는 현금흐름을 통해 회수하는 데 걸리는 기간을 계산하는 방법으로, 투자안이 초기 투자비를 얼마나 빠르게 회수할 수 있는지 평가하는 데 초점을 맞춘다.

산림경영에는 조림사업, 목재 생산, 산림 관광 및 기타 산림자원 활용을 위한 다양한 투자안이 존재한다. 예를 들어 조림사업의 경우 초기 식재 비용을 투입하면 이후에 임목이 성장하면서 간벌수익이나 최종 수확수익이 발생한다. 이때 회수기간법을 적용하면 처음에 들어간 조림 비용을 간벌과 최종 수확에서 얻는 수익을 통해 회수하는 데 걸리는 시간을 계산할 수 있다.

회수기간법은 기본적으로 투자비용을 빨리 회수할수록 더 바람직한 투자안이라고 전제한다. 즉 동일한 조건에서 투자비를 짧은 시간 내에 회수할 수 있는 사업이 상대적으로 더 유리하다고 판단한다. 단일 투자안일 경우에는 투자안의 회수기간이 산림경영자가 내부적으로 설정한 회수기간보다 짧으면 투자안을 채택하고, 복수 투자안일 경우에는 내부적으로 설정한 회수기간보다 짧은 투자안 중에서 가장 짧은 시간 내에 회수할 수 있는 투자안을 채택하면 된다. 산림경영에서 투자 결정을 내릴 때 회수기간이 짧은 사업이 재무적 안정성과 자본 회전율 측면에서 더 적합하다.

① 회수기간과 규칙적인 현금흐름

회수기간은 보통 연수(年數)로 표현하며, 연간 순현금유입이 일정한 경우 다음과 같이 계산할 수 있다.

$$PBP = \frac{I_0}{B_t} \quad \cdots\cdots (6\cdot33)$$

식에서 I_0: 초기 투자액, B_t: 연간 수입

예를 들어 어느 산림경영 업체가 새로운 벌목 기계를 도입하려고 기계 A와 기계 B, 두 가지 대안을 고려하고 있다. 기계 A의 구입 비용은 1,500만 원, 내용연수는 10년이며, 기계 A를 사용하면 매년 운영 비용이 500만 원씩 감소한다. 기계 B의 구입 비용은 1,200만 원, 내용연수는 5년이며, 기계 B 또한 매년 운영 비용이 500만 원씩 감소한다. 회수기간법에 따르면 어느 기계를 구입해야 하는가?

기계 A의 회수기간: $PBP = \frac{1{,}500\text{만}}{500\text{만}} = 3\text{년}$

기계 B의 회수기간: $PBP = \frac{1{,}200\text{만}}{500\text{만}} = 2.4\text{년}$

회수기간법에 따르면 기계 B가 더 짧은 기간(2.4년) 내에 초기 투자비를 회수할 수 있으므로 기계 A에 비해 더 유리한 선택일 수 있다.

② 회수기간과 불규칙적인 현금흐름

식 6·33은 투자안과 관련한 현금흐름이 매년 규칙적으로 발생한다고 가정하지만 현금유입이 변동할 때에는 다음과 같이 계산할 수 있다.

$$PBP = T_{n-1} + \frac{S_{n-1}}{B_n} \quad \cdots\cdots (6\cdot34)$$

식에서 T_{n-1}: 투자액이 회수되기 전 연차, S_{n-1}: 투자액이 회수되기 전 연차의 초과분, B_n: 투자액이 회수되는 연차의 연수입

예를 들어 현금흐름이 표 6-11과 같을 때 이 사업의 회수기간을 구해 보자.

표 6-11 불규칙적인 현금흐름을 가진 사업 사례(단위: 만 원)

연차	0년 차	1년 차	2년 차	3년 차	4년 차	5년 차
현금흐름	-5,000	1,000	2,000	2,500	3,000	4,000

현금흐름이 불규칙할 경우 회수기간법을 적용하려면 총수익과 초과분을 알아야 하기 때문에 표 6-12와 같이 작성하여 문제를 해결한다.

표 6-12 불규칙적인 현금흐름을 가진 사업의 총수익과 초과액 계산 방법

연차	0년 차	1년 차	2년 차	…	n년 차
총수익	0	B_1	B_1+B_2	…	$B_1+B_2+\cdots+B_n$
초과분	$-I_0$	B_1-I_0	$(B_1+B_2)-I_0$	…	$(B_1+B_2+\cdots+B_n)-I_0$

표 6-12를 표 6-11의 문제에 적용해 보면 결과는 표 6-13과 같다. 3년 차의 총수익이 1,000만+2,000만+2,500만=5,500만 원, 초과분이 5,500만-5,000만=500만 원이므로 투자액이 회수되는 연차는 3년 차임을 알 수 있으며, 식 6·34를 이용하여 다음과 같이 회수기간을 계산할 수 있다.

표 6-13 불규칙적인 현금흐름을 가진 사업의 총수익과 초과액(단위: 만 원)

연차	0년 차	1년 차	2년 차	3년 차	4년 차	5년 차
총수익	0	1,000	3,000	5,500	8,500	12,500
초과분	−5,000	−4,000	−2,000	500	3,500	7,500

$$PBP = 2 + \frac{2{,}000\text{만}}{2{,}500\text{만}} = 2.8\text{년}$$

따라서 이 사업의 회수기간은 2.8년, 즉 초기 투자비인 5,000만 원을 2.8년 만에 회수할 수 있다.

③ 이자를 감안한 회수기간

회수기간을 계산할 때 자금의 시간적 가치를 반영하려면 할인회수기간법(discounted payback period)을 사용한다. 이는 투자수익을 현재가치로 환산한 후 누적된 현재가치가 초기 투자 금액을 초과하는 시점을 기준으로 회수기간을 결정하는 방식이다. 즉 이자를 감안하지 않은 회수기간과 달리 이자율(할인율)을 고려하여 투자비를 회수하는 데 걸리는 기간을 계산하며 다음과 같이 구할 수 있다.

$$PBP = \frac{I_0}{B(1+i)^t} \quad \cdots\cdots (6\cdot35)$$

식에서 I_0: 초기 투자액, B: 연간 수입, i: 할인율, t: 사업 연차

예를 들어 현금흐름이 표 6-14인 경우 이자를 감안하지 않을 때와 감안할 때 사업의 회수기간

표 6-14 불규칙적인 현금흐름을 가진 사업 사례(단위: 만 원)

연차	0년 차	1년 차	2년 차	3년 차	4년 차	5년 차
현금흐름	−2,000	600	800	1,000	1,200	1,500

을 비교해 보자. 이자율은 15%를 적용한다.

이자를 감안하지 않을 경우에는 식 6·34를 적용하므로 표 6-15를 통해 회수기간을 2.6년으로 구할 수 있다.

표 6-15 이자를 감안하지 않는 경우의 총수익과 초과액(단위: 만 원)

연차	0년 차	1년 차	2년 차	3년 차	4년 차	5년 차
총수익	0	600	1400	2,400	3,600	5,100
초과분	−2,000	−1,400	−600	400	1,600	3,100

$$PBP = 2 + \frac{600\text{만}}{1{,}000\text{만}} = 2.6\text{년}$$

그러나 이자를 고려할 경우에는 현금흐름을 할인해야 하기 때문에 현금흐름을 다시 구해야 한다.

$$1\text{년 차 현금흐름: } \frac{600\text{만}}{(1+0.05)^1} = 571.4\text{만 원}$$

$$2\text{년 차 현금흐름: } \frac{800\text{만}}{(1+0.05)^2} = 725.6\text{만 원}$$

$$3\text{년 차 현금흐름: } \frac{1{,}000\text{만}}{(1+0.05)^3} = 863.8\text{만 원}$$

$$4\text{년 차 현금흐름: } \frac{1{,}200\text{만}}{(1+0.05)^4} = 987.2\text{만 원}$$

$$5\text{년 차 현금흐름: } \frac{1{,}500\text{만}}{(1+0.05)^5} = 1{,}175.3\text{만 원}$$

이 계산 결과를 가지고 총수익과 초과분을 구하면 표 6-16과 같으며, 회수기간은 2.8년으로 계산된다.

표 6-16 이자를 감안한 경우의 총수익과 초과액(단위: 만 원)

연차	0년 차	1년 차	2년 차	3년 차	4년 차	5년 차
총수익	−2,000	571.4	1,297.0	2,160.8	3,148.0	4,323.3
초과분		−1,428.6	−703.0	160.8	1,148.0	2,323.3

$$PBP = 2 + \frac{703.0\text{만}}{863.8\text{만}} = 2.8\text{년}$$

이처럼 같은 상황임에도 이자를 감안하지 않으면 2.6년, 이자를 감안하면 2.8년 만에 초기 투자비를 회수할 수 있다는 결과가 나온다. 즉 이자를 고려한 할인회수기간법을 적용하면 투자안의 회수기간이 보통 길어진다.

2 순현재가치법

순현재가치(NPV)는 투자안에서 발생할 미래 현금유입(편익)의 현재가치에서 현금유출(투자비)의 현재가치를 차감한 값을 의미한다. 순현재가치법은 투자로 인해 미래에 창출될 경제적 가치를 현재 기준에서 평가하는 방법으로, 투자 결정을 내리는 데 중요한 지표로 활용된다. 순현재가치법은 단순히 투자에 따른 총수익을 평가하는 것이 아니라 모든 현금흐름을 현재가치로 변환하여 사업의 경제적 타당성을 분석하는 방식이다.

순현재가치법의 투자 결정 기준은 단일 투자안을 평가할 경우 NPV 값이 양수(+)이면 투자할 가치가 있고 음수(−)이면 투자하지 않는다고 판단한다. 복수 투자안을 평가할 경우에는 NPV가 가장 큰 투자안을 선택하는 것이 합리적이다. 순현재가치법은 다음과 같이 계산할 수 있다.

$$NPV = \sum_{t=0}^{n} \frac{B_t - C_t}{(1+i)^t} \quad \cdots\cdots (6 \cdot 36)$$

식에서 n: 사업기간, B_t: t시점의 현금유입(편익), i: 할인율, C_t: t시점의 현금유출(비용)

식 6·36은 미래에 발생할 편익과 비용을 현재가치로 환산해 비교하는 방식을 의미하므로 할인율의 설정이 특히 중요한 요소로 작용한다. 할인율이 높을 경우 미래의 현금흐름이 과소평가될 가능성이 있고, 할인율이 낮을 경우 미래 수익이 과대평가될 가능성이 있다. 따라서 투자 환경과 시장 상황을 고려하여 적절한 할인율을 설정하는 일이 중요하다.

순현재가치법은 투자안의 단순한 수익률 비교가 아니라 미래 현금흐름을 현재가치로 환산해 평가함으로써 투자안의 실질적인 경제적 기여도를 분석할 수 있기 때문에 기업과 공공 부문에서 중요한 투자 결정 도구로 활용하고 있다. 그러나 NPV의 결과를 해석할 때에는 할인율 설정, 투자 규모, 미래 현금흐름의 불확실성 등의 요인을 고려해야 한다. 특히 투자 규모가 큰 사업일수록 절대적인 NPV 값이 크게 산정되는 반면에 수익률이 더 높지만 규모가 작은 사업이 불리하게 평가될 수도 있다. 따라서 다른 경제성 평가 방법과 병행해 활용하는 것이 바람직하다.

3 편익비용비율법

편익비용비율(benefit/cost ratio, BCR)은 투자사업의 미래 현금흐름(편익)의 현재가치를 현금유출(투자비)의 현재가치로 나눈 값을 의미한다. 편익비용비율법은 수익성지수법(profitability index, PI)이라고도 하며, 사업에 투입된 자본 대비 발생할 경제적 효율성을 측정하는 방법으로, 투자사업의 상대적인 수익성을 평가하는 데 활용된다.

편익비용비율법의 투자 결정 기준은 단일 투자안을 평가할 경우 BCR 값이 1보다 크면 투자할 가치가 있고 1보다 작으면 투자하지 않는다고 판단한다. 복수 투자안을 평가할 경우에는 BCR 값이 1보다 큰 투자안 중에서 BCR 값이 가장 높은 투자안을 선택하는 것이 효율적이다. 편익비용비율법은 다음과 같이 계산할 수 있다.

$$BCR = \frac{\sum_{t=0}^{n} \frac{B_t}{(1+i)^t}}{\sum_{t=0}^{n} \frac{C_t}{(1+i)^t}} \quad \cdots\cdots (6 \cdot 37)$$

식에서 n: 사업기간, B_t: t시점의 현금유입(편익), i: 할인율, C_t: t시점의 현금유출(비용)

편익비용비율법은 순현재가치법의 단점을 보완한 방법으로 투자 의사결정을 더욱 효과적으로 돕는 도구이며, 제한된 자원을 가장 효율적으로 배분하는 데 우수한 평가 방식이다. 순현재가치법과 다른 편익비용비율법의 특징은 다음과 같다(표 6-17 참조).

첫째, 투자 규모가 다른 사업을 비교하는 데 유리하다. NPV는 투자 규모가 큰 사업이 절대적으로 유리하게 나타나는 경향이 있다. 반면에 BCR은 투자금 1원당 효율성을 평가하는 방식이므로 규모가 다른 투자안을 비교할 때 객관적인 평가가 가능하다.

둘째, 투자 효율성의 상대적 평가가 가능하다. 투자사업의 규모가 다를 때 단순한 NPV 비교보다는 BCR을 활용하면 자본 대비 가장 효과적인 투자안을 선택할 수 있다. 특히 자본이 제한적인 상황에서는 BCR을 기준으로 투자사업을 선정하는 것이 더 합리적이다.

셋째, 자본이 부족한 국가나 기업에서 효과적인 활용이 가능하다. 개발도상국이나 자본이 부족한 기업에서는 한정된 재원을 가장 효율적으로 활용해야 하기 때문에 BCR이 중요한 투자 결정 기준이 될 수 있다. 또한 투자비 단위당 편익을 극대화하는 전략이 필요할 때 적절한 분석 도구로 작용한다.

표 6-17 편익비용비율법과 순현재가치법 비교

구분	편익비용비율법(BCR)	순현재가치법(NPV)
분석 방식	편익의 현재가치를 비용의 현재가치로 나눈 비율을 계산	편익의 현재가치에서 비용의 현재가치를 차감
투자안 비교 방식	투자액 대비 효율성을 비교하여 상대적으로 평가	절대적인 금액을 기준으로 투자안을 평가
적용 상황	자본이 제한된 경우 투자 우선순위를 정할 때 유용	대규모 투자사업의 경제적 타당성을 분석할 때 적합

4 내부수익률법

내부수익률(internal rate of return, IRR)은 투자사업이 원만하게 진행된다는 전제하에 기대되는 예상수익률로, 투자사업에서 발생할 미래 현금흐름(편익)의 현재가치와 현금유출(투자비)의 현재가치를 동일하게 만드는 할인율을 의미한다. 즉 순현재가치가 0이 되는 할인율을 내부수익률이라고 한다.

내부수익률법의 투자 결정 기준은 IRR 값이 통상적으로 사용되는 사회적 할인율보다 클 때 투자사업의 타당성이 있다고 판단한다. 복수 투자안을 평가할 경우에는 IRR 값이 사회적 할인율보다 큰 투자안 중에서 IRR 값이 가장 높은 투자안을 선택하는 것이 합리적이다. 내부수익률법에서는 다음과 같은 식을 만족하는 i의 값이 IRR이 된다.

$$\sum_{t=0}^{n}\frac{B_t}{(1+i)^t}=\sum_{t=0}^{n}\frac{C_t}{(1+i)^t} \quad \text{또는} \quad \sum_{t=0}^{n}\frac{B_t}{(1+i)^t}-\sum_{t=0}^{n}\frac{C_t}{(1+i)^t}=0 \quad \cdots\cdots (6\cdot38)$$

식에서 n: 사업기간, B_t: t시점의 현금유입(편익), i: 할인율, C_t: t시점의 현금유출(비용)

내부수익률법과 순현재가치법은 투자안의 경제적 타당성을 평가하는 주요 기준이지만 두 방법은 적용 방식과 해석에서 차이가 있다. 일반적으로 내부수익률이 사회적 할인율보다 크다면 해당 할인율을 적용했을 때 순현재가치가 양수(+)임을 의미한다. 이는 투자안이 경제적으로 타당함을 나타내는 중요한 기준이 된다. 그러나 내부수익률법 기준과 순현재가치법 기준을 동시에 적용할 경우 투자안의 평가 결과가 서로 다르게 나타날 수도 있다.

예를 들어 표 6-18과 같이 투자비가 동일한 두 투자안(A, B)을 내부수익률로 비교하면 사업 B의 IRR(20%)이 사업 A의 IRR(14%)보다 크므로 사업 B가 더 양호한 투자안으로 평가된다.

표 6-18 내부수익률과 순현재가치 평가 사례

구분	연차별 순편익(만 원)			내부수익률
	0년 차	1년 차	2년 차	
사업 A	-1,000	0	1,300	14%
사업 B	-1,000	1,200	0	20%

하지만 순현재가치 기준에서 사회적 할인율로 4%를 적용하면 사업 A가 더 우수한 것으로 나타나고, 12%를 적용하면 사업 B가 더 유리한 것으로 평가된다(그림 6-4 참조). 또한 할인율이 8.3%일 경우에는 두 사업의 경제적 가치가 동일하게 평가된다. 이는 순현재가치법에 적용하는 할인율의 크기에 따라 결과가 달라질 수 있고 결국 투자안의 우선순위가 바뀔 수 있음을 보여 준다.

내부수익률법은 투자사업이 진행되면서 총비용을 회수할 수 있는 최소한의 예상수익률을 의미하므로 내부수익률이 크다면 투자사업이 양호하다는 뜻이며, 복수 투자안일 경우 상대적인 매력도를 쉽게 비교할 수 있다.

그러나 사업에 따라서는 초기에 많은 비용이 투입되고 일정 기간 동안 편익이 발생한 후 대규모 비용이 다시 발생하는 구조일 수 있다. 이러한 경우 2개의 IRR이 계산되므로 어느

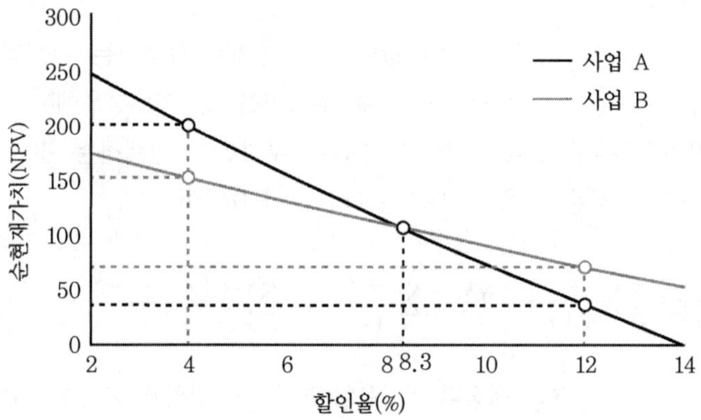

그림 6-4 내부수익률과 순현재가치 비교

값을 적용해야 할지 불분명한 문제가 발생할 수 있다. 또한 예산 제약이 있거나 상호 배타적인 사업에서는 IRR을 직접적으로 적용하기 어려운 한계점이 있다.

IRR이 높은 사업이 무조건 경제적으로 더 타당한 것은 아니며, NPV 기준에서 가치가 더 높은 사업이 존재할 수도 있다. 즉 할인율을 어떻게 적용하느냐에 따라 NPV 값이 달라질 수 있기 때문에 NPV와 IRR 간의 비교 분석이 필요하다. 또한 BCR을 함께 고려하여 투자 규모 대비 수익성을 평가하는 일도 필요하다. 결론적으로 내부수익률법, 순현재가치법, 편익비용비율법 등의 경제성 평가 기준을 모두 종합적으로 분석하여 투자에 대한 의사결정을 내리는 것이 가장 합리적이다.

6·5·4 투자안 경제성 비교

1 자본 제약 없는 경우

한 산림경영자가 지역 산림자원을 활용하여 지속가능한 방식으로 경제적 이익을 창출하고자 현재 두 사업을 고려 중이다. 사업 A는 대규모 속성수 조림사업으로, 초기 투자비가 크지만 일정 기간 이후 목재 생산과 탄소배출권 판매를 통해 수익을 창출할 수 있다. 사업 B는 소규모 산림휴양지 개발사업으로, 초기 투자비가 비교적 적고 지역 관광산업 활성화와 연계하여 투자 위험이 낮다. 표 6-19는 경제성 평가 시점이 현재 0년 차인 두 사업의 현금흐름이며 할인율 5%를 적용한다.

표 6-19 자본 제약이 없는 투자안의 현금흐름 비교 사례(단위: 만 원)

연차	0년 차	1년 차	2년 차	3년 차	4년 차	5년 차
사업 A	−5,000	840	0	2,546.8	3,646.8	5,105.1
사업 B	−2,000	0	551.3	926.1	2,066.4	3,828.8

산림경영자가 순현재가치법, 편익비용비율법, 내부수익률법으로 경제성을 평가한 결과는 다음과 같다.

• 사업 A

$$\text{NPV: } \left(\frac{840}{1.05^1}+\frac{0}{1.05^2}+\frac{2{,}546.8}{1.05^3}+\frac{3{,}648.8}{1.05^4}+\frac{4{,}000}{1.05^5}\right)-\frac{5{,}000}{1.05^0}=5{,}000\text{만 원}$$

$$\text{BCR: } \frac{\dfrac{840}{1.05^1}+\dfrac{0}{1.05^2}+\dfrac{2{,}546.8}{1.05^3}+\dfrac{3{,}648.8}{1.05^4}+\dfrac{4{,}000}{1.05^5}}{\dfrac{5{,}000}{1.05^0}}=2$$

$$\text{IRR: } \left\{\frac{840}{(1+i)^1}+\frac{0}{(1+i)^2}+\frac{2{,}546.8}{(1+i)^3}+\frac{3{,}648.8}{(1+i)^4}+\frac{4{,}000}{(1+i)^5}\right\}-\frac{5{,}000}{(1+i)^0}=0, \quad i=0.2\,(20\%)$$

• 사업 B

$$\text{NPV: } \left(\frac{0}{1.05^1}+\frac{551.3}{1.05^2}+\frac{926.1}{1.05^3}+\frac{2{,}066.4}{1.05^4}+\frac{3{,}828.8}{1.05^5}\right)-\frac{2{,}000}{1.05^0}=4{,}000\text{만 원}$$

$$\text{BCR: } \frac{\dfrac{0}{1.05^1}+\dfrac{551.3}{1.05^2}+\dfrac{926.1}{1.05^3}+\dfrac{2{,}066.4}{1.05^4}+\dfrac{3{,}828.8}{1.05^5}}{\dfrac{2{,}000}{1.05^0}}=3$$

$$\text{IRR: } \left\{\frac{0}{(1+i)^1}+\frac{551.3}{(1+i)^2}+\frac{926.1}{(1+i)^3}+\frac{2{,}066.4}{(1+i)^4}+\frac{3{,}828.8}{(1+i)^5}\right\}-\frac{2{,}000}{(1+i)^0}=0, \quad i=0.31\,(31\%)$$

순현재가치법의 결과로는 사업 A의 경제성이 높지만 편익비용비율법, 내부수익률법으로 평가한 결과에서는 사업 B의 경제성이 높게 나타났다. 이는 대규모 사업일수록 유리하게 판단하는 순현재가치법의 단점을 반영했다고 볼 수 있다. 결국 산림경영자는 편익비용비율과 내부수익률이 높은 사업 B를 채택하는 것이 합리적이다.

[2] 자본 제약 있는 경우

표 6-19의 현금흐름에서 0년 차에 국가와 민간 투자를 받아 자본이 1억 원으로 늘어났다면 사업 A와 사업 B의 경제성이 어떻게 달라지는지 확인해 보자. 먼저 비례식을 세워 달라진 자본 제약에 따라 발생하는 편익을 계산해야 한다. 사업 A의 1년 차를 예로 들면 5,000 : 840=10,000 : x의 비례식으로 편익을 계산한다(표 6-20 참조).

표 6-20 자본 제약이 있는 투자안의 현금흐름 비교 사례(단위: 만 원)

연도	0년 차	1년 차	2년 차	3년 차	4년 차	5년 차
사업 A	−10,000	1,680	0	5,093.6	7,293.0	10,210.3
사업 B	−10,000	0	2,756.3	4,630.5	10,331.8	19,144.2

이후 산림경영자가 순현재가치법, 편익비용비율법, 내부수익률법으로 경제성을 평가한 결과는 다음과 같다.

• 사업 A

$$\text{NPV: } \left(\frac{1{,}680}{1.05^1}+\frac{0}{1.05^2}+\frac{5{,}093.6}{1.05^3}+\frac{7{,}293.0}{1.05^4}+\frac{10{,}210.3}{1.05^5}\right)-\frac{10{,}000}{1.05^0}=10{,}000\text{만 원}$$

$$\text{BCR: } \frac{\dfrac{1{,}680}{1.05^1}+\dfrac{0}{1.05^2}+\dfrac{5{,}093.6}{1.05^3}+\dfrac{7{,}293.0}{1.05^4}+\dfrac{10{,}210.3}{1.05^5}}{\dfrac{10{,}000}{1.05^0}}=2$$

$$\text{IRR: } \left\{\frac{1{,}680}{(1+i)^1}+\frac{0}{(1+i)^2}+\frac{5{,}093.6}{(1+i)^3}+\frac{7{,}293.0}{(1+i)^4}+\frac{10{,}210.3}{(1+i)^5}\right\}-\frac{10{,}000}{(1+i)^0}=0, \quad i=0.2\,(20\%)$$

• 사업 B

$$\text{NPV: } \left(\frac{0}{1.05^1}+\frac{2{,}756.3}{1.05^2}+\frac{4{,}630.5}{1.05^3}+\frac{10{,}331.8}{1.05^4}+\frac{19{,}144.2}{1.05^5}\right)-\frac{10{,}000}{1.05^0}=20{,}000\text{만 원}$$

$$\text{BCR: } \frac{\dfrac{0}{1.05^1}+\dfrac{2{,}756.3}{1.05^2}+\dfrac{4{,}630.5}{1.05^3}+\dfrac{10{,}331.8}{1.05^4}+\dfrac{19{,}144.2}{1.05^5}}{\dfrac{10{,}000}{1.05^0}}=3$$

$$\text{IRR: } \left\{\frac{0}{(1+i)^1}+\frac{2{,}756.3}{(1+i)^2}+\frac{4{,}630.5}{(1+i)^3}+\frac{10{,}331.8}{(1+i)^4}+\frac{19{,}144.2}{(1+i)^5}\right\}-\frac{10{,}000}{(1+i)^0}=0, \quad i=0.31\,(31\%)$$

자본 제약이 있는 경우 모든 경제성 평가에서 사업 B에 투자 타당성이 있다고 분석되었다. 순현재가치법만 보면 자본 제약이 없는 경우 사업 A의 NPV가 높게 나타나지만, 자본 제약이 있는 경우 편익에 변화가 생기면서 사업 B의 NPV가 높게 나타났다. 이는 순현재가치법이 절대적인 가치 기준으로 투자안을 평가하기 때문이다. 즉 순현재가치법은 동일한 투자 금액이 투입되는 조건에서만 정확한 비교가 가능하며, 자본 제약하에서 투자 효율성이 높은 사업을 선택해야 하는 상황에서는 부적합한 결정을 초래할 수 있다. 상대적으로 편익비용비율법과 내부수익률법은 투자 규모의 상대적 효율성을 반영하고 있기 때문에 자본 제약이 있다고 해서 값이 달라지지 않는다.

6·5·5 민감도 분석

1 민감도 분석 개요

민감도 분석(sensitivity analysis, 감응도 분석)은 투자사업에서 미래의 불확실성을 다루기 위한 실용적 도구이다. 산림경영과 같은 장기적 사업은 운영 과정에서의 예기치 못한 상황 변화와 각종 위험 요소를 내포하고 있어 이러한 요인이 사업의 성패에 큰 영향을 미칠 수 있다. 보통의 사업은 확실성, 불확실성, 위험 상황에서 의사결정을 하게 되며, 각 상황별 의사결정의 특징을 살펴보면 다음과 같다.

① 확실성하의 의사결정

확실성하의 의사결정은 모든 정보가 명확하고 결과가 예측 가능한 상황에서 이루어진다. 완전한 정보가 있고 결과 예측이 가능하며, 최적의 대안을 선택하기 위해 경제성 평가 등을 고려한다. 따라서 분석이 간단하고 명료하며 결정의 정확도가 높으나 실제로 확실한 정보가 제공되는 상황은 드물다.

② 불확실성하의 의사결정

불확실성하의 의사결정은 의사결정자가 선택한 대안이 어떤 결과를 초래할지에 대한 정보가 부족한 상황에서 이루어진다. 정보가 부족하여 결과 예측이 불가능하며, 불확실성을 최소화하기 위해 안전한 대안을 선택하려는 경향이 있다. 따라서 불확실성을 고려한 최적의 대안을 탐색할 수 있지만, 결과를 예측하기 어렵기 때문에 분석 과정에서 주관적인 판단이 개입될 가능성이 높다.

③ 위험하의 의사결정

위험하의 의사결정은 의사결정자가 각 대안의 결과와 결과가 발생할 확률에 대한 일부 정보를 가지고 있을 때 이루어진다. 각 대안의 결과가 발생할 확률을 알고 있어 결과를 어느 정도 예측할 수 있으며, 수학적 접근(확률적 방법 또는 기댓값 계산)을 통해 대안을 선택한다. 따라서 확률적 정보를 활용하여 좀 더 정교하게 의사결정을 내릴 수 있지만, 확률 정보를 잘못 추정하거나 편향된 정보에 기반하면 정확도가 떨어질 수 있다.

미래의 불확실성은 기술적인 문제로 사업기간이 계획보다 연장되거나, 편익과 비용을 결정하는 주요 요인인 가격, 노임, 단위 수량 등이 변동함으로 인해 발생한다. 따라서 초기 분석 결과의 신뢰도를 높이기 위해 이러한 변동 상황을 사전에 평가하고 평가 결과가 주요 변수의 변화에 얼마나 민감하게 반응하는지를 확인하는 일이 중요하다.

민감도 분석은 편익과 비용의 주요 결정 요인에 대해 예상되는 상이한 값을 적용하여 투자사업의 선택 기준(PBP, NPV, BCR, IRR)이 변화하는 정도를 측정한다. 이를 통해 특정 변수의 변동이 사업의 경제적 타당성에 미치는 영향을 파악할 수 있다.

2 민감도 분석 종류

민감도 분석은 접근 방법에 따라 주관적 감응도 분석, 선택적 감응도 분석, 일반적 감응도 분석의 세 가지로 구분된다.

① 주관적 감응도 분석

주관적 감응도 분석은 주관적 판단과 전문가의 경험에 의존하여 미래의 변동 상황을 예측하는 방법이다. 간편하게 적용할 수 있으나 개인의 직관과 경험에 따라 분석 결과가 달라질 수 있다. 가장 기본적인 접근법이며 초기 단계의 가설 설정에 유용하다.

② 선택적 감응도 분석

선택적 감응도 분석은 객관적인 검토 과정을 통해 여러 변동 상황 중 주요 상황을 선택하고, 이러한 변화가 경제성 지표에 미치는 영향을 분석한다. 중요한 변수에 초점을 맞춰 보다 실질적인 결과를 도출할 수 있으며, 현실적이고 효율적인 방법으로 평가된다.

③ 일반적 감응도 분석

일반적 감응도 분석은 사업의 경제성 평가 결과에 영향을 미칠 수 있는 모든 변수의 변동 가능성을 나열하고 각각에 확률을 부여하여 종합적으로 분석하는 방법이다. 이를 통해 발생 가능한 다양한 시나리오를 검토할 수 있으며, 일종의 위험 분석(risk analysis) 또는 확률 분석(probability analysis)이라고 할 수 있다. 분석이 정밀하고 포괄적이지만 복잡하고 많은 데이터를 필요로 하는 단점이 있다.

3 임업투자 민감도 분석

산림경영은 사업의 장기성과 더불어 공공성과 경제성을 동시에 고려해야 하는 특성이 있다. 따라서 민감도 분석은 산림사업의 경제적 타당성을 평가하는 데 중요한 도구로 활용된다. 특히 산림 투자사업에서는 생산물 가격, 노임과 자재 비용, 단위 수량, 공사 단가와 공사 기간이 주요하게 고려할 요소이다. 이 중에서 생산물 가격은 목재, 임산물, 탄소배출권 등 산림사업에서 발생하는 주요 수익원의 가격 변동을 가정하며, 노임과 자재 비용은 인건비 및 원료·원자재의 가격 변동을 가정한다. 또한 단위 수량은 예상 생산량 및 수확량 변화에 따른 경제성 지표의 변동을 가정하며, 공사 단가와 공사 기간은 공사 비용의 증가 또는 공사 기간의 연장으로 인한 비용 초과를 가정한다.

임업투자에서의 민감도 분석은 대상 요인의 변동 폭과 기간을 가정하여 편익과 비용을 다시 추정하고, 재추정한 데이터를 바탕으로 PBP, NPV, BCR, IRR 등의 경제성 분석 지표를 계산한다. 그 후 주요 변수의 변화가 경제적 타당성에 미치는 영향을 비교·평가하는 과정을 거친다.

민감도 분석은 공공사업과 민간사업을 불문하고 산림사업의 위험을 평가하고 불확실성에 대비할 수 있는 중요한 과정이다. 특히 공공사업의 경우 민간사업보다 덜 위험하다는 일반적인 인식과 달리 이해당사자 간의 관계, 공익과 경제적 효율성 간의 갈등, 사업의 장기성 등의 특성으로 인해 민간사업보다 더 심각한 위험 요소가 잠재할 수 있으므로 신중한 분석이 요구된다.

연습문제 ▌

1. 동액의 정기적 지불에 관한 무한정기계열, 무한연년계열, 유한정기계열, 유한연년계열의 현재가를 설명하시오.
2. 차세대를 고려한 임목의 벌채 결정에서 가치 증가에 대한 내용을 설명하시오.

3. 산림경영 분석의 절차를 설명하시오.
4. 감가상각 방법 중 정률법과 이중체감법에서 내용연수의 마지막 연도에 감가상각을 추가하는 이유를 설명하시오.
5. 수익성 지표 중 임업소득에 대해 설명하시오.
6. 산림경영에서의 고정비와 변동비를 분류하시오.
7. 공헌이익에 대해 설명하시오.
8. 이자를 감안한 회수기간에 대해 설명하시오.
9. 편익비용비율법과 순현재가치법, 내부수익률법과 순현재가치법을 비교하시오.
10. 민감도 분석의 종류에 대해 설명하시오.

참고문헌

1. 김동건. 2012. 비용 · 편익분석. 제4판. 박영사.
2. 김우영, 이은철, 성경철 (역). 2020. Brewer의 관리회계 입문. 지필미디어.
3. 김종일, 장홍석, 안성희. 2021. 재무회계. 제6판. 탐진.
4. 남명수, 임태순. 2012. 미래 CEO · CFO를 위한 재무관리의 이해. 제3판. 법문사.
5. 민성기, 오현탁. 2005. 경영분석의 이해. 창민사.
6. 박태식, 강성연, 권오복 외. 1971. 임업경영학. 향문사.
7. 박태식, 김농춘, 권오복 외. 1990. 신고 임업경영학. 향문사.
8. 서병덕, 홍동현. 2006. 경영분석. 대진.
9. 안종만, 우종춘, 윤화영 외. 2007. 산림경영학. 향문사.
10. 우종춘, 김세빈, 김형호 외. 2017. 신고 산림경영학. 향문사.
11. 전현선, 이성연, 주린원 외. 1999. 임업경제성분석 지침서. 임업연구원.
12. Higgins RC. 2019. Analysis for Financial Management. McGraw-Hill.
13. Kieso DE, Weygandt JJ, Warfield TD. 2020. Intermediate Accounting. Wiley.

제7장 산림평가

7·1 산림평가 개요

7·1·1 산림평가 개념

산림평가(山林評價, forest valuation)란 산림을 구성하는 임지, 임목, 부산물 등의 경제적 가치를 판정하여 그 결과를 화폐가치로 표시하는 일을 말한다. 종래의 산림평가에서는 임목 생산의 장소로서만 임지의 가치를 인정해 왔으나 임지를 임목 생산이 아닌 다른 목적으로 이용하는 경우가 많아지고 산림에 대한 가치관도 변화하면서 산림의 공익적 기능까지 포함한 다각적인 이용이 강조되고 있다.

산림평가에서는 임지와 임목, 그리고 이들을 합한 산림을 평가 대상으로 한다. 임지는 일반적으로 면적이 광대하고 지형과 지위 · 지리도 다양하다. 또한 임목은 생산기간이 길어 그 기간 중 물가 상승과 화폐가치 하락이 심하고 금리 변동도 크다. 이와 같이 임지와 임목은 개별적 요인이 크게 다르기 때문에 평가가 어려울 수밖에 없다. 따라서 이를 해결하여 합리적인 방법으로 산림을 평가하는 문제는 산림경영의 중요한 과제이다.

7·1·2 산림평가 대상

국가 경제가 발전하면서 산림소유자가 산림을 경영하거나, 산림의 개발 · 이용과 관련해 국가 또는 지방자치단체에서 행정적 처리를 하는 사례가 늘어나 산림의 가치를 합리적으로 평가할 필요성이 커졌다. 최근에는 임지와 임목의 평가 외에도 여러 분야에서 산림평가가 이용되고 있으며, 대표적인 응용 분야를 살펴보면 다음과 같다.

1) 산림을 매매 또는 교환할 경우의 가격 산정
2) 산림을 분할 또는 병합할 경우의 가격 산정
3) 산림을 대차(貸借)할 경우의 가격 산정
4) 산림의 과세표준액 결정
5) 산림 피해의 손실액과 보상액 산정
6) 산림보험의 보험금액과 손해액 산정

7) 산림의 저당권을 설정할 경우의 담보액 결정
8) 국가 또는 공공단체가 임지를 수용할 경우의 보상액 결정
9) 지상권 및 지역권을 해제할 경우의 보상액 결정
10) 재산 목록 또는 대차대조표를 작성할 경우의 재산 가치 결정
11) 산림경영 시 임분의 연 증가치 산정

산림평가는 산림을 구성하는 개개의 임지 또는 개개의 임목만 대상으로 하는 경우도 있고 산림 전체 또는 일부를 대상으로 하는 경우도 있다. 판매를 목적으로 하는 임목의 경우에는 벌채가 가능한 성숙림만 골라서 평가할 때가 많다. 이와 같이 평가 대상과 목적이 다르면 평가 방법도 달라지므로 산림을 평가할 때에는 평가 목적과 평가 대상의 특징을 잘 파악하여 적절한 방법을 적용해야 한다.

7·1·3 산림평가 구성 요소

산림에 대한 가치관에 따라 산림을 분류하는 방법이 다를 뿐만 아니라 산림의 구성 요소도 복잡하고 다양하다. 그러나 산림평가에서 다루는 주요 구성 요소로는 임지와 임목을 비롯해 각종 생산물과 생산물의 생육에 필요한 시설물, 그리고 이들을 종합한 산림의 환경과 경관 등이 있다.

1) **임지**: 위치, 면적, 기상, 지형, 지질 등 자연적 인자와 지위 · 지리별로 입목지, 벌채 적지, 미립목지, 시설부지, 암석지 등으로 나누어 평가한다.
2) **임목**: 수종, 용도, 임령 등으로 구분하여 시업림과 시업제한림별로 평가한다.
3) **부산물**: 임지 내의 동식물, 토석, 광물 등에 대해 각 종류별로 평가한다.
4) **시설**: 임도, 저목장, 건물, 산림보호 시설, 관광 · 휴양 시설 등 임지 내의 시설에 대해 평가한다.
5) **공익기능**: 산림의 공익적 기능을 분류하여 종류별로 가치를 평가한다.

7·1·4 산림평가 관련 산림 특성

산림평가 측면에서 살펴보면 산림은 다음과 같은 특성이 있다.

1) 산림은 다른 재화와 달리 자연적으로 장기간에 걸쳐 형성되므로 동형 · 동질인 것이 없다.
2) 산림경영 대상지로서 산림에서의 장래 수익을 예측하기가 매우 어렵다.
3) 산림평가에는 현재뿐만 아니라 과거와 장래에 걸친 여러 문제도 중요한 평가 인자로 작용한다.
4) 장래의 목재 가격 변동, 생산량, 재질 향상 등에 대한 예측이 매우 어렵다.
5) 토지 가격의 상승 기대, 타 용도로의 산림전용, 산림보호, 기후변화 등 산림에 대한 가치관이 다양화하였으며, 장래에도 이러한 경향은 더욱 강화될 것이다.

6) 산림의 이용 구분 조사가 실시되었음에도 불구하고 거래 가격은 보통 산림으로서의 이용 가격을 상회하는 경우가 일반적이다. 이로 인해 산림의 가격이 불안정해지고 평가가 어려워진다.
7) 토지 가격과 노동임금의 급상승 현상으로 인해 인공림에서 벌기수익과 육성 비용의 균형을 유지할 수 없어 임업이자율이 음수(−)가 되는 경향이 높다.

7·1·5 산림평가 관련 산림경영 요소

산림평가에서는 산림경영에 직접 또는 간접적으로 관여하는 산림경영 요소에 대해 실질 금액 또는 예상액을 조사하여 평가 대상인 산림을 적정한 가액으로 평가해야 한다. 이와 관련한 주요 산림경영 요소를 살펴보면 다음과 같다.

1 수익

수익은 경영을 통해 일정 기간 내에 거둬들인 가치를 말하며, 주로 실제 판매액 또는 예측액이다. 임업의 수익은 다시 주수익과 부수익으로 구분한다.

① 주수익

목재, 죽림 등 산림의 주체를 이루고 있는 생산물의 수익을 주수익이라고 하며, 주벌수익과 간벌수익으로 구분한다. 일반적으로 주벌수익이 간벌수익보다 단가가 높고, 적절한 보육과 간벌을 한 임분일수록 차이는 더 커진다.

㉠ 주벌수익

벌기에 도달한 임목을 갱신하기 위한, 또는 갱신 준비를 위한 벌채에서 얻은 임목의 판매액을 말한다. 특수한 경우로 임지를 임목 육성 이외의 용도로 전환하기 위한 임목 벌채에서 얻은 임목 판매액, 또는 피해로 인한 벌채와 같이 갱신을 수반하지 않는 벌채에서 얻은 임목 판매액도 주벌수익이라고 한다.

㉡ 간벌수익

주벌을 제외한 벌채 임목(간벌 또는 부분적 피해목의 벌채 등)의 판매액을 말한다. 즉 조림을 한 이후로 주벌수익을 얻을 때까지 무육하는 과정에서 벌채한 임목의 판매액이다.

② 부수익

주산물인 임목, 죽 이외에 임지에서 취득한 재화, 예를 들어 버섯류, 토석, 산나물 등 부산물의 판매액을 말한다.

2 비용

비용이란 수익을 올리기 위해 실제로 희생된 가치 소비액 또는 예측액을 말한다. 산림평가에서는 계산 편의상 비용을 조림비, 관리비 및 지대, 채취비로 나눈다.

① 조림비

조림비는 일반적으로 조림을 시작하여 성림하기까지(보통 첫 번째 가지치기까지)의 10여 년간에 걸쳐서 지출되는 육림적 비용을 뜻하지만, 산림평가에서는 무육비를 따로 독립된 비용으로 취급하지 않고 조림비를 넓은 의미로 해석하여 두 번째 이후의 가지치기, 무육, 간벌 등에 소요된 비용을 모두 망라한다. 따라서 조림비는 채취비(벌채비)를 제외한 모든 육림적 경비를 말한다. 조림비의 대부분은 노임이고 묘목대, 연료비 등의 재료비는 극히 적은 부분을 차지한다.

조림비는 다년간에 걸쳐 지출되지만 산림평가에서는 계산 편의상 조림 초년도에 모두 지출되는 것으로 취급한다. 즉 다음 식으로 산출한 조림비 전가합계를 조림 초년도에 투입한 것으로 보고 평가식을 유도한다.

$$C = C_0 + \frac{C_1}{(1+p)^1} + \frac{C_2}{(1+p)^2} + \frac{C_3}{(1+p)^3} + \cdots \quad (7 \cdot 1)$$

식에서 C: 조림비 전가합계, C_0, C_1, C_2 …: 각 연도의 조림비, p: 이자율

② 관리비와 지대

관리비란 관리 종사자의 인건비와 이에 수반되는 물건비, 사무소 등 고정시설의 감가상각비, 산림 피해 방지 및 경계 보전 등에 소요되는 산림보호비, 산림경영계획비, 제세공과금, 보험료, 노무자에 대한 복지시설비, 시험연구비 등 조림비와 채취비에 속하지 않는 일체의 경비를 말한다. 지대는 일반적으로 직접 지출되는 비용이 아니지만 비용 계산 시에는 지가에 이자율을 곱해 비용으로 간주한다.

③ 채취비

산림의 주산물과 부산물을 수확하고 제품화하는 데 소요되는 비용을 채취비라고 한다. 주수익은 임목을 판매해 발생하는 경우가 대부분이지만, 임목을 벌채한 뒤 원목으로 판매하는 경우 또는 이를 다시 제재해 판매하는 경우도 있다. 따라서 채취비의 비목은 생산 과정과 판매 방법에 따라 상이하다. 이 중 임목으로 판매하는 경우가 가장 간단하여 비목이 조사비와 판매사무비뿐이지만, 임목을 벌채한 뒤 원목을 생산하거나 이를 가공하여 제품으로 판매하는 경우에는 비목이 복잡해진다. 임목을 벌채하여 원목으로 판매하는 경우의 비용에는 조사비, 벌목조제비, 집재비, 운반비, 잡비, 기업이윤 등이 있다.

임목의 가격을 산정할 경우에는, 보통 시장에서 판매되는 원목 가격에서 채취비를 공제한 잔액으로 평가하는 사장가역산법으로 임목의 단가를 산출한 뒤 여기에 임목재적을 곱해 평가한다. 이렇듯 채취비는 겉으로 드러나지 않기 때문에 산림평가식에서는 채취비를 비용으로 취급하지 않는다.

7·2 이자율

7·2·1 이자와 이자율 개념

자본을 사용한 대가로 지불하는 가격을 이자(interest)라고 하며, 보통은 1년간에 대한 액수로 표시한다. 토지 자본에 대해서는 지대(soil rent)라고 불러 구분하지만 어떤 자본을 사

용한 대가로 지불하는 가격을 일반적으로 임료(rent)라고 말한다. 그러므로 이자나 지대 모두 임료에 속한다.

자본에 대한 이자의 비율을 이자율이라고 하며 이자를 r, 자본을 k라고 하면 이자율은 r/k로 나타낼 수 있다. 이자율의 종류는 표 7-1과 같이 구분할 수 있다.

표 7-1 이자율의 종류

구분	종류
업종에 의한 분류	보통이자율, 상업이자율, 공업이자율, 농업이자율, 임업이자율 등
기간의 장단에 의한 분류	단기이자율, 장기이자율
현실성에 의한 분류	현실이자율, 평정이자율
용도에 의한 분류	경영이자율, 환원이자율
성질에 의한 분류	주관적 이자율, 객관적 이자율
기타 분류	공정이자율 · 시중이자율, 대부이자율 · 예금이자율, 명목이자율 · 실질이자율 등

7·2·2 임업이자율

임업이자율은 임업에서 자본과 이자의 관계를 나타내는 이자율로, 산림평가 등 임업경영 시 사용되는 계산 이자율을 말한다. 대개 자본 가치로 환산한 환원이자율, 이자와 자본 사이에서 구한 경제이자율, 이자와 자본 사이에서 현실적으로 얻는 수익률의 세 가지로 구분할 수 있다. 임업에서는 생산에 장기간이 소요되어 자본 투자의 시점과 성과 수익의 시점 사이의 시간적 간격이 크므로 평가 시 임업이자율 없이는 계산이 불가능하다.

1 임업이자율 성격

임업이자율의 성격은 다음과 같이 정리할 수 있다.

1) 임업이자율은 대출이자율이 아니고 자본이자율이다.
2) 임업이자율은 현실이자율이 아니고 평정이자율(계산 이자율)이며, 실질이자율이 아니고 명목이자율이다.
3) 임업이자율은 장기이자율이다.

2 임업이자율 크기

산림평가 등 산림경영에 사용되는 임업이자율은 다른 이자율과 비교할 때 장기간에 걸쳐 적용되므로 산림투자 시 예측하지 못한 위험성과 불확실성이 따른다. 또한 자본을 장기간 고정함으로 인해 장기에 걸쳐 매년 현금수익을 회수하는 일이 불가능하다. 이러한 이유로 임업이자율은 다른 이자율에 비해 고율일 수밖에 없다.

그러나 산림경영의 수익성이 낮다는 등의 이유를 들어 임업이자율을 고율로 평정할 수 없고 오히려 보통이자율보다 약간 낮게 평정해야 한다는 학설이 있다. 이를 주장하는 대표적 학자인 엔드레스(Endress)는 다음과 같은 근거를 들고 있다.

1) 재적 및 금원수확의 증가와 산림 재산 가치의 증가
2) 산림 소유의 안정성
3) 산림 재산 및 임료 수입의 유동성
4) 산림 관리 · 경영의 간편성
5) 생산기간의 장기성
6) 사회 발전 및 경제 안정에 따른 이자율의 하락
7) 기호 및 간접이익의 관점에서 나타나는 산림 소유에 대한 개인적 가치 평가

이와 같은 임업이자율의 저율실에 내해서는 이론석으로나 현실적으로나 반론도 적지 않다. 일반적으로 투자기간이 길면 자본이 고정되고 위험성과 불확실성이 증대하므로 장기이자율일수록 고율이 된다. 따라서 투자기간이 긴 임업이자율도 고율이어야 한다고 주장한다.

그러나 산림경영의 수익성이 낮은 탓에 임업이자율을 고율로 평가할 수는 없다. 고율로 정하면 현실적으로 각종 평가 계산이 불가능한 경우가 많이 발생한다. 그러므로 비교적 장기인 국 · 공 · 회사채 등의 이자율을 기준으로 가능한 한 저율로 평가해야 타당하다. 우리나라의 산림경영은 특히 수익성이 매우 낮고 투자 의욕도 저하되어 있으므로 장기 저리의 융자와 산림투자 확대를 위한 보조금 제도 등의 대책을 마련해 놓고 있다.

7·3 산림평가 이자 계산식

7·3·1 이자 계산 방법

이자를 계산하는 방법에는 단리법과 복리법의 두 종류가 있다. 연년작업과 같이 매년 이자를 계산해야 할 때에는 단리법으로 계산하고, 간단작업과 같이 1생산기간을 단위로 이자를 계산할 때와 장기간의 산림경영 계산에는 복리법을 적용한다.

1 단리법

단리법은 최초의 원금에 대해서만 이자를 계산하는 방법으로, 보통 1년 이하의 단기이자를 계산할 때 사용한다.

$$N = V(1+ni) \quad \cdots\cdots (7 \cdot 2)$$

식에서 N: 원리합계, V: 원금, n: 기간, i: 이자율

2 복리법

복리법은 일정 기간마다 이자를 원금에 가산해 얻은 원리합계를 차기의 원금으로 하여 다음 기간의 원리합계를 계산하는 과정을 되풀이하는 방법이다. 즉 원금에 대한 이자를 각 기말의 원금에다 가산한 원리합계가 차기의 원금이 되기 때문에 원금이 기간마다 이자액만큼 증가하는 계산 방법이다. 임업에서는 대부분 복리법을 사용한다.

$$N = V(1+i)^n \quad \cdots\cdots (7 \cdot 3)$$

7·3·2 복리산 공식

산림평가에서 가장 많이 적용되는 이자 계산법이 복리산법이다. 실제로 산림경영에서는 이자를 받기 위해서가 아니라 평가 또는 채산의 유리성을 판정하기 위한 자료 작성에 복리계산을 적용한다. 산림평가에서는 장래의 가격 또는 원리합계를 후가(future value), 현재의 가격 또는 원금을 전가(present value)라고 한다.

1 후가 계산식

V원에 대한 n년 후의 후가 N은 다음과 같은 복리법으로 구한다.

$$N = V(1+i)^n \quad \cdots\cdots (7 \cdot 4)$$

임업에서는 식 7·4의 $(1+i)^n$을 후가계수 또는 복리율이라고 하며, 일반적으로 후가계수표를 이용한다.

예제 간벌수입 1,000만 원을 이자율 5%로 30년 후의 벌기까지 거치할 경우의 후가를 구하시오.

풀이 $N = 10{,}000{,}000 \times (1+0.05)^{30} = 43{,}219{,}000$원

2 전가 계산식

n년 후의 N원에 해당하는 현재가 V를 구하는 식은 다음과 같다.

$$V = \frac{N}{(1+i)^n} \quad \cdots\cdots (7 \cdot 5)$$

식 7·5의 $\frac{1}{(1+i)^n}$을 전가계수 또는 할인율이라고 하며, 일반적으로 전가계수표를 이용한다.

예제 이자율 5%일 때 30년 후 주벌수입 1,000만 원을 얻기 위한 현재가를 구하시오.

풀이 $V=\frac{10,000,000}{(1+0.05)^{30}}=2,314,000$원

3 무한이자 계산식

① 무한연년이자 전가 계산식

매 연말에 r씩 영구적으로 얻을 수 있는 이자의 전가합계식은 다음과 같다.

$$K=\frac{r}{i} \qquad (7·6)$$

식 7·6은 균등한 수익을 영구히 얻을 수 있는 재화의 현재가치이므로 일반적으로 자본가 또는 환원가를 구할 때 사용한다.

예제 매년 100만 원의 이자를 영구히 얻기 위한 자본액을 구하시오. (단, 이자율은 5%)

풀이 $K=\frac{1,000,000}{0.05}=20,000,000$원

② 무한정기이자 전가 계산식

현재로부터 n년마다 r씩 영구히 얻을 수 있는 이자의 전가 계산식은 다음과 같다.

$$K=\frac{r}{(1+i)^n-1} \qquad (7·7)$$

식 7·7은 주벌수확과 같이 벌기마다 정기적으로 일정한 수익을 영구히 얻을 경우의 현재가인 자본가를 구할 때 사용된다.

예제 벌기 30년의 소나무림에서 벌기마다 1,000만 원의 수익을 영구히 얻기 위한 전가합계를 구하시오. (단, 이자율은 5%)

풀이 $K=\frac{10,000,000}{(1+0.05)^{30}-1}=3,010,000$원

첫 번째는 m년 후에, 그 다음부터는 n년마다 영구히 얻을 수 있는 이자의 전가 계산식은 다음과 같다.

$$K=\frac{r(1+i)^{n-m}}{(1+i)^n-1} \qquad (7·8)$$

예제 벌기가 40년인 소나무림을 15년생일 때 구입하여 처음에는 25년, 그 다음부터는 40년마다 1,000만 원의 주벌수입을 영구히 얻기 위한 전가합계를 구하시오. (단, 이자율은 5%)

풀이 $K = \dfrac{10,000,000(1+0.05)^{40-25}}{(1+0.05)^{40}-1} = 3,442,000$원

첫 번째 이자는 현재, 그 다음부터는 n년마다 영구히 얻을 수 있는 이자의 전가 계산식은 다음과 같다.

$$K = \frac{r(1+i)^n}{(1+i)^n - 1} \quad \cdots\cdots (7\cdot9)$$

예제 벌기 40년에 도달한 소나무림을 구입한 뒤 벌채하여 1,000만 원의 수입을 얻었다. 그 다음부터는 벌기마다 1,000만 원씩의 수입을 얻기 위한 전가합계를 구하시오. (단, 이자율은 5%)

풀이 $K = \dfrac{10,000,000(1+0.05)^{40}}{(1+0.05)^{40}-1} = 11,656,000$원

4 유한이자 계산식

① 유한연년이자 계산식

매년 연말에 r씩 n회 얻을 수 있는 이자의 후가 계산식은 다음과 같다.

$$K = \frac{r\{(1+i)^n - 1\}}{i} \quad \cdots\cdots (7\cdot10)$$

식 7·10의 $\dfrac{(1+i)^n - 1}{i}$을 연금후가계수 또는 연금종가계수라고 한다.

예제 매년 연말에 100만 원을 30년간 얻을 수 있다면 이에 대한 후가합계를 구하시오. (단, 이자율은 5%)

풀이 $K = \dfrac{1,000,000\{(1+0.05)^{30}-1\}}{0.05} = 66,439,000$원

매년 연말에 r씩 n회 얻을 수 있는 이자의 전가 계산식은 다음과 같다.

$$K = \frac{r}{i} \times \frac{(1+i)^n - 1}{(1+i)^n} \quad \cdots\cdots (7\cdot11)$$

식 7·11의 $\dfrac{(1+i)^n - 1}{i(1+i)^n}$을 연금전가(현재가)계수 또는 연금불현가계수라고 한다.

예제 매년 연말에 100만 원을 30년간 얻을 수 있다면 이에 대한 전가합계를 구하시오. (단, 이자율은 5%)

풀이 $K=\frac{1{,}000{,}000}{0.05}\times\frac{(1+0.05)^{30}-1}{(1+0.05)^{30}}=15{,}372{,}000$원

② 유한정기이자 계산식

m년마다 r씩 n회 얻을 수 있는 이자의 후가 계산식은 다음과 같다.

$$K=\frac{r\{(1+i)^{mn}-1\}}{(1+i)^{m}-1} \quad \cdots\cdots (7\cdot12)$$

예제 삼나무림에서 5년마다 1,000만 원을 10회 얻을 수 있다면 이에 대한 후가합계를 구하시오. (단, 이자율은 5%)

풀이 $K=\frac{10{,}000{,}000\{(1+0.05)^{5\times10}-1\}}{(1+0.05)^{5}-1}=378{,}867{,}000$원

m년마다 r씩 n회 얻을 수 있는 이자의 전가 계산식은 다음과 같다.

$$K=\frac{r\{(1+i)^{mn}-1\}}{(1+i)^{mn}\{(1+i)^{m}-1\}} \quad \cdots\cdots (7\cdot13)$$

예제 삼나무림에서 5년마다 1,000만 원을 30년간 얻을 수 있다면 이에 대한 전가합계를 구하시오. (단, 이자율은 5%)

풀이 $K=\frac{10{,}000{,}000\{(1+0.05)^{5\times6}-1\}}{(1+0.05)^{5\times6}\{(1+0.05)^{5}-1\}}=148{,}058{,}000$원

7·4 임지평가

임지란 현재 임목이 자라고 있는 토지를 말한다. 그러나 미립목지 중 벌채지와 같은 곳도 언젠가 천연갱신 또는 인공조림에 의해서 산림으로 조성될 토지이므로 임지로 봐야 한다. 따라서 임지평가에서의 임지는 산림생산용 토지 또는 산림경영 대상의 토지에 해당한다.

임지를 평가할 때에는 일반적으로 원가 방식, 수익 방식, 비교 방식을 적용한다(표 7-2 참조). 임지를 평가하는 방식별로도 여러 종류가 있지만 임지를 평가할 때에는 기본적으로 가능한 한 이들 평가 방법을 모두 적용하여 각 평가 방법별 평가액을 산출한 후 이를 종합 판단하여 최종 평가액을 결정하는 태도가 필요하다. 각 평가 방법에는 고유의 특징이 있으므로 이를 충분히 이해하고 장단점을 함께 검토해야 한다.

복성가격, 수익가격, 비준가격의 시산가격을 조정하여 임지의 평가액을 결정한다. 일반적으로 각 방식으로 산출한 시산가격에는 편차가 크게 나타난다. 여기에서 시산가격의 조정은, 앞에서 제시한 세 가지 평가 방식을 적용해 구한 가격을 서로 연계해 재검토함으로써 시산가격 상호 간의 편차를 축소하는 일을 말한다. 편차를 줄이려면 시산가격을 산출하는 과정에서

표 7-2 임지평가 방식의 종류

구분	종류	설명
원가 방식	원가법	재조달원가의 단순합계액에 의한다.
	비용가법	취득원가의 복리합계액에 의한다.
수익 방식	기망가법	장래에 기대되는 수입의 전가합계에 의한다.
	환원가법	연년수입의 전가합계에 의한다.
비교 방식	직접비교법	매매사례가격과 직접 비교한다.
	간접비교법	임지를 택지 등으로 조성한 후 매각했을 때에는 거래 가격에서 택지조성비를 빼는 역산가법으로 비교한다.
절충 방식	위의 세 방식을 절충하여 임지를 평가한다.	

발생한 오류를 검토하는 데 중점을 두어야 한다. 이와 같이 조정된 시산가격에는 필연적으로 경중이 있게 마련이므로 대상 임지의 가격으로서 가장 중요하다고 인정되는 시산가격을 표준으로 하고 다른 시산가격을 참고로 하여 대상 임지의 평가액을 결정한다.

7·4·1 원가 방식 임지평가

원가 방식으로 임지를 평가하는 방법은, 예를 들어 매립지, 조성지, 임도와 같이 특수한 경우에만 적용하며 보통의 임지에서는 적용하지 않는다. 원가 방식을 적용하려면 임지를 재조달할 수 있어야만 재조달원가를 구할 수 있지만, 임지는 재조달이 불가능하고 또한 감가도 고려할 수 없기 때문이다. 그러나 임지 가격의 평가에 다른 방법을 적용할 자료가 없는 등 부득이한 이유로 원가 방식이 불가피할 경우에는 다음과 같은 방법으로 재조달원가를 산출한다.

1 원가법

평가 시점에서 표준적인 취득원가를 구하고 여기에 조림 등 임목 육성에 적합하도록 임지를 정리 또는 개량한 비용과 임도설치비 등을 가산하여 재조달원가로 하는 방법이 있다. 그러나 평가 시점에서의 표준적인 취득원가를 구하려면 결국 평가 시점에서의 매매사례비교법에 의한 시가액으로 평가해야 하므로 엄격한 의미에서는 원가법이라고 할 수 없다.

재조달원가를 대상 임지의 실제 취득원가로 하는 방법을 생각할 수 있다. 이 방법은 취득 시점부터 평가 시점까지의 물가 변동 등을 감안하면 아무런 의미가 없다. 다만 물가가 안정된 경제 상태에서 실제 투자 지출액만큼 최소한의 보상을 목적으로 하는 등의 특수한 경우라면 전혀 무의미하지는 않다. 그러므로 취득 시점부터 평가 시점까지 해당 지방의 임지 가격 변동에 따른 가격변동지수를 추정하고 이로써 실제의 취득가격을 수정하는 등 적절한 조정을 해야 한다.

이 외에 실제 취득원가와 부가가치의 합을 기준으로 평가하는 방법이 있으며, 이는 산림평가 방법에서 말하는 임지비용가에 해당한다.

2 임지비용가법

임지비용가법이란 임지를 취득한 뒤 조림 등 임목 육성에 적합한 상태로 개량하는 데 소요된 총비용의 현재가 합계, 즉 후가합계로 평가하는 방법이다. 따라서 임지비용가는 현재까지 발생한 비용의 원리합계에서 그동안 얻은 수익의 원리합계를 공제한 잔액이다. 현재까지 발생한 비용은 상황에 따라 일정하지 않지만 대체로 다음 세 가지 종류의 비용으로 나누어 볼 수 있다.

1) 임지구입비, 소유권 이전등기 수속비, 취득세, 재산세 등 임지의 취득과 유지 관리에 소요된 비용
2) 임지를 취득한 후 임목 육성에 적합한 상태로 임지를 개량하는 데 투입된 비용, 즉 배수공사, 야계사방공사, 객토공사 등에 소요된 비용
3) 이상의 비용을 투입한 후 평가 시점까지의 기간에 대한 이자

임지비용가는 보통 B_k로 표시하며, 이자율이 p일 경우 대표적인 사례를 살펴보자. 우선 A원으로 임지를 구입하고 동시에 임지개량비로 M원을 지출한 뒤 현재까지 n년이 경과했을 때 임지비용가를 구하는 식은 다음과 같다.

$$B_k = (A+M)(1+p)^n \quad \cdots\cdots (7\cdot14)$$

n년 전에 임지를 A원으로 구입하고 m년 전에 M원의 임지개량비를 투입했을 때 임지비용가를 구하는 식은 다음과 같다.

$$B_k = A(1+p)^n + M(1+p)^m \quad \cdots\cdots (7\cdot15)$$

n년 전에 임지를 A원으로 구입하고 그 후 매년 m원씩의 임지개량비와 v원씩의 관리비를 n년간 계속해서 투입했을 때 임지비용가를 구하는 식은 다음과 같다.

$$B_k = A(1+p)^n + \frac{(m+v)\{(1+p)^n - 1\}}{1+p} \quad \cdots\cdots (7\cdot16)$$

임지비용가로 산출한 가격은 토지의 생산력에 기초한 것이 아니므로 경제적 가격이라고 할 수 없다. 그러므로 임지 가격을 제삼자 입장에서 객관적 · 정성적으로 평가하는 방법으로서는 여러 가지 문제가 있다고 할 수 있다. 우리나라의 「감정평가에 관한 규칙」에서는 토지를 감정평가하는 방법으로 임지비용가법을 인정하지 않지만, 산림경영사 또는 산림소유자의 입장

에서는 최저가격을 평가하는 가장 좋은 방법이 될 수도 있다. 임지비용가를 적용하는 경우는 다음의 세 가지이다.

1) 토지소유자가 매각할 때 최소한 그 토지에 투입된 비용을 회수하고자 할 때
2) 토지소유자가 그 토지에 투입한 자본의 경제적 효과를 분석 · 검토하고자 할 때
3) 토지 가격을 평정하는 데 다른 적당한 방법이 없을 때

예제 5년 전 융자를 받아 편백의 벌채 적지 2ha을 1,000만 원에 구입하고, 4년 전에는 자기자본 100만 원을 들여 임지를 개량하였다. ha당 임지비용가를 구하시오. (단, 융자금 연이율은 5%, 일반금리는 연 10%)

풀이 융자분: $10{,}000{,}000 \times (1+0.05)^5 = 10{,}000{,}000 \times 1.2763 = 12{,}763{,}000$원

자기자본: $1{,}000{,}000 \times (1+0.10)^4 = 1{,}000{,}000 \times 1.4641 = 1{,}464{,}100$원

$B_k = 12{,}763{,}000 + 1{,}464{,}100 = 14{,}227{,}100$원

$$B_k/\text{ha} = \frac{14{,}227{,}100}{2} = 7{,}113{,}550\text{원/ha}$$

7·4·2 수익 방식 임지평가

수익 방식에 의한 임지평가는 임지에서 장래 영속적으로 얻을 수 있는 순수익에 대한 원금을 임지 가격으로 평가하는 방법이다. 수익 방식에 의한 임지의 평가 방법에는 다음과 같은 두 가지가 있다.

1) **임지기망가법**: 일제림(一齊林)을 전제로 하는 임지의 평가 방법이다. 벌기 u년마다 영구적으로 주벌수익을 얻을 수 있을 때 적용한다.
2) **수익환원법**: 택벌림(擇伐林) 또는 연년보속작업을 전제로 하는 임지의 평가 방법이다. 매년 영구적으로 순수익을 얻을 수 있을 때 적용한다.

① 임지기망가법

임지기망가는 임지에서 장래 기대되는 순수익의 전가합계로 정한 가격이다. 즉 해당 임지에 일정한 시업을 영구적으로 실시한다고 가정할 때 그 임지에서 기대되는 순수익의 현재 합계액이다. 보통 B_u로 표시하며 임지수익가라고도 한다.

임지기망가의 계산식은 작업법에 따라 다르지만 인공조림에 의한 개벌교림작업을 전제로 설명하면 다음과 같다. 즉 무립목지에 조림하여 시업을 시작한 후 영구히 일정한 벌기 u년마다 같은 시업을 반복하는 경우이다. 이때에는 무한정기수익의 전가합계와 무한정기비용의 전가합계의 차, 즉 토지 순수익의 전가합계가 곧 임지기망가이다. 토지의 순수익을 결정할 수익 및 비용(원가)과 각 항목의 ha당 전가합계는 다음과 같이 계산한다.

1) **주벌수익**: 조림 후 u년이 경과한 임목의 벌기가 u이고 현재부터 u년마다 영구히 수익을 얻

을 수 있다면 주벌수익 A_u의 전가합계는 다음과 같다.

$$\frac{A_u}{(1+p)^u-1} \quad \cdots\cdots (7\cdot17)$$

2) 간벌수익: a년도, b년도 … q년도의 간벌수익을 각각 D_a, D_b … D_q라고 하면 첫 회는 현재부터 a년, b년 … q년 후에 수익을 얻고 그 다음부터는 이러한 수익이 u년마다 반복되는 무한정기이자의 전가합계는 다음과 같다.

$$\frac{D_a(1+p)^{u-a}}{(1+p)^u-1}+\frac{D_b(1+p)^{u-b}}{(1+p)^u-1}+\cdots+\frac{D_q(1+p)^{u-q}}{(1+p)^u-1} \quad \cdots\cdots (7\cdot18)$$

3) 조림비: 조림비(C) 중 첫 회는 현재 즉시 지출되고 이후부터 u년마다 영구히 지출될 때의 전가합계는 다음과 같다.

$$\frac{C(1+p)^u}{(1+p)^u-1} \quad \left(\text{단, } C=C_0+\frac{C_1}{(1+p)^1}+\frac{C_2}{(1+p)^2}+\frac{C_3}{(1+p)^3}+\cdots\right) \quad \cdots\cdots (7\cdot19)$$

4) 관리비: 매년 말에 지출되는 비용으로서 매년 영구히 지출되는 관리비의 전가합계 v/p를 관리자본(V)이라고 한다. 매년 v씩 u년간 지출된다고 가정하면 관리비의 후가합계는 연금후가계산식에 의해 $\frac{v\{(1+p)^u-1\}}{p}=V\{(1+p)^u-1\}$이 된다. 이것이 u년마다 영구히 되풀이되므로 전가합계는 다음과 같다.

$$\frac{v\{(1+p)^u-1\}}{(1+p)^u-1}=V \quad \cdots\cdots (7\cdot20)$$

식 7·17~7·20으로 ha당 임지기망가 계산식을 유도하면 다음과 같다.

$$B_u=\frac{A_u+D_a(1+p)^{u-a}+\cdots+D_q(1+p)^{u-q}-C(1+p)^u}{(1+p)^u-1}-V \quad \cdots\cdots (7\cdot21)$$

예제 벌기가 40년인 소나무림 1ha가 있다. 조림비가 1ha당 100,000원이고, 간벌수익으로 15년일 때 2,000,000원, 30년일 때 3,000,000원을, 주벌수익으로 10,000,000원을 올릴 수 있으며, 관리비가 1ha당 10,000원일 때 이 소나무림의 임지기망가를 구하시오. (단, 이자율은 5%)

풀이 $$B_u=\frac{10{,}000{,}000+2{,}000{,}000(1+0.05)^{40-15}+3{,}000{,}000(1+0.05)^{40-30}-100{,}000(1+0.05)^{40}}{(1+0.05)^{40}-1}-\frac{10{,}000}{0.05}$$

$=3{,}269{,}000$원

① 임지기망가 크기에 영향을 주는 인자

인자의 변동에 따라 임지기망가의 크기가 다음과 같이 변한다. 어떤 인자의 값이 변하면 동시에 다른 인자의 값도 변하는 것이 보통이지만, 여기서는 다른 인자가 변하지 않는 것으로 가정한다.

1) 주벌수익(A_u)과 간벌수익(D_a, D_b, D_c ⋯): 항상 더하는 값이므로 클수록 임지기망가가 커진다. 또한 시기가 빠를수록 임지기망가가 커진다.
2) 조림비(C)와 관리비(v): 공제하는 값이므로 클수록 임지기망가가 작아진다.
3) 이자율(p): 이자율이 높을수록 임지기망가가 작아진다.
4) 벌기(u): 일반적으로 벌기령이 높아짐에 따라 처음에는 임지기망가의 값이 점차 증대하다가 어느 시기에 가서 최대에 도달하고 이후부터는 점차 감소한다. 이와 같이 임지기망가가 최대인 시기를 벌기로 하는 것을 토지순수익 최대 벌기령이라고 한다(제1장 1·3·1 참조).

② 임지기망가 최댓값

임지기망가가 최댓값에 도달하는 시기는 식을 구성하는 다음 각 인자의 크기에 따라 달라진다.

1) 이자율: 이자율이 높을수록 최댓값이 빨리 온다.
2) 주벌수익: 주벌수익의 증대 속도가 빨리 감퇴할수록 임지기망가의 최댓값이 빨리 온다. 따라서 지위가 양호한 임지일수록 임지기망가 최대인 시기가 빨리 온다. 즉 벌기가 짧아진다.
3) 간벌수익: 간벌수익이 클수록 임지기망가의 최댓값이 빨리 온다.
4) 조림비: 조림비가 클수록 임지기망가가 최대인 시기가 늦어진다.
5) 관리비: 임지기망가가 최대인 시기와 관계가 없다.
6) 채취비: 임지기망가식에는 채취비가 나타나 있지 않지만 일반적으로 채취비가 클수록 임지기망가가 최대인 시기가 늦어진다. 이는 '주벌수익=시장가격-채취비'이기 때문이며, 지리가 양호할수록 벌기가 짧아지는 이유이기도 하다.

③ 임지기망가법 적용상 문제점

임지기망가법은 수익 방식에 따라 지가를 평가하는 방법으로, 임지의 수익성에 근거를 두고 있기 때문에 이론적이라고 할 수 있다. 그러나 임지기망가법에 대해서 다음과 같은 문제점이 지적되고 있다.

1) 임지기망가는 동일한 작업 방법을 영구히 계속함을 전제로 한다. 그러나 실제적으로 장기간에 걸쳐 동일한 시업 방법을 영속한다는 가정은 비현실적이다.
2) 수익과 비용은 영구히 변하지 않는다고 가정하여 현재가를 적용한다. 그러나 일반적으로 각 인자가 수시로 변동하기 때문에 임지기망가의 값은 평가 시점에 따라 가변적이다.
3) 임업이자율의 대소가 임지기망가에 미치는 영향이 매우 크다. 그럼에도 불구하고 이자율을 정하는 객관적인 근거가 없어 평가가 자의적이기 쉽다.
4) 어떤 시가로 거래되는 임지의 지가를 임지기망가로 산정하면 음(−)의 값이 나오는 경우가 발생하여 실제와 맞지 않는다.
5) 비용으로 공제되는 항목은 조림비, 관리비, 이자뿐이다. 따라서 산출된 임지의 순수익 중에 이윤이 포함되므로 임지기망가는 지대에 이윤을 가산한 값이라고 판단할 수 있다. 그러나 이윤 부분을 따로 분리할 수 없으므로 순수한 지가라고 볼 수 없다는 비판이 있지만 이들 비판이 모두 타당하다고도 할 수 없다.

임지기망가법은 현실적으로 곤란한 점이 많지만 이론적으로는 흥미로운 임지평가 방법이며 오래전부터 중시되어 왔다. 따라서 더 우수하고 합리적인 평가 방법이 개발되지 않는 한 현재로서는 이용할 만한 임지평가 방식이다. 다만 임지기망가식은 어디까지나 임지평가 방식의 하나에 불과하기 때문에 임지 가격을 종합적으로 평가할 때 참고 자료로만 사용해야 한다. 이러한 관점에서 임지기망가는 다음과 같은 경우에 이용할 수 있다.

1) 임지기망가식에 의해 산출된 지가는 산림경영을 위한 임지를 매입할 때의 최고가격을 나타낸다. 따라서 임지 가격의 최고 한도액을 알고자 할 경우 이용한다.
2) 시장가 및 비용가로 임지 가격을 평가할 수 없는 경우에 임지기망가를 계산하여 평가의 기준으로 한다.
3) 토지순수익설에 따르면 최대 수익을 올릴 수 있는 벌기령은 임지기망가가 최대인 시기이므로 벌기령 또는 윤벌기를 결정할 때의 기준 자료로서 임지기망가를 계산한다.

② 수익환원법

수익환원법은 택벌림과 같이 연년수입이 있는 경우에 적용할 수 있으나 일반적으로는 건축물의 대지 예정지, 관광 예정지, 골프장 예정지 등 산림경영 대상 이외의 임지평가에 적용하는 경우가 많다.

수익환원법을 적용하기 위해서는 ha당 연가 수입(R)과 비용(c)을 조사한다. 즉 각 연도 말에서의 수입과 비용을 각각 R_1, R_2, R_3 ⋯ R_n과 c_1, c_2, c_3 ⋯ c_n, 환원이자율을 i라고 하면 ha당 지가(B)는 다음과 같다.

$$B=\frac{R_1-c_1}{(1+i)^1}+\frac{R_2-c_2}{(1+i)^2}+\frac{R_3-c_3}{(1+i)^3}+\cdots+\frac{R_n+c_n}{(1+i)^n} \quad \cdots\cdots (7\cdot22)$$

그러나 매년 발생하는 수익과 비용의 절대액을 조사할 수 없으므로 물가(R, c, B)가 해마다 비율 s씩 상승한다고 가정하여 초년도 이후의 수익과 비용을 물가상승률로 보정한 초년도 수익과 비용을 이용한다. 이때의 지가는 다음과 같다.

$$\begin{aligned}B&=\frac{(R-c)(1+s)^1}{(1+i)^1}+\frac{(R-c)(1+s)^2}{(1+i)^2}+\frac{(R-c)(1+s)^3}{(1+i)^3}+\cdots+\frac{(R-c)(1+s)^n}{(1+i)^n}\\&=\frac{(R-c)(1+s)}{1+i}\left\{1+\frac{(1+s)^1}{(1+i)^1}+\frac{(1+s)^2}{(1+i)^2}+\frac{(1+s)^{n-1}}{(1+i)^{n-1}}\right\}=\frac{(R-c)(1+s)}{(1+i)-(1+s)}\\&=\frac{(R-c)(1+s)}{i-s} \quad \cdots\cdots (7\cdot23)\end{aligned}$$

7·4·3 비교 방식 임지평가

비교 방식에 의한 임지평가는 평가하고자 하는 임지와 유사한 다른 임지의 매매사례가격과 비교해 평가하는 방식으로, 직접사례비교법과 간접사례비교법이 있다. 임지의 실제 매매사례가격과 직접 비교해 평가하는 방법을 직접사례비교법이라고 한다. 이에 반해 임지가 대지 등으로 가공 조성된 후에 매매된 경우 매매가격에서 대지로 가공 조성하는 데 소요된 비용을 공제해 역산한 임지가와 비교해 평정하는 방법을 간접사례비교법이라고 한다. 간접사례비교법은 임지를 산림경영 이외의 다른 용도로 사용하고자 할 때 적용할 수 있는 방법이다.

일반적으로 임지를 비교 방식으로 평가할 때 매매사례가격과 간접사례비교법에 의한 역산 가격 사이에는 큰 차이가 발생한다. 즉 매매사례가격은 역산 가격에 비해 보통 적은 금액으로 평가된다. 따라서 임지의 실제 거래 가격을 적정 가격으로 보정할 때 역산 가격이 훌륭한 참고 자료가 될 수 있다. 비교 방식에 의한 임지평가 방법은 임지의 실제 거래 가격을 적정 가격으로 보정하는 방법에 따라 분류할 수 있다.

1 직접사례비교법

직접사례비교법은 임지의 실제 매매사례가격과 직접 비교해 평가하는 방법이다. 대용법, 입지법, 조건별 · 요인별 차등수정률연승법 등 세 가지 방법이 있지만 일반적으로 대용법과 입지법이 사용된다.

① 대용법

대용법은 과세표준가격 등의 비율로 보정하는 방법으로 다음 식과 같다.

$$B = \text{매매사례가격} \times \frac{\text{평가 대상 임지의 과세표준액}}{\text{거래 사례지의 과세표준액}} \quad \cdots\cdots (7\cdot24)$$

대용법은 과세표준액이 일반 시장가격과 일치하지 않아 불리한 점이 있지만, 지역 요인 또는 개별 요인으로 인한 격차가 과세표준액에 잘 반영되어 있다고 볼 수 있다. 따라서 평가 시 평가 대상지와 거래 사례지의 요인별 격차를 따로 구할 필요가 없다. 즉 대용법은 격차가 이미 반영된 과세표준액의 비율을 매매사례가격에 곱하여 격차를 수정하는 방법이다.

② 입지법

입지법은 거래 사례지의 입지지수와 평가 대상지의 입지지수의 비율로 매매사례가격을 수정하여 비준가격을 구하는 방법으로 다음 식과 같다.

$$B = \text{매매사례가격} \times \frac{\text{평가 대상지의 입지지수}}{\text{거래사례지의 입지지수}} \quad \cdots\cdots (7\cdot25)$$

입지법에서는 평가 대상지와 인근의 거래 사례지 사이에 품등 차이가 있거나 사례가 부적당할 때 입지 조건을 감안하여 매매사례가격을 수정한다. 일반적으로 자연적 조건인 지위와 경제적 조건인 지리를 종합하여 입지라고 하므로 '입지=지위×지리'의 관계가 있다. 따라서 지위지수와 지리지수를 구하여 입지지수를 산출한 다음 입지지수를 비교해 수정하므로 입지법을 입지지수법이라도 한다.

2 간접사례비교법

간접사례비교법, 즉 거래사례비교법을 적용하여 임지 가격을 평가하고자 할 경우에는 우선 인근 또는 유사 지역이나 동일 수급권 내 지역에서 가능한 한 다수의 거래 사례를 수집한 뒤 수집된 사례 중에서 물적 · 장소적 · 시간적으로 동일성이 있다고 판단되는 적절한 거래 사례를 선택해야 한다. 이어서 사정보정과 시점수정을 실시한 후 지역 요인과 개별 요인을 비교 검토하여 적절한 시산가격(비준가격이라고도 함)을 산출한다. 사정보정과 시점수정을 실시할 때에는 다음 사항을 구체적으로 검토하여 타당성 있게 평가할 수 있도록 노력해야 한다.

1) 임지의 지위(자연적 입지 조건의 차이)
2) 임지의 지리(경제적 입지 조건의 차이)
3) 평가 시점과 거래 시점의 간격
4) 입목지와 무립목지의 차이
5) 임지 면적의 대소 · 형상 및 인접지의 사용 상태
6) 산림경영 대상지 여부
7) 거래 당사자의 긴급성 및 필요성의 정도
8) 거래 경쟁자의 유무 및 다소
9) 임업 노동자의 다소 및 사회적 조건
10) 법적 제약의 유무 및 다소
11) 장래 지리급의 변화 가능성과 전망

간접사례비교법은 임지를 대지 등으로 조성한 경우 대지 가격에서 조성비 등을 공제하고 역산한 가격을 비교하여 평가액을 산출하므로 역산법이라고도 한다. 이 방법은 산림경영 대상지에 대한 임지평가 방법이 아니고 임지를 다른 용도로 전환할 예정지에 대한 평가 방법이다. 평가 대상지가 현재 임지이더라도 장차 대지로 변경될 예정이라면 비교할 매매사례가격은 산림경영 대상지에 대한 가격이 아니고 대지 예정지로서의 거래 가격이어야 한다. 따라서 최근 대지화된 토지의 매매사례가격을 조사한 뒤 이 가격에서 조성비 등을 공제해 산출한 가격을 비교하는 방법이 합리적이고 타당하다.

7·4·4 절충 방식 임지평가

1 수익가 비교절충법

수익가 비교절충법은 수익 방식과 비교 방식을 절충한 방식으로, 과거 산림평가 방법에서의 평균산림공조가(平均山林貢租價)라고 볼 수 있다. 즉 $u$ha인 법정작업급에서 산림공조가를 u로 나눈 수익가로 매매사례가격을 수정하는 방법이다. 우선 평가 대상지에 대한 수익가를 다음 식으로 구한다.

$$B=\frac{A_u-C-uv}{u}\times\frac{1}{p} \quad \cdots\cdots (7\cdot26)$$

식에서 B: 수익가, A_u: 주벌수익, C: 조림비, u: 벌기령, v: 1년간 관리비, p: 이자율

같은 방법으로 거래 사례지에 대한 수익가(B_T)를 구한 후 매매사례가격(T)을 수익가의 비율로 수정한다. 즉 지가(X)는 다음과 같이 구할 수 있다.

$$X=T\times\frac{B}{B_T} \quad \cdots\cdots (7\cdot27)$$

2 기망가 비교절충법

거래 사례지 및 평가 대상지의 임지기망가를 각각 B_u, $B_u{}'$, 거래 사례지의 매매사례가격을 B라 하면 평가 대상지의 지가(B')는 다음과 같이 구할 수 있다.

$$B'=B\times\frac{B_u{}'}{B_u} \quad \cdots\cdots (7\cdot28)$$

이 방식이 형식적으로는 비교 방식이지만, 비교 요인으로 수익 방식인 임지기망가를 사용하고 있으므로 비교 방식과 수익 방식을 절충했다고 볼 수 있다.

3 수확 · 수익 비교절충법

거래 사례지와 평가 대상지의 수익가를 각각 W, W', 거래 사례지의 매매사례가격을 B라고 하면 평가 대상지의 지가(B')는 다음과 같다.

$$B'=B\times\frac{W'}{W} \quad \cdots\cdots (7\cdot29)$$

식에서 $W=\dfrac{A_u+D_a(1+p)^{u-a}+\cdots+D_q(1+p)^{u-q}}{(1+p)^u-1}$, $W'=\dfrac{A_u{}'+D_a{}'(1+p)^{u-a}+\cdots+D_q{}'(1+p)^{u-q}}{(1+p)^u-1}$

식 7·29에서 W, W'는 임지기망가 B_u, $B_u{}'$의 대용으로 사용되었다. 임지기망가는 식의 구조상 음수(−)가 나올 수 있다. 음수가 나오면 임지기망가를 비교한 지가 B'를 구할 수 없으므로 음수가 나오지 않는 수익가를 사용하였으며, 이 방식을 스피겔(Spiegel)의 지수법이라고 한다.

4 주벌수익 비교절충법

거래 사례지의 매매사례가격을 B, 거래 사례지에서 기대되는 주벌수익을 A_u, 평가 대상지에서 기대되는 주벌수익을 $A_u{}'$라고 하면 대상 임지의 평가액 B'는 다음 식과 같다.

$$B' = B \times \frac{A_u'}{A_u} \quad \cdots\cdots (7\cdot30)$$

멘텔(Mentel)에 의하면 주벌수익과 지가의 비율은 산림경영상 일정하다고 본다. 이 방법은 비교 방식 중 가장 간단하며, 스피겔의 지수법을 단순화한 것이라고 할 수 있다.

7·5 임목평가

임목평가는 임지에서 자라고 있는 임목의 가격을 평가하는 일이다. 벌기가 지난 성숙림뿐만 아니라 유령림이나 장령림이라도 어느 정도의 경제적 가치가 인정되면 임목의 상태에 따라 적절한 평가 방법을 선정하여 임목의 가격을 평가할 필요가 있다.

일반적으로 유령림의 임목평가에는 식재 및 보육을 위한 투자액을 기준으로 하는 임목비용가법을 사용한다. 벌기 미만의 장령림이라서 벌채해 이용하기에 아직 미숙한 상태이지만 임목이 어느 정도 성장하여 이용 가치가 있을 경우에는 주로 벌기에 도달한 때의 이용 가치를 할인해 평가하는 임목기망가법을 사용한다. 벌기에 도달한 임분 또는 벌기를 초과한 과숙임분은 이용 가치로 평가한다. 이용 가치는 임분을 벌채, 반출하여 원목으로 판매할 수 있는 가격에서 벌채, 반출 등에 소요되는 벌채비를 공제하는 시장가역산법으로 산출한다.

한편 비용가로 평가하기에는 임목이 너무 커서 평가액이 실정에 맞지 않고, 또한 임지기망가로 평가하기에는 벌채까지의 연수가 너무 길어 확실성에 문제가 있는 중령림의 임목평가는 원가 · 수익 절충 방식인 글라저법을 사용한다.

7·5·1 유령림 임목비용가법

유령림의 임목평가 방법인 임목비용가법은 임목을 현재까지 육성하는 데 소요된 순경비(육성원가)의 후가합계이다. 즉 현재까지 투입한 비용(지대, 조림비, 관리비 등)의 후가를 계산하고 비용의 후가합계에서 그동안 간벌 등으로 얻은 수익의 후가를 공제한 값이다. 임목비용가법은 파우스트만(Faustmann, 1854)이 제안하였으며, 보통 H_{km}으로 나타낸다.

인공조림으로 육성한 임목의 원가가 조림비(C), 매년의 관리비(v), 지대(B) 등이고 m년까지 수확한 산벌수익을 D라고 하면 임목의 비용과 수익에 대한 m년간의 후가는 다음과 같다.

1) **조림비**: 정지, 종묘, 식재, 보식, 제벌 등의 조림비는 지출연도가 각각 다르지만 계산상의 편의를 위해 전부 초년도에 지출된 것으로 할인해 정할 때 m년간의 후가는 다음과 같다.

$$C(1+p)^m \quad \cdots\cdots (7\cdot31)$$

2) 관리비: 매년 v원씩 m년 동안 지출된 관리비의 후가는 다음과 같다.

$$\frac{v\{(1+p)^m-1\}}{p}=V\{(1+p)^m-1\} \quad \cdots\cdots (7\cdot32)$$

3) 지대: 조림 당시의 임지 가격 B의 m년 때 후가 $B(1+p)^m$에서 당초의 임지 가격 B를 공제해 구하면 다음과 같다.

$$B(1+p)^m-B=B\{(1+p)^m-1\} \quad \cdots\cdots (7\cdot33)$$

4) 간벌수익: 조림한 후 a년도, b년도 …에 간벌수익 D_a, D_b …를 얻었을 경우 각 간벌수익의 후가는 다음과 같다.

$$D_a(1+p)^{m-a}+D_b(1+p)^{m-b}+\cdots=\sum D_a(1+p)^{m-a} \quad \cdots\cdots (7\cdot34)$$

식 7·31~7·33의 비용(조림비, 관리비, 지대) 후가합계에서 식 7·34의 간벌수익 후가합계를 공제하면 다음과 같은 임목비용가식을 얻을 수 있다.

$$H_{km}=(B+V)\{(1+p)^m-1\}+C(1+p)^m-\sum D_a(1+p)^{m-a} \quad \cdots\cdots (7\cdot35)$$

예제 낙엽송림 1ha당 조림비가 300만 원, 매년 관리비가 4만 원, 임지 가격이 500만 원 들었고, 식재 후 15년째에 간벌수익 200만 원이 있을 때 낙엽송림 20년생의 임목비용가를 구하시오. (단, 이자율은 5%)

풀이 $H_{km}=\left(5{,}000{,}000+\frac{40{,}000}{0.05}\right)\{(1+0.05)^{20}-1\}+3{,}000{,}000(1+0.05)^{20}-2{,}000{,}000(1+0.05)^{20-15}$

$=14{,}996{,}000$원

7·5·2 중령림 글라저법

유령림에 대해서는 임목비용가법을 적용하고 장령림에 대해서는 임목기망가법을 적용하는 것이 일반적이다. 그러나 유령림에서 장령림에 이르는 중간영급 임목인 중령림에 대해서는 이들 방법을 적용하기가 부적당하다. 따라서 비용가법과 기망가법의 중간적인 방법, 즉 원가 · 수익 절충법을 적용하는 것이 타당하며, 대표적인 방법이 글라저법이다.

글라저(Glaser, 1912)는 수종별로 많은 임목 매매 자료를 입수하여 그래프로 나타낸 결과, 임목의 생장에 따른 단위면적당 가격의 변동이 임목재적과 임목 가격의 차이라는 두 가지 요소의 변동과 관계가 깊다는 사실을 발견하였다. 이에 착안하여 통계적인 방법으로 임목가의 근사치를 산출하는 다음과 같은 계산식을 유도하였고 이 식을 글라저식이라고 한다.

$$A_m=(A_u-C_0)\frac{m^2}{u^2}+C_0 \quad \cdots\cdots (7\cdot36)$$

식에서 A_m: m년 현재의 평가 대상 임목가, A_u: 적정 벌기령 u년의 주벌수익(m년 현재가), C_0: 초년도의 조림비

식 7·36은, 조림비를 기점으로 하고 벌기수익(주벌수익)을 종점으로 하는 임목가의 곡선식은 m년생일 때의 임목기망가에 가까운 값을 나타낸다는 점을 통계적으로 밝힌 결과이다. 글라저식은 임목기망가식에서의 간벌수익(D_n)과 초년도 조림비 이외의 투입 비용의 후가합계가 어느 정도 동일하다고 가정하여 계산 인자에서 생략했다고도 볼 수 있다. 평가상 가장 문제가 되는 이자율을 사용하지 않아 주관성이 개입될 여지가 적고, 복리계산을 할 필요가 없어 계산이 간편하다는 점이 특징이다. 또한 원가·수익의 절충적인 성격을 띠고 있어 벌기전의 중간영급 임목의 평가에 적당하다.

실제 육성임업에서는 투입 비용의 대부분이 조림 초기의 10년에 편재하는 것이 보통이므로 글라저식의 일부를 변형한 보정식이 제안되었다. 즉 10년생이 될 때까지 투입된 비용의 후가합계 C_{10}을 임목비용가식에서의 $C_0(1+p)^m + C_1(1+p)^{m-1} + \cdots + C_m$로 구한 후 다음 식으로 임목가를 산정한다.

$$A_m = (A_u - C_{10})\frac{(m-10)^2}{(u-10)^2} + C_{10} \quad \cdots\cdots (7·37)$$

식 7·37을 글리지의 보정식이라고 한다. 글라저식을 실용적 견시에서 보성한 식이며, 이론적 근거는 없지만 임목기망가와 비슷한 수치를 얻을 수 있다. 일반적으로 11년생 이상인 인공림의 임목평가에 적당하다.

7·5·3 장령림 임목기망가법

장령림은 벌채해 이용하기에는 아직 미숙하지만 임목이 어느 정도 성장하여 이용 가치가 있는 상태이다. 이때에는 주로 벌기에 도달할 시점의 이용 가치를 할인해 평가하는 임목기망가법을 사용한다.

임목기망가(H_{em})는 평가하고자 하는 임목이 현재부터 벌기령까지 기대되는 장래의 수익(주벌수익, 간벌수익)의 전가합계에서 그동안에 소요되는 비용, 즉 지대와 관리비의 전가합계를 공제한 차액을 말한다. 따라서 임목기망가는 미래의 예상 이익을 임업이자율에 따라 현재의 가액으로 환산한 값이다.

인공조림으로 육성한 현재 m년생 임목의 기망가식은 다음과 같다. 이 임목에서 벌기 u년까지 기대되는 수익은 주벌수익 A_u와 간벌수익 D_a이며, 이에 대한 비용은 매년의 지대($b = B \times p$)와 관리비($v = V \times p$)라고 가정한다.

1) 주벌수익: m년부터 벌기까지의 연수는 $u-m$년이므로 주벌수익의 전가는 다음과 같다.

$$\frac{A_u}{(1+p)^{u-m}} \quad \cdots\cdots (7\cdot38)$$

2) 간벌수익: 조림 후 n년($n>m$) 이후에 간벌수익이 있다고 하면 평가 시점에서 간벌까지의 연수는 $n-m$년이다. 따라서 간벌수익의 전가는 다음과 같다.

$$\frac{D_n}{(1+p)^{n-m}} = \frac{D_n(1+p)^{u-n}}{(1+p)^{u-m}} \quad \cdots\cdots (7\cdot39)$$

3) 지대: 임목이 생육하고 있는 동안에는 임지를 다른 용도로 이용할 수 없으므로 지대를 가산한다. m년부터 벌기까지($u-m$년간) 매년 지출되는 지대를 m년에서의 전가합계로 구하면 다음과 같다.

$$\frac{b\{(1+p)^{u-m}-1\}}{p(1+p)^{n-m}} = \frac{B\{(1+p)^{u-m}-1\}}{(1+p)^{u-m}} \quad \cdots\cdots (7\cdot40)$$

4) 관리비: m년부터 벌기까지 매년 지출되는 관리비를 m년에서의 전가합계로 구하면 다음과 같다.

$$\frac{v\{(1+p)^{u-m}-1\}}{p(1+p)^{u-m}} = \frac{V\{(1+p)^{u-m}-1\}}{(1+p)^{u-m}} \quad \cdots\cdots (7\cdot41)$$

식 7·38과 7·39에서 계산한 수익의 전가합계에서 식 7·40과 7·41의 비용 전가합계를 공제하면 다음과 같은 임목기망가식을 얻을 수 있다.

$$H_{em} = \frac{A_u + D_n(1+p)^{u-n} - (B+V)\{(1+p)^{u-m}-1\}}{(1+p)^{u-m}} \quad \cdots\cdots (7\cdot42)$$

예제 벌기가 50년인 30년생 잣나무림 1ha가 있다. 벌기 때 주벌수익 1,000만 원, 35년생일 때 간벌수익 200만 원이고 지대 2만 원, 관리비 5천 원일 때 ha당 임목기망가를 구하시오. (단, 이자율은 5%)

풀이 $$H_{em} = \frac{10{,}000{,}000 + 2{,}000{,}000 \times (1+0.05)^{50-35} - \left(20{,}000 + \frac{5{,}000}{0.05}\right)\{(1+0.05)^{50-30}-1\}}{(1+0.05)^{50-30}}$$

$= 6{,}747{,}000$원

7·5·4 성숙림 시장가역산법

보통림에서 벌기 이상의 임목에 대해서는 제품(원목 등)의 시장매매가, 즉 시가를 역산하여 간접적으로 임목가를 산정하는 시장가역산법을 적용한다. 따라서 시장가역산법은 비교 방식의 간접법에 해당한다. 임목 시가는 그 지방에서 조사한 임목의 매매 사례를 기준으로 평가하는 벌채 가격이다. 벌채 가격은 임목을 벌출(伐出) 판매해 얻은 금액에서 이에 소요되는 벌출비를 공제한 금액과 같으므로 시장가격에서 역산하면 산지에서의 임목가를 구할 수 있다. 결국 시장가역산법에서는 평가 대상 임목을 벌채하여 원목 등의 제품으로 만든 뒤 이 제품을 인근 시장까지 운반하고 판매할 때까지의 벌출 · 운반 방법을 가상하여 이에 소요되는 채취비를 추정하며, 이 제품과 동종 · 동품인 물건의 시장가격을 사정한 후 이 가격에서 채취비를 공제하여 임목가를 산정한다.

시장가역산법은 평가 대상 임목을 벌채, 반출하여 시장에서 실제로 원목으로 매매될 것으로 예측되는 시장가격(단가×재적)에서 벌출 · 운반에서 소요될 것으로 예측되는 총비용(사업자본의 이자는 포함하지 않음)과 벌출 · 운반 및 매각사업에서 얻을 수 있는 정상이윤을 공제한 나머지 가격을 임목평가액(총 임목재적가액의 산지가격)으로 하며 다음과 같은 식으로 나타낼 수 있다.

$$X = A - (B + R) \quad \cdots\cdots (7{\cdot}43)$$

식에서 X: 임목 가격, A: 시장가격, B: 총비용, R: 정상이윤

식 7·43에서 임목의 가치는 임목에서 얻는 시장가격에서 벌출비와 정상이윤을 공제해 산정하므로 일종의 원가계산적인 방법이다. 이때 정상이윤은 정상이윤율(월이자율 i)과 자본액으로 정해진다. 또한 자본액을 간단하게 소요자본액이라고 보면 자본액은 임목 구입 자금(X)과 벌출운반비(B)로 소요된 자금의 합에 해당한다. 임목을 구입하고 벌출 · 운반해 판매하는데 소요되는 기간의 1/3~1/2을 자금회수기간(l)이라고 하면 정상이윤은 다음과 같이 나타낼 수 있다.

$$R = (X + B)li \quad \cdots\cdots (7{\cdot}44)$$

식 7·44를 식 7·43에 대입하면 다음과 같은 식을 얻는다.

$$X = A - B - (X + B)li = A - B - Xlr - Bli$$
$$X(1 + li) = A - B(1 + li)$$
$$X = \frac{A}{1 + li} - B \quad \cdots\cdots (7{\cdot}45)$$

일반적으로 평가 대상 임분의 $1m^3$당 임목 가격 x를 구하고 여기에 임목재적을 곱하여 간단하게 임목 가격을 구한다. 따라서 $1m^3$당 단가 x를 구하는 식을 유도할 수 있다. 현재 평가 대상 임목의 총재적을 v, 생산 원목의 이용 재적을 m, 생산 원목의 시장판매 예정 단가를 a, 원목의 단위생산비를 b라고 하면 $X = xv$, $A = am$, $B = bm$이 된다. 이를 식 7·45에 대입하면 다음과 같다.

$$xv = \frac{am}{1+li} - bm$$

$$x = \frac{m}{v}\left(\frac{a}{1+li} - b\right) \quad \cdots\cdots (7\cdot46)$$

식 7·46에서 m/v은 이용률, 즉 조재율(임목재적 중 실제로 이용 가능한 원목의 재적)이므로 이를 f로 표시하고 기업이익률을 r로 하면 임목단가 x는 다음과 같다.

$$x = f\left(\frac{a}{1+li+r} - b\right) \quad \cdots\cdots (7\cdot47)$$

식에서 x: 단위재적당 임목 가격(원/m^3), f: 조재율, a: 단위재적당 원목 시장가격(원/m^3), l: 자금회수기간(개월), i: 월이자율, r: 기업이익률, b: 단위재적당 생산비(벌출비, 운반비, 기타비용; 원/m^3)

예제 벌기에 도달한 50년생 잣나무림 1ha의 임목 400m^3를 매각하려고 한다. 잣나무 원목의 평균 시장가격이 1m^3당 200,000원, 1m^3당 벌채 · 운반비가 40,000원, 조재율이 70%, 자금회수기간이 4개월, 월이자율이 2%, 기업이익률이 10%라고 할 때 잣나무림의 임목가를 구하시오.

풀이 $x = 0.7 \times \left(\frac{200{,}000}{1+4\times0.02+0.1} - 40{,}000\right) = 90{,}644\text{원}/m^3$

$400m^3 \times 90{,}644\text{원} = 36{,}257{,}000\text{원}$

7·6 산림 공익기능 가치평가

산림은 우리에게 다양한 편익을 제공한다. 수원 함양, 산림 정수, 토사 유출 및 붕괴 방지, 이산화탄소 흡수, 산림휴양 등 산림이 제공하는 사회 · 환경적 편익을 산림의 공익적 기능이라고 한다. 산림이 제공하는 이러한 편익은 시장에서 거래되지 않아 직접적 편익으로 계상하지 않는다. 그래서 간접적 편익이라고도 한다. 산림의 공익기능 가치는 산림이 연간 제공하는 사회 · 환경적 편익의 화폐가치를 의미하며, 자산으로서의 산림 가치를 뜻하는 것이 아니다. 공익으로서의 산림 가치는 매년 산림이 제공하는 사회 · 환경적 편익을 자본화한 가치이다. 따라서 산림자본의 연간 이자액을 산림의 공익기능 가치라고도 말할 수 있다.

7·6·1 산림 공익기능 평가 대상

우리나라 최초로 산림의 공익기능을 화폐가치로 평가한 1987년 기준 평가에서는 수원함양기능, 토사유출방지기능, 토사붕괴방지기능, 대기정화기능, 산림휴양기능, 야생동물보호기능 등 6대 기능을 평가하였으며 이후 산림정수, 산림치유, 산림경관제공, 생물다양성보전, 열섬완화, 온실가스흡수 · 저장 기능을 추가해 평가하고 있다.

국립산림과학원에서는 2020년 기준으로 산림의 공익기능 평가 대상을 5개 대기능, 12개 중기능, 16개 소기능으로 규정하였다. 대기능은 산림의 기능 중 목재생산기능을 제외한 ①수원함양 · 정수기능, ②산림재해방지기능, ③생활환경보전기능, ④산림휴양 · 치유기능, ⑤자연환경보전기능 등 총 5대 기능으로 분류하였다. 중기능은 대기능에서 제공하는 서비스를 구체화하여 ①수원함양기능, ②산림정수기능, ③토사유출방지기능, ④토사붕괴방지기능, ⑤온실가스흡수 · 저장기능, ⑥산소생산기능, ⑦대기질개선기능, ⑧열섬완화기능, ⑨산림경관제공기능, ⑩산림휴양기능, ⑪산림치유기능, ⑫생물다양성보전기능 등의 12개 기능으로 분류하였다. 세밀한 분류가 필요한 중기능은 소기능으로 세분하여 온실가스흡수 · 저장기능을 ①입목, ②산림토양, ③목재제품, 생물다양성보전기능을 ①유전자보전, ②종보전, ③생태계보전 등의 소기능으로 분류하였다.

7·6·2 산림 공익기능 평가 방법

산림이 제공하는 사회 · 환경적 편익은 시장에서의 거래 가격이 없어 가치를 추정하기가 쉽지 않다. 그러나 가격이 없는 재화와 서비스의 가치를 추정하기 위해 이용할 수 있는 여러 평가 방법이 개발되었다. 우리나라에서는 산림의 공익기능에 대해 시장의 재화 또는 서비스의 기능으로 대체하는 데 필요한 비용으로 편익을 측정하는 대체비용법, 산림자원을 이용하는 가치로 평가하는 이용가치법, 그리고 비시장재 평가 방법인 조건부가상가치평가법 등을 적용해 평가하였다(표 7-3 참조). 우리나라 산림의 공익기능별 가치평가 방법은 다음과 같다.

1 수원함양기능

수원함양기능은 산림이 물을 저장하는 기능으로, 임상별 임령 증가 및 숲가꾸기 사업에 따른 산림토양 내 조공극률 변화를 적용하여 물저장량을 산출하고 최근 국내에 건설된 용수댐의 연간 유지비를 적용해 평가한다.

2 산림정수기능

산림정수기능은 비가 온 뒤 산림이 부유물질 배출을 줄이는 기능으로, 산림이 없는 지역에 비가 올 경우 유출되는 부유물질량을 산림이 발휘하는 산림정수기능으로 가정한다. 모두베기 지역의 단위강수량에 따른 평균 부유물질량의 관계식을 도출하고 2018년 평균강수량에 따른 부유물질량을 산정한 후 서울시 상수도 정수센터에서 부유물질을 제거하기 위해 투입하는 응집제 투입비, 슬러지 처리비 및 기타 정수비용 단가 등을 적용해 평가한다.

3 토사유출방지기능

토사유출방지기능은 산림이 토사의 침식 및 하류로의 유출을 방지하는 기능으로, 농업용

표 7-3 산림의 공익기능 가치평가 대상 및 방법

대기능	중기능	소기능	평가 방법
수원함양 · 정수	수원함양	수원함양	대체비용법
	산림정수	산림정수	
산림재해방지	토사유출방지	토사유출방지	
	토사붕괴방지	토사붕괴방지	
생활환경보전	온실가스흡수 · 저장	입목 탄소흡수 · 저장	
		산림토양 탄소저장	
		목재제품 탄소저장	
	산소생산	산소생산	
	대기질개선	대기질개선	
	열섬완화	열섬완화	
	산림경관제공	산림경관제공	헤도닉가격법
산림휴양 · 치유	산림휴양	산림휴양	여행비용법
	산림치유	산림치유	회피비용법
자연환경보전	생물다양성보전	유전자보전	이용가치법
		종보전	편익이전법
		생태계보전	조건부가상가치평가법

[김기동 등, 2020]

저수지의 집수유역 면적에 산림이 포함되어 있는 전국 102개 저수지 자료를 이용하여 입목지의 모암군별 · 임령별 토사유출량을 도출한다. 토양유실예측공식을 적용하여 무립목지의 토양유출량을 산정한 후 무립목지 토사유출량에서 입목지 토사유출량을 제하여 산림의 토사유출량을 산출한다. 산출된 토사유출방지량에 산림청의 당해 연도 사방댐 건설비 평균 단가를 적용해 평가한다.

④ 토사붕괴방지기능

토사붕괴방지기능은 산림이 산사태를 방지하는 기능으로, 1991년과 1996년 산사태가 발생한 363개소 현황을 기초로 ha당 임령에 따른 입목지와 무립목지의 붕괴면적 및 붕괴량을 산출한 뒤 무립목지 붕괴량에서 입목지 붕괴량을 제하여 산림의 토사붕괴방지량을 산출한다. 산출된 토사붕괴방지량에 산사태 복구비를 적용해 평가한다.

⑤ 온실가스흡수 · 저장기능

온실가스흡수 · 저장기능은 입목, 산림토양, 목재제품이 온실가스 중 하나인 이산화탄소를

흡수하고 탄소를 저장하는 기능으로, 입목의 탄소흡수·저장기능은 임상별 임목축적에 임상별 탄소전환계수를 적용해 산출한다. 산림토양의 탄소저장기능은 임상별 산림 면적에 단위면적당 유기물과 토양의 탄소량을 적용해 산출하며, 목재제품의 탄소저장기능은 국산 목재를 이용한 목재제품 생산량에 탄소전환계수를 적용해 산출한다. 산출된 이산화탄소 흡수·저장량에 2020년도 한국거래소의 상쇄배출권 평균거래가격을 적용해 평가한다.

⑥ 산소생산기능

산소생산기능은 산림 내 입목이 광합성과 호흡으로 이산화탄소를 흡수하고 산소를 생산하는 기능으로, 온실가스흡수·저장기능에서 설명한 입목의 이산화탄소 흡수량에 이산화탄소량을 산소량으로 전환하는 계수(32/44=약 0.73)를 적용해 산출하며 국내 액체산소 가격을 적용해 평가한다.

⑦ 대기질개선기능

대기질개선기능은 산림이 SO_2, NO_2, O_3, PM_{10}, $PM_{2.5}$ 등을 흡착하여 대기질을 개선하는 기능으로, 오염물질별 대기 중 연평균 농도에 산림의 엽면적과 착엽률을 곱하여 대기오염물질 흡착량을 산정하고 대기오염물질별 처리 비용을 곱해 평가한다.

⑧ 열섬완화기능

열섬완화기능은 생활권 도시림에 의한 여름철 기온 상승 억제 기능으로, 생활권 도시림의 산림 면적당 전력소비저감량에 전력 시장가격을 곱해 평가한다.

⑨ 산림경관제공기능

산림경관제공기능은, 특정 재화의 가치는 그 재화에 내포되어 있는 다양한 특성의 가치의 합으로 결정된다고 전제하는 헤도닉가격법(hedonic price method)으로 평가한다. 산림경관제공기능은 산림이 제공하는 자연의 아름다운 풍경으로, 아파트 및 주택 가격에 산림경관의 가치가 포함되어 있다는 전제하에 당해 연도 아파트 및 단독주택 평균가격에 산림경관의 속성 비율을 적용해 평가한다.

⑩ 산림휴양기능

산림휴양기능은 1년 동안 국민이 여가 활동을 위해 지출한 총비용에, 여가 활동 중 산림 관련 공간, 즉 국립공원, 도립공원, 산림욕장 등에서 활동한 비율을 적용해 평가한다.

⑪ 산림치유기능

산림치유기능은 국민의 등산 활동으로 인한 의료비 절감액, 산림청 치유의 숲 방문으로 인한 의료비 절감액, 자연휴양림 이용으로 인한 의료비 절감액의 합계로 산정한다.

12 생물다양성보전기능

산림은 수목을 중심으로 한 생태군집과 이를 둘러싼 다양한 식물종, 동물종, 균류가 생존하는 저장 기능을 수행한다. 산림의 공익기능 가치평가에서는 유전자보전, 종보전, 생태계보전 등 총 세 가지 생물다양성보전기능의 합으로 평가한다. 유전자보전기능은 이용가치법, 종보전과 생태계보전 기능은 조건부가상가치법을 적용해 평가한다.

7·6·3 산림 공익기능 가치평가 결과

산림의 공익기능 가치평가는 연간 순편익의 화폐가치액, 즉 연간 순가치를 화폐액으로 평가하는 일이다. 순가치(net value)는 산림의 보전과 관리로 인한 연간 가치의 변화량에서, 산지의 대체 토지이용으로 인해 제공될 수 있는 연간 가치의 변화량을 공제한 값이다. 당해 연도의 자산 가치(stock value)에서 전년도의 자산 가치를 제하면 1년 동안 변화한 연간 총가치(annual total value)를 산출할 수 있고, 산림의 연간 총가치에서 대체 토지이용의 연간 총가치를 제하면 산림이 제공하는 서비스의 연간 순가치를 계산할 수 있다.

국토녹화 50주년을 맞이하여 국립산림과학원에서 평가한 산림의 공익기능 가치는 2020년 기준 총 259조 원이며, 산림이 제공하는 사회·환경적 편익으로부터 국민 1인당 연간 약 499만 원 상당의 혜택을 받는 것으로 평가되었다. 이 평가액은 이전의 2018년 기준 평가액 221조 원에서 38조 원(16.9%) 증가한 금액으로(그림 7-1 참조) 2020년 국내총생산(GDP) 1,941조 원의 13.3%, 농림어업총생산(34.3조 원)의 8.1배에 달하는 금액이다.

공익기능별로는 온실가스흡수·저장기능이 97.6조 원으로 총 평가액 중 가장 높은 37.8%를 차지하였고, 다음으로 산림경관제공기능 31.8조 원(12.3%), 산림휴양기능 28.4조 원

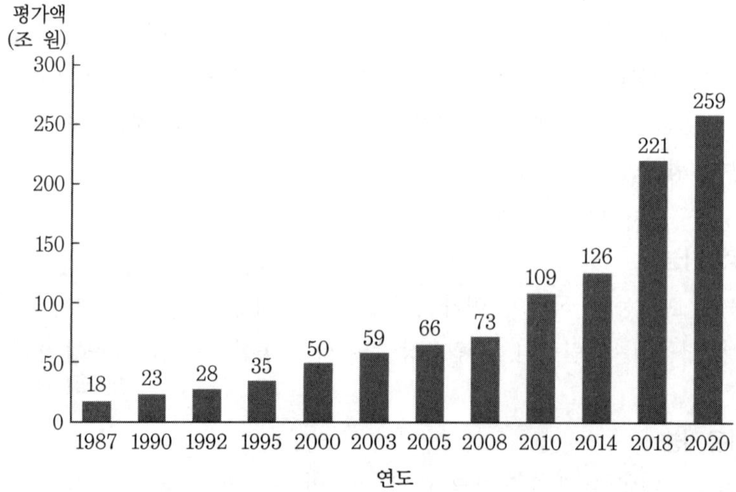

그림 7-1 연도별 산림의 공익기능 가치평가액 추이[산림청, 2023]

(11.0%), 토사유출방지기능 26.1조 원(10.1%), 산림정수기능 15.2조 원(5.9%) 순으로 평가되었다. 그 외에 수원함양기능 12.1조 원(4.7%), 산소생산기능 11.6조 원(4.5%), 생물다양성보전기능 11.6조 원(4.5%), 토사붕괴방지기능 11.5조 원(4.4%), 산림치유기능 6.7조 원(2.6%), 대기질개선기능 5.3조 원(2.0%), 열섬완화기능 0.6조 원(0.3%) 순이었다(표 7-4 참조).

표 7-4 산림의 공익기능 가치평가 결과(2020년 기준)

순위	기능	평가액(조 원)	비율(%)
1	온실가스흡수 · 저장	97.6	37.8
2	산림경관제공	31.8	12.3
3	산림휴양	28.4	11.0
4	토사유출방지	26.1	10.1
5	산림정수	15.2	5.9
6	수원함양	12.1	4.7
7	산소생산	11.6	4.5
8	생물다양성보전	11.6	4.5
9	토사붕괴방지	11.5	4.4
10	산림치유	6.7	2.6
11	대기질개선	5.3	2.0
12	열섬완화	0.6	0.3
총 평가액		258.5	100.0

[산림청, 2023]

연습문제 ▌

1. 산림평가의 응용 분야에 대해 설명하시오.
2. 산림평가와 관련한 산림경영 요소 중 비용에 대해 설명하시오.
3. 벌기가 40년생인 소나무림을 15년생일 때 구입하여 처음에는 25년, 그 다음부터는 40년마다 1,000만 원의 주벌수입을 영구히 얻기 위한 현재가 합계식을 구하시오. (단, 이자율은 5%).
4. 벌기가 50년의 잣나무림 1ha가 있다. 조림비가 1ha당 200,000원, 간벌수익은 20년일 때 1,000,000원, 30년일 때 3,000,000원을 얻을 수 있고, 주벌수익은 10,000,000원을 올릴 수 있다. 매년 관리비가 1ha당 1,000원일 때 임지기망가를 구하시오. (단, 이자율은 5%)
5. 임지기망가의 크기에 영향을 주는 인자에 대해 설명하시오.
6. 낙엽송림 1ha당 조림비가 2,000,000원, 매년 관리비가 50,000원, 임지 가격이 5,000,000원 들었고, 식재 후 15년째에 간벌수익 2,000,000원이 있을 때 20년생의 임목비용가를 구하시오. (단, 이자율은 5%)

7. 유령림에서 장령림에 이르는 중간영급 임목인 중령림의 가치를 평가하는 글라저식을 설명하시오.
8. 벌기에 도달한 40년생 소나무림 1ha의 임목 200m^{3}를 매각하려고 한다. 소나무 원목의 평균 시장가격이 1m^{3}당 200,000원, 1m^{3}당 벌채·운반비 등이 50,000원, 조재율이 70%, 자본회수 기간이 5개월, 월이자율이 2%라고 할 때 잣나무림의 임목가를 구하시오.
9. 2020년 기준 우리나라 산림의 공익기능 가치평가 대상 및 평가 방법에 대해 설명하시오.

참고문헌

1. 김기동, 배재수, 임종수 외. 2020. 산림공익기능 평가 결과와 시사점: 2018년 기준. 산림과학 속보 제20-1-137호. 국립산림과학원.
2. 김동준, 김준순, 민경택 외. 2023. 산림경제학. 향문사
3. 김동춘. 1985. 산림평가학: 이론과 실무. 대한교과서.
4. 박태식, 김동춘, 권오복 외. 1990. 신고 임업경영학. 향문사.
5. 산림청. 2000. 산림과 임업기술: 제Ⅲ편 산림경영.
6. 산림청. 2023. 국토녹화 50년의 선물! 2020년 산림공익기능 평가액 259조 원! 보도자료 (2023. 3. 29.).
7. 안종만, 우종춘, 윤화영 외. 2007. 산림경영학. 향문사.
8. 우종춘, 김세빈, 김형호 외. 2017. 신고 산림경영학. 향문사.
9. 주린원. 2013. 한국산림자원의 경제적 가치. 2013 수목감정평가 전문연수 과정. 한국감정평가사협회.
10. 한국감정원 감정평가연구소. 1999. 산림평가. 한국감정원.

제8장 사유림 산림경영

「산림자원법」 제4조(산림의 구분)에 의하면 산림은 소유자에 따라 국가가 소유하는 국유림, 지방자치단체나 그 밖의 공공단체가 소유하는 공유림, 개인이나 사법인(私法人)이 소유하는 사유림으로 구분하며, 민유림은 공유림과 사유림을 총칭한다. 이 장에서는 사유림 산림경영과 관련한 법률, 정책, 제도, 지원 등 실무적 내용을 중심으로 살펴본다.

8·1 임업인 개념

8·1·1 임업인과 임업경영

1 임업인

「임업진흥법」 제2조(정의)에 의하면 임업인이란 임업에 종사하는 자로서 대통령령으로 정하는 자를 말하며, 대통령령으로 정하는 자는 「임업진흥법 시행령」 제2조(임업인의 범위)에 다음과 같이 규정되어 있다.

1) 3ha 이상의 산림에서 임업을 경영하는 자
2) 1년 중 90일 이상 임업에 종사하는 자
3) 임업경영을 통한 임산물의 연간 판매액이 120만 원 이상인 자
4) 「산림조합법」 제18조(조합원의 자격 등)에 따른 조합원으로서 임업을 경영하는 자

여기서 4)의 「산림조합법」에 따른 조합은 지역조합과 전문조합을 말한다. 지역조합의 조합원은 ①해당 구역에 주소 또는 산림이 있는 산림소유자, ②해당 구역에 주소 또는 사업장이 있는 임업인이다. 전문조합의 경우에는 해당 구역에 주소나 사업장이 있는 임업인으로서 정관으로 정하는 자격을 갖춘 자를 조합원으로 한다. 다만 조합원은 같은 품목 또는 업종을 대상으로 하는 둘 이상의 전문조합에 가입할 수 없으며, 조합원이 될 수 있는 산림소유자의 최소 산림 면적은 300~1,000m^{2}의 범위에서 정관으로 정하고 있다. 「산림조합법 시행령」 제2조에서 규정하고 있는 임업인의 범위는 다음과 같다.

1) 3ha 이상의 산림에서 임업을 경영하는 자
2) 1년 중 90일 이상 임업에 종사하는 자
3) 임업경영을 통한 임산물의 연간 판매액이 120만 원 이상인 자
4) 「산림자원법」 제16조 제1항 및 「산림자원법 시행령」 제12조 제1항 제1호에 따라 등록된 산림용 종묘생산업자
5) 300m^2 이상의 포지(圃地: 묘목을 생산 및 관리하여 배출하는 곳)를 확보하고 조경수 또는 분재소재를 생산하거나 산채 등 산림부산물을 재배하는 자
6) 대추나무 1,000m^2 이상을 재배하는 자
7) 호두나무 1,000m^2 이상을 재배하는 자
8) 밤나무 5,000m^2 이상을 재배하는 자
9) 잣나무 1만 m^2 이상을 재배하는 자
10) 연간 표고자목 20m^3 이상을 재배하는 자

2020년 우리나라의 전체 산림 면적인 629만 ha 중 사유림은 약 66%인 416만 ha로 가장 넓은 면적을 차지하고 있다. 2023년 전국 사유림의 산주 수는 220만 명이지만 5ha 미만 소유한 산주 수가 전체의 92.2%(소유 면적은 전체의 38.9%)이어서 소유 규모의 영세함을 보여 준다(표 8-1 참조).

표 8-1 사유림 소유 규모별 산주 현황(2023년 기준)

소유 규모(ha)	산주 수(명)	비율(%)	면적(ha)	비율(%)
계	2,200,078	100.0	4,116,027	100.0
0~1 미만	1,494,725	67.9	370,364	9.0
1~5 미만	534,981	24.3	1,232,134	29.9
5~10 미만	104,631	4.8	722,417	17.6
10~30 미만	54,002	2.5	848,355	20.6
30~50 미만	6,656	0.3	251,052	6.1
50~100 미만	3,420	0.2	231,660	5.6
100~300 미만	1,369	0.1	211,775	5.1
300~1,000 미만	228	0.0	112,637	2.7
1,000 이상	66	0.0	135,633	3.3

[산림청, 2025a]

2 겸업임업 · 전업임업 · 기업임업

「임업진흥법」 제6조(경영구조 개선) 제2항에 의하면 산림청장 또는 지방자치단체의 장은 규모 있게 임업을 경영하여 경쟁력을 높일 수 있도록 겸업임업, 전업임업, 기업임업에 관한 시책을 수립하여 추진하여야 한다고 정하고 있다. 「임업진흥법 시행령」 제7조(겸업임업 등)

에서는 겸업임업, 전업임업, 기업임업에 대해 다음과 같이 규정한다.

1) **겸업임업**: 3ha 이상의 산림에서 임업을 경영하고 있거나 임산물을 주원료로 하는 생산 활동을 1년 중 90일 이상 할 수 있는 임업
2) **전업임업**: 50ha 이상의 산림에서 임업을 경영하고 있거나 임산물을 주원료로 하는 생산 활동을 1년 중 200일 이상 할 수 있는 임업
3) **기업임업**: 500ha 이상의 산림에서 임업을 경영하는 법인으로서 임산물을 주원료로 하는 생산 활동을 1년 중 200일 이상 할 수 있는 임업

2023년 우리나라 임가 및 임가인구의 현황을 보면 전국 임가 수는 99,233가구, 임가인구는 204,327명(남자 51%, 여자 49%)으로 나타났다. 2020년 기준(5년마다 공표) 전업임가 수는 13.6%인 14,038가구, 겸업임가 수는 86.4%인 89,378가구이다(표 8-2 참조).

표 8-2 전업임가 및 겸업임가 현황

연도	임가 수	전업임가		겸업임가	
		가구 수	비율(%)	가구 수	비율(%)
2015	90,510	8,504	9.4	82,006	90.6
2020	103,416	14,038	13.6	89,378	86.4

[산림청, 2025a]

3 협업경영 · 대리경영

① 협업경영

산림청 산림임업용어사전에서는 협업산림경영(forest cooperatives management)을 "투자 능력이 부족한 영세 사유림 소유자들이 소유하고 있는 임지, 노동, 자본 등의 생산요소를 상호 결합, 공동화함으로써 경영 규모를 확대하여 합리적으로 경영하기 위한 경영 형태"라고 정의한다. 그러나 법적으로는 「임업진흥법 시행령」 제5조(협업경영) 제1항에서 "생산성을 높이고 경영비용을 줄이기 위해 사유림의 소유자 상호 간에 조림사업, 숲가꾸기 사업, 임산물의 생산 · 판매 · 가공사업을 공동으로 실시하는 임업경영"으로 협업경영을 규정한다. 이에 따라 산림청장 및 지방자치단체장은 협업경영을 하는 자에게 산림사업에 필요한 자금을 보조하는 등 다른 자보다 우선해 지원할 수 있으며, 협업경영을 활성화하기 위해 필요한 경우 산림청장은 협업경영 방법의 개발 · 보급 등이 포함된 협업경영종합계획을, 지방자치단체장은 지역 여건에 맞는 협업경영계획을 각각 수립하여 산림조합중앙회에 알려야 한다.

② 대리경영

「임업진흥법 시행령」 제6조(대리경영) 제1항에 따르면 대리경영(substitute management)이란 다음의 어느 하나에 해당하는 자가 자본이나 기술이 부족하여 스스로 임업을 경영하기 어려운 사유림 소유자와 체결한 계약에 따라 행하는 임업경영을 말한다.

1) 임업인
2) 산림조합 및 산림조합중앙회
3) 시장, 군수 또는 구청장
4) 지방산림청장 또는 지방산림청국유림관리소장
5) 임업 분야의 학과가 설치된 대학(전문대학 포함)
5의2) 「산림자원법 시행령」 별표 2 제1호, 제2호, 제4호에 따른 산림사업을 모두 할 수 있는 법인으로 등록한 산림사업법인
6) 그 밖에 산림경영을 주 업무로 하는 법인

여기서 5의2) 산림사업법인은 ①산림경영계획 및 산림조사, ②숲가꾸기 및 병해충방제, ③산림토목 등의 산림사업 종류를 할 수 있는 법인을 의미한다. 또한 산림청장 및 지방자치단체장은 대리경영을 하는 자에게 대리경영에 필요한 지원을 할 수 있으며, 지원을 받은 대리경영자가 경영하는 사유림의 소재지를 관할하는 시장 · 군수 · 구청장은 해당 연도의 대리경영 현황을 다음 해 2월 말일까지 시 · 도지사를 거쳐 산림청장에게 보고하여야 한다.

8·1·2 전문임업인

우리나라는 전체 산림 면적의 66%가 사유림이므로 사유림의 경영 및 관리가 국가 임업경영에 있어서 큰 의미를 갖는다. 그러나 산주의 55.8%가 부재산주인 데다 1인당 산림 소유 규모의 영세성(3ha 미만이 86%), 임업경영의 장기성 · 저수익성 등으로 인해 사유림에 대한 경영 및 투자가 활성화하지 못한 실정이다.

다만 매년 지속적으로 귀농 · 귀산촌 인구가 유입되고(귀산촌인 2023년 48,519명, 최근 3년 평균 54,069명) 독림가, 임업후계자, 신지식임업인(임업 분야 신지식농업인) 등의 전문임업인으로 선정된 인원이 증가하는(2023년 26,075명, 전년 대비 7.3% 증가) 등 산촌과 임업에 대한 국민의 관심이 높아지고 있는 점은 임업경영 활성화에 긍정적 요인으로 작용할 것으로 기대된다. 이들이 안정적으로 농 · 산촌에 정착하여 사유림 경영의 핵심 주체로 임업경영에 참여할 수 있도록 독림가, 임업후계자 등 전문임업인으로 육성하고 임업경영을 지원하는 일은 임업경영뿐만 아니라 산촌의 경제 활성화에도 꼭 필요한 과제이다.

1 임업후계자

① 요건

「농림수산업자 신용보증법」(약칭 농수산신용보증법) 제2조(정의) 제1항의 농림수산업자 등에 해당하는 근거 가운데 제11호에 농림어업을 경영할 의사가 있는 자로서 대통령령으로 정하는 자가 포함되어 있다. 여기서 대통령령으로 정하는 자는 「농수산신용보증법 시행령」 제2조(농림수산업자 등의 범위) 제7항 제3호에서 규정한 「임업진흥법」에 따른 임업후계자를 가리킨다. 「임업진흥법」 제2조(정의) 제4호에 따르면 임업후계자란 임업의 계승 · 발전을 위하여 임업을 영위할 의사와 능

력이 있는 사람으로서 요건을 갖춘 사람을 말하며, 「임업진흥법 시행규칙」 제3조에서 정한 다음의 임업후계자 요건 중 어느 하나에 해당해야 한다.

1) 55세 미만인 사람으로서 산림경영계획에 따라 임업을 경영하거나 경영하려는 사람 중
   - 개인독림가의 자녀
   - 3ha 이상의 산림을 소유(세대를 같이하는 직계 존비속, 배우자 또는 형제자매 소유 포함)하고 있는 사람
   - 10ha 이상의 국유림 또는 공유림을 대부받거나 수익분배림(분수림)을 설정받은 자
2) 품목별 재배 기준규모(1,000~10,000m^2) 이상에서 단기소득임산물을 생산하고 있는 사람(연령제한 없음)
3) 품목별 재배 기준규모(1,000~10,000m^2) 이상에서 단기소득임산물을 재배하려는 사람으로 다음 요건을 모두 충족하는 자(연령제한 없음)
   - 임업인 전문교육기관에서 임업 분야 교육을 40시간 이상 이수한 자(단, 임업 관련 대학·고등학교 졸업자는 교육 이수 면제)
   - 품목별 기준 면적 이상의 임산물 재배 가능한 토지(재배포지) 소유
   - 사업계획(사업명, 사업기간, 사업 추진방향, 사업비 투자계획, 사업별 추진일정, 생산물 판매계획, 기대효과)을 수립한 자

주 1) 임업후계자 요건의 기준(산림청 고시)은 임산물 소득원의 품목별 임업후계자 요건의 기준(재배규모 기준) 참조
2) 「임업진흥법 시행규칙」(별표 2)으로 정하고 있는 임산물 소득원의 지원 대상 품목 참조(표 8-8 참조)

② 선발 및 관리

「임업후계자 선발·독림가 선정절차 및 관리에 관한 규정」 제2조(정의) 제3호에서 임업후계자의 선발권자에 대해 규정하고 있으며, 선발권자란 임업후계자를 선발할 수 있는 권한을 가진 특별시장·광역시장·도지사 또는 특별자치도지사·특별자치시장(이하 시·도지사)를 말한다. 다만 「지방자치법」 제104조에 따라 시·도지사가 시장·군수 또는 자치구의 구청장 등(이하 시장·군수)에게 사무를 위임한 경우에는 사무를 위임받은 시장·군수가 선발권자이다.

동 규정 제3조(임업후계자의 선발절차 등) 제1항에 의하면 임업후계자로 선발되려는 사람은 소유 산림 또는 임산물 재배지가 소재하는 시장·군수에게 임업후계자 선발신청서를 제출해야 한다. 이때 소유 산림 또는 임산물 재배지가 둘 이상의 시·군·구에 소재한 경우에는 소유 산림 또는 임산물 재배지가 가장 많이 소재하는 시장·군수에게 신청서를 제출한다. 신청서를 받은 시장·군수는 임업후계자 요건에 해당하는지를 검토하여 선발권자에게 추천해야 하고, 추천을 받은 선발권자는 이를 검토하여 임업후계자 요건에 적합한 경우 임업후계자증서를 교부한다.

임업후계자는 임업후계자로 선발된 날로부터 3년 이내에 지정된 교육기관·단체 또는 ㈳한국임업후계자협회에서 실시하는 교육을 1회 이상 이수해야 하며, 교육은 20시간 이상으로 한다. 또한 산림청장 또는 시·도지사는 임업후계자에게 ①임업경영에 필요한 자금의 보조 또는 융자, ②임업경영에 필요한 기자재의 지원, ③경영실적이 우수한 임업후계자에 대한 포상과 해외연수 등을 다른 자보다 우선해 지원할 수 있다.

2 독림가

① 요건

「임업진흥법」 제2조(정의) 제5호에 의하면 독림가(篤林家)란 산림을 모범적으로 경영하고 있는 자로서 대통령령으로 정하는 요건을 갖춘 자를 말하며, 개인독림가와 법인독림가로 구분한다. 여기서 요건을 갖춘 사람이란 다음과 같다.

1) 개인독림가

- 모범독림가: 300ha 이상의 산림(분수림 및 조림의 목적으로 대부받은 국유림을 포함)을 산림경영계획에 따라 모범적으로 경영하고 있는 사람, 또는 조림 실적이 100ha 이상이고 산림경영계획에 따라 산림을 모범적으로 경영하고 있는 사람
- 우수독림가: 100ha 이상의 산림을 산림경영계획에 따라 모범적으로 경영하고 있는 사람, 또는 조림 실적이 50ha 이상(유실수는 20ha 이상)이고 산림경영계획에 따라 산림을 모범적으로 경영하고 있는 사람
- 자영독림가: 5ha 이상의 산림을 산림경영계획에 따라 모범적으로 경영하고 있는 사람, 또는 유실수를 3ha 이상 조림하여 산림을 산림경영계획에 따라 모범적으로 경영하고 있는 사람

2) 법인독림가: 다음 중 어느 하나에 해당하는 법인

- 300ha 이상의 산림을 산림경영계획에 따라 모범적으로 경영하고 있는 법인, 또는 조림 실적이 100ha 이상이고 산림경영계획에 따라 산림을 모범적으로 경영하고 있는 법인
- 「농어업경영체 육성 및 지원에 관한 법률」(약칭 농어업경영체법) 제2조 제2호에 따른 농업법인 중 10ha 이상의 산림을 산림경영계획에 따라 모범적으로 경영하고 있는 법인, 또는 조림 실적이 5ha 이상이고 산림경영계획에 따라 산림을 모범적으로 경영하고 있는 법인

② 선발 및 관리

「임업진흥법 시행령」 제14조(독림가의 선정) 제1항에 따라 독림가로 선정되려는 자는 독림가의 요건을 갖추었음을 증명할 수 있는 서류를 갖추어 시장 · 군수 · 구청장을 거쳐 산림청장 또는 시 · 도지사에게 신청해야 한다. 이때 경영하고 있는 산림이 둘 이상의 시 · 군 · 구에 소재한 경우 가장 많은 산림이 소재하는 시 · 군 · 구에 신청하며, 시장 · 군수 · 구청장은 독림가 요건에 해당하는지를 검토하여 시 · 도지사에게 추천한다. 추천을 받은 산림청장 또는 시 · 도지사는 이를 검토하여 독림가 요건에 적합한 경우 독림가로 선정하고 독림가증서를 교부한다. 또한 산림청장 또는

표 8-3 독림가 및 임업후계자 현황(단위: 명)

연도	합계	독림가					임업후계자
		계	모범	우수	자영	법인	
2019	16,274	937	22	77	823	15	15,337
2023	26,075	1,348	17	70	1,243	18	24,727

시 · 도지사는 개인독림가 및 법인독림가에게 ①임업경영에 필요한 자금의 보조 또는 융자, ②임업경영에 필요한 기자재의 지원, ③경영실적이 우수한 독림가에 대한 포상과 해외연수, ④임업경영에 필요한 기술훈련 · 정보제공 등을 다른 자보다 우선해 지원할 수 있다.

2023년 우리나라의 독림가는 1,348명(모범독림가 17명, 우수독림가 70명, 자영독림가 1,243명, 법인독림가 18법인), 임업후계자는 24,727명으로 파악되었다(표 8-3 참조).

3 신지식임업인

일반적으로 신지식인은 자신이 맡은 일을 개선, 개발, 혁신하는 방법을 알고 있으며 그에 관련한 지식을 기록 및 활용하고 다른 사람과 공유함으로써 부가가치를 높여 나가는 사람을 말한다. 「신지식농업인 운영규정」 제2조(정의) 제1호에서 규정한 신지식농업인이란 「농업 · 농촌 및 식품산업 기본법」(약칭 농업식품기본법) 제3조 제2호에 따른 농업인으로서, 농업의 생산 · 가공 · 유통 등을 개선하는 새로운 지식을 개발하여 높은 부가가치를 창출하고 개발한 지식을 사회적으로 공유함으로써 농업 · 농촌의 혁신을 주도하는 자를 가리킨다. 산림청에서는 농산물의 생산 · 유통 · 가공 · 저장 등 관련 사업에 종사하는 농업인 또는 농업법인 중 산림 분야 대상자를 신지식임업인으로 규정한다. 「신지식농업인 운영규정」 제3조(선발기준)에서는 신지식농업인의 선발 기준으로 다음의 세부 기준을 제시하고 있으며, 산림청에서도 신지식임업인에 대해 동일한 기준을 적용한다.

1) **적극성**: 농업 분야에서 새로운 지식을 개발하기 위해 노력한 정도
2) **창의성**: 개발한 신지식이 기존 방식과 차별되는 정도
3) **가치 창출성**: 개발한 신지식을 활용하여 총수입, 순이익 등 경제적 부가가치를 창출한 정도
4) **사회적 공유성**: 개발한 신지식을 타인과 적극적으로 공유한 정도

표 8-4 전문임업인기반조성사업의 지원 내용 및 융자 조건(2025년 기준)

구분	이율(%)	융자 기간(년)		융자 한도	융자(자부담) 비율(%)
		거치	상환		
장기수 사업 임도시설	1.0	20	15	사업자당 3억 원 이내 임야 매입 포함	100
사립휴양시설조성	3.0	10	10	설계금액 80% 내 (1개소당 최대 8억 원 이내)	80 (20)
단기산림소득지원 (임산물생산)	2.0	3	2~7	사업비 80% 내	80 (20)

㈜ 1) 신청 연도 기준 최근 3년 동안 총 5억 원을 초과하여 전문임업인기반조성사업에서 동일 목적의 사업으로 대출을 받은 이력이 있는 경우 대상에서 제외됨
2) 임야 매입자금과 최근 3년 동안 기대출금액, 당해 연도 신청금액의 합이 총 3억 원을 초과할 수 있음[산림청, 2025b]

산림청에서는 독림가, 임업후계자, 신지식농업인(임업 분야) 등에게 임업경영에 필요한 자금을 지원하여 사유림 경영을 선도하는 전문임업인으로 육성하기 위한 융자사업(전문임업인 기반조성사업)을 추진하고 있으며, 정책자금 외에도 임업기술의 교육, 우수사례지 견학 등 다양한 지원을 펼치고 있다. 「2025년 산림사업종합자금 집행지침」(산림청)에 따른 전문임업인 기반조성사업의 지원 내용 및 융자 조건은 표 8-4와 같으며 매년 변경될 수 있다.

4 산림명문가

산림청에서는 대대로 산림을 가꾸어 온 임업인 가문이 긍지를 가질 수 있는 사회적 분위기를 조성하고 임업인의 전문 직업의식 고취와 후대 임업인 양성을 촉진하기 위해 2020년부터 산림명문가를 지정하고 있으며, 2025년까지 총 15개 가문을 선정하였다. 산림명문가란 1대부터 3대(직계 존비속)에 걸쳐 산림을 성실히 경영하고 임업 발전과 사회에 공헌하는 등 타의 모범이 되는 임업인 가문을 말한다. 산림명문가에 선정되기 위해서는 3대가 모두 다음의 요건을 갖추어야 한다.

1) 「임업진흥법」에 따라 독림가 또는 임업후계자로 선정 또는 선발되어 5년 이상 경과한 사람 [단, 법인독림가로 선정된 법인은 선정 후 5년 이상 운영한 사람 포함(대표이사 또는 이사에 한함). 법인독림가 운영자는 3ha 이상의 산림소유 기준을 갖춘 것으로 봄]
2) 3ha 이상의 산림을 소유하고(세대를 같이 하는 직계 존비속, 배우자 또는 형제자매의 명의로 소유하는 경우 포함) 산림경영계획에 따라 임업을 경영하는 사람
3) 산림명문가 선정단에서 심사하여 타의 모범이 되는 산림명문가임을 인정받은 가문

이 외에도 임업에 대한 국민적 관심의 제고와 임업인의 사기 진작을 통한 임업 발전을 위해 단기소득임산물 재배에 성공한 임업인을 발굴하여 여러 매체를 통해 우수사례를 홍보하는 '이달의 임업인'을 매월 꾸준히 선발하고 있다.

8·2 사유림 산림경영 지원 단체

8·2·1 ㈔한국임업후계자협회

임업후계자로 구성된 ㈔한국임업후계자협회(Korea Forestry Successor Association)는 회원 165명으로 1991년 창립되었다. 1996년 산림청의 인가를 받고 2020년 임업연구소를 개설하였으며, 2024년 12월 기준 회원 수는 창립 대비 4,570명이 증가한 4,735명에 이른다(표 8-5 참조). 2025년 6월 ㈔한국임업후계자협회는 ㈔한국전문임업인협회(Korea Professional Forestry Association)로 명칭을 변경하였다.

협회의 설립 목적은 임업 발전을 위해 산림 및 임업에 관한 경영 · 기술 보급과 효율적인

표 8-5 ㈔한국임업후계자협회 회원 현황(단위: 개소, 명)

구분		계	도지회								
			경기	강원	충북	충남	전북	전남	경북	경남	제주
시 · 군 협의회		130	10	16	11	16	13	21	23	20	0
회원	2015년	1,682	51	200	50	395	173	312	251	215	35
	2024년	4,735	239	622	320	751	381	811	739	817	55

산림경영에 헌신하고, 회원 상호 간의 정보 교환과 화합 및 권익 보호에 기여하기 위함이다. 조직은 9개 도지회, 130개 시 · 군 협의회, 위원회(자문, 선관, 분과, 특별, 상벌), 임업연구소와 임업교육센터, 사무총국, 전문위원으로 구성되어 있다.

회원은 정회원, 준회원, 명예회원으로 구분하고 있으며, 정회원이 되고자 하는 자는 산림행정기관에서 전문임업인(임업후계자 등)으로 선정된 자로서 협회의 목적에 찬동하고 신청서를 회장에게 제출해야 한다. 신청서가 제출된 경우에는 협회의 사무총장이 7일 이내에 자격사항을 검토하여 신청자에게 자격의 결격 여부를 통보해야 한다. 준회원은 산림행정기관에서 전문임업인(임업후계자 등)으로 선정된 자로서 소정의 신청서를 회장에게 제출한 자로 정하고 있으며, 명예회원은 협회에 특별한 공로가 있거나 임업에 관한 학식이나 경험이 풍부한 자로서 이사회의 동의를 받아 위촉한 자로 정하고 있다. 협회의 정관으로 정하고 있는 사업은 다음과 같다.

1) 전문임업인(임업후계자 등)의 발굴
2) 임업경영 및 기술의 연구와 보급
3) 국내외 임업정보 교육 및 회보 발간
4) 산림정책에 대한 대정부 건의
5) 임업문화 교육 및 장학사업
6) 회원 상호 간의 친목과 권익 보호에 필요한 사업
7) 협회 사업 수행과 관련된 교육 및 홍보 · 연구 용역 사업
8) 산림 및 임업에 관한 컨설팅
9) 기타 본 법인의 목적을 달성함에 필요한 사업

8·2·2 ㈔한국산림경영인협회

독림가로 구성된 ㈔한국산림경영인협회(Korea Forest Management Association)는 1973년 산림청장으로부터 ㈔한국조림가협회로 설립 인가되었다. 1986년 ㈔한국산림경영자협회, 1989년 ㈔한국독림가협회로 명칭이 변경되었다가 2002년 ㈔한국산림경영인협회로 바뀐 뒤 현재에 이른다.

협회의 설립 목적은 산림 및 임업에 관한 기술 보급과 효율적인 산림경영을 도모하고 회원

상호 간의 정보교환과 화합 및 권익보호에 기여하기 위함이다. 조직은 9개 시 · 도 지회, 위원회(원로, 자문, 분과, 상벌), 사무처, 자문위원으로 구성되어 있다. 또한 정관에 따라 산림경영연구를 전담할 산림경영연구소, 산림경영교육을 전담할 산림교육센터, 시 · 도 지회는 시 · 군 · 구에 지부를 둘 수 있다.

회원은 정회원, 일반회원, 준회원, 법인회원으로 구분하고 있으며, 정회원은 협회의 목적에 찬동하고 산림경영계획에 의거하여 산림행정 당국에서 독림가로 지정된 자, 일반회원은 협회의 목적에 찬동하는 산림소유자로서 소정의 신청서를 제출하여 이사회의 심의를 거친 자, 준회원은 협회의 목적에 찬동하고 소정의 신청서를 제출하여 이사회의 심의를 거친 정회원 · 일반회원이 아닌 자, 법인회원은 법인 소유 산림경영자로 정하고 있다. 협회의 정관으로 정하고 있는 사업은 다음과 같다.

1) 독림가의 발굴 및 육성
2) 산림경영 및 기술의 보급
3) 산림정책의 대정부 건의
4) 국내외 임업정보 교류 및 협회지의 발행과 관계 도서 출판
5) 국민 애림사상 고취를 위한 홍보 사업
6) 임업에 관한 정부의 위탁 및 보조 사업
7) 회원 상호 간의 친목 도모와 권익 보호에 관한 사업
8) 산림경영에 관한 자문 및 지도 사업
9) 본 회의 사업 수행과 관련된 교육 사업
10) 회원을 위한 컨설팅, 연구용역 및 장학사업
11) 기타 본 회 목적 달성에 필요한 부대사업

8·2·3 한국산림기술인회

한국산림기술인회(The Korea Forest Engineer Association)는 「산림기술법」 제13조에 따라 2019년 산림청 산하 특수법인으로 허가를 받아 설립되었다. 2019년 산림기술연구원이 개원하고 산림기술자 교육기관으로도 지정되었다.

기술인회의 설립 목적은 산림기술자의 품위 유지 및 복리 증진, 자질 향상, 권익 보호, 산림사업의 품질관리를 통해 국가 산림기술 진흥(연구 · 개발사업 등) 및 발전에 기여하기 위함이다. 기술인회의 조직은 본 회(3본부 6팀 및 9개 시 · 도 지회, 6개 업무분회)와 산림기술연구원(3실 1개 위원회), 한국산림기술인교육원으로 구성되어 있다.

회원은 「산림기술법」 제9조에 따른 산림기술자 등을 말하며 정회원, 준회원, 명예회원으로 구분한다. 정회원은 산림기술자로서 기술인회의 회원으로 가입하여 동법에 의한 산림기술자 자격 · 경력 관리와 회원의 권익을 향유할 수 있는 자, 그리고 기술인회의 목적에 찬성하여 이사회의 승인을 받은 자로 정하고 있다. 준회원은 기술인회의 회원으로 가입하지 않고 동법

에 의한 산림기술자 자격 · 경력 관리만을 위해 기술인회를 이용하는 자, 명예회원은 기술인회의 발전에 특별히 기여한 단체 또는 개인으로서 이사회의 승인을 받은 자이다. 기술인회의 정관으로 정하고 있는 사업은 다음과 같다.

1) 산림기술자의 품위 유지 및 자질 향상을 위한 사업
2) 산림기술자의 복리 증진 및 권익 옹호를 위한 사업
3) 기술인회의 홍보와 간행물 등 발행
4) 산림기술자의 관리 및 자질 향상을 위한 연구
5) 기술인회 재산 및 기타 부대시설의 운영 · 관리
6) 관련 단체 및 기관과의 협력과 유대 강화
7) 기술자단체의 보호와 육성

1 산림기술

「산림기술법」 제2조(정의) 제2호에 따르면 산림기술이란 ①산림사업에 관한 계획 · 조사 · 설계 · 시행 · 감리, ②산림사업의 안전점검 및 안전성 분석, ③대통령령으로 정하는 임업기계장비의 개발 및 운용, ④그 밖에 산림사업에 관한 기술로서 대통령령으로 정하는 사항에 관한 기술을 말한다. 여기서 ③의 대통령령으로 정하는 임업기계장비란 「임업진흥법」 제2조 제3호의4에 따라 임업 분야에 사용되는 기계, 장비 및 도구를 말하며, 임업기계장비의 범위는 「임업진흥법 시행규칙」 제2조의2(임업기계장비의 범위)에서 정하고 있다. 또한 ④의 대통령령으로 정하는 사항은 「임업진흥법 시행령」 제2조(정의)에서 다음과 같이 정하고 있다.

1) 산림기술의 타당성 검토에 관한 사항
2) 정보통신시스템을 이용한 산림기술 정보처리에 관한 사항
3) 산림사업의 공정(工程) 분석 및 품셈(사업시행에 소요되는 단위당 비용을 추정하는 일)에 관한 사항

2 산림사업

「산림기술법」 제2조(정의) 제1호에 따르면 산림사업은 「산림자원법」 제2조 제3호에 따른 사업, 즉 산림의 조성 · 육성 · 이용 · 재해예방 · 복구 · 복원 등 산림의 기능을 유지 · 발전 또는 회복시키기 위해 산림에서 이루어지는 사업과 도시숲 · 생활숲 · 가로수 · 수목원의 조성 · 관리 등 산림의 조성 · 육성 또는 관리를 위해 필요한 사업으로서 대통령령으로 정하는 사업을 말한다. 여기서 대통령령으로 정하는 사업은 「산림자원법 시행령」 제2조(정의) 제2항으로 정하고 있다.

3 산림기술자

「산림기술법」 제2조(정의) 제3호에 따르면 산림기술자는 산림기술자 자격증을 발급받은 자를 말한다. 동법 제9조 제2항에서 산림청장은 자격 요건을 갖춘 산림기술자에게 산림기술자

자격증을 발급하도록 규정하고 있으며, 「산림기술법 시행령」 제10조(산림기술자의 종류 등) 제1항에서 산림기술자의 종류, 자격 요건 및 업무 범위를 정하고 있다.

8·2·4 ㈔한국산림사업법인협회

산림사업법인으로 구성된 비영리 공익 단체인 ㈔한국산림사업법인협회(Korea Forest Enterprise Corporate Association)는 2001년 산림법인대표자 연합회로 출발하였으며, 2003년 한국산림사업법인협회로 바뀐 뒤 2005년 사단법인으로 산림청 허가를 받으며 현재에 이른다.

협회의 설립 목적은 회원의 품위 유지와 상호협력의 강화로 권익 증진, 산림사업 관련 제도 개선, 산림사업기술의 향상을 위한 제반사업 추진, 산림사업법인의 건전한 육성발전 도모에 의한 국민경제에의 공헌이다. 조직은 3부(관리부, 회원부, 교육부), 11개 시 · 도 지회로 구성되어 있다. 협회에 가입된 정회원의 산림사업 종류는 숲가꾸기 및 병해충방제(1,095개 업체), 산림토목(330개 업체), 도시숲 등의 조성 · 관리(759개 업체), 자연휴양림 등 조성(60개 업체)으로 나타났다(2022년 5월 현재).

「산림자원법」 제24조(산림사업법인의 등록) 제1항에 따라 산림사업을 하려는 자는 요건을 모두 갖추어 산림사업의 종류별로 시 · 도지사에게 등록을 신청해야 한다. 여기서 산림사업을 하려는 자의 요건은 「민법」에 따른 법인 또는 「협동조합 기본법」 제2조에 따른 협동조합 및 협동조합연합회이며, 기술수준과 자본금 등은 「산림자원법 시행령」 제25조(산림사업법인의 등록기준)에서 정하고 있다(표 8–6 참조). 또한 시 · 도지사는 등록을 신청한 자가 등록 요건을 모두 갖추었으면 산림사업을 시행하는 법인(산림사업법인)으로 등록하고 등록증을 발급해야 한다.

8·2·5 ㈔한국산림기술사협회

㈔한국산림기술사협회(Korea Forest Professional Engineer Association)는 「민법」 제32조(비영리법인의 설립과 허가) 및 「농림축산식품부장관 및 그 소속 청장 소관 비영리법인의 설립 및 감독에 관한 규칙」 제4조(설립허가)에 따라 설립된 비영리법인이다. 2003년 한국산림기술사사무소협의회가 구성되고 2009년 ㈔한국산림기술사사무소협의회로 산림청장의 설립 허가를 받았으며, 2012년 ㈔한국산림기술사협회로 명칭을 변경하여 현재에 이른다.

협회의 설립 목적은 회원의 품위 유지와 상호협력을 통해 친목과 권익을 증진하고, 새로운 산림기술 개발과 보급으로 산림을 건강하게 만들어 다양한 기능을 증대시키고, 지속가능한 산림경영과 저탄소 녹색성장의 기반을 조성하는 데 선도적 역할을 하여 산림을 경제 · 환경 · 사회적으로 가치 있는 중요한 자원으로 육성하는 데 기여하기 위함이다. 조직은 본회 사무국, 4개 분과 위원회, 부설 연구소, 부설 교육원, 9개 시 · 도 지회로 구성되어 있다.

표 8-6 산림사업을 할 수 있는 법인의 등록 기준

<table>
<tr><th rowspan="2">산림사업의 종류</th><th rowspan="2">산림사업의 범위</th><th colspan="2">자격 요건</th></tr>
<tr><th>기술 수준</th><th>자본금
(시설)</th></tr>
<tr><td>산림경영계획 및 산림조사</td><td>가. 산림경영계획의 수립
나. 임황, 지황 등 산림 현황 조사</td><td>다음의 모두에 해당하는 인력 요건
1) 기술중급 이상인 산림경영기술자 1명 이상
2) 기술초급 이상인 산림경영기술자 2명 이상</td><td rowspan="2">1억 원
이상
(사무실)</td></tr>
<tr><td>숲가꾸기 및 병해충방제</td><td>가. 조림
나. 숲가꾸기
다. 벌채
라. 산림병해충 방제사업</td><td>다음의 모두에 해당하는 인력 요건
1) 기술중급 이상인 산림경영기술자 1명 이상
2) 기술초급 이상인 산림경영기술자 2명 이상
3) 기능2급 이상인 산림경영기술자 4명 이상</td></tr>
<tr><td>산림토목</td><td>가. 임도사업
나. 사방사업
다. 「산지관리법」 제41조에 따른 산지의 복구</td><td>다음의 모두에 해당하는 인력 요건
1) 기술중급 이상인 산림공학기술자 2명 이상
2) 기술초급 이상인 산림공학기술자 3명 이상</td><td rowspan="2">3억 원
이상
(사무실)</td></tr>
<tr><td>자연휴양림 등 조성</td><td>가. 자연휴양림 조성
나. 산촌생태마을 조성
다. 산림욕장 조성
라. 치유의 숲 조성
마. 숲속야영장 조성
바. 산림레포츠시설 조성
사. 유아숲체험원 조성
아. 산림교육센터 조성
자. 수목장림 조성</td><td>다음의 모두에 해당하는 인력 요건
1) 기술중급 이상인 산림공학기술자 1명 이상
2) 기술초급 이상인 산림공학기술자 또는 기술초급 이상인 녹지조경기술자 1명 이상
3) 목구조관리기술자 1명 이상
4) 건축기사 1명 이상</td></tr>
<tr><td>도시숲 등의 조성 · 관리</td><td>가. 도시숲에서의 수목 등의 식재 및 편의시설의 설치
나. 생활숲의 조성 · 관리
다. 가로수의 조성 · 관리</td><td>다음의 모두에 해당하는 인력 요건
1) 기술중급 이상인 산림경영기술자 또는 기술중급 이상인 녹지조경기술자 1명 이상
2) 기술초급 이상인 산림경영기술자 또는 기술초급 이상인 녹지조경기술자 1명 이상</td><td>1억 원
이상
(사무실)</td></tr>
<tr><td>숲길 조성 · 관리</td><td>숲길 조성 · 관리</td><td>다음의 모두에 해당하는 인력 요건
1) 기술중급 이상인 산림공학기술자 또는 기술중급 이상인 녹지조경기술자 1명 이상
2) 기술초급 이상인 산림공학기술자 또는 기술초급 이상인 녹지조경기술자 2명 이상</td><td>3억 원
이상
(사무실)</td></tr>
</table>

㈜ 1) 인력: 상시 근무하는 사람을 말하며, 「국가기술자격법」 등 자격 관련 법령에 따라 그 자격이 정지된 사람은 제외함

2) 자본금: 납입자본금과 실질자본금을 말하며, 그 자본금별로 각각 등록기준의 자본금 이상을 충족하여야 함

3) 사무실: 「건축법」 등 건축 관련 법령에 따라 사무실로 적합한 시설로서, 산림사업법인으로 등록하려는 소재지(주소지)에 있는 것을 말함

회원의 자격은 기술사 사무소를 개설 등록하고 사업자 등록을 한 산림기술사, 또는 「엔지니어링산업 진흥법」 제21조(엔지니어링사업자의 신고 등)에 따라 엔지니어링사업자로 신고된 사업체의 산림기술사로 정하고 있다. 여기서 기술사란 「기술사법」 제2조(정의)에 따르면 해당 기술 분야에 관한 고도의 전문 지식과 실무 경험에 입각한 응용 능력을 보유한 사람으로서 「국가기술자격법」 제10조에 따라 기술사 자격을 취득한 사람을 말한다. 기술사가 개업하기 위하여 사무소를 개설하려면 과학기술정보통신부 장관에게 등록을 하여야 하며[「기술사법」 제6조(기술사사무소의 개설등록 등)], 또한 과학기술에 관한 전문적 응용능력이 필요한 사항에 대하여 기술자문과 기술지도를 기술사의 직무로 한다[「기술사법」 제3조(기술사의 직무)]. 산림기술사의 직무는 계획(시 · 군 지역산림계획, 산림경영계획 수립), 교육(산림기술자 교육), 컨설팅(산림부문 종합 기술자문, 환경영향평가, 사전환경성 검토), 조사 · 평가(산림사업), 설계 · 감리 등이다.

8·2·6 한국임업진흥원

'산림소득 증대 및 임업의 부가가치 창출'이라는 미션과 '임업과 산촌의 미래가치를 창출하는 현장 임업 파트너'라는 비전을 세운 한국임업진흥원(Korea Forestry Promotion Institute, KoFPI)은 산림소유자는 물론이고 전문임업인에게도 사유림 경영에 있어 중요한 역할을 하고 있는 산림청 산하의 공공기관(유형은 기타공공기관)이다.

「임업진흥법」 제29조의2(한국임업진흥원의 설립) 제1항에서 산림청장은 임업인의 산림경영 정보 및 임산물 생산 유통, 정보 지원 등을 통한 산림소득 증대 및 산업화 촉진을 위해 한국임업진흥원을 설립하도록 규정한다. 설립 목적은 산림과학 분야 연구개발 성과의 실용화와 임산물의 생산 · 유통 · 정보제공 등을 통해 임업인 소득 증대 및 임산업 고부가가치를 창출하여 임업진흥을 활성화하기 위함이다.

2012년 한국임업진흥원이 개원한 이래로 2016년 소나무재선충병모니터링센터 및 산림탄소센터가 개소하였고, 산림청으로부터 2017년 산림과학기술 R&D 연구관리 전문기관으로, 2021년 산촌활성화지원센터로 지정된 바 있다. 한국임업진흥원의 사업은 「임업진흥법」 제29조의3(한국임업진흥원의 사업)에서 다음과 같이 정하고 있다.

1) 임업인의 산림경영정보 및 임산물의 생산 · 유통 정보에 관한 지원
2) (삭제)
3) 특별관리임산물의 품질관리
3의2) 품질인증
4) 임업에 관한 시험 · 분석 · 조사 · 감정 및 기술 지원
5) 임업연구 성과의 기술 사업화 촉진 및 기술이전 지원
6) 산림자원 및 입지 조사 설계 · 평가
6의2) 해외산림자원개발 및 국제산림협력사업

6의3) 산림탄소상쇄제도의 운영 · 관리 및 산림 분야 탄소배출권 확보 사업
7) 임업 · 산촌 분야 고용 창출 및 창업 활성화를 위한 지원 사업
8) 임산물 홍보 및 판매촉진에 관한 지원 사업
9) 그 밖에 임업 · 산촌 진흥을 위하여 필요한 사업으로서 대통령령으로 정하는 사업

8·3 사유림 산림경영 실제

8·3·1 산림사업지원제도

산림청의 산림사업지원제도 중 하나인 산림소득지원사업이란 임가의 소득 증대 및 효율적인 임업경영을 위해 단기소득임산물 생산 · 유통시설의 규모화 · 현대화와 임산물 소비 활성화를 위한 지원 등 효율적인 임업경영에 필요한 기반을 보조해 주는 산림청 사업으로, 보조금 지원, 융자 지원, 임업인 · 임산물 재해보험 지원, 소비촉진 지원 등이 해당한다(그림 8-1 참조). 이 중 임산물 재해보험에 관련해서는 「농어업재해보험법」(농작물재해보험, 임산물재해보험), 「농어업인의 안전보험 및 안전재해예방에 관한 법률」(농어업인안전보험)을 참조할 수 있다. 산림소득지원사업은 다음과 같은 법률 및 규정에 법적 근거를 두고 있다.

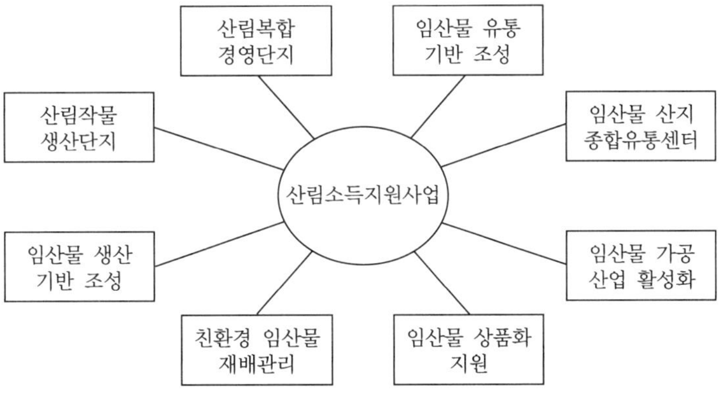

그림 8-1 산림청 산림소득지원사업

1) **국가재정법**: 국가의 예산 · 기금 · 결산 · 성과관리 및 국가채무 등 재정에 관한 사항을 정함(기획재정부)
2) **보조금 관리에 관한 법률**(약칭 보조금법): 국고보조금 예산의 편성, 교부 신청, 교부 결정 및 사용 등에 관해 기본적인 사항을 규정함(기획재정부)
3) **국고보조금 운영관리지침**: 「보조금법」 제26조의2에 따라 「보조금법」과 「보조금법 시행령」에서 정한 사항 등의 세부적인 사항을 규정함(기획재정부)
4) **농림축산식품분야 재정사업관리 기본규정**: 농림축산식품 분야 재정사업 관리를 위해 사업계

표 8-7 산림청 소관 법령

구분	법률(26)	대통령령(25)	부령(22)
국제산림협력	개발도상국 산림을 통한 온실가스 배출 감축 및 탄소 축적 증진 지원에 관한 법률	개발도상국 산림을 통한 온실가스 배출 감축 및 탄소 축적 증진 지원에 관한 법률 시행령	개발도상국 산림을 통한 온실가스 배출 감축 및 탄소 축적 증진 지원에 관한 법률 시행규칙
산림산업정책	산림기본법	산림기본법 시행령	
	산림자원의 조성 및 관리에 관한 법률	산림자원의 조성 및 관리에 관한 법률 시행령	산림자원의 조성 및 관리에 관한 법률 시행규칙
	탄소흡수원 유지 및 증진에 관한 법률	탄소흡수원 유지 및 증진에 관한 법률 시행령	탄소흡수원 유지 및 증진에 관한 법률 시행규칙
	목재의 지속가능한 이용에 관한 법률	목재의 지속가능한 이용에 관한 법률 시행령	목재의 지속가능한 이용에 관한 법률 시행규칙
	산림조합법	산림조합법 시행령	산림조합법 시행규칙
	산림조합의 구조개선에 관한 법률	산림조합의 구조개선에 관한 법률 시행령	산림조합의 구조개선에 관한 법률 시행규칙
	임업 및 산촌 진흥촉진에 관한 법률	임업 및 산촌 진흥촉진에 관한 법률 시행령	임업 및 산촌 진흥촉진에 관한 법률 시행규칙
	국유림의 경영 및 관리에 관한 법률	국유림의 경영 및 관리에 관한 법률 시행령	국유림의 경영 및 관리에 관한 법률 시행규칙
	임업·산림 공익기능 증진을 위한 직접지불제도 운영에 관한 법률	임업·산림 공익기능 증진을 위한 직접지불제도 운영에 관한 법률 시행령	임업·산림 공익기능 증진을 위한 직접지불제도 운영에 관한 법률 시행규칙
산림복지	산지관리법	산지관리법 시행령	산지관리법 시행규칙
	산림문화·휴양에 관한 법률	산림문화·휴양에 관한 법률 시행령	산림문화·휴양에 관한 법률 시행규칙
	민간인 통제선 이북지역의 산지관리 특별법	민간인 통제선 이북지역의 산지관리 특별법 시행령	민간인 통제선 이북지역의 산지관리 특별법 시행규칙
	산림교육의 활성화에 관한 법률	산림교육의 활성화에 관한 법률 시행령	산림교육의 활성화에 관한 법률 시행규칙
	산림복지 진흥에 관한 법률	산림복지 진흥에 관한 법률 시행령	산림복지 진흥에 관한 법률 시행규칙
	석재산업 진흥에 관한 법률	석재산업 진흥에 관한 법률 시행령	석재산업 진흥에 관한 법률 시행규칙
	산림기술 진흥 및 관리에 관한 법률	산림기술 진흥 및 관리에 관한 법률 시행령	산림기술 진흥 및 관리에 관한 법률 시행규칙
산림보호	백두대간 보호에 관한 법률	백두대간 보호에 관한 법률 시행령	
	수목원·정원의 조성 및 진흥에 관한 법률	수목원·정원의 조성 및 진흥에 관한 법률 시행령	수목원·정원의 조성 및 진흥에 관한 법률 시행규칙
	청원산림보호직원배치에 관한 법률	청원산림보호직원배치에 관한 법률 시행령	청원산림보호직원배치에 관한 법률 시행규칙
	산림보호법	산림보호법 시행령	산림보호법 시행규칙
	도시숲 등의 조성 및 관리에 관한 법률	도시숲 등의 조성 및 관리에 관한 법률 시행령	도시숲 등의 조성 및 관리에 관한 법률 시행규칙
	2023 순천만국제정원박람회 지원 및 사후활용에 관한 특별법	2023 순천만국제정원박람회 지원 및 사후활용에 관한 특별법 시행령	
산림재난통제	사방사업법	사방사업법 시행령	사방사업법 시행규칙
	소나무재선충병 방제 특별법	소나무재선충병 방제 특별법 시행령	소나무재선충병 방제 특별법 시행규칙
	산림재난방지법*		

㈜ * 산림재난방지법 2026년 2월 1일 시행[산림청]

획, 예산편성, 집행, 사후관리, 환류 등의 세부적인 사항을 규정함(농림축산식품부)

5) **산림자원법**: 산림자원 조성 및 관리를 위한 기본적인 사항을 규정하며, 임산물의 범위에 대해 기본적인 사항을 규정함(산림청)

6) **임업진흥법**: 임산물 소득원 개발 · 육성 지원을 위한 기본적인 사항을 규정함(산림청)

7) **산림소득분야 사업시행지침서**: 산림청 사업부서장이 소관 보조사업에 대한 사업 안내, 추진체계, 사후관리 등을 수립 · 시행함(산림청)

현재 산림청 소관 법령에는 「산림기본법」을 중심으로 국제산림협력, 산림산업정책, 산림복지, 산림보호, 산림재난통제 분야로 구분된 법률(26개), 시행령(25개), 시행규칙(22개)이 있다(표 8-7 참조).

산림소득지원사업 대상자는 「임업진흥법 시행규칙」 제7조 제1항의 '임산물 소득원의 지원 대상 품목'(표 8-8 참조)을 재배하려 하거나 재배하고 있는, 법률에 의한 임업인, 농업경영체(임업경영체 포함), 임업후계자, 독림가, 신지식농업인(임업 분야) 또는 생산자단체(「농업식품기본법 시행령」 제4조에 따른 영농조합법인, 농업회사법인, 산림조합 등), 그리고 선별 · 가공 · 유통 · 상품화를 하거나 하고자 하는 임업인, 농업경영체(임업경영체 포함), 생산자단체이다(표 8-9 참조).

표 8-8 임산물 소득원의 지원 대상 품목

종류	품목명
수실류	밤, 감, 잣, 호두, 대추, 은행, 도토리, 개암, 머루, 다래, 복분자딸기, 산딸기, 석류, 돌배
버섯류	표고, 송이, 목이, 석이, 능이, 싸리, 꽃송이버섯, 복령
산나물류	더덕, 고사리, 도라지, 취나물, 참나물, 두릅, 원추리, 산마늘, 고려엉겅퀴(곤드레), 고비, 어수리, 눈개승마(삼나물)
약초류	삼지구엽초, 삽주, 참쑥, 시호, 작약, 천마, 산양삼, 결명자, 구절초, 약모밀, 당귀, 천궁, 하수오, 감초, 독활, 잔대, 백운풀, 마
약용류	오미자, 오갈피나무, 산수유나무, 구기자나무, 두충나무, 헛개나무, 음나무, 참죽나무, 산초나무, 초피나무, 옻나무, 골담초, 산겨릅나무, 산사나무, 느릅나무, 황칠나무, 꾸지뽕나무, 마가목, 화살나무, 목단
수목부산물류	수액(樹液), 나뭇잎, 나뭇가지, 나무껍질, 나무뿌리, 나무순 등 나무(대나무류 포함)에서 나오는 모든 부산물
관상산림식물류	야생화, 자생란, 조경수, 분재, 잔디, 이끼류
그 밖의 임산물	위 품목 외에 「산림자원법」 제2조 제7호에 따른 임산물로서 목재(목재제품 포함)와 토석을 제외한 품목

표 8-9 산림청 산림소득지원사업의 종류

종류	지원 사업	
보조사업	생산	• 생산단지 규모화(공모, 소액) • 임산물 생산기반 조성(소액) • 친환경 임산물 재배관리(소액)
	가공 · 유통	• 산지종합유통센터(공모; 일반형 2억~10억 원 이하, 거점형 10억~20억 원 이하) • 가공산업 활성화(공모) • 임산물 클러스터(공모)
	소비 활성화 및 정보제공	• 가공품 개발 및 마케팅 지원 • 상품화 지원(소액) • 소비촉진 활성화
융자사업	• 산림경영 기반 조성(임도, 숲가꾸기) • 사립휴양시설 조성 • 해외산림자원개발 • 단기산림소득지원 • 목재이용 활성화 • 임업인 경영자금	• 전문임업인 기반 조성 • 산양삼 생산 • 귀산촌인 창업자금 • 조림용 묘목 • 산림조합 육성 • 임업인 재해복구

㈜ 공모: 총사업비 1억 원 이상인 규모가 큰 사업으로 각 사업별 조건을 충족해야 함,
소액: 총사업비 1억 원 미만인 규모가 작은 사업으로 각 사업별 조건을 충족해야 함[임업-in 통합포털]

8·3·2 단기소득임산물

단기소득임산물을 재배하려 하거나 재배하고 있는 임업인, 임업후계자, 독림가, 신지식농업인, 생산자단체를 대상으로 생산 · 가공 · 유통시설 등을 지원하는 사업을 추진하고 있다.

단기소득임산물의 생산 · 가공 · 유통시설 지원을 통해 임산물의 안정적인 생산 · 가공 · 유통 체계를 구축하고 임업인의 소득 향상을 도모하기 위함이며, 생산 · 가공 · 유통 기반시설의 현대화 · 규모화로 임산물의 생산성 및 품질 향상 등 대외경쟁력을 강화하고 전문임업인에게 산림경영 여건에 맞는 시설 및 장비 구입에 필요한 사업비를 지원함으로써 안정적인 경영 기반을 구축할 수 있도록 하고 있다. 사업별 사업비 및 보조비율은 매년 산림청 공고를 확인할 필요가 있으며, 다음은 「2025년 산림소득분야 사업시행지침」에 대한 내용이다.

1 생산 분야

임산물 생산 분야에 대한 지원 사업에는 친환경 임산물 재배관리(토지개량제, 유기질비료), 임산물 생산단지 규모화(산림작물생산단지, 산림복합경영단지), 임산물 생산기반 조성(생산장비 및 기반시설 현대화(보완) 지원) 등이 있다.

① 친환경 임산물 재배관리

친환경 임산물 재배관리(토양개량제)에 대한 지원은 산성화한 토양을 적정 산도로 개량하고 토양 내 유효규산 함량을 개량하여 지력을 회복함으로써 친환경 임산물 생산기반 조성을 목적으로 하는 사업이다. 보조비율은 국고 70%, 지방비 30%로 임업인, 임업후계자, 독림가, 신지식농업인(임업 분야), 생산자단체에 지원한다.

② 임산물 생산단지 규모화

임산물 생산단지 규모화 사업에서는 산림작물생산단지 조성과 산림복합경영단지 조성으로 구분해 지원하고 있다. 산림작물생산단지 공모사업은 산나물 등의 단기소득임산물 생산에 필요한 기반시설의 품목별 집단화·현대화를 지원하여 임가의 경쟁력 강화를 도모하는 사업이다. 보조비율은 국고 40%, 지방비 20%, 융자 없음, 자부담 40%이며, 노지재배는 1억~5억 원 이하, 시설재배는 1억~7억 원을 임업후계자, 독림가, 신지식농업인(임업 분야), 생산자단체에 지원한다. 산림작물생산단지 소액사업은 작업로, 울타리 등 단기소득임산물 생산 기반시설의 현대화를 지원하여 임산물의 생산성 및 품질 향상을 도모하는 사업이다. 보조비율은 국고 20%, 지방비 30%, 융자 30%, 자부담 20%이며, 1억 원 미만을 임업인 등과 생산자단체에 지원한다.

산림복합경영단지 공모사업은 목재 생산을 위해 대상지 전체의 기존 입목에 대한 숲가꾸기(모두베기 아님) 사업의 실시와 더불어 숲가꾸기를 실시한 산림의 하층에 산나물류, 약초류 등의 단기소득임산물 재배를 위한 기반시설을 지원하는 사업이다. 보조비율은 국고 40%, 지방비 40%, 융자 없음, 자부담 20%이며, 1억~5억 원 이하(2년간 분할 지원)를 임업후계자, 독림가, 신지식농업인(임업 분야), 생산자단체에 지원한다. 산림복합경영단지 소액사업은 목재 생산 및 단기소득사업의 복합적 경영을 위한 생산 기반시설을 지원하는 사업이다. 보조비율은 국고 20%, 지방비 30%, 융자 30%, 자부담 20%이며, 개소당 1억 원 미만(해당 연도 지원)을 임업인 등과 생산자단체에 지원한다.

③ 임산물 생산기반 조성

임산물 생산기반 조성은 단기소득임산물에 대한 생산 장비 및 기반시설 현대화(보완) 지원을 통해 임산업 경쟁력 강화 및 임가소득의 증대 도모를 목적으로 한다. 보조비율은 국고 20%, 지방비 30%, 융자 30%, 자부담 20%이며, 총사업비 1억 원 미만을 임업인 등과 생산자단체에 지원한다.

2 유통·가공 분야

임산물 유통·가공 분야에 대한 지원 사업에는 임산물 산지종합유통센터, 임산물 가공산업 활성화, 임산물 상품화 지원, 임산물 유통기반 조성 등이 있다.

① 임산물 산지종합유통센터

임산물 산지종합유통센터 사업(공모)은 단기소득임산물의 수집·저장·가공 등 유통 체계의 현대화·규모화를 지원하여 유통의 효율성을 제고하고 임가의 소득 증대에 기여하기 위한 사업이다. 보조비율은 국고 50%, 지방비 20%, 융자 없음, 자부담 30%이며, 일반 유통센터(물류/단순가공), 거점 유통센터(복합가공), 기존에 지원받은 임산물 유통시설에 대한 현대화·규모화(보완) 지원으로 구분하여 생산자단체에 사업비를 지원한다.

② 임산물 가공산업 활성화

임산물 가공산업 활성화 사업(공모)은 단기소득임산물의 고부가가치 창출을 위해 2차 가공 시설 · 장비를 지원함으로써 전문가공업체 육성 및 산업화 유도에 기여하기 위한 사업이다. 보조비율은 국고 50%, 지방비 20%, 융자 없음, 자부담 30%이며, 단기소득임산물을 원료로 가공 상품화 등 가공 · 유통 사업을 하는 법인(생산자단체) 또는 시설 리모델링이 필요한 법인에 국비 10억 원 이하(총사업비 20억 원 이하)를 지원한다.

③ 임산물 상품화 지원

임산물 상품화 지원 사업(소액)은 임산물의 표준규격 출하 및 상품화 촉진을 통한 상품 경쟁력 강화와 임산물 고부가가치 창출을 목적으로 지원하는 사업이다. 보조비율은 국고 20%, 지방비 30%, 융자 30%, 자부담 20%이며, 생산자(임업인), 농업경영체(임업경영체 포함), 생산자단체, 지리적표시 등록단체 · 법인에 지원한다.

④ 임산물 유통기반 조성

임산물 유통기반 조성 사업(소액)은 임산물 유통기반을 조성함으로써 직거래 활성화 및 홍수출하 방지 등 유통 조직화를 목적으로 시설 · 장비를 지원하는 사업이다. 보조비율은 국고 20%, 지방비 30%, 융자 30%, 자부담 20%로 시설 · 장비에 따라 지원 한도가 다르며, 생산자(임업인), 농업경영체(임업경영체 포함), 생산자단체에 지원한다.

8·3·3 조림사업

조림사업은 산림을 보다 가치 있는 자원으로 만드는 나무심기로 이용 가치가 적은 불량림을 경제림으로 조성하거나 산불 피해지를 녹화하여 아름다운 경관림을 조성하는 등의 사업이다. 조림사업은 다음의 다섯 가지로 구분해 추진하고 있다.

1) **경제림조성**: 양질의 목재를 지속적으로 생산, 공급하는 산림
2) **유휴토지조림**: 과거에 산을 개간한 다락밭 등의 한계농지에 특용수, 유실수 등 식재
3) **큰나무공익조림**: 경관 조성 등 산림의 공익적 가치를 높이기 위한 조림
4) **산림재난방지조림**: 산불 · 병해충 피해지, 태풍 피해지 등 재해 산림의 복구 및 예방
5) **섬지역산림가꾸기**: 강한 해풍, 척박한 토양 등 열악한 자연환경으로 훼손되고 있는 섬지역 산림의 녹화

경제림조성과 유휴토지조림 사업은 국고 60%, 지방비 30%, 자부담 10%이며, 큰나무공익조림, 산림재난방지조림, 섬지역산림가꾸기 사업은 국고 50%, 지방비 50%로 추진되고 있다. 조림사업 신청 및 지원 절차는 조림 신청(전년도 11월까지, 신청자 → 시 · 군 · 읍 · 면 · 동), 현지 확인(조림 신청 후 15일 이내, 담당 공무원 → 조림 신청지), 조림 계획 수립(1월 말까

지, 시·군·구 산림 부서), 조림 계획 통보(2월 말까지, 시·군·구 산림 부서→신청자), 나무심기(봄철, 가을철, 지자체 대행 또는 산주 실행), 조림지 가꾸기(조림 후 2~5년간, 풀베기, 덩굴제거)의 과정으로 수행한다(산림청).

8·3·4 숲가꾸기 사업

숲가꾸기 사업은 인공조림지나 천연림이 건강하고 우량하게 자랄 수 있도록 숲을 가꾸고 키우는 사업이다. 숲의 연령과 상태에 따라 숲가꾸기 작업을 다음과 같이 구분하고 있다.

1) **가지치기**: 옹이가 없고 통직한 양질의 목재를 생산하기 위해 죽은 가지 등을 잘라 주는 작업
2) **어린나무가꾸기**: 나무를 심은 후 5~10년 동안 심은 나무가 잘 자랄 수 있도록 주변의 병든 나무, 잘 자라지 못하는 나무 등을 잘라 주는 작업
3) **솎아베기**: 수간이 굵고 곧게 자라도록 우량한 나무 주변에 있는 생장이 나쁜 나무 등을 잘라 주는 작업(나무를 심은 후 15년 이후 처음 실행하여 5~10년 주기로 2~3회 반복 실시)
4) **천연림가꾸기**: 자연적으로 조성된 숲을 보다 건강하고 가치 있는 숲으로 육성하기 위해 굽은 나무, 노쇠한 나무 등을 잘라내고 우량한 나무는 가꾸어 주는 작업

숲가꾸기 지원 대상 세부사업은 풀베기, 덩굴제거, 어린나무가꾸기, 솎아베기, 가지치기, 선목, 천연림 보육·개량, 산물수집 등이며, ①숲가꾸기 사업의 설계 및 감리에 소요되는 사업비, ②사업 실행에 소요되는 인건비 등 사업비, ③산물수집에 소요되는 인건비 등 사업비를 지원한다. 총 소요되는 사업비를 국비 50%, 지방비 50%로 지원한다. 참고로 전국 산림에서 발생하는 산림 피해 및 산림 내 민원에 대한 긴급사항 처리(위험목 제거, 덩굴류 제거 등)를 목적으로 구성된 조직을 '숲가꾸기 패트롤'이라고 한다(산림청).

8·3·5 목재 수확

조림 후 성숙기에 다다른 입목을 목재로 가공하기 위해 벌채하는 일은 지속가능한 산림경영에 있어서 빼놓을 수 없는 목재 수확의 필수 과정이다. 「산림자원법」 제36조(입목벌채 등의 허가 및 신고 등), 「산림자원법 시행규칙」 제44조(입목벌채의 허가)에 따라 목재를 생산하기 위해 벌채의 허가를 받으려는 자는 벌채구역도, 벌채예정수량조사서 등의 서류를 제출해야 하며, 신청을 받은 특별자치시장·특별자치도지사·시장·군수·구청장이나 지방산림청장은 벌채구역의 경계 표시, 대상목의 선정 및 표시의 적정성, 잔존시킬 입목의 선정 및 표시의 적정성(모수작업만 해당), 기준벌기령, 벌채·굴취 기준 및 임도 등의 설치 기준에 적합, 산지일시사용신고 사항에 적합(「산지관리법」 제15조의2), 복구비의 예치(「산리관리법」 제38조) 여부를 조사·확인하여 허가를 하는 것이 타당하다고 인정되면 허가증을 발급해야 한다.

「산림자원법」 제36조 제2항에 따라 국토와 자연의 보전, 국가유산과 국가 중요 시설의 보

호, 그 밖의 공익을 위해 산림의 보호가 필요한 지역과 「산림자원법 시행령」 제41조(입목벌채등의 제한지역)에 따라 산사태 · 토사유출 등 산림재해 방지를 위해 고시한 지역은 입목벌채 등의 허가를 하여서는 아니 된다. 다만 동 시행령 제42조(허가에 따른 입목벌채 등)에 따라 ①병충해의 예방 · 제거를 위한 벌채, ②산불 · 산사태 등 각종 재해 피해임지의 벌채, ③어린나무가꾸기 · 솎아베기 등 숲가꾸기를 위한 벌채는 허용된다.

한편 임업기계지원센터는 임업의 생산성을 높이고 기계화를 촉진하기 위해 각종 산림작업에 필요한 임업기계장비를 산림청의 지원을 받아 산주 및 임업인에게 저렴한 비용으로 대여해 주는 곳이다. 현재 산림조합중앙회의 양산교육원 · 강릉교육원 · 진안교육원, 평창군 · 청주 · 순천시 · 산청군 산림조합에 설치되어 있다(산림청).

8·3·6 숲경영체험림

산림청에서는 산림복지 서비스 이용 수요 대응 및 지속가능한 임업에 기여하는 임업인의 소득구조 개선과 육성을 위해 임업경영과 산림휴양, 체험관광, 숙박 등 산림문화 · 휴양 서비스를 함께 제공할 수 있는 숲경영체험림 조성을 지원하고 있다. 숲경영체험림 제도는 2022년 6월 「산림휴양법」의 개정으로 제21조의3(숲경영체험림의 조성)이 신설되면서 2023년 6월부터 시행되었다.

「산림휴양법」 제2조(정의) 제10호에 따르면 숲경영체험림이란 임업(「임업진흥법」 제2조 제1호에 따른 영림업 또는 임산물생산업에 한정) 경영을 체험할 수 있도록 조성한 산림(산림문화 · 휴양을 위한 시설과 토지를 포함)을 말한다. 여기서 영림업은 「산림휴양법」과 「수목원 · 정원의 조성 및 진흥에 관한 법률」에 따른 자연휴양림, 수목원 및 정원의 조성 또는 관리 · 운영을 포함한다.

「산림휴양법」 제21조의3(숲경영체험림의 조성) 제1항에 따르면 임업을 실제 경영하는 자로서 산림 면적 및 경력 등의 요건을 갖춘 자가 소유 또는 사용 · 수익할 수 있는 사유림(「산림자원법」 제13조에 따른 산림경영계획이 인가된 산림에 한정)을 숲경영체험림으로 조성하려면 숲경영체험림조성계획을 작성하여 시장 · 군수 · 구청장의 승인을 받아야 한다. 승인받은 숲경영체험림조성계획을 변경하려는 경우에도 또한 같다. 여기서 요건은 ①임업을 실제 경영하는 자로서 임업후계자로 선발되거나 독림가로 선정된 자, ②산림경영계획에 따라 5만 m^2 이상의 산림(사용 · 수익하고 있는 산림을 포함)을 5년 이상 경영한 경력을 가리킨다. 또한 숲경영체험림으로 조성하려는 산림에 둘러싸인 토지 중 숲경영체험림으로 조성할 필요가 있는 5,000m^2 이내의 토지를 숲경영체험림조성계획에 포함해 승인할 수 있다.

시장 · 군수 · 구청장이 숲경영체험림조성계획을 승인한 때에는 산림청장에게 통보해야 하며, 숲경영체험림에 설치할 수 있는 시설의 종류 및 기준 등에 필요한 사항은 「산림휴양법 시행령」 제9조의8로 정하고 있다. 또한 산림청장 또는 지방자치단체장은 숲경영체험림조성계획에 따라 숲경영체험림을 조성하는 자에게 사업비의 전부 또는 일부를 보조하거나 융자할 수 있다. 「산림사업종합자금 집행지침」에 따라 사립휴양시설조성사업과 전문임업인기반조성사업에서 숲경영체험림조성계획 승인을 받은 자 또는 승인을 받아 운영 중인 자에 한해 조성 및 시설 확충 · 보완에 대한 융자를 지원한다. 다만 전문임업인기반조성사업의 경우 산림청이 지정한 전문교육기관(산림교육원 포함)에서 임업 관련 교육을 사업 신청일 이전 3년 이내 12시간 이상 이수한 전문임업인이라는 자격 요건도 충족해야 한다.

8·3·7 산림탄소상쇄사업

산림탄소상쇄제도는 「탄소흡수원법」 제19조(산림탄소상쇄)에 따라 기업, 산주, 지방자치단체 등이 자발적으로 탄소흡수원 유지 및 증진 활동을 하고 이를 통해 추가적으로 확보한 산림탄소흡수량을 정부가 인증해 주는 제도이다. 탄소흡수원을 유지 및 증진하는 활동에는 신규조림/재조림, 식생복구 및 산림경영, 보호지역 탄소흡수원 유지 및 증진, 목제품 이용 증진, 산림바이오매스 에너지 활용 촉진, 산지전용 억제 및 산림황폐화 방지, 복합형 탄소흡수원 유지 및 증진 등이 있다. 산림청장은 지방자치단체장이나 사업자가 추가로 확보한 산림탄소흡수량을 다음의 어느 하나로 활용할 수 있는 산림탄소상쇄 기반을 구축해야 한다.

1) **감축실적(크레딧)형 산림탄소상쇄**: 다른 법률이나 규정에 따라 온실가스 감축의무가 있는 지방자치단체장이나 사업자가 온실가스 감축목표를 상쇄하는 데 사용할 수 있도록 국제적으로 통용되는 기준을 적용
2) **사회공헌형 산림탄소상쇄**: 지방자치단체장이나 사업자가 사회에 공헌하기 위해 자발적으로 산림탄소흡수원을 유지하고 증진하고자 하는 경우로, 대통령령(산림탄소상쇄 운영 등에 관한 표준)으로 정하는 완화된 기준을 적용

이 중 사회공헌형 산림탄소상쇄사업(이하 산림탄소상쇄사업)의 유형에는 신규조림/재조림, 산불피해지 조림, 목제품 이용, 식생복구, 산림경영, 산림바이오매스 에너지 이용, 산지전용 억제(비거래형으로만 참여), 복합형 사업 등이 있다(표 8-10 참조). 사업의 종류는 다음과 같이 일반 사업, 소규모 사업, 극소규모 사업, 묶음 사업으로 구분한다.

1) **일반 산림탄소상쇄사업**: 연간 예상 이산화탄소 순흡수량이 3,000t CO_2를 초과하는 사업
2) **소규모 산림탄소상쇄사업**: 연간 예상 이산화탄소 순흡수량이 100t CO_2 초과 3,000t CO_2 이하인 사업
3) **극소규모 산림탄소상쇄사업**: 연간 예상 이산화탄소 순흡수량이 100t CO_2 이하인 사업
4) **묶음 산림탄소상쇄사업**: 사업 유형에 제한 없이 소규모 사업 및 극소규모 사업 여러 개를 묶어서 하나의 사업으로 신청할 수 있는 사업(묶음 사업의 연간 예상 이산화탄소 순흡수량은 15,000t CO_2를 초과할 수 없음)

산림탄소상쇄사업은 거래 가능 여부에 따라 참여 유형을 거래형과 비거래형으로 구분한다. 거래형은 산림탄소상쇄사업을 통해 획득한 산림탄소흡수량을 등록부에 등록함으로써 자발적

산림탄소시장 등을 통해 거래할 수 있는 참여 유형이다. 비거래형은 산림탄소상쇄사업을 통해 획득한 산림탄소흡수량을 거래하지 않고 기업 홍보 등 거래 이외의 목적으로만 사용하기 위해 사업에 참여하는 유형으로, 사업계획서 및 모니터링 결과보고서 작성 등에 있어서 완화된 요건을 적용하며 검증 절차도 생략된다.

한편 산림청 고시 「사회공헌형 산림탄소상쇄 운영표준」에 따라 지방자치단체의 장이나 사업자는 사업을 통해 확보한 산림탄소흡수량을 주기적으로 모니터링하고, 모니터링 주기 경과 후 1년 이내에 모니터링 결과보고서를 작성하여 산림탄소센터장에게 제출해야 하며, 첫 번째 모니터링 시기는 산림탄소상쇄 사업자가 사업 여건에 맞게 설정할 수 있다. 다만 신규조림/재조림, 식생복구 사업의 경우 진계생장량을 고려하여 흉고직경 6cm 이상이 되는 시기를 첫 번째 모니터링 시기로 설정해야 한다. 사업유형별 모니터링 주기는 다음과 같이 정하고 있다.

1) 신규조림/재조림: 매 5년
2) 산림경영: 매 5년
3) 식생복구: 매 5년
4) 목제품 이용: 매 2년
5) 산림바이오매스 에너지 이용: 매 2년
6) 산림전용 억제: 매 5년

8·3·8 임업 · 산림 공익직접지불제도

「임업 · 산림 공익기능 증진을 위한 직접지불제도 운영에 관한 법률」(약칭 임업직불제법)은 임업 · 산림의 공익기능 증진과 임업인 등의 소득안정을 위해 임업 · 산림 공익기능 증진 직접지불제도(공익직접지불제도)의 구성 및 운영 등에 관한 사항을 규정할 목적으로 2022년 10월 시행되었다. 동법 제3조(국가와 지방자치단체 책무)에 따라 국가는 임업 · 산림의 공익기능 증진과 임업인 등의 소득안정을 위해 공익직접지불제도에 관한 시책을 종합적으로 수립해야 하며, 국가와 지방자치단체는 임업 · 산림의 공익기능 증진과 임업인 등의 소득안정을 위한 직접지불제도의 시행에 관한 국제 동향을 파악하고 국제협력에 힘써야 한다. 또한 국가는 공익직접지불제도의 시행을 위해 매년 필요한 재원을 조달해야 한다.

「임업직불제법」 제4조(공익직접지불제도의 구성)에서 공익직접지불제도는 임산물생산업에 종사하는 임업인 등에 대한 임산물생산업 직접지불제도와 육림업에 종사하는 임업인 등에 대한 육림업 직접지불제도로 나뉜다. 여기서 임산물생산업 직불제는 산지에서 대추, 호두, 밤 등을 재배하는 임산물생산업에 종사하는 임업인에게 지급하는 제도이며, 육림업 직불제는 본인이 소유한 산지에서 나무를 심거나 가꾸고 경영하는 육림업에 종사하는 임업인에게 지급하는 제도이다.

표 8-10 산림탄소상쇄제도의 사업 유형

사업 유형	사업 설명	거래형	비거래형
신규조림/재조림	산림이 아닌 지역에 인위적인 식재, 파종 및 천연갱신 유도를 통해 산림을 조성하는 사업	신규조림: 최소 과거 50년 동안 산림이 아니었던 토지 재조림: 본래 산림이었으나 1989년 12월 31일 이전에 다른 용도로 전용되어 현재까지 산림이 아닌 토지	사업 신청 당시 산림이 아닌 토지(산림이란 면적이 5,000m^2 이상이며 수관울폐도는 10% 이상, 입목의 평균수고 5m 이상인 토지를 뜻함)
산림경영 (벌기령 연장, 수종갱신)	산림을 지속가능한 방식으로 경영함으로써 산림의 건강성을 유지하고, 왕성한 생장을 유도, 산림의 탄소흡수량을 증대하는 사업	산림인증을 획득하였거나 산림경영계획이 작성되어 있는 산림	사업 신청 당시 산림경영이 가능한 산림
식생복구	산림이 아닌 토지에 신규조림이나 재조림 외의 식생(도시숲, 생활숲, 가로수 등)을 조성하여 산림탄소흡수량을 증가시키는 사업	사업 대상지의 면적은 최소 0.05ha(500m^2) 이상의 토지 신규조림/재조림 사업 대상지 요건이 해당되지 않는 토지 「도시숲 등의 조성 및 관리에 관한 법률」에서 정의하는 도시숲, 생활숲 및 가로수를 조성하는 사업	
목제품 이용	수확된 목재를 이용하여 만든 목제품을 구입 또는 사용하는 최종 소비자	국산재를 사용하는 경우만 인정하며, 수입재와 국산재를 혼합하여 사용하는 경우에는 혼합 비율을 고려하여 국산재 부분만 인정	수입재 사용 가능
산림바이오매스 에너지 이용	기존에 사용하던 화석연료의 일부 혹은 전부를 산림바이오매스 에너지(목재펠릿, 목재칩 등)로 대체함으로써 온실가스 배출량을 줄이는 사업	국내산 산림바이오매스 에너지를 사용하여 온실가스 배출량을 저감한 경우	수입산 산림바이오매스 에너지 사용 가능
산지전용 억제	「산지관리법」 제14조의 산지전용 허가 시 부여받은 산림 존치 또는 녹지 조성 면적 이상으로 산림을 존치하거나 녹지를 조성하는 사업	(거래형 사업 불가능)	산지전용 사업의 경우 기존의 탄소흡수원을 제거하는 활동임을 고려하여 비거래형만 인정함
복합형 사업	유형이 다른 두 가지 이상의 개별 사업을 연계하여 추진하는 사업	각각의 단일 사업을 거래형 사업으로 구성	각각의 단일 사업을 비거래형 사업으로 구성

1 적용 대상

「임업직불제법」 제5조(공익직접지불제도의 적용 대상) 제1항에 의하면 공익직접지불제도의 직접지불금을 신청할 수 있는 자는 「농어업경영체법」 제4조 제1항 제1호에 따라 농업경영 관련 정보, 즉 농어업경영정보 등을 등록한 임업인 등이다. 동법에서 농어업경영정보의 등록에 관한 규정을 보면 농어업 · 농어촌에 관련된 융자 · 보조금 등을 지원받으려는 농업경영체는 「농업식품기본법」 제40조에 따른 농지 · 축사 · 임야 · 원예시설 등 생산수단, 생산농산물, 생산방법 및 가축사육 마릿수 등 농업경영 관련 정보 및 융자 · 보조금 등의 수령 정보로서 대통령령으로 정하는 농업경영정보를 등록해야 한다. 대통령령으로 정하는 정보 가운데 「농어업경영체법 시행령」 제2조에서 규정한 임야에 관한 등록 대상 정보는 다음과 같다.

1) 소재지, 면적, 경영 형태(자경, 임차), 시설 현황
2) 재배 품목 및 품목별 재배 면적
3) 산지 소유자의 성명(법인인 경우에는 법인 명칭)
4) 「산림자원법」 제13조에 따른 산림경영계획 인가에 관한 정보

공익직접지불제도의 적용 대상이 되는 토지는 「농어업경영체법」에 따라 등록된 산지이며, 농지에 관한 농업경영정보는 국립농산물품질관리원에, 임야에 관한 임업경영정보는 지방산림청 및 국유림관리소에 등록한다.

2 공익직접지불제도 운영

① 임산물생산업 직접지불제도

「임업직불제법」 제6조 제1항에 따른 임산물생산업 직접지불금은 소규모임가(거주, 생계, 임업경영 등을 고려하여 대통령령으로 정하는 범위의 임가)를 대상으로 지급하는 소규모임가직접지불금과 그 밖의 임업인 등에게 지급하는 면적직접지불금으로 구분한다(표 8-11 참조).

「임업직불제법」 제7조 제1항에 따른 임산물생산업 직접지불금 지급 대상은 임산물생산업에 이용되는 산지로서 2019년 4월 1일부터 2022년 9월 30일까지 「농어업경영체법」 제4조 제1항 제1호(농어업경영정보의 등록)에 따라 농업경영 관련 정보 등이 등록된 산지이며, 2022년 10월 1일 기준으로 해당 등록이 유효하지 않은 산지는 제외한다.

「임업직불제법」 제8조 제1항에 따른 임산물생산업 직접지불금의 지급 대상이 될 수 있는 자는 임산물생산업 직접지불금 지급 대상 산지에서 등록신청 연도의 직전 1년 이상 계속하여 연간 60일 이상 임산물생산업에 종사하는 임업인 등으로서 다음의 요건을 갖추어야 한다.

1) 산지 면적이 0.1ha 이상이고, 연간 임산물 판매금액이 120만 원 이상인 임업인
2) 산지 면적이 5ha 이상이고, 연간 임산물 판매금액이 4,500만 원 이상인 농업법인

농촌 외의 지역에 주소 또는 사무소를 둔 경우에는 임산물생산업을 주업으로 하는 경우에 한정

하여 지급 대상자가 될 수 있으며 다음의 주업 기준 중 하나만 충족하면 된다.

1) 주소지와 동일 시 · 군에 소재하는 3ha 이상의 산지(농업법인 10ha)
2) 연간 임산물 판매금액 1,600만 원 이상(농업법인 8,000만 원)
3) 임산물 생산을 위한 경영투입비용 연간 800만 원 이상(농업법인 4,000만 원)

임업 · 산림의 공익기능 증진과 임업인의 소득 안정을 위해 임가의 구성원 중 임산물생산업 직접지불금 지급 대상자인 1인에게 소규모임가직접지불금을 지급하며 다음의 요건을 모두 충족해야 한다.

1) 임가 내 모든 임산물생산업 직접지불금 지급 대상자의 지급 대상 산지 면적 합이 0.5ha 이하
2) 임가 내 모든 구성원이 소유한 산지 면적의 합이 1.55ha 미만
3) 임가 내 모든 임산물생산업 직접지불금 지급 대상자의 영농 종사기간이 등록신청 연도 직전에 계속해서 3년 이상
4) 임가 내 모든 임산물생산업 직접지불금 지급 대상자의 농촌 지역 거주기간이 등록신청 연도 직전에 계속해서 3년 이상
5) 임가 내 모든 임산물생산업 직접지불금 지급 대상자 각각의 농업 외 종합소득이 등록신청 연도의 직전 연도 기준으로 2,000만 원 미만
6) 임가 내 모든 구성원의 농업 외 종합소득금액의 합이 등록신청 연도의 직전 연도 기준으로 4,500만 원 미만
7) 임가 내 모든 임산물생산업 직접지불금 지급 대상자 각각의 시설재배업 소득이 등록신청 연도의 직전 연도 기준으로 3,800만 원 미만

「임업직불제법」 제10조 제1항에 따른 면적직접지불금은 지급 대상 산지에 대하여 대통령령으로 정하는 기준면적 구간별로 역진적인 단가를 적용하여 지급한다. 이 경우 임산물 품목 또는 생산방법 등에 따라 구간 및 단가를 달리할 수 있다. 기준면적 구간은 다음과 같다(지급상한 면적은 표 8-11 참조).

1) 1구간: 2ha 이하 면적 구간
2) 2구간: 2ha 초과 6ha 이하 면적 구간
3) 3구간: 6ha 초과 면적 구간

② 육림업 직접지불제도

「인업직불제법」 제13조 제1항에 따른 육림업 직접지불금 지급 대상이 될 수 있는 산지는 「산림자원법」에 따라 산림경영계획 인가를 받고 육림업에 이용되는 산지로서 2019년 4월 1일부터 2022년 9월 30일까지 「농어업경영체법」 제4조 제1항 제1호에 따라 농업경영 관련 정보 등이 등록된 산지로 한다. 다만 2022년 10월 1일 기준으로 해당 등록이 유효하지 아니한 산지는 제외한다.

「임업직불제법」 제14조 제1항에 따른 육림업 직접지불금의 지급 대상이 될 수 있는 자는 육림업 직접지불금 지급 대상 산지를 소유(지급 대상 산지 내 입목을 등기한 경우를 포함)하고 등록신청 연도의 직전 1년 이상 계속하여 연간 60일 이상 육림업에 종사하는 임업인 등으로서 다음의

요건을 갖추어야 한다.

1) 육림업에 이용되는 산지 면적이 3ha 이상인 임업인
2) 육림업에 이용되는 산지 면적이 10ha 이상인 농업법인

농촌 외의 지역에 주소 또는 사무소를 둔 경우에는 육림업을 주업으로 하는 경우에 한정하여 지급 대상자가 될 수 있으며 다음의 주업 기준 중 하나만 충족하면 된다.

1) 주소지와 동일 시 · 도에서 30ha 이상 육림업 직불금 지급 대상 산지 경영(농업법인 300ha)
2) 동일 시 · 군에 소재하는 100ha 이상의 육림업 직불금 지급 대상 산지를 경영하면서 목재 판매액이 연간 1,600만 원 이상이거나 경영투입비용이 연간 800만 원 이상인 임업인(농업법인은 해당 없음)

「임업직불제법」 제15조 제1항에 따른 육림업 직접지불금은 지급 대상 산지에 대하여 대통령령으로 정하는 기준면적 구간별로 역진적인 단가를 적용하여 지급한다. 기준면적 구간은 다음과 같다(지급상한 면적은 표 8-11 참조).

1) 1구간: 10ha 이하 면적 구간
2) 2구간: 10ha 초과 20ha 이하 면적 구간
3) 3구간: 20ha 초과 면적 구간

표 8-11 공익직접지불제도의 구조

구분	임산물생산업 직접지불금		육림업 직접지불금
	소규모임가직접지불금	면적직접지불금	
최소면적	0.1ha 이상	임업인: 0.1ha 이상 농업법인: 5ha 이상	임업인: 3ha 이상 농업법인: 10ha 이상
지급상한 면적	–	임업인: 30ha(임가 60ha) 농업법인: 50ha	임업인: 30ha(임가 60ha) 농업법인: 50ha

8·4 산림사업종합자금

산림사업종합자금은 「산림자원법」 제64조(자금지원), 「임업진흥법」 제4조(재정지원), 「산림사업종합자금 운용규정」(산림청 훈령 제1627호), 「산림사업종합자금 이차보전 규정」(산림청 훈령 제1589호)에 근거하며, 산림사업을 하고자 하는 임업인 및 생산자단체 등에 장기 저리의 정책 융자금을 지원하여 산림사업 투자 활성화를 유도하고 임가소득 증대 및 임업경제 활성화를 도모함에 목적을 두고 있다.

산림사업종합자금이란 임업 분야의 세부사업 융자금을 통합하여 수요자의 필요에 따라 탄

력적으로 지원하는 융자금이며, 국고융자금과 이차보전금(대출기관융자금)으로 나뉜다. 여기서 국고융자금은 정부가 예산서상 종합자금 중 융자금으로 확보한 예산을 말하며, 대출기관융자금은 예산서상 이차보전금(산림청에서 대출취급기관이 임업정책자금을 운용함에 있어 발생하는 이자손실을 보전하는 자금)으로 이자 차액을 지급하는 대출취급기관(종합자금의 대출과 대출금의 관리를 담당하는 산림조합중앙회와 지역 산림조합)의 자체 자금을 말한다.

매년 산림청에서는 산림사업종합자금에 대한 융자 규모 및 조건, 융자사업 지원비율(산림사업종합자금 집행지침)을 공지하고 있으며, 대출취급기관인 산림조합중앙회에서도 산림사업종합자금에 관한 정보를 제공하고 있다. 지원을 받으려면 대상 사업별 지원 자격 및 요건을 갖추고 해당 분야 사업신청서, 사업계획서, 관련 서류 등을 산림조합에 제출하여 대출 심사 및 평가를 통해 사업 수행 능력과 사업 타당성을 인정받아야 한다.

8·5 산림 세제

조세는 국가 및 지방 공공단체가 재정권에 따라 개별적인 대가를 지급하지 않고 일반 국민으로부터 강제적으로 획득하는 수입이다. 조세의 일차적 목적은 공공재 공급과 소득 재분배를 위한 재원 조달이지만 경제활동 규제 및 유도, 부의 집중 회피 등 정책 목적에 따라서도 조세를 부과한다. 조세의 종류는 부과하는 방식에 따라 직접세와 간접세, 수취 기관에 따라 국세와 지방세로 크게 나뉜다. 현행 조세 체계에는 국세 14개와 지방세 11개가 있다(그림 8-2 참조).

소득세는 개인의 소득에 대해 부과하는 조세로, 우리나라는 「소득세법」에 열거된 이자소득, 배당소득, 사업소득, 근로소득, 연금소득, 기타소득, 퇴직소득, 양도소득 등 8가지 소득에 대해서만 세금을 부과한다. 조합 예탁금의 이자소득 비과세, 조합 출자금의 배당소득 비과세, 사업소득(임목 생산 등) 비과세, 자경 및 국가에 양도하는 산지에 대한 양도소득세 감면은 임업인에게 제공되는 세제 혜택이다.

법인세는 내국법인의 국내외 소득과 외국법인의 국내 원천소득에 대해 부과하는 세금이다. 영농조합법인에 대한 법인세 면제, 농업회사법인에 대한 법인세 면제는 임업인에게 제공되는 세제 혜택이다.

종합부동산세는 부동산 보유에 대한 조세부담의 형평성을 제고하고 부동산의 가격 안정을 도모하기 위해 고액의 부동산 보유자에 대해 지방세인 재산세와 별개로 부과하는 국세이다. 임야의 경우 「지방세법」에 의한 종합합산과세 또는 별도합산과세 대상인 경우 종합부동산세가 부과되지만, 분리과세나 비과세 대상인 임야에는 종합부동산세가 부과되지 않는다.

상속세는 타인의 사망으로 재산의 무상이전이 이루어지는 경우 타인으로부터 상속된 모든 재산을 과세물건으로 하여 상속받은 사람에게 부과하는 세금이다. 한국표준산업분류 기준이 가업상속공제 대상 업종인 종자 및 묘목 생산업 등은 가업상속공제가 적용되어 상속세 과세

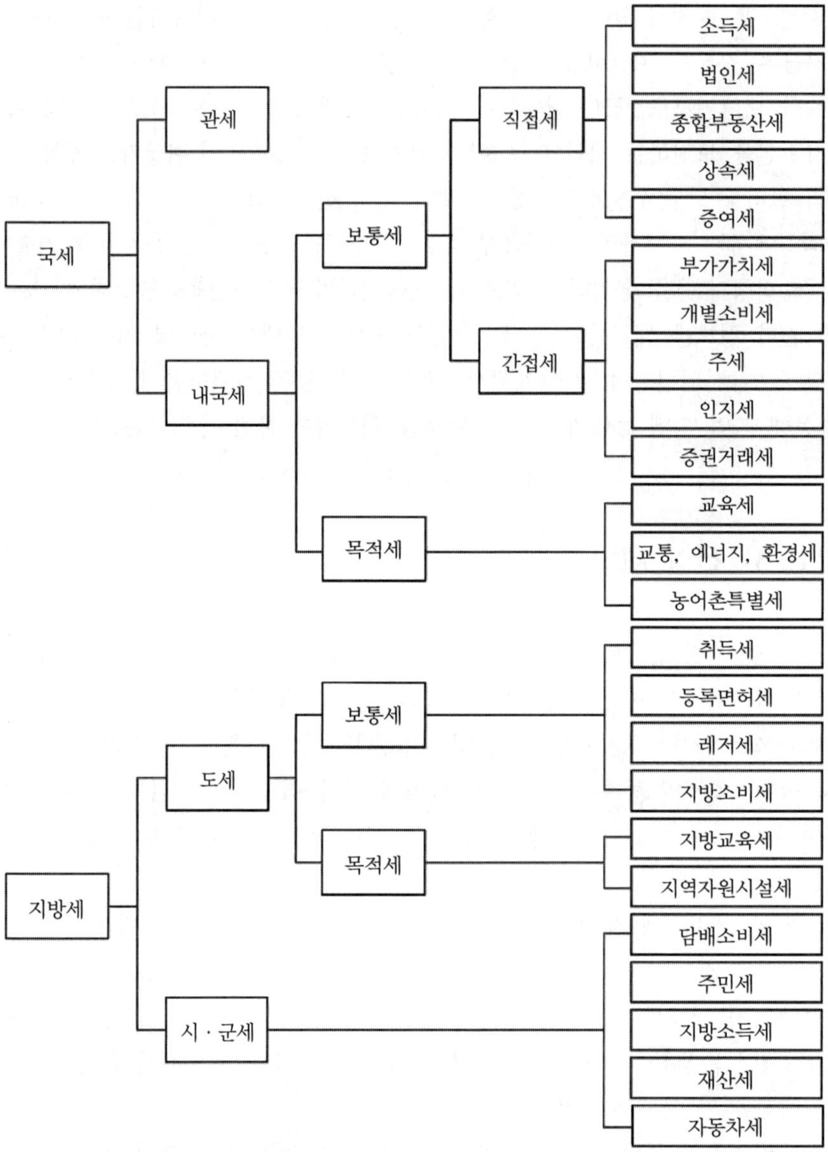

그림 8-2 세금의 종류[산림청, 2021]

가액에서 공제되므로 임업인이 혜택을 받을 수 있다. 영농상속공제 또한 상속세 과세가액에서 공제되는 혜택이다.

증여세는 타인에게 무상이전된 재산에 대해 부과하는 세금으로, 상속세와 마찬가지로 증여받는 사람에게 부과하는 세금이다. 미래 농림어업 인력의 세대교체를 촉진하기 위해 영농자녀에게 증여하는 농지 등에 대해서는 증여세를 100% 감면하는 혜택이 주어진다.

부가가치세는 상품이나 서비스가 생산 · 유통되는 각 단계에서 생성되는 부가가치에 대해 부과하는 세금이다. 영농조합법인과 농업회사법인이 공급하는 농업경영 및 농작업의 대행용역과 농 · 임업인이 구매하는 목재펠릿에 대해서는 부가가치세가 면제된다. 부가가치세 영세율 적용(임업용 기자재 등), 농업 · 임업 · 어업용 면세유 공급, 부가가치세 환급 등도 임업인에게 제공되는 세제 혜택이다.

지방세인 취득세는 토지 등 부동산이나 차량 등의 취득에 대해 부과하는 세금이다. 전문임업인 취득 보전산지, 교환 · 분합 임야에 대한 취득세 감면은 임업인에게 제공되는 혜택이다. 또한 재산세는 납세자가 보유한 토지, 건축물 등의 재산에 대해 과세하는 지방세이며, 임야는 토지별 개별과세에 의한 과세 대상이다.

연습문제 ▌

1. 산림 · 임업 · 임업인의 개념 및 범주에 대해 설명하시오.
2. 겸업 · 전업 · 기업 임업 및 협업 · 대리 경영의 의미를 설명하시오.
3. 사유림 경영의 핵심 주체인 전문임업인의 요건 및 선발 · 관리에 대해 설명하시오.
4. 신지식임업인 및 산림명문가 선발 기준에 대해 설명하시오.
5. 사유림 산림경영 지원 단체를 열거하고, 각각의 설립 목적 및 주요 사업에 대해 설명하시오.
6. 산림청 소관 법률의 성격을 구분하고, 각각의 목적에 대해 설명하시오.
7. 산림청 산림소득지원사업의 법적 근거에 대해 설명하시오.
8. 단기소득임산물 지원사업을 생산 분야 및 유통 · 가공 뷰야로 구분해 설명하시오.
9. 숲경영체험림 제도의 정의와 요건에 대해 설명하시오.
10. 사회공헌형 산림탄소상쇄사업의 유형과 사업 종류에 대해 설명하시오.
11. 임업경영체 등록의 대상자에 대해 설명하시오.
12. 임산물생산업 직접지불금의 지급 대상 산지에 대해 설명하시오.
13. 산림청 산림사업종합자금(해당 연도)에 대한 사업별 융자 규모 및 조건, 융자사업 지원비율에 대해 설명하시오.

참고문헌 ▌

1. 국가법령정보센터. law.go.kr. 법제처.
2. 농림축산식품부, 산림청, 한국임업진흥원. 2021. 산림탄소흡수원 사업(산림부문 배출권거래제 외부사업 사회공헌형 산림탄소상쇄사업) 통합가이드북.
3. 산림청. 2021. 초보 임업인을 위한 알기 쉬운 산림소득사업 해설서.
4. 산림청. 2022. 임야 대상 농업경영체 등록과 임업직불제 안내.
5. 산림청. 2023a. 2024년 산림소득분야 사업시행지침.
6. 산림청. 2023b. 숲경영체험림 조성 및 운영 안내서.
7. 산림청. 2024. 2023년도 산림과 임업 동향에 관한 연차보고서.
8. 산림청. 2025a. 2024 산림임업통계연보(제54호).
9. 산림청. 2025b. 2025년 산림사업종합자금 집행지침.

10. 산림청. forest.go.kr.
11. 임업-in 통합포털. foco.go.kr. 산림청.
12. 한국산림경영인협회. sansaram.or.kr.
13. 한국산림기술사협회. kfpea.com.
14. 한국산림기술인회. tkfea.or.kr.
15. 한국산림사업법인협회. 2022korsanrim.org.
16. 한국임업진흥원. kofpi.or.kr.
17. 한국전문임업인협회. sansan.or.kr.

제 Ⅲ 부

산림경영 신경로

제9장 지속가능한 산림경영

9·1 지속가능한 산림경영 배경

1968년 유럽 지식인들이 환경문제를 논의하기 위해 결성한 로마클럽(Club of Rome)에서 1972년 「성장의 한계(The Limits to Growth)」 보고서를 발간하면서 지구가 처한 환경 위기의 심각성이 대두되었다. 이를 계기로 1970년대 들어서 환경문제를 주제로 한 국제 회의가 본격적으로 개최되기 시작하였고, 1980년에는 미국 정부의 주도로 작성된 「2000년의 지구 보고서(The Global 2000 Report to the President)」가 발표되었다.

1972년 스웨덴 스톡홀름에서 개최된 유엔인간환경회의(United Nations Conference on the Human Environment, UNCHE)는 유엔 차원에서 환경문제 전반에 관해 논의한 최초의 회의였다. 이 회의에서 채택된 인간환경선언(Declaration on the Human Environment)에서는 환경문제를 인간에 대한 위협으로 정의하고 국제적으로 대처해야 한다는 원칙을 명확하게 규정하였다. 유엔인간환경회의를 계기로 같은 해 유엔에서 환경문제를 전문적으로 다루기 위한 유엔환경계획(United Nations Environment Program, UNEP)의 설립을 결의한 일은 환경 분야의 큰 성과로 인정받고 있다.

1982년에는 유엔환경계획 특별이사회의가 개최되어 환경문제를 위한 세계환경개발위원회(World Commission on Environment and Development, WCED)의 설치가 결정되었다. 1987년 세계환경개발위원회가 '브룬틀란 보고서(Brundtland Report)'로도 불리는 「우리 공동의 미래(Our Common Future)」를 발표하면서 향후 환경문제를 해결할 방안으로 '지속가능한 발전(sustainable development)'이라는 개념을 제시하였다. 이 보고서에서 밝힌 지속가능한 발전은 미래 세대의 수요를 충족시키는 능력에 손상을 주지 않으면서 현재 세대의 수요도 만족시키는 것을 의미한다. 즉 현재 세대는 환경과 자원을 이용할 때 미래 세대를 생각해야 한다는 원칙이다.

9·1·1 지속가능한 발전 관련 국제 협약

환경문제에 대한 국제적 관심이 높아지면서 1992년 6월 브라질 리우데자네이루에서는 유엔환경개발회의(UNCED), 일명 리우회의로 불리는 지구정상회의가 개최되었다. 유엔에 가입한 180여 개국의 정부 대표뿐만 아니라 국제기구, 비정부기구(NGO), 지방자치단체 등도 참가한 이 회의에서는 기후변화협약과 생물다양성협약을 채택함과 동시에 환경 개발에 관한 리우선언, 의제 21, 산림원칙 등에 합의하였다. 이후 1997년 교토의정서를 거쳐 2015년 파리협정에 이르기까지 지속가능한 발전 원칙의 실제 구현을 위한 여러 협정 또는 협약의 체결이 이어졌다.

1 리우선언

1992년 리우회의에서 도출된 '환경과 개발에 관한 리우선언(Rio Declaration on Environment and Development)', 일명 리우선언은 환경과 개발에 관한 국제적인 논의의 주요 논점이 집약된 전문과 27조의 원칙으로 구성되어 있다.

- **제1원칙**. 인간이 지속가능한 발전 개념의 중심에 위치
- **제2원칙**. 주권의 존중과 관리 지역 이외의 환경을 파괴하지 않는 의무
- **제3원칙**. 개발의 권리와 세대 간 공평
- **제4~9원칙**. 지속가능한 발전의 실현
- **제10원칙**. 전체 주체의 참가와 정보 공개
- **제11~14원칙**. 각국의 국내 사업의 실시
- **제15원칙**. 예방 원칙
- **제16원칙**. 오염자부담원칙(PPP)과 환경비용의 내부화
- **제17~19원칙**. 환경영향평가 등
- **제20~23원칙**. 각 주체의 관여(여성, 청년, 원주민, 억압 하의 인간 등)
- **제24~26원칙**. 환경과 전쟁 및 평화
- **제27원칙**. 각국의 협력

리우선언보다 앞서 나온 인간환경선언을 비교해 보면 제1원칙에서 "인간은 자유롭고 품위 있는 기본적 삶을 영위할 권리를 갖는다."라고 기술하고 있듯이 인간중심주의가 명확하게 드러나 있다. 또한 지속가능한 발전의 실현을 위한 제 원칙을 규정하고 있는 점, 여성 · 청년 · 원주민 등 각 주체의 역할을 확실히 한 점이 특징적이다. 환경을 누릴 권리와 함께 보호할 책임을 인간에게 부여하였으나 환경문제에 대한 책임 소재를 보편적 인간이라는 관점으로 보았기 때문에 엄밀히 다루지는 않았다.

리우선언에서는 환경문제의 책임론이 최대 쟁점으로 떠올랐다. 개발도상국은 환경문제의 원인이 산업화 속에서 자원을 많이 소비한 선진국에게 있으니 주된 책임을 져야 한다고 주장한 반면에 선진국은 지구 환경문제가 인류 공통의 과제이므로 선진국과 개발도상국의 차이 없이 공동으로 대처해야 한다고 주장하였다. 이러한 이견은 결국 제7원칙의 '공동의 그러나 차별화된 책임(Common But Differentiated Responsibilities, CBDR)'이라는 표현으로 합의되었다. 이는 지구 환경문제의 해결에 있어서 선진국과 개발도상국에게 공동의 책임이 있지만 책임의 정도에는 차이가 있다는 뜻이다.

2 의제 21

리우회의에서는 지속가능한 발전을 실현하기 위한 구체적 행동계획인 의제 21(Agenda 21)을 채택하였다. 의제 21은 ①사회적 · 경제적 요소, ②개발을 위한 자원의 보전과 관리, ③주요한 사회 구성원의 역할 강화, ④실시 수단이라는 네 부분으로 구성되어 있다. 의제 21의 특징은 대기보전, 산림, 사막화, 생물다양성, 해양보호, 담수자원 등의 각 분야별 프로그램을 제2부로 취급하고 제4부에서 이행을 위한 자금, 기술이전, 기구, 국제법까지 이어지도록 규정한 점이다.

의제 21에서는 모든 형태의 산림의 지속가능한 산림경영(SFM)을 확보하는 것을 목적으로 하여 다음과 같은 4개의 계획분야에 관한 정책 방향, 목표, 정책 수단, 실행 방법 등을 명기하였다.

1) 산림의 다양한 역할 및 기능 유지

- 산림 관계 행정기관의 개선 및 강화
- 국가적 목표 설정 및 산림계획 책정
- 산림의 다양한 기능 및 역할에 관한 보급 계발
- 산림 교육 및 훈련 강화

2) 산림의 보전과 지속가능한 산림경영의 강화 및 황폐지의 녹화

- 조림 등에 의한 산림 면적 확대
- 지속가능한 산림경영 확립
- 보호림 제도의 창설 및 확대
- 황폐지 등의 재생
- 종합조림계획의 발전 및 강화
- 화전 농지의 대응
- 산림보호 대책 강화

3) 산림에서의 재화 · 서비스의 효율적 이용 촉진

- 투자 환경 등의 정비를 위한 연구 및 분석 실시
- 임산물 수확 방법의 개선
- 목재 및 비목재 가공산업의 발전
- 국제열대목재기구(ITTO) 지침 등을 활용한 지속가능한 산림경영과 무역 정책의 조화
- 산림의 기능평가 개선

4) 산림 및 관련 계획의 작성과 평가 능력의 확립 및 강화

- 산림의 평가 및 정기적 재평가 실시
- 산림의 계획 등 정기적 개선 시스템의 확립
- 산림과 탄소흡수 · 기후변동 등 상호 관계의 연구 실시

9·1·2 지속가능발전목표

1 지속가능발전목표 배경과 개념

2015년 세계 정상들이 모인 제70차 유엔총회에서는 경제 · 사회 · 환경 분야의 지속가능발전목표(SDGs)를 채택하고 2030년까지 달성하기로 결의하였다. '단 한 사람도 소외되지 않는 것(Leave no one behind)'이라는 슬로건을 내걸고 인간, 지구, 번영, 평화, 파트너십 등 5개 영역에서 국제사회와 국가가 나아갈 방향을 제시하기 위한 새로운 정책 패러다임을 적용하고 추진할 17개 목표, 169개 세부목표, 231개 글로벌 지표를 설정하였다(그림 9-1 참조).

그림 9-1 UN-SDGs 17개 목표

2023년 9월 미국 뉴욕에서 열린 유엔의 SDG 정상회의(SDG Summit)에서는 SDGs 달성을 위한 이행 상황을 점검하고 진전 속도를 높이기 위한 노력이 필요하다는 점에 동의하며 SDGs에 대한 약속을 재확인하였다. 채택된 정치선언문에서 회원국들은 SDGs의 달성이 어려운 상황임을 인식하고 2030년까지 SDGs 달성을 위해 모든 노력을 기울일 것을 결의하였다.

「지속가능발전목표 보고서(The Sustainable Development Goals Report)」는 지속가능한 발전을 위한 2030 의제의 전 세계적인 이행 상황을 모니터링하는 유엔의 공식 보고서로 매년 발간되고 있다. 유엔 경제사회국(United Nations Department of Economic and Social Affairs, UN DESA)은 200개 이상 국가의 데이터를 기반으로 50개 이상의 국제 및 지역 기관으로 구성된 유엔 통계 시스템의 데이터베이스를 활용하여 이 보고서를 작성한다.

전 세계 각국은 SDGs 목표를 달성하기 위해 2016년부터 「SDGs 이행 보고서(Voluntary National Review, VNR)」를 자발적으로 제출하고 있으며, 매년 유엔의 고위급정치포럼(High Level Political Forum, HLPF)에서 5~6개 특정 목표를 선정하여 이행 상황을 점검하고 있다.

2 지속가능발전목표와 산림

SDGs는 글로벌 환경문제를 해결하기 위한 기본 틀을 제공하며, 이러한 목표를 달성하는 데 산림이 중요한 역할을 한다. 지속가능한 발전과 관련한 산림의 역할은 다음과 같다.

1) **탄소흡수 및 기후 조절**: 산림은 이산화탄소를 흡수하여 기후변화를 완화하는 중요한 탄소흡수원이다. 탄소흡수를 통해서 온실가스 배출의 영향을 줄이고 극단적인 기후 현상을 방지하는 역할을 한다.
2) **수자원 순환 조절**: 산림은 유역을 보호하여 깨끗한 물 공급을 유지하며 홍수와 토양침식을 방지하는 역할을 한다.
3) **생물다양성 보호**: 산림은 육지 면적의 약 31%를 차지하며, 지구상에서 가장 생물다양성이 풍부한 생태계 중 하나로 육상 생물종의 80% 이상이 서식한다. 즉 산림은 다양한 동식물의 생존을 지원하여 종의 멸종을 방지하고 생태 균형을 유지하며, 제약 연구와 보건에 필수적인 약용식물의 보고이다.
4) **경제적 및 사회적 혜택**: 산림은 16억 명 이상의 인구에게 생계를 위한 필수 자원을 제공하며, 특히 원주민과 지역 공동체가 식량, 약초, 경제적 안정성을 산림에 의존하고 있다. 산림 산업은 경제에 기여하며 지속가능한 고용을 창출한다. 또한 생태관광 산업은 환경보호에 대한 경제적 인센티브를 제공하며 지역 경제를 활성화하는 역할을 수행한다.

이러한 산림의 역할이 주요 SDGs에 기여하는 방식은 다음과 같다.

- **목표 1. 빈곤 퇴치**: 산림은 식량, 연료, 주거, 고용을 제공하여 생계를 직접적으로 지원한다. 지속가능한 산림관리는 장기적인 자원 가용성을 보장하면서 경제적 기회를 창출한다. 특히 많은 농촌 및 원주민 공동체가 견과류, 열매, 약용식물과 같은 비목재 산림 제품으로 생계를 유지한다.
- **목표 2. 기아 종식**: 농업과 산림을 결합하는 산림복합경영 방식은 작물의 회복력을 높이고 토양침식을 방지하며 생산성을 향상하여 식량 안보를 개선한다. 또한 산림에서 채집되는 열매, 버섯과 같은 식재료는 영양 다양성을 높이고 취약 계층의 식량 가용성을 높인다.
- **목표 6. 깨끗한 물과 위생**: 산림은 자연적인 정수 필터 역할을 하며 유역을 보호하여 수질을 유지한다. 전 세계 75% 이상의 담수가 산림유역에서 발원한다. 또한 지하수 재충전을 도와 농업과 인간 소비를 위한 지속가능한 수자원 확보를 지원한다.
- **목표 13. 기후 행동**: 산림 파괴로 인한 온실가스 배출량은 전 세계 배출량의 약 10%에 이른다. 산림을 보호하고 복원하면 탄소 배출량을 줄일 수 있으며, 이는 기후변화 대응에 중요한 요소이다. 또한 조림 및 재조림 프로젝트는 자연 기반의 기후 적응 솔루션으로 기능하여 탄소흡수능력을 향상한다.
- **목표 15. 육상생태계 보호**: 육상생태계 보호, 복원 및 지속가능한 이용 증진, 산림의 지속가능한 관리, 사막화 방지, 토지 황폐화 방지와 회복, 생물다양성 손실 중지가 목표에 포함된다.

특히 토지 황폐화를 방지하고 야생동물을 보호하며 생물다양성을 보존하는 데 필수적인 산림보호 노력을 포함한 산림경영 활동은 육상생태계의 보호, 복원 및 지속가능한 이용과 연결될 뿐만 아니라 지속가능한 산림관리를 직접적으로 다루므로 17개 SDGs 가운데 목표 15와 가장 밀접하게 연결되어 있다. 목표 15의 9개 세부목표는 다음과 같다.

- **세부목표 15-1**. 2020년까지 국제 협약 의무에 따라 특히 산림, 습지, 산, 건조지 등의 육지 및 내륙 담수생태계와 그 서비스에 대한 보전, 복원 및 지속가능한 사용을 보장한다.
- **세부목표 15-2**. 2020년까지 모든 형태의 산림에 대한 지속가능한 관리를 촉진하고, 산림전용을 중단하며, 황폐화된 산림을 복원하고 전 세계적으로 조림과 재조림을 대폭 확대한다.
- **세부목표 15-3**. 2030년까지 사막화 퇴치와 사막화 · 가뭄 · 홍수로 영향을 받은 토지를 포함하여 황폐화한 토지 및 토양 복원, 그리고 토지 황폐화가 없는 세계 달성을 위해 노력한다.
- **세부목표 15-4**. 2030년까지 지속가능한 발전에 필수적인 이익을 주는 산림생태계의 수용력을 증진하기 위해 생물다양성을 포함한 산림생태계의 보전을 보장한다.
- **세부목표 15-5**. 자연 서식지의 황폐화를 줄이고 생물다양성의 손실을 중단하기 위해 시급하고 대대적인 조치를 취하고 2020년까지 멸종위기종을 보호하고 멸종을 예방한다.
- **세부목표 15-6**. 국제적으로 합의된 바와 같이 유전자원의 활용으로부터 발생하는 이익의 공정하고 공평한 분배를 보장하고 유전자원에 대한 적절한 접근을 증대한다.
- **세부목표 15-7**. 보호 동식물의 밀렵과 밀매 근절을 위한 즉각적인 행동을 촉구하고, 불법 야생동식물 제품의 수요와 공급에 대응한다.
- **세부목표 15-8**. 2020년까지 육상 및 수중 생태계를 교란하는 외래종의 유입을 방지하고, 그로 인한 영향을 현저히 감소하는 방안을 도입하며, 우선대응 및 대상종을 통제, 박멸한다.
- **세부목표 15-9**. 2020년까지 생태계 및 생물다양성 가치를 국가 및 지역 계획 · 개발 과정 그리고 빈곤 퇴치 전략 및 회계에 반영한다.

앞서 소개한 5개 목표 외에도 산림은 다음과 같은 SDGs 목표를 달성하는 데 기여할 수 있다.

- **목표 3. 건강과 웰빙**: 산림은 대기질을 개선하여 호흡기 질환을 줄이며, 자연 공간은 심리적 안정과 스트레스 감소에도 기여한다.
- **목표 8. 양질의 일자리와 경제성장**: 지속가능한 목재 산업, 생태관광, 비목재 산림 제품 산업은 지속가능성을 유지하면서 경제성장을 촉진한다.
- **목표 11. 지속가능한 도시와 공동체**: 도시 산림과 녹지는 생활환경을 개선하고 열섬현상을 완화하는 역할을 한다.

SDGs를 달성하기 위해서는 지속가능한 산림경영의 역할이 중요하다는 인식이 높아졌으나, 지속가능한 산림경영을 통한 목표 달성을 위해서는 극복해야 할 당면 위협과 도전이 아직 존재한다. 먼저 산림전용에 대한 사회 · 경제적 압박이다. 개발도상국에서는 대규모 농축산업을 위한 산림전용이 산림 면적이 감소하는 주요 원인이다. 산업화가 고도화된 국가에서도 도시화의 영향으로 산림 면적이 지속적으로 감소한다. 산림 면적의 감소는 SDGs 달성에 부정적인 영향을 미친다. 불법 벌채 역시 지속가능한 산림경영에 있어서 중대한 도전이다. 불법적 벌채 활동은 생물다양성과 지역 공동체를 위협한다. 또한 기후변화로 인한 기온 상승과 기상이변은 산불, 가뭄, 사막화 등으로 이어져 산림황폐화를 확대한다. 취약한 거버넌스로 인해 지속가능한 산림경영을 위한 정책 집행력과 법적 실효성이 약화하면서 지속적인 산림 손실을 초래할 수 있다. 이러한 위협과 도전을 극복하기 위한 정부, 기업 및 개인의 노력이 필요하다.

9·1·3 ESG

1 ESG 배경과 개념

기후변화 위기와 환경문제는 국지적 현상이 아니라 지구적 차원의 모든 사회에 심대한 영향을 끼친다. 기업경영에도 이를 반영해야 한다는 국제적 인식이 확산함에 따라 기업이 환경과 사회에 초래할 수 있는 불이익을 최소화하고 지배구조의 효용성을 극대화함으로써 기업의 지속가능성과 장기적 가치를 향상하는 노력에 대한 평가인 ESG 경영이 새로운 투자 기준으로 부상하고 있다. ESG에서 'E'는 기업의 친환경 경영(environment), 'S'는 기업의 사회적 책임(social), 'G'는 기업의 투명한 지배구조(governance)를 의미한다. 기존 재무적 정량지표 위주의 경영평가 기준과 달리 기업의 사회적 책임에 대한 담론으로 형성된 기업의 지속가능성을 평가하는 프레임이며 비재무적 요소를 뜻한다(서용구 등, 2022).

ESG 개념의 발전 과정을 살펴보면, 2002년 유엔환경개발회의의 지속가능발전 세계정상회의(World Summit on Sustainable Development, WSSD)에서 환경뿐만 아니라 사회까지 아우르는 경영 활동의 필요성이 제기된 이후 2004년 유엔글로벌콤팩트(United Nations Global Compact, UNGC)가 발표한 「배려하는 자가 승리한다(Who Cares Wins)」 보고서에서 ESG의 개념이 최초로 제시되었다. 2006년 유엔은 ESG 투자의 근간이 될 유엔 책임투자 원칙(United Nations Principles for Responsible Investment, UN PRI)을 4,000개 이상의 전 세계 주요 금융기관의 참여하에 제정하였고, 다수의 국제기관에서 ESG 관련 국제표준 및 이니셔티브(initiative)가 출범하며 발전해 왔다(환경부, 2022).

2008년 글로벌 금융위기 이후 전통적인 금융보다는 지속가능한 금융이 강조되고 사회적 금융을 중심으로 지속가능 투자가 논의되어 왔다. 실제 글로벌 투자 시장에서 ESG가 중요한 척도로 자리 잡으면서 기업·기관은 기존의 전통적 경영 방식에서 벗어나 ESG 경영 구조로 재편하기 위해 많은 노력을 기울이고 있다(김성진·안태혁, 2022).

기업의 ESG 경영 상태를 파악하기 위해서는 부문별 정보가 공시되고 평가돼야 하지만 현재까지 국제적으로 공인된 공시기준이 없는 상태여서 개별적 이니셔티브 가이드라인 혹은 평가기관들의 평가 지침에 따라 이루어지고 있다. 국제적으로 통용될 수 있는 지침을 만들기 위해 2021년 11월 제26차 기후변화협약 당사국총회(COP26)에서 국제회계기준재단(International Financial Reporting Standards Foundation, IFRSF)은, 전 세계적으로 많이 채택되고 있는 지속가능성 보고 가이드라인과 이니셔티브들을 통합하기 위해 국제지속가능성기준위원회(International Sustainability Standards Board, ISSB)를 설립하였다. 2022년 3월 ISSB가 'IFRS 지속가능성 공시기준'의 「IFRS S1 일반 요구 사항」과 「IFRS S2 기후 관련 공시」 초안을 발표한 후 의견을 수렴하는 과정에 있으나 완성까지는 상당한 시간이 걸릴 것으로 보인다(성준경 등, 2023).

해외에서는 국가 연기금이나 대형 자산운용사와 같은 대형 투자자들이 기업 투자 여부 평가에 ESG를 반영하는 흐름의 영향이 생태계의 보고이자 가장 중요한 탄소흡수원인 산림에까지 이르렀다. 세계 최대 자산운용사인 블랙록의 래리 핑크(Larry Fink) 회장은 서한을 통해 산림, 담수, 생물과 같은 자연 자본으로 기업의 넷제로 달성 목표를 공개할 것을 요구하였고, JP모건자산운용이 온실가스를 줄일 방안으로 산림관리 업체를 인수하며 산림투자에 나서자 산림 분야의 ESG에 대한 관심이 한층 높아지고 있다(안세민 등, 2022).

2 우리나라 ESG 동향

우리나라도 국제적 흐름에 발맞춰 ESG 강화에 노력을 기울이고 있다. 현재 국내 기업도 해외 기업과 유사하게 ESG 경영 이행 상태를 유엔의 SDGs와 글로벌 보고 이니셔티브(Global Reporting Initiative, GRI), 지속가능성회계기준위원회(Sustainability Accounting Standards Board, SASB), 기후 관련 재무정보공개 협의체(TCFD)와 같은 주요 국외 이니셔디브의 지속가능성 및 ESG 정보 공시기준을 사용하여 제삼자 검증 후 공개하고 있다. 이러한 국제적 기준의 국내 적용 노력과 더불어 우리나라의 경영 환경과 특수성 등을 반영하기 위해 한국형 평가 지표인 K-ESG를 정부 주도로 개발하는 등 ESG 경영 강화와 국내 실정에 맞는 ESG 지표 · 평가방법 고안계획을 발표하였다(성준경 등, 2023; 안세민 등, 2022).

다만 산림부문은 환경적 중요성에도 불구하고 ESG 평가에 잘 반영되지 않고 있다. 현재 국내 ESG 평가기관 지표에는 온실가스 배출량 등 기업의 활동을 제한하는 항목만 반영되어 있고, 사회(S) · 지배구조(G) 분야에는 산림부문 지표가 포함되어 있지 않다. 정부가 내놓은 「K-ESG 가이드라인」에서도 산림은 글로벌 평가지표에 속하지 않아 기본 진단항목 체계가 아닌 추가 진단항목에만 적용되는 등 산림 ESG 체계는 개선의 여지가 많다.

3 국내외 ESG 평가기관

① 한국ESG기준원

한국ESG기준원(Korea Institute of Corporate Governance and Sustainability, KCGS, 구 한국기업지배구조원)은 2002년 한국기업지배구조개선지원센터로 처음 설립된 비영리 사단법인으로, ESG 평가를 통해 기업의 지배구조 및 사회적 책임에 대한 평가 및 조사연구 업무를 전문적으로 수행하는 기관이다.

환경(E) 부문 평가모형은 환경 관리에 관한 내용을 중점으로 평가지표가 설정된 경영프로세스 모델로, 평가지표 구성에 참고되는 법령 · 제도 · 규범은 「탄소중립기본법」, 「화학물질의 등록 및 평가 등에 관한 법률」, ISO 14001 및 환경표지인증제도, TCFD 등이다. 사회(S) 및 지배구조(G) 부문 평가모형은 각각 이해관계자 모델 및 통제기능 모델이다. 한국ESG기준원은 네 단계의 ESG 평가 절차를 통해 산출한 점수 결과를 기반으로 총 7개의 기업 ESG 등급(S, A+, A, B+, B, C, D)을 부여한다.

② 서스틴베스트

서스틴베스트(Sustinvest)는 2006년 설립된 ESG 전문 리서치 기관으로, 연기금을 비롯한 기관투자자를 대상으로 ESG 분석과 책임투자 운용 전략을 자문하는 영리 기관이다. 서스틴베스트의 ESG 평가모형은 상부에서 하부로 이어지는 위계적 구조를 지니고 있다. 평가모형 최상위는 환경(E), 사회(S), 지배구조(G)의 세 영역으로 구성되며, 각 영역은 평가항목(category), 평가지표(KPI), 세부지표(data point) 순의 단계별 하부 체계로 구성되어 있다.

서스틴베스트는 ESG 등급 산출을 위해 기업 규모별로 점수를 산출하고 있다. 직전 사업연도말 자산총액을 기준으로 평가 대상 기업을 3개 기업군으로 구분하여 규모별로 차등화한 기준에 따라 표준화 점수를 산출하고 이에 따라 등급을 부여한다. 총 7개 등급(AA, A, BB, B, C, D, E) 체계로 이루어져 있으며 C등급 이상을 투자가능 종목, D와 E등급을 투자배제 종목으로 구분하고 있다.

③ 대신경제연구소

대신경제연구소는 1984년 대신증권 계열사로 설립된 민간경제 연구소로, 2017년 ESG 평가를 시작하였다. 평가지표 구성을 위한 절차를 살펴보면, 먼저 ESG 항목과 지표 선정을 위해 글로벌 트렌드인 다우존스 지속가능경영지수(Dow Jones Sustainability Indices, DJSI)를 비롯한 주요 ESG 평가모형과 GRI 가이드라인, ISO 26000 등 글로벌 이니셔티브의 ESG 지표를 분석한다. 두 번째로 국내 법규 및 학술연구 자료 검토를 통해 지표의 타당성을 확인하며, 이는 국내의 기업환경을 고려하기 위함이다. 세 번째, 이를 통해 선별된 ESG 지표에 대해 관련 정보의 입수 가능성 및 해당 기업 수 등을 확인하여 정량과 정성 기준의 ESG 평가항목 및 지표를 구성하고 있다.

④ 국외 평가기관

모건스탠리캐피털인터내셔널(Morgan Stanley Capital International, MSCI)은 세계 3대 투자은행 중 하나인 모건스탠리가 만든 글로벌 ESG 평가기관으로(박선하, 2021), 1999년부터 ESG 평가를 제공해 왔다. MSCI의 ESG 평가모형에서는 기업의 ESG를 평가할 자료 수집을 위해 100개 이상의 전문 데이터 세트와 기업 공시, 3,400개 이상의 미디어 소스를 매일 모니터링하며, 이 과정에서 MSCI ESG 전문 연구팀은 기업 보고서, 업계 보고서, 주제별 보고서, 분석가와의 소통 및 웨비나(webinar)를 통해 추가 분별력을 제공한다.

서스테이널리틱스(Sustainalytics)는 ESG 성과를 기반으로 한 기업 평가와 데이터를 제공하는 회사이다. ESG 위험평가 보고서 초안은 평가 대상인 모든 기업에 전송되며, 기업의 피드백 데이터를 수집하고 정보를 추가 및 업데이트한 후 최종 ESG 위험등급 보고서를 고객에게 제공하고 있다.

4 지속가능한 산림경영과 ESG 연관성

기업의 ESG 경영에 있어서 지속가능한 산림경영 중 산림탄소흡수원 활동은 배출 상쇄와 생태계 보존이라는 측면에서 환경(E) 부문의 핵심 성과로 활용되고 사회(S) 부문의 사회공헌 활동으로 평가받을 수 있다. 생태 자원을 이용하여 탄소 배출을 상쇄하는 자연기반해법(NbS) 또는 생태계기반적응(EbA)이 환경 분야와 관련한 정부의 현안 과제이며, 국가 탄소중립 목표의 달성을 위해서도 기업의 산림탄소흡수원 관련 활동은 매우 중요하다(함태성, 2022).

구체적으로 2023년 4월 정부는 「탄소중립 · 녹색성장 국가전략 및 제1차 국가 기본계획」에서 흡수원에 의한 배출량 감축 목표를 2030년 기준 26.7백만 t CO_2-eq로 발표하며 해당 계획과 관련한 국제 감축 부문의 전략 중 핵심 사업으로 REDD+ 확대 추진을 제시하였다. 이를 달성하기 위한 정책으로 주요 기업의 사업 참여 유도 및 활성화 기반을 구축하고 해외산림자원개발 정책자금의 지원 범위를 REDD+ 이행 기업까지 확대하여 민간 참여를 활성화하는 내용이 포함되었다. 이러한 맥락에서 정부는 2023년 8월 「개발도상국 산림을 통한 온실가스 배출 감축 및 탄소 축적 증진 지원에 관한 법률」(약칭 국외산림탄소축적증진법)을 제정하여 민간의 사업 참여를 촉진하기 위한 노력을 강화하고 있다. 따라서 국가 탄소중립계획에 있어서 국내 산림탄소흡수원 유지 및 증진뿐만 아니라 REDD+와 같은 해외 사업에 대한 기업의 관심과 적극적인 참여 확대가 매우 중요하다(성준경 등, 2023).

한편 2021년 한국ESG기준원은 개정 「ESG 모범규준」을 공개하였다. 특히 환경(E) 모범규준 가운데 친환경 사업장 부문에서는 산림전용 및 산림황폐화 방지 등 온실가스 감축 수단의 이용을 확대하며, 생태계 보전 부문에서는 기업이 생산 활동에서 산림자원, 수자원 등 자연자원을 이용함에 따른 위험과 기회 요인을 평가하고 해당 자원에 대한 관리 활동을 이행하며 산림 보전과 이용을 통한 지속가능한 산림경영이 이루어지도록 노력해야 하는 등의 내용을 검토, 반영해 공시하였다.

향후 REDD+와 같은 국외 산림탄소흡수원 증진사업을 통한 탄소배출권 할당 및 거래가 가능하게 하는 메커니즘을 도입하고, 아울러 ESG 경영과 밀접한 관련이 있는 한국형 녹색분류체계(K-Taxonomy)에, 유럽연합(EU)의 사례처럼 기후변화 완화를 위한 기여에 해당하는 산림탄소흡수원 강화 관련 활동의 확실한 근거와 방법론을 명시하는 규정을 반영할 필요가 있다.

9·2 지속가능한 산림경영 패러다임

9·2·1 자연과 인간의 관계 인식과 산림경영

산림의 '지속가능성'은 산림 경영 및 정책의 핵심 구성 요소로서 미래 세대를 위해 산림소유자나 사회에게 산림경영과 관련한 장기적 책무를 요구한다는 특징이 있다. 산림을 경영하기 위한 사회적 책무를 근본적으로 이해하기 위해서는 자연과 인간의 관계를 바라보는 사회적 인식에 대해 알아볼 필요가 있다.

첫 번째 사회적 인식은 '인간이 자연을 지배한다'는 인식이다. 이는 서구 사회를 지배해 온 기독교 사상에서 출발하였다. 즉 하나님이 세상을 창조한 후 인간에게 "땅을 정복하라, 바다의 물고기와 하늘의 새와 땅에 움직이는 모든 생물을 다스리라" 명하였다는 구약성경 창세기의 구절에서 기인하며, 자연을 길들여야 하고 인간의 목적을 위해 모든 자원을 사용할 수 있다고 해석한다. 이는 근대에 이르기까지 인류 사회의 발전을 이루어 온 주된 인식의 근원이었으며, 산림을 포함한 모든 자연자원은 과학기술의 발전을 통해 더 많이 이용할 수 있는 대상이면서 한계가 거의 없다고 인식하는 '개발주의적 관점'이다.

두 번째는 '인간은 자연과 더불어 공존한다'는 인식이다. 자연과 조화하면서 살았던 우리 선조나 아메리카 원주민(인디언)의 지혜에서 이러한 인식의 원형을 찾을 수 있으며, 지구가 가진 자원이 유한하다고 보고 이에 순응하면서 인간의 필요를 충족하려는 태도를 취한다. 이는 기후변화협약의 기본 이념인 '환경적으로 건전하고 지속가능한 발전(ESSD)'에 반영되어 있는 '지속가능한 개발주의적 관점'이다.

세 번째는 '자연이 인간을 지배한다'는 사회적 인식이다. 이는 인기 있는 견해는 아니지만 산업화로 인한 자연생태계의 황폐화가 심화하는 상황에서 나타났으며, 인간 사회의 축소와 생태계 우선을 내세우는 '생태주의적 관점'이다.

인류 역사의 흐름에서 살펴보면, 화석에너지 중심의 근대 사회 이전에는 산림이 문명의 유지와 발전을 위한 에너지원이면서 건축 및 각종 이기(利器)의 재료를 제공하는 자원 공급처임과 동시에 도시 문명의 발전과 맞물려 주거지를 확장하고 농경지를 개발하는 데 필요한 토지의 제공처이자 개간을 어렵게 하는 장애 요인으로도 간주되었다. 따라서 산림을 인간이 개발해서 문명화할 대상으로 바라보는 개발주의적 관점으로 해석하였다.

인구 증가와 도시 확대에 따라 산림자원이 고갈해 가자 임목의 보속적 수확이라는 명분하에 산림을 관리할 대상으로 보는 관점이 등장한다. 18세기 유럽뿐만 아니라 조선 시대 한반도에서도 산림천택여민공지(山林川澤與民共之), 즉 산림의 공동체적 소유라는 정신을 산림정책의 근간으로 삼으면서 동시에 금산(禁山)이나 봉산(封山)과 같이 국가에서 산림 남용을 통제하는 제도적 장치를 마련하는 등 보속적 수확과 유사한 지속가능한 개발주의적 관점이 나타났다.

현대에 이르러서는 산림이 무한한 자원이 아니며 무분별한 산림 벌채가 지구온난화와 같은 심각한 지구적 차원의 기후 환경 및 생태적 문제를 일으킨다는 인식이 확대되었고, 산림을 환경생태적으로 보전하면서 이용할 대상이자 동시에 인류와 공존해야 할 생태계 구성원으로 보는 환경개발주의적 관점이 산림경영에 보편화하였다.

지구 환경에 대한 문제의식에서 더 나아가 산림경영을 부정적으로 바라보는 관점도 등장하였다. 생태주의적 관점에서 생태계는 그 자체로 보존돼야 하며, 산림경영을 생태계에 대한 인위적 개입과 교란이라고 보는 경향이 나타났다. 개발주의적 관점만큼 이러한 관점 또한 산림과 인간의 공존을 위해 세밀하게 다루어야 할 산림경영을 너무 극단화하므로 결국은 균형의 붕괴로 이어질 가능성이 있다는 우려가 제기된다.

9·2·2 지속가능한 산림경영 패러다임 변화

지속가능한 산림경영의 정확한 정의나 규범은 21세기에 접어들면서 사회적으로 심도 깊게 연구되고 논의되었다. 여기서는 앞서 언급한 사회적 인식의 관점들을 기반에 두고 역사적으로 발전해 온 네 가지 지속가능한 산림경영 패러다임을 다루고자 한다. 각각의 패러다임이 다른 패러다임보다 우선돼야 하거나 혹은 가장 좋은 견해라는 뜻은 아니며 오히려 상호 보완적이다. 특히 네 번째 견해는 다른 세 가지 견해를 통합하기 위한 시도라고 할 수 있다.

이러한 패러다임을 살펴보는 이유는 산림경영의 결과가 시간적 · 공간적으로 즉시 나타나지 않는 데 있다. 따라서 산림경영자나 산림경영 전문가는, 미래에 발생하므로 현재로서는 확인이 어려운 산림경영의 관찰 가능한 결과를 대신하여 산림경영의 성과를 유도하는 이론적 틀, 즉 산림경영의 목표와 방향, 그에 따른 적용 기술의 합리성에 대해 구체적이고 체계적으로 설명할 수 있어야 한다. 아울러 다양한 주체와의 소통을 위해서는 여러 입장 간에 나타나는 견해차를 이해할 필요가 있다.

1 목재 보속수확 패러다임

목재의 보속수확, 즉 목재 수확의 보속성(保續性)을 견지할 수 있도록 산림 구조를 만드는 일은 전통적 산림경영의 핵심이었으며 지속가능한 산림경영의 가장 기본이 되는 패러다임이라고 할 수 있다. 보속수확이라는 용어는 19세기 초 독일에서 법정림 모델이 소개되면서 처음 등장하였으며, 매년 거의 똑같은 수확을 공급할 수 있도록 산림을 경영한다는, 간단하면서도 특별한 개념을 지니고 있다.

당시 독일의 산림은 공공 소유가 대부분이고 수백 년 동안 계속해서 벌채 수확한 경험이 있었으며, 목재 생산의 자급은 유럽 각국의 목재 생산 정책의 최우선 목표였다. 즉 목재 자급을 위한 목재 생산의 안정성은 당시 경제성 원칙의 첫 번째 과제였다. 이에 따라 생장량과 수확량이 일치하는 산림, 혹은 연년 또는 정기 생장량과 수확량이 똑같은 산림을 만드는 일이 유럽에서 산림경영의 으뜸가는 목표가 되었다. 이 패러다임의 전성기에는 산림수확조절을 통해 법정림과 같은 산림조직을 만들어야 한다는 생각이 하나의 통념으로 자리 잡았다. 이 개념은 전 세계로 확산되었으며, 목재 기근에 대한 두려움으로 말미암아 일정한 양의 목재를 영구히 생산할 수 있는 산림을 조직하는 일이 근대 임업의 주된 흐름이 되었다. 19세기 초 출현한 보속수확의 개념은 이로부터 약 200년 후 등장한 현대의 지속가능한 발전의 개념 및 기본 철학의 원류라고 할 수 있다.

그러나 오늘날까지도 산림의 생장량과 수확량이 같은 '충분히 조절이 잘 된 상태', 즉 법정상태를 성취하기란 여전히 쉬운 문제가 아니다. 더욱이 소규모 소유자는 부정기적으로 벌채하고 사유임지의 매매가 자유로운 데 따른 목재 수확의 유동성 때문에 어떤 엄격한 수확 지속성도 모니터링하거나 강제하기가 매우 어렵다.

법정림 모델을 적용하는 데 있어서 유념해야 할 점은, 법정(法正, normal)을 각 산림사업구가 이 모델에 적합해야 한다는 개념으로 받아들여서는 안 되며 법정림을 단지 하나의 이상적(理想的) 산림의 모습으로 이해해야 한다는 점이다. 법정림사상이 지닌 현실적 적용의 한계에 대해 톰프슨(Thompson, 1966)은 "법정림 모델이 산림경영 목표의 물리적 대표로 간주될 수 있으나 목표 성취에 관한 이론적 지침을 포함하고 있지는 않다."라고 지적하였다. 따라서 법정림 모델이 목표 성취를 위한 어떤 물리적 단계를 의미할 수 있으나, 그 단계가 경제적 조건과 일치하지 않을 수 있으며 모델 성취에 요구되는 경영 기간 동안의 필요조건과도 반드시 일치하지는 않는다. 즉 산림경영자의 경영 목표가 경제적 동기에 의해 설정되었다면 법정상태에 도달하는 것 자체가 경영 목표의 달성이라고 말하기 힘들다는 의미이다. 그러나 적어도 보속수확을 지향하는 법정림사상에 기반하여 산림수확조절적 의미를 갖는 몇몇 접근 방법은 현대 산림경영에서도 산림경영 철학과 목표의 지향점으로 여전히 유용하다.

2 다목적이용–보속수확 패러다임

1960년 미국에서 제정된 「다목적이용–보속수확법」은 물고기, 야생동물, 목초 및 야외 휴양 서비스가 국유림 산림경영 목표로 고려해야 할 사항임을 공식화하였다. 이 법은 국가 산림 체계의 방향성 혹은 패러다임 변화를 드러낸 첫 번째 공식적인 법령에 해당한다. 이 변화의 핵심에 대해 1970년대 초 미국 상원의원이었던 휴버트 험프리(Hubert Humphrey)는 "산림이 나무로만 보이고 나무가 목재 자원으로만 보이던 시대는 끝났다. 토양과 물, 풀과 관목, 물고기와 야생동물, 그리고 산림이 가진 아름다움은 산림자원 경영자의 사고와 활동에 있어 통합적으로 다루어져야 한다."라고 설파하였다. 산림경영이 지속가능성을 보장해야 할 산림자원의 폭을 기존의 목재 외에도 휴양, 시각적(경관적) 질, 낚시와 사냥을 포함한 여러 활동과 수질까지 넓힌 주장이었다. 따라서 「다목적이용–보속수확법」은 보속수확 패러다임을 부산물 생산까지 포함한 다목적이용–보속수확 패러다임으로 확장하는 데 크게 기여하였다.

미국의 다목적이용–보속수확 패러다임 시기에는 목재생산물의 수요를 산림으로부터 충족하는 문제가 공공임지와 사유임지의 경영을 강화하도록 견인하였다. 높은 목재 가격, 유리한 조세 구조, 개선된 산불 보호 등에 힘입어 산림 기업체가 임지에 장기적으로 투자하는 건수가 증가하였다. 크고 작은 사유림 소유자들은 '나무 농사(tree farming)'라는 용어를 하나의 표어처럼 사용하였고, 사유림 소유자들 사이에서는 일반 국민이 자신들의 산림에서 생산되는 다양한 생산물에 관심을 두고 있다는 인식이 확산하였다.

이에 따라 공공임지와 사유임지에서 생산되는 여러 생산물 가운데 어떤 종류를 생산해야 가장 좋을지를 정하기 위한 의사결정 과정이 주목을 받기 시작하였다. 여러 생산 대안을 평가하고 생산에 투여할 자원을 할당하기 위한 최선의 방법으로서 경제분석에 주목하였다. 경제분석 아이디어들을 산림경제학의 특수성에 맞춰 임업에 도입하였고, 산림에서 생산된 여러 가지 자원을 어떻게 할당할 것인가에 관한 문제에도 역시 이러한 아이디어들을 시도하였다. 대표적으로 수익비용분석법, 자본예산회계법, 선형계획법, 경제학의 결합생산이론 등은 토지와 예산을 합리화하거나 다른 이용과의 분쟁 또는 상충(trade-off) 관계를 조정하는 데에도 적합하였다. 아울러 모든 산림생산물에 시장가치를 부가하기 위해 상당한 노력을 기울였다.

3 생태주의적 산림관리 패러다임

1900년 전후로 미국에서는 보안림(保安林)에 해당하는 국유림 관리를 두고 상반된 두 입장이 충돌하며 치열한 논쟁을 벌였다. 기포드 핀쇼(Gifford Pinchot)와 같은 보전론자들(conservationists)이 인간의 관리가 전제된 산림생태계의 보전을 주창한 반면에 시에라네바다 보호 운동을 펼쳤던 존 뮤어(John Muir)와 같은 보존론자들(preservationists)은 산림생태계의 자연적 아름다움을 지키기 위해 인간의 간섭과 이용을 배제한 보존 및 보호를 강조하였다.

보존론자들이 주창한 생태주의적 산림관리 패러다임은 '자연적으로 기능하는 산림생태계' 패러다임이라고 할 수 있다. 즉 인간과 산림의 관계를 '가능한 범위 안에서 인간의 심각한 간섭 없이 산림이 스스로 발전하도록 놔둔다'라는 개념으로 설정하였다. 자연이 무엇을 하든지 간에 인간이 무엇인가를 하는 것보다는 낫다고 주장하는 자연주의적 혹은 심층생태주의적 가치 체계와 일맥상통하는 '자연이 인간을 지배한다'라는 관점에 기반한 산림관리라고 할 수 있다. 이러한 패러다임의 입장에서는 정책 수립과 관련해서도, 보전론자들이 선호하는 자연자원의 효율적인 관리와 현명한 이용을 확립하는 일보다 국립공원과 자연보존지역의 지정, 곤충·산림병해충 및 산불 과정에 대한 불간섭, 그리고 인간 활동의 축소 등을 강조한다. 초기 보존론자들은 국립공원 설립에 힘썼고, 1950년대와 1960년대 들어서는 국유림 야생동물 보호구역의 지정을 위해 노력하였다.

레이첼 카슨(Rachel Carson)이 쓴 『침묵의 봄(Silent Spring)』에 의해 상징적으로 촉발된 환경운동이 1960년대에 시작되었고 1970년대 초 절정에 달하였다. 비슷한 시기에 「국가환경보호법」(1969), 「위험수종에 대한 보호법」(1973), 「깨끗한 공기에 관한 법」(1972), 「깨끗한 물에 관한 법」(1972), 「자원계획법」(1974), 「국유림관리법」(1976) 등이 연방 법률로 연이어 제정되었다. 이들 환경 관련 법률 대부분은, 이전에 경제개발을 내세워 국가가 자연자원에 대해 취한 정책들을 억제하기 위해 설계되었다.

이러한 흐름은 산림경영에 중대한 변화를 가져왔다. 1980년대와 1990년대 초 미국에서는 산림 재화와 서비스 생산에 대한 강한 압박과 경쟁을 경험하였고, 위기 수종 보호에 대한 일련의 법원 판결이 내려졌다. 이러한 사회적 변화는 미국 내 몇몇 지역에서의 산림생산에 심대한 영향을 미쳤다. 이와 동시에 생태학의 발전, 유전적 다양성을 포함한 자연생태계가 처한 위험에 대한 사회적 인식의 증대, 그리고 각종 환경적·사회적 쟁점의 공론화에 따른 친환경 관련 정치적 영향력의 확대 등은 새로운 산림정책 패러다임 도입의 필요성을 일깨웠다.

새로운 패러다임의 등장을 불러온 대표적 사례 중 하나가 바로 1990년대 미국 북서부에서 있었던 점박이올빼미 사건이다. 국유림 및 워싱턴 주유림에 서식하는 점박이올빼미 생태계의 '위기'가 벌목으로 인한 지역사회의 경제적 손실보다 더 중요한 문제로 인식되는 계기가 된

사건으로, 결국 다목적이용–보속수확 패러다임이 타격을 입었다.

산림환경 문제에 대해 이따금 보전생물학자들이 제시한 해법 중 하나가 인간의 심각한 간섭 없이 자연적 과정(자연법칙)이 진행될 수 있는 대규모 보호지역의 창설이었다. 보호지역을 대규모로 지정하면 광범하게 분포하는 생물종의 보호, 자연적 과정에 대한 교육 기회의 제공 외에도 산림경관적 측면에서 이점이 있다.

그러나 생태주의적 산림관리 패러다임에 대해서도 몇몇 문제점이 지적되고 있다. 21세기에 원시림과 같은 완전한 '자연적' 지역을 찾아내거나 만들기가 쉽지 않다. 또한 이와 같은 입장을 견지하는 사람들조차도 잘 가꾸어진 대경재가 줄지어 선 노령림의 모습으로 자신의 산림을 가득 메워 주기를 원할 수 있다. 더 나아가 수십 년 혹은 수백 년 이상 세대를 거쳐 인간과 산림의 상호작용 속에서 형성된 산림관리 체계를 한 세대도 안 되는 짧은 시간에 허물 경우 심각한 부작용이 야기된다.

가장 대표적인 사례가 1988년 발생한 옐로스톤 산불이다. 이때 미국 정부는 생태주의적 산림관리의 입장을 취하면서 자연적으로 발화한 산불은 생태계 일부이므로 산불을 진화하는 개입은 자연적 과정을 교란하는 일이라며 산불 진화에 적극적으로 나서지 않았다. 그 결과 생태계뿐만 아니라 인간 사회도 수용할 수 있는 수준을 초월한 파국적 피해가 발생하였고, 역사 속에서 가다듬어진 인간의 산림관리를 교란으로만 보고 산림관리를 포기한 태도에 대한 비판이 일었다. 이후 생태주의적 산림관리 패러다임을 지속가능한 산림경영에 적용하는 일은 인간 사회와 생태계의 상호작용에 대한 통시적이면서 동시에 공시적으로 균형 잡힌 성찰 속에서 이루어져야 한다는 반성이 잇따랐다.

4 지속가능한 인간–산림생태계 패러다임

1980년대와 1990년대 있었던 환경법적 소송 사건들과 환경문제에 대한 사회적 관심은 이전 패러다임들을 통합하는 소위 지속가능한 인간–산림생태계(sustainable human–forest ecosystem) 패러다임의 출현을 불러왔다. 이는 지속가능한 임업(sustainable forestry) 또는 생태계 경영(ecosystem management)으로 불리기도 한다. 내용적으로 보면 앞서 언급한 생태주의적 산림관리 혹은 자연적으로 기능하는 산림생태계 패러다임과 관련이 깊다. 그러나 두 패러다임의 주요 차이점은 인구 증가에 따른 산림 인근 또는 산림 안에 거주하는 인구의 증가에 대한 인식, 산림에 대한 사회적 수요의 변화 및 산림과 인간의 관계성에 대한 인식 등에서 나타난다.

지속가능한 인간–산림생태계 패러다임은 인간과 자연의 신중한 공존을 지향한다. 산림 스스로가 산림의 이해를 대변할 수 없기 때문에 산림에 대해 사회에서 제기하는 다양하고 폭넓은 의견을 산림경영에 반영한다는 취지로 제시되었다. 아울러 사회가 산림에 부여하는 가치의 우선순위에 반영할 산림경영 철학에 대한 일반적 공감대가 형성되었다. 산림의 사회적 가치에는 기존 목재나 산림부산물의 생산과 같은 실용적 목적의 가치가 포함되지만, 여기에 더해서 생태적 구조와 기능, 장기간의 자연적 과정을 보호하고 회복시키려는 사회적 요구에서

파생한 가치도 포함된다.

새로운 패러다임의 몇몇 측면은 의미가 명확해지고 있다. 지속가능한 산림관리의 초점은 자연적 천이과정, 다양성, 그리고 넓은 면적에 여러 소유권이 얽힌 경관으로서의 산림생태계의 지속가능성에 맞춰지고 있다. 고든(Gordon)은 '목적의 다양성을 위한 전체 시스템의 관리'로 산림경영 목표를 규정하고, 지속가능한 산림경영은 이러한 목표를 지속적으로 달성할 수 있는 상태를 유지하는 것이라고 하였다. 보속수확 패러다임 혹은 다목적이용-보속수확 패러다임에서의 임업은 시간에 따라 요구되는 산림생산물을 제공하기 위해 산림 상태(조절이 잘된 법정림에서와 같이)의 분배를 유지하는 데 항상 관심을 기울여 왔지만, 지속가능한 임업에서는 생태계 기능, 자연적 과정 및 구조와 같이 생태계 지속성의 유지 자체에 필요한 더 많은 인자들을 획득하기 위해 요구되는 산림생산물과 산림 상태로 목록을 확대하였다. 또한 산림경관 내 생물종을 위한 서식처 질과 공간적 분포 등이 생태계의 중요한 상태변수이자 지속가능한 산림경영을 위한 일련의 경영 목표 대상이 된다. 그러나 산림경영 목표가 지속가능성의 모든 측면을 포함했을 때 산림생태계 전체가 실제적으로 지속가능성을 확보하고 있는지 평가하기 위한 기준은 아직 논쟁 중이다.

인류 역사에서 인간과 산림(숲)은 장구한 시간 동안 밀접하게 상호 작용하면서 공존해 왔다. 인간이 자연, 특히 산림과의 관계를 바라보는 관점에 따라 상호작용의 결과는 달라진다. 전체 사회 체계를 구성하면서 산림관리를 담당하는 하위 체계인 임업 및 임학 체계가, 우리 사회가 전체 체계로서 인간과 산림의 관계를 바라보는 관점으로부터 분리된 산림경영의 패러다임을 갖기는 현실적으로 어렵고 설령 만들어졌다고 해도 지속성이 없다. 따라서 지속가능한 산림경영 패러다임은 산림경영이 임업 체계를 둘러싼 현시대의 사회 체계와 소통하며 산림관리를 담당한 하위 체계로서의 역할을 강화·확대하는 데 매우 중요한 의의를 가진다. 지속가능한 인간-산림생태계 패러다임은 자연과 공존·조화하려는 동양적 철학과 맥이 닿아 있으며, 그런 의미에서 우리나라가 산림경영에 체화하는 데 서구 사회보다 유리한 입장일 수 있다.

산림이 가지고 있는 다양한 기능이 적절히 발휘될 때 지속가능한 산림경영을 성취할 수 있다. 특히 산림과 근접해서, 또 연관된 삶을 살아가고 있는 인간 사회를 배제해서는 목적한 바를 이룰 수 없다. 자연과 더불어 인간이 공존·공생할 수 있는 길을 찾을 때 인간과 생태계가 서로 상생할 수 있는 지속가능한 사회를 이어갈 수 있다.

9·3 지속가능한 산림경영 국제 기준 및 지표

1992년 리우회의 이후 지속가능한 산림경영을 달성하기 위한 다양한 대응 전략이 국제적 논의를 통해 마련되기 시작하였다. 이러한 국제적인 움직임은 크게 세 방향으로 나타나고 있다. 첫째는 국제 협약을 체결하기 위한 유엔 차원의 정부 간 논의, 둘째는 지속가능한 산림경영의 추진 상황을 평가하기 위한 기준 및 지표 개발, 셋째는 민간 부문에서 주도하고 있는, 지속가능한 산림에서 생산된 목재와 목제품에 대한 인증제도의 개발 및 추진이다.

의제 21의 제11장에서도 지속가능한 산림경영을 위해 과학적으로 신뢰할 수 있는 기준(criteria) 및 지표(indicators)를 책정할 것을 제안하였다. 지속가능한 산림경영의 달성 상황을 파악하는 기준 및 지표에 대해서는 지속가능한 산림경영을 평가할 수 있는 필수인자(기준)와, 필수인자의 평가와 관련해 정기적으로 모니터링하고 측정하는 관련인자(지표)로 분류하고 있다. 기준 및 지표는 지속가능한 산림경영의 이행 여부 평가뿐만 아니라 산림 및 목재 인증제와 환경 보전을 위한 국가별 기여도 평가의 척도로서도 중요성을 띤다.

이미 국제적으로 합의된 기준 및 지표로는 열대림을 대상으로 한 1992년 국제열대목재기구의 기준 및 지표, 온대림을 대상으로 한 1994년 헬싱키프로세스(유럽 중심)와 1995년 몬트리올프로세스(미국, 캐나다, 한국, 일본 등), 아마존 유역 국가의 타라포토프로세스 등이 있다.

표 9-1 지속가능한 산림경영 기준 및 지표의 종류

명칭	합의 연월	국가수	기준/지표	대상 산림
국제열대목재기구	1992. 6.	18	7/66	열대
헬싱키프로세스	1994. 6.	38	6/27	유럽 온 · 한대
몬트리올프로세스	1995. 2.	12	7/67	비유럽 온 · 한대
타라포토프로세스	1995. 2.	8	12/77	아마존 산림
건조대 아프리카 이니셔티브	1995. 11.	27	7/47	사하라 남부 아프리카
북아프리카 · 근동 이니셔티브	1996. 10.	30	7/65	사하라 이남 건조 · 반건조
아프리카 목재기관 이니셔티브	1996. 12.	13	7원칙	아프리카 중 · 남부
아프리카 SFM C&I(CAPL)	1995.	7	4/40	아프리카 건조지역

[小林, 2000]

9·3·1 국제열대목재기구

열대 목재의 무역 확대 및 열대 산림의 지속가능한 경영을 달성하기 위한 국제열대목재협정(International Tropical Timber Agreement, ITTA)이 국제상품협정의 하나로 1983년 11월 채택, 1985년 4월 발효되었다. 열대 산림 및 목재에 관한 연구 및 개발 촉진, 시장 정보의 개선, 생산국에서의 가공 증진, 조림 및 산림경영 활동의 지원에 대한 생산국 및 소비국 사이의 국제적 협력 추진을 목적으로 한 이 협정을 근거로 1986년 국제열대목재기구(International Tropical Timber Organization, ITTO)가 설립되었다.

열대림의 SFM 기준 및 지표는 ITTO의 정책 활동 중 하나로 리우회의 이전에 책정되었다. 1992년 ITTO에서는 '열대림의 지속가능한 경영 평가를 위한 기준'을 채택하였다. 여기서

지속가능한 산림경영을 "산림 본래의 가치와 장래의 생산성을 부적절하게 감소시키지 않고, 자연 및 사회 환경에 좋지 않은 영향을 끼치지 않으며, 기대하는 산림의 생산물과 용역의 제공이 계속적으로 이루어지도록 한다는 한 가지 또는 여러 가지 경영 목적을 달성하기 위해 산림을 영구적으로 경영하는 과정"이라고 규정하였다. 지속가능한 산림경영의 평가를 위한 기준을 국가적 차원과 산림경영 단위 차원으로 나누어 정하고, 각각의 기준을 다음과 같이 제시하였다(小林, 2000).

1) **국가적 차원**: 산림자원의 근거, 임산물의 계속적인 생산, 환경 관리의 수준, 사회 · 경제적 효과, 제도적 구조
2) **경영 단위적 차원**: 산림자원의 보전, 목재 생산의 계속성, 동식물의 보전, 환경적 영향의 허용 수준, 사회 · 경제적 이익, 계획의 책정과 실시

9·3·2 헬싱키프로세스

1993년 핀란드 헬싱키에서 유럽산림보호장관회의(Ministerial Conference on the Protection of Forests in Europe, MCPFE)가 개최되어 ①유럽 산림의 지속가능한 경영에 관한 일반 지침(H1), ②유럽 산림의 생물다양성 보전에 관한 지침(H2), ③시장경제로의 이행 국가에 대한 임업 협력(H3), ④기후변화에 대한 유럽 산림의 장기적 적응 전략(H4) 등 네 가지 결의안이 채택되었다. 그중 H1 및 H2에 관한 각국의 대응을 평가하기 위한 계측 가능한 기준과 지표의 필요성이 인정되었다.

1994년 벨기에 브뤼셀에서 열린 전 유럽 비공식 원탁회의에서 과학적 지식에 근거한 기준의 핵심 부분을 합의한 뒤 범유럽프로세스(Pan-European Forest Process, FOREST EUROPE), 일명 헬싱키프로세스(Helsinki Process)에 참가한 국가들은 기준 및 정량적 지표의 검토에 들어갔다. 1994년 6월 스위스 제네바에서 개최된 제1회 전문가 회의에서 6개의 기준과 20개의 가장 적당한 정량적 지표를 채택하였고, 현재는 다음 6개의 기준과 27개의 지표로 구성되어 있다(小林, 2000).

1) **산림의 생산성**: 생산과 제거의 균형 유지, 경영하의 산림 지역, 목재 이외의 임산물
2) **사회 · 경제적 가치**: 시민의 참가 및 자각, 조사 및 교육, 휴양 및 서비스, 문화적 가치, 고용, 산림 분야의 중요성
3) **생물의 다양성**: 일반적 보호, 희소 생태계, 생산림에 있어서 생물의 다양성, 절멸위험종
4) **산림의 보호 기능 유지**: 일반적 보호, 토양, 물의 안전성
5) **산림의 건강 및 증진**: 낙엽, 대기오염, 여러 가지 장애, 영양균형과 산성도
6) **산림 및 지구 규모 탄소순환**: 토지이용과 산림 지역, 전체적 용량, 산림축적의 증가, 탄소 저장

9·3·3 몬트리올프로세스

1992년 리우회의 이후 지속가능한 산림경영의 진전 상황에 대한 모니터링, 평가 및 보고 업무의 중요성 및 해당 업무를 수행하기 위한 기준과 지표 개발의 필요성에 대한 공감대가 확산하였다. 1992년 ITTO가 「열대천연림의 지속가능한 산림경영을 위한 ITTO 지침(ITTO guideline for the sustainable forest management of natural tropical forests)」을 발표함에 따라 온대림에도 유사한 원칙과 지침을 제시하기 위한 노력을 기울이기로 합의를 이루었다. 이에 온대림을 대상으로 지속가능한 산림경영을 객관적으로 평가할 정량적 · 정성적 기준 및 지표(criteria & indicators, C&I)를 개발하고 이행하기 위해 몬트리올프로세스(Montréal Process)가 발족하였다.

1993년 9월 캐나다 몬트리올에서 '온대림 등의 지속가능한 개발에 관한 전문가 세미나'가 개최되었고, 이 세미나의 기준 및 지표에 관한 분과회의에서 ①온대림 등의 지속가능한 개발에 관한 현상의 파악과 계측 가능한 C&I의 검토, ②산림자원 확대 · 생산력 · 건전성을 모니터링하기 위한 조사와 데이터 수집의 필요성, ③이들에 관한 장래의 협력 방법에 관한 검토와 토의가 이루어졌다. 또한 1994년 4월 말레이시아 쿠알라룸푸르에서 개최된 비유럽국가 전략회의에서 온대림 대상의 C&I를 개발할 실무단을 출범시켰다. 1995년 2월 제6차 칠레 산티아고 회의에서 10개 회원국(한국, 뉴질랜드, 러시아, 멕시코, 미국, 일본, 중국, 칠레, 캐나다, 호주)은 SFM C&I의 이행을 결의하는 산티아고선언(Santiago Declaration)과 지속가능한 산림경영을 위한 7개 기준 및 67개 지표를 채택하였다. 이후 아르헨티나와 우루과이가 각각 1995년 7월과 10월 추가로 가입하여 12개 회원국으로 확대되었으며, 지표를 개정하여 다음의 7개 기준과 54개 지표를 유지하고 있다(산림청, 2015).

1) **생물다양성 보전**: 생태계다양성, 종다양성, 유전적 다양성, 산림 형태, 영급, 천이단계, 보호지역 면적, 유형별 단편화 정도, 절멸위험종
2) **산림생태계의 생산력 유지**: 목재 생산, 경제수종, 비경제수종, 지속가능, 벌채면적, 목재 이외의 임산물
3) **산림생태계의 건전성과 활력 유지**: 역사적인 변동을 초월한 곤충 · 수병 · 산화 · 강풍 등의 영향 면적, 대기오염, 생태계 쇠퇴의 지표식물
4) **토양 및 수자원의 보존과 유지**: 하천유량, 수질, 유역의 산림 면적, 수보전을 우선해 관리하고 있는 산림 면적, 토양미생물의 다양성, 산림관리 수준
5) **지구적 탄소순환으로의 산림 기여**: 산림생태계의 총탄소축적량, 탄소 흡수와 방출에의 산림 기여, 탄소수지에의 산림 기여
6) **사회적 요구를 충족시키는 장기적 · 다면적인 사회 · 경제적 편익 유지 증진**: 생산과 소비, 휴양 및 관광, 문화 · 사회 및 정신적 수요의 가치, 고용 및 지역사회 수요
7) **산림의 보전과 지속가능한 관리를 위한 법적 · 제도적 및 경제적 범위**: 소유권의 명확성, 토지

소유권 제도의 적절성, 의사결정에의 국민 참여, 산림관리 규정, 산림자원 지표 등의 모니터링과 정보 제공

9·3·4 타라포토프로세스

1980년 8월에 발효된 아마존협력조약(Amazon Cooperation Treaty, ACT)은 아마존 유역의 8개국(브라질, 페루, 콜롬비아, 에콰도르 등)이 가맹하였다. 아마존협력조약은 ①아마존 유역의 조화로운 개발을 촉진하기 위한 공동 행동, ②아마존 유역의 상업항행(商業航行)의 자유 보증, ③천연자원의 이용에 관한 주권 선언, ④수자원 개발, ⑤환경 보전을 위한 과학적 연구 및 정보 공개를 주목적으로 하고 있다. 아마존협력조약 임시사무국은 1995년 2월 페루 타라포토에서 '아마존 산림의 지속가능성 기준 및 지표의 정의에 관한 지역 세미나'를 개최하여 아마존 산림의 지속가능성 기준 및 지표를 개발하기 시작하였고, 2000년 11월 타라포토프로세스(Tarapoto Process)가 공식 출범한 뒤 각국 정부에 채택을 권고하였다.

9·3·5 국제 공동 기준 및 지표

1995년 설립된 유엔 산하의 정부간 산림패널(Intergovernmental Panel on Forests, IPF)이 1997년 정부간 산림포럼(Intergovernmental Forum on Forests, IFF)으로 대체되었고, 2000년 다시 격상된 유엔산림포럼(United Nations Forum on Forests, UNFF)에서 지속가능한 산림경영의 개념 설정, 평가 및 적용을 위한 도구로서 기준 및 지표의 개발과 이행을 촉구하고 있다. 이에 맞춰 기준 · 지표 개발 및 이행을 위한 몬트리올프로세스, 헬싱키프로세스 등 다양한 지역 협의체의 구축이 진행되어 왔다.

지속가능한 산림경영을 평가하는 기준 및 지표와 관련한 최근 동향을 정리하면 첫째, 국제적 공동 기준 설정을 들 수 있다. 지금까지는 여러 지역 협의체가 각기 다른 기준 및 지표를 가지고 있었다. 먼저 지속가능한 산림경영을 평가하기 위한 국제적인 기준 및 지표로 나아갈 첫 단계로 공통 기준을 설정하였다. 유엔산림포럼에서 최종 선택한 기준은 ①산림자원의 규모, ②생물다양성, ③산림 건강성 및 활력도, ④산림자원의 생산력, ⑤산림자원의 보호 기능, ⑥사회 · 경제적 기능, ⑦법적 · 경제적 · 제도적 체계 등 7개이며 몬트리올프로세스와 거의 유사하다.

둘째, 기준 및 지표와 산림통계 체계 간의 연계성 강화를 들 수 있다. 지속가능한 산림경영의 평가를 효율적으로 수행하기 위해서는 기준 및 지표의 계량화가 필요하며, 이를 위해서는 산림통계 자료가 일정한 기준으로 구축돼야 한다. 최근 들어 기준 및 지표의 계량화와 산림자원평가시스템의 연계에 많은 관심이 쏠리고 있다. 현재 추진 중인 산림자원평가 체계로는 유엔유럽경제위원회(United Nations Economic Commission for Europe, UNECE)의 지역 차원 산림자원평가, 범유럽프로세스의 온 · 한대림 산림자원평가, 유엔식량농업기구

(FAO) 주관의 지구산림자원평가, 경제협력개발기구(Organization for Economic Cooperation and Development, OECD)의 산림환경통계를 들 수 있다.

9·4 우리나라 지속가능한 산림경영

1992년 리우회의에서 '환경적으로 건전하고 지속가능한 개발(ESSD)'의 개념이 소개된 후 우리나라에서도 이를 산림정책에 도입하기 위한 노력을 지속적으로 추진해 왔다. ESSD의 개념을 최초로 도입한 산림 관련 법령이 1994년 개정 · 공포된 「산림법」이며, 이후 지속가능한 산림경영은 각종 산림 법령과 정책의 기본 목표가 되고 있다. 특히 2014년부터는 환경 · 사회 · 경제적으로 지속가능한 산림경영 활동의 활성화를 위해 한국형 산림인증제도의 도입을 본격적으로 추진하였다.

9·4·1 지속가능한 산림경영 이행 노력

1 법령 기반 구축

1994년 12월 22일 개정 · 공포된 「산림법」은 제16조에서 지속적인 산림경영과 종합적이고 효율적인 산림관리를 도모하도록 산림청장의 책무를 규정함으로써 ESSD의 개념을 최초로 도입한 산림 관련 법령이다. 이어서 1995년 6월 23일 「산림법 시행령」과 1995년 8월 30일 「산림법 시행규칙」이 개정되면서 관련 내용을 구체화하여 법적 기반을 다졌다. 2001년 5월 24일 제정된 「산림기본법」에서는 지속가능한 산림경영이 산림정책의 최고 목적이라는 법적 근간을 명확히 정리하였다.

「산림기본법」 제2조에서 "산림의 보전과 이용을 조화롭게 함으로써 지속가능한 산림경영이 이루어지도록 함"을 기본 이념으로 명시함으로써 지속가능한 산림경영을 산림관리 정책의 가장 핵심이면서 기본적으로 준수할 산림정책의 기본 철학으로 제시하였다. 동법 제3조에서는 지속가능한 산림경영을 "산림의 생태적 건전성과 산림자원의 장기적인 유지 · 증진을 통하여 현재 세대뿐만 아니라 미래 세대의 사회적 · 경제적 · 생태적 · 문화적 및 정신적으로 다양한 산림수요를 충족하게 할 수 있도록 산림을 보호하고 경영하는 것을 말한다."라고 정의하였다. 나아가 동법 제13조 제1항에서는 "국가 및 지방자치단체는 지속가능한 산림경영을 위하여 산림의 지속가능성을 측정 · 평가하기 위한 기준 및 지표를 설정 · 운영하여야 한다." 그리고 제2항에서는 "국가 및 지방자치단체는 제1항에 따른 기준과 지표에 따라 산림자원 및 그 구성요소의 변화를 측정 · 평가하고 그 결과를 산림시책에 반영하도록 노력하여야 한다."라고 하여 지속가능한 산림경영의 평가 기준 및 지표의 설정 · 운영, 평가 결과를 시책에 반영하는 노력의 의무화를 규정하였다.

산림정책에서 헌법과 같은 역할을 하는 「산림기본법」의 규정을 실질적으로 뒷받침하기 위해 2006년 8월 시행된 「산림자원법」 제6조에서 지속가능한 산림경영의 기준과 지표에 맞게 산림을 관리하도록 하고, 제7조에서 우리나라 산림의 지속가능한 정도를 나타내는 산림지속성지수(Forest Sustainability Index)를 개발하고 보급하도록 규정함으로써 지속가능한 산림경영이 모든 산림정책의 기본적인 토대로서 구현될 수 있는 법적 정비가 갖추어졌다(표 9-2 참조).

표 9-2 산림지속성지수 관련 법률 및 시행령

구분	산림자원법	산림자원법 시행령
조	제7조(산림지속성지수의 개발 등)	제4조(산림지속성지수의 개발 등)
항	① 국가는 산림의 생태적·물리적·사회적·경제적 요소 등을 고려하여 대통령령으로 정하는 바에 따라 산림의 지속가능한 정도를 나타내는 산림지속성지수(山林持續性指數)를 개발하고 공표(公表)할 수 있다. ② 국가와 지방자치단체는 산림의 종류와 특성에 따라 산림지속성지수를 유지하고 증진하기 위한 계획을 수립·시행하여야 하며, 산림지속성지수가 현저히 떨어지거나 떨어질 우려가 있다고 인정되면 산림의 지속성 회복을 위한 대책을 강구하여야 한다.	① 산림청장은 법 제7조 제1항에 따른 산림지속성지수를 개발함에 있어 산림경영의 여건과 「산림기본법」 제13조 제1항 및 동법 시행령 제11조에 따른 기준 및 지표 등을 반영하여야 한다. ② 산림청장은 산림지속성지수를 지속적으로 보완하고 널리 활용하기 위하여 연구개발·모니터링·평가·환류 등 일련의 과정을 유지·관리하여야 한다.

2 정책적 기반 구축

「제4차 산림기본계획」(1998~2007)에서는 '지속가능한 산림경영 기반 구축'을 기본 목표로 설정하고, 이를 위해 우리나라에 적용 가능한 SFM 기준 및 지표를 개발하고 모니터링 체계를 구축하는 한편 산림경영인증 도입 등의 과제를 제시하였다. 「제5차 산림기본계획」(2008~2017)에서는 「제4차 산림기본계획」의 이행을 통해 지속가능한 산림경영을 위한 기반이 구축되었다고 평가하면서 '지속가능한 녹색복지국가 실현'이라는 비전을 달성하기 위해 SFM 기준 및 지표의 현지 적용을 확대하고 지속가능한 산림경영의 수준을 평가할 수 있는 산림지속성지수 개발·운영 등의 과제를 제시하였다.

2013년 변경·수립된 「제5차 산림기본계획(변경)」(2013~2017)은 '온 국민이 숲에서 행복을 누리는 녹색복지국가'를 비전으로 설정하여 산림이 인간에게 필요한 여러 재화와 서비스를 창출함으로써 지속가능한 사회 구현에 기여하고 이를 확산하여 지구촌의 공동 번영을 추구하는 이상을 담았다. 또한 국가 차원과 현장 단위에서의 지속가능한 산림경영 이행 확대를 위해 국제적 산림인증제(PEFC, FSC 등)와 연계가 가능한 국내 자체 산림인증제의 개발과 민간 주도의 운영 방향을 구체화하였다(산림청, 2015).

9·4·2 우리나라 지속가능한 산림경영 기준 및 지표

2001년 국립산림과학원은 몬트리올프로세스(1995)에서 합의된 7개 기준과 64개 지표를 기반으로 현지 적용이 가능하다고 판단되는 7개 기준, 27개 지표를 선별하여 강원도 홍천군 및 평창군 일대(운두령 지역) 산림을 대상으로 시범적용 연구를 추진하였다. 그 결과 몬트리올프로세스의 24개 지표와 범유럽프로세스의 4개 지표를 포함한 총 28개 지표를 우리나라의 SFM 기준 및 지표로 선정하였다(산림청 2015).

몬트리올프로세스는 2007년 제18차 회의에서 회원국이 SFM 기준 및 지표에 관한 국가보고서를 5년마다 자발적으로 발간하도록 권고하였다. 이에 따라 우리나라는 2009년과 2014년에 각각 제1차 및 제2차 「지속가능한 산림경영에 관한 대한민국 국가보고서」를 발간하였다(국립산림과학원, 2014). 두 보고서를 비교해 보면 제1차 보고서는 2005년 산림청이 채택한 7개 기준, 28개 지표를 기초로 하여 29개 지표에 대해 작성한 반면에 제2차 보고서는 몬트리올프로세스 7개 기준에 따른 54개 지표를 이용하였고 이 중 36개 지표에 대해 지표의 의미와 중요성 및 자료 경향 분석 결과를 제시하였다.

몬트리올프로세스 지표 가운데 19개 지표는 현재 상황에서 우리나라에 적용하기에 한계가 있다고 평가되었다. 차후 현재 포함되지 않은 지표에 대한 측정 및 모니터링 방법의 개발과 연구를 진행하여 국가보고서 작성 시 추가할 필요성이 있다(산림청, 2015).

2014년 국가보고서에서 채택한 7개 기준별 개략적인 설명과 하위 지표는 다음과 같이 요약할 수 있다.

[1] 기준 1. 생물다양성 보전

생물다양성협약에서는 생물다양성을 "육상, 해양, 기타 수중 생태계, 그리고 이들이 구성하는 생태적 복합체를 포함한 모든 자원으로부터 생물체 간의 변이성, 즉 종내, 종간 생태계 다양성을 포함한다."라고 정의한다. 생물다양성 보전은 지표 1-1 산림생태계의 유형, 천이단계, 영급, 산림 소유에 따른 면적과 비율, 지표 1-2 산림보호구역 내 생태계 유형과 영급, 천이단계에 따른 산림 면적과 비율로 평가한다. 종다양성은 지표 1-3 산림 내에 분포하는 생물종 수, 지표 1-4 법률적 근거 또는 과학적 평가에 의해 규정되는 위기 산림생물종 수, 지표 1-5 종다양성 보전을 위한 현지내 및 현지외 보전 현황으로 평가한다. 유전적 다양성은 지표 1-6 유전변이와 지역 적응 유전자형이 소실 위험에 처한 산림종, 지표 1-7 대표적 산림종 집단의 유전다양성, 지표 1-8 유전다양성 보존을 위한 현지내 및 현지외 보전 현황으로 평가한다(국립산림과학원, 2014).

[2] 기준 2. 산림생태계의 생산력 유지

산림의 생산력이란 산림이 직간접적으로 광범위한 종류의 재화와 서비스를 사회에 공급할 수 있는 잠재적 능력을 말한다. 산림생태계와 물질순환 과정을 훼손하지 않으면서 산림 기반 재화와 서비스를 이용할 수 있는 생산력 수준을 파악하는 일은 지속가능한 산림경영에 필수적이다. 따라서 산림생태계의 목재 및 비목재 자원의 공급 수준이 훼손되지 않도록 지속가능한 산림경영을 통해 산림의 생산력을 유지 및 증진해야 한다. 산림의 생산력은 지표 2-1 산림 면적·비율 및 목재생산 가능 면적, 지표 2-2 목재생산 가능 면적의 임상별 임목축적과 연간생장량, 지표 2-3 재래종과 외래종 식재지 면적과 임목축적, 지표 2-4 순생장량 또는 보속수확량의 비율로서 연간목재수확량 등 4개 지표로 평가한다(국립산림과학원 2014).

3 기준 3. 산림생태계 건강도와 활력도 유지

산림생태계의 건강도와 활력도는 산림이 외부 교란으로부터 회복하거나 적응하는 생태계 기능 및 유지 활동 능력과 밀접하게 연관되어 있으므로 지속가능한 경영에 있어 필수적이다. 특히 산림에 대한 무분별한 인위적 교란은 불가피하게 외래종과 각종 병해충의 유입을 가져와 산림생태계에 부정적인 영향을 초래한다. 우리나라 산림생태계의 건강도와 활력도는 지표 3-1 산림병해충 등 생물적 피해 산림 면적과 지표 3-2 산불, 태풍, 산사태 등 무생물적 요인에 의한 산림 피해 면적 등 2개 지표로 평가한다(국립산림과학원 2014).

4 기준 4. 토양과 물 자원의 보전 및 유지

토양과 수자원은 산림생태계의 기능과 생산성의 기반이 되는 요소이다. 산림생태계는 지표수 및 지하수 흐름에 지대한 영향을 미치며 맑은 물과 건전한 수생태계는 인간 삶의 질 향상에 필수적이다. 적절한 산림경영 활동은 산림과 하류의 토양 및 수자원의 가치를 보전할 수 있으나 부적절한 활동은 토양침식 혹은 답압, 수질 악화 등의 부정적 영향을 미친다. 따라서 산림토양, 산림 내 수자원 및 수생태계의 화학적·물리적·생물학적 특성에 대한 지속적인 모니터링을 통해 지속가능한 산림경영에 필요한 정보를 획득할 수 있다(The Montréal Process, 2015). 토양과 물 자원의 보전 및 유지 상태는 지표 4-1 토양 및 물 자원 보호림 면적, 지표 4-2 토양자원 보호를 위한 산림사업 실적, 지표 4-3 토양의 질적 저하 면적과 비율, 지표 4-4 물 자원 보호를 위한 산림사업 실적 등 4개 지표로 평가한다(국립산림과학원 2014).

5 기준 5. 지구 탄소순환에 대한 산림의 기여도

산림은 재생 가능한 자원의 공급처이면서 지구 탄소순환 과정에서 가장 큰 육상 탄소저장소의 원천이다. 산림의 탄소저장량에는 지상부 및 지하부 바이오매스(수간, 뿌리 등), 부후유기물(낙엽·낙지, 잔존물, 고사목), 토양 탄소저장량, 목제품이 포함된다. 우리나라에서는 전 국토의 약 63%에 달하는 산림이 대기 중 이산화탄소를 흡수하는 탄소흡수원의 역할을 하고 있어 온실가스 감축 부담을 줄여 줄 것으로 기대된다. 지구 탄소순환에 대한 산림의 기여도는 지표 5-1 산림바이오매스 총탄소저장량, 지표 5-2 산림바이오매스 탄소수지 등 2개 지표로 평가된다. 몬트리올프로세스에서 요구하는 '총 산림생산물 탄소저장량'과 '산림바이오매스의 화석연료 대체에 의한 탄소배출 감소량' 지표를 국가보고서에 반영하는 일은 향후 추진해야 할 과제이다(국립산림과학원 2014).

6 기준 6. 산림의 사회 경제적 편익의 유지 강화

지속가능한 산림경영을 통해 산림생태계를 유지 · 증진함으로써 산림의 다양한 사회 · 경제적 재화와 편익을 지속적으로 제공받을 수 있다. 임산물 생산 및 소비, 임업부문 투자 및 고용, 산림 기반 휴양 및 관광, 그 외에 사회적 · 문화적 산림 가치는 산림이 제공하는 다양한 편익을 구체적으로 나타낸다(The Montréal Process, 2015).

기준 1~5는 산림의 생태적 · 환경적 측면의 지속가능성에 초점을 맞추고 있는 반면에 기준 6은 산림의 경제적 · 사회적 측면의 지속가능성에 중점을 두고 있다. 몬트리올프로세스의 기준 6은 모두 5개의 중분류로 나뉘어 20개 지표로 구성되어 있다. 하지만 국가보고서에서는 우리나라에서 측정 및 보고가 가능한 9개 지표만 포함하였다. 이들 지표는 6-1 목재 및 목제품 생산량/생산액, 6-2 단기소득임산물 생산량/생산액, 6-3 목재 및 목제품 소비량, 6-4 단기소득임산물 소비량, 6-5 임업부문의 고용과 임금, 6-6 국내총생산과 산림부문의 GDP, 6-7 산촌체험 프로그램 방문자 수와 연간 소득, 6-8 공공 휴양과 관광을 위해 경영되는 산림 면적과 비율, 6-9 산림휴양 유형별 방문자 수 등이다(국립산림과학원, 2014).

7 기준 7. 지속가능한 산림경영을 위한 법, 제도, 경제 구조

기준 7은 국가 전반의 경제적 · 법적 · 제도적 · 정책적 환경에 대한 평가와 관련이 있으며 기준 1~6을 평가하기 위한 맥락을 제공하고 있다. 국가 혹은 지방자치단체 수준에서의 정책 수단과 더불어 법적 · 제도적 역량 및 경제적 여건은 지속가능한 산림경영을 이행할 수 있는 환경을 형성하는 데 주요한 요소이다.

기준 7에는 지속가능한 산림경영을 지원하기 위한 법, 제도, 경제적 수단과 관련한 7개의 정성적 지표가 포함되어 있다. 즉 지표 7-1 지속가능한 산림경영을 지원하는 법규와 정책, 지표 7-2 지속가능한 산림경영에 영향을 주는 세제와 경제 전략, 지표 7-3 토지와 자원의 보유권과 재산권의 명확성과 안전성, 지표 7-4 산림 관련 법률의 집행, 지표 7-5 지속가능한 산림경영을 위한 프로그램, 서비스와 기타 자원, 지표 7-6 지속가능한 산림경영을 위한 연구와 기술의 개발과 적용, 지표 7-7 산림 관련 의사결정에 민간 참여 및 분쟁 해결 등이 활용된다.

지속가능한 산림경영을 지원하는 법규 및 정책 지표와 관련해서는 「산림기본법」과 「산림자원법」의 제정을 통해 SFM 기준 및 지표를 이행하기 위한 정책적 · 제도적 장치를 구축하였다. 세제와 경제 전략 지표와 관련해서는 지속가능한 산림경영을 촉진하기 위해 임업과 관련한 조세 등의 감면 혜택과 저리의 융자 지원 정책을 시행하고 있다. 토지와 자원의 보유권과 재산권의 명확성과 안정성 지표 측면에서는 임지 등의 부동산 소유권 변동이 발생할 시 「민

표 9-3 2009년과 2014년 SFM 대한민국 국가보고서 지표 비교

기준	2009년 국가보고서 지표(29개)	2014년 국가보고서 지표(36개)
1. 생물다양성 보전	1-1. 산림생태계의 유형, 천이단계, 영급, 산림 소유에 따른 면적과 비율 1-2. 산림보호구역 내 생태계 유형과 영급, 천이단계에 따른 산림의 면적과 비율 1-3. 산림 의존종의 수와 개체군 변동 1-4. 위기에 처한 산림 의존종의 수와 상태 1-5. 현지내, 현지외 유전다양성 보전을 위한 노력	1-1. 산림생태계의 유형, 천이단계, 영급, 산림 소유에 따른 면적과 비율 1-2. 산림보호구역 내 생태계 유형과 영급, 천이단계에 따른 산림 면적과 비율 1-3. 산림 내에 분포하는 생물종 수 1-4. 법률적 근거 또는 과학적 평가에 의해 규정되는 위기 산림생물종 수 1-5. 종다양성 보전을 위한 현지내 및 현지외 보전 현황 1-6. 유전변이와 지역 적응 유전자형이 소실 위험에 처한 산림종 1-7. 대표적 산림종 집단의 유전다양성 1-8. 유전다양성 보존을 위한 현지내 및 현지외 보전 현황
2. 산림생태계의 생산력 유지	2-1. 목재생산 가능 면적 2-2. 자생/외래수종 인공조림 면적/축적 2-3. 연간 생장량 대비 연간 벌채량 2-4. 경영계획 수립 산림 면적	2-1. 산림 면적·비율 및 목재생산 가능 면적 2-2. 목재생산 가능 면적의 임상별 임목축적과 연간생장량 2-3. 재래종과 외래종 식재지 면적과 임목축적 2-4. 순생장량 또는 보속수확량의 비율로서 연간목재수확량
3. 산림생태계 건강도와 활력도 유지	3-1. 피해 산림 면적 3-2. 대기오염물질 피해 면적	3-1. 산림병해충 등 생물적 피해 산림 면적 3-2. 산불, 태풍, 산사태 등 무생물적 요인에 의한 산림 피해 면적
4. 토양과 물 자원의 보전 및 유지	4-5. 토사유출 방지 및 수자원 보호를 위한 보호림 4-1. 토양침식 면적 4-3. 인위적 요인에 의한 토양의 물리적 성질 변화 면적 4-2. 토양의 화학적 성질 변화 면적 4-4. 화학적 성질 변화가 생긴 산림지역 내 계류수의 비율	4-1. 토양 및 물 자원 보호림 면적 4-2. 토양자원 보호를 위한 산림사업 실적 4-3. 토양의 질적 저하 면적과 비율 4-4. 물 자원 보호를 위한 산림사업 실적

기준	2009년 국가보고서 지표(29개)	2014년 국가보고서 지표(36개)
5. 지구 탄소순환에 대한 산림의 기여도	5-1. 산림바이오매스 총탄소저장량 5-2. 산림바이오매스 탄소수지	5-1. 산림바이오매스 총탄소저장량 5-2. 산림바이오매스 탄소수지
6. 산림의 사회경제적 편익의 유지 강화	6-1. 목재 및 목제품 생산량/생산액 6-2. 단기소득임산물 생산량/생산액 6-3. 목재 및 목제품 소비량 6-4. 단기소득임산물 소비량 6-5. GDP 중 산림부문 기여율 6-6. 휴양 및 관광 목적으로 지정된 산림비율	6-1. 목재 및 목제품 생산량/생산액 6-2. 단기소득 임산물 생산량/생산액 6-3. 목재 및 목제품 소비량 6-4. 단기소득 임산물 소비량 6-5. 임업부문의 고용과 임금 6-6. 국내총생산과 산림부문의 GDP 6-7. 산촌체험 프로그램 방문자 수와 연간 소득 6-8. 공공 휴양과 관광을 위해 경영되는 산림 면적과 비율 6-9. 산림휴양 유형별 방문자 수
7. 지속가능한 산림경영을 위한 법, 제도, 경제구조	7-1. 재산권과 토지이용권의 보장 및 정당한 절차에 따른 재산권 분쟁을 해결하는 법적 체계 구비 정도 7-2. 산림의 다양한 가치를 고려한 산림부문의 주기적인 산림 관련 분야 계획 수립 및 평가 정도 7-3. 산림 관련 공공정책과 의사결정 과정에 민간 참여 및 일반 국민의 정보접근 기회 제공 7-4. 관련 분야의 계획과 조정을 포함한 주기적인 산림 분야의 계획 수립, 평가 및 정책 검토의 이행 7-5. 대중 참여 및 교육, 홍보 및 지도 프로그램 그리고 이용 가능한 산림 관련 정보의 제공	7-1. 지속가능한 산림경영을 지원하는 법규와 정책 7-2. 지속가능한 산림경영에 영향을 주는 세제와 경제 전략 7-3. 토지와 자원의 보유권과 재산권의 명확성과 안전성 7-4. 산림 관련 법률의 집행 7-5. 지속가능한 산림경영을 위한 프로그램, 서비스와 기타 자원 7-6. 지속가능한 산림경영을 위한 연구와 기술의 개발과 적용 7-7. 산림 관련 의사결정에 민간 참여 및 분쟁 해결

[국립산림과학원, 2014]

법」 및 「부동산등기법」에 따라 반드시 등기하도록 되어 있어 보유권을 명확히 하는 제도를 실시하고 있기에 지속가능성이 높다고 평가할 수 있다. 산림 관련 법률의 집행 지표와 관련해서는 국가 및 지방자치단체 차원의 산림사법경찰권을 산림 담당 공무원에게 부여하고 불법 벌채, 산림 훼손이나 산불 방화 등에 대한 단속에 적극적으로 행사하고 있어 긍정적이라고 평가할 수 있다. 그 외에도 GIS 시스템을 포함한 15개 산림정보시스템을 구축해 운영하고 국립산림과학원 제주시험림에서 지속가능한 산림경영 관련 연구과제를 지속적으로 수행하는 등의 노력은 지속가능한 산림경영을 위한 프로그램, 서비스와 기타 지원 및 연구 개발 지표 측면에서 높게 평가받을 수 있다(국립산림과학원, 2014).

우리나라는 산림축적 증가와 산림보호구역 확대로 산림의 생물다양성과 생산력이 크게 호전되었다. 그러나 산지전용, 영급의 불균형, 생산임지의 구획 정립, 산림병해충 확산, 산림토양의 산성화, 임업근로자의 고용 안정성 등은 앞으로 해결해야 할 문제점으로 남아 있다. SFM 기준 및 지표는 국가 차원의 산림 변화 추세를 객관적으로 평가할 수 있고 산림정책 결정자가 최선의 결정을 내리는 데 근거 자료로 활용할 수 있는 수단이다. 향후 각 지표와 관련한 시계열 자료를 체계적으로 수집하고 우리나라의 산림 현황을 올바르게 평가할 수 있는 시스템을 구축하는 일이 필요하다(산림청 2015).

9·5 산림경영인증제도

산림경영인증제도(山林經營認證制度)란 환경 · 사회 · 경제를 배려한 지속가능한 산림경영을 세계 수준에서 인증하여 그곳에서 생산된 임산물을 소비자가 우선적으로 구입하도록 함으로써 임산물 유통을 통해 임업경영을 지원하는 제도이다. 이를 위해 산림인증의 관련자들이 모여 환경 · 사회 · 경제적으로 지속가능한 산림관리를 위해 표준을 마련하고 표준에 따라 제삼자의 확인 · 평가를 거쳐 해당 산림경영의 지속가능성을 인증하고 있다. 즉 어떤 산림이 지속가능하게 잘 관리되었음을 증명하여 문서로 발행해 주는 시스템이다. 산림경영자는 인증을 받음으로써 산림경영의 친환경성, 지속가능성을 공인받고 더 나아가 산림경영을 통해 수확한 목재 등 임산물의 지속가능성을 인정받아 소비자의 신뢰도 개선에 활용하고 판매를 촉진하는 등의 이익을 기대할 수 있다.

비정부기구 차원에서 시행되고 있는 대표적인 산림경영인증제도로는 국제표준화기구의 ISO 14001, 산림관리협의회의 산림관리인증, 산림인증승인프로그램(Programme for the Endorsement of Forest Certification)의 PEFC 인증을 들 수 있다.

9·5·1 국제표준화기구

국제표준화기구(International Organization for Standardization, ISO)는 1947년 스위스에서 설립된 비정부기구이며 대표적인 국제 표준화 기관으로 꼽힌다. ISO의 목적은 국가와 지역에 따라 서로 다른 제품과 용역의 규격 및 기준을 세계 공통으로 통일하여 국제무역을 촉진하는 일이다. ISO의 국제 규격은 전문위원회(technical committee), 분과위원회

(subcommittee), 실무단(working group)에서 원안을 작성하고 회원의 투표를 거쳐 결정한다.

ISO의 규격 중 환경경영시스템(environment management system, EMS)에 관계하는 규격이 ISO 14000 시리즈이다. ISO는 지금까지 환경경영시스템에 관한 2개의 규격(ISO 14001 및 14004)과 환경감시에 관한 3개의 규격(ISO 14011~14013)을 발표하였다. 이 중 ISO 14001이 환경 개선을 계속적으로 추진하는 사업에 대한 규격으로 1996년 9월 1일부로 발효되었다. ISO 14001에서 규정하는 환경경영시스템은, 경영자가 기업의 환경 방침을 결정하면 각 부서에서 환경 방침에 기초하여 계획을 수립하고(plan) 실행하고(do) 점검하여(check) 결과가 좋지 않을 경우에는 방침과 계획을 수정하는(act) 'plan-do-check-act' 체계로 되어 있다. ISO는 지속가능한 산림경영의 달성에 기여하기 위해 ISO 14001을 산림 분야에 적용하는 방안을 1998년 발표한 기술 보고서(ISO/TR 14061)를 통해 제시하였다. 이에 따라 임업 및 임산 기업이 ISO 14001 인증을 취득한 사례가 세계 각국에서 나오고 있다.

9·5·2 산림관리협의회

산림관리협의회(Forest Stewardship Council, FSC)는 1993년 설립된 비영리 · 회원제 비정부기관이다. FSC의 의사결정은 회원의 투표로 이루어지며, 회원은 경제 · 사회 · 환경의 세 분야로 편성되어 있다. FSC는 ①환경보전 면에서 적절하고 사회적 이익에 알맞으며 경제적으로도 지속가능한 산림관리의 지원, ②인증기관의 평가 · 인정, 산림관리에 관한 각국 사이의 기준 작성 지원, ③훈련과 교육을 통한 적절한 산림관리의 추진 등을 목적으로 한다. FSC에서는 산림경영 개선을 위한 산림관리인증과, 인증목재의 시장 유통을 확보하기 위한 연계관리인증 등 2개의 인증 제도를 수행하고 있다.

1 산림관리인증

FSC의 산림관리인증(Forest Management Certification, FM 인증)은 기업의 산림경영 활동이 FSC의 원칙과 기준에 맞춰 지속가능한 방식으로 운영되고 있는지를 심사한다. FM 인증을 받은 산림에서 생산된 목재와 목제품에는 FSC 로고가 들어간 라벨이 부착된다. FSC 라벨이 붙어 있으면 소비자는 FM 인증 산림에서 생산된 목재와 목제품임을 확인할 수 있다. 이와 같이 FM 인증은 FSC 라벨을 수반하는 점에서 ISO 14001 규격과 다르다.

FSC는 산림관리에 관한 원칙과 산림소유자를 위한 지침에 기초하여 평가, 인증, 모니터링 등을 실시하고 있다. FM 인증을 받기 위해 산림소유자가 준수해야 할 산림관리 10대 원칙은 다음과 같다(1999년 1월 개정).

- **원칙 1. 준법**: 모든 관련 법률, 국제 협약 및 규정을 준수한다.
- **원칙 2. 근로자의 권리 및 고용 조건**: 근로자의 사회적 · 경제적 복지를 보호하고 강화한다.

- **원칙 3. 원주민의 권리**: 원주민의 토지와 자원에 대한 권리를 인정하고 존중한다.
- **원칙 4. 지역사회와의 관계**: 지역사회의 복지 향상에 기여한다.
- **원칙 5. 산림이 제공하는 편익**: 경제성뿐 아니라 환경 · 사회적 가치를 고려한 산림자원의 효율적 이용이 필요하다.
- **원칙 6. 환경적 가치와 영향**: 생태계와 환경 서비스를 보존하고 부정적인 영향을 최소화한다.
- **원칙 7. 관리 계획 수립**: 명확한 목표에 따른 관리 계획을 수립하고 이를 최신 상태로 유지한다.
- **원칙 8. 모니터링과 평가**: 관리 활동의 성과를 지속적으로 점검하고 개선한다.
- **원칙 9. 높은 보존 가치 보호**: 보존 가치가 높은 산림은 예방적으로 관리하고 보호한다.
- **원칙 10. 책임 있는 경영 실행**: 모든 경영 활동은 조직의 정책 및 FSC 원칙에 부합하게 수행한다.

FSC에서는 여러 소규모 산림소유자가 함께 인증을 취득할 수 있는 시스템을 구축하고 있다. 그중 하나가 산림자원 관리자를 대상으로 한 산림자원관리자인증(Resource Manager Certification)이나. 산림자원 관리자는 다수인 산림소유자의 위탁을 받아 산림관리를 대행하는 전문가로서 소규모의 산주를 대신하여 인증을 받을 수 있다. 또 하나는 여러 소규모 산림소유자가 단체를 만들어 하나의 인증을 받을 수 있는 단체인증 프로그램이다. 소규모의 산주들도 지속가능한 산림경영 활동에 참여할 수 있는 제도이다.

② 연계관리인증

연계관리인증(Chain of Custody Certification, CoC 인증)은 가공 · 유통 과정에서 인증 목재나 목제품이 다른 제품과 구별 · 식별되어 사용되고 있는지를 심사하여 목재 생산부터 소비까지의 연쇄적인 흐름을 검증하며, FM 인증과는 별도의 체계이다. CoC 인증은 FM 인증 산림에서 생산된 목재를 사용해 가공 · 유통한 제품을 인증하는 제도이며 최종 제품에는 FSC 라벨이 부착된다. CoC 인증을 받은 임산물을 적극적으로 취급하는 업체 집단을 구매자단체(buyer group)로 칭하고 있다. CoC 인증 제도와 관련하여 1997년 9월 FSC는 함량비율표시제(percentage-based labeling)를 도입하여 보다 유연한 라벨 방침을 펴고 있다.

9·5·3 우리나라 산림경영인증제도

환경을 배려하고 사회에 기여하며 경제적으로도 지속해 나갈 수 있는 산림경영을 위해 우리나라 산림도 2006년부터 국유림을 중심으로 FM 인증을 취득하기 시작하였다. 2014년 말 기준 전체 산림의 6.2%인 약 38만 ha의 국유림이 FSC의 FM 인증을 취득하는 등 국유림을 중심으로 FM 인증이 확대되어 왔다. 반면에 사유림의 인증 면적은 미미한 수준이다. 이는 아직 FM 인증에 대한 국민 인식이 낮고 까다로운 인증 절차와 비용 과다 등의 사유로 공 · 사유림 소유자가 산림인증에 적극적으로 참여하지 않았기 때문이다.

이에 국내 임업 및 임산업 관련자들로부터 비용 효율적이고 국내 산림 현실을 감안한 우리나라 자체의 산림경영인증제도의 도입을 요구받았다. 이러한 사회적 요구에 부응하여 2015년 1월 한국산림인증위원회(Korea Forest Certification Council)가 발족하였고, 「산림자원법」에 따라 2017년부터 한국산림인증제도(Korea Forest Certification, KFCC)가 시행되었다. 한국산림인증제도는 산림을 환경 · 사회 · 경제적으로 지속가능하게 관리하는지를 객관적으로 평가할 수 있는 기준과 지표를 바탕으로 우리나라 실정에 맞게 인증하는 제도이며, 산림경영인증(FM)과 임산물생산 · 유통인증(CoC)으로 구분된다.

한국산림인증위원회는 지속가능한 산림경영을 산림의 현장에서부터 이행하고 확산하기 위해 한국임업진흥원의 내부 조직으로 설립되었으며, 한국산림인증제도의 운영기관과 표준개발기관으로서의 역할을 동시에 수행하고 있다. 위원회에는 국 · 공 · 사유림 산주, 목재 · 제지 등 임산업체, 환경단체, 노동단체, 소비자단체, 기술단체, 대학 및 연구단체 등 17개 단체가 참여하고 있으며, 산하에 표준분과위원회를 포함한 3개의 분과위원회를 별도로 구성하고 있다. 표준분과위원회에서 표준안을 작성 · 검토하고 표준안의 공개적 의견을 수렴한 후 한국산림인증위원회로 최종 상정하면 위원회에서 심의 · 의결한다.

1 한국산림인증제도 운영 구조

한국산림인증제도는 운영기관, 인정기관, 인증기관에 의해 운영된다. 각 기관의 지위와 역할은 다음과 같다.

① 운영기관

운영기관(National Governing Body, NGB)은 한국임업진흥원이 맡고 있으며, 한국산림인증제도의 전반적 운영을 주관하는 조직이다. 인증표준(standard) 제 · 개정, 로고 라이선스 발급, 인증기관 공시, 한국산림인증제도 관련 불만 및 이의 처리, 제도 홍보 및 교육 등 산림인증과 관련한 업무를 총괄 수행한다.

② 인정기관

인정기관(Accreditation Body, AB)은 한국인정지원센터(Korea Acreditation Board, KAB) 및 국가기술표준원(Korea Agency for Technology and Standards, KAS)이 담당한다. 이들 기관은 국제인정기관협력기구(International Accreditation Forum, IAF)에 등록이 되어 있는 단체로, 제삼자 인증기관의 적격성 평가(인정 업무)를 수행한다.

③ 인증기관

인증기관(Certification Body, CB)은 인정기관(AB)으로부터 적격성 승인을 받은 기관으로서 한국산림인증제도의 요구 사항을 준수하고 유지해야 하며 산림인증에 대한 실질적인 심사를 담당한다. 인증기관은 ISO/IEC 17021 및 ISO/IEC 17065를 준수해야 하고, 인증기관에 대한 ISO 19011의 정의에 따라 감사 및 품질 · 환경 경영시스템 기준을 충족해야 한다. 산림경영인증 절차는 표 9-4와 같다.

표 9-4 한국산림인증제도의 인증 절차

단계	세부 내용
인증신청서 작성 및 제출	산림경영인증(FM) 심사를 받을 준비를 마치면 인증 신청자는 인증기관(CB)에서 제공하는 인증신청서를 작성하여 인증기관에 제출한다. 인증 신청자는 한국산림인증위원회가 공시한 인증기관 중 자유롭게 선택할 수 있다.
예비심사	인증기관은 산림경영 단체의 산림경영계획을 검토하고 이에 대한 현장 실사를 진행한다. 인증기관은 보완 요청 사항에 대한 보고서를 인증 신청자에게 제공한다.
본심사	인증기관은 한국산림인증제도에서 정의하고 있는 표준에 한해 인증 신청자의 산림경영을 평가한다.
인증서 발급	본심사 결과, 인증 신청자의 산림경영이 한국산림인증의 표준에 준하고 있다면 KFCC 인증서를 발급한다.
유지심사	인증기관은 인증 보유자가 한국산림인증의 표준에 준해 지속가능한 산림경영을 실시하고 있는지를 확인하기 위해 매년 유지심사를 진행한다.
갱신심사 및 인증서 재발급	인증기관은 주기적으로(5년마다) 인증서 재발급을 위한 갱신심사를 실시하며 이는 본심사와 동일한 수준으로 진행한다. 갱신심사 결과, 인증 신청자의 산림경영이 한국산림인증의 표준에 준하고 있다면 KFCC 인증서를 재발급한다.

2 산림경영인증표준

한국산림인증제도의 산림경영인증표준은 산림을 경영하는 주체가 산림을 환경 · 사회 · 경제적으로 지속가능하게 경영하기 위해 필요한 요구 사항을 담고 있다. 우리나라는 몬트리올프로세스 가맹국으로서 국가 차원에서 SFM 기준 및 지표를 설정하고 이행하기 위한 노력을 기울여 왔다. 산림경영인증표준은 몬트리올프로세스와의 통합성을 추구하기 위해 공통 기준을 설정하였다.

실질적인 평가 지표는 국내 산림 현장의 특성을 반영하기 위해 이해관계자의 의견을 충분히 수렴하고자 하였으며, PEFC의 지속가능한 산림경영 요구 사항(PEFC ST 1003:2010)에 따라 개발되었다. 환경, 사회, 경제, 산주, 전문가, 정책 분야 등 15개 단체가 참여한 표준분과위원회와 표준안 실무단이 초안을 개발하고 산림 현장에서의 시범 적용 및 공개적 의견 수렴 과정을 거친 후 2015년 12월 한국산림인증위원회에 정식으로 상정되어 1차 표준이 최종 승인되었다.

표준에서 제시한 산림경영 요구 사항은 ①생물다양성의 보전, ②산림생태계 생산력의 유지, ③산림생태계 건강 및 활력의 유지, ④토양과 수자원의 보전과 유지, ⑤산림자원의 유지 및 증대와 전 지구 탄소순환에의 기여, ⑥장기적이고 다각적인 사회 · 경제적 이익의 강화 및 유지, ⑦산림 보전 및 지속가능한 경영을 위한 법적 · 제도적 · 경제적 체계 등 총 7개 항목이다. 인증을 신청한 산림경영자는 표준에서 제시한 산림경영 요구 사항의 항목별로 기준을 충족하는지를 평가받고 모두 만족할 경우 산림경영인증을 받을 수 있다.

연습문제 ▌

1. 산림경영과 관련한 국제 협약의 흐름에 대해 설명하시오.
2. 지속가능한 산림경영 패러다임들을 상호 비교해 보고, 어느 패러다임이 우리나라 산림경영에 적합하다고 생각하는지 논하시오.
3. SDGs 가운데 산림경영과 가장 밀접한 관계가 있는 목표에 대해 설명하시오.
4. 우리나라의 산림경영인증제도를 설명하고, 국제적 흐름에 맞춰서 무엇을 해야 할지 논하시오.
5. 우리나라의 지속가능한 산림경영을 위해 무엇이 필요한지 논하시오.

참고문헌 ▌

1. 국립산림과학원. 2014. 지속가능한 산림경영에 관한 대한민국 국가보고서 2014. 연구보고 14-28.
2. 국립산림과학원. 2024. 국제 산림이슈 선도를 위한 산림부문 SDGs 지표 평가체계 구축.
3. 국립산림과학원. 2023. K-SDGs 산림부문 이행현황. NIFoS 산림정책이슈 제169호.
4. 국립산림과학원. 2024. 국제사회 SDGs 산림부문 이행현황 및 시사점. NIFoS 국제산림정책토픽 제140호.
5. 김성진, 안태혁. 2022. ESG 경영의 현황과 과제: 한·일 철강산업의 현황을 중심으로. 한국일본근대학회, 일본근대학연구 77: 235-262.
6. 산림청. 2015. 산림과 임업 동향에 관한 연차보고서.
7. 서용구, 이현이, 정연승. 2022. 유통산업의 ESG 전략과 사례: 월마트, 아마존, 이마트, 쿠팡을 중심으로. 한국유통학회, 유통연구 27(2): 77-99.
8. 성준경, 윤화영, 강규영. 2023. 국내기업 ESG경영에 있어서 산림탄소흡수원의 활용과 향후 과제. 한국산림경제학회지 30(2): 1-14.
9. 안세민, 조대혁, 류도현 외. 2022. 산림분야 ESG 평가모델 개발을 위한 국내외 ESG 동향과 전략. 한국산림경제학회지 29(2): 67-84.
10. 한국기업지배구조원. 2021. ESG 모범규준.
11. 한국산림인증위원회. 2015. 한국산림인증제도 산림경영인증표준 문서번호 KFCC-S-01. 한국임업진흥원.
12. 함태성. 2022. 우리나라 탄소중립 법정책의 몇 가지 쟁점과 과제에 대한 고찰-EU의 탄소중립법제와의 비교를 통하여. 한국비교공법학회, 공법학연구 23(3): 257-283.
13. 환경부. 2022. 환경성 평가체계 가이드라인.
14. ECOSOC. 2024. Progress towards the Sustainable Development Goals Report of the Secretary-General.

15. The Montréal Process. 2015. Criteria and Indicators for the Conservation and Sustainable Management of Temperate and Boreal Forests. 5th edition.
16. The Montréal Process. montreal-process.org.
17. UN SDGs. sdgs.un.org.
18. UNSD. 2024. The Sustainable Development Goals Report 2024.
19. 小林紀之. 2000. 21世紀の環境企業と森林. 日本林業調査会.

제10장 생태적 산림경영

10·1 다목적 산림경영

10·1·1 다목적 산림경영 개념

다목적 산림경영(multiple use forest management)은 산림자원의 다양한 용도를 통합하여 사람과 환경의 요구를 균형 있게 충족하는 것을 목표로 한다(Lucas & Sinden, 1970). 1960년 제정된 미국의 「다목적이용–보속수확법」에 따르면 이는 목재, 수자원, 야생동물, 어류, 방목지, 야외 휴양 등 재생 가능한 모든 산림자원을 공익에 가장 적합한 방식으로 관리하는 일을 의미한다. 다목적 산림경영은 다양한 목적과 기능을 가진 산림경영(multipurpose, multiple purpose, multiple use, multi use, multi objective, multi functionality, multiple objective, diversified, integrated forest management 등)으로 언급되기도 한다(Başkent, 2018).

다목적 산림경영의 핵심은 특정 용도의 경제성이나 생산량 극대화가 아니라 다양한 용도를 사회 전체에 유익한 방식으로 조합하는 데 있다. 이는 산림의 경제적 · 생태적 · 사회적 혜택을 고르게 제공하기 위함이다. 예를 들어 산림은 목재 생산을 위한 벌목이 이루어지는 장소인 동시에 식수를 위한 수질 보호, 야생동물 서식지 제공, 하이킹 및 캠핑 공간 조성을 위한 용도로 활용될 수 있다. 결과적으로 다목적 산림경영는 산림의 다양한 가치를 고려하고 현재와 미래 세대를 위해 지속가능한 방식으로 균형을 조정하는 일이다.

10·1·2 다목적 산림경영 배경

다목적 산림경영의 개념은 자원 활용과 장기적 지속가능성의 균형을 목표로 한 20세기 초 미국의 보전 운동에서 등장하였다(Fedkiw, 1998). 1907년 미국 내륙수로위원회(Inland Waterways Commission)에서 처음 논의된 수자원 관리에서 비롯되어 관개, 항해, 홍수 조절, 수력발전을 위한 유역 개발을 계획하는 과정에서 다목적의 개념이 형성되었으며 이후 산림관리에도 적용되었다.

이러한 산림관리의 법적 기반은 1897년 「유기법(Organic Act)」의 제정으로 마련되었다.

「유기법」은 목재 생산과 수자원 보호를 보장하면서도 방목 및 채굴과 같은 지역적 용도를 허용하는 한편 국유림을 보호하도록 규정하였다. 미국의 초대 산림청장이었던 기포드 핀쇼는 현명한 사용과 적응적 관리를 강조하며 목재 생산, 휴양, 야생동물 보호 등 변화하는 사회적 요구에 맞춰 산림관리 방식을 조정하였다.

이 개념은 1933년 「코플랜드 보고서(Copeland Report)」로 공식화되어 목재, 수자원, 휴양, 야생동물 보호를 고려한 산림관리가 제안되었다. 이후 1960년 「다목적이용-보속수확법」이 제정되면서 국유림에서 휴양, 방목, 목재 생산, 유역 보호, 야생동물 서식지 등의 용도를 균형 있게 유지하도록 법적 의무가 부과되었다. 1974년 「산림 및 목초지 재생자원법(Forest and Rangeland Renewable Resources Act)」과 1976년 「국유림관리법(National Forest Management Act)」이 제정되면서 장기 계획, 대중 참여, 생태계 보호를 강조하는 방향으로 다목적 산림경영이 발전하였다.

20세기 초 북아메리카의 자연보호 활동가들 사이에서는, 자원이 무한하다는 믿음이 비현실적이며 일부 지역에서 목재 부족이 발생할 가능성이 있다는 우려가 제기되었다(Bettingor *ct al.*, 2016). 초기의 지속가능한 산림경영은 최소한의 비용으로 산림수확량을 극대화하여 목재 시장의 수요를 충족하는 경제성에 초점을 맞추었다. 그러나 20세기 중반에 들어서면서 시민의 여가 시간이 늘어나고 교통이 발달함에 따라 산림휴양, 야생동물 보호, 임산물 자원에 대한 대중의 관심이 높아졌다. 이에 따라 경제적 가치뿐만 아니라 생태적 가치까지 고려하는 균형 있는 산림관리의 필요성이 더욱 강조되고 다목적 산림경영을 촉진하는 결과를 가져왔다.

10·1·3 다목적 산림경영 방식

다목적 산림경영에는 통합 토지이용과 분리 토지이용이라는 두 가지 접근 방식이 있다(Tuulentie *et al.*, 2025). 이는 토지이용과 산림관리의 공간적 배치에 따른 구분이다.

1 통합 토지이용

통합 토지이용(integrated land use)은 동일한 지역에서 여러 혜택을 동시에 창출하는 방식이다. 이 접근법은 다양한 산림 이용 간 균형을 유지해야 하며, 종종 목재 생산, 생물다양성 보전, 휴양과 같은 상충하는 목표 간의 조정을 요구한다. 대표적인 사례로 '지속적 산림형태 경영(continuous cover forestry, CCF)'이 있다. 이는 산림의 구조적 · 시각적 · 생물학적 형태를 유지하면서 다양한 생태계서비스를 제공하도록 관리하는 방식이다. 통합 토지이용은 여러 산림경영 목표가 겹쳐 있고 총체적 관리 방식(holistic approach)이 요구되는 경우에 특히 적합하다.

2 분리 토지이용

분리 토지이용(differentiated land use)은 특정 산림 지역을 개별 목적에 따라 구분해 관리하는 방식으로, 각 구역에서 특정 산림생태계서비스의 생산을 최적화하는 데 초점을 맞춘다. 일반적으로 전통적 벌채 기법을 활용하며, 일부 구역은 집약적 목재 생산에, 다른 구역은 보전, 휴양, 기타 생태계서비스 제공에 집중한다. 분리 토지이용은 대규모 산림관리에서 효과적이며, 단일 기관이 토지를 소유하고 있어 명확한 구역 지정과 전문화가 가능한 경우에 더욱 적합하다.

3 현실적 접근법

통합 토지이용과 분리 토지이용이 극단적 사례에 해당하므로 실제 산림관리에서는 두 접근법을 결합해 적용하는 경우가 많다. 현실적 접근법은 경제적 · 생태적 · 사회적 우선순위를 균형 있게 반영하면서 다양한 생태계서비스를 효율적으로 제공할 수 있다.

10·2 산림복합경영

10·2·1 산림복합경영 개념

산림농업(agroforestry)은 목재 생산과 농축산업을 결합하여 자연환경과 산림소유자 모두에게 이익을 주는 경영 방식이다(Nair *et al.*, 2021). 1977년 국제적으로 연구되던 토지 경영(land management)에서 처음 다루어졌으며, 이후 다양한 정의가 등장하였으나 핵심 개념은 동일하다. 즉 농축산업과 목재 생산을 연계하여 두 작물 간 상호작용을 촉진함으로써 토지의 생산성과 지속가능성을 높일 수 있다.

임업과 농축산업의 결합 외에도 관광, 생태계 보전, 교육 등 산림의 다양한 기능을 복합적으로 운영하는 경영 방식인 산림복합경영(forest complex management)은 오랜 역사를 지니고 있으나 현대 과학을 접목하면서 더욱 효율적으로 발전하고 있다. 산림복합경영은 농축산물의 수확량 유지, 작물의 다양화를 비롯해 환경보호, 깨끗한 물 생산, 건강한 토양 유지, 야생동물 서식지 보호 등 다양한 생태계서비스 제공에도 기여한다. 이러한 이점으로 인해 산림복합경영은 개발도상국의 농업 및 임업 개발 프로그램에서 점점 더 중요하게 활용되고 있다.

특히 열대지방에 위치한 개발도상국에서는 단일 농업 또는 임업 방식만으로 토지 소유주의 요구를 충족하거나 토지를 효과적으로 활용하기 어려운 경우가 많다. 이러한 지역에 산림복합경영을 도입하면 다양한 형태의 유동적 토지 경영이 가능해진다. 예를 들어 이동식 경작과 같은 단순한 방식부터 가정 정원(homegarden), 여러 겹의 목재 및 농작물이 결합된 복합시스템까지 폭넓게 적용할 수 있다. 이 과정에서 재배되는 나무는 부가적인 역할도 수행한다. 과일, 목재 등 경제적 가치가 있는 자원을 생산할 뿐만 아니라 그늘을 제공하거나 바람으로부터 작물을 보호하기도 한다.

온대지방의 산업 국가에서도 산림복합경영은 환경 개선을 위한 주요 전략으로 활용된다. 대표적 방법으로는 강변을 따라 나무를 식재한 수변완충림, 바람을 막아 주는 방풍림, 임업과 목축을 결합한 임간축산이 있다. 또한 나무 사이에 작물을 심어 재배하는 혼목작물재배, 숲 내부에서 농작물을 기르는 임간재배 방식도 있다. 이들 방법은 목재와 작물 간의 상호작용을 극대화하여 지속가능한 토지이용을 촉진한다.

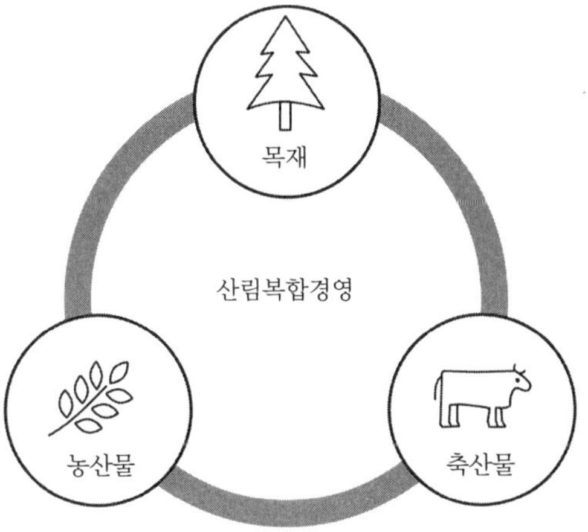

그림 10-1 산림복합경영의 3대 요소

10·2·2 산림복합경영 특징

산림복합경영의 주요 특징으로는 생산성(productivity), 지속가능성(sustainability), 적응성(adoptability)을 들 수 있다(Nair *et al.*, 2021).

1 생산성

산림복합경영 체계는 목재, 농작물(때로는 축산물) 등 여러 생산물을 결합함으로써 단일종 체계(single-species system)보다 더 많은 자원이 생산되도록 돕는다. 이는 나무와 농작물이 함께 자라면서 햇빛, 물, 영양소 등의 자원을 효율적으로 활용할 수 있기 때문이다. 예를 들어 나무는 작물에 그늘을 제공하고 토양의 질을 개선하며 병해충을 줄이는 데 기여할 수 있다. 결과적으로 산림복합경영은 농작물과 임산물(목재, 과일 등)의 수확량을 증대하고 비료 및 살충제 사용을 줄이는 등의 추가적 이점을 제공한다. 또한 기후변화와 같은 외부 스트레스에 대한 경영 시스템의 회복력을 높인다.

2 지속가능성

산림복합경영은 장기적으로 토지의 건강을 유지하고 개선하는 데 기여한다. 나무를 비롯한 목본식물은 토양침식을 방지하고 비옥도를 높이며 수자원 보호에 중요한 역할을 한다. 따라서 산림복합경영은 토지 훼손을 방지하고 미래에도 지속적으로 식량, 연료, 기타 자원을 생산할 수 있도록 지원한다.

3 적응성

산림복합경영의 설계 · 운영에는 지역의 농업 체계와 문화가 반영된다. 즉 지역 농부는 기존 농업 방식을 크게 바꾸지 않고도 산림복합경영을 적용할 수 있다. 또한 산림복합경영 자체는 새로운 개념이 아니며 많은 전통적 농업 체계에 이미 나무가 포함되어 있다. 따라서 새롭거나 개선된 산림복합경영 방식은 전통적 토지이용 방식 및 지역 농업의 요구 사항과 조화를 이루어야 효과를 거둘 수 있다.

10·2·3 산림복합경영 유형

산림복합경영의 구성은 크게 임업+농업 방식, 임업+축산업 방식, 임업+농업+축산업 방식으로 분류할 수 있다. 각각의 산림복합경영 방식은 토지 경영 목적과 지역적 요소에 따라 다음과 같은 형태로 활용된다.

1 임간재배

임간재배(forest farming)는 숲의 하층에 고부가 특용작물을 재배하는 유형으로, 햇빛이 잘 들어오도록 수관을 조절하고 산양삼, 표고, 양치식물 등을 식재하는 일을 말한다. 임목이 벌기령까지 성장하는 동안 소득을 얻기 위함이다. 강원도 산림복합경영의 경우 청정 자연식품에 대한 관심이 고조됨에 따라 풍부한 산림자원을 활용하여 산약초, 특용수, 조경수, 유실수 등 고소득 작물을 임내에서 재배하는 새로운 산림경영의 패러다임으로 산림복합경영을 발굴하여 2000년도부터 추진해 오고 있다.

2 임간축산

임간축산(silvopasture)은 목재 생산과 사료 및 축산을 조합하는 유형으로, 나무는 동물에게 그늘과 쉼터를 제공하고 겨울에 바람을 막아 준다(그림 10-2 C 참조). 식재된 나무는 고가의 제재목 생산을 목적할 수 있다. 미국에서는 산주들이 침엽수 혹은 활엽수를 조림한 뒤 목축을 함으로써 부수적인 수입원으로 활용하고 있다. 견과류나 과수 생산도 병행이 가능하다. 따라서 임간축산은 수입원을 다양화하고 화학적 · 기계적 식생 조절을 최소화한다.

3 방풍림

방풍림(windbreak)은 바람에 의한 농작물 피해를 방지하고 토양과 수자원을 보호하기 위해 농경지 또는 목초지 주변에 나무를 일렬로 심는 유형을 말한다(그림 10-2 A 참조). 농경지 방풍림은 바람에 약한 작물을 보호하고 풍식을 억제하며 벌의 수분 매개와 해충방제 효과를 증진한다. 목초지 방풍림은 동물의 스트레스와 사망률을 낮추고 먹이 소비를 줄이며 악취 확산을 막아 준다. 도로로 눈이 넘치는 일을 막기 위해 방풍림을 조성하기도 한다. 또한 제주도에서는 바람을 막는 돌담과 함께 측백나무와 삼나무를 식재하여 귤밭에 들이치는 바람을 최소화한다.

4 수변완충림

수변완충림(riparian forest buffer)은 수로와 경작지 사이 또는 하천변에 수목과 초본을 식재하는 유형이다. 수변완충림은 인접한 토지의 비점오염인을 완충하고 제방 침식을 줄이며 수생 환경을 보호하여 생물다양성을 증진한다.

5 혼목작물재배

혼목작물재배(alley cropping)는 장기수를 줄지어 식재하고 그 사이에 농작물을 재배하는 유형이다(그림 10-2 B 참조). 나무에는 종종 가지치기를 하여 그늘과 작물의 경쟁을 줄여준다. 혼목작물재배는 토양침식을 방지하고 토양의 양분 순환을 촉진하여 토양 건강을 개선하는 효과도 있다. 고가의 제재목 또는 합판용재로 쓰이는 호두나무, 참나무, 물푸레나무, 피칸과 같은 고품질 활엽수가 선호된다. 부가적으로 견과류는 별도의 중간 생산물이 된다.

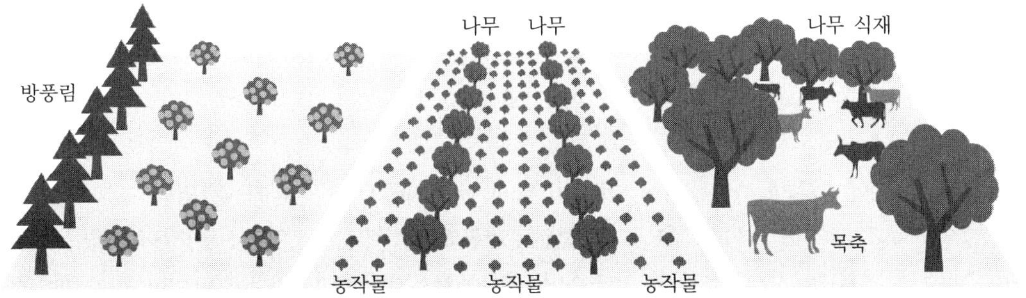

그림 10-2 산림복합경영 유형(A: 방풍림, B: 혼목작물재배, C: 임간축산)

10·2·4 우리나라 산림복합경영

1 산림복합경영 필요성

국내 목재 생산의 수익성을 분석한 결과를 보면 수종에 따라 차이는 있으나 주벌수익이 조림비 수준에 머물거나 그보다 낮은 경우가 많다(민경택 등, 2013). 이로 인해 산주의 산림투자 의욕이 저조한 실정인바 문제를 해결하기 위한 대안으로 산림복합경영이 제시되고 있다. 산림복합경영은 목재 생산 중심의 전통적 산림경영이 지닌 장기성과 저수익성 문제를 보완할 수 있는 방안이다. 국내외적으로 강조되는 지속가능한 산림경영을 실현하기 위한 생태적 · 경제적 · 사회적 측면에서도 산림복합경영이 필요하다.

생태적 측면에서 산림생태계의 건강성을 유지하려면 산주가 지속적으로 숲가꾸기를 실시해야 한다. 그러나 목재 생산의 수익성이 낮아 산주의 투자를 유도하기 어려운 실정이다. 숲에서 작물을 생산하려면 간벌이 선행돼야 하므로 산림복합경영으로 산림생태계의 건강성을 높일 수 있다. 또한 산나물이나 산약초를 재배하면 자생식물 자원을 유지 · 증식하여 생물다양성 보전에 기여할 수 있다.

경제적 측면에서 산림복합경영은 임업경영의 수익성 개선에 기여한다. 단기적으로는 임산물 재배를 통해 수익을 올리고, 장기적으로는 목재의 가치를 향상하여 임업소득을 증대할 수 있다. 결국 산림경영자에게 직접적인 소득 증대 효과를 제공한다.

사회적 측면에서 산림복합경영은 식품 안전성과 웰빙(well-being)에 대한 사회적 관심이 높아지면서 중요성이 부각되었다. 농약이나 화학비료를 사용하지 않는 무공해, 유기농, 청정 임산물에 대한 소비자 수요가 늘어나고 있어 산림복합경영은 화학비료를 많이 사용하는 관행 농업의 대안으로 적합하다. 또한 청정 산림에서 생산된 먹거리와 도시민을 위한 체험 및 휴양 공간은 도시와 산촌 간 교류를 활성화하는 연결 고리의 역할을 할 수 있다.

2 산림복합경영 변화

국내에서 본격적인 산림복합경영은, 1997년 「임업진흥촉진법」 제정으로 산지 소득화를 위한 법적 · 제도적 기반을 마련하면서 시작되었다. 산림복합경영이라는 명칭으로 정식 도입된 역사는 짧으나 과거부터 이와 유사한 형태가 숲과 농지에서 종종 있어 왔다. 예를 들어 1979년 이전까지 대대적으로 시행된 화전 경작은 산지에서 작물을 재배한 원초적 형태로 볼 수 있다. 또한 1970~1980년대 축산 장려 정책에 따라 산지초지 조성이 활발하였으나 경제성이 낮아 지속되지는 못하였다.

산림청은 1999년부터 산림농업에 적합한 산지 소득사업으로 정책지원사업의 일환인 산림복합경영사업을 추진하였다. 2001년 「임업진흥촉진법」을 개정한 「임업진흥법」에 제9조(산림의 복합경영 지원)를 신설함으로써 본격적인 산림복합경영사업의 기반을 마련하였다. 산림복합경영사업은 무분별한 산지 개간으로 인한 산림황폐화 방지, 임업적 가치의 보전, 목재 생산의 장기성과 단기소득사업의 조화를 통한 산지 소득의 다원화와 안정화를 목표로 한다.

최근에는 강원도를 중심으로 산림복합경영사업 외에도 지역특화사업, 장뇌단지, 산약초단지 등이 산림농업의 일환으로 추진되고 있다. 다른 지방자치단체가 주로 산림복합경영사업에 초점을 맞추는 반면에 강원도는 산림농업과 유사한 사업을 포함하여 산림농업의 영역을 확대하고 있다. 이를 통해 산림농업의 다양성과 실용성을 높이는 동시에 지역 특성에 맞는 산림자원 활용을 도모하고 있다.

3 산림복합경영 운영 실태

우리나라의 산림복합경영은 임간재배, 즉 숲속에서 산양삼, 산마늘, 약초류 등을 재배하는 형태로 대표되며, 이는 전통적인 임업과 단기소득임산물 재배를 결합하려는 시도이다(민경택 · 김명은, 2014). 그러나 현실적으로는 이 체계가 안고 있는 구조적 문제가 뚜렷하다. 첫째, 이들 작물은 수확까지 적게는 3년, 많게는 10년이 소요되며, 그동안은 수익 없이 관리비만 지출되어 생산자가 져야 할 경제적 부담이 크다. 둘째, 자연조건의 영향을 많이 받는 임간 환경에서는 연중 출하가 어렵고 단위 생산량도 낮아 일반 농작물과 비교할 때 시장 경쟁력이 떨어진다. 셋째, 판로 또한 취약하여 조직화된 유통망보다 지인과의 직거래에 의존하는 경우가 많다. 게다가 고령화와 인구 감소로 노동력 확보가 어려운 산촌 지역에서 이러한 시스템을 운영하기란 결코 쉽지 않다. 따라서 우리나라의 산림복합경영은 친환경성과 생물다양성 보존이라는 잠재적 장점이 있음에도 불구하고, 체계적인 행정 지원, 유통 개선, 수익 다변화 전략 없이는 지속가능성이 낮다는 비판에서 자유로울 수 없다.

10·2·5 생태적 산림복합경영

산림복합경영은 환경과 인간의 삶에 다양한 혜택을 제공하며, 특히 생태계서비스 향상에 기여한다(Nair *et al.*, 2021).

1 산림복합경영과 생물다양성 보전

산림복합경영은 단일 작물을 재배하는 농장보다 더 많은 동식물 종을 지원하며(Torralba *et al.*, 2016) 생물다양성을 증진하는 데 도움이 된다. 나무와 식물의 다양한 조합으로 자연스러운 환경이 조성되고 생물종 간 상호작용이 활발해지면서 생태계가 강화되기 때문이다. 예를 들어 나무는 작은 식물에게 그늘과 은신처를 제공하고, 특정 식물은 토양에 영양분을 공급하여 생육환경을 개선한다. 훼손된 산림 지역에서는 토종 식물과 동물의 복원을 촉진하여 생태계 회복에 기여할 수 있다(Santos *et al.*, 2019).

2 산림복합경영과 자연생태계 비교

산림복합경영은 다양한 생태계서비스를 제공하지만 자연림이 제공하는 서비스 수준에는 미치지 못한다. 나무가 있는 농장은 자연림이 제공하는 생태계서비스의 약 63%만 제공한다는 연구 결과가 있다(De Beenhouwer *et al.*, 2013). 특히 산림복합경영이 상업적 목적의 단일 수종 조림(tree plantation)으로 전환될 경우 생태계서비스의 이점이 더욱 감소한다. 이는 산림복합경영이 기존 농업보다 생태학적으로 우수하지만 자연림 보호가 여전히 중요함을 시사한다.

3 산림복합경영의 생태계서비스 기여

산림복합경영은 기후 조절, 수자원 보호, 토양 보존 등의 각종 생태계서비스를 제공하여 지속가능한 환경 조성에 기여한다(Kuyah *et al.*, 2016; Rosenstock *et al.*, 2019). 나무는 이산화탄소를 흡수하여 기후변화 완화에 도움을 주고, 그늘과 증발산 효과로 지역 기온을 조절하며, 뿌리로 빗물을 흡수하여 홍수 위험을 줄이고 토양침식을 방지한다. 또한 과일, 견과류, 목재, 약용식물 등 다양한 임산물을 제공하여 농가의 경제적 안정성을 높이며, 수분매개자를 유인하고 해충을 억제하는 등 생태계 균형을 유지하는 역할을 한다. 아울러 다양한 나무와 식물이 어우러져 아름다운 경관을 조성하고, 전통적 산림경영 방식의 지역 문화와 지식을 보전하는 데 기여한다.

4 산림복합경영 적용 시 유의 사항

산림복합경영이 많은 이점을 제공하지만 모든 상황에 적합한 해결책은 아니다. 일부 수종은 수분 및 영양분을 놓고 작물과 경쟁하여 수확량을 떨어뜨릴 수 있다(Nair *et al.*, 2021). 따라서 성공적인 산림복합경영을 위해서는 지역 특성에 적합한 나무와 작물을 신중하게 선택해야 한다. 또한 생태계서비스는 상호 연계되어 있다. 예를 들어 나무 식재는 기후 조절(조절 서비스), 토양 건강 개선(지원 서비스), 목재 제공(공급 서비스) 등 다양한 기능을 동시에 수행할 수 있다. 따라서 특정 범주에 집중하기보다 각 상황에서 산림복합경영이 제공하는 구체적인 이점을 종합적으로 고려하는 일이 중요하다.

10·3 산림휴양

10·3·1 산림휴양 배경과 특성

현대 산림경영에서는 산림의 생태적 · 경제적 · 사회적 가치의 지속성을 강조한다. 다목적 산림경영의 일환인 산림휴양(forest recreation)은 산림생태 · 경관의 보전을 충족하는 동시에 지역사회의 소득 증대와 숲체험에 대한 사회적 요구를 모두 충족해야 한다. 산림휴양은 산림에서 얻을 수 있는 비시장재적 가치에 속하며, 목재 수확뿐만 아니라 휴양, 관광, 교육, 문화 등 다양한 산림 이용을 통해 사회적 편익을 추구하는 경제적 가치에 해당한다. 또한 자연체험, 산림문화 향유, 심신 건강, 지역사회 발전에 기여하며 국민의 행복 증진을 목표로 하는 사회 · 경제적 서비스로 정의할 수 있다.

우리나라에서 산림휴양은 1970년대 한독사유림협업경영사업을 통해 독일 연수를 다녀온 산림공무원들에 의해 도입되었다. 임업 선진국의 산림경영 기법과 관리 정책을 익히기 위한 탐방 및 견학은 숲의 공익기능 서비스에 대한 관심으로 이어졌으며, 독일 자연휴양림에서의 체험은 우리나라 산림의 휴양 기능에 대한 고찰로 발전하였다. 1988년 최초의 국립자연휴양림이 지정된 이래로 국·공·사유림에 대한 휴양림 지정이 확대되고 휴양림 방문객 수가 꾸준히 증가하였다.

산림휴양 서비스의 지속가능한 제공은 건강한 산림생태·경관을 기반으로 하므로 산림경영을 고도화하여 종다양성과 산림환경·생태를 지속적으로 관리하고 보호할 필요가 있다. 따라서 산림휴양은, 사회가 요구하는 다양한 편익을 산림환경 보전의 틀 안에서 추구해야 한다는 관점에서 '이용과 관리를 통한 산림환경 보전'이라는 국토 이용의 원칙과도 연결된다.

10·3·2 산림휴양과 산림복지

산림복지(forest welfare)는 산림치유, 산림교육, 산림휴양 등을 아우르는 개념이며, 최근 우리나라에서는 다양한 계층을 대상으로 하는 사회복지의 한 분야로서 발전하고 있다. 현재 「산림휴양법」, 「산림교육의 활성화에 관한 법률」(약칭 산림교육법), 「산림복지 진흥에 관한 법률」(약칭 산림복지법) 등에서 산림휴양, 산림치유, 산림교육, 산림복지의 범위와 개념을 정의한다.

산림문화 및 휴양은 「산림휴양법」에서 숲과 사람이 상호 작용하며 형성되는 생활로 규정되어 있으며 심신의 휴식과 치유를 목적으로 한다. 산림치유는 숲체험을 통한 면역력 증진을 핵심으로 하며, 임상병리학적 치료보다는 예방의학적 접근을 강조한다. 「산림교육법」에서 산림교육은 숲체험을 통해 산림의 편익에 대한 학습과 산림경영에 대한 올바른 이해를 목표로 한다. 2016년 발효된 「산림복지법」에 따른 산림복지는 사회복지의 일환이며, 산림복지 서비스는 산림문화·휴양, 산림교육, 산림치유 등 산림을 기반으로 제공되는 모든 서비스를 포괄한다(표 10-1 참조).

표 10-1 산림휴양, 산림치유, 산림교육, 산림복지의 법적 정의

구분	정의	관련 법률
산림문화·휴양	산림과 인간의 상호작용으로 형성되는 총체적 생활양식과 산림 안에서 이루어지는 심신의 휴식 및 치유	산림휴양법
산림치유	향기, 경관 등 자연의 다양한 요소를 활용하여 인체의 면역력을 높이고 건강을 증진하는 활동	산림휴양법
산림교육	산림의 다양한 기능을 체계적으로 체험·탐방·학습함으로써 산림의 중요성을 이해하고 산림에 대한 지식을 습득하며 올바른 가치관을 가지도록 하는 교육	산림교육법
산림복지	국민에게 산림을 기반으로 하는 산림복지 서비스를 제공함으로써 국민의 복리 증진에 기여하기 위한 경제적·사회적·정서적 지원	산림복지법

10·3·3 산림휴양 수요

다목적 이용을 목표로 하는 산림경영에서 산림휴양의 수요는 숲의 휴양, 치유, 교육 등 복지 기능에 대한 사회적 요구의 정도를 의미한다. 이는 여가 시간 증가, 삶의 질에 대한 관심 고조, 소득수준 향상 및 가계경제의 활성화, 차량 보급 대수의 증가와 같이 생활환경 및 여건 개선으로 인해 단순히 산림 기반 휴양 활동의 사회적 요구가 증대하는 사회적 산림휴양 수요로 볼 수 있으며, 산림휴양에 대한 의지가 방문으로 이어지기 위한 욕구 발생, 인식 변화, 태도 변화, 참여 과정에 대한 제약 요인을 모두 고려한 개별적 경험 욕구로서의 산림휴양 수요라고도 할 수 있다.

지속가능한 산림자원 관리와 다목적 산림경영 차원에서 산림휴양을 제공하기 위해서는 휴양 수요에 대한 정확한 이해가 필요하다. 휴양 자원에 해당하는 산림생태 · 환경의 보전이 중요함은 물론이고 방문객의 과도한 이용을 조절하거나 특정 활동으로 인한 생태 · 환경의 훼손을 방지하는 일은 휴양 자원에 대한 정확한 수요 조사에서 시작되기 때문이다.

1 잠재수요

과도한 업무, 스트레스 등으로 인해 만족스럽지 못한 일상생활에서 탈피하고 싶은 마음은 누구나 가질 수 있는 가장 기초적인 욕구이다. 이는 곧 일상을 전환할 여가 활용, 휴양 참여, 취미 활동에 대한 욕구로 나타나지만 여가 시간, 비용 한계 등 다양하고 개별적인 제약 요인으로 인해 충족되지 못한다. 이를 미충족 욕구 혹은 산림휴양에 대한 잠재수요(latent demand)라고 한다.

2 유효수요

여가 시간, 비용 한계, 휴양 자원 공급 및 기타 제약 요인으로 인해 충족되지 못한 수요는 제약 요인이 제거되거나 공급이 증가하면 실질적인 수요로 현시화할 수 있다. 제약 요인이 제거되었다고 해도 실질적인 휴양 수요는, 대상지에서 휴양 경험을 얻기 위해 투입하는 시간적 · 경제적 · 제도적 비용과 실질적으로 현시화한 휴양 참여의 관계 속에서 결정된다. 즉 유효수요(effective demand)는 산림휴양 수요자가 접근성, 비용, 참여 시기 등 주어진 조건에 비추어 참여하고자 의도한 참여량을 의미하며, 실제로 현시화한 참여량을 의미하지는 않는다.

3 현시수요

현시수요(expressed demand)는 산림휴양에 대한 실질적인 참여량을 의미한다. 휴양이 이루어지는 대상지에서 관찰할 수 있으므로 산림휴양객의 행태, 인식 등에 대한 목적지 조사에서 취합되는 자료이다. 일반적으로 가장 많이 활용하는 수요 개념이지만 앞서 설명한 제약 요인에 의한 미충족 욕구나 일반적인 태도, 인식까지는 알아낼 수 없는 단점이 있다.

10·3·4 산림휴양 계획

산림휴양은 지속가능한 다목적 산림경영의 산림자원에 기반한 보편적 복지로서 숲체험 기회를 공급하는 일을 목표로 한다. 산림휴양은 산림환경, 생태, 경관 등 산림자원의 보전과, 숲체험을 통한 방문객의 심신 휴식 및 치유, 건강 증진을 동시에 충족해야 한다. 또한 해당 지역의 문화·경관 보전 및 지역사회 소득 증대와 같은 사회적·생태적 환경에 대한 고려가 함께 이루어져야 한다. 이같이 복잡한 이해관계의 충돌을 막고 지속가능한 이용과 보전의 관리 목표를 달성하기 위해서는 세밀하고 체계적인 계획 수립이 필요하다.

산림휴양 계획의 수립 과정은 여섯 단계로 구분할 수 있다. ①조사 단계와 ②자료 수집 단계에서는 인문·사회적, 생태·환경적 현황에 대한 조사를 진행하며, 대상지의 정체성과 개별성을 도출함으로써 산림휴양의 잠재적 발전 가능성을 타진한다. 또한 대상지의 지형, 산림생태를 종합적으로 고려하여 적정한 휴양 활동을 제시한다. ③자료 분석 단계에서는 휴양 수요자의 요구, 이해관계자 분석, 적합한 휴양 활동 등의 자료를 종합적으로 고려한 뒤 휴양 대상지의 공간을 구획하여 초안을 도출한다. ④세부 목표 및 방향 설정 단계에서는 타당한 세부 실행 항목 및 목표를 도출하고 공간구획 계획을 확정한다. ⑤실행 계획 수립 단계에서는 지역사회, 이해관계자, 산림생태·환경을 고려한 실행 계획을 수립하며, 산림환경 보전에 적합한 수행 방법을 선정한다. ⑥모니터링 및 평가 단계는 방문객이 휴양 대상지에 방문하여 산림휴양 활동에 참여하고 있는 과정에서 진행되며, 모니터링과 평가를 통해 지속가능한 다목적 산림경영으로서의 산림휴양에 부합하도록 책임 있는 휴양 활동으로의 수정과 변경을 계속해 나간다.

10·3·5 산림휴양 자원 관리

산림휴양 자원을 관리하는 데 있어서는 건강한 숲생태의 관리 상태, 방문자의 만족도를 높일 수 있는 체험시설 및 접근성, 방문자의 숲에 대한 인식과 태도 등 사회적 요구, 홍보 마케팅 및 비용 등을 살펴야 한다. 다목적 산림경영의 차원에서 산림환경과 기반시설은 산림수확, 조림, 육림 등 산림관리뿐만 아니라 산림휴양을 위한 시설로도 활용될 수 있도록 다목적으로 조성해야 한다. 간벌, 조림, 인공갱신 등 산림작업을 수행할 때에는 생태적·경제적 가치를 고려한 산림경영 기법을 선택하며, 방문자의 경관 선호도 부합, 체험 만족도 증대, 지역사회의 소득 증대 등도 함께 고려해야 한다.

임도는 작업 기능뿐만 아니라 산림휴양 이용자의 접근성, 이동 편의, 체험 만족도를 극대화할 수 있도록 설계해야 한다. 이를 위해 수종, 수관밀도, 수고, 수령 등 산림경관과 임상, 집운재의 안전성을 고려한 노선, 곡선, 길이의 임도를 조성하고 충분한 길이의 임도개설율을 확보해야 한다.

우리나라의 입목축적이 126m^3/ha를 넘어섬에 따라 산림경영을 통한 수익 창출이 가능해지고 울창한 산림에서의 산림휴양 수요도 증가하는 추세이다. 산림휴양, 산림교육, 산림치유 등의 산림복지 서비스 이용객이 해마다 증가하고 있으며, 이에 따라 자연휴양림, 산림욕장, 치유의 숲 등 체험시설의 조성도 확대되고 있다(그림 10-3 참조). 계곡이 많은 우리나라의 지형적 특성으로 인해 다목적 산림경영과 관련한 산림휴양의 중요성이 더욱 커지고 있다.

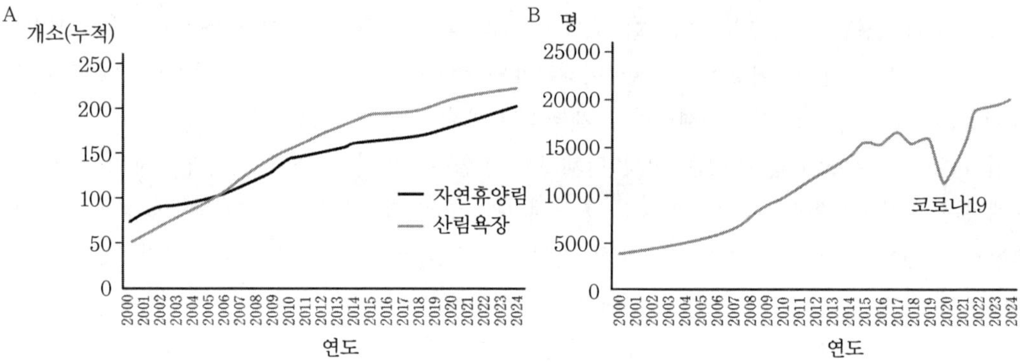

그림 10-3 산림휴양시설 지정 개소수(A) 및 방문객 수(B)[통계청, 2025]

10·3·6 산림치유

1 산림치유 개념

산림치유(forest therapy)는 자연환경에 몰입하며 건강과 웰빙을 증진하기 위한 활동이다. 일본의 신린요쿠(Shinrin-yoku, 森林浴)에 뿌리를 두며, 1982년 일본 임업청이 공중보건 강화 방안으로 공식 도입하였다(Kotte *et al.*, 2019; Park *et al.*, 2010). 이후 치료적 효과가 국제적으로 인정되면서 다양한 문화 및 의학적 맥락에서 활용되고 있다(Rajoo *et al.*, 2020; Rosa *et al.*, 2021).

산림치유는 단순한 산책이 아니라 모든 감각을 활용하여 자연과 교류하도록 유도하는 의도적(intentional)이며 안내된(guided) 경험이다. 휴식, 마음챙김, 환경과의 연결을 촉진하는 체계적 실천이며, 인간과 자연의 조화를 강조하는 유교의 천인합일(天人合一) 사상과도 일맥상통한다(Kotte *et al.*, 2019).

2 산림치유 효과

산림치유의 효과는 생리적 효과와 심리적 효과로 나눌 수 있다.

① 생리적 효과

산림에서 시간을 보내면 신체의 스트레스 반응이 완화되어 건강이 증진된다. 연구에 따르면 산림환경은 코르티솔, 아드레날린, 노르에피네프린과 같은 스트레스 호르몬을 줄이고 혈압을 낮추며

부교감신경계의 활동을 촉진한다(Kotte *et al.*, 2019; Park *et al.*, 2010; Rajoo *et al.*, 2020). 이러한 변화는 신체가 보다 안정된 상태를 유지하도록 돕고 장기적으로 심신의 균형을 회복하는 데 기여한다.

식물이 분비하는 휘발성 물질인 피톤치드(phytoncide)는 면역력 증강에 도움이 된다고 알려져 있다. 피톤치드가 자연살생세포(NK cell)를 활성화하여 면역 체계를 강화함으로써 감염 및 질병 예방에 긍정적 영향을 미친다는 연구 결과가 있다(Kotte *et al.*, 2019; Rajoo *et al.*, 2020). 이는 산림이 단순한 휴식 공간을 넘어 신체 방어력을 높이는 데에도 중요한 환경임을 시사한다.

더불어 산림환경은 심혈관 건강에도 유익하다. 산림에서의 활동은 심박수 변동성을 개선하고 혈압을 조절하여 심혈관계 질환의 위험을 낮춘다(Kotte *et al.*, 2019; Rajoo *et al.*, 2020). 이와 같은 생리적 효과가 밝혀짐에 따라 현대사회에서 점점 늘어나는 만성질환을 예방하고 건강을 증진할 수 있는 방법으로 산림치유가 주목받고 있다.

② 심리적 효과

산림은 심리적 안정을 도모하고 정신 건강을 향상하는 데에도 탁월한 효과를 보인다. 연구에 따르면 산림에서 시간을 보내면 불안, 우울, 분노와 같은 부정적인 감정을 완화하고 전반적인 기분을 개선하는 데 도움이 된다(Hansen *et al.*, 2017; Kotte *et al.*, 2019). 이는 자연이 주는 심리적 안정감과 함께 산림이 제공하는 차분한 환경이 스트레스를 줄여 주기 때문이다.

인지 기능을 향상하는 데도 산림이 긍정적인 영향을 미친다. 산림환경은 정신적 피로를 줄이고 집중력을 높이며 전반적인 인지 기능을 향상하는 것으로 나타났다(Kotte *et al.*, 2019). 이는 자연에서의 경험이 뇌의 회복력을 강화하고 창의성과 문제 해결 능력을 증진하는 데 기여함을 의미한다.

아울러 산림은 쉽게 접근할 수 있는 자연 속 스트레스 관리 도구로 활용될 수 있다. 산림에서의 활동은 경제적 부담 없이 실천할 수 있는 스트레스 해소 방법이며, 바쁜 현대인이 심리적 안정을 얻을 수 있는 중요한 수단이기도 하다(Kotte *et al.*, 2019).

마지막으로 산림에서의 경험은 자연과의 연결감을 강화하고 환경에 대한 인식을 높이는 계기가 된다. 산림과의 유대감은 생태적 가치를 이해하는 데 도움을 주며, 자연보호에 대한 관심을 증대하는 역할을 한다(Kotte *et al.*, 2019). 이는 산림치유가 개인의 건강뿐만 아니라 지속가능한 환경 인식에도 긍정적 영향을 미침을 시사한다.

3 산림치유 구성 요소

산림치유는 참가자가 자연과 깊이 연결될 수 있도록 돕는 여러 활동으로 구성된다. 활동은 신체적 이완과 심리적 안정을 촉진하고 자연 속에서의 몰입 경험을 극대화하는 데 초점을 맞춘다(Kotte *et al.*, 2019).

‘가이드 워크(guided walks)’는 숲속을 천천히 걸으며 자연을 깊이 느끼는 활동이다. 이 과정에서 참가자는 주변 환경을 세심하게 관찰하고 걷는 행위 자체에 집중함으로써 감각적 몰입과 심리적 이완을 경험할 수 있다. ‘감각 활동(sensory activities)’은 오감을 활용하여 자연과의 연결을 강화하는 방법이다. 참가자는 시각, 후각, 촉각, 청각, 미각을 적극적으로 사용함으로써 숲의 다양한 요소를 직접 체험하고 자연의 변화를 세밀하게 감지할 수 있다.

'호흡 운동 및 명상(breathing exercises and meditation)'도 중요한 요소 중 하나이다. 깊고 규칙적인 심호흡과 마음챙김 명상은 긴장을 완화하고 심리적 안정을 도모하며 참가자가 현재 순간에 집중할 수 있도록 돕는다. 이를 통해 스트레스 감소와 내면의 평온함을 경험할 수 있다. '공유 모임(sharing circles)'은 참가자들이 자신의 경험을 나누며 공감과 소통을 통해 공동체 의식을 형성하는 과정이다. 참가자는 숲에서 느낀 감정과 깨달음을 자유롭게 표현함으로써 정서적 유대감을 형성하고 심리적 치유 효과를 더욱 증진할 수 있다. 마지막으로 '자연 의식 및 초대(nature rituals and invitations)'는 개인이 자연과 의미 있는 관계를 맺을 수 있도록 돕는 활동이다. 참가자는 자연의 흐름을 존중하는 의식을 수행하거나 자연 속에서 특별한 초대를 받은 듯한 경험을 통해 숲과의 유대감을 깊이 느낄 수 있다.

이와 같은 활동은 산림치유의 핵심 요소로 작용하며, 참가자가 숲에서 신체적 · 심리적 치유 효과를 극대화할 수 있도록 돕는다. 이를 통해 참가자는 자연과의 조화로운 관계를 형성하고 전반적인 삶의 질을 향상할 수 있다.

4 산림치유 세계적 동향

산림치유가 전 세계적으로 주목받으면서 많은 국가에서 관련 연구를 진행하고 정책에 반영하고 있다. 각국은 자국의 문화와 환경에 맞는 산림치유 모델을 개발하여 이를 공중보건과 웰빙 증진의 도구로 활용하고 있다(Kotte *et al.*, 2019).

일본은 신린요쿠 개념을 바탕으로 산림치유를 체계적으로 연구하고 제도화해 왔다. 일본 정부와 학계는 숲이 인간 건강에 미치는 영향을 과학적으로 분석하고, 이를 의료 및 건강관리 시스템과 연계하는 노력을 기울이고 있다.

중국 역시 산림을 기반으로 한 건강관리 프로그램을 적극적으로 도입하고 있다. 산림치유를 활용한 회복 및 재활 프로그램이 각 지역에 확대되면서 웰빙 및 의료 분야와의 접목이 활발히 이루어지고 있다.

대만은 산림치유 트레일(trail) 개발과 관련 정책 연구를 통해 지속가능한 산림치유 모델을 구축하고 있다. 자연을 활용한 건강 증진 프로그램을 적극 도입하면서 시민들의 접근성을 높이고 산림자원의 가치를 극대화하고 있다.

독일과 스위스에서는 산림치유가 공중보건 시스템에 통합되고 있다. 특히 심혈관 건강과 정신 건강의 개선을 위한 연구가 활발해져 의학적 접근과 결합한 산림치유 프로그램이 개발되고 있다. 이러한 움직임은 유럽 각국에서 자연 기반 건강관리 모델의 모범 사례가 되고 있다.

스칸디나비아 국가들은 산림치유를 스트레스 해소와 사회적 통합을 위한 도구로 활용하고 있다. 숲을 통한 심리적 안정과 공동체 활동을 장려하며 공공복지와 연계한 각종 프로그램을 운영하고 있다.

우리나라는 국가 차원의 산림치유 시스템을 구축하며 적극적으로 정책을 추진하고 있다. 국가 자격의 산림치유지도사 양성 프로그램을 운영하고 치유의 숲을 조성, 지정하여 국민이 쉽게 접근할 수 있도록 지원하고 있다. 이러한 체계적인 지원은 공공 건강 증진과 관광산업 활성화에도 기여하고 있다.

이처럼 산림치유는 세계 각국에서 각기 다른 방식으로 발전하며 건강 증진과 지속가능한 환경 조성을 위한 주요한 수단으로 자리 잡고 있다. 앞으로도 산림치유의 과학적 연구와 정책적 지원이 확대되면서 보다 많은 국가에서 공중보건 및 웰빙 정책의 핵심 요소로 산림치유를 활용할 것으로 전망된다.

10·4 산림생태계서비스

10·4·1 생태계서비스 개념과 배경

1 생태계서비스 개념

생태계서비스(ecosystem services)란 인간이 자연으로부터 얻는 다양한 혜택을 의미힌다(Millennium Ecosystem Assessment, 2005). 혜택은 숲, 습지, 초원, 해양 등 생태계의 자연적 기능에서 비롯되며 인간의 생존과 건강한 삶을 유지하는 데 필수적인 역할을 한다. 생태계서비스는 깨끗한 공기, 담수, 비옥한 농경지와 같은 유형적(tangible) 혜택뿐만 아니라 꿀벌에 의한 작물 수분, 산림보호에 따른 탄소 감소처럼 무형적(intangible) 혜택도 포함한다.

인류는 오랫동인 생존을 위해 사연에 의존해 왔으나 생태계서비스에 대한 체계적인 연구와 공식적인 개념 정립은 비교적 최근에 이루어졌다(Gómez-Baggethun *et al.*, 2010). 20세기 후반 들어 환경 파괴가 인간 복지에 미치는 영향에 대한 우려가 커지면서 생태계서비스 개념이 주목받기 시작하였다.

2 밀레니엄 생태계평가

생태계서비스 개념이 발전하게 된 결정적 계기는 2005년 「밀레니엄 생태계평가(Millennium Ecosystem Assessment, MA)」의 발간이다. 전 세계 전문가들이 참여한 이 연구에서는 지구 생태계와 생태계가 제공하는 서비스 모두를 종합적으로 평가하였다(Millennium Ecosystem Assessment, 2005). 「밀레니엄 생태계평가」는 생태계가 인간의 삶을 유지하는 데 핵심적인 역할을 한다는 점을 강조하면서 많은 생태계가 급속히 파괴되고 있다는 사실을 경고하였다. 또한 생태계서비스라는 용어를 대중화하고 전 세계적으로 환경 보전 정책의 논의를 이끌어내는 데 많은 영향을 미쳤다.

3 생태계와 생물다양성 경제학

생태계서비스에 대한 인식이 확산하면서 경제 및 정책 분야에서도 관련 기관들이 등장하기 시작하였다. 그중 대표적인 사례가 2007년 출범한 생태계와 생물다양성 경제학(The Economics of Ecosystems and Biodiversity, TEEB)이다(Kumar, 2012; TEEB, 2025). TEEB

는 생물다양성과 생태계서비스의 가치를 경제적 관점에서 평가하고 이를 정책 결정 과정에 반영하는 것을 목표로 한다. 이를 위해 생태계의 경제적 이점을 수치화해 보여 주며 중요성을 강조하고, 또한 일반 공공 정책을 수립할 때 관련 생태계도 고려할 수 있도록 정책 결정자에게 가이드를 제공한다. 이로써 의사결정권자는 식량 안보, 수자원 안보, 기후변화 방지, 문화적 가치 등 생태계가 제공하는 다양한 혜택을 보다 명확히 이해하는 데 도움을 얻는다.

4 생물다양성과학기구

2012년에는 생물다양성과학기구(Intergovernmental Science-Policy Platform on Biodiversity and Ecosystem Services, IPBES)가 설립되었다(Díaz *et al.*, 2018). IPBES는 과학적 연구와 정책 간의 연결 고리 역할을 하며, 각국 정부에 생물다양성과 생태계 변화에 관한 최신 정보를 제공한다. 또한 환경 보전과 지속가능한 이용을 위한 실행 가능한 정책을 제시한다. 특히 IPBES는 원주민과 지역 주민의 다양한 문화적 · 지역적 관점을 반영한 '인간에 대한 자연의 기여도(nature's contributions to people)' 개념을 도입하여 생태계서비스의 범위를 확장하였다. 이를 통해 자연의 가치를 단순한 경제적 지표를 넘어 전통 문화, 웰빙 등 사회 · 문화적 요소까지 포괄하는 가치로 강조한다.

5 다원적 접근 방식

최근 몇 년 동안 생태계서비스에 대한 연구가 지속적으로 발전하고 있으며, 연구자들은 생태계서비스를 정량화하고 가치를 평가할 수 있는 방법을 모색하고 있다(Pascual *et al.*, 2017). 연구 결과는 토지이용, 자연 보전, 지속가능한 개발, 산림복원과 관련한 정책 수립에 중요한 기초 자료가 된다. 생태계서비스 연구가 진전됨에 따라 이를 정책 및 의사결정 과정에 적용하는 방식도 점점 발전하고 있다. 생태계서비스의 경제적 가치뿐만 아니라 문화적 · 사회적 · 정신적 가치를 종합적으로 고려한 다원적 접근(pluralistic approach)을 통해 지속가능한 생태계 관리 전략을 수립할 수 있다.

10·4·2 산림생태계서비스 분류

생태계서비스의 분류 체계는 20세기 후반부터 크게 발전해 왔다. 초기 분류 체계는 특정 서식지, 지역 또는 개발 목표에 초점을 맞춘 경우가 많았다. 그러나 기후변화와 생물다양성 손실과 같은 전 지구적 문제가 심화함에 따라 보다 포괄적이고 보편적으로 적용 가능한 프레임워크의 필요성이 대두되었다. 이에 따라 밀레니엄 생태계평가, 생태계와 생물다양성 경제학, 생태계서비스 국제공통분류, 생물다양성과학기구 등 네 가지 주요 분류 체계가 개발되었다.

1 밀레니엄 생태계평가 분류

2000년대 초 개발된 MA 분류 체계는 가장 널리 알려진 생태계서비스 프레임워크이다.

MA는 생태계서비스를 다음과 같이 네 가지로 구분한다.

1) **공급 서비스**(provisioning services): 목재, 임산물, 고무 등
2) **조절 서비스**(regulating services): 탄소 축적 및 저장, 홍수 조절, 물 정화 등
3) **지원 서비스**(supporting services): 식물이 자랄 수 있는 토양 제공 등
4) **문화 서비스**(cultural services): 산림휴양, 산림치유 등

① 공급 서비스

공급 서비스는 산림이 제공하는 유형적 산물을 의미하며, 사람이 이를 직접 사용하거나 소비한다. 대표적으로 목재는 건축, 가구, 제지 생산에 활용되며 과일, 견과류, 버섯, 수지와 같은 비목재 임산물(non-timber forest product, NTFP)도 산림에서 나온다. 또한 산림은 약용식물의 주요 공급원으로 많은 현대 의약품이 산림 수종에서 추출된다. 이들 자원은 산업과 생계를 유지하는 데 필요한 경제적 가치를 지닌다. 특히 농촌 및 원주민 공동체에서 숲은 식량, 의약품, 소득의 주요 원천이기에 문화적·경제적으로 불가결하다. 그러나 과도한 자원 이용은 산림 벌채와 생물다양성 손실을 초래할 수 있으며, 이를 예방하기 위한 지속가능한 관리의 중요성이 강조되고 있다.

② 조절 서비스

조절 서비스는 숲이 환경 균형을 유지하고 자연재해로부터 보호하는 기능을 말한다. 대표적인 조절 서비스 중 하나가 탄소 격리(carbon sequestration)이며, 숲은 대기 중 이산화탄소를 흡수하여 나무와 토양에 저장함으로써 기후변화 완화에 기여한다. 또한 산림은 빗물을 정화하고 지하수를 보충하고 홍수와 가뭄의 위험을 줄이는 등 물 순환 조절에도 중요한 역할을 한다. 예를 들어 숲이 울창한 유역은 강우를 흡수했다가 천천히 방출하는 천연 스펀지 역할을 한다. 이뿐만 아니라 산림은 지역 및 지구 기후를 조절하고 기온과 강수량 패턴에도 영향을 미친다. 이러한 조절 서비스는 기후변화와 자연재해의 영향을 완화하는 데 필수적이며, 숲은 지구 환경의 안정성 유지에 핵심적인 요소이다.

③ 지원 서비스

지원 서비스는 다른 모든 생태계서비스가 유지될 수 있도록 하는 기본적 기능을 말하며, 여기에는 토양 형성과 영양소 순환이 포함된다. 숲은 유기물 분해를 통해 비옥한 토양을 형성하고, 질소 및 인과 같은 필수 영양분를 순환시켜 생태계 내에서 재이용될 수 있도록 한다. 또한 산림은 다양한 생물종에게 서식지를 제공하고 복잡한 먹이그물을 유지하는 등 생물다양성 보전에 중요한 역할을 한다. 지원 서비스가 없다면 산림은 목재 생산, 기후 조절, 문화적 혜택 제공과 같은 기능을 수행할 수 없다. 따라서 지원 서비스는 산림생태계의 근간을 형성하며 장기적으로 생태적 건강과 기능을 보장하는 핵심 요소이다.

④ 문화 서비스

문화 서비스는 숲이 제공하는 비물질적 혜택으로, 인간 사회에 다양한 방식으로 영향을 미친다. 대표적인 예로 휴양 서비스(recreational services)가 있으며 하이킹, 캠핑, 탐조와 같은 야외 활동을 통해 신체적·정신적 웰빙을 증진할 수 있다. 많은 지역사회에서 숲은 영적·문화적 의미를

지니며, 전통과 의식에서 신성한 공간으로 활용되거나 상징적인 역할을 한다. 일부 원주민 공동체에서는 숲을 정체성과 유산의 필수 요소로 간주한다.

MA는 널리 활용되는 생태계서비스 분류 체계이지만 한계점이 일부 지적되어 왔다. 대표적으로 생태계서비스의 '과정'과 '최종 혜택'을 명확히 구분하지 않는다는 비판을 받는다. 예를 들어 산림의 물 정화 기능(과정)과 깨끗한 물 제공(최종 혜택)을 모두 조절 서비스로 분류하는 것은 개념적 혼란을 초래할 수 있다. 또한 깨끗한 공기는 최종 혜택이지만 조절 서비스로 분류하면서도 같은 최종 혜택인 깨끗한 물은 공급 서비스로 분류하는 등 논리적 일관성이 부족하다는 점이 문제로 지적된다(Everard, 2021).

2 생태계서비스 국제공통분류

생태계서비스 국제공통분류(Common International Classification of Ecosystem Services, CICES)는 생태계서비스를 공급 · 조절 · 문화 서비스의 세 가지 범주로 분류한다(CICES, 2025). CICES 프레임워크는 특히 환경 회계(environmental accounting)와의 연계를 중시하며 생태계서비스의 경제적 가치를 평가하는 데 초점을 둔다. 그러나 자연과학적 접근이 강하여 사회적 요소가 상대적으로 부족하다는 비판을 받는다(Everard, 2021).

3 생물다양성과학기구 분류

IPBES의 분류는 생태계서비스를 다음 세 가지 범주로 구분한다(IPBES, 2019).

1) 물질적 기여(material contribution): 식량, 에너지 등 유형적 혜택
2) 비물질적 기여(non-material contribution): 영감, 휴양, 정신적 가치 등 문화적 혜택
3) 규제 기여(regulating contribution): 기후 조절, 탄소 격리 등 환경 균형 유지

표 10-2 생태계서비스 분류 범주 및 체계

분류 범주	관련 기관별 분류 체계			
	MA	TEEB	CICES	IPBES
공급 서비스	O	O	O	
조절 서비스	O	O	O	
문화 서비스	O	O	O	
지원 서비스	O	O		
물질적 기여				O
비물질적 기여				O
규제 기여				O

10·4·3 산림 생물다양성

1 산림 생물다양성 혜택

산림의 생물다양성은 건강하고 회복력 있는 산림생태계를 유지하는 데 필수적이다. 생물다양성은 다음과 같은 각종 혜택을 제공하며, 따라서 지속가능한 산림경영과 인간 복지에 중요한 역할을 한다(Brockerhoff *et al.*, 2017).

① 산림바이오매스 생산 증가

산림 생물다양성은 나무 생장과 자원 활용에 영향을 미쳐 바이오매스 생산에서 핵심적인 역할을 한다. 혼합림은 종간 상호작용을 통해 단일 수종으로 조성된 인공림보다 더 많은 바이오매스를 생산할 수 있다. 이러한 상보 효과(complementarity effect)는 나무가 영양분, 물, 빛을 보다 효율적으로 이용하도록 돕는다. 예를 들어 질소고정식물은 토양 비옥도를 높여 주변 나무의 성장을 촉진할 수 있고, 뿌리 구조가 서로 나른 나무들은 물 경생을 줄일 수 있다. 또한 다양한 수관 구조는 빛 흡수를 최적화하는 데 기여한다. 다만 생물다양성이 항상 생산성을 높이지는 않으며, 개별 수종의 특성과 환경조건도 중요한 변수로 작용한다. 이러한 관계를 이해하면 지속가능한 바이오매스 생산을 위한 산림관리 전략을 개선하는 데 도움이 된다.

② 야생동물 서식지 제공

산림 생물다양성은 여러 생물종에게 서식지를 제공하는 데 필수적이다. 다양한 수종으로 구성된 숲은 조류, 포유류, 곤충, 식물에게 각기 적합한 환경을 내어 준다. 예를 들어 고목림의 죽은 나무와 나무 구멍은 새와 작은 포유류에게 둥지와 은신처를 제공하며, 혼합림은 박쥐와 초식동물에게 풍부한 먹이원을 제공한다. 연결된 숲은 야생동물의 이동을 돕고, 관목과 식물 울타리는 거미와 곤충의 서식지를 형성한다. 어린 숲은 사슴과 땅에 둥지를 트는 새에게 적절한 환경을 제공한다. 다양한 수종과 연령대의 숲이 공존할 때 야생동물의 서식지는 더욱 건강해지고 회복력이 높아진다.

③ 식물 수분 촉진

산림 생물다양성은 식물의 수분(pollination)을 지원한다. 많은 꽃식물은 꽃가루를 옮기는 벌, 나비, 새 등 수분매개자에 의존한다. 다양한 나무가 자라는 산림은 수분매개자에게 서식지와 먹이를 제공한다. 그러나 산림이 개간되거나 훼손되면 수분매개자 개체수가 감소하고 식물의 수분 성공률 저하로 이어진다. 자연림은 단일 수종으로 조성된 인공림보다 다양한 수분매개자를 유지하는 경향이 있다. 또한 벌채나 숲가꾸기를 통해 열린 공간을 조성하면 특정 수분매개자에게 유리할 수 있다. 산림 서식지를 보호하고 복원하는 일은 야생식물과 작물에 필수적인 수분 서비스를 유지하는 데 기여하며, 건강한 산림생태계는 안정적인 수분매개자 개체수와 성공적인 식물 번식을 보장한다.

④ 식물 종자 분산

산림 생물다양성은 식물 종자의 분산과도 밀접한 관련이 있다. 많은 수종이 조류, 포유류, 곤충과 같은 동물을 통해 종자를 퍼뜨린다. 예를 들어 열대우림에 서식하는 다수의 수종은 종자를 분산하기 위해 바람이 아닌 동물에 의존한다. 특히 씨앗이 큰 나무의 경우에는 대형 포유류가 종자를 운반해야 하지만, 대형 포유류가 사라지면 종자 분산이 어려워져 나무의 생장과 다양성이 감소할 수 있다. 종자가 동물의 소화 과정을 거쳐야 발아할 수 있는 수종도 있다. 종자 분산자가 부족하면 특정 종이 숲을 지배하여 장기적으로 숲의 구조와 기능이 달라질 수 있다. 따라서 산림 생물다양성을 보호하는 일은 효과적인 종자 분산과 건강한 나무 군집을 유지하는 데 필수적이다.

⑤ 산불 조절

산림 생물다양성은 산불을 조절하고 완화하는 데 영향을 미친다. 침엽수와 활엽수가 혼합된 숲은 순수 침엽수림보다 산불에 강한 경향이 있다. 활엽수는 일반적으로 가연성이 낮고 연소 후에도 빠르게 새순을 내어 숲의 회복을 돕는다. 다양한 수종과 구조를 가진 숲은 연료 연속성을 차단하여 산불 강도를 줄일 수 있다. 그러나 일부 조합은 연료 부하를 높여 산불을 더 심각하게 만들 수 있으므로 적절한 종 배합이 필요하다. 종 구성과 연료 수준의 균형을 유지하는 산림관리는 산불 위험을 줄이는 동시에 생태계 회복력을 높이는 데 기여할 수 있다.

⑥ 병해충 조절

산림 생물다양성은 병해충 발생을 억제하는 효과를 가져온다. 다양한 수종이 함께 자라는 혼합림은 단순림보다 해충 피해를 덜 입는 경향이 있다. 이는 해충이 비숙주 수종으로 분산하면서 숙주 나무를 찾기 어려워지기 때문이다. 일부 비숙주 나무는 냄새나 형태를 달리하여 이웃한 숙주 나무를 해충에게 덜 매력적으로 보이게 할 수도 있다. 또한 다양성이 높은 숲에는 해충을 자연적으로 조절하는 포식자와 기생성 생물이 더 많이 서식한다. 따라서 생물다양성은 해충 발생 위험을 낮춤으로써 나무 건강을 보호하고 산림생산성을 유지한다.

⑦ 탄소 저장

산림 생물다양성은 탄소 저장에 기여한다. 나무는 광합성을 통해 탄소를 흡수하여 줄기, 뿌리, 낙엽, 죽은 나무, 토양 등에 저장한다. 다양한 수종이 혼합된 숲은 종마다 생장 속도, 목재 밀도, 분해 속도가 달라 단순림보다 더 많은 탄소를 저장할 수 있다. 다양한 식물 군집은 토양 탄소 저장을 촉진하는 미생물 활동을 활성화한다. 반면에 단순림은 목재 밀도가 낮고 토양 생물다양성이 감소하여 탄소 저장 능력이 떨어진다. 산림 생물다양성을 유지하면 탄소 저장 능력이 향상되어 기후변화 완화와 생태계 건강 유지를 기대할 수 있다.

2 국제 생물다양성 정책

① 생물다양성협약

생물다양성협약(CBD)은 생물다양성 보호와 지속가능한 이용을 촉진하는 국제 협약이다(UN, 2025; UNEP, 2011). 1992년 유엔환경개발회의(UNCED)에서 채택되어 현재까지 196개국이 가입하였으며, ①생물다양성 보전, ②생물다양성 요소의 지속가능한 이용, ③유전자원으로부터 발생한 이익의 공정한 공유 등 세 가지를 주요 목표로 한다. 생태계부터 유전적 다양성까지 모든 수준의 생물다양성을 포괄하며, 생명공학 관련 사안도 다룬다. 협약의 이행과 우선순위 설정은 2년마다 개최되는 당사국총회(Conference of the Parties, COP)가 감독하며, 캐나다 몬트리올에 위치한 사무국이 글로벌 조정과 이행을 지원한다.

생물다양성협약은 건강하고 회복력 있는 산림생태계를 위해 산림 생물다양성이 필수적임을 강조한다(CBD, 2025b). 생물다양성에는 식물, 동물, 미생물, 유전자까지 모든 생명체가 해당한다. 생물다양성이 높은 산림은 환경 변화에 더 잘 적응하고 핵심 생태계 기능을 유지하는 데 유리하다. 또한 산림 생물다양성은 수천 년 동안 기후, 산불, 경쟁과 같은 자연적 과정을 거치며 형성되어 왔다. 따라서 이를 보호하는 일이 생물다양성협약의 핵심 목표 중 하나이며, 이를 통해 산림이 미래 세대에도 지속적으로 생태적 · 경제적 · 사회적 혜택을 제공할 수 있도록 보장한다. 산림과 관련한 생물다양성협약의 주요 세부목표는 다음과 같다.

- **세부목표 2.** 훼손 생태계 복원 및 연결성 보장
- **세부목표 3.** 생물다양성 보전지역(OECM 포함)
- **세부목표 4.** 야생종 보전 · 복원 및 인간-야생생물 갈등 관리
- **세부목표 7.** 오염(영양물질, 살충제 등) 저감
- **세부목표 8.** 기후변화 영향 최소화
- **세부목표 10.** 지속가능한 생산(임업, 농업, 수산업) 보장
- **세부목표 12.** 도시 녹지공간 면적, 접근성 및 혜택 증가
- **세부목표 13.** 유전자원 및 전통지식 접근과 이익 공유 보장
- **세부목표 19-2.** 역량, 기술이전, 과학기술협력 강화

② 쿤밍-몬트리올 글로벌 생물다양성 프레임워크

쿤밍-몬트리올 글로벌 생물다양성 프레임워크(GBF)는 자연 보호와 복원을 위해 국제적으로 합의한 계획으로(CBD, 2025a), 2022년 제15차 생물다양성협약 당사국총회(COP15)에서 채택되었다. '자연과 조화로운 삶(Living in Harmony with Nature)'을 2050년 비전으로 제시하고, 이를 실현하기 위해 2030년까지 달성할 목표(goals) 4개와 실천목표(targets) 23개를 설정하였다.

- **목표 A.** 생태계 증대, 멸종위기종 멸종 경감, 유전적 다양성 보호 및 유지
- **목표 B.** 자연이 인간에게 주는 혜택의 가치화, 지속가능한 이용 및 관리
- **목표 C.** 유전자원에서 발생하는 이익의 공정 · 공평한 배분
- **목표 D.** 이행 수단에의 공평한 접근, 개발도상국의 재정 격차 해소

GBF는 산림 보존 · 복원, 지속가능한 이용을 위한 실천목표를 명확히 제시함으로써 산림 생물다양성을 직접 지원한다. 특히 2030년까지 육상 및 해양 면적의 30%를 보호하고(일명 30×30 goals), 훼손된 생태계의 30%를 복원하는 것을 목표로 한다(실천목표 2, 3). 또한 숲 생태계에서 필수적인 종의 멸종을 막고 유전적 다양성을 보호하는 일을 중점적으로 다룬다(실천목표 4). 지속가능한 산림관리를 통해 보전과 인간의 필요 간 균형을 유지하도록 촉진하며(실천목표 10) 오염, 기후변화, 침입종 등의 위협을 해결하여 산림생태계의 건강과 회복력을 유지하는 데 기여한다(실천목표 6, 7, 8). 따라서 GBF는 생물다양성을 국제 정책에 통합하고 재정적 지원을 확대함으로써 산림 생물다양성 보호를 위한 기반을 제공한다.

10·4·4 생태계서비스지불제

1 생태계서비스지불제 개념

생태계서비스지불제(payment for ecosystem services, PES)는 산림생태계서비스를 이용하는 주체가 해당 서비스를 제공하는 산림 관리자나 소유자에게 보상을 지급하여 산림을 보호하거나 복원하도록 유도하는 금전적 계약 제도이다(Wunder *et al.*, 2020). 생태계서비스지불제는 산림이 깨끗한 물, 신선한 공기, 기후 조절과 같은 생태계서비스를 지속적으로 제공할 수 있도록 지원한다.

생태계서비스지불제의 핵심 개념은 자연이 인간에게 필수적인 혜택을 제공해 왔지만 혜택이 당연시되어 서비스 제공자에게 적절한 보상을 하지 않는 불합리에서 출발하였다. 보상이 없다면 토지 소유자나 지역사회는 산림과 기타 생태계를 보호할 동기를 갖기 어렵다. 생태계서비스지불제는 이러한 문제를 해결하기 위해 산림보호 및 복원 조치를 취하는 산주나 토지 관리자에게 경제적 인센티브를 제공하는 제도이다.

생태계서비스지불제의 중요한 특징 중 하나는 조건부성(conditionality)이다. 즉 생태계서비스가 실제로 제공될 때에만 보상이 이루어지는 구조를 갖는다(Wunder, 2015). 일부 정책이나 사업에서 생태계서비스 제공을 전제로 계약하지만 실제 서비스 제공 여부와 관계없이 지급이 이루어지는 경우가 있다. 예를 들어 상류 지역의 산림을 보호하여 하류 지역에 깨끗한 물을 공급하는 생태계서비스지불제 프로그램을 운영한다고 가정하자. 만약 산주가 단순히 나무를 심은 사실만으로 보상을 받았다면(예 1ha당 10만 원) 이후 관리 소홀, 자연재해 등으로 나무가 고사할 경우 실질적인 생태계서비스는 제공되지 않는 문제가 발생할 수 있다. 따라서 생태계서비스지불제는 서비스 제공이 확인된 경우에만 보상하는 조건부 지급 방식을 필수 요소로 포함한다.

생태계서비스지불제는 토지이용을 제한하는 규제, 벌금, 보호구역 지정과 같은 전통적인 환경 정책과 달리 시장 기반 접근법(market-based approach)을 따른다(Wunder *et al.*, 2020). 벌금 대신 재정적 보상을 활용하여 산림보호를 장려하는 점이 특징이며, 이로 인해 정부, 기업, 환경단체 등에서 점점 더 널리 활용하고 있다.

2 생태계서비스지불제 요건

생태계서비스지불제 개념이 세계적으로 확산하면서 다양한 형태의 생태계서비스지불제도가 시행되고 있다(Wunder *et al.*, 2020). 효과적인 생태계서비스 제공과 경제적 효율성을 갖춘 생태계서비스지불제가 운영되기 위해서는 다음의 몇 가지 요건이 필수적이다.

첫째, 자발적 계약(voluntary agreement)이어야 한다. 생태계서비스지불제 참여는 선택 사항이며, 생태계서비스를 제공하는 주체와 비용을 지불하는 주체 모두가 자발적으로 계약에 동의해야 한다. 즉 규제로 강제하지 않고 시장 기반 접근법에 따라 참여자의 자율성을 존중

하는 일이 중요하다.

둘째, 조건부 지불(conditional payment) 원칙을 적용해야 한다. 생태계서비스 제공자는 합의된 보전 또는 복원 조치를 이행한 경우에만 보상을 받을 수 있다. 즉 단순한 지원금 형태가 아니라 실질적으로 이루어진 환경보호 활동에 대해서만 보상이 주어져야 한다.

셋째, 명확한 생태계서비스 제공이 필요하다. 생태계서비스지불제 프로그램의 긍정적 효과는 보전 작업이 이루어지는 토지(on-site services)뿐만 아니라 외부 지역(off-site services)에도 혜택을 제공해야 한다. 예를 들어 산림보호를 통해 토양 비옥도가 증가하면 산주는 혜택을 받지만 외부에는 혜택이 미치지 않는다. 이 경우 산주는 외부 기관으로부터 생태계서비스 관련 보상을 받을 수 없다. 생태계서비스지불제 정책이 생태계서비스 혜택을 받는 소비자가 없는 상태에서 생산자에게만 보조금을 지급하는 구조를 가지면 생태계서비스 시장 형성을 저해할 수 있다.

넷째, 인센티브(incentive) 제공이 필수적이다. 생태계서비스지불제는 환경에 해로운 행위를 처벌하는 방식이 아니라 환경보호 활동에 대한 보상을 제공함으로써 자연보호를 긍정적으로 유도한다. 즉 토지 소유자나 이해관계자가 지속가능한 관리를 자발적으로 수행하도록 동기를 부여하는 일이 중요하다.

다섯째, 추가성(additionality) 원칙을 적용해야 한다. 생태계서비스지불제는 기존에 존재하던 생태계서비스가 아니라 생태계서비스지불제 시행을 통해 새롭게 창출되는 생태계서비스에 대해서만 보상을 제공해야 한다. 예를 들어 이미 습지를 보호하고 있는 농부에게는 생태계서비스지불제로 보상을 지급하지 않고 추가적인 습지 확장이나 식재 활동을 유도하는 방식으로 운영한다. 생태계서비스지불제 프로그램이 환경보호에 실질적인 기여를 할 수 있도록 보장해야 한다.

3 생태계서비스지불제 유형

생태계서비스지불제 프로그램은 자금 지원 주체와 보존 목표에 따라 다음과 같이 구분한다(Wunder *et al*., 2020). 첫째, 보상 지급 주체에 따라 구분할 수 있다. 사용자지불 생태계서비스지불제(user-financed PES)는 생태계서비스를 직접 이용하는 기업 또는 개인이 비용을 지불하는 방식이다. 반면에 정부지원 생태계서비스지불제(government-financed PES)는 국가 또는 지방자치단체가 보상을 지급하며, 주로 세금이나 정부 보조금을 활용한다. 예를 들면 정부가 탄소 저장 및 홍수 위험 완화를 위해 농촌 지역에 보조금을 지급하는 형태가 여기에 해당한다.

둘째, 생태계 보존 목표에 따라 구분할 수 있다. 복원중심 생태계서비스지불제(asset building PES)는 나무심기, 황폐화한 토지 복원, 습지 조성 등 새로운 환경적 가치를 창출하는 사업을 지원한다. 자연훼손감소 생태계서비스지불제(activity reducing PES)는 벌채, 오염물질 배출 등 환경에 부정적인 영향을 미치는 활동을 중단하는 데 초점을 맞춘다.

4 생태계서비스지불제 전제조건

생태계서비스지불제가 성공적으로 운영되기 위해서는 몇 가지 조건을 반드시 충족해야 한다(Wunder *et al.*, 2020). 우선 생태계서비스가 명확하게 정의돼야 한다. 생태계서비스지불제에서 보상의 대상이 되는 생태계서비스는 구체적이고 측정 가능해야 하며, 서비스 제공자와 수요자 간의 확실한 합의가 이루어져야 한다. 단순한 산림보호를 생태계서비스지불제의 대상으로 삼을 경우 구체적으로 어떤 생태계서비스가 거래되는지 불분명하므로 효과적인 운영이 어렵다.

둘째, 토지이용과 생태계서비스 간의 명확한 연관성이 입증돼야 한다. 즉 토지 소유자의 자연보호 활동이 특정 생태계서비스 제공에 실질적으로 기여한다는 과학적 근거가 필요하다. 예를 들어 유역 내 산림보호를 통해 홍수 예방 효과를 기대하는 생태계서비스지불제를 시행하려면 산림보호가 실제로 홍수 예방에 기여하는 정도를 연구와 데이터로 입증해야 한다.

셋째, 서비스 구매자의 존재가 필수적이다. 생태계서비스에 가치를 부여하고 이에 대한 비용을 지불할 의사가 있는 수요자가 있어야만 생태계서비스지불제가 지속가능하게 운영될 수 있다. 공공기관, 민간기업체, 국제기구 등 다양한 주체가 수요자로 참여할 수 있으며 이들의 적극적인 개입이 제도의 성공에 중요한 역할을 한다.

넷째, 서비스 제공자의 참여 의지가 필요하다. 생태계서비스지불제에 참여하는 토지 소유자는 자연보호 활동을 수행할 의지와 능력을 갖추어야 하며, 보상을 통해 지속적으로 해당 활동을 유지할 동기를 유발해야 한다. 따라서 생태계서비스지불제 설계 시 토지 소유자의 경제적 · 사회적 여건을 고려하는 일이 중요하다.

다섯째, 명확한 토지 소유권과 재산권(property rights)이 보장돼야 한다. 생태계서비스지불제는 장기적인 계약을 바탕으로 운영되므로 토지 소유자가 해당 토지를 안정적으로 관리할 수 있어야 한다. 그러나 많은 개발도상국에서 모호한 토지 소유권이나 조상 대대로 내려온 관습적 이용권(customary rights) 문제로 인해 소유권 분쟁이 종종 발생한다. 이러한 상황에서는 토지 권리를 명확히 정리하는 법적 · 제도적 노력이 필요하다.

마지막으로 제도 설계 시 운영 비용, 위험, 의도치 않은 결과를 고려해야 한다. 생태계서비스지불제는 운영 비용을 최소화하면서도 장기적인 혜택을 보장할 수 있어야 한다. 또한 보전 활동이 다른 지역의 환경 훼손을 초래하는 누출(leakage) 문제를 방지해야 한다. 예를 들어 특정 지역에서 생태계서비스지불제를 통해 벌채를 중단하더라도 벌목업자가 생태계서비스지불제 미참여 지역을 찾아 새로운 벌채를 진행할 수 있으므로 이에 대한 정책적 대응을 마련해야 한다.

5 생태계서비스지불제 설계와 운영

생태계서비스지불제 프로그램이 성공적으로 운영되기 위해서는 설계 단계에서 여러 요소를 신중하게 고려해야 한다. 효과적인 생태계서비스지불제 설계를 위한 주요 고려 사항을 다음과 같이 정리할 수 있다(Börner *et al.*, 2017).

첫째, 보상 수준은 생태계서비스 제공자가 기회비용을 감안하더라도 수용할 수 있는 수준으로 설정해야 한다. 예를 들어 농업 수익성이 높은 지역에서는 산림 보전을 유도하고 농지 확장을 억제하려면 다른 지역보다 높은 보상이 필요할 수 있다. 적절한 보상 설정은 생태계서비스지불제 프로그램의 지속가능성과 참여자 유인을 결정하는 중요한 요인이다.

둘째, 계약 기간은 생태계서비스를 지속적으로 창출할 수 있을 만큼 충분히 길어야 한다. 예를 들어 산사태 예방을 위해 경사지에 나무를 식재하는 경우 나무가 충분히 성장하여 효과를 발휘할 때까지 보상이 유지돼야 한다. 계약 기간이 너무 짧으면 생태계서비스 제공의 연속성이 확보되지 않을 위험이 있다.

셋째, 대상 지역 및 이해당사자를 명확히 설정해야 한다. 생태계서비스지불제는 산림 보전의 효과가 가장 클 것으로 예상되는 지역, 그리고 직접적인 영향을 받는 이해당사자에게 초점을 맞춰야 한다. 이를 통해 보상이 보다 효율적으로 분배되고 프로그램의 효과를 극대화할 수 있다.

넷째, 보상 차등화 전략을 적용할 수 있다. 제공되는 생태계서비스의 가치에 따라 보상 수준을 차등적으로 설정하는 방식이다. 예를 들어 수원 보호 지역에서 이루어지는 산림 보전 활동은 일반 산림보호보다 가치가 높을 수 있으므로 보상을 더 많이 제공하는 편이 적절할 수 있다.

다섯째, 모니터링 및 이행 체계를 구축해야 한다. 생태계서비스지불제 참여자의 계약 준수 여부를 지속적으로 모니터링하고, 위반 사항이 발생할 경우를 대비한 규정을 마련해 관리할 필요가 있다. 효과적인 모니터링 체계를 갖추면 프로그램의 신뢰도가 올라가고 장기적인 운영이 가능해진다.

마지막으로 적응적 관리가 필요하다. 생태계서비스지불제 프로그램은 시간이 지나면서 변화하는 환경조건과 새로운 정보에 맞추어 유연하게 조정할 수 있어야 한다. 예를 들어 기후변화로 인해 특정 지역의 생태계서비스 가치가 달라졌다면 보상 기준을 재조정하는 방식으로 관리한다.

6 생태계서비스지불제 성공 요인

생태계서비스지불제의 성공적인 시행과 지속 여부에는 여러 외부 요인이 영향을 미칠 수 있다(Wunder *et al.*, 2020). 우선은 동기 변화(motivation crowding)가 큰 영향을 미칠 수 있다. 생태계서비스지불제의 금전적 보상은 외부적 동기(extrinsic motivation)이지만 동시에 환경보호에 대한 내재적 동기(intrinsic motivation)를 유발할 수도 있다. 경우에 따라 생태계서비스지불제는 토지 소유자로 하여금 산림관리가 사회에 미치는 긍정적 영향을 인식하게 하고 자긍심을 고취하여 내재적 동기를 강화하는 데 도움을 줄 수 있다. 이때 경제적 보상이 환경보호의 주된 동기가 될 경우에는 보상이 중단되면 환경보호 활동이 지속되지 않을 위험도 존재한다.

사회 · 경제적 요인도 생태계서비스지불제의 지속가능성과 효과성에 큰 영향을 미친다. 생태계서비스지불제가 시행되는 지역의 경제적 여건이 열악할 경우 주민은 장기적인 환경보호보다 단기적인 경제적 보상을 우선시할 가능성이 크다. 반대로 지역사회가 안정적인 경제 기반을 갖추었다면 생태계서비스지불제 참여 동기가 보다 지속적으로 유지될 수 있다. 또한 지역 주민의 교육 수준과 환경보호에 대한 인식 수준도 생태계서비스지불제의 성과에 영향을 미친다.

정치적 및 제도적 조건은 생태계서비스지불제의 시행과 운영에 결정적인 역할을 한다. 정부의 환경 정책, 토지이용 규제, 법적 명확성 등이 생태계서비스지불제의 성공 여부를 좌우할 수 있다. 특히 안정적인 정책 환경과 명확한 법적 체계가 마련되지 않으면 생태계서비스지불제가 단기적 프로젝트에 그칠 위험이 크다. 따라서 생태계서비스지불제를 장기적으로 운영하기 위해서는 정부의 정책적 지원과 제도적 기반이 필수적이다.

공간적 이질성(spatial heterogeneity)도 고려해야 할 중요한 요소이다. 동일한 지역 내에서도 토지나 산림의 특성에 따라 제공되는 생태계서비스의 종류와 가치가 달라질 수 있으며, 이에 따라 생태계서비스지불제 운영 비용에도 차이가 발생할 수 있다. 예를 들어 경사가 급한 임지와 평탄한 농경지에서는 생태계서비스지불제를 통한 생태계서비스 제공 방식이 각기 달라질 수밖에 없다. 따라서 광범위한 지역에 생태계서비스지불제를 적용할 경우 이러한 공간적 차이를 충분히 고려하여 설계해야 한다.

7 생태계서비스지불제 운영 현실과 잠재 위험

생태계서비스지불제의 효과적인 운영을 위해 여러 설계 요소를 고려해야 하지만 현실적으로 각종 어려움과 잠재적 위험에 직면할 수 있다(Börner *et al.*, 2017). 이러한 문제들은 생태계서비스지불제 프로그램의 효과성을 저해할 수 있으므로 신중한 대응이 필요하다.

먼저 부적절한 참여자 선정 문제를 들 수 있다. 생태계서비스지불제 프로그램이 시행되지 않았더라도 이미 산림을 보존했을 토지 소유자가 프로그램에 참여할 경우 추가적인 환경적 효과가 감소할 가능성이 있다. 이는 공공 자원의 비효율적 활용으로 이어질 수 있으며, 생태계서비스지불제가 실질적인 환경 개선 효과를 거두지 못하는 결과를 초래할 수 있다.

비효율적인 대상지 선정도 중대한 문제 중 하나이다. 상대적으로 환경적 위험이 낮은 지역에서 생태계서비스지불제를 시행할 경우 비용 대비 효과가 떨어질 가능성이 있다. 즉 생태계서비스의 보전이 시급한 지역이 아니라 이미 보호 상태가 양호한 지역에서 생태계서비스지불제를 운영할 경우 제한된 재원이 효과적으로 사용되지 못할 수 있다.

이행 미흡 문제는 생태계서비스지불제의 신뢰성과 효과성을 저해할 수 있다. 생태계서비스지불제 프로그램의 이행 과정을 충분히 모니터링하지 않으면 일부 참여자가 실제로 보전 규칙을 준수하지 않은 채 보상만 받을 가능성이 있다. 이는 제도의 정당성을 약화하고 장기적으로 생태계서비스지불제 프로그램의 지속가능성을 위협할 수 있다.

누출 현상도 반드시 고려할 사항이다. 특정 지역에서 생태계서비스지불제를 통해 산림이 보호되었지만 다른 지역에서 새로운 산림 개간이 발생한다면 전체적인 산림보호 효과가 감소할 수 있다. 즉 한 지역에서 보전 효과를 거두더라도 다른 지역에서 반대 효과가 나타나면 생태계서비스지불제의 순효과가 줄어들 가능성이 높다.

영속성(permanence) 문제도 발생할 수 있다. 생태계서비스지불제 프로그램의 보상이 중단될 경우 참여자가 이전의 토지이용 방식으로 되돌아가 환경적 이득이 사라질 위험이 있다. 특히 단기적인 재정 지원에 의존하는 생태계서비스지불제 모델에서는 프로그램 종료 후 보전 효과가 지속되지 않는 문제가 발생할 수 있다.

마지막으로 형평성 문제가 존재한다. 생태계서비스지불제 프로그램이 명확한 토지 소유권을 가진 부유한 토지 소유자에게 유리하게 작용하고 빈곤 지역, 원주민, 또는 토지를 소유하지 않은 노동자는 배제될 가능성이 있다. 이로 인해 생태계서비스지불제가 사회적 불평등을 심화하고 장기적으로 프로그램의 사회적 정당성을 약화할 수 있다.

이러한 문제점과 위험 요인은 생태계서비스지불제 프로그램의 설계 및 운영 과정에서 신중하게 고려해야 한다. 이를 해결하기 위해서는 효과적인 대상 지역 및 참여자 선정, 철저한 모니터링 시스템 구축, 장기적인 보전 전략 마련, 그리고 형평성을 고려한 정책 설계가 필수적이다. 생태계서비스지불제가 환경보호와 사회적 형평성을 동시에 달성하기 위해서는 이러한 위험 요인을 체계적으로 관리하는 노력이 필요하다.

연습문제 ▌

1. 다목적 산림관리에서 통합 토지이용과 분리 토지이용의 차이를 설명하시오.
2. 산림복합경영의 주요 생산요소 세 가지를 나열하시오.
3. 산림복합경영을 적용할 때 고려해야 할 사항을 설명하시오.
4. 방풍림의 정의와 주요 기능을 설명하시오.
5. 산림휴양은 생태계서비스 유형 중 어디에 속하는지 설명하시오.
6. 산림치유가 인체에 미치는 생리적 효과를 설명하시오.
7. 무형적 산림생태계서비스에는 어떤 유형이 있는지 설명하시오.
8. 생태계서비스의 다원적 가치에 대해 설명하시오.
9. 밀레니엄 생태계평가의 생태계서비스 분류에 대해 설명하시오.
10. 생태계다양성이 산림경영에 주는 해택을 설명하시오.
11. 생태계서비스지불제를 특징짓는 가장 중요한 요소는 무엇인지 설명하시오.
12. 생태계서비스지불세의 주요 선제조건을 설명하시오.
13. 생태계서비스지불제 운영 시 발생할 수 있는 문제점과 잠재적 위험을 설명하시오.

참고문헌 ▌

1. 민경택, 김명은. 2014. 우리나라 산림복합경영의 운영 실태와 시사점. 한국산림경제학회 21(1).

2. 민경택, 장철수, 조병철 외. 2013. 산림복합경영의 실태조사 및 성과분석. 한국농촌경제연구원.
3. Başkent E. 2018. A review of the development of the multiple use forest management planning concept. International Forestry Review 20(3): 296–313.
4. Bettinger P, Boston K, Siry JP, Grebner DL. 2016. Forest Management and Planning. Academic Press.
5. Börner J, Baylis K, Corbera E *et al.* 2017. The effectiveness of payments for environmental services. World Development 96: 359–374.
6. Brockerhoff EG, Barbaro L, Castagneyrol B *et al.* 2017. Forest biodiversity, ecosystem functioning and the provision of ecosystem services. Biodiversity and Conservation 26: 3005–3035.
7. CBD. 2025a. Kunming–Montreal Global Biodiversity Framework. cbd.int/gbf.
8. CBD. 2025b. What is Forest Biological Diversity? cbd.int/forest/what.shtml.
9. CICES. 2025. CICES Version 5.1. cices.eu.
10. De Beenhouwer M, Aerts R, Honnay O. 2013. A global meta–analysis of the biodiversity and ecosystem service benefits of coffee and cacao agroforestry. Agriculture, Ecosystems & Environment 175: 1–7.
11. Díaz S, Pascual U, Stenseke M *et al.* 2018. Assessing nature's contributions to people. Science 359(6373): 270–272.
12. Everard M. 2021. Ecosystem Services: Key Issues. Routledge.
13. Fedkiw J. 1998. Managing Multiple Uses on National Forests, 1905–1995: A 90–year learning experience and it isn't finished yet. USDA Forest Service.
14. Gómez–Baggethun E, De Groot R, Lomas PL, Montes C. 2010. The history of ecosystem services in economic theory and practice: From early notions to markets and payment schemes. Ecological Economics 69(6): 1209–1218.
15. Hansen MM, Jones R, Tocchini K. 2017. Shinrin–yoku (forest bathing) and nature therapy: A state–of–the–art review. International Journal of Environmental Research and Public Health 14(8): 851.
16. IPBES. 2019. Global Assessment Report on Biodiversity and Ecosystem Services. ipbes.net/global–assessment.
17. Kotte D, Li Q, Shin WS, Michalsen A. 2019. International Handbook of Forest Therapy. Cambridge Scholars Publishing.
18. Kumar P. 2012. The Economics of Ecosystems and Biodiversity: Ecological and Economic Foundations. Routledge.
19. Kuyah S, Öborn I, Jonsson M *et al.* 2016. Trees in agricultural landscapes enhance provision of ecosystem services in Sub–Saharan Africa. International Journal of Biodiversity Science, Ecosystem Services & Management 12(4): 255–273.
20. Lucas A, Sinden J. 1970. The concept of multiple purpose land use: myth or management system? Australian Forestry 34(2): 73–83.
21. Millennium Ecosystem Assessment. 2005. Ecosystems and Human Well–being. Vol.

1: Current state and trends. Island Press.
22. Nair PKR, Kumar BM, Nair VD. 2021. An Introduction to Agroforestry: Four Decades of Scientific Developments. Springer.
23. Park BJ, Tsunetsugu Y, Kasetani T *et al.* 2010. The physiological effects of Shinrin-yoku (taking in the forest atmosphere or forest bathing): evidence from field experiments in 24 forests across Japan. Environmental Health and Preventive Medicine 15(1): 18–26.
24. Pascual U, Balvanera P, Anderson CB *et al.* 2023. Diverse values of nature for sustainability. Nature 620(7975): 813–823.
25. Pascual U, Balvanera P, Díaz S *et al.* 2017. Valuing nature's contributions to people: the IPBES approach. Current Opinion in Environmental Sustainability 26: 7–16.
26. Rajoo KS, Karam DS, Abdullah MZ. 2020. The physiological and psychosocial effects of forest therapy: A systematic review. Urban Forestry & Urban Greening 54: 126744.
27. Rosa CD, Larson LR, Collado S, Profice CC. 2021. Forest therapy can prevent and treat depression: Evidence from meta-analyses. Urban Forestry & Urban Greening 57: 126943.
28. Rosenstock TS, Dawson IK, Aynekulu E *et al.* 2019. A planetary health perspective on agroforestry in Sub-Saharan Africa. One Earth 1(3): 330–344.
29. Santos PZF, Crouzeilles R, Sansevero JBB. 2019. Can agroforestry systems enhance biodiversity and ecosystem service provision in agricultural landscapes? A meta-analysis for the Brazilian Atlantic Forest. Forest Ecology and Management 433: 140–145.
30. TEEB. 2025. Timeline of TEEB. teebweb.org/about/timeline.
31. Torralba M, Fagerholm N, Burgess PJ *et al.* 2016. Do European agroforestry systems enhance biodiversity and ecosystem services? A meta-analysis. Agriculture, Ecosystems & Environment 230: 150–161.
32. Tuulentie S, Bjärstig T, Hansen I *et al.* 2025. Multiple use of forests. In Rautio P, Routa J, Huuskonen S (ed). Continuous Cover Forestry in Boreal Nordic Countries. Springer.
33. UNEP. 2011. Convention on Biological Diversity: Text and Annexes.
34. United Nations. 2025. Convention on Biological Diversity, key international instrument for sustainable development. un.org/en/observances/biological-diversity-day.
35. Wunder S. 2015. Revisiting the concept of payments for environmental services. Ecological Economics 117: 234–243.
36. Wunder S, Börner J, Ezzine-de-Blas D *et al.* 2020. Payments for environmental services: Past performance and pending potentials. Annual Review of Resource Economics 12: 209–234.

제 11 장 기후변화와 산림경영

기후변화(climate change)와 관련해 이산화탄소(CO_2)를 비롯한 주요 온실가스의 흡수원으로 산림이 주목을 받고 있다. 따라서 산림을 훼손하거나 파괴하는 일은 이산화탄소 흡수원의 손실을 가져오는 행위로 인식되고 있으며, 온실가스 흡수원으로서의 산림을 정상적으로 관리하기 위한 논의가 국내외적으로 광범위하게 이루어지고 있다. 산림경영의 패러다임이 목재생산 및 환경서비스 제공에 더해 탄소흡수원 유지 · 증진으로 확대되었음을 의미한다. 이 장에서는 기후변화와 산림에 관한 국제적 협의 및 국내 제도 · 정책에 대해 알아보고, 온실가스 감축 및 기후변화 적응을 위한 산림경영 기법에 대해 소개한다.

11·1 기후변화 관련 협약과 제도

11·1·1 기후변화 관련 국제 협약

1 기후변화협약

기후변화협약(UNFCCC)은 지구온난화와 기후변화 문제에 대응하기 위해 1992년 브라질 리우데자네이루에서 개최된 유엔환경개발회의(UNCED)에서 채택된 국제 협약이다. 기후변화협약은 기후변화에 대한 국제사회의 공동 대응을 촉진하고 온실가스 배출을 줄이며 지속가능한 발전을 도모하는 것을 목표로 한다.

1994년 3월 21일 공식 발효된 기후변화협약은 현재 대부분의 국가가 가입하여 보편적인 협약으로 자리 잡았다. 협약의 주요 원칙은 '공동의 그러나 차별화된 책임(CBDR)'으로, 이는 선진국과 개발도상국이 기후변화 대응에 공동으로 참여하되 역사적 배출량과 경제적 여건을 고려하여 선진국이 더 큰 책임을 져야 한다는 개념이다.

기후변화협약을 기반으로 1997년에 온실가스 감축목표를 명확히 한 교토의정서가 채택되었으며, 2015년에는 파리협정이 체결되어 전 세계적인 기후변화 대응 체계가 더욱 강화되었다. 이로써 모든 국가가 자발적으로 온실가스 감축목표를 제출하고 이행하도록 하는 체제가 마련되었다.

기후변화협약은 매년 당사국총회(COP)를 개최하여 기후변화 대응을 위한 국제적 협력을 지속적으로 논의하고 있다. 이를 통해 각국은 협력적인 기후 정책을 수립하고 기후변화의 영향을 최소화하기 위한 실질적인 조치를 모색하고 있다.

2 교토의정서

1997년 일본 교토에서 개최된 제3차 기후변화협약 당사국총회(COP3)에서는 온실가스 감축의무를 규정한 교토의정서(Kyoto Protocol)가 채택되었다. 교토의정서에서는 이산화탄소를 포함한 여섯 가지 온실가스의 배출과, 산림 등의 흡수 전체를 대상으로 목표를 설정하였다. 또한 선진국과 개발도상국을 각각 부속서 I 국가와 비부속서 I 국가로 분리하여 온실가스 감축에 대한 '공동의 그러나 차별화된 책임'을 부과하였다.

교토의정서 제3조 제3항에서는 온실가스 감축 활동으로 신규조림 및 재조림을 통한 흡수원 증진 활동을 인정하고, 산림전용으로 인한 온실가스 배출을 보고하도록 규정하고 있다. 교토의정서에서는 온실가스를 효과적이고 경제적으로 감축하기 위한 교토메커니즘(Kyoto Mechanism)을 도입하였다. 교토메커니즘에는 공동이행제도, 청정개발체제, 배출권거래제도 등이 있다.

1) **공동이행제도**(Joint Implementation, JI): 부속서 I 국가들 사이에서 온실가스 감축사업을 공동으로 수행하는 것을 인정하는 제도
2) **청정개발체제**(Clean Development Mechanism, CDM): 온실가스 감축의무가 있는 부속서 I 국가가 감축의무가 없는 비부속서 I 국가에서 온실가스 감축사업을 수행해 얻은 탄소배출권을 선진국의 의무감축량에 포함시킬 수 있도록 한 제도. 산림 분야에서는 주로 조림/재조림 청정개발체제(Afforestation/Reforestation CDM, A/R CDM)의 형태로 이루어짐
3) **배출권거래제도**(Emission Trade, ET): 감축의무 국가(부속서 I)가 의무감축량을 초과해 달성한 경우 초과분을 다른 감축의무 국가와 거래할 수 있는 제도

3 마라케시합의문

2001년 모로코 마라케시에서 개최된 제7차 당사국총회(COP7)에서는 교토메커니즘, 흡수원 인정 문제, 온실가스 배출 정보 보고 및 평가에 대해 합의하고 마라케시합의문(Marrakech Accords)을 발표하였다. 마라케시합의문에서는 '토지이용, 토지이용변화 및 임업(LULUCF)' 중 임업 활동을 신규조림, 재조림, 산림전용 방지, 식생 복구, 임업 관리, 경작지 관리, 목초지 관리로 구체화하였다. 즉 LULUCF 활동 중 CDM 대상이 되는 신규조림 및 재조림만 인정하는 것이 아니라 산림전용 방지 노력을 통해 탄소배출권이 발생할 수 있는 활동도 포함하기로 하였다.

4 발리행동계획

2005년 캐나다 몬트리올에서 개최된 제11차 당사국총회(COP11)에서는 개발도상국의 '산림전용 방지로부터 발생하는 온실가스 배출량 감축(Reducing Emission from Deforestation,

RED)'을 공식 의제로 채택하였다. 2007년 인도네시아 발리에서 개최된 제13차 당사국총회(COP13)에서는 산림탄소계정 규칙과 개발도상국 REDD(Reducing Emission from Deforestation and Forest Degradation)를 Post-2012 기후변화협약 의제로 결정하였다. 이를 위해 개발도상국에 대한 재정 및 기술 지원을 전제로 개발도상국이 '국가적으로 적절한 감축 행동'을 실시하도록 규정한 발리행동계획(Bali Action Plan)을 채택하였다. 이후 REDD의 범위를 REDD+로 확장하였고, 2010년 멕시코 칸쿤에서 열린 제16차 당사국총회(COP16)에서 REDD+의 본격 이행을 위한 체계를 마련하였다. REDD+에서는 기존의 REDD 활동뿐 아니라 산림 보전, 지속가능한 산림경영과 산림의 탄소 축적을 증진하는 활동까지도 개발도상국의 온실가스 감축 활동으로 인정하였다.

5 더반플랫폼

2011년 남아프리카공화국 더반에서 개최된 제17차 당사국총회(COP17)에서는 선진국의 교토의정서 효력 연장과 함께 2020년부터 새로운 기후변화 체제 출범에 관한 더반플랫폼(Durban Platform) 및 녹색기후기금(Green Climate Fund, GCF) 설립에 합의하였다. 산림 분야에서는 산림경영과 수확된 목제품(harvested wood product, HWP)을 의무적으로 보고하기로 결정하였다.

6 바르샤바프레임워크

2013년 폴란드 바르샤바에서 개최된 제19차 당사국총회(COP19)에서는 REDD+의 이행 규칙이 제정되었다. 즉 REDD+ 방법론과 결과 기반의 재정 지원 체계 및 REDD+ 메커니즘의 총괄 운영 체계의 구성 요소와 기능에 대한 합의를 도출한 바르샤바프레임워크(Warsaw Framework for REDD+, WFR)를 완성하였다. REDD+ 방법론은 측정 · 보고 · 검증(measurement, reporting and verification, MRV)으로 결정되었다.

7 파리협정

2015년 프랑스 파리에서 개최된 제21차 당사국총회(COP21)에서는 신기후체제 합의문인 파리협정이 채택되었다. 파리협정은 2020년 만료 예정이던 기존의 교토의정서를 대체하는 체제이며, 국제사회의 장기 목표로 지구 평균기온 상승을 산업화 이전 대비 2℃보다 낮은 수준으로 유지하고 1.5℃ 이하로 제한하기 위해 노력하기로 합의하였다. 온실가스 감축에 관한 국가결정기여(Nationally Determined Contribution, NDC)는 각국이 스스로 정하는 방식을 채택하였고, 5년마다 상향된 목표를 제출하되 '공동의 그러나 차별화된 책임' 및 국가 간의 여건을 감안할 수 있도록 합의하였다. 또한 개발도상국의 이행 지원을 위한 기후 재원과 관련해 선진국의 재원 공급 의무를 규정하도록 합의하였다.

파리협정이 갖는 의의로는 모든 국가에 대한 온실가스 감축과 적응의 책무가 강화된 점을 들 수 있다. 이러한 책무를 다하기 위해서는 탄소의 주요 흡수원인 산림의 기능을 보전 · 증진하는 일이 반드시 수반돼야 한다. 산림은 한 세대의 주기가 길고 장기적인 적응대책을 필요로 하는 특징을 지니고 있어 장기적 관점에서의 관리가 무엇보다 중요하다.

① 파리협정 제5조

파리협정 제5조는 산림과 기타 탄소흡수원을 보호하고 증진하여 온실가스 배출을 줄이기 위한 조항으로, REDD+를 포함한 여러 메커니즘을 제시한다. 제5조는 각국이 산림, 습지, 농지 등 탄소흡수원을 보전하고 복구하기 위한 노력을 기울이도록 촉구함으로써 기후변화 완화에 중요한 역할을 하는 탄소흡수원을 보호하기 위한 국제적 협력의 틀을 제공한다. 또한 제5조는 바르샤바프레임워크에 따라 개발도상국이 산림 파괴를 줄이기 위한 REDD+ 활동을 수행할 수 있도록 지원하며, 선진국이 이에 필요한 재정적 · 기술적 지원을 제공하도록 규정함으로써 REDD+ 활동의 추진을 장려한다. 이와 함께 국가 간 협력을 촉진하며, 자발적인 REDD+ 및 관련 탄소흡수 활동이 신뢰성 있게 이루어질 수 있도록 국제적 조정의 필요성을 강조함으로써 탄소흡수원의 지속가능한 관리를 목표로 한다.

② 파리협정 제6조

파리협정 제6조는 국가 간 협력을 통해 온실가스 감축목표(NDC)를 효과적으로 달성할 수 있도록 하는 시장 및 비시장 기반 메커니즘을 규정한다. 이는 기후변화 대응을 위한 국제적 협력을 촉진하고 효율적인 탄소 감축을 유도하는 데 중요한 역할을 한다. 제6조의 주요 조항으로 제6.2조(협력적 접근법), 제6.4조(메커니즘), 제6.8조(비시장접근방식)를 들 수 있다

제6.2조는 당사국 정부 간 사업으로, 국제적으로 이전된 감축실적(Internationally Transferred Mitigation Outcomes, ITMOs)을 온실가스 감축목표(NDC) 달성에 사용할 수 있는 협력적 접근법에 대한 세부 규칙을 제시하고 있다. 구체적으로는 협력적 접근법의 활용 방식, ITMOs의 정의 및 참여국의 요건, 상응조정, 보고 및 검토 절차, 기록 및 추적 메커니즘, 감축 및 적용 행동 강화 방안 등을 포함하고 있다.

제6.4조는 중앙관리 방식의 메커니즘으로, 활동 및 감축실적(A6.4ER)의 정의, 파리협정 당사국 총회(CMA)의 역할, 감독기구 및 참여국의 책임 등 세부 내용을 규정하고 있다. 또한 제6.4조는 활동 주기(activity cycle), 메커니즘 등록부, 적용 및 행정 비용을 위한 수익 분배(SOP) 부과 등의 운영 절차를 포함한다. 전 지구적 전반적 감축(OMGE)의 도입, 온실가스 감축의 중복 사용 금지, 기타 국제 감축량 활용 방안도 제시하고 있으며, 제1차 NDC 사용을 위한 CDM 활동 전환 및 감축실적 사용과 관련한 세부 사항을 구체적으로 구분해 제시하고 있다.

시장 기반인 제6.2조, 제6.4조와 달리 제6.8조는 시장을 이용하지 않고 온실가스 감축과 기후변화 적응을 촉진할 수 있는 비시장적 협력 방식을 제공한다. 이는 기술 이전, 역량 강화, 기후변화 적응 등을 포함하며, 비시장 접근 프로그램을 통해 기술적 지원과 역량 강화를 제공한다. 또한 이를 통해 기후 적응 관련 협력을 증진하고, 시장 메커니즘 외의 방식으로 기후변화 대응을 효과적으로 추진할 수 있도록 한다.

11·1·2 우리나라 기후변화 제도와 정책

1 탄소중립기본법

2021년 제정된 「탄소중립기본법」은 "기후위기의 심각한 영향을 예방하기 위하여 온실가스 감축 및 기후위기 적응대책을 강화하고 탄소중립 사회로의 이행 과정에서 발생할 수 있는 경제적 · 환경적 · 사회적 불평등을 해소하며 녹색기술과 녹색산업의 육성 · 촉진 · 활성화를 통하여 경제와 환경의 조화로운 발전을 도모함으로써, 현재 세대와 미래 세대의 삶의 질을 높이고 생태계와 기후체계를 보호하며 국제사회의 지속가능발전에 이바지하는 것"을 목적으로 한다. 「탄소중립기본법」 제3조에서는 기본 원칙 여덟 가지를 제시하고 있으며, 그중 산림과 관련한 내용은 다음과 같다.

- **기본원칙 2.** 범지구적인 기후위기의 심각성과 그에 대응하는 국제적 경제환경의 변화에 대한 합리적 인식을 토대로 종합적인 위기 대응 전략으로서 탄소중립 사회로의 이행과 녹색성장을 추진한다.
- **기본원칙 3.** 기후변화에 대한 과학적 예측과 분석에 기반하고, 기후위기에 영향을 미치거나 기후위기로부터 영향을 받는 모든 영역과 분야를 포괄적으로 고려하여 온실가스 감축과 기후위기 적응에 관한 정책을 수립한다.

「탄소중립기본법 시행령」에서는 각 분야별 계획이 국가 온실가스 감축목표와 부합하도록 정하고 있으며, 산림 분야에서는 '탄소흡수원 증진 종합계획'이 여기에 해당한다. 또한 동법과 시행령에 따라 광역자치단체와 기초자치단체는 탄소중립계획과 기후위기 적응대책을 수립 · 시행해야 한다. 지방자치단체에서도 산림의 탄소흡수원과 산림 · 생태 분야 기후변화 적응을 고려하여 정책을 추진해야 함을 뜻한다.

2 국가 기후위기 적응대책

「탄소중립기본법」에 따라 정부는 '국가 기후위기 적응대책'을 5년마다 수립 · 시행해야 한다. 여기에는 여섯 가지 사항이 포함돼야 하며, 그중 산림과 관련한 항목은 '부문별 · 지역별 기후위기의 영향과 취약성 평가에 관한 사항', '부문별 · 지역별 기후위기 적응대책에 관한 사항'이다. 현재까지 「제1차 국가 기후변화 적응대책」(2011~2015), 「제2차 국가 기후변화 적응대책」(2016~2020), 「제3차 국가 기후변화 적응대책」(2021~2025)이 수립 및 추진되었다. 제3차 대책은 수립 후 「탄소중립기본법」이 제정됨에 따라 계획기간 중 강화대책이 발표되었으며, 명칭 또한 '국가 기후위기 적응대책'으로 전환되었다.

적응대책은 환경부, 보건복지부, 국토해양부, 농림축산식품부 등 14개 중앙부처와 해당 분야 전문가가 참여하여 각 차기 계획을 수립하였다. 건강, 재해 · 재난, 산림, 물 관리 등 부문별 적응대책과 기후변화 감시 및 예측, 적응산업 · 에너지 등 적응기반 대책을 포함한다.

「제3차 국가 기후변화 적응대책」에서는 다음과 같은 산림 관련 주요 적응대책이 마련되었다.

1) 생태계 건강성 유지 부문

- 국가 생태계 기후변화 모니터링 및 대응기반 강화
- 생태계 보전 및 복원을 통한 생태계 건강성 유지
- 이상기후로 인한 생태계 위해 · 재난 관리 강화

2) 평가도구 및 정보제공 강화 부문

- 기후변화 영향 · 취약성 평가 도구 고도화
- 기후변화 적응정보 관리체계 마련 및 정보 확산

「제3차 국가 기후위기 적응 강화대책」에서는 산불 · 산사태 등의 산림재해를 비롯한 기후재난 예방을 주요 정책 방향에 포함하였다.

3 탄소흡수원법

「탄소흡수원법」은 「탄소중립기본법」에 따라 산림의 탄소흡수 기능을 유지하고 증진함으로써 기후변화에 대응하고 저탄소 사회 구현에 기여하기 위한 목적으로 제정되었다. 「탄소흡수원법」은 산림의 탄소흡수능력을 유지하고 증진하기 위해서는 신규조림 · 재조림, 숲가꾸기, 산림경영, 목제품 · 산림바이오매스 에너지 이용, 산림전용 억제, 산림재해 예방 등 다양한 산림활동이 필요함을 규정하고 있다. 또한 산림 분야의 탄소흡수 기능을 유지하고 증진하기 위한 일련의 활동들을 국제 규범에 맞춰 재정립하고 제도적으로 장려 및 지원하며, '탄소흡수원 증진 종합계획'의 수립을 통해 산림 및 목제품의 이산화탄소 흡수 및 저장 역량 제고를 실현하고 있다.

4 산림탄소상쇄제도

산림탄소상쇄제도는 「탄소흡수원법」에 따라 지방자치단체장이나 사업자가 탄소흡수원 유지 및 증진 활동을 통해 추가로 확보한 산림탄소흡수량을 활용하기 위해 마련되었다. 산림탄소상쇄제도는 감축실적(크레딧)형 산림탄소상쇄와 사회공헌형 산림탄소상쇄로 시행되고 있다. 이 중 사회공헌형 산림탄소상쇄는 산림을 이용한 사업을 통해 산림탄소흡수량을 획득하여 이를 거래 또는 홍보 용도로 사용할 수 있게 한 제도이다.

산림탄소상쇄사업은 자발적 산림탄소시장에서 거래 가능한 거래형 사업과, 거래 이외의 홍보 등 다른 용도로 사용할 수 있는 비거래형 사업으로 나뉜다. 거래형은 향후 국가 온실가스 감축목표를 상쇄하는 데 사용할 수 있도록 국제적으로 통용되는 기준을 적용하며, 비거래형은 사회에 공헌하기 위한 자발적 사업 유형으로 거래형에 비해 완화된 기준이 적용된다. 이와 같이 산림탄소상쇄제도에는 여러 가지 사업 유형이 있으며 사업자는 이 중 하나를 선택하거나, 여러 유형을 동시에 진행하는 복합형 사업을 추진할 수 있다(표 8-10 참조). 사업 타당성이 인정된 사업은 산림탄소등록부(산림탄소모아)에 등록, 관리되며 향후 산림탄소흡수량

거래 등의 용도로 쓰인다.

5 국외산림탄소축적증진법

「국외산림탄소축적증진법」은 파리협정 제5조에서 장려하는 개발도상국에서의 산림전용과 산림황폐화 방지를 통한 온실가스 배출 감축 관련 활동, 산림 보전, 지속가능한 산림관리 및 탄소 축적 증진 활동을 지원하고 활성화하여 국가 온실가스 감축목표 달성에 기여하고 기후변화 대응에 이바지함을 목적으로 2023년 제정되었다. 기후변화협약의 REDD+ 메커니즘을 통한 국제감축사업 추진이 이 법의 주요 내용이다.

「국외산림탄소축적증진법」에 따라 「제1차 국외산림탄소축적증진 5개년 종합계획」(2025~2029)이 수립되었고, 운영표준 및 지침을 개발하여 실제 사업자(공공, 민간 등)의 국외산림탄소축적증진사업 추진의 기반을 마련하고 시행을 촉진하고 있다. 특히 국가 온실가스 감축목표(NDC)에 직접적으로 기여할 수 있는 국제감축사업을 추진하여 ITMOs를 확보하고자 한다.

6 농업식품기본법

2015년 3월 「농업식품기본법」 제47조의2를 신설하여 2016년부터 농업 · 농촌의 기후영향평가 등을 법제화하였다. 이에 따라 농림축산식품부 장관은 기후변화가 농업 · 농촌 및 임업 분야에 미치는 영향 실태를 5년마다 조사하고 취약성을 평가하여 공표해야 한다. 2015년에는 「농업식품기본법 시행령」에 제19조의2가 신설되면서 임업 분야에 관한 권한이 산림청장에게 위임되었다. 임업 분야의 기후영향평가는 다음의 내용을 포함해야 한다.

1) 산림 지역의 이상 기상 발생에 관한 사항
2) 산림자원 및 산림생태계 변화에 관한 사항
3) 임산물 생산성 변화에 관한 사항
4) 산불, 산사태 및 산림병해충 발생에 관한 사항
5) 임업생태계의 생물다양성, 침입종 및 기후변화 취약종에 관한 사항
6) 그 밖에 기후변화의 임업 분야에 대한 영향 및 취약성에 대한 조사 · 평가를 위하여 필요한 사항

11·2 산림탄소계정과 탄소흡수원

11·2·1 산림탄소계정 개요

산림은 탄소순환(carbon cycle)을 구성하는 중요한 요소로서 탄소를 흡수하여 저장하는 역할을 한다. 산림을 이루는 나무와 식물은 광합성을 통해 대기 중의 이산화탄소를 흡수한 뒤 생물체(나무 줄기, 가지, 잎, 뿌리)와 토양 내에 탄소를 저장한다. 이는 크게 다음과 같은 과

정을 통해 진행된다(이우균 등, 2022; 그림 11-1 참조).

1) **산림의 탄소 흡수 · 저장**: 산림이 자라면서 광합성을 통해 대기 중의 이산화탄소를 흡수하고, 이를 바이오매스(줄기, 가지, 뿌리, 잎), 토양, 고사목, 낙엽층 등에 저장하는 과정에서 일어난다. 그러나 자연적(병해충, 산사태 등) 또는 인위적(불법 벌채, 산지전용 등) 교란으로 산림의 쇠퇴, 전소, 임목 고사 등이 발생하면 산림바이오매스 및 토양에 저장된 온실가스가 다시 배출된다.
2) **수확된 목제품의 탄소 저장**: 산림으로부터 수확한 목재를 목제품으로 만들어 탄소를 저장할 수 있으며, 건축자재처럼 수명이 길수록 더 오랜 기간 탄소를 저장한다. 이와 더불어 수확한 자리에 새로운 나무를 심어 생장이 왕성한 유령림과 장령림으로 발달하면 온실가스 흡수 능력도 향상할 수 있다.
3) **목재의 화석연료 대체**: 목재 수확이나 가공 과정에서 나오는 미이용 바이오매스나 폐기되는 목제품을 바이오에너지로 활용할 수 있으며, 이를 통해 화석연료를 대체하고 탄소 배출을 줄일 수 있다.
4) **목재의 배출 집약적 원자재 대체**: 콘크리트, 철강 등 제조 과정에서 탄소를 많이 배출하는 원자재를 상대적으로 탄소를 훨씬 적게 배출하는 목재로 대체하여 탄소 배출을 간접적으로 줄일 수 있다.

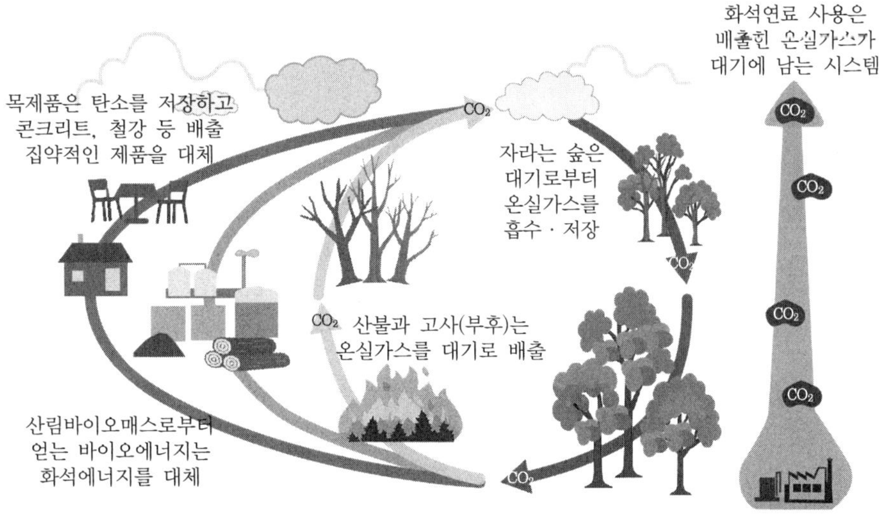

그림 11-1 탄소중립에 기여하는 산림 탄소순환 시스템[USDA Forest Service, 2019]

탄소계정(carbon accounting)이란 온실가스 감축목표 달성 정도를 평가하기 위해 각각의 온실가스 배출원에 의한 배출량과 흡수원에 의한 흡수량을 산정하는 과정을 말한다. 산림부문 탄소계정에서는 신규조림, 재조림, 산림전용 등 토지이용 변화와 산림경영 등의 산림 활동에 따른 대상 산림(바이오매스, 토양, 고사목, 낙엽층) 및 수확된 목제품의 탄소저장량 변화로 산정, 평가하고 있다. 산림부문이 탄소중립에 기여하는 목재 바이오매스의 화석연료 대체효과와 배출 집약적 원자재 대체효과는 관련 에너지 부문의 탄소계정에 포함된다. 따라서 산림부문의 총체적인 탄소중립 기여를 평가하기 위해서는 에너지, 산업, 건물 등 관련 부문과의 전략적 연계와 협의가 필요하다.

11·2·2 온실가스 통계 산정

온실가스 통계 산정은 「국가 온실가스 인벤토리 작성을 위한 2006 IPCC 가이드라인(2006 IPCC Guidelines for National Greenhouse Gas Inventories, IPCC GL)」(IPCC, 2006)에서 정립한 등급(tier), 산정 방식 등을 기준으로 하며, 이후 2013년 개정된 보완 지침(IPCC, 2013)과 2019년 개선 보고서(IPCC, 2019) 등을 통해 보완되어 왔다. 「IPCC GL」에 따르면 산림부문의 배출원 및 흡수원은 산림지로 유지되고 있는 산림지, 타 토지에서 전용된 산림지, 수확된 목제품으로 분류된다(IPCC, 2006; Han *et al.*, 2017).

1 산림지 탄소저장량 산정

「IPCC GL」에 따르면 산림지의 경우 지상부 · 지하부 바이오매스, 고사목, 낙엽층, 토양탄소 등의 5개 탄소저장고에 대해서 축적차이법 또는 획득손실법을 이용하여 배출량 및 흡수량을 산정한다.

1) 축적차이법(stock-difference method): 각 탄소저장고의 n년도와 $n-1$년도의 탄소 축적(저장량)을 조사한 뒤 다음의 식을 이용하여 순흡수량을 산출하는 방식이다. 이때 탄소저장고의 형태에 따라 상이한 탄소배출계수(표 11-1 참조)를 이용하여 두 시점 간의 탄소저장량 차이를 계산하고 연간 탄소축적변화량을 산정한다.

$$\Delta C = \frac{C_{t_2} - C_{t_1}}{t_2 - t_1} \quad \cdots\cdots (11\cdot1)$$

식에서 ΔC: 탄소축적변화량, C_{t_1}: t_1년도의 탄소저장량, C_{t_2}: t_2년도의 탄소저장량

표 11-1 탄소저장고별 요구되는 탄소배출계수

탄소저장고	탄소배출계수
바이오매스	목재 밀도, 바이오매스 확장계수, 뿌리-지상부 비율, 바이오매스 탄소전환계수
낙엽층	낙엽층 탄소저장량, 낙엽층 탄소전환계수
고사목	고사목 탄소저장량, 고사목 탄소전환계수
토양	토양 탄소저장량, 토양 가밀도, 토양 석력 함량, 토양 탄소전환계수

[Han *et al.*, 2017]

$$C = \sum_{i,j} \{A_{i,j} \times V_{i,j} \times BCEF_{i,j} \times (1 + R_{i,j}) \times CF_{i,j}\} \quad (11\cdot 2)$$

식에서 C: 탄소저장량, $A_{i,j}$: 산림 면적, $V_{i,j}$: 임목축적, $BCEF_{i,j}$: 바이오매스 확장 · 전환계수, $R_{i,j}$: 뿌리함량비, $CF_{i,j}$: 탄소전환계수

2) **획득손실법**(gain-loss method): 임목생장을 통한 흡수, 탄소저장고 간 이동, 각 탄소저장고별 부후에 따른 배출 등 산림의 모든 탄소순환 과정을 조사하여 순흡수량을 산출하는 방식이다(그림 11-2 참조).

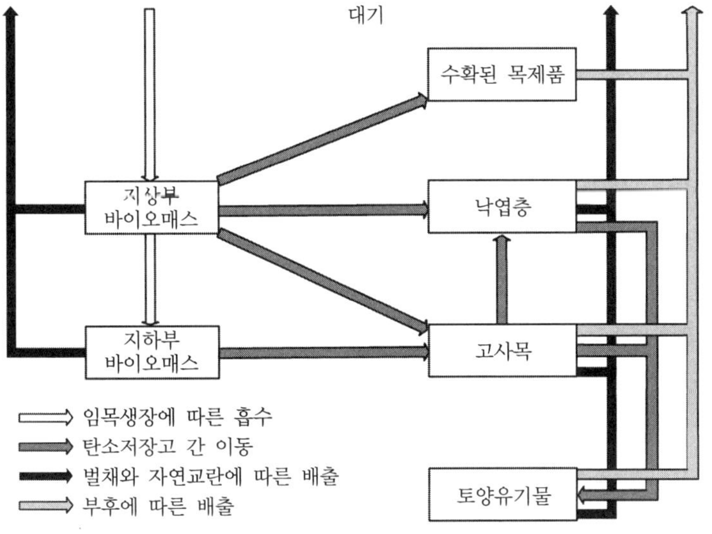

그림 11-2 산림에서의 탄소순환 과정[IPCC, 2006]

탄소 축적의 추정에 필요한 탄소배출계수는 「IPCC GL」에서 제공하는 지역별 · 생태권역별 기본값을 이용하거나(Tier 1) 국가별 고유배출계수를 개발하여(Tier 2) 적용할 수 있다. 고사목, 낙엽층, 토양 탄소에 대해서 미국, 일본 등의 주요 국가들은 국가산림자원조사 자료를 바탕으로 자국의 환경을 반영한 탄소모델을 이용하여(Tier 3) 온실가스 통계를 산정하는 반면에 일부 국가들은 축적차이법으로 산정하거나(Tier 2) 탄소저장량 변화가 없는 것으로(Tier 1) 보고한다.

미국은 국가산림자원조사 자료를 바탕으로 탄소저장고별 탄소저장량을 추정하고, 자체 개발한 산림탄소계정프레임워크(Forest Carbon Accounting Framework, FCAF)에 적용하여 모든 탄소저장고의 탄소축적변화량을 산정한다(Tier 3). 일본은 미국에서 개발한 CENTURY 모델에 자국의 환경(수종 구성, 기후 등)을 반영한 CENTURY-jfos 모델을 재개발하여 산정에 활용한다(Tier 3). 캐나다(CBM-CFS3), 호주(FullCAM), 독일(Yasso07) 등에서도 자국에 맞는 고유의 탄소모델을 개발하여 산정에 활용하고 있다(Tier 3). 한편 헝가리, 네덜란드 등은 국가산림자원조사를 바탕으로 고사목, 낙엽층에 대해서는 Tier 2 수준으로 산정하고,

토양에 대해서는 탄소저장량 변화가 없는 것으로(Tier 1) 가정해 보고한다.

2 목제품 탄소저장량 산정

수확된 목제품(HWP)은 교토의정서 제2차 공약기간부터 산림부문의 탄소저장고로 포함되어 탄소계정에 대한 의무가 부과되었다(COP17, 2011). 「IPCC GL」에서는 목제품의 탄소저장량 산정 방법으로 축적변화접근법과 생산접근법을 제시하고 있으며, 대부분의 국가에서는 생산접근법을 적용하여 국내 소비 및 수출된 목제품의 탄소저장량 변화를 산정하고 있다(이우균 등, 2022).

1) **축적변화접근법**: 국내에서 이용되는 목제품의 탄소저장량을 산정한다(그림 11-3 참조).
2) **생산접근법**: 국내에서 생산·이용되거나 수출되는 목제품의 탄소저장량을 산정한다(수입된 목제품은 제외; 그림 11-4 참조).

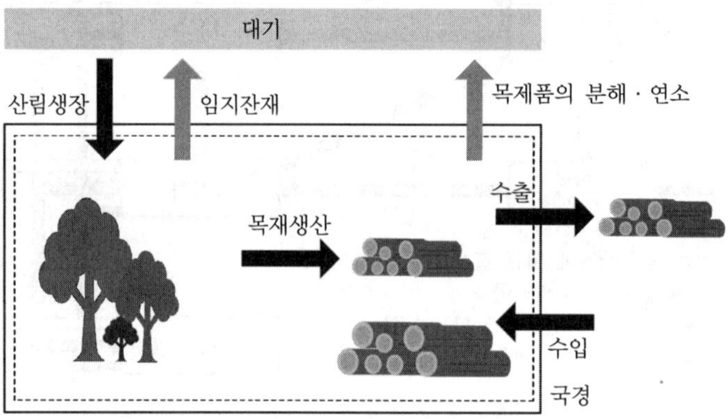

그림 11-3 축적변화접근법의 모식도[IPCC, 2006]

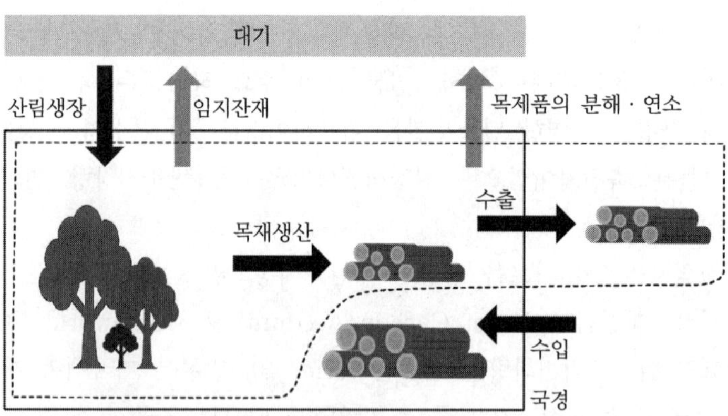

그림 11-4 생산접근법의 모식도[IPCC, 2006]

11·2·3 우리나라 산림탄소계정 관리

국립산림과학원은 정부의 산림부문 국가 온실가스 흡수·배출 산정기관으로서 우리 산림의 온실가스 흡수 기능에 대한 국민적 인식을 확산하고 온실가스 감축 활동에 대한 적극적인 참여를 유도하기 위해 「주요 산림수종의 표준 탄소흡수량」(이선정 등, 2019)을 발표하였다. 표준 탄소흡수량은 소나무, 참나무 등 주요 8개 수종에 대해 지난 40년간 전국 3,212개의 숲을 조사한 결과를 토대로, 기후변화협약에서 정한 국제표준 방법인 탄소축적차이법에 따라 작성되었다. 탄소축적차이법은 나무가 광합성으로 CO_2를 흡수하고 호흡으로 CO_2를 배출한 후 남은 탄소가 나무에 축적되는 원리를 이용한다. 따라서 나무의 생장량을 알면 여기에 수종별 탄소전환계수를 곱하여 탄소 무게로 환산함으로써 수종별 탄소흡수량을 계산할 수 있다(그림 11-5 참조).

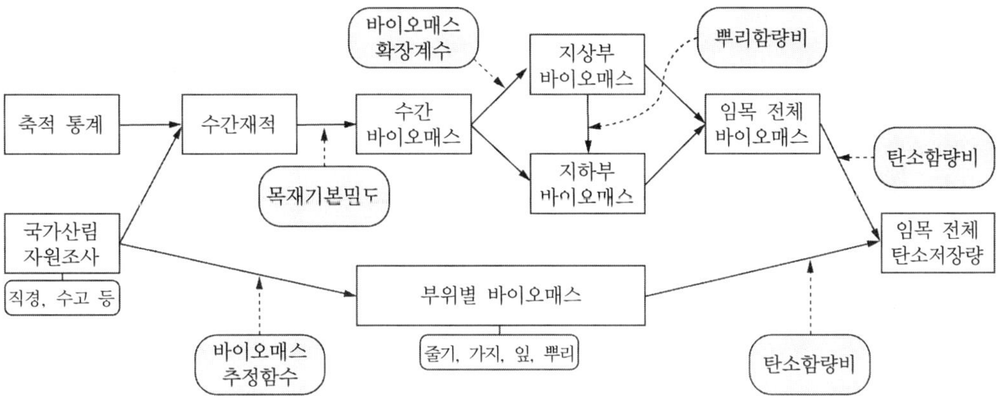

그림 11-5 산림축적의 탄소 전환 및 이용 계수

1 산림바이오매스 생장량 계산

산림바이오매스 생장량을 계산하기 위해 비교적 조사가 용이한 줄기재적의 생장량을 측정하고 탄소배출계수를 적용하여 전체 산림바이오매스의 탄소흡수량을 추정하는 방식인 바이오매스 확장계수 이용법을 적용하고 있다(그림 11-6 참조).

줄기재적의 생장량은 대상지에 대한 현장조사를 통해 측정한다. 대상지 내에 각 구획을 대표할 수 있는 표본점을 설정하고, 표본점을 대상으로 모니터링 주기마다 산림조사를 통해 생

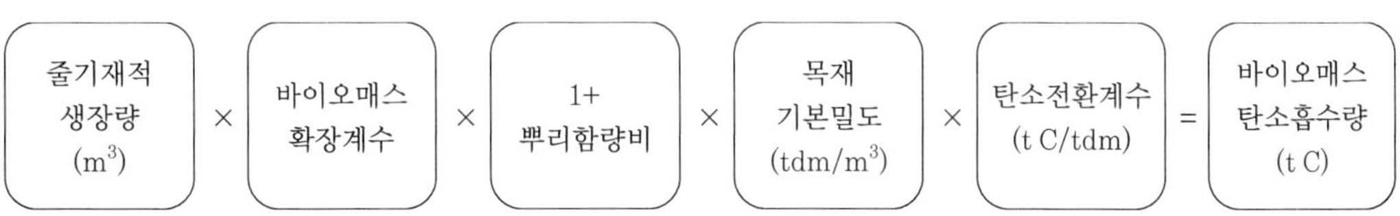

그림 11-6 산림바이오매스의 탄소저장량 산정(바이오매스 확장계수 이용법)

장량을 측정한다. 구체적인 산림조사 방법은 「국가산림자원조사 현지조사 지침서」(산림청, 2009)나 「산림 바이오매스 및 토양탄소 조사 · 분석 표준」(국립산림과학원, 2007) 등을 참고할 수 있다. 계획 단계에서는 표본점에 대한 직접조사 외에도 수확표나 생장모델을 적용하여 줄기재적의 생장량을 추정할 수 있다. 다만 이때에는 적용한 수확표나 생장모델에 대한 구체적인 정보 및 자료를 제시해야 한다.

2 산림바이오매스 수확량 계산

산림바이오매스의 탄소흡수량을 산정하기 위해서는 산림바이오매스 생장량에서 간벌이나 벌채 등에 의한 산림바이오매스 수확량을 제해야 한다. 따라서 해당 기간 동안에 이루어진 간벌이나 벌채 활동에 따른 목재수확량(줄기재적)을 조사하고 탄소배출계수를 적용하여 산림바이오매스 수확량을 추정한다. 사업계획 단계에서는 간벌 및 벌채의 시기와 강도를 결정하고 수확표나 생장모델을 적용하여 해당 임령에서의 잠재적인 목재수확량을 추정할 수 있다. 목재수확량 추정에는 국립산림과학원에서 개발한 「임목 재적 · 바이오매스 및 임분수확표」(국립산림과학원, 2023)를 적용할 수 있으며, 다른 수확표나 생장모델을 적용할 경우 구체적인 정보 및 자료를 제시해야 한다.

3 산림바이오매스 탄소흡수량 산정

산림바이오매스 생장량과 수확량에 대한 계산이 완료되면 다음의 수식 및 표를 이용하여 산림바이오매스의 탄소흡수량을 산정할 수 있다. 산림바이오매스 탄소흡수량 산정을 위해 필요한 탄소배출계수는 국가에서 공표하는 국가고유계수를 우선 적용하되 해당 계수가 없을 경우에는 국립산림과학원 등의 연구기관에서 개발한 주요 수종의 탄소배출계수나 「IPCC GL」에서 제공하는 글로벌 배출계수 등을 적용할 수 있다. 그 밖의 다른 탄소배출계수를 적용할 경우 구체적인 정보 및 자료를 제시해야 한다.

$$B_i = (BG_i - BL_i) \times BEF \times (1+R) \times WD \times CF \quad \cdots\cdots (11 \cdot 3)$$

식에서 B_i: 구획 i의 산림바이오매스 탄소흡수량(t C), BG_i: 구획 i의 재적생장량(m^3), BL_i: 구획 i의 목재수확량(m^3), BEF: 지상부 바이오매스 확장계수, R: 뿌리함량비, WD: 목재기본밀도(tdm/m^3, tdm: tons of dry matter), CF: 탄소전환계수(t C/tdm)

우리나라의 산림 분야에서는 2013년 6개 수종, 2014년 9개 수종, 2017년 4개 수종 등 총 19개 수종에 대한 목재기본밀도, 바이오매스 확장계수, 뿌리함량비가 개발되어 총 57개 국가고유계수가 등록되어 있다(표 11-2 참조). 고사목, 낙엽층, 토양 탄소에 대해서는 현재 10개 주요 수종에 대한 고사목 부후등급별 탄소전환계수, 낙엽층 탄소전환계수, 토양 탄소전환계수 등 총 70개의 국가고유계수가 등록되어 있다(표 11-3, 11-4 참조).

표 11-2 주요 수종별 국가고유계수: 지상부 · 지하부 바이오매스

수종	목재기본밀도 (tdm/m^3)	바이오매스 확장계수	뿌리-지상부 비율
강원지방소나무	0.42	1.48	0.26
중부지방소나무	0.47	1.41	0.25
낙엽송	0.45	1.34	0.29
리기다소나무	0.50	1.33	0.36
해송	0.48	1.52	0.29
잣나무	0.41	1.74	0.28
삼나무	0.35	1.31	0.23
편백	0.43	1.35	0.20
기타 침엽수	0.46	1.43	0.27
굴참나무	0.72	1.34	0.32
상수리나무	0.72	1.45	0.31
신갈나무	0.66	1.60	0.39
졸참나무	0.66	1.55	0.43
붉가시나무	0.83	1.70	0.19
아까시나무	0.64	1.47	0.48
자작나무	0.55	1.30	0.29
백합나무	0.46	1.24	0.23
현사시나무	0.36	1.17	0.16
기타 활엽수	0.68	1.51	0.36

[온실가스종합정보센터, 2013 · 2014 · 2017]

표 11-3 주요 수종별 국가고유계수: 고사목, 낙엽층

수종	고사목 탄소전환계수 (t C/tdm)	낙엽층 탄소저장량 (C t/ha)	낙엽층 탄소전환계수 (t C/tdm)
강원지방소나무	0.51	9.03	0.47
중부지방소나무	0.49	11.85	0.45
낙엽송	0.51	7.01	0.40
리기다소나무	0.51	7.95	0.43
잣나무	0.49	7.36	0.47
기타 침엽수	0.51	11.25	0.44
굴참나무	0.49	6.49	0.45
상수리나무	0.51	5.07	0.38
신갈나무	0.51	7.30	0.40
기타 활엽수	0.51	6.63	0.44

[온실가스종합정보센터, 2015]

표 11-4 주요 수종별 국가고유계수: 토양 탄소

수종	토양 탄소저장량 (C t/ha)	토양 가밀도 (Mg/m^3)	토양 석력 함량 (%)	토양 탄소전환계수 (g C/kg soil)
강원지방소나무	53.16	1.14	0.32	18.04
중부지방소나무	37.83	1.10	0.30	16.31
낙엽송	46.71	0.79	0.27	20.37
리기다소나무	36.35	1.03	0.41	15.74
잣나무	37.77	1.08	0.28	14.57
기타 침엽수	38.75	0.86	0.25	16.94
굴참나무	57.09	0.84	0.29	24.44
상수리나무	64.30	0.96	0.27	23.59
신갈나무	64.02	0.85	0.23	28.46
기타 활엽수	55.68	0.99	0.28	26.96

[온실가스종합정보센터, 2015]

11·2·4 산림수종별 표준 탄소흡수량

우리나라 산림부문의 탄소배출계수에 대한 연구는 국립산림과학원을 중심으로 2000년 초부터 주요 수종을 대상으로 진행해 왔으며, 지구온난화로 인한 기온 상승 등을 고려하여 온대 및 난대 수종에 대한 국가고유계수의 개발 연구도 함께 이루어지고 있다. 이에 따라 산림의 주요 수종별 탄소저장량을 산정할 수 있는 체계가 마련되었다. 주요 산림수종의 표준 탄소흡수량은 2012년 산림청과 국립산림과학원 보도자료로 전 국민에게 처음 발표되었으며(ver. 1.0), 그 뒤로 2013년 ver. 1.1, 2019년 ver. 1.2 등 일부 수종에 대한 흡수량이 지속적으로 보완되었다.

주요 산림수종의 표준 탄소흡수량을 산출하기 위해 임분수확표(국립산림과학원, 2009) 자료를 활용하였다. 각 수종별 중간수준 지위지수의 기준 생장량(정기평균생장량, 연평균생장량) 자료를 사용하였다. 지위지수가 세 가지 혹은 다섯 가지인 경우 중앙의 지위지수를 기준 자료로 활용하였으며, 네 가지인 경우에는 가운데 두 지위지수의 생장량 수치를 평균해 적용하였다.

예시 1. 중부지방소나무의 30년생 표준 탄소흡수량에 활용된 정보는 지위지수 12와 14의 임령 30년 기준 생장량(정기평균생장량, 연평균생장량)의 평균값을 활용하였다.

예시 2. 잣나무의 40년생 표준 탄소흡수량에 활용된 정보는 지위지수 14의 임령 40년 기준 생장량(정기평균생장량, 연평균생장량)의 평균값을 활용하였다.

산정 방법은 「IPCC GL」(IPCC, 2006)을 적용하였으며, 2009년 기준 임분수확표의 수종별 정기평균생장량에 목재기본밀도, 바이오매스 확장계수, 뿌리함량비, 탄소전환계수를 곱하여 다음의 식으로 CO_2 흡수량을 산정하였다.

$$CO_2\text{removals} = Vol \times BEF \times (1+R) \times WD \times CF \times \frac{44}{12} \quad \cdots\cdots (11\cdot4)$$

식에서 CO_2removals: 수종별 CO_2 흡수량(t CO_2/ha/yr), *Vol*: 수종별 정기평균생장량 (m^3/ha), *BEF*: 지상부 바이오매스 확장계수, *R*: 뿌리함량비, *WD*: 목재기본밀도 (tdm/m^3), *CF*: 탄소전환계수, 44/12: 탄소-이산화탄소 분율

나무 한 그루당 연간 CO_2 흡수량은 임분수확표에서 제공하는 수종별 · 임령별 잔존 본수를 활용하여 다음 식으로 산정하였다.

$$CO_2\text{removals/tree} = \frac{CO_2\text{removals}}{\text{tree}} \quad \cdots\cdots (11\cdot5)$$

식에서 CO_2removals/tree: 나무 한 그루당 연간 CO_2 흡수량(t CO_2/그루/yr), CO_2removals: 수종별 CO_2 흡수량(t CO_2/ha/yr), tree: 임령별 잔존 본수(n/ha)

이상의 방법을 통해 산출된 수종별 표준 탄소흡수량은 표 11-5와 같다. 연간 CO_2 흡수량은 임령 30년 이전에 가장 높고, 임령이 증가할수록 연간 CO_2 흡수량이 감소하는 경향을 보였다. 주요 수종별 임령별 잔존 본수를 활용하여 나무 한 그루당 연간 CO_2 흡수량을 산출한 결과는 표 11-6과 같으며, 30년생 기준으로 상수리나무가 14.1kg으로 가장 높고 편백이

표 11-5 주요 수종별 연간 CO_2 흡수량(단위: t CO_2/ha/yr)

수종	임령												
	10	15	20	25	30	35	40	45	50	55	60	65	70
강원지방소나무	7.5*	9.6	10.1	10.0	9.6	9.0	8.2	7.5	6.7	6.0	5.4	4.7	4.2
중부지방소나무	3.5*	5.2*	6.9*	15.8	12.4	9.0	6.4	4.6	3.3	2.4	1.8	1.4	1.1
잣나무	5.4*	10.6	11.8	11.6	10.8	9.9	9.1	8.3	7.6	7.0	6.5	6.1	5.7
낙엽송	9.1*	9.4	10.5	10.0	9.5	8.9	8.5	8.1	7.9	7.6	7.5	7.3	7.2
리기다소나무	4.5*	10.5	13.9	13.8	12.4	10.5	8.7	7.1	5.8	4.8	4.1	3.5	3.1
편백	5.2*	8.0	8.8	8.8	8.2	7.4	6.6	5.8	5.2	4.6	4.1	3.7	3.4
상수리나무	11.2*	13.1*	15.9	14.9	14.0	13.1	12.3	11.6	10.9	10.4	9.8	9.3	8.9
신갈나무	8.6*	11.9*	15.0	11.8	9.3	9.1	8.4	7.9	7.5	7.1	6.8	6.5	6.3

㈜ 임분수확표의 임분 단위 자료를 활용했기 때문에 임령 기준의 흡수량을 제시함

* 임분수확표에 없는 자료로 추정치를 적용한 값임

5.9kg으로 가장 낮게 산출되었다. 1톤의 CO_2 상쇄에 필요한 나무 그루 수를 산정한 결과는 표 11-7과 같으며, 상수리나무의 경우 1톤의 CO_2를 상쇄하는 데 네 그루가 필요한 것으로 나타나 다른 수종에 비해 상대적으로 상쇄 효과가 큰 것으로 확인되었다.

표 11-6 나무 한 그루당 연간 CO_2 흡수량(단위: kg/그루/yr)

수종	임령												
	10	15	20	25	30	35	40	45	50	55	60	65	70
강원지방소나무	1.4*	3.2	5.0	6.7	8.1	8.8	8.8	9.0	9.2	9.2	9.0	8.6	7.6
중부지방소나무	1.0*	2.2*	3.9	9.8	9.1	7.9	6.6	4.9	4.0	3.2	2.6	2.2	1.8
잣나무	1.6*	5.2	8.6	11.6	12.5	13.6	14.1	14.2	14.0	13.7	13.3	12.8	12.3
낙엽송	4.3*	4.7	9.2	11.5	13.6	15.0	15.8	16.2	16.2	15.8	15.6	15.5	15.3
리기다소나무	0.9*	3.6	6.8	9.2	10.6	11.1	9.9	9.3	8.6	7.9	7.3	6.7	6.4
편백	2.5*	4.2	5.1	5.7	5.9	5.9	5.8	5.7	5.2	5.0	4.6	4.3	4.2
상수리나무	6.2*	9.4*	13.5	14.6	14.1	14.5	14.9	15.2	15.5	15.8	15.9	16.1	16.3
신갈나무	1.2*	2.6*	5.6	6.4	6.7	8.1	8.8	9.7	10.7	11.8	12.3	12.8	13.1

㈜ 임분수확표의 임분 단위 자료를 본수로 나누었기 때문에 수령(개체목) 기준의 흡수량을 제시함

* 임분수확표에 없는 자료로 추정치를 적용한 값임

표 11-7 1톤의 CO_2 상쇄에 필요한 나무 그루(단위: 그루/t CO_2)

수종	나무 그루	수종	나무 그루
강원지방소나무	6	리기다소나무	6
중부지방소나무	8	편백	8
잣나무	6	상수리나무	4
낙엽송	6	신갈나무	5

11·3 기후변화 적응과 산림경영

산림의 기후변화 적응을 다루기 위해서는 적응(adaptation) 영역의 용어적 이해가 필요하다. 온실가스 감축 혹은 흡수원 증진이 기후변화 원인에 대한 대응이라면, 적응은 극한기후 현상이나 기후변동 등의 기후변화에 대한 결과적 대응이라고 볼 수 있다. 기후변화 적응을 위해서는 기후변화의 영향이 산림 분야에 어떻게 나타나고 있는지 파악해야 하며, 부정적 영향을 줄이기 위한 정책적 · 기술적 조치를 적응으로 간주할 수 있다.

11·3·1 기후변화 영향

1 수종 분포

산림의 수종 분포와 관련한 기후변화의 영향 전망에 관한 연구로, 과거 및 현재의 서식처 정보와 산림분포모형을 기반으로 기후변화 시나리오를 적용한 산림 잠재 생육지의 분포 예측이 수행되고 있다. 산림분포모형을 이용하여 우리나라의 미래 산림을 분석한 결과를 보면 산림의 기후변화 적응속도보다 기후대 이동속도가 더 빨라져 구상나무, 분비나무와 같은 고산 · 아고산 식생은 저지대 식생과의 경쟁에서 밀려날 것으로 예상되며, 넓은 지역에 걸쳐 침엽수림 · 혼효림이 줄어들고 상록활엽수림 · 낙엽활엽수림은 늘어날 것으로 예측된다. IPCC 5차 평가보고서의 대표농도경로(Representative Concentration Pathway, RCP) 시나리오를 활용한 재예측 결과에서도 유사한 경향이 나타나 RCP 8.5 시나리오에서 소나무림이 2050년대에 현재보다 8%가량 줄어들고 2080년대에는 15%가 줄어들 것으로 전망되었다(유소민 등, 2020).

최근 연구에서는 기후변화에 의해 잠재 수종 적합지가 사라질 것으로 예측되는 지역을 산림분포 취약성이 높은 곳으로, 그대로 유지될 것으로 예측되는 지역을 취약성이 낮은 곳으로 규정하고 있다(유소민 등, 2020). 즉 아고산림이나 침엽수림의 경우 취약성이 높아질 것으로 예상되고 온 · 난대림의 경우 취약성에 큰 변화가 없을 것으로 예상된다. 또한 남해안, 제주 등에서 제한적으로 서식하던 난대상록수림이 온실가스 고배출 시나리오에서는 서식 범위가 북상하며 취약성이 낮아질 것으로 전망된다(Lim *et al.*, 2018)

공통사회경제경로(Shared Socioeconomic Pathway, SSP) 시나리오를 적용했을 때에도 유사한 전망이 나왔다. 현재와 유사하게 온실가스 배출이 유지되는 SSP5-8.5 시나리오에서는 한반도 자생 잣나무의 적합 서식지가 국토의 0.1% 수준(현재는 13%)으로 감소할 것으로 전망되었다. 잣나무는 우리나라의 대표적 용재수종이므로 목재 산업에 미치는 영향도 크다. 반면에 난대 · 아열대 용재수종으로 분류되는 삼나무와 편백은 취약성이 낮아지고 서식지가 크게 늘어날 것으로 전망된다. 삼나무는 현재 국토의 7.1%에서 18.2%로 적합 서식지가 확대되고, 편백은 국토의 19%에서 90%까지 넓어질 것으로 예상된다(안현권 · 임철희, 2022).

주요 조림수종인 낙엽송과 편백의 분포 역시 기후변화의 직접적인 영향을 받을 것으로 보인다. 낙엽송의 경우 기온 상승으로 인해 서식 가능 지역이 고산지대로 축소되고 조림 적지가 줄어들 것으로 전망된다. 반면에 편백은 기후변화에 대한 적응력이 상대적으로 높아 내륙 지역을 중심으로 조림 적지가 확대될 가능성이 있다(Lee *et al.*, 2025).

2 산림탄소

기후변화가 산림탄소의 동태에 영향을 미치고 있음은 확인되었다. 현재까지 보고된 대부분의 연구 결과에서 우리나라 전체 산림의 탄소흡수량이 점차 감소할 것으로 전망한다. 한국형 산림생장모형(Ko–G–Dynamics model)을 통해 우리나라의 미래 산림탄소흡수량 변화를 모의한 결과에 따르면 RCP 8.5 시나리오대로 기후변화가 진행되면 2020년대 평균 산림탄소흡수량은, 기후가 2000년대 수준으로 유지되는 결과에 비해 1.6% 정도 감소하는 것으로 평가되었다(Kim *et al.*, 2021).

한국형 산림생장모형과 RCP 8.5 시나리오를 적용하여 기후변화에 따른 우리나라의 이산화탄소 흡수량 추이를 분석한 결과, 산업혁명 대비 기온이 3.0℃ 증가할 경우 2050년대 이산화탄소 흡수량은 현재 기후가 유지되는 시나리오의 경우 3,355만 t CO_2/yr, 기후변화가 지속될 경우 2,303만 t CO_2/yr로 감소하는 것으로 나타났다. 이는 기후변화가 임목의 고사율을 높이고 생장 둔화를 유발함을 의미한다(Hong *et al.*, 2022).

SSP5–8.5 시나리오와 현재의 산림경영 수준을 유지할 경우 2050년대 이산화탄소 흡수량이 2,308만 t CO_2/yr로, SSP1–2.6과 회복성 있는 산림경영 수준을 적용할 경우 2,849만 t CO_2/yr로 예측되었다. 이는 기후변화 저감과 적응을 위한 국가와 사회의 노력이 산림의 탄소흡수량을 20% 이상 늘릴 수 있다는 점을 시사한다.

식생의 탄소 저장량 및 변화량은 임상의 바이오매스에 의존하므로 미래의 산림생장 전망에 따라 취약성이 결정될 것으로 추정된다. 식생의 탄소량뿐만 아니라 토양 탄소량의 취약성도 중요하게 고려해야 한다. 대부분의 연구에서 미래의 기온 상승이 토양 탄소의 감소를 야기할 것으로 예측하고 있다. 기온 상승이 토양유기물의 분해 및 호흡을 촉진하여 결국에는 산림탄소의 순손실까지 이어질 가능성이 있음을 의미한다.

3 산림재해

① 산사태

산사태와 관련한 기후변화의 영향과 위험도는 상당히 높은 편으로 확인되고 있다. 산사태 발생에 영향을 미치는 요인으로 경사 방향, 경사도, 토양 특성, 강우강도, 식생 활력 등이 있으며, 기후변화로 인해 강우강도가 세짐에 따라 산사태 발생 위험이 증가하고 있다. 강우강도나 호우일수가 늘어날수록 산사태 발생 확률이 높아짐을 확인할 수 있으며, 일부 고도(100~200m)와 경사도(0~20°)에서는 이러한 경향성이 더욱 두드러지는 것으로 나타났다.

기후변화 시나리오에 기반한 산사태 영향평가 결과에서는 RCP 8.5 기반의 산사태 발생 확률이 RCP 4.5 기반의 산사태 발생 확률보다 2030년대 1.8배, 2050년대 1.7배, 2080년대 7.2배 높게 나타났다(차성은 등, 2023). 산림정책을 통해 기후변화 적응 능력을 강화할 경우 기후변화에 따른 산사태 위험도는 일부 감소할 수 있다. 산지 국유화, 임도 확대, 보호지역 확대, 사방시설 설치 등의 정책을 실현할 경우 산사태위험도 '매우 높음' 지역을 최대 70%까지 줄일 수 있음이 밝혀졌다(Lim & Kim, 2022). 다만 미래 기후 데이터를 산출하는 지역 기후 모형에 따라 전망 결과의 양상이 다르고 강우강도에 따른 변동성이 크므로 지속적으로 위험도를 산정해야 한다.

② 산불

기후변화에 따라 산불의 강도와 위험도가 증가할 것으로 예상된다. 기후변화로 봄철 가뭄이 극

심해졌고, 침엽수림이 넓게 분포하여 산림 구조가 산불에 취약하기 때문이다. 다만 우리나라의 산불은 인간 부주의에서 비롯된 경우가 많다. 즉 산불 원인의 대부분이 실화(失火)이므로 산불 발화와 기후변화의 관련은 적다. 그럼에도 강수, 습도, 바람 등 기후적 요인이 산불 확산에 큰 영향을 주고 있으므로 대형 산불을 예방하는 차원에서 산불의 영향과 위험도를 주목해야 한다.

대형 산불을 대상으로 SSP 시나리오와 지형 및 사회 · 경제 · 환경적 요인에 기반하여 우리나라 미래의 산불 위험을 전망한 연구에서 두드러진 산불 위험 증가를 확인할 수 있다. SSP5-8.5가 적용된 2070년대에는 대형 산불의 발생 확률이 현재 대비 34.7% 증가할 것으로 전망되었다. 온실가스 감축 없는 미래에는 강원도의 일부 고산지대를 제외한 중 · 동부 대부분 지역에서의 발생 확률이 높게 예측되었다. 전반적으로 현재 비교적 안전하다고 여겨지는 활엽수림조차도 기후변화의 진행에 따라 산불 영향에 상당히 노출될 것으로 예상된다(Ahn *et al.*, 2024).

③ 병해충

산림병해충에 대한 기후변화의 영향 및 위험도 전망은 대부분 소나무재선충병과 관련이 있으며 참나무시들음병에서도 영향이 나타난다.

최근 기후변화 시나리오 SSP5-8.5에 따른 소나무재선충병 발생을 예측하였다. 해당 연구에서는 소나무재선충병의 발생 빈도를 파악하기 위해 최대엔트로피(MaxEnt) 모형을 활용하였다. 소나무재선충병의 매개충인 솔수염하늘소와 북방수염하늘소의 분포로 보면 현재 기후에서는 중부 지역(경기도 대부분), 남부 지역(경상도 대부분과 전라도 해안지방), 제주도에서 소나무재선충병의 발생 가능성이 높고, 강원도 지역에서는 발생이 거의 없는 것으로 확인된다. 다만 2050년대에는 매개충이 북쪽으로 분포를 넓혀 감에 따라 소나무재선충병의 확산도 증가할 것으로 전망된다(Yoon *et al.*, 2023).

참나무시들음병은 주로 수도권과 경기도에서 집중적으로 발생한다. 기후변화에 따른 전망에서도 주 피해지는 수도권과 경기도 지역이지만 기후변화로 인해 피해지가 수도권 북쪽으로 북상함과 동시에 동 · 서해안 지역으로도 확장될 것으로 예상된다.

RCP 8.5 시나리오에 따른 소나무재선충병 취약성 평가에서 기온 상승으로 소나무재선충병의 발생 지역과 피해 강도가 크게 확대될 것으로 예측되었다. 특히 기온이 2~3℃ 이상 상승할 경우 소나무재선충병의 피해율이 현재보다 최대 30% 이상 증가하는 것으로 나타났다. 그러나 방제 및 예방, 벌채, 조림 비용 등을 고려하여 취약 정도를 완화한다면 방제를 시행하지 않을 경우 대비 경제적 손실을 30~50% 줄일 수 있을 것으로 예측되었다. 병해충 피해 증가는 특히 산림경영의 수익 악화로 이어질 수 있다. 기후변화로 인한 병해충 피해 발생의 불확실성과 경제적 손실이 가중될 것으로 예측되며, 소나무재선충병에 대한 적절한 사전관리 강화가 필요하다고 분석되었다.

참나무시들음병 취약성 평가에서는 기후변화로 인해 매개충인 광릉긴나무좀의 생존과 번식 조건이 적합하게 조성됨에 따라 피해 발생 면적이 2100년에는 약 30% 증가할 것으로 예측되었다. 그러나 벌채 및 모니터링, 방제 기술 등을 적용할 경우, 방제를 시행하지 않을 때보다 경제적 손실이 약 25% 이상 완화되는 것으로 나타났다(농촌경제연구원, 2018).

4 산림생태계

기후변화로 인한 봄철과 겨울철 기온 상승으로 지면의 적설량과 적설 기간이 감소하면 토양생태계의 변화가 촉발된다. 지면에 쌓인 눈은 토양 온·습도의 항상성을 유지하는 역할을 하므로 기온 상승으로 적설이 줄면 현재 분포하고 있는 산림수종에 부정적 영향으로 작용할 가능성이 높다. 또한 겨울철 기온이 상승하면 균근과의 공생 관계에 의존하는 상록침엽수의 생리·생장이 저해되어 쇠퇴하거나 고사하는 현상이 발생할 수 있다. 한편 가뭄의 기간과 빈도가 증가하면 수목이 직접적인 건조 피해를 입어 생장 속도와 수관의 활력도가 떨어진다.

표 11-8 기후변화에 따른 산림생태계 영향

기후변화 동인	반응	1차 영향	2차 영향
봄철·겨울철 기온 상승, 가뭄 빈도·기간 증가	• 겨울철 적설량 감소에 따른 토양생태계 변화 • 잔뿌리 발달 저해로 인한 수목 건강성 저하 • 겨울철 이상 고온 발생 시 토양 내 균근의 비활성화로 상록침엽수의 탄소 결핍 발생	• 산림 건강성 악화 • 아고산 침엽수림 축소 가속화 • 동물에 의한 아고산 침엽수종 치수 섭식량 변화	
기온 상승 폭 급증	• 현재 산림수종의 기후 부적합 • 아고산 식생의 분포역 축소 및 개체군 감소 • 연간 곤충 발생 세대수 증가	• 산림 쇠퇴 및 생산성 저하 • 아고산 식생 감소 및 아고산지대의 식생군락 변화 • 산림 건강성 저하	• 산림 내 탄소 저장량 감소

11·3·2 기후변화 적응

기후변화 적응의 개념을 보다 구체적으로 이해하기 위해서는 국제적으로 논의되는 기후변화 영향(impact), 취약성(vulnerability), 위험도(risk)의 관계를 살펴볼 필요가 있다. 영향, 취약성, 위험도는 서로 관련이 있지만 구별되는 개념으로 IPCC 보고서에서 정리하고 있다. 기후변화 영향이 '기후변화로 인해 발생할 실제적인 변화와 전망'이라면, 취약성은 '사회·경제 및 환경적 요인에 따라 기후변화에 의해 부정적 영향을 받을 정도'를 말한다. 위험도는 '영향(위험 요소)과 취약성이 고려된 잠재적 손실 가능성'으로 설명할 수 있다(IPCC, 2014).

적응 조치가 기후변화의 영향 자체를 최소화하기에는 한계가 있으나 사회적 개념이 포함된 취약성이나 위험도를 낮추는 데에는 많은 기여를 할 수 있다. 궁극적으로 산림 분야에서는 정책 및 기술적 노력을 포함한 적응 능력의 개선을 통해 위험도를 낮추고자 하며, 적응 능력의 개선에 다양한 산림경영 수단이 포함되어 있다. 산림경영 관점에서 기후변화 적응은 크게 기후변화 적응형 산림경영과 산림재해 대응으로 나누어 설명할 수 있다.

1 기후변화 적응형 산림경영

기후변화 적응형 산림경영에는 생장량 둔화로 탄소흡수량이 감소하는 산림의 수종과 영급,

경영 면적 등을 개선하는 경영 방식이 있으며, 이러한 적응 조치를 통해 생장량을 유지·증진하는 것을 목적으로 한다. 기후변화에 따라 생장량이 둔화하는 수종(예 잣나무, 낙엽송)을 갱신 과정에서 미래 기후에 적합한 조림수종(예 편백, 삼나무)으로 대체하는 방식이 대표적이다(Lee *et al.*, 2025). 기후적 영향을 고려하여 숲의 영급구조를 조절하는 방식도 가능하며, 기후변화에 취약한 비경영림을 경영림으로 전환하여 적응 능력을 강화하는 방법도 있다.

우리나라도 정책 차원에서 해당 내용을 다루고 있다. 산림청은 정부의 2050 탄소중립 선언에 대한 선제적 대응과 기후변화 적응을 위해 「2050 탄소중립 산림부문 추진전략」(2021)을 발표하였다. 추진전략의 목표를 이루기 위해 유휴토지 나무심기, 영급구조 개선 등 산림경영에 기반한 탄소흡수능력을 강화하고자 한다. 또한 경영률 재산정, 산림경영 면적 확대를 통해 산림 흡수원의 지속성 확대와 산림부문의 적응 전략을 모색하고 있다. 기후변화는 산림생태계의 공간적 재배치를 유도하고 있으며, 적정 수종 조림, 영급구조 개선 등 장기적인 산림경영 전략이 필수적이다.

2 산림재해 대응

기후변화에 따른 산림재해 대응으로 산림청에서는 다양한 기술과 정책을 도입하고 있다. 산불의 경우 「전국 산불방지 종합대책」을 수립하여 정보통신기술(ICT) 기반의 산불 예방 시스템 구축, 취약 지역에 대한 모니터링과 진화장비 확대, 복구를 위한 내화수림대 조성(351ha/yr) 등을 실시하고 있다. 이 외에도 산림경영을 통해 산림 연료량을 관리하고 수종을 조절하여 대형 산불로의 확대를 줄이고자 한다.

산사태의 경우 「전국 산사태예방 종합대책」을 수립하여 취약 지역 관리 강화[2024년 3.4만 개소→2027년 5만 개소(누적)] 및 재난 안정망 구축, 예측 기술 고도화, 발생 시 신속 복구 기능 강화 등의 정책안을 제시하였다. 병해충과 관련해서는 산림 내 큰 피해를 주고 있는 소나무재선충병을 예방하기 위한 방제 대책과 지침을 마련하고, 피해지의 수종 전환 활성화와 혼효림 유도를 시행하고 있다.

전반적으로 인공위성, 드론, 라이다 등 첨단기술을 활용한 모니터링 및 조사 체계를 갖춤으로써 산림재난에 신속하게 대응할 수 있는 기후변화 적응 능력을 강화하고 있다. 지방자치단체 차원에서도 환경적 특성을 반영한 적응 경로를 모색하기 위해 제3차 기후변화 적응대책 세부시행계획과 제6차 지역산림계획을 수립하여 주요 사업에 기반한 적응대책을 이행하고 있다(손지원 등, 2023).

3 산림생태계 복원

훼손된 산림생태계를 복원하는 일도 기후변화 적응의 일환으로 볼 수 있다. 산림복원을 통해 집중호우와 가뭄 등에 대한 적응 능력을 강화할 수 있으며(Yeo & Lim, 2022), 해안 맹그로브숲 복원은 태풍과 해안림 침식 등의 피해를 완화할 수 있다(Song *et al.*, 2025). 이러한 산림생태계 복원을 포함한 적응 방안을 생태계기반적응(EbA) 또는 자연기반해법(NbS)

이라고 한다(제1장 1·5·1 참조).

11·4 산림탄소흡수원 경영

11·4·1 탄소중립 개념

탄소중립(carbon neutrality)은 인간의 활동으로 인해 배출되는 이산화탄소 및 기타 온실가스를 감축하거나 제거하여 순배출량(net emission)을 0(zero)으로 만든다는 개념이다(그림 11-7 참조). 탄소중립을 넷제로(net zero)라고도 하며, 단순한 온실가스 배출 감축을 넘어 잔여 배출량을 흡수하는 과정까지 포함하는 포괄적 개념이다. 이를 위해서는 온실가스 배출량을 최소화하는 동시에 이미 대기 중으로 방출된 탄소를 흡수 · 제거하는 등의 다양한 전략이 필요하다. 총배출량에서 흡수량을 제하면 순배출량이 되며, 저탄소 경제로 전환하여 배출량을 줄이고 흡수원 활동으로 흡수량을 늘려 나가면 일정 시점에서 총배출량과 흡수량이 같아져 순배출량 0이 되는 탄소중립에 이른다.

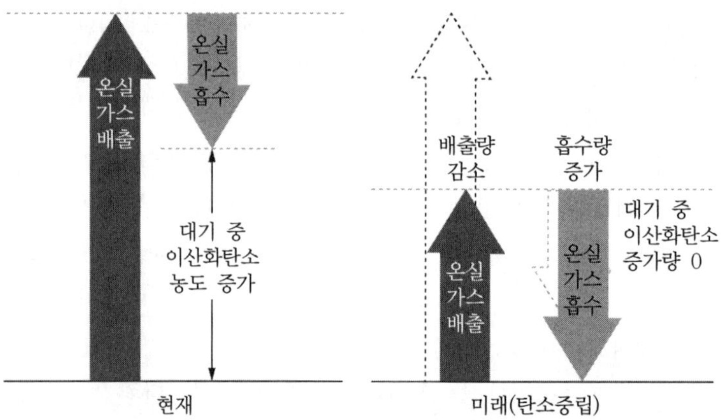

그림 11-7 탄소중립 모식도

탄소중립을 달성하기 위해서는 먼저 에너지, 산업, 농업, 수송 등의 부문에서 온실가스 배출을 줄여야 한다. 동시에 산림, 해양, 토양과 같은 자연 기반의 탄소흡수원을 보호하고 강화하는 노력이 필수적이다. 또한 이산화탄소 포집 · 활용 · 저장(carbon capture, utilization and storage, CCUS)과 같은 기술적 해결책도 적극적으로 활용해야 한다.

11·4·2 2050 탄소중립 산림경영 전략

산림은 육상생태계 중 최대 온실가스 흡수원으로, 2050 탄소중립 달성을 위해서는 산림부문의 적극적인 대응이 중요하다. 우리나라는 1970~1980년대 대규모 조림 및 보호 정책으로 산림녹화에 성공하였으나 2020년대 기준 40~50년생 숲이 전체 산림의 60% 이상을 차지하고 있어 연간 산림탄소흡수량은 감소하는 추세를 보인다(환경부, 2020; 그림 11-8 참조). 탄소흡수량 증진을 위해서는 경제림 중심의 산림순환경영으로 산림을 지속가능하게 개선해야 하나 국산 목재의 공급이 현재보다 크게 증가하지 않는 한 이행이 어려운 실정이다. 게다가 기후변화의 영향으로 산불, 산사태, 병해충 등 산림재해가 대형화·빈번화하고, 산지전용 등으로 산림 면적이 감소하는 추세에 있다.

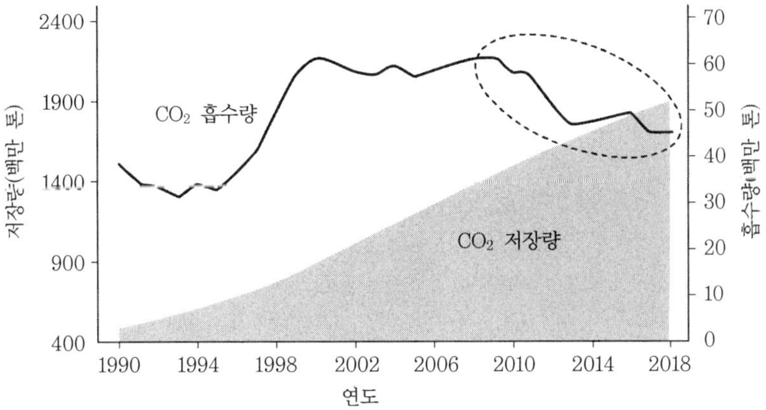

그림 11-8 우리나라 산림의 이산화탄소 저장량 및 순흡수량 추이[산림청, 2021]

현 추세대로 산림을 관리할 경우 산림부문의 2050년 온실가스 배출 감축 기여량은 1,560만 톤(흡수량 1,400만 톤/년, 목재이용 저장량 120만 톤, 산림바이오매스 이용에 따른 감축량 40만 톤) 수준까지 감소할 것으로 전망되어(국립산림과학원, 2020) 적극적인 산림경영 이행이 필요한 상황이다. 이에 산림청은 '자연기반해법, 숲과 나무를 통한 탄소중립 실현'이라는 비전을 수립하고, 산림부문의 2050년 배출 감축 기여량을 2,670만 톤까지 늘린다는 목표와 구체적인 실행 전략을 수립하였다(산림청, 2021).

추진전략은 산림경영학의 학술적 이론을 근간으로 했기 때문에 이를 살펴보는 일은 산림경영학에 대한 전반적인 이해도를 높이고 과학적인 정책 개발을 간접적으로 체험할 수 있는 기회라고 할 수 있다. 이에 「2050 탄소중립 산림부문 추진전략」의 대표적인 핵심 과제를 소개하여 기후변화 대응에 이해도가 높은 산림경영 전문가 양성에 기여하고자 한다.

1 신규 산림탄소흡수원 확충

① 도시숲 조성 확대 및 체계적 관리

다양한 도시숲을 조성하여 탄소흡수원을 확충하는 전략이다. 미세먼지, 폭염 등 환경문제가 심각해지는 가운데 도시 생활환경 개선 및 온실가스 감축 수단으로 도시숲의 기능이 부각되고 있다.

생활권 미세먼지 유입을 저감하는 미세먼지 차단숲을 확대하고, 도심 내 오염물질 · 대기 순환을 위한 바람길숲을 전국에 조성할 계획이다. 또한 다중이용시설 등에 생활밀착형 숲(실내 · 외 정원)을 확대하고, 학교 내외에 숲을 조성하여 어린이와 청소년의 생활환경을 개선하는 것을 목표로 한다. 이를 위해 2020년 6월 「도시숲 등의 조성 및 관리에 관한 법률」을 제정하였으며, 도시숲의 기능을 7대 기능(기후 보호, 경관 보호, 재해 방지, 역사 · 문화, 휴양 · 복지, 미세먼지 차단, 생태계 보전)으로 재구분하였다. 또한 도시 · 국토 · 환경 계획과의 연계를 강화하기 위해 도시숲에 대한 공간 데이터베이스 및 삼차원 플랫폼을 구축하고, 조성 · 관리에 시민이 참여할 수 있는 협력 네트워크의 구축을 고려하고 있다.

② 유휴토지 나무심기 확대

유휴농지, 도시 자투리 공간을 활용하여 흡수원을 확충하는 전략이다. 인구가 감소함에 따라 유휴농지 등 국토의 자투리 공간이 늘어날 것으로 전망되므로 이를 생태적 · 경제적으로 가치 있는 공간으로 전환할 필요가 있다. 2021년 유럽연합이 발표한 「2030 유럽 산림전략(New EU Forest Strategy for 2030)」에서도 '10년간 30억 그루 나무심기' 프로젝트를 수립하고 향후 유휴농지(480만 ha)를 적극적으로 활용할 것을 명시하였다.

농촌의 경우 농림축산식품부와 협업하여 유휴농지 일부에 식생 복원 및 소득 증대를 위한 유실수, 특용수, 조경수 등을 식재할 계획이다. 또한 공한지, 하천변 등에 야생화원, 무궁화원, 마을숲, 방재림(防災林) 등을 조성하여 탄소흡수원을 확충하는 동시에 지역 공동체에 기여하는 전략을 수립하였다. 도시의 경우 도시재생사업의 유형에 맞는 도시숲 모델을 개발하고, 지방자치단체에서 계획 단계부터 반영해 조성할 계획이다. 폐쇄된 철도 · 역사 부지, 군부대 후적지 등에 숲을 조성하고(㉄ 서울특별시 '경의선숲길', 광주광역시 '푸른길공원', 경북 포항시 '그린웨이') 폐 · 공가, 옥상, 벽면 등을 활용하여 녹지공간을 최대한 확보할 예정이다.

③ 섬 지역 산림생태계 가치 증진

섬 지역의 산림 전반에 대한 현황 및 실태 조사를 실시한 뒤 자생식물 중심으로 생태복원사업을 추진하고, 해풍 · 병해충으로 인해 생육환경이 불량한 지역은 환경개선사업을 실행할 계획이다. 섬 지역 산림은 희귀 · 특산식물의 보고이면서 가치가 높은 경관 자원도 다수 존재하므로 산림유전자원보호구역과 경관보호구역 지정을 확대하고 재해를 예방하는 일이 필요하다. 또한 섬 지역의 낮은 접근성 극복 및 산림재해 대응을 위해 위성영상, 무인기 등 첨단기술을 활용한 원격관리시스템을 도입하고, 관계 부처 · 지자체 협업, 지역 주민 산림보호 활동 참여 확대, 섬 지역 산림생태관리센터 운영 등 거버넌스 관리 체계를 구축할 계획이다.

2 산림 탄소흡수능력 강화

① 경제림 중심의 산림순환경영 활성화

녹화기를 거쳐 수확기에 이른 우리나라 산림의 지속가능한 경영을 위해 후계림 조성과 국내 목재 수확 및 이용을 확대하는 일이 필요한 시점이다. 이에 임도, 임업기계 등 경영 기반을 조성하고, 경제림육성단지 및 목재생산림을 중심으로 산림순환경영을 활성화할 계획이다.

산림의 주요 기능을 고려한 숲가꾸기를 실행하여 산림의 다양한 가치를 증진하고 탄소흡수 기능을 확대하고자 한다. 예를 들면 나무의 나이와 높이가 다른 복층림을 조성하기 위한 숲가꾸기를 확대하여 산림의 지속가능성을 증진하고, 산불 예방 숲가꾸기 등을 통해 임업적 방제와 생태적 건강성 증진 등을 유도한다. 또한 지속가능한 목재 생산으로 탄소중립과 임산업 발전에 기여할 계획이다. 국산 목재의 안정적 공급 기반을 마련하고 후계림 조성을 통해 산림 내 수종과 연령의 다양성 증대를 꾀함으로써 현재 16%에 불과한 목재 자급률을 제고하여 국제 산림자원을 보호하고 목재 수입 과정에서 발생하는 온실가스의 배출 감축에 기여할 수 있다.

② 기후위기 대응 미래수종 적용 확대

구상나무 등 아고산 수종의 고사 위기가 심화하는 한편 노동 집약적 종자 · 묘목 생산 방식의 대전환이 요구되는 상황이다. 따라서 기후위기에 강한 산림을 확대하려면 탄소흡수능력과 기후변화 적응력이 우수한 수종의 선정 · 개발 및 식재가 필요하다. 수종 선정 시 기후변화 등에 대한 환경 적응성, 목재 자원 가치 및 탄소흡수능력뿐만 아니라 고유종 여부와 생물다양성, 생태계 위해 여부 등을 복합적으로 고려할 계획이다. 또한 차세대 우량 종자 및 미래수종의 안정적인 대량생산 체계 구축을 위한 채종원 확대 및 환경 개선을 실시하고, 조직배양묘 기술 보급 및 사물인터넷(IoT), AI 등 4차 산업혁명 기술이 결합된 스마트 양묘 시스템 보급을 전면 확대할 계획이다.

3 목재와 산림바이오매스 이용 활성화

① 목재 수요 · 공급의 선순환 체계 구축

국내산 목제품 사용에서 확보한 탄소저장량이 국가 온실가스 인벤토리로 인정되기 때문에 목재 이용을 확대하면 탄소중립의 달성에 유리하다. 실제로 미국, 일본 등 세계 주요국과 우리나라는 국가 온실가스 감축목표(NDC) 이행에 목제품 이용을 통한 기여를 명시하였다. 미국의 경우 전체 온실가스 배출량 중 11%를 산림 · 목재 부문에서 상쇄하고 그중 13%는 목제품 사용으로 충당할 것을 계획한 바 있다(US EPA, 2020). 이에 산림청도 목재 수요 · 공급의 선순환 체계를 구축하여 목제품의 부가가치에 따른 단계적 이용(cascading principle)으로 탄소 저장 · 대체 효과를 제고하는 전략을 수립하였다.

도시 건설, 건축 소재, 생활 소품에 이르기까지 다양한 분야에서 국산 목재를 이용할 수 있도록 수요를 창출할 계획이다. 탄소중립 실현을 위한 '목재친화도시'를 조성하여 목조건축 랜드마크 조성, 공공건축물 목재 이용, 생활환경 시설 목재 활용 확산 등을 수행하고 있다. 또한 기술 개발과 협업을 통한 목조건축 산업생태계를 조성하여 건축자재로의 목재 이용 확대를 꾀하고, 플라스틱을 대체할 수 있는 목재제품 개발 및 수요 창출을 위해 노력하고 있다.

생산-유통-소비를 연계하는 선진 시스템을 구축할 계획이다. 목재 생산 · 가공 · 유통부터 건축 등 최종 산업까지 집적화한 클러스터를 전국에 권역별로 조성하며, 목재 생산 · 유통 네트워크를 구축하고 생산부터 소비까지 전 주기적으로 목재 자원을 통합 관리하는 시스템을 적용하여 목제품 탄소저장량의 과학적 측정 · 보고 · 검증(MRV) 관리 체계를 수립하고자 한다. 이를 위한 법과 제도를 정비하고 생활 속 목재 이용 문화를 확산하는 일도 중요한 과제이다.

② 산림바이오매스의 지속가능한 이용과 관련 산업 육성

목제품 이용이 확산하면 수확 후 이용되지 않고 산림에 방치되는 미이용 바이오매스도 증가하기 마련이다. 이전까지는 수익성 등의 문제로 미이용 바이오매스가 수집, 이용되지 않고 산림에 방치되는 것이 일반적이었다. 그러나 산림바이오매스는 국제적으로 인정받은 재생에너지 연료이며, 유럽연합 등에서는 바이오에너지 원료로의 이용이 늘고 있다.

산림청은 권역별로 미이용 산림바이오매스 수집·공급 인프라를 조성하고, 산림에너지자립마을 사례와 국가 에너지그리드 계획 등을 토대로 민간 시장이 주도하고 주민이 참여하여 수익을 창출하는 형태의 '지역순환형 산림바이오에너지 발전사업' 모델을 실현하는 계획을 수립하였다. 또한 적정 재생에너지공급인증(Renewable Energy Certificate, REC) 가중치 산정, 생태 영향이 적고 공정효율을 높이기 위한 기술 개발 등을 통해 전·후방 산업의 안정적 발전을 유도하는 전략을 수립하였다.

4 산림탄소흡수원 보전·복원

① 산림보호지역 관리 선진화

보호지역 확대 및 관리는 기후변화 대응에 중요한 수단으로 활용될 수 있다. 실제 일본 등 주요 국가는 보호지역 관리를 탄소흡수량 증진 정책으로 추진하고 있다. 우리나라는 그간 생활·경관·재해·수원함양 보호지역 27.6만 ha, 유전자원보호지역 17.2만 ha, 백두대간보호지역 27.7만 ha 등을 지정해 왔으나 지정 이후의 현황 조사 및 관리 체계가 미흡하다는 평가가 있었다.

사유림 내 보호지역 지원 정책을 강화하고 사유림 매수를 확대하여 2050년까지 산림보호지역을 120만 ha로 확대할 계획이다. 또한 산림보호지역 관리의 효율성 제고를 위해 지정 유형을 현행 8개[생활환경, 경관, 수원함양(1~3종), 재해방지, 산림유전자원, 백두대간]에서 4개[생활안전(생활환경+경관+재해방지), 수원함양, 산림유전자원, 백두대간]로 재분류하고, 보호지역의 완충·전이구역 내 행위 제한을 합리적으로 완화하여 지역 주민의 소득 활동 범위 확대를 검토하고 있다. 이렇게 확대된 보호지역의 관리를 강화하는 체계도 구상 중이다. 관리 수준의 진단·개선을 위한 단계별(관리–평가–환류) 선순환 체계 구축과 지역 유형별 특성을 고려한 사업 매뉴얼 개발 및 사업 실행을 추진하고자 한다.

② 산림생태계 복원 및 산지전용 감소

자연재해 빈발과 개발사업 확대로 산림훼손지가 증가하고 있다. 산림훼손지 증가는 생물다양성과 산림 탄소흡수능력의 감소를 초래하기 때문에 기후변화 적응대책에 산림생태계 보전 및 복원이 주요 정책으로 포함되었다. 산림청도 이에 발맞추어 산림생태 복원을 확대하고 산지전용 원인 분석 및 대책 마련을 통해 산림탄소의 배출 저감에 기여하고자 전략을 수립하였다.

전국 단위 산림훼손지에 대한 정밀 조사 및 타당성 평가를 실시하고, 이를 토대로 핵심 생태축 산림복원 계획을 수립하고 추진한다. 백두대간·정맥, DMZ 일원 등의 훼손 유형과 원인을 정밀 조사하고 권역별로 산림복원사업을 실시할 계획이며, 구도심 낙후 지역, 공업지대 등 생활권 주변 산림훼손지를 대상으로 생태적 안정성을 고려한 경관복원을 추진하고자 한다.

산림복원용 소재식물 공급 체계를 구축하고, 관련 자격제도 신설 등 전문성을 강화하여 복원산업 육성 기반을 마련한다. 자생식물 종자 수집·증식, 검사 및 기술 개발 등과 관련한 정보시스템을 구축하고, 전문자격제도와 같은 전문업 신설을 위한 산림복원 대체 입법을 추진할 계획이다. 또한 산지전용 타당성 평가 제도를 강화하고, 전용 시 대체 산림 조성을 위한 다양한 이행 수단을 마련하여 산업구조 개편에 따른 전용 원인 분석 및 개선 대책을 마련하고자 한다.

③ 산림재해 예방 및 피해 최소화

전 세계적으로 기후변화에 대비한 산림재해 대응력 강화를 중요시하고 있다. 건조 · 강풍일수 증가, 산림 내 연료물질 축적, 산림휴양 인구 증가 등으로 산불 재난 발생 및 대형화 가능성이 높아지고 있으며 국지성 집중호우, 태풍 빈발 등으로 산사태 피해도 커지는 추세이다. 또한 동절기 온난화 등 기후변화에 따른 소나무재선충병 매개충 활동 범위의 확대, 국지적 돌발해충 발생 등 산림병해충 피해 증가가 우려되고 있다. 이에 산림청은 ICT를 적극 활용한 선제적 산림재해 예방 · 대응 체계 구축으로 탄소흡수원 보전 기능을 강화하고자 한다.

빅데이터 분석을 통해 산불, 산사태, 병해충 관련 영향 인자를 도출하고 이를 기반으로 피해 예측 모델 및 예보 시스템을 구축하여 산림재해 위험 예측을 고도화한다. 센서, 지능형 CCTV, 무선통신망 등을 활용한 재해 방지 ICT 플랫폼을 구축하고, 상황관제시스템과 연동하여 재해 감시 체계를 갖출 계획이다. 산림재해통합관리시스템 고도화를 통해 과학적인 현장지휘본부 운영 및 유관기관 협조 체계를 구축하여 보다 신속하게 재해에 대응하고자 한다. 특히 야간 및 대형 산불에 대한 전천후 대응을 위해 공중진화 역량을 강화할 계획이다.

4차 산업혁명 기술을 접목한 최신 진화장비를 활용하고 진화대원을 정예화하며, 드론과 라이다 등 항공영상을 활용하여 산사태 취약지역 변화 및 위험 요소를 모니터링할 수 있는 산사태 취약지역 전담 관리인력을 양성할 계획이다. 또한 학계와 나무의사 등으로 구성된 전문 자문단을 운영하여 신규 및 돌발 병해충에 보다 신속하게 대응함으로써 피해를 최소화하고자 한다.

연습문제 ▌

1. 파리협정의 조문을 활용하여 REDD+에 대해 설명하시오.
2. 「탄소중립기본법」에 따라 국가 온실가스 감축목표에 부합하도록 정한 산림 분야의 대표적인 정부 계획에 대해 서술하시오.
3. 수확된 목제품이 탄소중립에 기여하는 원리를 설명하고, 관련 예시를 서술하시오.
4. 산림부문의 2050 탄소중립 달성을 위한 핵심 추진전략을 두 가지 이상 서술하고, 이와 연관된 산림경영 이론을 설명하시오.
5. 기후변화에 따른 우리나라의 수종 변화 전망에 대해 서술하시오.
6. 기후변화 적응을 위한 우리나라의 산림경영 기법에 대해 설명하시오.
7. 산림 내 탄소저장고에 대해 설명하시오.
8. 산림바이오매스의 탄소흡수량 산정 방법에 대해 설명하시오.

참고문헌 ▌

1. 국가법령정보센터. law.go.kr. 법제처.
2. 김기동, 배재수, 임종수 외. 2020. 산림공익기능 평가 결과와 시사점: 2018년 기준. 산림정책

이슈 제137호.

3. 김래현. 2015. UNFCCC 리마 총회(COP20) 결과와 산림부문 논의 동향 및 대응방안. 국립산림과학원.
4. 김래현, 배재수. 2014. 바르샤바 REDD+ 프레임워크: 전망과 대응. 국립산림과학원.
5. 나상일, 안호용, 류재현 외. 2021. 기후변화 시나리오를 고려한 위성영상 기반 미래 탄소흡수량 분포 추정. 대한원격탐사학회지 37(5): 833-845.
6. 산림청. 2021. 2050 탄소중립 산림부문 추진전략.
7. 산림청. forest.go.kr.
8. 산림청. 산림탄소상쇄제도. carbon.forest.go.kr.
9. 손영모, 김래현, 이경학 외. 2014. 한국 주요 수종별 탄소배출계수 및 바이오매스 상대생장식. 국립산림과학원.
10. 손영모, 이경학, 권순덕 외. 2009. 임목 재적 · 바이오매스 및 임분수확표. 국립산림과학원.
11. 손지원, 송철호, 홍민아 외. 2023. 지자체 기후변화 적응대책 세부시행계획 및 제6차 지역산림계획의 주요 사업 분석과 개선 방안. 한국기후변화학회지 14(5): 543-559.
12. 안종만, 우종춘, 윤화영 외. 2007. 산림경영학. 향문사.
13. 안현권, 임철희. 2022. SSP 시나리오에 따른 국내 용재수종의 서식지 적합도 평가. 환경생물 40(4): 567-578.
14. 안현진, 이상민, 최준영. 2018. 기후변화에 따른 산림병해충 영향과 대응과제. 한국농촌경제연구원.
15. 온실가스종합정보센터. 2014. 2014년 승인 국가 온실가스 배출 · 흡수계수. 환경부.
16. 온실가스종합정보센터. 2015. 2015년 승인 국가 온실가스 배출 · 흡수계수. 환경부.
17. 온실가스종합정보센터. 2017. 2017년 승인 국가 온실가스 배출 · 흡수계수. 환경부.
18. 온실가스종합정보센터. 2020. 2020 국가 온실가스 인벤토리 보고서. 환경부.
19. 유소민, 임철희, 김문일 외. 2020. 기후변화에 따른 멸종위기 침엽수종 분포 변화 예측. 한국기후변화학회지 11(4): 215-226.
20. 이석민, 윤형미. 2022. 기후변화에 따른 서울시 산사태 관리 개선방안. 서울연구원.
21. 이선정, 임종수, 강진택. 2019. 주요 산림수종의 표준 탄소흡수량 (ver. 1.2). 국립산림과학원.
22. 이우균, 김영환, 민경택 외. 2022. 산림탄소경영의 과학적 근거. 지을.
23. 이우균, 손요환, 양승룡 외. 2013. REDD+ 교육교재: 1. 총론. 산림청.
24. 차성은, 임철희, 홍민아 외. 2023. 최대 엔트로피 모형을 활용한 기후변화 시나리오 기반 산사태 취약성평가. 한국기후변화학회지 14(2): 145-156.
25. 한국임업진흥원. 산림탄소상쇄제도. kofpi.or.kr.
26. 환경부, 환경관리공단. 2008. 국가 온실가스 인벤토리 작성을 위한 2006 IPCC 가이드라인.
27. Ahn HK, Jung H, Lim CH. 2024. Can ensemble techniques and large-scale fire datasets improve predictions of forest fire probability due to climate change?: A case study from the Republic of Korea. Forests 15(3): 503.
28. Han SH, Lee SJ, Chag H *et al.* 2017. Priority for developing emission factors and quantitative assessment in the forestry sector. Journal of Climate Change Research 8(3): 239-245.

29. Hong M, Song C, Kim M *et al.* 2022. Application of integrated Korean forest growth dynamics model to meet NDC target by considering forest management scenarios and budget. Carbon Balance and Management 17(1): 1–18.
30. IPCC. 2006. 2006 IPCC Guidelines for National Greenhouse Gas Inventories. Vol. 4.
31. IPCC. 2013. 2013 Revised Supplementary Methods and Good Practice Guidance Arising from the Kyoto Protocol.
32. IPCC. 2014. Climate Change 2014: Impacts, Adaptation, and Vulnerability. Part A: Global and Sectoral Aspects. Contribution of Working Group Ⅱ to the Fifth Assessment Report of the Intergovernmental Panel on Climate Change. Field CB, Barros VR, Dokken DJ *et al.* (ed). Cambridge University Press.
33. Kim M, Kraxner F, Forsell N *et al.*. 2021. Enhancing the provisioning of eco-system services in South Korea under climate change: The benefits and pitfalls of current forest management strategies. Regional Environmental Change 21: 1–10.
34. Lee DH, Ahn HK, Shin HD *et al.* 2025. Exploring climate-suitable forestation area under species distribution and growth modeling for *Larix kaempferi* and *Chamaecyparis obtusa* in the Republic of Korea. Forests 16(3): 530.
35. Lee S, Jung H, Choi J. 2020. Projecting the impact of climate change on the spatial distribution of six subalpine tree species in South Korea using a multi-model ensemble approach. Forests 12(1): 37.
36. Lim CH, Kim HJ. 2022. Can forest-felated adaptive capacity reduce landslide risk attributable to climate change?: Case of Republic of Korea. Forests 13(1): 49.
37. Lim CH, Yoo S, Choi Y *et al.* 2018. Assessing climate change impact on forest habitat suitability and diversity in the Korean Peninsula. Forests 9(5): 259.
38. United Nations. 2015. The Paris Agreement.
39. Yeo HC, Lim CH. 2022. Can forest restoration enhance the water supply to respond to climate change?: The case of North Korea. Forests 13(10): 1533.
40. Yoon S, Jung JM, Hwang J *et al.* 2023. Ensemble evaluation of the spatial distribution of pine wilt disease mediated by insect vectors in South Korea. Forest Ecology and Management 529: 120677.

찾아보기

:: ㅅ

:: ㅇ

:: ㅍ

:: ㅎ

:: A

:: B

:: C

:: D

:: E

:: F

저자약력

이 우 균　李祐均 | Lee, Woo-Kyun
고려대학교 농과대학 임학과 졸업
독일 Goettingen대학교 산림계획대학원 임학박사
고려대학교 생명과학대학 환경생태공학부 교수

김 문 일　金文一 | Kim, Moonil
고려대학교 생명과학대학 환경생태공학과 졸업
고려대학교 대학원 환경생태공학과 이학박사
평택대학교 IT공과대학 ICT환경융합학과 교수

김 형 호　金亨昊 | Kim, Hyungho
경상대학교 임학과 졸업
서울대학교 대학원 산림자원학과 박사
경상국립대학교 농업생명과학대학 환경산림과학부 교수

박 주 원　朴珠原 | Park, Joowon
서울대학교 농업생명과학대학 산림자원학과 졸업
미국 University of Washington 대학원 산림자원학 박사
경북대학교 농업생명과학대학 산림과학 · 조경학부 교수

박 진 우　朴振宇 | Park, Jin Woo
강원대학교 산림환경과학대학 산림경영학과 졸업
강원대학교 산림환경과학대학원 산림경영학전공 농학박사
강원대학교 산림환경과학대학 산림과학부 교수

안 기 완　安起完 | An, Ki-Wan
전남대학교 농과대학 임학과 졸업
일본 홋카이도대학 대학원 농학연구원 삼림과학분야 농학박사
전남대학교 농업생명과학대학 산림자원학과 교수

이 상 현　李尙鉉 | Lee, Sang-Hyun
전북대학교 농과대학 임학과 졸업
뉴질랜드 University of Canterbury 대학원 산림학박사
전북대학교 농업생명과학대학 산림환경과학과 교수

이 영 진 李榮珍 | Lee, Youngjin
경북대학교 농과대학 임학과 졸업
미국 Stephen F. Austin 주립대학교 임과대학원 임학박사
국립공주대학교 산업과학대학 산림과학과 교수

이 정 수 李定洙 | Lee, Jung-soo
강원대학교 임과대학 산림경영학과 졸업
일본 도쿄대학 대학원 산림과학전공 농학박사
강원대학교 산림환경과학대학 산림과학부 교수

임 철 희 林哲熙 | Lim, Chul-Hee
세종대학교 산업환경학과 졸업
고려대학교 대학원 환경생태공학과 이학박사
국민대학교 과학기술대학 산림환경시스템학과 교수

정 왕 기 丁王基 | Jaung, Wanggi
캐나다 University of British Columbia 산림학과 졸업
캐나다 University of British Columbia 산림학대학원 산림학박사
충남대학교 농업생명과학대학 산림환경자원학과 교수

최 수 임 崔洙林 | Choi, Soo-Im
국립순천대학교 농과대학 산림자원학과 졸업
일본 큐슈대학 대학원 산림자원과학전공 농학박사
국립순천대학교 그린스마트팜스쿨 산림자원학전공 교수

최 정 기 崔晶棋 | Choi, Jungkee
강원대학교 임과대학 산림경영학과 졸업
미국 University of Wisconsin-Madison 임학과 임학박사
강원대학교 산림환경과학대학 산림과학부 교수

삼고
산림경영학

초판 1쇄 발행 2026년 1월 5일

저자 이우균, 김문일, 김형호, 박주원, 박진우, 안기완, 이상현
이영진, 이정수, 임철희, 정왕기, 최수임, 최정기
발행인 나규성
발행처 **향문사**
주소 서울특별시 강서구 공항대로 227, 1004호
전화 02-584-5671~2
팩스 02-584-5673
등록 1957년 11월 25일 제2020-000135호
인쇄 ㈜청아디앤피
제본 민성바인텍
ISBN 978-89-7187-279-6 93520

정가 45,000원